热轧 H 型钢设计应用手册

中冶建筑研究总院有限公司
马鞍山钢铁股份有限公司　编著

中国建筑工业出版社

图书在版编目（CIP）数据

热轧H型钢设计应用手册/中冶建筑研究总院有限
公司，马鞍山钢铁股份有限公司编著. —北京：中国
建筑工业出版社，2020.8
ISBN 978-7-112-25259-6

Ⅰ. ①热… Ⅱ. ①中… ②马… Ⅲ. ①建筑材料
-热轧-型钢-设计-技术手册 Ⅳ.①TU511.3-62

中国版本图书馆CIP数据核字（2020）第111469号

　　本手册是在1998版《热轧H型钢设计应用手册》的基础上由中冶建筑研究总院有限公司和马鞍山钢铁股份有限公司共同修订完成。此次修订依据最新版的材料、设计、施工验收标准，以及重型热轧H型钢等新产品标准，贯彻"遵循新标准，引入新构件、新技术，突出H型钢实际应用"的方针，增加了防火设计、H型钢常用的框架结构、装配式建筑等内容，给出了计算例题供读者参考和理解，使广大设计人员在设计选用热轧H型钢时，有所参考，有所依循，应用更为合理、有效。

　　本手册既可供钢结构工程设计、制作、安装、监理、管理部门的技术人员使用，也可作为高校土木工程专业教师和学生的参考教材。

＊　　＊　　＊

　　　　责任编辑：仕　帅　王　跃
　　　　责任校对：赵　菲

热轧H型钢设计应用手册
中冶建筑研究总院有限公司
马鞍山钢铁股份有限公司　编著

＊

中国建筑工业出版社出版、发行（北京海淀三里河路9号）
各地新华书店、建筑书店经销
霸州市顺浩图文科技发展有限公司制版
北京富诚彩色印刷有限公司印刷

＊

开本：850×1168毫米　1/16　印张：32　字数：896千字
2020年8月第一版　　2020年8月第一次印刷
定价：**150.00**元
ISBN 978-7-112-25259-6
（36044）

本书编写委员会

顾　　问：柴　昶

主　　编：文双玲

主　　审：吴耀华　杨建平　张　建

编写人员：文双玲　吴耀华　吴保桥　张圣华　刘迎春

　　　　　夏　勐　张　煜　郑春林　戴长河　房鹏鹏

序　言

跨入 21 世纪以来，我国国民经济显著增长，国家持续加大基础设施建设力度，深入普及绿色环保建筑理念，钢结构行业得到快速发展。作为钢结构用材的热轧 H 型钢，广泛应用于高层建筑、大型场馆、大跨度桥梁、大型工业设施等，发展潜力巨大。

从钢材消费看，热轧 H 型钢在钢材消费总量中的占比还不高，2019 年我国钢材消费量 8.86 亿吨，其中热轧 H 型钢消费量约 1800 万吨，仅占 2％，与欧美日主要发达国家的 7％～8％相比较，差距明显，有着很大的增长空间。从国家政策看，2016 年，中共中央、国务院《关于进一步加强城市规划建设管理工作的若干意见》提出，用 10 年左右时间，使装配式建筑占新建建筑的比例达到 30％。2016 年 3 月，李克强总理在政府工作报告指出，要积极推广绿色建筑和建材，大力发展钢结构和装配式建筑，提高建筑工程标准和质量。2020 年 3 月，中共中央、国务院又先后提出加快新型基础设施建设，投资规模空前。为贯彻落实国家决策部署，各省市相继发布了地方指导意见和具体措施，将有力推动钢结构产业进一步发展，热轧 H 型钢迎来新的发展机遇，应用前景十分广阔。

从 1998 年马鞍山钢铁股份有限公司第一条大型热轧 H 型钢生产线投产以来，国内已经陆续建成热轧 H 型钢生产线 35 条，品种质量和规格配套能力不断提升。2020 年 1 月，马鞍山钢铁股份有限公司建成并投产了重型热轧 H 型钢生产线，解决了重型热轧 H 型钢国产化"卡脖子"难题，填补了国内空白，实现了重点工程和关键部件的应用，增强了热轧 H 型钢在钢结构领域的配套应用能力。

为展现和推广 20 多年以来钢结构材料和应用的技术进步成果，支撑工程设计和应用，特别是支撑重型热轧 H 型钢的大批量应用，中冶建筑研究总院有限公司与马鞍山钢铁股份有限公司及时对 1998 年编制的《热轧 H 型钢设计应用手册》进行了修编，意义十分重大。本书充分吸收了最新的国家和行业钢结构工程标准规范、材料标准的最新成果，如《重型热轧 H 型钢》YB/T 4832—2020、《钢结构设计标准》GB 50017—2017、《钢结构工程施工质量验收标准》GB 50205—2020 等，进一步强化了对实际应用需求的响应，更新了材料、连接、基本构件的设计规定及构造指南，使设计应用更为便捷高效。负责修编的人员都是长期从事材料研发和钢结构设计、建造的专家，确保了本书的高质量。

衷心希望本书的出版，能伴随着国产热轧 H 型钢的大量生产，特别是重型热轧 H 型钢的国产化，在工程应用中发挥出更大的作用，不断推动钢结构产业的升级，为我国经济和社会发展及"一带一路"建设做出积极的贡献。

中国钢结构协会

2020 年 7 月 20 日

4

前　言

21世纪以来，我国钢铁工业发展迅猛，作为钢结构工程最常用的热轧H型钢取得了长足进步。2019年我国粗钢产量近10亿吨，居世界之冠，钢铁产品品种质量大幅提升，热轧H型钢的年产能超过3000万吨，制约热轧H型钢在钢结构领域应用的品种质量和规格配套问题得到了大幅改善。以马鞍山钢铁股份有限公司为代表的企业在装备能力现代化、关键核心技术、新材料、新产品及标准规范方面取得突破，已具备更齐全、更高效、更完善的供应能力，支撑了我国钢结构工程技术及其应用的巨大进步。

热轧H型钢是一种经济断面型材，与焊接H型钢相比，无需焊接和焊缝检测工序，残余应力低，外观质量好，材料、能源和人工消耗少，钢构成本降低15%～20%。在国家政策牵引和钢结构行业推动下，我国热轧H型钢应用增长迅猛，2019年消费量已达1800万吨。然而，受国内生产装备限制，承载能力更强、性价比更高的重型热轧H型钢一直依赖进口或采用中厚板焊接替代。2020年1月，马鞍山钢铁股份有限公司建成并投产了重型热轧H型钢生产线，填补了国内空白，必将促进我国钢结构工程应用的进一步发展。

1998年出版的《热轧H型钢设计应用手册》（以下简称98版《手册》）推动了热轧H型钢在我国的全面应用，在工程设计中起到了积极的指导作用。但随着热轧H型钢领域和钢结构行业的进步，98版《手册》已不能满足工程应用的实际需要，为此，我们及时进行了修编工作。

本次修编遵循"贯彻新标准、新规范，引入新技术、新构件，聚焦H型钢实际应用"的原则，依据最新的材料、设计、施工、验收以及《重型热轧H型钢》YB/T 4832—2020等标准，与98版《手册》相比较，具有以下主要特点：

1. 介绍了具有世界领先水平的重型热轧H型钢生产线及其功能特点、工艺技术、规格范围等，结合《重型热轧H型钢》YB/T 4832—2020，新增了重型热轧H型钢尺寸外形、允许偏差等支撑应用的关键参数。

2. 在其他产品及材料标准上引用并遵循了我国最新修订的《热轧H型钢和剖分T型钢》GB/T 11263—2017、《碳素结构钢》GB/T 700—2006、《低合金高强度结构钢》GB/T 1591—2018等标准；增加了可供选用的耐候钢、耐火钢、抗震钢、Z向钢、改善焊接性能钢等新材料及其标准。

3. 在设计施工标准方面，主要以新修订的《钢结构设计标准》GB 50017—2017、《门式刚架轻型房屋钢结构技术规范》GB 51022—2015为依据，同时还引入了《组合结构设计规范》JGJ 138—2016、《钢结构焊接规范》GB 50661—2011、《钢结构工程施工质量验收标准》GB 50205—2020、《建筑钢结构防火技术规范》GB 51249—2017等现行国家标准和行业标准的相关内容。

4. 修订了与热轧H型钢相关的材料、连接、设计规定、基本构件、组合结构、防护和施工要求，新增了工程常用的腹孔梁和吊车梁用H型钢设计、防火设计、H型钢常用的框架结构（多层框架等）和装配式建筑等。

5. 考虑到建筑设计软件的普遍应用，本书减少了计算表格，更新和增加了钢结构应用的工程实例和计算示例，并结合我国最新 H 型钢标准编制了蜂窝梁设计用计算图表，体现了工具书的特点，方便技术人员参考应用。

本书修编由中冶建筑研究总院有限公司和马鞍山钢铁股份有限公司共同完成，同时邀请 98 版《手册》的主编柴昶教授级高级工程师担任顾问，主编为文双玲教授级高级工程师，副主编为吴耀华、杨建平、张建三位教授级高级工程师。全书共分 13 章，各章编写人员为：第 1 章和第 2 章，吴保桥、夏劢、汪杰；第 3 章，吴耀华；第 4 章，刘迎春；第 5 章，郑春林；第 6 章，张圣华；第 7 章，房鹏鹏；第 8 章，张圣华；第 9 章，刘迎春、张圣华；第 10 章，文双玲；第 11 章，吴耀华、戴长河；第 12 章，文双玲；第 13 章，张煜。

原北京钢铁设计研究院的武人岱，中冶建筑研究总院有限公司的袁泉，包头钢铁设计院的宋曼华，马鞍山钢铁股份有限公司的马久陵、章静、王津、奚铁等参与了 98 版《手册》的编写，为本书修编奠定了基础。2020 年 5 月，本书编委会组织了对本书出版前会审，宝钢工程、宝武重工以及行业相关专家提出了宝贵的意见和建议。马鞍山钢铁股份有限公司技术中心的相关同志在本次编写中做了大量工作。在本书编写中，还参考引用了一些作者的著作和论文，在此一并表示衷心的感谢！

由于编者水平有限，书中难免有不足之处，敬请广大读者指正。希望广大技术人员积极参与热轧 H 型钢的应用推广，并在本书的实际应用中提出宝贵意见和建议，使热轧 H 型钢在钢结构行业发展中不断发挥出积极作用，让这一绿色高效型材能更好地为我国经济建设服务。

编　者

2020 年 7 月 20 日

目　　录

第1章 概　　述

H 型钢是钢结构工程最常用的型材之一，本手册所述的 H 型钢系指其翼缘内外表面相互平行的、截面为 H 型的热轧型材。不同于国内沿用已久的、翼缘内表面为斜面的窄翼缘热轧工字钢。H 型钢生产制造有热轧成型及焊接组合成型两种工艺方式，本手册主要应用对象为轧制 H 型钢，其中多数内容亦适用于焊接 H 型钢。经过多年发展，H 型钢的规格及品种已较为完善，满足不同结构对 H 型钢多样化的需求。

1.1　H 型钢的特性

1. 热轧 H 型钢根据现行国家标准《热轧 H 型钢和剖分 T 型钢》GB/T 11263—2017，可分为宽翼缘型、中翼缘型、窄翼缘型和薄壁型规格；新制订的黑色冶金行业标准《重型热轧 H 型钢》YB/T 4832—2020 新增了翼缘厚度不低于 40mm 或每米质量不低于 300kg 的 H 型钢重型规格。其中，宽翼缘型及中翼缘型规格适用于钢柱等受压、偏压构件；窄翼缘型规格适用于钢梁等受弯构件；薄壁型规格适用于轻型钢结构；重型规格适用于超大、超重钢结构。

2. H 型钢的截面积分配合理，相比其他型材拥有较大的优势，是实际工程中最常用的截面。与以往常用的热轧工字钢相比有以下显著特点：

1) 翼缘宽，侧向刚度大。H 型钢的翼缘更宽，截面的高宽比可达到 1，其绕弱轴（侧向）的刚度大，惯性矩 I_y 可达到 229000cm^4，适用于受压构件。相对工字钢而言，即使是窄翼缘 H 型钢，同高度常用规格的翼缘宽度亦可达到前者的 1.4 倍，因而在相同截面积的条件下，其侧向刚度（I_y）要大近 1 倍，其比较曲线可见图 1.1-1。

2) 抗弯能力强。由于 H 型钢的截面面积分配更加合理，在相同截面积（或重量）条件下，H 型钢的截面绕强轴的抗弯性能亦优于工字钢。以窄翼缘 H 型钢常用规格为例，在相同截面积（或重量）条件下，H 型钢的截面绕强轴的抗弯性能（W_x）增大 5%～10%，其比较曲线可见图 1.1-2。

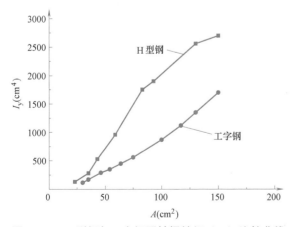

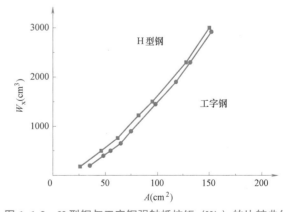

图 1.1-1　H 型钢与工字钢弱轴惯性矩（I_y）比较曲线　　　图 1.1-2　H 型钢与工字钢强轴抵抗矩（W_x）的比较曲线

3) 翼缘两表面相互平行，构造方便。H 型钢的翼缘较宽，且翼缘的内外两个表面相互平行，螺栓连接时不需附加斜垫圈，螺栓排列及直径选用范围较广，还可在平行的内翼缘面上设置拼材，两者比较见图 1.1-3。

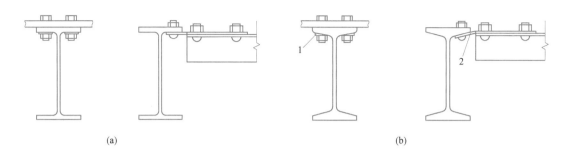

图 1.1-3 H 型钢及工字钢的连接构造比较

(a) H 型钢；(b) 工字钢

1—斜垫圈；2—弯折加工

4) 属于可加工再生型材。H 型钢可经简单再加工，制成剖分 T 形钢、蜂窝梁、十字柱等再生型材，在建筑、交通、能源、机械等领域均有较广泛的用途。

1.2 应用热轧 H 型钢的技术经济合理性

1.2.1 H 型钢与工字钢截面特性参数的比较

为了能更直观地比较数据，作者编制了 H 型钢与工字钢在相近重量（或截面积）条件下的截面特性参数对照表（表 1.2-1），可供设计人员直接查用。由表 1.2-1 可知，在重量近似的常用规格中，H 型钢的抗弯强度和刚度分别提高 5%～25% 和 5%～50%；截面回转半径 i_x 和 i_y 分别提高 4%～41% 和 16%～67%，增幅较大。但在抗剪强度方面，多数 H 型钢较工字钢略有降低，降幅在 3%～10%，在实际工程中通常不影响截面的选用。

H 型钢与工字钢型号及截面特性参数对比表　　　　　表 1.2-1

工字钢规格	H 型钢规格	H 型钢与工字钢性能参数对比						工字钢规格	H 型钢规格	H 型钢与工字钢性能参数对比					
		横截面积	W_x	W_y	I_x	惯性半径				横截面积	W_x	W_y	I_x	惯性半径	
						i_x	i_y							i_x	i_y
I10	H125×60	1.16	1.34	1.00	1.67	1.20	0.87	I28b	H346×174	0.86	1.19	1.49	1.47	1.31	1.56
I12	H125×60	0.94	0.90	0.76	0.94	1.00	0.81		H350×175	1.03	1.44	1.85	1.80	1.32	1.59
	H150×75	1.00	1.22	1.04	1.53	1.23	1.02	I30a	H350×175	1.03	1.29	1.78	1.51	1.21	1.55
I12.6	H150×75	0.99	1.15	1.04	1.36	1.18	1.03	I30b	H350×175	0.94	1.23	1.71	1.44	1.25	1.58
I14	H175×90	1.06	1.35	1.35	1.70	1.26	1.19	I30c	H350×175	0.86	1.17	1.65	1.37	1.27	1.61
	H175×90	0.88	0.98	1.02	1.07	1.10	1.09	I32a	H350×175	0.94	1.11	1.60	1.22	1.15	1.51
I16	H198×99	0.87	1.11	1.08	1.36	1.25	1.19		H350×175	0.86	1.06	1.49	1.16	1.17	1.52
	H200×100	1.02	1.28	1.26	1.60	1.25	1.19	I32b	H400×150	0.96	1.28	1.29	1.60	1.29	1.24
I18	H200×100	0.87	0.98	1.03	1.09	1.12	1.12		H396×199	0.97	1.38	1.91	1.71	1.32	1.72
	H248×124	1.04	1.50	1.58	2.08	1.41	1.41		H350×175	0.79	1.01	1.39	1.11	1.20	1.52
I20a	H248×124	0.90	1.17	1.30	1.46	1.28	1.33	I32c	H400×150	0.88	1.22	1.23	1.52	1.33	1.24
	H250×125	1.04	1.34	1.49	1.68	1.28	1.33		H396×199	0.89	1.31	1.79	1.62	1.35	1.72
I20b	H248×124	0.81	1.11	1.24	1.38	1.31	1.37	I36a	H400×150	0.92	1.06	1.20	1.13	1.17	1.20
	H250×125	0.93	1.27	1.42	1.59	1.31	1.37		H396×199	0.93	1.14	1.79	1.25	1.15	1.67
I22a	H250×125	0.88	1.03	1.15	1.17	1.16	1.22	I36b	H400×150	0.84	1.01	1.16	1.13	1.16	1.22
	H298×149	0.97	1.37	1.45	1.86	1.38	1.42		H396×199	0.85	1.09	1.72	1.20	1.18	1.70

续表

工字钢规格	H型钢规格	横截面积	W_x	W_y	I_x	i_x	i_y
I22b	H250×125	0.79	0.98	1.10	1.11	1.18	1.24
	H298×149	0.88	1.30	1.39	1.77	1.41	1.45
I24a	H300×150	1.01	1.48	1.59	2.02	1.41	1.45
	H298×149	0.85	1.11	1.23	1.38	1.27	1.36
I24b	H298×149	0.78	1.06	1.18	1.32	1.30	1.38
I25a	H298×149	0.84	1.05	1.23	1.26	1.22	1.37
	H300×150	0.96	1.20	1.40	1.44	1.22	1.37
I25b	H298×149	0.76	1.00	1.13	1.20	1.25	1.37
	H300×150	0.87	1.14	1.29	1.37	1.25	1.37
	H346×174	0.98	1.51	1.74	2.08	1.46	1.62
I27a	H346×174	0.96	1.32	1.61	1.68	1.33	1.55
I27b	H346×174	0.87	1.25	1.54	1.60	1.36	1.57
I28a	H346×174	0.95	1.26	1.61	1.55	1.28	1.55
I45a	H450×200	0.93	1.02	1.64	1.02	1.05	1.53
	H496×199	0.97	1.15	1.62	1.27	1.15	1.49
I45b	H450×200	0.86	0.97	1.58	0.97	1.07	1.56
	H496×199	0.89	1.10	1.57	1.21	1.17	1.52
	H500×200	1.01	1.25	1.81	1.38	1.17	1.54
I45c	H450×200	0.79	0.93	1.53	0.93	1.09	1.59
	H496×199	0.82	1.05	1.52	1.16	1.19	1.54
	H500×200	0.93	1.19	1.75	1.33	1.19	1.56
	H596×199	0.98	1.43	1.63	1.89	1.39	1.47
I50a	H500×200	0.94	1.01	1.51	1.01	1.04	1.42
	H596×199	0.99	1.20	1.40	1.43	1.21	1.34
I50b	H506×201	1.00	1.13	1.76	1.14	1.07	1.48
	H596×199	0.91	1.15	1.36	1.37	1.23	1.36
	H600×200	1.02	1.30	1.55	1.56	1.24	1.38
I36b	H400×200	1.00	1.27	2.06	1.42	1.19	1.73
	H446×199	0.99	1.37	1.89	1.70	1.30	1.65
I36C	H396×199	0.79	1.04	1.66	1.14	1.20	1.73
	H400×200	0.92	1.22	1.99	1.36	1.22	1.75
	H446×199	0.91	1.31	1.82	1.62	1.33	1.68
I40a	H400×200	0.97	1.07	1.87	1.08	1.06	1.65
	H446×199	0.96	1.16	1.71	1.29	1.16	1.57
I40b	H400×200	0.89	1.03	1.81	1.03	1.08	1.68
	H446×199	0.88	1.11	1.65	1.23	1.18	1.61
	H450×200	1.01	1.28	1.94	1.44	1.19	1.63
I40c	H400×200	0.82	0.98	1.75	0.98	1.11	1.72
	H446×199	0.90	1.06	1.18	1.21		1.65
	H450×200	0.93	1.23	1.88	1.38	1.22	1.67
I50c	H500×200	0.81	0.90	1.42	0.92	1.07	1.47
	H506×201	0.93	1.05	1.70	1.10	1.09	1.51
	H596×199	0.85	1.00	1.32	1.32	1.25	1.39
I55a	H600×200	0.98	1.10	1.38	1.20	1.11	1.30
I55b	H600×200	0.91	1.00	1.34	1.15	1.13	1.32
I55c	H600×200	0.84	1.01	1.30	1.11	1.15	1.35
I56a	H596×199	0.87	0.96	1.21	1.02	1.08	1.29
	H600×200	0.97	1.08	1.38	1.15	1.09	1.31
I56b	H606×201	1.02	1.19	1.55	1.29	1.13	1.35
I56c	H600×200	0.83	0.99	1.24	1.06	1.13	1.32
	H606×201	0.95	1.15	1.48	1.24	1.14	1.35
I63a	H582×300	1.09	1.14	2.65	1.05	0.99	2.03
I63b	H582×300	1.01	1.08	2.50	1.01	1.00	2.05
I63c	H582×300	0.94	1.03	2.39	0.97	1.02	2.06

注：表中"H型钢与工字钢性能参数对比"的数值为"H型钢参数值/工字钢参数值"。

1.2.2 单体工程的用钢量比较

一般情况下，承载条件相同的工业厂房，相比采用工字钢，构件采用 H 型钢可节约总体用钢量 10%～15%。对某厂房采用 H 型钢和工字钢两种方案用钢量的比较见表 1.2-2，前者方案可降低用钢量超过 19%。

厂房钢结构采用工字钢及 H 型钢方案的用钢量比较　　　　表 1.2-2

构件类别	采用热轧工字钢方案用钢量(kg)	采用热轧 H 型钢方案用钢量(kg)
屋面	92100	76000
吊车梁(中)	39700	32400
吊车梁(边)	31000	26300
平台	85000	72000

续表

构件类别	采用热轧工字钢方案用钢量（kg）	采用热轧 H 型钢方案用钢量（kg）
栏杆	5800	5800
柱子	26400	20200
桁架中柱	85000	62300
总计	365000	295000
单位用钢量（kg/m²）	130	105
简图		

1.2.3　剖分 T 型钢或 H 型钢弦杆桁架与双角钢弦杆桁架的用钢量比较

钢桁架弦杆采用剖分 T 型钢或 H 型钢替代传统的双角钢，不仅减少了用钢量，而且由于不存在无法维护的角钢间缝隙，还可减少涂料与维修工作量，延长使用寿命。苏联于 1987 年编制了以宽翼缘 H 型钢及 T 型钢为弦杆的钢桁架标准系列设计图（大型屋面板载荷，级别为 240kg/m² 与 365kg/m²），与相同条件下，双角钢组合 T 形弦杆的钢桁架相比，当柱距及跨度、计算载荷较大时，其用钢量约可减少 8%～15%（表 1.2-3）。2006 年，我国也编制了剖分 T 型钢与弦杆的屋架标准图可供设计应用。

弦杆为 H 型钢、T 型钢及双角钢的桁架用钢量比较　　　　　　　　　表 1.2-3

屋架弦杆类型	屋架间距（m）	屋架跨度（m）					
		24			30		
		构件数	计算载荷（kg/m²）		构件数	计算载荷（kg/m²）	
			240	365		240	365
			用钢量（kg/m²）			用钢量（kg/m²）	
双角钢组成 T 形截面弦杆	6	375	14.03	16.65	427	16.15	23.03
	12	203	9.98	12.81	233	13.28	17.47
热轧宽翼缘 H 型钢为弦杆	6	375	20.98	20.98	427	20.25	20.25
	12	203	10.91	10.91	233	13.03	15.80
热轧宽翼缘 T 型钢为弦杆	6	375	14.96	16.10	449	16.17	19.33
	12	203	8.32	11.73	233	11.40	17.03

1.2.4　热轧 H 型钢与焊接 H 型钢的比较

1. 热轧 H 型钢由万能轧机轧制而成，其截面尺寸精度高、制造能耗低、成本低。但其轧制截面高度因技术和装备限制，目前最大高度不超过 1150mm。

2. 焊接 H 型钢由三块钢板组合焊接而成，由于焊接变形影响，在成型中需采用专门的防形变措施及校正工序，其截面尺寸形状的精度稍低，并因工序较多，加工费用也较高。但其优点是可以加工外形或截面有变化的 H 型钢，以及截面高度很高（可大于 3.0m）的 H 型钢。

3. 根据原材料与加工成本分析比较，热轧 H 型钢的制作成本要比焊接 H 型钢低 20% 左右。同时其内在与外观质量也优于焊接 H 型钢。故在截面规格可满足使用条件的情况下，国家相应标准、规范中亦明确宜优先选用热轧 H 型钢。

1.3 H 型钢的应用概况

1.3.1 H 型钢的应用范围

H 型钢是一种截面面积分配合理、强重比较大的通用型材，除广泛应用于建筑领域外，在交通、能源、机械等领域也有较多应用。一般适用于以下构件：

1. 建筑承重框架

可用作单层、多层和高层钢结构及混合结构的承重框架梁、柱构件，各类大厦、场馆、桥梁、隧道钢结构的桁架、支架等，对于承重柱，超原规格重型 H 型钢量首选。

2. 工业构筑物框架、支架

可用作厂房、机库钢结构的承重框架、梁、柱构件，栈桥、矿井的支架等。

3. 地下工程支架

可用作基坑、地铁、车库等地下工程的承重钢桩、护坡桩、支撑框架等，宽翼缘 H 型钢在这些领域正逐步替代窄翼缘 H 型钢。

4. 工业设备框架

可用作塔体、炉体、缶体及管道的支撑构架，钻机井架、海上平台的构架等。

5. 装备结构件

可用作铁路车辆、货运汽车、港口机械和工业机器人的结构件等。

6. 大跨度钢桥构件

大跨度桁架式钢桥与桥面结构多用厚壁宽翼缘 H 型钢作为基本构件。

7. 其他方面

除上述外，在地下铁道及城市高架桥建造、抗震防火等临建建筑及加层建筑、广告支架与照明支架等方面，H 型钢也是常用的型材。

1.3.2 H 型钢的工程应用

1. 钢结构工程的 H 型钢用量

根据国内调查统计，不同类型钢结构工程的 H 型钢用量（包括热轧 H 型钢和焊接 H 型钢），以及部分单体工程的 H 型钢用量，见表 1.3-1、表 1.3-2。

不同类型工程的 H 型钢用量　　　　　　　　　　　　　　　　表 1.3-1

工程类别	常用 H 型钢规格范围	H 型钢单位用钢量	H 型钢占工程用钢总量比例
高层建筑	H400～H800	50～60(kg/m²)	40%～70%
钢结构桥梁	H600～H1000	100～300(kg/m²)	10%～30%
工业厂房	H200～H700	25～50(kg/m²)	20%～45%
火电锅炉	H400～H900	4～7(kg/kW)	50%～75%
石化能源	H300～H600	8～50(t/万吨)	50%～80%

已建成的单项工程中 H 型钢的用量　　　　　　　　　　　　　　表 1.3-2

工程名称	总用钢量(t)	H 型钢用量(t)	占用比例
中央电视台酒店	6450	189	3%
佛山明珠体育馆	4662	735	15%
黄骅电厂	10318	4300	41%
韩国某机场工程	239700	89100	37%

2. 近年来我国 H 型钢的应用实例

近二十年来，我国钢结构和混合结构工程建设发展迅速，以北京央视新大楼、上海中心大厦、港珠澳大桥为代表的一大批标志性建筑建成，并实现了用钢国产化，其关键结构的 H 型钢更是以国产产品为主体，取得了令世人瞩目的成绩。

如今，马钢 H 型钢已发展成为享誉国内外的品牌，在国内重点或特大型工程招标中，常成为首选。近年来，国内外钢结构选材越来越青睐以马钢、莱钢、津西、日照钢厂等共同支撑的国产 H 型钢产品体系。国产 H 型钢在高层建筑、大型场馆、大跨桥梁、地下工程、火电锅炉、能源装备、铁路车辆等领域的工程应用实例见图 1.3-1～图 1.3-13。

图 1.3-1 北京央视新大楼（H400～H800，Q355B/C）

图 1.3-2 上海中心大厦（H600～H800，Q355B/C）

图 1.3-3 北京国家体育场（H300～H500，Q355B）

图 1.3-4 上海中福城高层住宅楼（H400～H600，Q345FR）

图 1.3-5 港珠澳大桥（H300～H800，Q355D）

图 1.3-6 广州丫髻沙大桥（H300～H600，Q355B/C）

图 1.3-7　金陵石化设备（H400～H600，Q355B）

图 1.3-8　上海锅炉火电锅炉
（H300～H500，Q235B/Q355B）

图 1.3-9　俄罗斯亚马尔液化天然气项目（H200～H800，S355ML/S355K2）

图 1.3-10　南海海洋石油平台（H300～H600，SM490YB-SY）

图 1.3-11　南京高层建筑地下深基坑工程（H300～H600，Q355B）　图 1.3-12　石油钻机（H300～H600，Q355D/E）

图 1.3-13 铁路平车（H600，Q345NQR2/Q420NQR1）

1.4 H型钢生产概况和包装

1.4.1 H型钢发展历程

1902年，卢森堡阿尔贝德公司建造了全世界第一套万能轧机，轧出了翼缘较宽的工字钢。1908年，美国伯利恒公司建成了全世界第一家宽翼缘工字钢厂；1914年，德国也建成了生产类似产品的培因工字钢厂。1955年，万能轧机已具备生产翼缘内外表面平行的工字钢的能力。1958年，欧洲煤钢联营发展了翼缘宽度更大且内外表面平行的IPE系列工字钢，其截面面积分配更加优化、强重比更加合理，应用效能大幅提升。因该工字钢的截面形状与英文字母"H"相同，故得名"H型钢"。

20世纪60年代，随着世界钢铁工业发展，H型钢在各国普遍受到重视，多数工业发达国家都积极筹建H型钢厂，厂家数量激增，产品尺寸外形也趋于大型化，规格也逐步系列化。在此期间，欧洲发展出HE系列规格H型钢，包括梁型、柱型及桩型H型钢，美、日等国先后制定了各自的H型钢产品标准。

20世纪70年代至今，随着钢材市场逐渐趋于饱和，H型钢的发展方向从产能扩增转向新技术开发。H型钢的生产技术发展大致分为三个阶段。第一阶段，采用模铸钢锭，初轧成矩形坯和异型坯，再加热后送入开坯机、万能粗轧机和万能精轧机轧制出成品，因需二次加热，能耗大、成材率低，只能生产H400系列及以下规格。第二阶段，采用连铸方坯、异型坯及板坯，以及"X-H"和"X-X"轧制技术，缩短了生产线，能耗降低、成材率提高，各区域的轧制变形条件得到改善，产品内在质量改善；得益于装备的技术发展，轧机能力大幅提升，极限规格拓展至H800系列。第三阶段，采用近终形连铸异型坯及"X-H"轧制工艺的CBP紧凑式生产技术，万能轧制串列式布置，形成半连续或连续轧制，产品质量控制的稳定性进一步增强，生产成本进一步降低。

近年来，随着液压辊缝自动控制、液压动态轴向调整、长尺冷却矫直、轧后淬火-自回火工艺等技术广泛应用，H型钢的生产技术日趋完善，产品表面及内部质量也得到大幅提升。

1.4.2 热轧H型钢的生产现状

目前，全世界共有24个国家和地区生产H型钢，拥有120余套万能轧机，主要集中在欧洲、亚洲和美洲，在亚洲则以中国、日本、韩国为主。全世界的H型钢总产能约为5500万t/年，近几年的每年消耗量约为4200万t。在主要产钢国中，H型钢产量占热轧钢材总量的3%～6%。

1998年，马鞍山钢铁股份有限公司引进我国第一条具备国际先进水平的大型H型钢生产线，设计产能60万t/年，H型钢规格范围H200～H800；同年11月，山东钢铁股份有限公司莱芜分公司引进小型H型钢生产线，设计产能50万t/年，H型钢规格范围H100～H350。到2002年，随着产能释放加速，实际已经达到120万t/年。2019年，马鞍山钢铁股份有限公司建成我国第一条重型热轧H型钢生产线，H型钢产品的高度可达1150mm，翼缘厚度超过115mm，翼缘宽度达到500mm，具备覆盖世界主流标准的能力。截至 2019 年底，我国具备生产 H 型钢能力的产线超过 30 条，年产能总和已超过 3000 万 t，具体见表 1.4-1。

我国主要热轧 H 型钢生产线现状 表 1.4-1

区域	省份	城市	钢厂名称	轧线条数	年产能(万 t)
华东	安徽省	马鞍山	马钢	4	310
	江苏省	常州	东方特钢	1	80
	山东省	济南	莱钢	3	260
			金丰	1	60
		日照	日照	2	250
	福建省	福州	吴航	1	120
东北	辽宁省	鞍山	宝得	1	200
			紫竹	2	100
西北	内蒙古	包头	包钢	2	210
	山西省	太原	新泰	1	140
		长治	首钢长钢	1	70
		介休	安泰	1	140
西南	云南省	昆明	昆钢	1	80
华北	天津	天津	江天	1	72
	河北省	邯郸	兴华	1	150
			邯钢	1	138
		唐山	天柱	1	120
			津西	4	510
			荣泰	1	30
			鼎金	1	30
			宏润	1	45
			盛达	1	65
			鑫亿源	1	60
			弘泰	1	40
			鑫达	1	110
合计	—	—	—	31	3390

1.4.3 热轧 H 型钢的发展趋势

目前，热轧 H 型钢在超高、超宽、超厚规格和品种钢开发方面的研究不够全面。受制于孔型变形特点和生产线装备，从坯料到成品总压缩小、道次压下分配调整不灵活、轧后冷却条件选择性少，超高强度、超高韧性产品的开发难度很大，截面各区域力学性能差距较热轧板材产品更大。此外，热轧 H 型钢翼缘和腹板尺寸都有极限，且要求两者有一定的协调关系，规格调整灵活度低。为此，国内钢铁企业相继加大投入，启动相关超高强度、超高韧性、耐火耐候等重型热轧 H 型钢品种钢的研发，针对现有产品继续优化轧制工艺或增加处理工序，改善产品截面力学性能均匀性。此外，定制化生产逐步成为主流，不仅产品标准内容在扩充，而且钢铁企业也针对不同领域的需求开发专用规格或专用牌号，以进一步增强产品的适用性。

1.4.4 国内 H 型钢生产线概况

我国生产 H 型钢的厂家有二十多家，H 型钢生产线有 31 条。下面分别介绍马钢、莱钢、津西和日照四个产能靠前的厂家。

1. 马钢 H 型钢生产线

马钢拥有重型、大型和小型共 3 条 H 型钢生产线，以及 1 条轻型型钢生产线补充生产轻薄规格 H 型钢，年产能 310 万 t/年，能够生产从轻薄到厚重、从小型到大型规格的 H 型钢，实现美标、英标、欧标、俄标、澳标、日标、韩标及国标规格的全覆盖，极大满足各行业的需求。先进的装备及工艺能确保 H 型钢尺寸外形、力学性能、外观表面等质量稳定可控，具备开发高强度、高韧性、高耐蚀、抗震、耐火等品种钢的能力，满足不同领域的特殊要求。

1) 大型 H 型钢生产线

该生产线于 1998 年建成投产，是我国第一条 H 型钢生产线，由德国曼内斯曼·德马克公司、西门子公司和美国依太姆公司提供技术和主要设备。采用近终型异形坯连铸技术、串列万能轧制技术（万能-轧边-万能轧线布置）、微张力控制技术，全线计算机自动控制。主要装备包括步进梁式加热炉、两辊开坯轧机、串列式万能粗轧机组、万能精轧机、锯机、步进梁式冷床、辊式矫直机、堆垛机、打包机等。

目前，该生产线的实际产能可达到 110 万 t/年。H 型钢规格范围 H200～H800，定尺最长为 21m，其中翼缘厚度 50mm 的规格在国内独家供货，已开发规格 300 余个。主要钢种为碳素结构钢、低合金高强度结构钢、耐候钢、抗震钢、耐火钢，以及桥梁、钻机、锅炉、船体、车辆等专用钢。

2) 小型 H 型钢生产线

该生产线于 2005 年建成投产，是我国第一条小型 H 型钢全连续轧制生产线，由意大利达涅利公司提供主要技术和设备，步进式加热炉由北京凤凰工业炉公司提供，其他辅助设备由马钢公司等配套制造。采用近终型异形坯连铸技术、全连续轧制技术，全部布置在 5.5m 高的平台上。

目前，该生产线的实际产能可达到 60 万 t/年。H 型钢规格范围 H100～H400，定尺最长为 18m，已开发规格 150 余个。主要钢种为碳素结构钢、低合金结构钢、低合金钢、桥梁和船体结构用钢、耐候钢。

3) 轻型型钢生产线

该生产线投产于 2018 年 8 月，主要产品为角钢、槽钢、U 型钢以及其他类型异型钢，但也具备热轧 H 型钢和工字钢的生产能力。可采用矩形连铸坯或异形连铸坯，加热炉为步进式，轧机采用 "2＋6" 半连续布置形式，即 2 架可逆式开坯机，6 架连轧中精轧机，主要生产技术和设备均来自于国内，实现了全线国产化。

目前，该生产线实际产能可达到 60 万 t/年。热轧 H 型钢规格可达 H150，定尺最长为 18m。可生产钢种有碳素结构钢、低合金结构钢、低合金钢、桥梁和船体结构用钢、耐候钢等。

4) 重型 H 型钢生产线

该生产线于 2020 年 5 月投产，是国内第一条具备生产超厚、超宽、超高规格 H 型钢的生产线，极大拓展我国 H 型钢规格覆盖范围，实现高端 H 型钢自给自足，进一步确保了我国关键材料的战略安全，提升我国参与国际化竞争的实力。

采用 "1＋1＋3" 轧机布置形式，即 2 架开坯机和 1 架 UR-E-UF 串列轧机机组，以及大型门式矫直机，采用近终型异形坯连铸、串列式万能连轧微张力控制、QST 等先进工艺和技术。关键工艺技术和轧线主要设备达到世界先进水平，设计年产能 80 万 t。

典型 H 型钢规格，翼缘厚度可达 140mm，翼缘宽度可达 500mm，腹板高度可达 1150mm，同时在全世界范围内首次实现内腔深度达到 310mm 的帽型钢热轧成型。设备和工艺方面能够确保超厚、超宽、超高规格 H 型钢的屈服强度级别达到 460MPa，耐低温性能达到 -60℃，具有耐火、耐蚀、抗震等性能，更好地满足建筑、交通、能源和机械等领域对高端钢材的需求。

据统计，从 1998 年到 2019 年，马钢已经累计生产高品质 H 型钢 2500 万 t，其中出口 450 万 t，实物质量达到国际先进水平。产品销往我国几乎所有省份（直辖市和自治区）以及美国、加拿大、欧盟、日本、东南亚等 48 个国家和地区。

2. 莱钢 H 型钢生产线

目前，莱钢有大型、中型和小型共 3 条型钢生产线，主要生产轻型系列、中型系列和大型系列 H

型钢及其他型钢产品，具备260万t/年的生产能力。

1）大型H型钢生产线

该生产线于2005年建成投产，由奥钢联、斯坦因、西马克·梅尔、西门子等提供技术和设备，采用近终型异形坯连铸机、数字化加热炉、CCS万能串列机组、X-H轧制工艺、CRS双支撑式矫直机和快速换辊系统、打捆机等技术和装备。实际产能达到100万t/年，H型钢规格范围H400～H1000，定尺最长为24m，主要钢种为碳素结构钢、桥梁结构用钢、矿用钢、低合金结构钢和耐候钢等。

2）中型H型钢生产线

该生产线于1998年建成投产，主体设备全部从日本引进，生产过程采用两级计算机控制，实际产能达到100万t/年。H型钢规格范围H100～H400，定尺最长为24m，主要钢种有碳素结构钢、低合金结构钢、矿用钢等。

3）小型H型钢生产线

该生产线是2001年由常熟迁往山东莱芜，经改造后于2002试投产，核心设备由燕山大学轧机研究所提供，是吸收全球先进经验研制的第四代产品，在国产万能轧机中技术成熟度较高，实际产能达到60万t/年。主要生产叉车门梁、各类滑轨、导轨等各类异型钢，以及部分轻型和超轻型H型钢，其中H型钢规格范围是H50～H150。

3. 津西H型钢生产线

目前，津西共有4条型钢生产线，其中大型1条，中型3条，主要生产中型系列和大型系列H型钢及其他型钢产品，具备510万t/年的生产能力。

1）大型H型钢生产线

该生产线于2006年建成投产，由西马克·梅尔等提供技术和设备，实际生产能力150万t/年。坯料为近终型异形坯，轧机布置形式为"1+3"，即1架往复式开坯机，3架万能轧机。主要产品类型有H型钢、Z型钢板桩。产品极限规格为H1000，主要钢种有碳素结构钢、低合金钢等。

2）中型H型钢生产线

中型型钢生产线共3条，其中2条设计产能110万t的产线分别于2008年、2009年建成投产，由意大利达涅利提供技术和主体设备，两条产线均可采用异形坯和矩形坯，轧线均采用半连续"1+10"的布置形式。主要产品类型有H型钢、工字钢、角钢、槽钢。产品极限规格为H400，主要钢种有碳素结构钢、低合金结构钢等。设计年产140万t的产线的轧机布置形式为"1+11"，主要产品类型有H型钢、工字钢、槽钢、钢板桩。产品极限规格为H450，主要钢种为碳素结构钢、低合金钢等。

4. 日照H型钢生产线

目前，日照有大型、中型各1条型钢生产线，主要生产中型系列和大型系列H型钢及其他型钢产品，具备250万t/年的生产能力。

1）大型H型钢生产线

该生产线于由西马克梅尔等提供技术和主要设备，年生产能力100万t。坯料为近终型异形坯，轧机布置形式为"1+3"，即1架往复式开坯机，3架往复式万能轧机。主要产品类型为H型钢，主要钢种有碳素结构钢，低合金钢等。

2）中型H型钢生产线

该产线于2004年建成投产，由意大利达涅利等提供技术和设备，年生产能力150万t。采用方坯或矩形坯，轧机布置形式为"1+11"半连续，即1架往复式开坯机，11架连轧机。主要产品类型有H型钢、工字钢、槽钢。产品极限规格为H350，主要钢种有碳素结构钢、低合金钢等。

1.4.5　H型钢的包装

根据现行标准《型钢验收、包装、标志及质量证明书的一般规定》GB/T 2101—2017规定，针对每米质量不大于60kg的H型钢必须成捆交货，其他规格的H型钢可选择成捆交货，对于每米质量较大的H型钢，经供需双方协商亦可逐支交货。每捆H型钢应用钢带、盘条或铁丝捆扎结实，并一端平齐。

根据需方要求并在合同中注明，亦可先捆扎成小捆，然后将数个小捆捆成大捆。

　　成捆交货 H 型钢的包装应符合表 1.4-2 的规定。包装类别通常由供方选择，经供需双方协议并在合同中注明，可采用其他包装类别。倍尺交货的 H 型钢，同捆长度差不受表 1.4-2 的限制。同一批中的短尺应集中捆扎，少量短尺捆扎后可并入大捆中，与该大捆的长度差不受表 1.4-2 的限制。采用人工进行装卸时，需在合同中注明，每捆质量不得大于 80kg，长度等于或大于 6000mm，均匀捆扎不得少于 3 道，长度小于 6000mm，捆扎不少于 2 道。

热轧 H 型钢打捆交货要求　　　　　　　　　　　　　　　　　　　　　　　表 1.4-2

包装类别	每捆不大于量(kg)	捆扎道次		同捆长度差(mm) 不大于
		长度不大于6000mm	长度大于6000mm	
		不少于		
1	2000	4	5	定尺长度允许偏差
2	4000	3	4	2000
3	5000	3	4	—
4	10000	5	6	—

第2章 材 料

随着 H 型钢的广泛应用，国内 H 型钢生产厂家可以提供的产品规格齐全，满足不同行业的多种需求。国内 H 型钢产品品种需要满足相应的钢材标准规定要求。常用的品种有碳素结构钢和低合金高强度结构钢，有特殊功能要求的品种有：耐候结构钢、厚度方向性能热轧 H 型钢、改善焊接性能热轧型钢、耐火热轧 H 型钢、抗震热轧 H 型钢和海洋工程结构用热轧 H 型钢。国内 H 型钢产品的截面规格和特性应符合相关标准的要求。

选用钢材应遵循技术可靠、经济合理的原则，综合考虑结构的重要性、荷载特性、结构形式、应力特征、连接方法、工作环境、钢材厚度等诸多因素。

2.1 H 型钢所用钢材及其性能

根据《钢结构设计标准》GB 50017—2017 要求，当 H 型钢用作钢构件时，可选用 Q235、Q355、Q390、Q420 和 Q460 钢，在品种方面可选用碳素钢、低合金钢、耐候钢、耐火钢、抗震钢等产品，其产品的化学成分、性能要求和质量要求应符合相应的标准。

实际工程中应用较为普遍的为 Q235 和 Q355 钢，因前者强度适中，并有良好的承载性、可焊性与可加工性；后者强度和承载力更高，并具有良好的塑性、韧性及可焊性，在建筑领域应用较为广泛。

2.1.1 碳素结构钢

1. H 型钢采用碳素结构钢时，其化学成分及力学性能应符合现行国标《碳素结构钢》GB/T 700—2006 的规定。产品按质量等级不同分为 A、B、C、D 四个等级，其脱氧方法分别以符号 F、Z、TZ 表示沸腾钢、镇静钢、特殊镇静钢，结构钢材应选用镇静钢。产品一般以热轧状态交货。

2. 产品化学成分、力学性能及冷弯性能要求分别见表 2.1-1~表 2.1-3。

化学成分要求（%）   表 2.1-1

牌号	等级	脱氧方法	化学成分（质量分数）（%） 不大于							
			C	Si	Mn	P	S	Cr	Cu	Ni
Q235	A	F、Z	0.22	0.35	1.40	0.045	0.050	0.30	0.30	0.30
	B		0.20			0.045	0.045			
	C	Z	0.17			0.040	0.040			
	D	TZ	0.17			0.035	0.035			
Q275	A	F、Z	0.24	0.35	1.50	0.045	0.050	0.30	0.30	0.30
	B	Z	0.21			0.045	0.045			
	C		0.20			0.040	0.040			
	D	TZ	0.20			0.035	0.035			

注：1. 所有数值为钢材的熔炼分析值。
　　2. 经需方同意，Q235B 碳含量可不大于 0.22%。
　　3. D 级钢应有足够的细化晶粒元素，并在质量证明书中注明细化晶粒元素的含量。

2.1.2 低合金高强度结构钢

1. 当 H 型钢采用低合金钢时，其力学性能及化学成分均应符合现行国标《低合金高强度结构钢》GB/T 1591—2018 的规定。低合金高强度热轧 H 型钢可以热轧、正火轧制和热机械轧制（TMCP）状态交货。

低合金高强度结构钢按化学成分、断后伸长率及冲击功等不同分为B、C、D、E、F五个质量等级。

力学性能要求 表 2.1-2

牌号	质量等级	屈服强度 R_{eH}(N/mm²) 不小于					抗拉强度 R_m (N/mm²)	断后伸长率 A(%)不小于				冲击吸收功(纵向)(J)	
		厚度(mm)						厚度(mm)				温度(℃)	不小于
		≤16	>16～40	>40～60	>60～100	>100～150		≤40	>40～60	>60～100	>100～150		
Q235	A	235	225	215	215	195	370～500	26	25	24	22	—	—
	B											+20	27
	C											0	
	D											−20	
Q275	A	275	265	255	245	225	410～540	22	21	20	18	—	—
	B											+20	27
	C											0	
	D											−20	

注：1. 厚度大于100mm的钢材，抗拉强度下限允许偏低20N/mm²。宽带钢（包括剪切带钢）抗拉强度上限不做交货条件。

2. 厚度小于25mm的Q235级钢材，如供方能保证冲击吸收功值合格，经需方同意，可不做检验。

冷弯性能要求 表 2.1-3

牌号	试样方向	冷弯试验180° B=2a	
		弯心直径 d	
		≤60mm	>60mm～100mm
Q235	纵	a	2a
	横	1.5a	2.5a
Q275	纵	1.5a	2.5a
	横	2a	3a

注：1. 表中 B 为试样宽度，a 为试样厚度（或直径）。

2. 钢材厚度（或直径）大于100mm时，弯曲试验由双方协商确定。

3. 表中纵、横分别表示弯曲试样为纵向取样与横向取样。

2. 化学成分：热轧钢、正火及正火轧制钢、热机械轧制钢的牌号及化学成分（熔炼分析）分别见表2.1-4、表2.1-6、表2.1-8；其碳当量值分别见表2.1-5、表2.1-7、表2.1-9。当热机械轧制钢的碳含量不大于0.12%时，宜采用焊接裂纹敏感性指数（P_{cm}）代替碳当量评估钢材的可焊性，P_{cm}值见表2.1-9。经供需双方协商，可指定采用碳当量或焊接裂纹敏感性指数评估钢材的可焊性，当未指定时，供方可任选其一。

热轧钢的牌号及化学成分 表 2.1-4

牌号		化学成分(质量分数)(%)													
钢级	质量等级	C		Si	Mn	P	S	Nb	V	Ti	Cr	Ni	Cu	Mo	N	B
		以下公称厚度或直径(mm)													
		≤40	>40												
		不大于		不大于												
Q355	B	0.24		0.55	1.60	0.035	0.035	—			0.30	0.30	0.40	—	0.012	
	C	0.20	0.22			0.030	0.030									
	D	0.20	0.22			0.025	0.025								—	

续表

牌号		化学成分(质量分数)(%)														
钢级	质量等级	C		Si	Mn	P	S	Nb	V	Ti	Cr	Ni	Cu	Mo	N	B
		以下公称厚度或直径(mm)		不大于												
		≤40	>40													
		不大于														
Q390	B	0.20		0.55	1.70	0.035	0.035	0.05	0.13	0.05	0.30	0.50	0.40	0.10	0.015	—
	C					0.030	0.030									
	D					0.025	0.025									
Q420	B	0.20		0.55	1.70	0.035	0.035	0.05	0.13	0.05	0.30	0.80	0.40	0.20	0.015	—
	C					0.030	0.030									
Q460	C	0.20		0.55	1.80	0.030	0.030	0.05	0.13	0.05	0.30	0.80	0.40	0.20	0.015	0.004

注：1. 公称厚度大于 100mm 的型钢，碳含量可由供需双方确定。

2. 公称厚度大于 30mm 的钢材，碳当量不大于 0.22%。

3. 对于型钢和棒材，其磷和硫含量上限可提高 0.005%。

4. Q390、Q420 的 Nb 含量最高可达 0.07%，Q460 的 Nb 含量最高可达 0.11%。

5. Ti 含量最高可达 0.20%。

6. 如果钢中酸溶铝 Als 含量不小于 0.015% 或全铝不小于 0.020%，或添加了其他固 N 合金元素，N 元素含量不做限制，故 N 元素应在质量证明书中注明。

热轧状态交货钢材的碳当量（基于熔炼分析） 表 2.1-5

牌号		碳当量 CEV(质量分数)(%)不大于			
钢级	质量等级	公称厚度或直径(mm)			
		≤30	>30~63	>63~150	>150~250
Q355	B	0.45	0.47	0.47	0.49
	C				
	D				
Q390	B	0.45	0.47	0.48	—
	C				
	D				
Q420	B	0.45	0.47	0.48	0.49
	C				
Q460	C	0.47	0.49	0.49	—

注：当需对 Si 含量控制时，为达到抗拉强度要求而增加其他元素，如碳和锰的含量，表中最大碳当量应符合下列规定：对于 Si≤0.030%，碳当量可提高 0.02%；对于 Si≤0.25%，碳当量可提高 0.01%。

正火、正火轧制钢的牌号及化学成分 表 2.1-6

牌号		化学成分(质量分数)(%)													
钢级	质量等级	C	Si	Mn	P	S	Nb	V	Ti	Cr	Ni	Cu	Mo	N	Als
		不大于			不大于					不大于					不小于
Q355N	B	0.20	0.50	0.90~1.65	0.035	0.035	0.005~0.05	0.01~0.12	0.006~0.05	0.30	0.50	0.40	0.10	0.015	0.015
	C				0.030	0.030									
	D				0.030	0.025									
	E	0.18			0.025	0.020									
	F	0.16			0.020	0.010									

牌号		化学成分(质量分数)(%)													
钢级	质量等级	C	Si	Mn	P	S	Nb	V	Ti	Cr	Ni	Cu	Mo	N	Als 不小于
		不大于			不大于					不大于					
Q390N	B	0.20	0.50	0.90~1.70	0.035	0.035	0.01~0.05	0.01~0.20	0.006~0.05	0.30	0.50	0.40	0.10	0.015	0.015
	C				0.030	0.030									
	D				0.030	0.025									
	E				0.025	0.020									
Q420N	B	0.20	0.60	1.00~1.70	0.035	0.035	0.01~0.05	0.01~0.20	0.006~0.05	0.30	0.80	0.40	0.10	0.015	0.015
	C				0.030	0.030									
	D				0.030	0.025								0.025	
	E				0.025	0.020									
Q460N	C	0.20	0.60	1.00~1.70	0.030	0.030	0.01~0.05	0.01~0.20	0.006~0.05	0.30	0.80	0.40	0.10	0.015	0.015
	D				0.030	0.025									
	E				0.025	0.020								0.025	

注: 1. 钢中应至少含有铝、铌、钒、钛等细化晶粒元素中的一种,单独或组合加入时,应保证其中一种合金元素含量不小于表中规定含量的下限。

2. 对于型钢,硫和磷含量上限值可提高 0.005%。

3. Q460N 的 V+Nb+Ti≤0.22%,Mo+Cr≤0.30%。

4. 钢中 Ti 含量最高可到 0.20%。

5. 表中 Als 可用全铝 Alt 替代,此时全铝最小含量为 0.020%,当钢中添加了 Nb、V、Ti 等细化晶粒的元素且含量小于表中规定含量的下限时,铝含量下限值不限。

正火、正火轧制状态交货钢材的碳当量 (基于熔炼分析)　　　　　表 2.1-7

牌号		碳当量 CEV(质量分数)(%)不大于		
钢级	质量等级	公称厚度或直径(mm)		
		≤63	>63~100	>100~250
Q355N	B、C、D、E、F	0.43	0.45	0.45
Q390N	B、C、D、E	0.46	0.48	0.49
Q420N	B、C、D、E	0.48	0.50	0.52
Q460N	C、D、E	0.53	0.54	0.55

热机械轧制钢的牌号及化学成分　　　　　表 2.1-8

牌号		化学成分(质量分数)(%)														
钢级	质量等级	C	Si	Mn	P	S	Nb	V	Ti	Cr	Ni	Cu	Mo	N	B	Als 不小于
							不大于									
Q355M	B	0.14	0.50	1.60	0.035	0.035	0.01~0.05	0.01~0.10	0.006~0.05	0.30	0.50	0.40	0.10	0.015	—	0.015
	C				0.030	0.030										
	D				0.030	0.025										
	E				0.025	0.020										
	F				0.020	0.010										
Q390M	B	0.15	0.50	1.70	0.035	0.035	0.01~0.05	0.01~0.12	0.006~0.05	0.30	0.50	0.40	0.10	0.015	—	0.015
	C				0.030	0.030										
	D				0.030	0.025										
	E				0.025	0.020										

牌号		化学成分(质量分数)(%)														
钢级	质量等级	C	Si	Mn	P	S	Nb	V	Ti	Cr	Ni	Cu	Mo	N	B	Als
					不大于											不小于
Q420M	B	0.16	0.50	1.70	0.035	0.035	0.01～0.05	0.01～0.12	0.006～0.05	0.30	0.80	0.40	0.20	0.015	—	0.015
	C				0.030	0.030										
	D				0.030	0.025								0.025		
	E				0.025	0.020										
Q460M	C	0.16	0.60	1.70	0.030	0.030	0.01～0.05	0.01～0.12	0.006～0.05	0.30	0.80	0.40	0.20	0.015	—	0.015
	D				0.030	0.025								0.025		
	E				0.025	0.020										
Q500M	C	0.18	0.60	1.80	0.030	0.030	0.01～0.11	0.01～0.12	0.006～0.05	0.60	0.80	0.55	0.20	0.015	0.004	0.015
	D				0.030	0.025								0.025		
	E				0.025	0.020										

注：1. 钢中应至少含有铝、铌、钒、钛等细化晶粒元素中的一种，单独或组合加入时，应保证其中一种合金元素含量不小于表中规定含量的下限。

2. 对于型钢，硫和磷含量上限值可提高 0.005%。

3. 钢中 Ti 含量最高可到 0.20%。

4. 表中 Als 可用全铝 Alt 替代，此时全铝最小含量为 0.020%，当钢中添加了 Nb、V、Ti 等细化晶粒的元素且含量小于表中规定含量的下限时，铝含量下限值不限。

5. 对于型钢，Q355M、Q390M、Q420M 和 Q460M 的最大碳含量可提高 0.02%。

热机械轧制状态交货钢材的碳当量及焊接裂纹敏感性指数（基于熔炼分析）　　　表 2.1-9

牌号		碳当量 CEV(质量分数)(%) 不大于				焊接裂纹敏感性指数 P_{cm}(质量分数)(%) 不大于
钢级	质量等级	公称厚度或直径(mm)				
		≤16	>16～40	>40～63	>63～120	
Q355M	B、C、D、E、F	0.39	0.39	0.40	0.45	0.20
Q390M	B、C、D、E	0.41	0.43	0.44	0.46	0.20
Q420M	B、C、D、E	0.43	0.45	0.46	0.47	0.20
Q460M	C、D、E	0.45	0.46	0.47	0.48	0.22
Q500M	C、D、E	0.47	0.47	0.47	0.48	0.25

3. 力学性能：热轧钢、正火及正火轧制钢、热机械轧制钢的拉伸性能分别见表 2.1-10～表 2.1-12，冲击性能见表 2.1-13，弯曲性能见表 2.1-14。

4. 表面质量：型钢的表面质量应符合相关标准的规定；经供需双方协商，型钢的表面质量也可执行现行黑色冶金行业标准《热轧型钢表面质量一般要求》YB/T 4427—2014 的规定。

热轧钢材的拉伸性能　　　表 2.1-10

牌号		屈服强度 R_{eH}(MPa) 不小于						抗拉强度 R_m(MPa)		断后伸长率(纵向)A(%)不小于			
钢级	质量等级	公称厚度或直径(mm)											
		≤16	>16～40	>40～63	>63～80	>80～100	>100～150	≤100	>100～150	≤40	>40～63	>63～100	>100～150
Q355	B、C、D	355	345	335	325	315	295	470～630	450～600	22	21	20	18

续表

牌号		屈服强度 R_{eH}(MPa) 不小于						抗拉强度 R_m(MPa)		断后伸长率(纵向)A(%)不小于			
钢级	质量等级	≤16	>16~40	>40~63	>63~80	>80~100	>100~150	≤100	>100~150	≤40	>40~63	>63~100	>100~150
Q390	B、C、D	390	380	360	340	340	320	490~650	470~620	21	20	20	19
Q420	B、C	420	410	390	370	370	350	520~680	500~650	20	19	19	19
Q460	C	460	450	430	410	410	390	550~720	530~700	18	17	17	17

注：当屈服强度不明显时，可用规定塑性延伸强度 $R_{P0.2}$ 代替上屈服强度。

正火、正火轧制钢材的拉伸性能 表 2.1-11

牌号		屈服强度 R_{eH}(MPa) 不小于						抗拉强度 R_m(MPa)		断后伸长率(纵向)A(%) 不小于				
钢级	质量等级	≤16	>16~40	>40~63	>63~80	>80~100	>100~150	≤100	>100~200	≤16	>16~40	>40~63	>63~80	>80~200
Q355N	B、C、D、E、F	355	345	335	325	315	295	470~630	450~600	22	22	22	21	21
Q390N	B、C、D、E	390	380	360	340	340	320	490~650	470~620	20	20	20	19	19
Q420N	B、C、D、E	420	400	390	370	360	340	520~680	500~650	19	19	19	18	18
Q460N	C、D、E	460	440	430	410	400	380	540~720	530~710	17	17	17	17	17

注：当屈服强度不明显时，可用规定塑性延伸强度 $R_{P0.2}$ 代替上屈服强度。

热机械轧制（TMCP）钢材的拉伸性能 表 2.1-12

牌号		屈服强度 R_{eH}(MPa) 不小于						抗拉强度 R_m(MPa)					断后伸长率(纵向)A(%) 不小于
钢级	质量等级	≤16	>16~40	>40~63	>63~80	>80~100	>100~120	≤40	>40~63	>63~80	>80~100	>100~120	
Q355M	B、C、D、E、F	355	345	335	325	325	320	470~630	450~610	440~600	440~600	430~590	22
Q390M	B、C、D、E	390	380	360	340	340	335	490~650	480~640	470~630	460~620	450~610	20
Q420M	B、C、D、E	420	400	390	380	370	365	520~680	500~660	480~640	470~630	460~620	19
Q460M	C、D、E	460	440	430	410	400	385	540~720	530~710	510~690	500~680	490~660	17
Q500M	C、D、E	500	490	480	460	450	—	610~770	600~760	590~750	540~730	—	17

注：1. 当屈服强度不明显时，可用规定塑性延伸强度 $R_{P0.2}$ 代替上屈服强度。
　　2. 对于型钢，其公称厚度或直径不大于150mm。

夏比（V形缺口）冲击试验的温度和冲击吸收能量　　　　　　　　表 2.1-13

牌号		以下试验温度的冲击试验(纵向)和吸收能量最小值 KV_2(J)				
钢级	质量等级	20℃	0℃	—20℃	—40℃	—60℃
Q355、Q390、Q420	B	34	—	—	—	—
Q355、Q390、Q420、Q460	C	—	34	—	—	—
Q355、Q390	D	—	—	34	—	—
Q355N、Q390N、Q420N	B	34	—	—	—	—
	C	—	34	—	—	—
Q355N、Q390N、Q420N、Q460N	D	55	47	40	—	—
	E	63	55	47	31	—
Q355N	F	63	55	47	31	27
Q355M、Q390M、Q420M	B	34	—	—	—	—
	C	—	34	—	—	—
Q355M、Q390M、Q420M、Q460M	D	55	47	40	—	—
	E	63	55	47	31	—
Q355M	F	63	55	47	31	27
	C	—	55	—	—	—
Q500M	D	—	—	47	—	—
	E	—	—	—	31	—

注：1. 当需方指定时，D级钢可做—30℃冲击时，冲击吸收能量纵向不小于27J。
　　2. 当需方指定时，E级钢可做—50℃冲击时，冲击吸收能量纵向不小于27J。
　　3. 当需方未指定试验温度时，正火轧制和热机械轧制的C、D、E、F级钢分别做0℃、—20℃、—40℃、—60℃冲击。

弯曲试验　　　　　　　　　　　　　　表 2.1-14

试样方向	180°弯曲试验 D 为弯曲压头直径,a 为试样厚度或直径	
	公称厚度或直径(mm)	
	≤16	＞16～100
对于公称宽度不小于 600mm 的钢板及钢带,拉伸试验取横向样,其他钢材拉伸试验取纵向样。	$D=2a$	$D=3a$

注：如供方能保证弯曲试验合格，可不做检验。

2.1.3　耐候结构钢

　　处于外露环境，且对耐腐蚀有特殊要求或处于侵蚀性介质环境中的承重结构，可采用耐候结构钢，其质量应符合现行国家标准《耐候结构钢》GB/T 4171—2008 的规定。

　　1. H型钢采用耐候钢时，其化学成分及力学性能应分别符合表 2.1-15～表 2.1-17 的规定。

　　2. 表面质量：钢材表面不得有裂纹、结疤、折叠、气泡、夹杂和分层等对使用有害的缺陷。如有上述缺陷，允许清除，清除的深度不得超过钢材厚度公差之半。清除处应圆滑无棱角。型钢表面缺陷不得横向铲除。热轧钢材表面允许存在其他不影响使用的缺陷，但应保证钢材的最小厚度。

耐候结构钢化学成分　　　　　　　　　表 2.1-15

牌号	化学成分(质量分数)(%)							
	C	Si	Mn	P	S	Cu	Cr	Ni
Q265GNH	≤0.12	0.10～0.40	0.20～0.50	0.07～0.12	≤0.020	0.20～0.45	0.30～0.65	0.25～0.50
Q295GNH	≤0.12	0.10～0.40	0.20～0.50	0.07～0.12	≤0.020	0.25～0.45	0.30～0.65	0.25～0.50

牌号	化学成分(质量分数)(%)							
	C	Si	Mn	P	S	Cu	Cr	Ni
Q310GNH	≤0.12	0.25~0.75	0.20~0.50	0.07~0.12	≤0.020	0.20~0.50	0.30~1.25	≤0.65
Q355GNH	≤0.12	0.20~0.75	≤1.00	0.07~0.15	≤0.020	0.25~0.55	0.30~1.25	≤0.65
Q235NH	≤0.13	0.10~0.40	0.20~0.60	≤0.030	≤0.030	0.25~0.55	0.40~0.80	≤0.65
Q295NH	≤0.15	0.10~0.50	0.30~1.00	≤0.030	≤0.030	0.25~0.55	0.40~0.80	≤0.65
Q355NH	≤0.16	≤0.50	0.50~1.50	≤0.030	≤0.030	0.25~0.55	0.40~0.80	≤0.65
Q415NH	≤0.12	≤0.65	≤1.10	≤0.025	≤0.030	0.20~0.55	0.30~1.25	0.12~0.65
Q460NH	≤0.12	≤0.65	≤1.50	≤0.025	≤0.030	0.25~0.55	0.30~1.25	0.12~0.65
Q500NH	≤0.12	≤0.65	≤2.00	≤0.025	≤0.030	0.20~0.55	0.30~1.25	0.12~0.65

注：1. 为了改善钢的性能，可以添加一种或一种以上的微量合金元素：Nb 0.015%～0.060%，V 0.02%～0.12%，Ti 0.02%～0.10%，Alt≥0.020%。若上述元素组合使用时，应至少保证其中一种元素含量达到上述化学成分的下线规定。

2. 可以添加下列合金元素：Mo≤0.3%，Zr≤0.15%。

3. 对于 Q415NH、Q460NH 和 Q550NH，Nb、V、Ti 三种合金元素的添加总量不应超过 0.22%。

耐候结构钢拉伸性能

表 2.1-16

牌号	拉伸试验									180°弯曲试验 弯心直径		
	下屈服强度 R_{eL}(N/mm²) 不小于				抗拉强度 R_m(N/mm²)	断后伸长率 A(%) 不小于						
	≤16	>16~40	>40~60	>60		≤16	>16~40	>40~60	>60	≤6	>6~16	>16
Q235NH	235	225	215	215	360~510	25	25	24	23	a	a	2a
Q295NH	295	285	275	255	430~560	24	24	23	22	a	2a	3a
Q295GNH	295	285	—	—	430~560	24	24	—	—	a	2a	3a
Q355NH	355	345	335	325	490~630	22	22	21	20	a	2a	3a
Q355GNH	355	345	—	—	490~630	22	22	—	—	a	2a	3a
Q415NH	415	405	395	—	520~680	22	22	20	—	a	2a	3a
Q460NH	460	450	440	—	570~730	20	20	19	—	a	2a	3a
Q500NH	500	490	480	—	600~760	18	16	15	—	a	2a	3a
Q265GNH	265	—	—	—	≥410	27	—	—	—	a	—	—
Q310GNH	310	—	—	—	≥410	26	—	—	—	a	—	—

注：1. a 为钢材厚度。

2. 当屈服现象不明显时，可采用 $R_{P0.2}$。

耐候结构钢冲击性能

表 2.1-17

质量等级	V形缺口冲击试验		
	试样方向	温度(℃)	冲击吸收能量 KV_2(J)
A	纵向	—	—
B		+20	≥47
C		0	≥34
D		−20	≥34
E		−40	≥27

注：1. 冲击式样尺寸为 10mm×10mm×55mm。

2. 经供需双方协商，平均冲击功值可≥60J。

2.1.4 厚度方向性能热轧 H 型钢

对于翼缘厚度超过 15mm 的产品，在沿翼缘厚度方向受到较大拉应力的情况下，可在原品种技术要求的基础上，附加厚度方向性能的要求，其质量应符合现行国家标准《厚度方向性能钢板》GB/T 5313—2010 和黑色冶金行业标准《厚度方面性能热轧 H 型钢》YB/T 4831—2020 的规定。

1. 不同厚度方向性能级别所对应的热轧 H 型钢的硫含量（熔炼分析）应符合表 2.1-18 的要求。

2. 热轧 H 型钢厚度方向性能级别及所对应的断面收缩率的平均值和单个试样最小值应符合表 2.1-19 的要求。

厚度方向性能热轧 H 型钢硫含量 　　　　　　　　　　　　　　　　　表 2.1-18

厚度方向性能级别	硫含量（质量分数）（%）	厚度方向性能级别	硫含量（质量分数）（%）
Z15	≤0.010	Z35	≤0.005
Z25	≤0.007		

厚度方向性能热轧 H 型钢断面收缩率 　　　　　　　　　　　　　　　　表 2.1-19

厚度方向性能级别	断面收缩率 Z（%）	
	三个试样的最小平均值	单个试样最小值
Z15	15	10
Z25	25	15
Z35	35	25

2.1.5 改善焊接性能热轧 H 型钢

改善焊接性能热轧 H 型钢强度指标；没有厚度效应，含碳、硫、磷量较低，碳当量也较低，焊接性能进一步改善。其质量应满足现行国家标准《改善焊接性能热轧型钢》GB/T 33968—2017 的要求。

1. 牌号及化学成分：改善焊接性能热轧 H 型钢的牌号及化学成分见表 2.1-20，其碳当量见表 2.1-21。

2. 力学性能：改善焊接性能热轧 H 型钢的力学性能见表 2.1-22。

3. 表面质量：改善焊接性能热轧 H 型钢的表面质量应符合《热轧 H 型钢及剖分 T 型钢》GB/T 11263—2017 标准中的相应规定。

改善焊接性能热轧 H 型钢化学成分 　　　　　　　　　　　　　　　　表 2.1-20

牌号	化学成分（质量分数）（%）										
	C	Si	Mn	P	S	Cu	Ni	Cr	Mo	V	Nb
Q355QST	0.12	0.40	1.60	0.030	0.030	0.45	0.25	0.25	0.07	0.06	0.05
Q420QST	0.12	0.40	1.60	0.030	0.030	0.35	0.25	0.25	0.07	0.06	0.05
Q460QST	0.12	0.40	1.60	0.030	0.030	0.35	0.25	0.25	0.07	0.08	0.05
Q500QST	0.12	0.40	1.60	0.040	0.030	0.45	0.25	0.25	0.07	0.09	0.05

注：对于有厚度方向性能要求的 Q460QST、Q500QST 牌号，其 S 含量应不超过 0.010%。

改善焊接性能热轧 H 型钢碳当量 　　　　　　　　　　　　　　　　　表 2.1-21

牌号	碳当量 CEV（%）　不大于	牌号	碳当量 CEV（%）　不大于
Q355QST	0.38	Q460QST	0.43
Q420QST	0.40	Q500QST	0.45

2.1.6 耐火热轧 H 型钢

近年来，马钢、鞍钢及宝武等大型钢铁企业均研制成功了耐火钢，当温度达 600℃时，耐火钢的屈服强度降低幅度不大于 1/3，用于承重钢结构可降低防火涂料等防护费用。其质量应满足黑色冶金行业标准《耐火热轧 H 型钢》YB/T 4261—2011。

1. 牌号及化学成分：耐火热轧 H 型钢的牌号及化学成分见表 2.1-23，其碳当量见表 2.1-24。

2. 力学性能：耐火热轧 H 型钢的拉伸性能、弯曲性能、600℃ 屈服强度、冲击性能分别见表 2.1-25～表 2.1-28。

3. 表面质量：耐火热轧 H 型钢的表面质量应符合《热轧 H 型钢及剖分 T 型钢》GB/T 11263—2017 标准中的相应规定。

改善焊接性能热轧 H 型钢力学性能 　　　　　　表 2.1-22

牌号	上屈服强度 R_{eH} (MPa)	抗拉强度 R_m (MPa)	断后伸长率 (%)		冲击吸收能量 KV_2(J) 20℃	屈强比 R_{eH}/R_m
			A_{50}	A_{200}		
	不小于					不大于
Q355QST	355	470	21	18	54	0.85
Q420QST	420	520	18	16	54	0.85
Q460QST	460	550	17	15	54	0.85
Q500QST	500	610	16	14	54	0.85

注：1. 当屈服现象不明显时，可采用 $R_{p0.2}$ 代替上屈服强度。

2. 对于 Q460QST 和 Q500QST，当厚度大于 80mm 时，屈服强度值可分别降低到 450MPa 和 485MPa。

3. 拉伸、试验采用全截面试样。

耐火热轧 H 型钢化学成分 　　　　　　表 2.1-23

牌号	质量等级	化学成分（质量分数）（%）									
		C	Si	Mn	P	S	Nb	Cr	Mo	V	Als
		不大于									不小于
Q235FR	B	0.20	0.50	1.40	0.035	0.035	0.20	0.75	0.50	0.15	—
	C				0.030	0.030					
	D	0.17			0.030	0.030					0.010
Q345FR	B	0.20	0.60	1.70	0.035	0.035	0.20	0.75	0.90	0.15	—
	C				0.030	0.030					
	D	0.18			0.030	0.025					
	E				0.025	0.020					0.010
Q390FR	B	0.20	0.60	1.70	0.035	0.035	0.20	0.75	0.90	0.15	—
	C				0.030	0.030					
	D				0.030	0.025					
	E				0.025	0.020					0.010
Q420FR	B	0.20	0.60	1.70	0.035	0.035	0.20	0.75	0.90	0.15	—
	C				0.030	0.030					
	D				0.030	0.025					
	E				0.025	0.020					0.010
Q460FR	B	0.20	0.60	1.70	0.035	0.035	0.20	0.75	0.90	0.15	—
	C				0.030	0.030					
	D				0.030	0.025					
	E				0.025	0.020					0.010

注：表中 Als 可当采用全铝（Alt）含量表示，Alt 应不小于 0.015%。

耐火热轧 H 型钢的碳当量及焊接裂纹敏感性指数　　　　　表 2.1-24

牌号	CEV(%)不大于	P_{cm}(%)不大于	牌号	CEV(%)不大于	P_{cm}(%)不大于
Q235FR	0.38	0.26	Q420FR	0.48	0.30
Q345FR	0.45	0.28	Q460FR	0.50	0.33
Q390FR	0.46	0.28			

耐火热轧 H 型钢的拉伸性能　　　　　表 2.1-25

牌号	质量等级	以下公称厚度(mm) 下屈服强度 R_{eL}(MPa)不小于		抗拉强度 R_m (MPa)	断后伸长率 A(%) 不小于	强屈比 (R_m/R_{eL}) 不小于
		≤16	>16			
Q235FR	B	235	225	370~500	26	1.25
	C					
	D					
Q345FR	B	345	335	470~630	21	1.25
	C					
	D					
	E					
Q390FR	B	390	370	490~650	20	1.25
	C					
	D					
	E					
Q420FR	B	420	400	520~680	19	1.25
	C					
	D					
	E					
Q460FR	B	460	440	550~720	17	1.25
	C					
	D					
	E					

注：屈服点不明显时，屈服强度 R_{eL} 应采用规定非比例延伸强度 $R_{p0.2}$。

耐火热轧 H 型钢的弯曲性能（纵向取样）　　　　　表 2.1-26

牌号	180°弯曲试验 d 为弯心直径，a 为厚度	
	钢材厚度(mm)	
	≤16	>16
Q235FR		
Q345FR		
Q390FR	$d=2a$	$d=3a$
Q420FR		
Q460FR		

耐火热轧 H 型钢 600℃的下屈服强度　　　　　表 2.1-27

牌号	600℃屈服强度 $R_{p0.2}$(MPa) 不小于	牌号	600℃屈服强度 $R_{p0.2}$(MPa) 不小于
Q235FR	160	Q420FR	280
Q345FR	230	Q460FR	310
Q390FR	260		

注：加供方能保证，可不做检验。

耐火热轧 H 型钢的冲击性能　　　　　　　　　　表 2.1-28

牌号	质量等级	试验温度(℃)	冲击吸收能量 KV_2(J) 不小于
Q235FR	B	20	27
	C	0	
	D	—20	
Q345FR	B	20	34
	C	0	
	D	—20	
	E	—40	
Q390FR	B	20	34
	C	0	
	D	—20	
	E	—40	
Q420FR	B	20	34
	C	0	
	D	—20	
	E	—40	
Q460FR	B	20	34
	C	0	
	D	—20	
	E	—40	

注：冲击试验取纵向试样。

2.1.7 抗震热轧 H 型钢

黑色金属行业标准《抗震热轧 H 型钢》YB/T 4620—2017 对材料的屈服强度变化区间、抗拉强度变化区间、断后伸长率最小值和屈强比的最大值提出了更高的要求。

1. 牌号及化学成分：抗震热轧 H 型钢的牌号及化学成分见表 2.1-29，其碳当量见表 2.1-30。

2. 力学性能：抗震热轧 H 型钢的拉伸性能、弯曲性能、厚度方向性能、冲击性能分别见表 2.1-31～表 2.1-34。

3. 表面质量：其表面质量应符合《热轧 H 型钢及剖分 T 型钢》GB/T 11263—2017 标准中的相应规定；根据供需双方协议，表面质量也可按《热轧型钢表面质量一般要求》YB/T 4427—2014 的规定执行。

抗震热轧 H 型钢的化学成分　　　　　　　　　　表 2.1-29

牌号	质量等级	化学成分(质量分数)(%)											
		C	Si	Mn	P	S	V	Nb	Ti	Cr	Cu	Ni	Mo
							不大于						
Q235KZ	B	≤0.20	≤0.35	0.40～1.50	0.030	0.020	—	—	—	0.30	0.30	0.30	0.08
	C												
	D	≤0.18			0.025	0.015							
	E												
Q345KZ	B	≤0.20	≤0.55	≤1.60	0.030	0.020	0.150	0.070	0.035	0.30	0.30	0.30	0.20
	C												
	D	≤0.18			0.025	0.015							
	E												

续表

牌号	质量等级	化学成分(质量分数)(%)											
		C	Si	Mn	P	S	V	Nb	Ti	Cr	Cu	Ni	Mo
					不大于								
Q390KZ	B	≤0.20	≤0.55	≤1.70	0.030	0.020	0.200	0.070	0.030	0.30	0.30	0.70	0.50
	C												
	D	≤0.18			0.025	0.015							
	E												
Q420KZ	B	≤0.20	≤0.55	≤1.70	0.030	0.020	0.200	0.070	0.030	0.80	0.30	1.00	0.50
	C												
	D	≤0.18			0.025	0.015							
	E												
Q460KZ	B	≤0.20	≤0.55	≤1.70	0.030	0.020	0.200	0.110	0.030	1.20	0.50	1.20	0.50
	C												
	D	≤0.18			0.025	0.015							
	E												

抗震热轧 H 型钢的碳当量　　　　　　　　　　　　　　表 2.1-30

牌号	$CEV(\%)$	$P_{cm}(\%)$
Q235KZ	≤0.34	≤0.24
Q345KZ	≤0.42	≤0.26
Q390KZ	≤0.45	≤0.28
Q420KZ	≤0.48	≤0.30
Q460KZ	≤0.52	≤0.32

抗震热轧 H 型钢的拉伸性能　　　　　　　　　　　　表 2.1-31

牌号	以下公称厚度(mm)下屈服强度 R_{eL}(MPa)		抗拉强度 R_m (MPa)	断后伸长率 (%) 不小于	屈强比 (R_{eL}/R_m) 不大于
	5~16 不小于	>16~50			
Q235KZ	235	235~345	400~510	23	0.80
Q345KZ	345	345~455	490~610	22	0.80
Q390KZ	390	390~510	510~660	20	0.83
Q420KZ	420	420~550	530~680	20	0.83
Q460KZa	460	460~600	570~720	18	0.83

注：屈服点不明显时，屈服强度 R_{eL} 应采用规定非比例延伸强度 $R_{p0.2}$。

抗震热轧 H 型钢的弯曲性能　　　　　　　　　　　　表 2.1-32

牌号	180°弯曲试验 d 为弯心直径, a 为厚度	
	钢材厚度(mm)	
	≤16	>16
Q235KZ		
Q345KZ		
Q390KZ	$d=2a$	$d=3a$
Q420KZ		
Q460KZ		

抗震热轧 H 型钢的厚度方向性能 表 2.1-33

厚度方向性能级别	硫含量(质量分数)S(%) 不大于	断面收缩率 Z(%)	
		三个试样的最小平均值	单个试样最小值
Z15	0.010	15	10
Z25	0.007	25	15
Z35	0.005	35	25

抗震热轧 H 型钢的冲击性能 表 2.1-34

牌号	质量等级	试验温度(℃)	冲击吸收能量 KV_2(J) 不小于
Q235KZ	B	20	47
	C	0	
	D	−20	
	E	−40	
Q345KZ	B	20	47
	C	0	
	D	−20	
	E	−40	
Q390KZ	B	20	47
	C	0	
	D	−20	
	E	−40	
Q420KZ	B	20	47
	C	0	
	D	−20	
	E	−40	
Q460KZ	B	20	47
	C	0	
	D	−20	
	E	−40	

注：冲击试验取纵向试样。

2.1.8 海洋工程结构用热轧 H 型钢

对于有横向要求的产品，可采用海洋工程结构用热轧 H 型钢，其质量应符合现行国家标准《海洋工程结构用热轧 H 型钢》GB/T 34103—2017 的规定。

1. 牌号及化学成分：海洋工程结构用热轧 H 型钢一般强度和高强度的牌号及化学成分见表 2.1-35，其碳当量见表 2.1-36，超高强度钢的牌号和化学成分见表 2.1-37。

一般强度和高强度钢的牌号和化学成分 表 2.1-35

牌号	化学成分[e,f](质量分数)(%)													
	C	Si	Mn	P	S	Cu	Cr	Ni	Nb	V	Ti	Mo	N	Als
A	≤0.21[a]	≤0.50	≥0.50	≤0.035	≤0.035	≤0.35	≤0.30	≤0.30	—	—	—	—	—	—
B			≥0.80[b]											
D		≤0.35	≥0.60	≤0.030	≤0.030				0.01~0.05	0.01~0.05	≤0.02			e
E	≤0.18		≥0.70	≤0.025	≤0.025									

续表

牌号	化学成分[e,f]（质量分数）（%）													
	C	Si	Mn	P	S	Cu	Cr	Ni	Nb	V	Ti	Mo	N	Als
AH32	≤0.18	≤0.50	0.90~1.60[c]	≤0.030	≤0.030	≤0.35	≤0.20	≤0.40	0.02~0.05	0.05~0.10	≤0.02	≤0.08	—	e
AH36														
AH40														
DH32				≤0.025	≤0.025									
DH36														
DH40														
EH32														
EH36														
EH40														
FH32	≤0.16			≤0.020	≤0.020			≤0.80					≤0.009[d]	
FH36														
FH40														

注：1. a：A级钢的C含量最大可到0.23%。

2. b：B级钢做冲击试验时，Mn含量下限可到0.60%。

3. c：当AH32~EH40级钢的厚度≤12.5mm时，Mn含量的最小值可到0.70%。

4. d：当F级钢中含铝时，N≤0.012%。

5. e：细化晶粒元素（Al、Nb、V、Ti）可单独或以任一组合形式加入钢中。当单独加入Nb、V、Ti时，其含量应符合本表的规定，当单独加入Al时，酸溶铝（Als）含量应不小于0.015%，可采用全铝（Alt）含量代替酸溶铝含量，此时全铝（Alt）含量应不小于0.020%；若混合加入两种或两种以上细化晶粒元素时，则细化晶粒元素含量下限的规定不适用，同时要求Nb+V+Ti≤0.12%。

6. f：添加的任何其他元素，应在质量证明书中注明含量。

一般强度和高强度钢的碳当量   表 2.1-36

牌号	碳当量 $CEV^{a,b}$（%）不大于	牌号	碳当量 $CEV^{a,b}$（%）不大于
A、B、D、E	0.40	AH36、DH36、EH36、FH36	0.38
AH32、DH32、EH32、FH32	0.36	AH40、DH40、EH40、FH40	0.40

注：1. a：碳当量计算公式：$CEV=C+Mn/6+(Cr+Mo+V)/5+(Ni+Cu)/15$。

2. b：经供需双方协商，可采用焊接裂纹敏感系数（P_{cm}）代替碳当量，其值由供需双方协商确定。焊接裂纹敏感系数计算公式：$P_{cm}=C+Si/30+Mn/20+Cu/20+Ni/60+Cr/20+Mo/15+V/10+5B$。

2. 力学性能：海洋工程结构用热轧 H 型钢的力学性能见表 2.1-38。

3. 表面质量：应符合《热轧 H 型钢及剖分 T 型钢》GB/T 11263—2017 标准中的相应规定；根据供需双方协议，表面质量也可按黑色冶金行业标准《热轧型钢表面质量一般要求》YB/T 4427—2014 的规定执行。

超高强度钢的牌号和化学成分   表 2.1-37

牌号	化学成分[a,b]（质量分数）（%）不大于					
	C	Si	Mn	P	S	N
AH420	0.21	0.55	1.70	0.030	0.030	0.020
AH460						
AH500						
DH420	0.20	0.55	1.70	0.025	0.025	
DH460						
DH500						

续表

牌号	化学成分[a,b]（质量分数）（%）不大于					
	C	Si	Mn	P	S	N
EH420	0.20	0.55	1.70	0.025	0.025	0.020
EH460						
EH500						
FH420	0.18	0.55	1.60	0.020	0.020	
FH460						
FH500						

注：1. a：钢中添加的合金化元素和细化晶粒元素 Al、Nb、V、Ti 等含量应在质量证明书中注明。

2. b：经供需双方协商，可采用碳当量（CEV）或焊接裂纹敏感系数（P_{cm}）来评估 H 型钢的可焊性。计算公式按表 2.1-36 注 2，其值由供需双方协商确定。

海洋工程结构用热轧 H 型钢力学性能　　　表 2.1-38

牌号	拉伸试验[a,b]			V 形冲击试验[c]		
	上屈服强度 R_{eH}(MPa) 不小于	抗拉强度 R_m(MPa)	断后伸长率 A(%) 不小于	试验温度(℃)	冲击吸收能量 KV_2(J) 不小于	
					纵向	横向
A	235	400～520	22	—	—	—
B				0	27	20
D				−20		
E				−40		
AH32	315	450～570		0	31	22
DH32				−20		
EH32				−40		
FH32				−60		
AH36	355	490～630	21	0	34	24
DH36				−20		
EH36				−40		
FH36				−60		
AH40	390	510～660	20	0	41	27
DH40				−20		
EH40				−40		
FH40				−60		
AH420	420	530～680	18	0	42	28
DH420				−20		
EH420				−40		
FH420				−60		
AH460	460	570～720	17	0	46	31
DH460				−20		
EH460				−40		
FH460				−60		

续表

牌号	拉伸试验[a,b]			V形冲击试验[c]		
	上屈服强度 R_{eH}(MPa) 不小于	抗拉强度 R_m(MPa)	断后伸长率 A(%) 不小于	试验温度(℃)	冲击吸收能量 KV_2(J) 不小于	
					纵向	横向
AH500	500	610~770	16	0	50	33
DH500				−20		
EH500				−40		
FH500				−60		

注：1. a：拉伸试验取纵向试样。

2. b：当屈服不明显时，可采用 $R_{p0.2}$ 代替上屈服强度。

3. c：除非双方协议另有规定，冲击试验应取纵向试样。当根据双方协议进行横向冲击试验时，则不需再进行纵向冲击试验。

2.2 热轧 H 型钢截面规格与技术要求

钢结构工程中采用的热轧 H 型钢分为普通热轧 H 型钢和重型热轧 H 型钢。国内 H 型钢产品的截面规格和特性应符合国家标准《热轧 H 型钢和剖分 T 型钢》GB/T 11263—2017 和黑色冶金行业标准《重型热轧 H 型钢》YB/T 4832—2020 的技术要求。

2.2.1 分类与代号

普通热轧 H 型钢按截面分为宽翼缘（HW）、中翼缘（HM）、窄翼缘（HN）及薄壁（HT）四个系列，其代号见表 2.2-1；重型热轧 H 型钢不按截面分类，统一代号为"H"。剖分 T 型钢分为 TW、TM 和 TN 三个系列。

H 型钢分类及代号 表 2.2-1

序号	类别	代号	备注
1	宽翼缘 H 型钢	HW	W 为 Wide 英文字首
2	中翼缘 H 型钢	HM	M 为 Middle 英文字首
3	窄翼缘 H 型钢	HN	N 为 Narrow 英文字首
4	薄壁 H 型钢	HT	T 为 Thin 英文字首

2.2.2 普通热轧 H 型钢规格与截面特性

普通热轧 H 型钢的形尺寸及截面特性参数见图 2.2-1 和表 2.2-2。

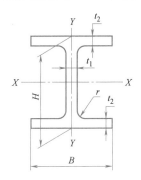

图 2.2-1 H 型钢截面图

H—高度；B—宽度；t_1—腹板厚度；t_2—翼缘厚度；r—圆角半径

普通 H 型钢截面尺寸、截面面积、理论重量及截面特性 表 2.2-2

类别	型号 (高度×宽度) (mm×mm)	截面尺寸(mm)					截面面积 (cm²)	理论重量 (kg/m)	表面积 (m²/m)	惯性矩(cm⁴)		惯性半径(cm)		截面模数(cm³)	
		H	B	t_1	t_2	r				I_x	I_y	i_x	i_y	W_x	W_y
HW	100×100	100	100	6	8	8	21.58	16.9	0.574	378	134	4.18	2.48	75.6	26.7
	125×125	125	125	6.5	9	8	30.00	23.6	0.723	839	293	5.28	3.12	134	46.9
	150×150	150	150	7	10	8	39.64	31.1	0.872	1620	563	6.39	3.76	216	75.1
	175×175	175	175	7.5	11	13	51.42	40.4	1.01	2900	984	7.50	4.37	331	112
	200×200	200	200	8	12	13	63.53	49.9	1.16	4720	1600	8.61	5.02	472	160
		200	204	12	12	13	71.53	56.2	1.17	4980	1700	8.34	4.87	498	167
	250×250	244	252	11	11	13	81.31	63.8	1.45	8700	2940	10.3	6.01	713	233
		250	250	9	14	13	91.43	71.8	1.46	10700	3650	10.8	6.31	860	292
		250	255	14	14	13	103.9	81.6	1.47	11400	3880	10.5	6.10	912	304
	300×300	294	302	12	12	13	106.3	83.5	1.75	16600	5510	12.5	7.20	1130	365
		300	300	10	15	13	118.5	93.0	1.76	20200	6750	13.1	7.55	1350	450
		300	305	15	15	13	133.5	105	1.77	21300	7100	12.6	7.29	1420	466
	350×350	338	351	13	13	13	133.3	105	2.03	27700	9380	14.4	8.38	1640	534
		344	348	10	16	13	144.0	113	2.04	32800	11200	15.1	8.83	1910	646
		344	354	16	16	13	164.7	129	2.05	34900	11800	14.6	8.48	2030	669
		350	350	12	19	13	171.9	135	2.05	39800	13600	15.2	8.88	2280	776
		350	357	19	19	13	196.4	154	2.07	42300	14400	14.7	8.57	2420	808
	400×400	388	402	15	15	22	178.5	140	2.32	49000	16300	16.6	9.54	2520	809
		394	398	11	18	22	186.8	147	2.32	56100	18900	17.3	10.1	2850	951
		394	405	18	18	22	214.4	168	2.33	59700	20000	16.7	9.64	3030	985
		400	400	13	21	22	218.7	172	2.34	66600	22400	17.5	10.1	3330	1120
		400	408	21	21	22	250.7	197	2.35	70900	23800	16.8	9.74	3540	1170
		414	405	18	28	22	295.4	232	2.37	92800	31000	17.7	10.2	4480	1530
		428	407	20	35	22	360.7	283	2.41	119000	39400	18.2	10.4	5570	1930
		458	417	30	50	22	528.6	415	2.49	187000	60500	18.8	10.7	8170	2900
		498	432	45	70	22	770.1	604	2.60	298000	94400	19.7	11.1	12000	4370
	500×500	492	465	15	20	22	258.0	202	2.78	117000	33500	21.3	11.4	4770	1440
		502	465	15	25	22	304.5	239	2.80	146000	41900	21.9	11.7	5810	1800
		502	470	20	25	22	329.6	259	2.81	151000	43300	21.4	11.5	6020	1840
HM	150×100	148	100	6	9	8	26.34	20.7	0.670	1000	150	6.16	2.38	135	30.1
	200×150	194	150	6	9	8	38.10	29.9	0.962	2630	507	8.30	3.64	271	67.6
	250×175	244	175	7	11	13	55.49	43.6	1.15	6040	984	10.4	4.21	495	112
	300×200	294	200	8	12	13	71.05	55.8	1.35	11100	1600	12.5	4.74	756	160
		298	201	9	14	13	82.03	64.4	1.36	13100	1900	12.6	4.80	878	189
	350×250	340	250	9	14	13	99.53	78.1	1.64	21200	3650	14.6	6.05	1250	292
	400×300	390	300	10	16	13	133.3	105	1.94	37900	7200	16.9	7.35	1940	480
	450×300	440	300	11	18	13	153.9	121	2.04	54700	8110	18.9	7.25	2490	540
	500×300	482	300	11	15	13	141.2	111	2.12	58300	6760	20.3	6.91	2420	450
		488	300	11	18	13	159.2	125	2.13	68900	8110	20.8	7.13	2820	540

续表

类别	型号 （高度×宽度） （mm×mm）	截面尺寸(mm)					截面面积 （cm²）	理论重量 （kg/m）	表面积 （m²/m）	惯性矩(cm⁴)		惯性半径(cm)		截面模数(cm³)	
		H	B	t_1	t_2	r				I_x	I_y	i_x	i_y	W_x	W_y
HM	550×300	544	300	11	15	13	148.0	116	2.24	76400	6760	22.7	6.75	2810	450
		550	300	11	18	13	166.0	130	2.26	89800	8110	23.3	6.98	3270	540
	600×300	582	300	12	17	13	169.2	133	2.32	98900	7660	24.2	6.72	3400	511
		588	300	12	20	13	187.2	147	2.33	114000	9010	24.7	6.93	3890	601
		594	302	14	23	13	217.1	170	2.35	134000	10600	24.8	6.97	4500	700
HN	100×50	100	50	5	7	8	11.84	9.30	0.376	187	14.8	3.97	1.11	37.5	5.91
	125×60	125	60	6	8	8	16.68	13.1	0.464	409	29.1	4.95	1.32	65.4	9.71
	150×75	150	75	5	7	8	17.84	14.0	0.576	666	49.5	6.10	1.66	88.8	13.2
	175×90	175	90	5	8	8	22.89	18.0	0.686	1210	97.5	7.25	2.06	138	21.7
	200×100	198	99	4.5	7	8	22.68	17.8	0.769	1540	113	8.24	2.23	156	22.9
		200	100	5.5	8	8	26.66	20.9	0.775	1810	134	8.22	2.23	181	26.7
	250×125	248	124	5	8	8	31.98	25.1	0.968	3450	255	10.4	2.82	278	41.1
		250	125	6	9	8	36.96	29.0	0.974	3960	294	10.4	2.81	317	47.0
	300×150	298	149	5.5	8	13	40.80	32.0	1.16	6320	442	12.4	3.29	424	59.3
		300	150	6.5	9	13	46.78	36.7	1.16	7210	508	12.4	3.29	481	67.7
	350×175	346	174	6	9	13	52.45	41.2	1.35	11000	791	14.5	3.88	638	91.0
		350	175	7	11	13	62.91	49.4	1.36	13500	984	14.6	3.95	771	112
	400×150	400	150	8	13	13	70.37	55.2	1.36	18600	734	16.3	3.22	929	97.8
	400×200	396	199	7	11	13	71.41	56.1	1.55	19800	1450	16.6	4.50	999	145
		400	200	8	13	13	83.37	65.4	1.56	23500	1740	16.8	4.56	1170	174
	450×150	446	150	7	12	13	66.99	52.6	1.46	22000	677	18.1	3.17	985	90.3
		450	151	8	14	13	77.49	60.8	1.47	25700	806	18.2	3.22	1140	107
	450×200	446	199	8	12	13	82.97	65.1	1.65	28100	1580	18.4	4.36	1260	159
		450	200	9	14	13	95.43	74.9	1.66	32900	1870	18.6	4.42	1460	187
	475×150	470	150	7	13	13	71.53	56.2	1.50	26200	733	19.1	3.20	1110	97.8
		475	151.5	8.5	15.5	13	86.15	67.6	1.52	31700	901	19.2	3.23	1330	119
		482	153.5	10.5	19	13	106.4	83.5	1.53	39600	1150	19.3	3.28	1640	150
	500×150	492	150	7	12	13	70.21	55.1	1.55	27500	677	19.8	3.10	1120	90.3
		500	152	9	16	13	92.21	72.4	1.57	37000	940	20.0	3.19	1480	124
		504	153	10	18	13	103.3	81.1	1.58	41900	1080	20.1	3.23	1660	141
	500×200	496	199	9	14	13	99.29	77.9	1.75	40800	1840	20.3	4.30	1650	185
		500	200	10	16	13	112.3	88.1	1.76	46800	2140	20.4	4.36	1870	214
		506	201	11	19	13	129.3	102	1.77	55500	2580	20.7	4.46	2190	257
	550×200	546	199	9	14	13	103.8	81.5	1.85	50800	1840	22.1	4.21	1860	185
		550	200	10	16	13	117.3	92.0	1.86	58200	2140	22.3	4.27	2120	214
	600×200	596	199	10	15	13	117.8	92.4	1.95	66600	1980	23.8	4.09	2240	199
		600	200	11	17	13	131.7	103	1.96	75600	2270	24.0	4.15	2520	227
		606	201	12	20	13	149.8	118	1.97	88300	2720	24.3	4.25	2910	270
	625×200	625	198.5	13.5	17.5	13	150.6	118	1.99	88500	2300	24.2	3.90	2830	231
		630	200	15	20	13	170.0	133	2.01	101000	2690	24.4	3.97	3220	268
		638	202	17	24	13	198.7	156	2.03	122000	3320	24.8	4.09	3820	329

类别	型号 （高度×宽度） （mm×mm）	截面尺寸（mm）					截面面积 （cm²）	理论重量 （kg/m）	表面积 （m²/m）	惯性矩（cm⁴）		惯性半径（cm）		截面模数（cm³）	
		H	B	t_1	t_2	r				I_x	I_y	i_x	i_y	W_x	W_y
HN	650×300	646	299	12	18	18	183.6	144	2.43	131000	8030	26.7	6.61	4080	537
		650	300	13	20	18	202.1	159	2.44	146000	9010	26.9	6.67	4500	601
		654	301	14	22	18	220.6	173	2.45	161000	10000	27.4	6.81	4930	666
	700×300	692	300	13	20	18	207.5	163	2.53	168000	9020	28.5	6.59	4870	601
		700	300	13	24	18	231.5	182	2.54	197000	10800	29.2	6.83	5640	721
	750×300	734	299	12	16	18	182.7	143	2.61	161000	7140	29.7	6.25	4390	478
		742	300	13	20	18	214.0	168	2.63	197000	9020	30.4	6.49	5320	601
		750	300	13	24	18	238.0	187	2.64	231000	10800	31.1	6.74	6150	721
		758	303	16	28	18	284.8	224	2.67	276000	13000	31.1	6.75	7270	859
	800×300	792	300	14	22	18	239.5	188	2.73	248000	9920	32.2	6.43	6270	661
		800	300	14	26	18	263.5	207	2.74	286000	11700	33.0	6.66	7160	781
	850×300	834	298	14	19	18	227.5	179	2.80	251000	8400	33.2	6.07	6020	564
		842	299	15	23	18	259.7	204	2.82	298000	10300	33.9	6.28	7080	687
		850	300	16	27	18	292.1	229	2.84	346000	12200	34.4	6.45	8140	812
		858	301	17	31	18	324.7	255	2.86	395000	14100	34.9	6.59	9210	939
	900×300	890	299	15	23	18	266.9	210	2.92	339000	10300	35.6	6.20	7610	687
		900	300	16	28	18	305.8	240	2.94	404000	12600	36.4	6.42	8990	842
		912	302	18	34	18	360.1	283	2.97	491000	15700	36.9	6.59	10800	1040
	1000×300	970	297	16	21	18	276.0	217	3.07	393000	9210	37.8	5.77	8110	620
		980	298	17	26	18	315.5	248	3.09	472000	11500	38.7	6.04	9630	772
		990	298	17	31	18	345.3	271	3.11	544000	13700	39.7	6.30	11000	921
		1000	300	19	36	18	395.1	310	3.13	634000	16300	40.1	6.41	12700	1080
		1008	302	21	40	18	439.3	345	3.15	712000	18400	40.3	6.47	14100	1220
HT	100×50	95	48	3.2	4.5	8	7.620	5.98	0.362	115	8.39	3.88	1.04	24.2	3.49
		97	49	4	5.5	8	9.370	7.36	0.368	143	10.9	3.91	1.07	29.6	4.45
	100×100	96	99	4.5	6	8	16.20	12.7	0.565	272	97.2	4.09	2.44	56.7	19.6
	125×60	118	58	3.2	4.5	8	9.250	7.26	0.448	218	14.7	4.85	1.26	37.0	5.08
		120	59	4	5.5	8	11.39	8.94	0.454	271	19.0	4.87	1.29	45.2	6.43
	125×125	119	123	4.5	6	8	20.12	15.8	0.707	532	186	5.14	3.04	89.5	30.3
	150×75	145	73	3.2	4.5	8	11.47	9.00	0.562	416	29.3	6.01	1.59	57.3	8.02
		147	74	4	5.5	8	14.12	11.1	0.568	516	37.3	6.04	1.62	70.2	10.1
	150×100	139	97	3.2	4.5	8	13.43	10.6	0.646	476	68.6	5.94	2.25	68.4	14.1
		142	99	4.5	6	8	18.27	14.3	0.657	654	97.2	5.98	2.30	92.1	19.6
	150×150	144	148	5	7	8	27.76	21.8	0.856	1090	378	6.25	3.69	151	51.1
		147	149	6	8.5	8	33.67	26.4	0.864	1350	469	6.32	3.73	183	63.0
	175×90	168	88	3.2	4.5	8	13.55	10.6	0.668	670	51.2	7.02	1.94	79.7	11.6
		171	89	4	6	8	17.58	13.8	0.676	894	70.7	7.13	2.00	105	15.9
	175×175	167	173	5	7	13	33.32	26.2	0.994	1780	605	7.30	4.26	213	69.9
		172	175	6.5	9.5	13	44.64	35.0	1.01	2470	850	7.43	4.36	287	97.1

续表

类别	型号(高度×宽度)(mm×mm)	截面尺寸(mm)					截面面积(cm²)	理论重量(kg/m)	表面积(m²/m)	惯性矩(cm⁴)		惯性半径(cm)		截面模数(cm³)	
		H	B	t_1	t_2	r				I_x	I_y	i_x	i_y	W_x	W_y
HT	200×100	193	98	3.2	4.5	8	15.25	12.0	0.758	994	70.7	8.07	2.15	103	14.4
		196	99	4	6	8	19.78	15.5	0.766	1320	97.2	8.18	2.21	135	19.6
	200×150	188	149	4.5	6	8	26.34	20.7	0.949	1730	331	8.09	3.54	184	44.4
	200×200	192	198	6	8	13	43.69	34.3	1.14	3060	1040	8.37	4.86	319	105
	250×125	244	124	4.5	6	8	25.86	20.3	0.961	2650	191	10.1	2.71	217	30.8
	250×175	238	173	4.5	6	13	39.12	30.7	1.14	4240	691	10.4	4.20	356	79.9
	300×150	294	148	4.5	6	13	31.90	25.0	1.15	4800	325	12.3	3.19	327	43.9
	300×200	286	198	6	8	13	49.33	38.7	1.33	7360	1040	12.2	4.58	515	105
	350×175	340	173	4.5	6	13	36.97	29.0	1.34	7490	518	14.2	3.74	441	59.9
	400×150	390	148	6	8	13	47.57	37.3	1.34	11700	434	15.7	3.01	602	58.6
	400×200	390	198	6	8	13	55.57	43.6	1.54	14700	1040	16.2	4.31	752	105

注：1. 表中同一型号的产品，其内侧尺寸高度一致。

2. 表中截面面积计算公式：$t_1(H-2t_2)+2Bt_2+0.858r^2$。

2.2.3 重型H型钢规格与截面特性

重型H型钢是指每米质量不低于300kg或翼缘厚度不低于40mm的热轧H型钢，其外形尺寸及截面特性参数见图2.2-1和表2.2-3。

重型H型钢截面尺寸、截面面积、理论重量及截面特性　　表2.2-3

型号(高度×宽度)	截面尺寸(mm)					横截面积(cm²)	理论重量(kg/m)	外表面积(m²/m)	惯性矩(cm⁴)		惯性半径(cm)		截面模数(cm³)	
	H	B	t_1	t_2	r				I_x	I_y	i_x	i_y	W_x	W_y
350×350	357	320	26	40	13	329.5	259	1.92	69500	21900	14.5	8.15	3900	1370
	373	324	30	48	13	395.6	311	1.96	88300	27300	14.9	8.30	4740	1680
	357	334	40	40	13	379.5	298	1.95	74800	25000	14.0	8.12	4190	1500
	377	344	50	50	13	484.0	380	2.01	10200	34200	14.5	8.41	5400	1990
400×300	380	316	26	40	13	332.3	261	1.95	79600	21100	15.5	7.97	4190	1330
	396	320	30	48	13	398.7	313	1.99	10100	26300	15.9	8.12	5080	1640
	412	324	34	56	13	466.3	366	2.03	12400	31800	16.3	8.26	6010	1970
400×350	389	328	34	56	13	463.0	363	2.00	109000	33000	15.3	8.45	5610	2010
	405	332	38	64	13	531.7	417	2.04	13200	39200	15.8	8.58	6520	2360
	421	336	42	72	13	601.6	472	2.08	157000	45700	16.2	8.72	7460	2720
	397	354	60	60	13	592.5	465	2.07	133000	44900	15.0	8.70	6690	2540
	417	364	70	70	13	705.0	553	2.13	168000	57100	15.4	9.00	8060	3140
	437	374	80	80	13	821.5	645	2.19	208000	71000	15.9	9.29	9530	3790
400×400	400	402	26	40	13	406.3	319	2.33	112000	43400	16.6	10.3	5600	2160
	416	406	30	48	13	487.2	382	2.37	141000	53600	17.0	10.5	6790	2640
	400	416	40	40	13	462.3	363	2.36	12000	48200	16.1	10.2	5980	2320
	420	426	50	50	13	587.5	461	2.42	161000	64800	16.5	10.5	7650	3040
450×300	438	316	26	40	13	347.3	273	2.07	111000	21100	17.9	7.79	5060	1330
	454	320	30	48	13	416.1	327	2.11	139000	26300	18.3	7.95	6130	1640
	470	324	34	56	13	486.1	382	2.15	170000	31900	18.7	8.10	7230	1970
	486	328	38	64	13	557.3	438	2.19	203000	37800	19.1	8.24	8370	2310

续表

型号 (高度×宽度)	截面尺寸 (mm)					横截 面积 (cm²)	理论 重量 (kg/m)	外表 面积 (m²/m)	惯性矩 (cm⁴)		惯性半径 (cm)		截面模数 (cm³)	
	H	B	t_1	t_2	r				I_x	I_y	i_x	i_y	W_x	W_y
450×350	437	340	46	80	13	672.9	528	2.12	185000	52600	16.6	8.84	8450	3100
	453	344	50	88	13	745.4	585	2.16	215000	60000	17.0	8.97	9480	3490
	469	348	54	96	13	819.2	643	2.20	247000	67800	17.4	9.10	10500	3900
450×400	432	410	34	56	13	569.5	447	2.41	173000	64400	17.4	10.6	8020	3140
	448	414	38	64	13	653.0	513	2.45	208000	75800	17.8	10.8	9280	3660
	464	418	42	72	13	737.8	579	2.49	246000	87800	18.2	10.9	10600	4200
	440	436	60	60	13	716.7	563	2.48	207000	83500	17.0	10.8	9420	3830
	460	446	70	70	13	849.9	667	2.54	259000	104000	17.5	11.1	11300	4680
450×450	466	460	30	30	13	400.6	314	2.68	149000	48800	19.3	11.0	6400	2120
	486	470	40	40	13	541.2	425	2.74	211000	69400	19.7	11.3	8680	2960
500×300	508	292	26	40	13	346.3	272	2.11	146000	16700	20.5	6.94	5740	1140
	524	296	30	48	13	414.0	325	2.15	182000	20800	21.0	7.10	6940	1410
500×350	485	352	58	104	13	894.3	702	2.24	283000	76100	17.8	9.22	11700	4320
	501	356	62	112	13	970.6	762	2.28	321000	84800	18.2	9.35	12800	4760
	517	360	66	120	13	1048	823	2.32	363000	94000	18.6	9.47	14000	5220
500×400	480	422	46	80	13	823.9	647	2.53	287000	100000	18.7	11.0	11900	4760
	496	426	50	88	13	911.2	715	2.57	331000	114000	19.1	11.2	13300	5340
	512	430	54	96	13	999.9	785	2.61	379000	128000	19.5	11.3	14800	5940
500×450	486	456	26	40	18	473.1	371	2.71	197000	63300	20.4	11.6	8130	2780
	502	460	30	48	18	566.2	444	2.75	246000	78000	20.9	11.7	9810	3390
	518	464	34	56	18	660.5	518	2.79	299000	93400	21.3	11.9	11500	4030
500×500	516	500	20	32	18	413.2	324	2.96	204000	66700	22.2	12.7	7920	2670
	532	504	24	40	18	514.5	404	3.00	264000	85400	22.7	12.9	9940	3390
550×300	540	300	34	56	13	483.0	379	2.19	221000	25300	21.4	7.24	8170	1690
	556	304	38	64	13	553.2	434	2.23	262000	30200	21.8	7.38	9430	1980
	572	308	42	72	13	624.7	490	2.27	307000	35300	22.2	7.52	10700	2290
550×350	533	364	70	128	13	1127	885	2.36	408000	104000	19.0	9.59	15300	5700
	549	368	74	136	13	1207	948	2.40	456000	114000	19.4	9.71	16600	6190
	565	374	80	144	13	1300	1020	2.44	510000	127000	19.8	9.87	18100	6780
550×400	528	434	58	104	13	1090	855	2.65	430000	142000	19.9	11.4	16300	6550
	544	438	62	112	13	1181	927	2.69	485000	158000	20.3	11.5	17800	7190
	560	442	66	120	13	1273	1000	2.73	545000	173000	20.7	11.7	19400	7850
550×450	534	468	38	64	18	756.1	594	2.83	355000	110000	21.7	12.0	13300	4680
	550	472	42	72	18	853.0	670	2.87	416000	126000	22.1	12.2	15100	5360
	566	476	46	80	18	951.1	747	2.91	481000	144000	22.5	12.3	17000	6060
550×500	580	476	26	40	18	513.6	403	2.98	307000	72000	24.4	11.8	10600	3020
	596	480	30	48	18	613.6	482	3.02	380000	88600	24.9	12.0	12700	3690
600×300	588	312	46	80	13	697.5	548	2.31	355000	40900	22.6	7.65	12100	2620
	604	316	50	88	13	771.6	606	2.35	407000	46700	23.0	7.78	13500	2960
	620	320	54	96	13	847	665	2.39	462000	53000	23.4	7.91	14900	3310
600×350	580	322	26	40	13	389.1	305	2.37	216000	22300	23.6	7.58	7450	1390
	596	326	30	48	13	464.4	365	2.41	268000	27800	24.0	7.74	8980	1710
	612	330	34	56	13	541.1	425	2.45	323000	33700	24.4	7.89	10600	2040

续表

型号 (高度×宽度)	截面尺寸 (mm)					横截面积 (cm²)	理论重量 (kg/m)	外表面积 (m²/m)	惯性矩 (cm⁴)		惯性半径 (cm)		截面模数 (cm³)	
	H	B	t_1	t_2	r				I_x	I_y	i_x	i_y	W_x	W_y
600×400	580	390	26	40	13	443.5	348	2.65	256000	39600	24.0	9.45	8820	2030
	596	394	30	48	13	529.7	416	2.69	317000	49000	24.5	9.62	10600	2490
	612	398	34	56	13	617.2	485	2.73	382000	59000	24.9	9.78	12500	2970
	628	402	38	64	13	706.0	554	2.77	451000	69500	25.3	9.92	14400	3460
600×450	576	446	70	128	18	1369	1070	2.77	608000	190000	21.1	11.8	21100	8530
	592	450	74	136	18	1464	1150	2.81	676000	208000	21.5	11.9	22800	9230
	608	456	80	144	18	1572	1230	2.85	752000	229000	21.9	12.1	24700	10000
600×500	630	476	26	40	18	526.6	413	3.08	370000	72000	26.5	11.7	11700	3020
	646	480	30	48	18	628.6	493	3.12	456000	88600	26.9	11.9	14100	3690
650×300	636	324	58	104	18	924.9	726	2.42	522000	59700	23.8	8.03	16400	3680
	652	328	62	112	18	1003	787	2.46	585000	66800	24.2	8.16	17900	4070
	668	332	66	120	18	1082	849	2.50	652000	74300	24.5	8.28	19500	4470
650×350	628	334	38	64	18	620.3	487	2.49	383000	40000	24.8	8.03	12200	2390
	644	338	42	72	18	699.5	549	2.53	446000	46700	25.2	8.17	13800	2760
	660	342	46	80	18	780.0	612	2.57	513000	53800	25.6	8.30	15500	3140
650×400	644	406	42	72	18	797.4	626	2.8	526000	80600	25.7	10.1	16300	3970
	660	408	44	80	18	875.6	687	2.83	600000	90900	26.2	10.2	18200	4460
650×450	630	456	26	40	18	510.6	401	3.00	356000	63300	26.4	11.1	11300	2780
	646	460	30	48	18	609.4	478	3.04	439000	78000	26.8	11.3	13600	3390
	662	464	34	56	18	709.5	557	3.08	528000	93400	27.3	11.5	15900	4030
	678	468	38	64	18	810.8	636	3.12	621000	110000	27.7	11.6	18300	4680
650×500	690	476	26	40	18	542.2	426	3.20	454000	72000	29.0	11.5	13200	3030
	706	480	30	48	18	646.6	508	3.24	559000	88600	29.4	11.7	15800	3690
700×300	690	313	26	40	18	411.8	323	2.55	317000	20500	27.7	7.06	9170	1310
	706	317	30	48	18	490.1	385	2.59	389000	25600	28.2	7.23	11000	1620
	718	321	34	54	18	556.9	437	2.62	450000	30000	28.4	7.34	12500	1870
	734	325	38	62	18	637.6	501	2.66	531000	35800	28.8	7.49	14500	2200
700×300	676	346	50	88	18	861.7	676	2.61	584000	61300	26.0	8.43	17300	3540
	692	350	54	96	18	944.8	742	2.65	660000	69300	26.4	8.56	19100	3960
	708	354	58	104	18	1029	808	2.69	740000	77700	26.8	8.69	20900	4390
	724	358	62	112	18	1115	875	2.73	826000	86700	27.2	8.82	22800	4840
700×400	717	402	22	34	18	418.9	329	2.97	372000	36900	29.8	9.38	10400	1830
	733	406	26	42	18	512.6	402	3.01	470000	46900	30.3	9.57	12800	2310
700×450	694	440	42	72	18	867.4	681	3.03	676000	103000	27.9	10.9	19500	4660
	710	444	46	80	18	966.2	758	3.07	775000	117000	28.3	11.0	21800	5280
	726	448	50	88	18	1066	837	3.11	879000	132000	28.7	11.1	24200	5910
700×500	690	476	26	40	18	542.2	426	3.20	454000	72000	29.0	11.5	13200	3030
	706	480	30	48	18	646.6	508	3.24	559000	88600	29.4	11.7	15800	3690
	722	484	34	56	18	752.3	591	3.28	669000	106000	29.8	11.9	18500	4380
750×300	750	329	42	70	18	719.6	565	2.70	616000	41900	29.3	7.63	16400	2550
	766	333	46	78	18	802.9	630	2.74	707000	48500	29.7	7.77	18500	2910
	778	337	50	84	18	873.9	686	2.77	782000	54200	29.9	7.88	20100	3220

型号 (高度×宽度)	截面尺寸 (mm)					横截 面积 (cm²)	理论 重量 (kg/m)	外表 面积 (m²/m)	惯性矩 (cm⁴)		惯性半径 (cm)		截面模数 (cm³)	
	H	B	t_1	t_2	r				I_x	I_y	i_x	i_y	W_x	W_y
750×350	740	362	66	120	18	1202	943	2.77	916000	96100	27.6	8.94	24800	5310
	756	366	70	128	18	1290	1010	2.81	1011000	106000	28.0	9.07	26800	5800
	772	370	74	136	18	1379	1080	2.85	1112000	117000	28.4	9.19	28800	6300
	788	376	80	144	18	1486	1170	2.89	1227000	130000	28.7	9.35	31100	6900
750×400	740	424	64	120	18	1340	1050	3.02	1058000	154000	28.1	10.7	28600	7240
	756	428	68	128	18	1438	1130	3.06	1168000	169000	28.5	10.8	30900	7880
	772	432	72	136	18	1538	1210	3.10	1283000	184000	28.9	10.9	33200	8530
750×450	742	454	54	96	18	1171	920	3.16	993000	150000	29.1	11.3	26800	6630
	758	458	58	104	18	1274	1000	3.20	1110000	167000	29.5	11.5	29300	7310
	774	462	62	112	18	1379	1080	3.24	1233000	185000	29.9	11.6	31900	8020
750×500	740	476	26	40	18	555.2	436	3.30	532000	72000	31.0	11.4	14400	3030
	756	480	30	48	18	661.6	519	3.34	653000	88600	31.4	11.6	17300	3690
	772	484	34	56	18	769.3	604	3.38	781000	106000	31.9	11.7	20200	4380
800×300	799	302	26	40	18	431.3	339	2.72	432000	18500	31.7	6.54	10800	1220
	815	306	30	48	18	512.2	402	2.76	529000	23100	32.1	6.71	13000	1510
800×350	781	366	58	104	18	1096	861	2.88	972000	85900	29.8	8.85	24900	4700
	797	370	62	112	18	1187	932	2.92	1080000	95700	30.2	8.98	27100	5170
	813	374	66	120	18	1279	1000	2.96	1194000	106000	30.6	9.11	29400	5670
800×400	777	376	38	64	18	730.7	574	2.95	703000	57000	31.0	8.83	18100	3030
	793	380	42	72	18	822.6	646	2.99	812000	66300	31.4	8.98	20500	3490
	809	384	46	80	18	915.7	719	3.03	927000	76000	31.8	9.11	22900	3960
	825	388	50	88	18	1010	793	3.07	1048000	86400	32.2	9.25	25400	4450
800×450	799	446	26	40	18	546.5	429	3.30	598000	59300	33.1	10.4	15000	2660
	815	450	30	48	18	650.5	511	3.34	733000	73100	33.6	10.6	18000	3250
850×300	877	304	26	40	18	453.2	356	2.89	540000	18900	34.5	6.45	12300	1240
	893	310	32	48	18	555.4	436	2.93	671000	24100	34.8	6.58	15000	1550
850×350	876	310	26	40	18	457.7	359	2.91	547000	20000	34.6	6.61	12500	1290
	892	316	32	48	18	560.9	440	2.95	680000	25500	34.8	6.74	15200	1610
800×400	841	392	54	96	18	1106	868	3.11	1176000	97300	32.6	9.38	28000	4960
	857	396	58	104	18	1203	944	3.15	1310000	109000	33.0	9.51	30600	5490
	873	400	62	112	18	1301	1020	3.19	1451000	121000	33.4	9.63	33200	6040
800×450	831	454	34	56	18	755.7	593	3.38	874000	87600	34.0	10.8	21000	3860
	847	458	38	64	18	862.2	677	3.42	1022000	103000	34.4	10.9	24100	4490
	863	462	42	72	18	970	761	3.46	1177000	119000	34.8	11.1	27300	5140
900×300	877	302	26	40	18	451.6	355	2.88	537000	18500	34.5	6.40	12300	1220
	893	306	30	48	18	535.6	420	2.92	656000	23100	35.0	6.57	14700	1510
	909	310	34	56	18	621.0	487	2.96	780000	28100	35.4	6.72	17200	1810
	925	314	38	64	18	707.6	555	3.00	911000	33400	35.9	6.87	19700	2130
900×350	877	334	26	40	18	477.2	375	3.01	582000	25000	34.9	7.23	13300	1490
	893	338	30	48	18	566.4	445	3.05	711000	31100	35.4	7.41	15900	1840
	909	342	34	56	18	656.8	516	3.09	846000	37600	35.9	7.57	18600	2200
	925	346	38	64	18	748.5	588	3.13	987000	44600	36.3	7.72	21300	2580

续表

型号 (高度×宽度)	截面尺寸 (mm)					横截面积 (cm²)	理论重量 (kg/m)	外表面积 (m²/m)	惯性矩 (cm⁴)		惯性半径 (cm)		截面模数 (cm³)	
	H	B	t_1	t_2	r				I_x	I_y	i_x	i_y	W_x	W_y
900×400	879	410	46	80	18	989.5	777	3.28	1196000	92500	34.8	9.67	27200	4510
	895	414	50	88	18	1091	856	3.32	1349000	105000	35.2	9.80	30200	5060
	911	418	54	96	18	1194	937	3.36	1510000	118000	35.6	9.94	33100	5640
900×450	877	446	26	40	18	566.8	445	3.46	739000	59300	36.1	10.2	16900	2660
	893	450	30	48	18	673.9	529	3.5	903000	73100	36.6	10.4	20200	3250
	909	454	34	56	18	782.2	614	3.54	1074000	87600	37.1	10.6	23600	3860
	925	458	38	64	18	891.9	700	3.58	1253000	103000	37.5	10.7	27100	4490
950×300	941	318	42	72	22	796.8	625	3.03	1050000	39100	36.3	7.01	22300	2460
	957	322	46	80	22	886.0	695	3.07	1194000	45200	36.7	7.14	25000	2810
950×350	925	346	38	64	22	749.9	589	3.12	989000	44600	36.3	7.71	21400	2580
	941	350	42	72	22	842.9	662	3.16	1137000	52000	36.7	7.85	24200	2970
	957	354	46	80	22	937.2	736	3.20	1293000	59800	37.1	7.99	27000	3380
	973	358	50	88	22	1033	811	3.24	1455000	68200	37.5	8.12	29900	3810
950×400	941	422	42	72	22	946.6	743	3.45	1333000	90700	37.5	9.79	28300	4300
	957	426	46	80	22	1052	826	3.49	1515000	104000	37.9	9.93	31700	4870
	973	430	50	88	22	1159	910	3.53	1704000	117000	38.3	10.1	35000	5460
950×450	941	462	42	72	22	1004	788	3.61	1442000	119000	37.9	10.9	30700	5150
	957	466	46	80	22	1116	876	3.65	1638000	136000	38.3	11.0	34200	5820
	973	470	50	88	22	1230	965	3.69	1842000	153000	38.7	11.2	37900	6520
1000×300	1008	310	26	40	22	493.4	387	3.17	763000	20000	39.3	6.37	15100	1290
	1024	314	30	48	22	584.0	458	3.21	927000	25000	39.8	6.54	18100	1590
1000×350	973	326	50	88	22	976.4	766	3.11	1345000	51700	37.1	7.28	27600	3170
	989	330	54	96	22	1068	838	3.15	1502000	58600	37.5	7.41	30400	3550
	1005	334	58	104	22	1161	911	3.19	1667000	65900	37.9	7.54	33200	3950
	1021	338	62	112	22	1255	986	3.23	1840000	73700	38.3	7.66	36000	4360
1000×400	1008	406	26	40	22	570.2	448	3.55	943000	44800	40.7	8.86	18700	2210
	1024	410	30	48	22	676.2	531	3.59	1147000	55400	41.2	9.05	22400	2700
1000×450	990	436	38	64	22	889.8	698	3.61	1409000	88800	39.8	9.99	28500	4070
	1006	440	42	72	22	999.8	785	3.65	1616000	103000	40.2	10.1	32100	4670
	1022	444	46	80	22	1111	872	3.69	1833000	117000	40.6	10.3	35900	5290
1050×300	1040	318	34	56	22	675.8	531	3.25	1098000	30300	40.3	6.70	21100	1910
	1056	322	38	64	22	769.0	604	3.29	1277000	36100	40.8	6.85	24200	2240
	1072	326	42	72	22	863.4	678	3.33	1464000	42200	41.2	6.99	27300	2590
1050×350	1038	338	50	88	22	1030	809	3.29	1620000	57600	39.7	7.48	31200	3410
	1054	342	54	96	22	1126	884	3.33	1807000	65200	40.1	7.61	34300	3810
	1070	346	58	104	22	1224	961	3.37	2003000	73200	40.5	7.74	37400	4230
1050×400	1040	414	34	56	22	783.4	615	3.63	1359000	66600	41.6	9.22	26100	3220
	1056	418	38	64	22	891.8	700	3.67	1580000	78400	42.1	9.37	29900	3750
	1072	422	42	72	22	1002	786	3.71	1810000	90800	42.5	9.52	33800	4300

续表

型号 (高度×宽度)	截面尺寸 (mm)					横截 面积 (cm²)	理论 重量 (kg/m)	外表 面积 (m²/m)	惯性矩 (cm⁴)		惯性半径 (cm)		截面模数 (cm³)	
	H	B	t_1	t_2	r				I_x	I_y	i_x	i_y	W_x	W_y
1050×450	1038	448	50	88	22	1224	961	3.73	2059000	133000	41.0	10.4	39700	5930
	1054	452	54	96	22	1337	1050	3.77	2294000	149000	41.4	10.6	43500	6590
	1070	456	58	104	22	1453	1140	3.81	2538000	166000	41.8	10.7	47400	7270
1100×350	1088	330	46	80	22	959.0	753	3.37	1659000	48700	41.6	7.13	30500	2950
	1104	334	50	88	22	1056	829	3.41	1863000	55700	42.0	7.26	33700	3330
	1120	338	54	96	22	1154	906	3.45	2075000	63000	42.4	7.39	37000	3730
1000×400	1108	406	26	40	22	596.2	468	3.75	1173000	44800	44.4	8.67	21200	2210
	1124	410	30	48	22	706.2	554	3.79	1422000	55400	44.9	8.86	25300	2700
1100×450	1088	426	46	80	22	1113	873	3.75	2050000	104000	42.9	9.66	37700	4880
	1104	430	50	88	22	1225	962	3.79	2300000	118000	43.3	9.80	41700	5470
	1120	434	54	96	22	1339	1050	3.83	2559000	132000	43.7	9.93	45700	6090
1150×350	1136	342	58	104	25	1255	985	3.48	2298000	70900	42.8	7.52	40500	4150
	1152	346	62	112	25	1356	1060	3.52	2528000	79200	43.2	7.64	43900	4580
	1168	350	66	120	25	1458	1140	3.56	2767000	88100	43.6	7.77	47400	5030
1150×400	1140	414	34	56	25	818.6	643	3.83	1685000	66600	45.4	9.02	29600	3220
	1156	418	38	64	25	931.0	731	3.87	1955000	78400	45.8	9.18	33800	3750
	1172	422	42	72	25	1045	820	3.91	2235000	90900	46.3	9.33	38100	4310
1200×400	1178	412	30	32	25	931.0	731	3.87	1955000	78400	45.8	9.18	33800	3750
	1210	422	40	48	25	1045	820	3.91	2235000	90900	46.3	9.33	38100	4310
	1218	422	40	52	25	1160	910	3.95	2526000	104000	46.7	9.47	42500	4880

2.2.4　剖分 T 型钢规格与截面特性

剖分 T 型钢的外形尺寸及截面特性参数见图 2.2-2 和表 2.2-4。

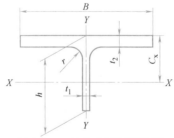

图 2.2-2　剖分 T 型钢截面图

h—高度；B—宽度；t_1—腹板厚度；t_2—翼缘厚度；r—圆角半径；C_x—重心

剖分 T 型钢截面尺寸、截面面积、理论重量及截面特性　　　表 2.2-4

类别	型号 (高度× 宽度) (mm×mm)	截面尺寸(mm)					截面 面积 (cm²)	理论 重量 (kg/m)	表面积 (m²/m)	惯性矩 (cm⁴)		惯性半径 (cm)		截面模数 (cm³)		重心 C_x (cm)	对应 H 型钢系 列型号
		h	B	t_1	t_2	r				I_x	I_y	i_x	i_y	W_x	W_y		
TW	50×100	50	100	6	8	8	10.79	8.47	0.293	16.1	66.8	1.22	2.48	4.02	13.4	1.00	100×100
	62.5×125	62.5	125	6.5	9	8	15.00	11.8	0.368	35.0	147	1.52	3.12	6.91	23.5	1.19	125×125
	75×150	75	150	7	10	8	19.82	15.6	0.443	66.4	282	1.82	3.76	10.8	37.5	1.37	150×150
	87.5×175	87.5	175	7.5	11	13	25.71	20.2	0.514	115	492	2.11	4.37	15.9	56.2	1.55	175×175
	100×200	100	200	8	12	13	31.76	24.9	0.589	184	801	2.40	5.02	22.3	80.1	1.73	200×200
		100	204	12	12	13	35.76	28.1	0.597	256	851	2.67	4.87	32.4	83.4	2.09	

续表

类别	型号(高度×宽度)(mm×mm)	截面尺寸(mm)					截面面积(cm²)	理论重量(kg/m)	表面积(m²/m)	惯性矩(cm⁴)		惯性半径(cm)		截面模数(cm³)		重心C_x(cm)	对应H型钢系列型号
		h	B	t_1	t_2	r				I_x	I_y	i_x	i_y	W_x	W_y		
TW	125×250	125	250	9	14	13	45.71	35.9	0.739	412	1820	3.00	6.31	39.5	146	2.08	250×250
		125	255	14	14	13	51.96	40.8	0.749	589	1940	3.36	6.10	59.4	152	2.58	
	150×300	147	302	12	12	13	53.16	41.7	0.887	857	2760	4.01	7.20	72.3	183	2.85	300×300
		150	300	10	15	13	59.22	46.5	0.889	798	3380	3.67	7.55	63.7	225	2.47	
		150	305	15	15	13	66.72	52.4	0.899	1110	3550	4.07	7.29	92.5	233	3.04	
	175×350	172	348	10	16	13	72.00	56.5	1.03	1230	5620	4.13	8.83	84.7	323	2.67	350×350
		175	350	12	19	13	85.94	67.5	1.04	1520	6790	4.20	8.88	104	388	2.87	
	200×400	194	402	15	15	22	89.22	70.0	1.17	2480	8130	5.27	9.54	158	404	3.70	400×400
		197	398	11	18	22	93.40	73.3	1.17	2050	9460	4.67	10.1	123	475	3.01	
		200	400	13	21	22	109.3	85.8	1.18	2480	11200	4.75	10.1	147	560	3.21	
		200	408	21	21	22	125.3	98.4	1.2	3650	11900	5.39	9.74	229	584	4.07	
		207	405	18	28	22	147.7	116	1.21	3620	15500	4.95	10.2	213	766	3.68	
		214	407	20	35	22	180.3	142	1.22	4380	19700	4.92	10.4	250	967	3.90	
TM	75×100	74	100	6	9	8	13.17	10.3	0.341	51.7	75.2	1.98	2.38	8.84	15.0	1.56	150×100
	100×150	97	150	6	9	8	19.05	15.0	0.487	124	253	2.55	3.64	15.8	33.8	1.80	200×150
	125×175	122	175	7	11	13	27.74	21.8	0.583	288	492	3.22	4.21	29.1	56.2	2.28	250×175
	150×200	147	200	8	12	13	35.52	27.9	0.683	571	801	4.00	4.74	48.2	80.1	2.85	300×200
		149	201	9	14	13	41.01	32.2	0.689	661	949	4.01	4.80	55.2	94.4	2.92	
	175×250	170	250	9	14	13	49.76	39.1	0.829	1020	1820	4.51	6.05	73.2	146	3.11	350×250
	200×300	195	300	10	16	13	66.62	52.3	0.979	1730	3600	5.09	7.35	108	240	3.43	400×300
	225×300	220	300	11	18	13	76.94	60.4	1.03	2680	4050	5.89	7.26	150	270	4.09	450×300
	250×300	241	300	11	15	13	70.58	55.4	1.07	3400	3380	6.93	6.91	178	225	5.00	500×300
		244	300	11	18	13	79.58	62.5	1.08	3610	4050	6.73	7.13	184	270	4.72	
	275×300	272	300	11	15	13	73.99	58.1	1.13	4790	3380	8.04	6.75	225	225	5.96	550×300
		275	300	11	18	13	82.99	65.2	1.14	5090	4050	7.82	6.98	232	270	5.59	
	300×300	291	300	12	17	13	84.60	66.4	1.17	6320	3830	8.64	6.72	280	255	6.51	600×300
		294	300	12	20	13	93.60	73.5	1.18	6680	4500	8.44	6.93	288	300	6.17	
		297	302	14	23	13	108.5	85.2	1.19	7890	5290	8.52	6.97	339	350	6.41	
TN	50×50	50	50	5	7	8	5.920	4.65	0.193	11.8	7.39	1.41	1.11	3.18	2.950	1.28	100×50
	62.5×60	62.5	60	6	8	8	8.340	6.55	0.238	27.5	14.6	1.81	1.32	5.96	4.85	1.64	125×60
	75×75	75	75	5	7	8	8.920	7.00	0.293	42.6	24.7	2.18	1.66	7.46	6.59	1.79	150×75
	87.5×90	85.5	89	4	6	8	8.790	6.90	0.342	53.7	35.3	2.47	2.00	8.02	7.94	1.86	175×90
		87.5	90	5	8	8	11.44	8.98	0.348	70.6	48.7	2.48	2.06	10.4	10.8	1.93	
	100×100	99	99	4.5	7	8	11.34	8.90	0.389	93.5	56.7	2.87	2.23	12.1	11.5	2.17	200×100
		100	100	5.5	8	8	13.33	10.5	0.393	114	66.9	2.92	2.24	14.8	13.4	2.31	
	125×125	124	124	5	8	8	15.99	12.6	0.489	207	127	3.59	2.82	21.3	20.5	2.66	250×125
		125	125	6	9	8	18.48	14.5	0.493	248	147	3.66	2.81	25.6	23.5	2.81	

续表

类别	型号(高度×宽度)(mm×mm)	截面尺寸(mm)					截面面积(cm²)	理论重量(kg/m)	表面积(m²/m)	惯性矩(cm⁴)		惯性半径(cm)		截面模数(cm³)		重心 C_x(cm)	对应H型钢系列型号
		h	B	t_1	t_2	r				I_x	I_y	i_x	i_y	W_x	W_y		
TN	150×150	149	149	5.5	8	13	20.40	16.0	0.585	393	221	4.39	3.29	33.8	29.7	3.26	300×150
		150	150	6.5	9	13	23.39	18.4	0.589	464	254	4.45	3.29	40.0	33.8	3.41	
	175×175	173	174	6	9	13	26.22	20.6	0.683	679	396	5.08	3.88	50.0	45.5	3.72	350×175
		175	175	7	11	13	31.45	24.7	0.689	814	492	5.08	3.95	59.3	56.2	3.76	
	200×200	198	199	7	11	13	35.70	28.0	0.783	1190	723	5.77	4.50	76.4	72.7	4.20	400×200
		200	200	8	13	13	41.68	32.7	0.789	1390	868	5.78	4.56	88.6	86.8	4.26	
	225×150	223	150	7	12	13	33.49	26.3	0.735	1570	338	6.84	3.17	93.7	45.1	5.54	450×150
		225	151	8	14	13	38.74	30.4	0.741	1830	403	6.87	3.22	108	53.4	5.62	
	225×200	223	199	8	12	13	41.48	32.6	0.833	1870	789	6.71	4.36	109	79.3	5.15	450×200
		225	200	9	14	13	47.71	37.5	0.839	2150	935	6.71	4.42	124	93.5	5.19	
	237.5×150	235	150	7	13	13	35.76	28.1	0.759	1850	367	7.18	3.20	104	48.9	7.50	475×150
		237.5	151.5	8.5	15.5	13	43.07	33.8	0.767	2270	451	7.25	3.23	128	59.5	7.57	
		241	153.5	10.5	19	13	53.20	41.8	0.778	2860	575	7.33	3.28	160	75.0	7.67	
	250×150	246	150	7	12	13	35.10	27.6	0.781	2060	339	7.66	3.10	113	45.1	6.36	500×150
		250	152	9	16	13	46.10	36.2	0.793	2750	470	7.71	3.19	149	61.9	6.53	
		252	153	10	18	13	51.66	40.6	0.799	3100	540	7.74	3.23	167	70.5	6.62	
	250×200	248	199	9	14	13	49.64	39.0	0.883	2820	921	7.54	4.30	150	92.6	5.97	500×200
		250	200	10	16	13	56.12	44.1	0.889	3200	1070	7.54	4.36	169	107	6.03	
		253	201	11	19	13	64.65	50.8	0.897	3660	1290	7.52	4.46	189	128	6.00	
	275×200	273	199	9	14	13	51.89	40.7	0.933	3690	921	8.43	4.21	180	92.6	6.85	550×200
		275	200	10	16	13	58.62	46.0	0.939	4180	1070	8.44	4.27	203	107	6.89	
	300×200	298	199	10	15	13	58.87	46.2	0.983	5150	988	9.35	4.09	235	99.3	7.92	600×200
		300	200	11	17	13	65.85	51.7	0.989	5770	1140	9.35	4.15	262	114	7.95	
		303	201	12	20	13	74.88	58.8	0.997	6530	1360	9.33	4.25	291	135	7.88	
	312.5×200	312.5	198.5	13.5	17.5	13	75.28	59.1	1.01	7460	1150	9.95	3.90	338	116	9.15	625×200
		315	200	15	20	13	84.97	66.7	1.02	8470	1340	9.98	3.97	380	134	9.21	
		319	202	17	24	13	99.35	78.0	1.03	9960	1160	10.0	4.08	440	165	9.26	
	325×300	323	299	12	18	18	91.81	72.1	1.23	8570	4020	9.66	6.61	344	269	7.36	650×300
		325	300	13	20	18	101.0	79.3	1.23	9430	4510	9.66	6.67	376	300	7.40	
		327	301	14	22	18	110.3	86.6	1.24	10300	5010	9.66	6.73	408	333	7.45	
	350×300	346	300	13	20	18	103.8	81.5	1.28	11300	4510	10.4	6.59	424	301	8.09	700×300
		350	300	13	24	18	115.8	90.9	1.28	12000	5410	10.2	6.83	438	361	7.63	
	400×300	396	300	14	22	18	119.8	94.0	1.38	17600	4960	12.1	6.43	592	331	9.78	800×300
		400	300	14	26	18	131.8	103	1.38	18700	5860	11.9	6.66	610	391	9.27	
	450×300	445	299	15	23	18	133.5	105	1.47	25900	5140	13.9	6.20	789	344	11.7	900×300
		450	300	16	28	18	152.9	120	1.48	29100	6320	13.8	6.42	865	421	11.4	
		456	302	18	34	18	180.0	141	1.50	34100	7830	13.8	6.59	997	518	11.3	

2.2.5 尺寸、外形及允许偏差

普通热轧 H 型钢的尺寸、外形及允许偏差应符合表 2.2-5 的规定。

普通热轧 H 型钢尺寸、外形允许偏差（mm）　　　　　表 2.2-5

项　　目		允许偏差		图　　示
高度 H（按型号）	<400	±2.0		
	≥400～<600	±3.0		
	≥600	±4.0		
宽度 B（按型号）	<100	±2.0		
	≥100～<200	±2.5		
	≥200	±3.0		
厚度	t_1	<5	±0.5	
		≥5～<16	±0.7	
		≥16～<25	±1.0	
		≥25～<40	±1.5	
		≥40	±2.0	
	t_2	<5	±0.7	
		≥5～<16	±1.0	
		≥16～<25	±1.5	
		≥25～<40	±1.7	
		≥40	±2.0	
长度	≤7m	+60　0		
	>7m	长度每增加 1m 或不足 1m 时,正偏差在上述基础上加 5mm		
翼缘斜度 T 或 T'	高度(型号)≤300	B≤150	≤1.5	
		B>150	<1.0%B	
	高度(型号)>300	B≤125	≤1.5	
		B>125	≤1.2%B	
弯曲度（适用于上下、左右大弯曲）	高度(型号)≤300	≤长度的 0.15%		
	高度(型号)>300	≤长度的 0.10%		

续表

项　目		允许偏差	图　示
中心偏差 S	高度(型号)≤300且宽度(型号)≤200	±2.5	$S=\dfrac{b_1-b_2}{2}$ 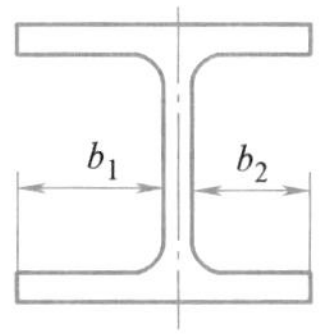
	高度(型号)>300或宽度(型号)>200	±3.5	
腹板弯曲 W	高度(型号)<400	≤2.0	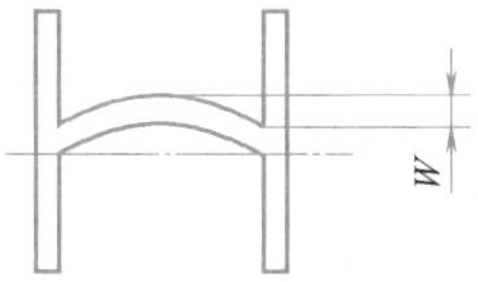
	≥400~<600	≤2.5	
	≥600	≤3.0	
翼缘弯曲 F	宽度 B≤400	≤1.5%b,但是,允许偏差值的最大值为 1.5mm	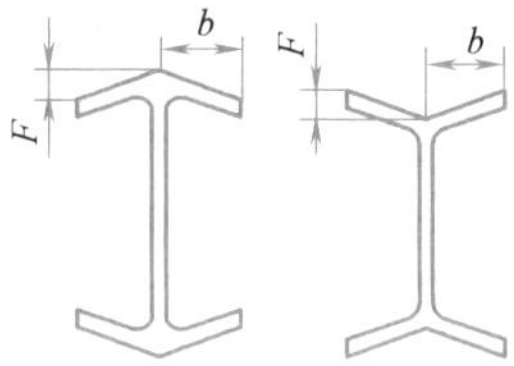
端面斜度 E	B≤200	≤3.0	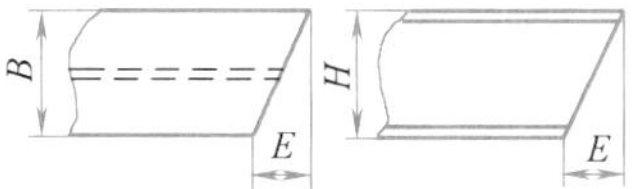
	B>200	≤1.6%B	
翼缘腿端外缘钝化		不得使直径等于 $0.18t_2$ 的圆棒通过	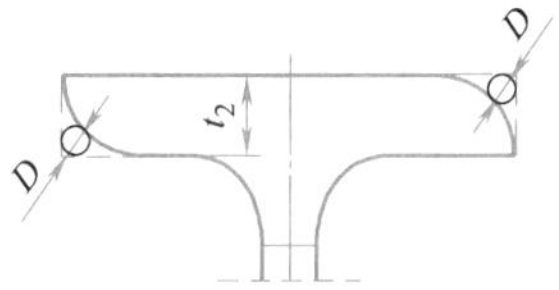

注：1. 尺寸和形状的测量部位见图示。
　　2. 弯曲度沿翼缘端部测量。

重型热轧 H 型钢的尺寸、外形及允许偏差应符合表 2.2-6 的规定。

重型热轧 H 型钢尺寸、外形允许偏差（mm）　　　　　表 2.2-6

项目		允许偏差	图示
高度 H（按型号）	<400	±2.0	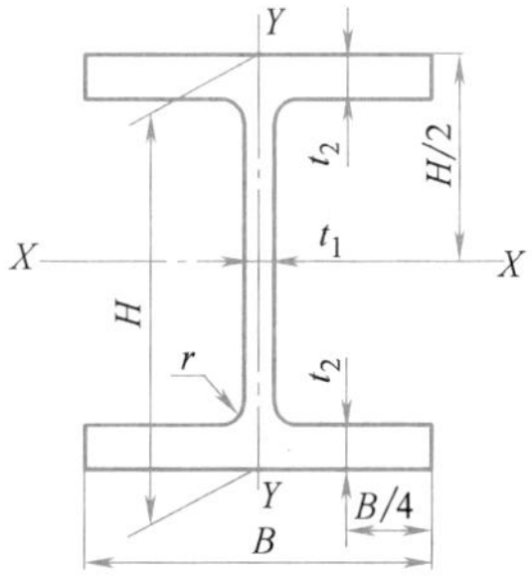
	≥400~<600	±3.0	
	≥600	±4.0	
宽度 B（按型号）	≥200~<400	±3.0	
	≥400	±4.0	
腹板厚度 t_1	≥16~<25	±1.0	
	≥25~<40	±1.5	
	≥40~<60	±2.0	
	≥60	±3.0	
翼缘厚度 t_2	≥25~<40	±1.7	
	≥40~<60	±2.0	
	≥60	±4.0	

项目		允许偏差	图示
长度	长度不大于7m	0～+60	
	长度大于7m	长度每增加1m,则正偏差在上述基础上加5mm（长度不足1m按1m计）	
翼缘斜度 T 或 T'		≤1.2%B	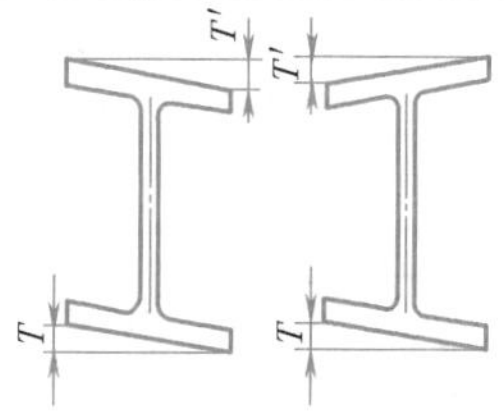
弯曲度	上下弯曲	≤长度的0.10%	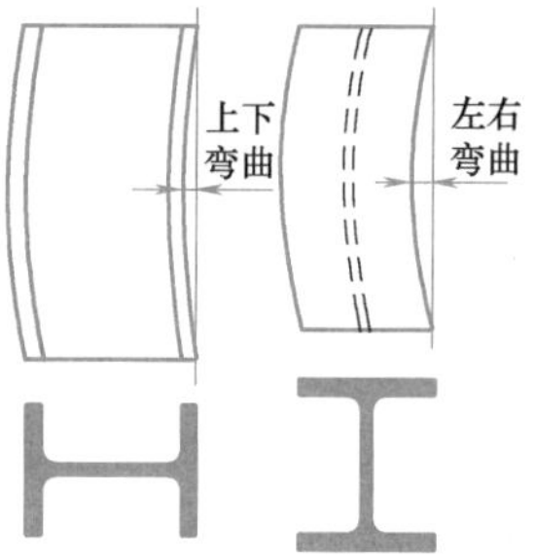
	左右弯曲	≤长度的0.10%	
中心偏差 S		±3.5	$S=\dfrac{b_1-b_2}{2}$ 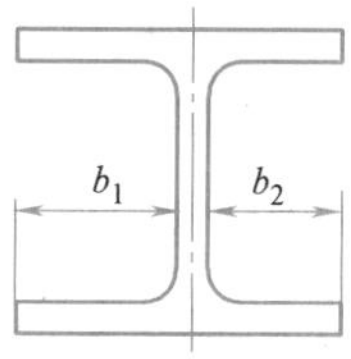
腹板弯曲 W （按型号高度分档）	<400	≤2.0	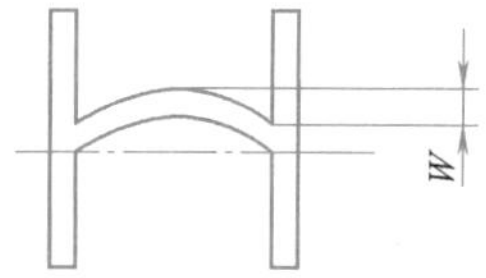
	≥400～<600	≤2.5	
	≥600	≤3.0	
翼缘弯曲 F （按型号宽度分档）	≤400	≤1.5	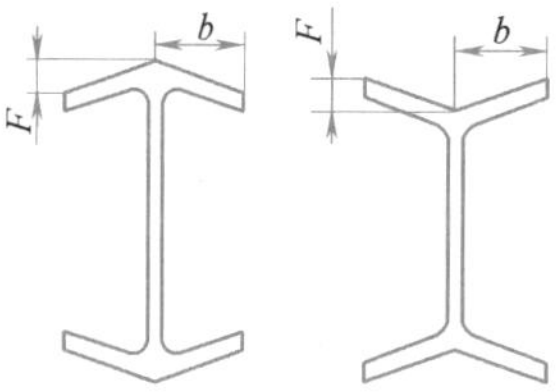
	>400	≤2.5	
端面斜度 E		≤1.6%B	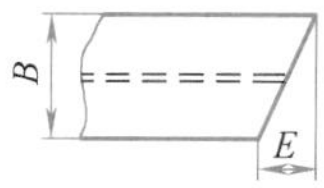
		≤1.6%H	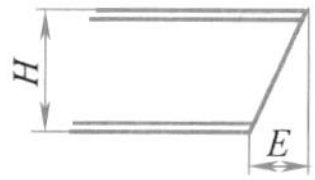

项 目	允许偏差	图 示
翼缘端部外缘钝化	通过的圆棒直径 $D \leqslant 0.18t_2$	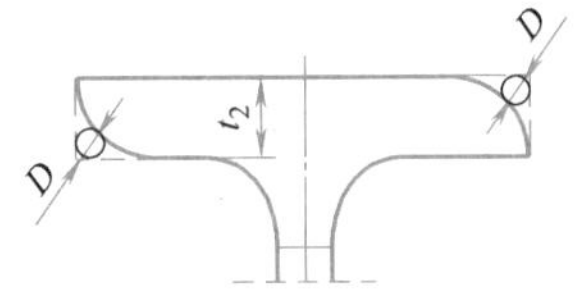

注：1. 尺寸及形状的测量部位见图示。

　　2. 弯曲度沿翼缘端部测量。

剖分 T 型钢的尺寸、外形及允许偏差应符合表 2.2-7 的规定。

剖分 T 型钢尺寸、外形允许偏差（mm）　　　　表 2.2-7

项　　目		允许偏差	图　　示
高度 h（按型号）	＜200	$+4.0$ -6.0	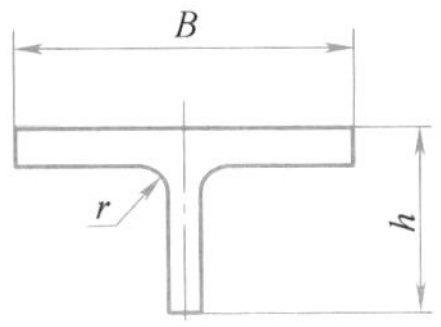
	≥200～＜300	$+5.0$ -7.0	
	≥300	$+6.0$ -8.0	
翼缘弯曲 F'	连接部位	$F' \leqslant B/200$ 且 $F' \leqslant 1.5$	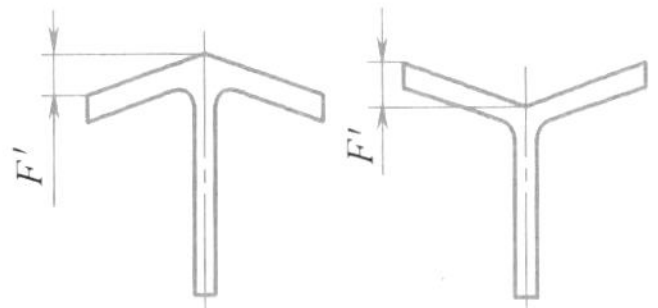
	一般部位 $B \leqslant 150$ $B > 150$	$F' \leqslant 2.0$ $F' \leqslant \dfrac{B}{150}$	

注：其他部位的允许偏差，按对应 H 型钢规格的部位允许偏差。

H 型钢和剖分 T 型钢交货重量允许偏差见表 2.2-8。

H 型钢和剖分 T 型钢交货重量允许偏差　　　　表 2.2-8

类别	重量允许偏差
普通 H 型钢	每根重量偏差±6％，每批交货重量偏差±4％
剖分 T 型钢	每根重量偏差±7％，每批交货重量偏差±5％
重型 H 型钢	±4％

第3章 H型钢结构设计基本规定

3.1 设计依据

1. H型钢结构设计中，应依据技术规范及标准，贯彻国家技术政策，做到技术先进、经济合理、安全适用并确保质量，工程设计中应遵守的主要现行设计规范和标准如下：

1)《工程结构可靠性设计统一标准》GB 50153—2008；

2)《建筑结构可靠性设计统一标准》GB 50068—2018；

3)《建筑结构荷载规范》GB 50009—2012；

4)《建筑抗震设计规范》GB 50011—2010（2016年版）；

5)《钢结构设计标准》GB 50017—2017；

6)《高层民用建筑钢结构技术规程》JGJ 99—2015；

7)《门式刚架轻型房屋钢结构技术规范》GB 51022—2015；

8)《钢结构焊接规范》GB 50661—2011；

9)《组合结构设计规范》JGJ 138—2016；

10)《钢结构高强度螺栓连接技术规程》JGJ 82—2011。

2. 除疲劳计算外，H型钢结构设计应采用以概率理论为基础的极限状态设计方法，用分项系数设计表达式进行计算。

3. H型钢承重结构均应按承载能力极限状态和正常使用极限状态进行设计。

1) 承载能力极限状态包括：构件和连接的强度达到最大承载能力或过度变形而不适于继续承载；结构或构件丧失稳定；结构转变为机动体系或结构倾覆等。

2) 正常使用极限状态包括：影响结构、构件或非结构构件正常使用，外观变形、影响正常使用的振动、影响正常使用或耐久性能的局部损坏以及结构使用的舒适度超过允许限值等。

3) 设计H型钢钢结构时，结构重要性系数应按结构安全等级一、二、三级分为1.1、1.0和0.9，一般工业与民用建筑钢结构的安全等级应取为二级。

4. 需计算疲劳的H型钢结构应采用容许应力设计方法准则，以容许疲劳应力幅为指标进行计算。

5. 钢结构应根据工作环境与条件，按《建筑钢结构防火技术规范》GB 51249—2017和《钢结构防腐蚀涂装技术规程》CECS 343：2013采取可靠的防火与防腐蚀等防护措施。

6. 钢结构设计应考虑便于加工与安装，减少高空焊接或高精度组装等作业，钢结构焊接连接的构造设计应符合《钢结构焊接规范》GB 50661的规定。

3.2 H型钢构件材料选用与设计指标

3.2.1 钢材选用

1. 钢结构所用钢材应根据结构重要性（主、次构件，重要建筑和一般建筑等）、荷载特征（静载、动载）、环境条件（温度、锈蚀）、连接方法（焊接、非焊接）及钢材厚度与价格性能比等因素综合考虑，合理选材。

2. 承重结构所用钢材的性能应符合以下要求：

1）应有屈服强度（f_y）、抗拉强度（f_u）、伸长率（A_5）的合格保证；对梁、柱、桁架等重要构件应有冷弯性能的合格保证；对需疲劳验算的构件应附加有冲击韧性的合格保证。

2）应具有化学成分磷（P）、硫（S）含量的合格保证，对焊接结构尚应具有含碳（C）量和碳当量的合格保证。

3. 采用塑性设计的结构及进行弯矩调幅的构件，所采用的钢材应符合下列规定：屈强比不应大于0.85；钢材应有明显的屈服台阶，且伸长率不应小于20%。

4. 按抗震设防设计的钢结构或类似的重要结构，其钢材的选用应符合《钢结构设计标准》GB 50017—2017中17.1.6条的规定。

5. 在T形、十字形和角形焊接的连接节点中，当其板件厚度不小于40mm且沿板厚方向有较高撕裂拉力作用，包括较高约束拉应力作用时，该部位板件钢材宜具有厚度方向抗撕裂性能即Z向性能的合格保证，其沿板厚方向断面收缩率应不小于按现行国家标准《厚度方向性能钢板》GB/T 5313规定的Z15级允许限值。

6. 钢构件钢材的牌号应根据承载情况及综合性能要求可选用Q235的碳素结构钢或Q355（Q355N，Q355M）、Q390（Q390N，Q390M）、Q420（Q420N，Q420M）及Q460（Q460N，Q460M）的低合金高强度结构钢，其质量性能应分别符合现行国家标准《碳素结构钢》GB/T 700和《低合金高强度结构钢》GB/T 1591的规定。低合金高强度结构钢牌号不带后缀者为热轧钢材，带后缀N或M者分别为综合性能更优的正火轧制或热机械控轧钢材。

7. 各牌号钢的质量等级、脱氧方法与附加技术要求等，应符合下列规定：

1）承重钢结构构件不应选用A级钢，不需要验算疲劳的结构构件一般可选用B级钢。

2）需验算疲劳的焊接结构或低温环境下的厚壁构件所用钢材应符合下列规定：

（1）当工作温度高于0℃时其质量等级不应低于B级；

（2）当工作温度不高于0℃但高于−20℃时，Q235、Q355钢不应低于C级，Q390、Q420及Q460钢不应低于D级；

（3）当工作温度不高于−20℃时，Q235钢和Q355钢不应低于D级，Q390钢、Q420钢、Q460钢应选用E级。

（4）当工作温度不高于−40℃时，应选用F级（仅Q355N、Q355M钢可保证F级）。

3）需验算疲劳的非焊接结构，其钢材质量等级要求可较上述焊接结构降低一级但不应低于B级。吊车起重量不小于50t的中级工作制吊车梁，其质量等级要求应与需要验算疲劳的构件相同。

8. 处于外露环境，且对耐腐蚀有特殊要求或处于侵蚀性介质环境中的承重结构，可采用Q235NH、Q355NH和Q415NH牌号的耐候结构钢，其质量应符合现行国家标准《耐候结构钢》GB/T 4171的规定。

3.2.2　材料设计指标

1. 钢材的设计用强度指标应根据《钢结构设计标准》GB 50017—2017的规定，可按表3.2-1采用。进行强度计算时，其厚度分组按截面计算部位的型钢厚度取值（翼缘或腹板）；当按轴心受力或稳定计算时，应按型钢截面中较厚部位的厚度取值。

钢材的设计用强度指标（N/mm²）　　表3.2-1

钢材牌号		钢材厚度或直径（mm）	强度设计值			钢材强度		
			抗拉、抗压、抗弯（MPa）	抗剪（MPa）	端面承压（刨平顶紧）（MPa）	屈服强度（原）（MPa）	屈服强度（MPa）	抗拉强度最小值（MPa）
碳素结构钢	Q235	≤16	215	125	320	235	235	370
		>16,≤40	205	120		225	225	
		>40,≤100	200	115		215	215	

续表

钢材牌号		钢材厚度或直径（mm）	强度设计值			钢材强度		
			抗拉、抗压、抗弯（MPa）	抗剪（MPa）	端面承压（刨平顶紧）（MPa）	屈服强度（原）（MPa）	屈服强度（MPa）	抗拉强度最小值（MPa）
低合金高强度结构钢	Q355 Q355N Q355M	≤16	305	175	400	345	355	470
		>16,≤40	295	170		335	345	
		>40,≤63	290	165	400(380)	325	335	470(450)
		>63,≤80	280	160	400(375)	315	325	470(440)
		>80,≤100	270(280)	155(160)	400(375)	305	315(325)	470(440)
	Q390 Q390N Q390M	≤16	345	200	415	390	390	490
		>16,≤40	330	190		370	380	
		>40,≤63	310	180	415(410)	350	360	490(480)
		>63,≤80	295	170	415(400)	330	340	490(470)
		>80,≤100	295	170	415(390)	330	340	490(460)
	Q420 Q420N Q420M	≤16	375	215	440	420	420	520
		>16,≤40	355	205		400	410[400](400)	
		>40,≤63	320	185	440(425)	380	390	520(500)
		>63,≤80	305(310)	175(180)	440(410)	360	370(380)	520(480)
		>80,≤100	305[300]	175	440(400)	360	370(360)	520(470)
	Q460 Q460N Q460M	≤16	410	235	470[460](440)	460	460	550[540](540)
		>16,≤40	390	225		440	450[440](400)	
		>40,≤63	355	205	470[460](450)	420	430	550[540](530)
		>63,≤80	340	195	470[460](435)	400	410	550[540](510)
		>80,≤100	340	195	470[460](425)	400	410[400](400)	550[540](500)

注：1. 表中直径指实心棒材直径，厚度指计算点的钢材（钢管壁）厚度，对轴心受拉和轴心受压构件指截面中较厚板件的厚度。

　　2. 表中低合金高强度结构钢的牌号不带后缀者为热轧状态交货的钢材，带后缀"N""M"者分别为正火状态钢材和热机械轧制状态钢材。

　　3. 表中不带括号指标值为热轧钢材指标值或各类钢材共用指标值；表中带［］和（）的指标值，分别为正火状态钢材和热机械轧制钢材指标值。

　　4. 热轧状态交货的 Q420 和 Q460 钢只适用于型钢。

　　5. 对冷成形型材和钢材，其强度设计值应按国家现行有关标准的规定采用。

　　2. 计算下列情况的钢结构构件时，应按表 3.2-1 规定的强度设计值应乘以表 3.2-2 中相应的折减系数；当几种情况同时存在时，其折减系数应连乘。

强度设计值折减系数 表 3.2-2

项次	结构构件或连接情况		折减系数
1	单面连接的单角钢杆件	按轴心受力（受拉或受压）计算强度和连接	0.85
2		按轴心受压计算稳定性　等边角钢	0.6+0.0015λ 但不大于 1.0
3		短边相连的不等边角钢	0.5+0.0025λ 但不大于 1.0
4		长边相连的不等边角钢	0.70
5	施工条件较差的高空安装焊缝		0.90
6	无垫板的单面施焊对接焊缝		0.85

注：对中间无联系的单角钢压杆，λ 为按最小回转半径计算的长细比，当 λ＜20 时，取 λ=20。

　　3. 螺栓连接强度指标应根据《钢结构设计标准》GB 50017—2017 的规定采用。

　　4. 焊接用的焊条、焊丝和焊剂应保证其熔敷金属的力学性能不低于母材的性能，焊缝质量等级应符合国家标准《钢结构焊接规范》GB 50661 的规定，焊缝的设计用强度指标应根据《钢结构设计标准》GB 50017—2017 的规定采用。

5. 钢材的物理性能指标，按表 3.2-3 采用。

钢材的物理性能指标　　　　　　　　　　表 3.2-3

弹性模量 $E(\text{N/mm}^2)$	剪变模量 $G(\text{N/mm}^2)$	线膨胀系数 α(以每℃计)	质量密度 $\rho(\text{kg/m}^3)$
206×10^3	79×10^3	12×10^{-6}	7850

6. 设计 H 型钢混凝土组合结构构件时，混凝土和钢筋的强度设计值等计算指标应按《混凝土结构设计规范》GB 50010—2010 或以下规定采用。

1）混凝土的强度设计值等计算指标应符合以下规定。

（1）混凝土的强度设计值见表 3.2-4。

混凝土强度设计值（N/mm^2）　　　　　　　　　　表 3.2-4

强度等级	混凝土强度等级													
	C15	C20	C25	C30	C35	C40	C45	C50	C55	C60	C65	C70	C75	C80
轴心抗压强度 f_c	7.2	9.6	11.9	14.3	16.7	19.1	21.1	23.1	25.3	27.5	29.7	31.8	33.8	35.9
轴心抗拉强度 f_t	0.91	1.10	1.27	1.43	1.57	1.71	1.80	1.89	1.96	2.04	2.09	2.14	2.18	2.22

（2）混凝土受压或受拉的弹性模量 E_c 应按表 3.2-5 采用。剪变模量 G_c 可按表中相应弹性模量 E_c 值的 0.4 倍采用。混凝土泊松比 μ_c 可采用 0.2。

混凝土弹性模量（$\times 10^4 \text{N/mm}^2$）　　　　　　　　　　表 3.2-5

混凝土强度等级	C15	C20	C25	C30	C35	C40	C45	C50	C55	C60	C65	C70	C75	C80
E_C	2.20	2.55	2.80	3.00	3.15	3.25	3.35	3.45	3.55	3.60	3.65	3.70	3.75	3.80

（3）当温度在 0℃ 到 100℃ 范围内时，混凝土线膨胀系数 α_c 可采用 1×10^{-5}/℃。

2）钢筋的强度设计值等计算指标应符合以下规定。

（1）钢筋可选用 HRB335 级钢筋、HRB400 级与 RRB400 级钢筋。钢筋性能材质应符合《钢筋混凝土用钢 第二部分：热轧带肋钢筋》GB/T 1499、《钢筋混凝土用热轧带肋钢筋》GB 13014、《钢筋混凝土用余热处理钢筋》GB 13014 等标准。

（2）钢筋的强度标准值应具有不小于 95% 的保证率。普通钢筋的抗拉强度设计值 f_y 及抗压强度设计值 f_y' 应按表 3.2-6 采用。当构件中配有不同种类的钢筋时，每种钢筋应采用各自的强度设计值。

普通钢筋强度设计值（N/mm^2）　　　　　　　　　　表 3.2-6

牌号	符号	抗拉强度设计值 f_y	抗压强度设计值 f_y'
HPB300	Φ	270	270
HRB335	Φ	300	300
HRB400、HRBF400、RRB400	Φ	360	360
RRB500、HRBF500	Φ^R	435	435

（3）钢筋弹性模量 E_s 应按表 3.2-7 采用。

7. 在钢结构设计图纸和钢材订货文件中，应准确注明所用 H 型钢等材料的产品名称和类型、牌号、质量等级、标准名称以及附加技术要求等，钢材交货时应附有质量保证书。

钢筋弹性模量（×10⁵ N/mm²）　　　　　　　　　　　　表 3.2-7

牌号或种类	弹性模量 E_s
HPB300	2.1
HRB335、HRB400、HRB500、HRBF400、HRBF500、RRB400 预应力螺纹钢筋	2.0
消除应力钢丝、中强度预应力钢丝	2.05
钢绞线	1.95

3.3　荷载与作用

3.3.1　荷载与系数取值

荷载取值与分项系数、组合值系数、积雪不均匀系数与风荷载体型系数、风振系数等各类系数均应按现行国家标准《建筑结构荷载规范》GB 50009—2010（2016 年版）正确取值，并符合下列规定：

1. 计算荷载的基本组合时，永久荷载与可变荷载的荷载分项系数分别按 1.3 与 1.5 取值。

2. 对直接承受动力荷载的结构：

1）计算强度和稳定性时，动力荷载设计值应乘以动力系数。

2）计算疲劳和变形时，动力荷载标准值不乘动力系数。计算吊车梁或吊车桁架及其制动结构的疲劳和挠度时，起重机荷载应按作用在跨间内荷载效应最大的一台起重机确定。

3. 分析工业厂房框（排）架时，由吊车产生的横向水平荷载应按《建筑结构荷载规范》GB 50009 规定计算。计算重级工作制吊车梁或吊车桁架及其制动结构的强度、稳定性以及连接的强度时，应考虑由起重机摆动引起的横向水平力，此水平力不宜与荷载规范规定的横向水平荷载同时考虑。作用于每个轮压处的横向水平力标准值可按式（3.3-1）计算：

$$H_k = \alpha P_{k,max} \qquad (3.3-1)$$

式中　$P_{k,max}$——起重机最大轮压标准值（N）；

　　　α——系数；对软钩起重机，取 0.1；对抓斗或磁盘起重机，取 0.15；对硬钩起重机，取 0.2。

4. 计算冶炼车间或其他类似车间的工作平台结构时，由检修材料堆放所产生的荷载对主梁可乘以 0.85，柱及基础可乘以 0.75。

5. 计算工业建筑框架和楼面结构时，其均布荷载除按工艺要求外，不得小于 2kN/m²。

6. 计算框（排）架并考虑多台吊车竖向荷载和水平荷载参与组合时，其荷载标准值可乘以表 3.3-1 中规定的折减系数。

多台吊车的荷载折减系数　　　　　　　　　　　　表 3.3-1

参与组合的吊车台数	吊车工作级别	
	A1～A5	A6～A8
2	0.90	0.95
3	0.85	0.90
4	0.80	0.85

注：计算多层吊车的单跨或多跨厂房框（排）架时，参与组合的吊车台数及荷载的折减系数应按实际情况考虑。

7. 对有特殊要求的使用荷载，如吊车荷载、操作平台可变荷载或行车荷载、电梯荷载等，均应按工艺人员提供的资料确定。

8. 进行钢-混凝土组合梁变形验算时，可变荷载准永久值系数可参照表 3.3-2 取用。

9. 在结构的设计过程中，当考虑温度变化的影响时，温度的变化范围可根据地点、环境、结构类型及使用功能等实际情况确定。当单层房屋和露天结构的温度区段长度不超过表 3.3-3 的数值时，一般情况下可不考虑温度应力和温度变形的影响。

可变荷载准永久值系数 ψ_q

表 3.3-2

项次	可变荷载		准永久值系数
1	一般工业建筑楼面活荷载		0.6
2	屋面活荷载(上人屋面)		0.4
3	雪荷载准永久值系数分区图(按荷载规范附录表 E.5)	Ⅰ分区	0.5
		Ⅱ分区	0.2
		Ⅲ分区	0
4	屋面积灰荷载		0.8
	高炉邻近建筑屋面积灰荷载		1.0

温度区段长度值

表 3.3-3

项次	结构情况	纵向温度区段(垂直屋架或构架跨度方向)(m)	横向温度区段(沿屋架或构架跨度方向)(m)	
			柱顶为刚接	柱顶为铰接
1	采暖房屋和非采暖地区的房屋	220	120	150
2	热车间和采暖地区的非采暖房屋	180	100	125
3	露天结构	120	—	—
4	围护构件为压型金属板的房屋	250	150	

注：1. 厂房柱为其他材料时（非钢结构），应按相应规范的规定设置伸缩缝。围护结构可根据具体情况参照有关规范单独设置伸缩缝。

2. 单层建筑中，有桥式吊车房屋吊车梁或吊车桁架以下的柱间支撑，宜对称布置于温度区段的中部。当不对称布置时，上述柱间支撑的中点（两道柱间支撑时，为两支撑距离的中点）至温度区段端部的距离不宜大于表中纵向温度区段长度的 60%。

3. 当有充分依据或可靠措施时，表中数字可予以增减。

10. 结构地震作用的计算应符合《建筑抗震设计规范》GB 50011 的规定。

3.3.2　内力组合

1. 各类不利工况的荷载与内力组合应符合《建筑结构荷载规范》GB 50009—2012 的规定与下列要求：

1）按承载能力极限状态设计钢结构时，应考虑荷载效应的基本组合，在使用中有可能发生事故等偶然性荷载作用时，尚应考虑荷载效应的偶然组合。按正常使用极限状态设计钢结构时，应考虑荷载效应的标准组合。

2）计算结构或构件的强度、稳定性以及连接的强度时，应采用荷载设计值；计算疲劳时，应采用荷载标准值。

3）在非地震的荷载组合中计入的可变荷载超过两项（含两项）时，应考虑可变荷载的组合系数；对框（排）架结构亦可将各项可变荷载统一乘以 0.9 组合系数简化计算。

4）在结构构件的地震作用效应与其他荷载效应的基本组合中，一般不再考虑风荷载，但对高层建筑，风荷载起控制作用时，风荷载效应组合值系数取 0.2。

5）进行工业与民用建筑钢结构设计时，可变荷载组合值系数参照表 3.3-4 取用。

2. 构件的截面强度及节点连接强度均应按其控制截面处可能出现的最不利内力组合进行计（验）算。控制截面一般为框（刚）架节点处的梁、柱截面、柱脚处截面、梁跨中与支座截面及构件的拼接截面与节点连接部位等。计算时，内力最不利组合一般可如下选用：

1）梁：正弯矩最大弯矩（M_{max}）组合、负弯矩最大弯矩（$-M_{max}$）组合。

2）柱：轴向力最大（N_{max} 与相应正、负弯矩）组合，轴力最小（N_{min} 与相应正、负弯矩）组合；正、负弯矩最大组合。同时应注意次大轴向力与相应最大弯矩的组合也可能成为控制截面的主要组合。

可变荷载组合值系数 ψ_c、ψ 表 3.3-4

项次	荷载基本组合	可变荷载	组合值系数
1		屋面活荷载	0.7
2		雪荷载	0.7
3		屋面积灰荷载	0.9
4	荷载效应基本组合极限状态	高炉邻近建筑屋面灰荷载	1.0
5		软钩吊车(工作级别 A1~A7)	0.7
6		硬钩吊车及工作级别 A8 的软钩吊车	0.95
7		操作平台均布活荷载	0.7
8		风荷载	0.6

3）柱脚：对刚接柱脚应考虑最大轴力（N_{max} 与相应正、负弯矩和剪力）和最小轴力（N_{min} 与相应正、负弯矩和剪力）组合，其中最小轴力（N_{min}）组合主要用于计算柱脚锚栓；铰接柱脚应考虑最大轴力（N_{max} 与相应剪力）和最小轴力（N_{min} 与相应剪力）组合，对有柱间支撑相连接的柱脚，除上述不利组合外，尚应考虑纵向水平剪力最大（有纵向风力、吊车纵向制动力、地震作用等产生柱脚纵向剪力 Q_{ymax}，而相应轴力、弯矩、横向剪力等亦可能最大）的双向作用不利组合。

3. 当按地震作用效应和其他荷载效应组合计算钢构件及连接时，钢构件与连接的承载力应进行调整，将结构构件承载力设计值除以抗震调整系数。抗震调整系数应按表 3.3-5 采用。

承载力抗震调整系数 γ_{RE} 表 3.3-5

项次	结构构件	受力状态	γ_{RE}
1	钢柱、梁、支撑、节点板件、螺栓、焊缝	强度	0.75
2	钢柱、支撑	稳定	0.80
3	当仅计算竖向地震作用组合时，各类结构构件		1.0

3.4 设计一般规定

3.4.1 结构的布置与选型

1. H 型钢结构设计应合理选择结构体系。低层房屋可选用梁柱铰接加支撑组成的排架结构，大跨度单层工业厂房、仓库等建筑可以选用门式刚架结构。多高层建筑结构宜采用梁柱刚接及抗侧力构件（支撑、剪力墙等）组成的框架结构。

2. H 型钢排架、门式刚架与多高层框架结构的设计宜符合装配化、标准化和模块化的要求。同一工程中的梁、柱构件与连接节点的分类，应尽量统一和标准化。

3. 多高层框架中抗侧力构件的布置应尽量减小结构（平面）形心与刚心的偏心。抗震设防的高层框架应按照《建筑抗震设计规范》GB 50011 的要求，布置为规则的结构。

4. H 型钢构件的截面选型应根据承载条件与受力状态，选用合适的型号系列。受压柱宜选用宽翼缘（HW）、中翼缘（HM）H 型钢或重型 H 型钢（HZ）；梁宜选用中翼缘（HM）与窄翼缘（HN）H 型钢或 H 型钢蜂窝梁；轻型钢结构梁柱或檩条宜选用薄壁（HT）H 型钢或蜂窝梁；桁架结构的杆件宜选用剖分 T 型钢。

3.4.2 结构分析与计算

1. 建筑结构的内力和变形可按结构静力学方法进行弹性或弹塑性分析，采用弹性分析结果进行设计时，截面板件宽厚比等级为 S1、S2、S3 级的构件可有塑性变形发展。

2. 结构的计算模型和基本假定应与构件连接的实际性能相符合。框架结构的梁柱连接宜采用刚接或铰接。梁柱采用半刚性连接时，应计入梁柱交角变化的影响，在内力分析时，应假定连接的弯矩-转角曲线，并在节点设计时，保证节点的构造与假定的弯矩-转角曲线符合。

3. 计算桁架杆件轴力时可采用节点铰接假定；采用节点板连接的桁架腹杆及荷载作用于节点的弦杆，其杆件截面为单角钢、双角钢或 T 型钢时，可不考虑节点刚性引起的弯矩效应。

4. 杆件截面为 H 型钢的桁架，应按刚接桁架计算节点刚性引起的次弯矩。在轴力和弯矩共同作用下，杆件端部截面的强度计算可考虑塑性应力重分布。杆件的稳定计算应按压弯构件的规定进行。对拉杆和板件宽厚比满足表 3.4-5 压弯构件 S2 级要求的压杆，截面强度宜按下列公式计算：

当
$$\varepsilon = \frac{MA}{NW} \leqslant 0.2 \text{ 时：} \frac{N}{A} \leqslant f \tag{3.4-1}$$

当
$$\varepsilon > 0.2 \text{ 时：} \frac{N}{A} + \alpha \frac{M}{W_p} \leqslant \beta f \tag{3.4-2}$$

式中　W、W_p——分别为弹性截面模量和塑性截面模量（mm^3）；

M——杆件在节点处的次弯矩（N·mm）；

α、β——系数，应按表 3.4-1 的规定采用。

系数 α 和 β　　　　　　　　　　　　表 3.4-1

杆件截面形式	α	β
H 形截面，腹板位于桁架平面内	0.85	1.15
H 形截面，腹板垂直于桁架平面	0.60	1.08

5. 直接承受动力荷载重复作用的钢结构构件及其连接，当应力变化的循环次数 n 等于或大于 50000 次时，应进行疲劳计算。并符合以下规定：

1) 疲劳计算应采用容许应力幅法，应力应按弹性状态计算，容许应力幅应按构件和连接类别、应力循环次数以及计算部位的板件厚度确定。对非焊接的构件和连接，其应力循环中不出现拉应力的部位可不计算疲劳强度。

2) 重级工作制吊车梁和重级、中级工作制吊车桁架的变幅疲劳可取应力循环中最大的应力幅按下列公式计算：

正应力幅的疲劳计算应符合式（3.4-3）要求：
$$\alpha_f \Delta \sigma_e \leqslant \gamma_t [\Delta \sigma]_{2 \times 10^6} \tag{3.4-3}$$

剪应力幅的疲劳计算应符合式（3.4-4）要求：
$$\alpha_f \Delta \tau_e \leqslant [\Delta \tau]_{2 \times 10^6} \tag{3.4-4}$$

式中　α_f——欠载效应的等效系数，按表 3.4-2 采用。

吊车梁和吊车桁架欠载效应的等效系数 α_f　　　　表 3.4-2

吊车类别	α_f	吊车类别	α_f
A6、A7、A8 工作级别（重级）的硬钩吊车	1.0	A4、A5 工作级别（中级）的吊车	0.5
A6、A7 工作级别（重级）的软钩吊车	0.8		

3) 牌号为 Q235、Q345（Q355）、Q390 的热轧 H 型钢直接用作实腹吊车梁，且承载的吊车为轻级（A1、A2、A3 级）或中级（A4、A5 级）工作制时，若无特殊的焊接或开孔情况，可不进行吊车梁的疲劳计算。

6. 抗震设防的 H 型钢框（排）架结构，应进行结构抗震性能化设计，其设计原则、计算方法与构造措施应符合《钢结构设计标准》GB 50017—2017 和《建筑抗震设计规范》GB 50011—2010 的规定。

7. H 型钢构件一般按弹性方法设计，当有技术经济依据时，亦可依据下列要求按塑性及弯矩调幅进行设计。

1) 按本条所述的塑性设计要求适用于不直接承受动力荷载的下列结构或构件：

（1）超静定梁；

（2）由实腹构件组成的单层框架结构；

（3）2～6层框架结构其层侧移不大于容许侧移的50%；

（4）满足下列条件之一的框架-支撑（剪力墙、核心筒等）结构中的框架部分：

① 结构下部1/3楼层的框架部分承担的水平力不大于该层总水平力20%；

② 支撑（剪力墙）系统能够承担所有水平力。

2）结构或构件采用塑性或弯矩调幅设计时应符合下列规定：

（1）进行正常使用极限状态设计时，应采用荷载的标准值，并应按弹性理论进行计算。

（2）按承载能力极限状态设计时，应采用荷载的设计值，用简单塑性理论进行内力分析。

（3）柱端弯矩及水平荷载产生的弯矩不得进行调幅。

3.4.3 结构计算参数

1. 构件的容许长细比

1）钢构件的容许长细比宜符合表3.4-3和表3.4-4的规定。

受压构件的容许长细比 表 3.4-3

项次	构件名称	容许长细比
1	轴心受压柱、桁架和天窗架中的压杆	150
2	柱的缀条、吊车梁或吊车桁架以下的柱间支撑	
3	支撑（吊车梁或吊车桁架以下的柱间支撑除外）	200
4	用以减少受压构件长细比的杆件	
5	桁架（包括空间桁架）中的角钢受压腹杆，当其内力等于或小于承载能力50%时	
6	跨度不小于60m桁架的受压弦杆和端压杆	120

注：1. 计算单角钢受压构件的长细比时，应采用角钢的最小回转半径，但计算在交叉点相互连接的交叉杆件平面外长细比时，可采用与角钢肢边平行轴的回转半径。

2. 由容许长细比控制截面的杆件，在计算长细比时可不考虑扭转效应。

受拉构件的容许长细比 表 3.4-4

项次	构件名称	承受静力荷载和间接承受动力荷载结构		直接承受动力荷载的结构
		一般建筑结构	有重级工作制吊车的厂房	
1	桁架的杆件	350	250	250
2	吊车梁或吊车桁架以下的柱间支撑	300	200	—
3	支撑系杆（第2项和张紧的圆钢除外）	400	350	—
			有硬钩吊车的厂房 300	
4	中、重级工作制吊车桁架的下弦杆	—	—	200
5	跨度不小于60m桁架的受拉弦杆和腹杆	300		250

注：1. 承受静力荷载的结构中，可仅计算受拉构件在竖向平面内长细比。

2. 在直接或间接承受动力荷载的结构中，计算单角钢受拉构件的长细比时，应采用角钢的最小回转半径；在计算单角钢交叉受拉杆件平面外的长细比时，应采用角钢肢平行轴的回转半径。

3. 受拉构件在永久荷载与风荷载组合作用下受压时，其长细比不宜超过250。

2）抗震设防的钢结构框架柱和支撑构件的长细比应满足下列要求：

（1）钢结构框架柱的长细比，一级不应大于$60\sqrt{235/f_y}$，二级不应大于$80\sqrt{235/f_y}$，三级不应大于$100\sqrt{235/f_y}$，四级不应大于$120\sqrt{235/f_y}$。

（2）中心支撑杆件的长细比，按压杆设计时，不应大于$120\sqrt{235/f_y}$；一、二、三级中心支撑不得采用拉杆设计，四级采用拉杆设计时，其长细比不应大于180。

（3）偏心支撑框架的支撑杆件长细比不应大于$120\sqrt{235/f_y}$。

3）按塑性及弯矩调幅设计的受压构件的长细比不宜大于 $130\sqrt{235/f_y}$。

2. 截面的宽（高）厚比

1）进行受弯和压弯构件计算时，其截面板件宽厚比等级及限值应符合表 3.4-5 的规定。

2）按弹性方法计算 H 型钢构件并要求不出现局部失稳，其翼缘宽厚比、腹板高厚比应符合表 3.4-5 中 S4 级截面要求。

压弯和受弯构件的截面板件宽厚比等级及限值　　　　　　表 3.4-5

构件	截面板件宽厚比等级		S1 级	S2 级	S3 级		S4 级	S5 级
压弯构件（框架柱）	H 形截面	翼缘 b/t	$9\varepsilon_k$	$11\varepsilon_k$	$13\varepsilon_k$		$15\varepsilon_k$	20
		腹板 h_0/t_w	$(33+13\alpha_0^{1.3})\varepsilon_k$	$(38+13\alpha_0^{1.39})\varepsilon_k$	$0\leqslant\alpha_0\leqslant1.6$	$(16\alpha_0+0.5\lambda+25)\varepsilon_k$	$(45+25\alpha_0^{1.66})\varepsilon_k$	250
					$1.6<\alpha_0\leqslant2.0$	$(48\alpha_0+0.5\lambda-26.2)\varepsilon_k$		
受弯构件（梁）	H 形截面	翼缘 b/t	$9\varepsilon_k$	$11\varepsilon_k$	$13\varepsilon_k$		$15\varepsilon_k$	20
		腹板 h_0/t_w	$65\varepsilon_k$	$72\varepsilon_k$	$(40.4+0.5\lambda)\varepsilon_k$		$124\varepsilon_k$	250
轴心受压构件	H 形截面	翼缘 b/t	—	—	—		$(10+0.1\lambda)\varepsilon_k$	—
		腹板 h_0/t_w	—	—	—		$(25+0.5\lambda)\varepsilon_k$	—
	热轧剖分 T 形截面	翼缘 b/t	—	—	—		$(10+0.1\lambda)\varepsilon_k$	—
		腹板 h_0/t_w					$(15+0.2\lambda)\varepsilon_k$	

注：1. ε_k 为钢号修正系数，其值为 235 与钢材牌号中屈服点数值的比值的平方根。对 Q235、Q345、Q355、Q390 及 Q420 级钢，ε_k 的值分别为 1.0、0.83、0.81、0.78 和 0.75。

2. b 为工字形、H 形截面的翼缘外伸宽度，t、h_0、t_w 分别是翼缘厚度、腹板净高和腹板厚度。对轧制型截面，腹板净高不包括翼缘腹板过渡处圆弧段。

3. 当按国家标准《建筑抗震设计规范》GB 50011—2010 第 9.2.14 条第 2 款的规定设计，S5 级截面的板件宽厚比小于 S4 级经 ε_σ 修正的板件宽厚比时，可归属为 S4 级截面。ε_σ 为应力修正因子，$\varepsilon_\sigma=\sqrt{f_y/\sigma_{max}}$。

4. 表中参数 $\alpha_0=(\sigma_{max}-\sigma_{min})/\sigma_{max}$；其中 σ_{max} 为腹板计算高度边缘的最大压应力，σ_{min} 为腹板另一边缘的相应应力；压应力取正值，拉应力取负值，计算时不考虑稳定系数。

5. λ 为构件的长细比，对受弯构件和压弯构件是指在弯矩平面内的长细比；对轴心受力构件，取两主轴方向长细比的较大值。且当 $\lambda<30$ 时取为 30，当 $\lambda>100$ 时取为 100。

3）抗震设防的钢结构多高层框架梁柱截面的板件宽厚比限制，首先应根据抗震设防分类、烈度和房屋高度确定相应的抗震等级（表 3.4-6），再由表 3.4-7 确定框架梁柱的宽厚比限值。

钢结构房屋的抗震等级　　　　　　表 3.4-6

房屋类别及高度		烈度			
		6	7	8	9
多高层建筑	高度不大于 50m	—	四	三	二
	高度大于 50m	四	三	二	一
单层厂房		—	四	三	二

注：1. 高度接近或高于高度分界时，应允许结合房屋不规则程度和场地、地基条件确定抗震等级；

2. 一般情况，构件的抗震等级应与结构相同；当某个部位各构件的承载力均满足 2 倍地震作用组合下的内力要求时，7～9 度的构件抗震等级允许按降低一度确定。

3. 对单层厂房轻屋盖，塑性耗能区板件宽厚比限制可根据其承载力的高低按性能目标确定，耗能区以外的板件宽厚比限值可采用表 3.4-5 中的 S4 级。

钢结构框架梁、柱截面板件宽厚比限值　　表 3.4-7

抗震等级 板件名称		一级	二级	三级	四级
柱	工字形截面翼缘外伸部分	10	11	12	13
	工字形截面腹板	43	45	48	52
	箱形截面壁板	33	36	38	40
梁	工字形截面和箱形截面翼缘外伸部分	9	9	10	11
	箱形截面翼缘在两腹板之间部分	30	30	32	36
	工字形截面和箱形截面腹板	$72-120N_b/(Af)$ $\leqslant 60$	$72-100N_b/(Af)$ $\leqslant 65$	$80-110N_b/(Af)$ $\leqslant 70$	$85-120N_b/(Af)$ $\leqslant 75$

注：1. 表列数字适用于 Q235 钢，采用其他牌号钢材时，应乘以钢号修正系数 ε_k，$\varepsilon_k = \sqrt{235/f_y}$；
　　2. $N_b/(Af)$ 为轴压比。

4）对抗震设防烈度为 8 度（0.2G）及以下的轻型屋盖单层房屋，其梁、柱构件截面的容许宽（高）厚比，可按照《建筑抗震设计规范》GB 50011 规定的高弹性承载力低延性要求的性能化设计方法确定。

5）采用塑性及弯矩调幅设计的结构构件，其截面板件宽厚比等级应符合下列规定：

（1）形成塑性铰并发生塑性转动的截面，其截面板件宽厚比等级应采用 S1 级；

（2）最后形成塑性铰的截面，其截面板件宽厚比等级不应低于 S2 级截面要求；

（3）其他截面板件宽厚比等级不应低于 S3 级截面要求。

3. 轴压杆件稳定系数及计算长度

1）设计轴心受压杆件时，应按截面几何特性及轧制、焊接等成型方法的不同，选定杆件截面的类别，以计算轴压稳定系数 φ，现行国标 H 型钢的截面分类可按表 3.4-8 确定。

国标 H 型钢和剖分 T 型钢计算轴压稳定系数时的截面类型　　表 3.4-8

国标 H 型钢类别		对截面强轴（x-x）	对截面弱轴（y-y）
宽翼缘 H 型钢（HW）	最大板厚 $t<40mm$	b 类	b 类
	最大板厚 $t \geqslant 40mm$	b 类	c 类
中翼缘 H 型钢（HM）		a 类	b 类
窄翼缘 H 型钢（HN）		a 类	b 类
薄壁 H 型钢（HT）		a 类	b 类
宽翼缘剖分 T 型钢（TW）		b 类	b 类
中翼缘剖分 T 型钢（TM）		b 类	b 类
窄翼缘剖分 T 型钢（TN）		b 类	b 类

2）各类框架、桁架受压构（杆）件的计算长度应按《钢结构设计标准》GB 50017—2017 的相关规定计算确定。

（1）钢结构框架分为无支撑框架和有支撑框架，无支撑框架应按照《钢结构设计标准》GB 50017—2017 表 E.0.2 确定有侧移框架柱的计算长度系数，设有摇摆柱时，摇摆柱的计算长度系数应取 1.0，框架柱的计算长度系数应乘以放大系数。有支撑框架分为强支撑框架和弱支撑框架，不宜采用弱支撑框架。强支撑框架的计算长度系数可由《钢结构设计标准》GB 50017—2017 附录表 E.0.1 按照无侧移框架柱确定计算长度系数。

（2）单层厂房柱的计算长度分为单阶柱和双阶柱两类，其中又各分为柱上端自由和柱上端可移动但不转动两种情况，分别由《钢结构设计标准》GB 50017—2017 附录表 E.0.3～表 E.0.6 确定计算长度系数。

3.4.4　结构的变形限值

1. 受弯构件的挠度容许值

1) 钢吊车梁、楼盖梁、屋盖梁、工作平台梁以及墙架构件的挠度值不宜超过表 3.4-9 的限值。

表 3.4-9

受弯构件挠度容许值

项次	构件类别	挠度容许值	
		$[v_T]$	$[v_Q]$
1	吊车梁和吊车桁架(按自重和起重量最大的一台吊车计算挠度) (1)手动起重机和单梁起重机(含悬挂起重机) (2)轻级工作制起重机 (3)中级工作制起重机 (4)重级工作制起重机	$l/500$ $l/750$ $l/900$ $l/1000$	—
2	手动或电动葫芦的轨道梁	$l/400$	—
3	有重轨(重量等于或大于 38kg/m)轨道的工作平台梁 有轻轨(重量等于或小于 24kg/m)轨道的工作平台梁	$l/600$ $l/400$	
4	楼(屋)盖梁或桁架、工作平台梁(第3项次除外)和平台板 (1)主梁或桁架(包括设有悬挂起重设备的梁和桁架) (2)抹灰顶棚的次梁 (3)除上述(1)、(2)款外的其他梁(包括楼梯梁) (4)屋面檩条 支承压型金属板屋面者 支承其他屋面材料者 有吊顶	$l/400$ $l/250$ $l/250$ $l/150$ $l/200$ $l/240$	$l/500$ $l/350$ $l/300$
5	墙架构件(风荷载不考虑阵风系数) (1)支柱(水平方向) (2)抗风桁架(作为连续支柱的支承时,水平位移) (3)砌体墙的横梁(水平方向) (4)支承压型金属板的横梁(水平方向) (5)支承其他墙面材料的横梁(水平方向) (6)带有玻璃窗的横梁(竖直和水平方向)	— — — — — $l/200$	$l/400$ $l/1000$ $l/300$ $l/100$ $l/200$ $l/200$

注：1. l 为受弯构件的跨度(对悬臂梁和伸臂梁为悬臂长度的2倍)。

2. $[v_T]$ 为永久和可变荷载标准值产生的挠度(如有起拱应减去拱度)的容许值, $[v_Q]$ 为可变荷载标准值产生的挠度的容许值。

3. 当吊车梁或吊车桁架跨度大于12m时,其挠度容许值 $[v_T]$ 应乘以0.9的系数。

4. 当墙面采用延性材料或与结构采用柔性连接时,墙架构件的支柱水平位移容许值可采用 $l/300$,抗风桁架(作为连续支柱的支承时)水平位移容许值可采用 $l/800$。

2) 设有工作级别为 A7、A8 级起重机的吊车梁或吊车桁架的制动结构,由一台最大起重机横向水平荷载(荷载规范的标准值)所产生的挠度不宜超过制动结构跨度的 1/2200。

2. 结构的水平位移容许值

1) 单层钢结构的水平位移应符合以下规定。

(1) 单层钢结构在风荷载或多遇地震标准值作用下的柱顶水平位移不宜超过表 3.4-10 的限值。

表 3.4-10

单层钢结构在风荷载作用下柱顶水平位移容许值

项次	吊车情况	其他情况	柱顶侧移限值
1	无桥式吊车	采用压型钢板等轻型墙板,且 $H \leqslant 18m$ 时	$H/60$
2		采用砌体墙时	$H/240$
3		其他情况	$H/150$
4	有桥式吊车	采用压型钢板等轻型墙板,且 $H \leqslant 18m$,吊车起重量不大于 20t 工作级别为 A1～A5,吊车由地面控制时	$H/180$
5		其他情况	$H/400$

注：表中 H 为柱高度。

（2）设有工作级别 A7、A8 级起重机的钢结构厂房柱以及设有中级和重级工作制起重机的钢结构露天栈桥柱，在吊车梁或吊车桁架的顶面标高处，由一台最大起重机水平荷载（按荷载规范取值）所产生的水平位移，不宜超过表 3.4-11 的容许值。

在起重机水平荷载作用下钢柱水平位移的容许值 表 3.4-11

项次	位移的种类	按平面结构图形计算	按空间结构图形计算
1	厂房柱的横向位移	$H_c/1250$	$H_c/2000$
2	露天栈桥柱的横向位移	$H_c/2500$	—
3	厂房和露天栈桥的纵向位移	$H_c/4000$	—

注：1. H_c 为基础顶面至吊车梁或吊车桁架顶面的高度。
　　2. 计算厂房或露天栈桥柱的纵向位移时，可假定起重机的纵向水平制动力分配在温度区段内所有柱间支撑或纵向框架上。
　　3. 在设有 A8 级起重机的厂房中，厂房柱的水平位移（计算值）容许值不宜大于表中数值的 90%。
　　4. 在设有 A6 级起重机的厂房柱的纵向位移宜符合表中的要求。

2）为满足居住建筑舒适度的要求，住宅建筑中 H 型钢组合楼（盖）板的自振频率不宜小于 8Hz。

3）多高层钢结构的水平位移容许值应符合以下规定：

（1）在风荷载标准值作用下，有桥式起重机时，多层钢结构柱的弹性层间位移角不宜超过 1/400。

（2）在风荷载标准值作用下，无桥式起重机时，多层钢结构柱的弹性层间位移角不宜超过表 3.4-12 的数值。

（3）在多遇地震作用下，多层钢结构的弹性层间位移角不宜超过 1/250。

多层钢结构层间位移角容许值 表 3.4-12

结构体系			层间位移角
框架、框架-支撑			1/250
框-排架	侧向框-排架		1/250
	竖向框-排架	排架	1/150
		框架	1/250

注：1. 对室内装修要求较高的建筑，层间位移角宜适当减小；无墙壁的建筑，层间位移角可适当放宽。
　　2. 当围护结构可适应较大变形时，层间位移角可适当放宽。

4）高层民用建筑钢结构在风荷载和多遇地震作用下弹性层间位移角不宜超过 1/250，其薄弱层弹塑性层间位移不应大于层高的 1/50。

第4章 H型钢构件连接设计

4.1 连接的分类及设计一般规定

4.1.1 连接的分类与适用范围

1. 选用H型钢构件的连接方法时，应考虑受力可靠、施工方便、造价合理等因素。

2. H型钢及其相连构件的常用连接方法有焊接连接、紧固件连接（高强度螺栓连接、普通螺栓连接）、高强度螺栓与焊接共用的栓焊连接等。

3. 焊接连接与高强度螺栓连接主要用于H型钢构件的拼接及节点连接。

4. 工厂拼接和连接一般宜选用焊接连接，现场安装连接宜选用高强度螺栓连接、普通螺栓连接或栓焊连接。高强度螺栓连接造价较高，但承载性能较好。高强度螺栓摩擦型连接宜用于较重要的现场连接及受动力荷载的连接；普通螺栓连接宜用于次要构件连接或安装连接。

4.1.2 连接设计的一般规定

1. 用作主要受力构件的H型钢梁、柱的拼接或重要节点连接以及承受动力荷载的连接宜按等强连接进行设计。

2. 轴心受压柱或压弯柱的端部为刨平端时，柱身最大压力直接由刨平端传递，但其传递压力部位的焊缝或螺栓连接仍应按最大压力的15%进行验算，当压弯柱出现受拉区时，该区的连接尚应按传递最大拉力验算。

3. 对抗震设防区重要框架结构H型钢构件的连接，应按连接强于构件的原则进行设计。对7、8、9度抗震设防区的高（多）层框架梁柱或支撑节点连接的计算应符合以下要求：

1）构件连接应按地震组合内力进行弹性设计，计算框架梁柱连接时，梁翼缘连接应能保证梁端弯矩可靠传递，梁腹板连接应计入剪力与其分担的弯矩，保证梁端腹板剪力与弯矩的可靠传递。

2）计算人字支撑、V形支撑与交叉支撑等刚性支撑杆端连接时，其地震组合内力应按《建筑抗震设计规范》GB 50011—2010（2016年版）规定乘以增大系数1.5~3.0。

3）框架梁柱连接与支撑杆端连接除满足弹性设计要求外，应按《建筑抗震设计规范》GB 50011—2010（2016年版）规定进行连接极限承载能力的验算。

4）梁、柱与支撑的拼接宜按全截面等强拼接设计与构造。当按弹性方法计算与进行拼接的极限承载力验算时，应符合《建筑抗震设计规范》GB 50011—2010（2016年版）的要求。

4. 对H型钢梁与压型钢板的组合楼盖，H型翼缘宜采用无拼材等强拼接连接，以便压型钢板平整地安装；同时当焊钉下端有压型钢板时，应要求焊钉对钢梁为穿透（压型钢板）焊。

5. 构件及节点连接应保证结构整体可靠工作，在设计中应遵守下列要求：

1）合理地选用连接方法，按照连接部位的具体传力条件（拉、压、拉剪、弯剪等），正确地进行连接的承载力计算。

2）正确选用连接材料，如焊条、焊丝等，其强度性能均应与母材相匹配。

3）所有焊接连接应按设计规范规定提出合理的焊缝质量等级要求。

4）合理地进行连接构造。连接构造设计时应注意以下几点：

（1）杆件节点除要求构件中心相交汇外，还应要求杆端连接的重心与杆件截面重心相一致。

（2）节点中有集中传力处应设置传力加劲肋，避免板件局部受弯，其节点连接应保证传力可靠。

（3）正确地选用连接构造的加工方法，如焊接坡口、应力集中处的圆弧过渡、高强度螺栓摩擦面处理、端面刨平加工、起落弧点打磨处理等。

（4）合理地考虑节点处构件的安装空隙，构件拼接的定位措施，施焊或施拧的必要空间；应尽量避免高空仰焊等困难施工作业。

（5）在设计文件中应提出相应的连接选材要求、施工要求、质量等级要求及应遵循的施工验收标准。

4.2 焊接连接

4.2.1 焊缝的种类

焊缝按其形式通常可分为对接焊缝、角焊缝两种。按操作地点分为工厂焊和现场焊两类。以 H 型钢框架梁、柱（带短悬臂梁栓焊拼接）节点为例，各类焊缝的应用部位如图 4.2-1 所示。

1. 对接焊缝

对接焊缝主要用于板件的对接部位，又可分为：全熔透对接焊缝、部分熔透的对接焊缝、T 形对接与角接组合焊缝。

1）全熔透对接焊缝

常见的全熔透焊缝形式为 I 形、V 形、单边 V 形和 X 形（图 4.2-2）。全熔透焊缝沿板厚方向为熔透焊（焊缝质量为一、二级），焊缝与母材可以等强，一般不需验算焊缝强度。

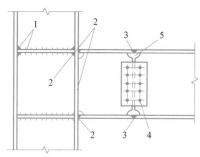

图 4.2-1　H 型钢梁柱焊接
节点焊缝示意
1—工厂角焊缝；2—工厂熔透对接与
角接组合焊缝；3—现场熔透对接
焊缝；4—腹板拼接高强度螺栓；
5—焊接用锁口孔

全熔透焊缝施焊时，需加引弧板，对稍厚（$t > 8mm$）的板件在焊口处应作坡口加工。

当采用 I 形和 V 形全熔透焊缝时，其施焊构造应在焊缝底部加垫板，或在焊缝底部清根补焊。对无垫板且不清根补焊的对接焊缝，其强度设计值乘 0.85 的折减系数。

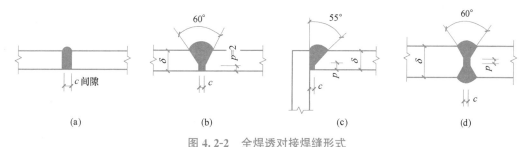

图 4.2-2　全焊透对接焊缝形式
（a）I 形；（b）V 形；（c）单边 V 形；（d）X 形

2）部分熔透的对接焊缝

部分熔透的对接焊缝的常见坡口形式为 V 形坡口、单边 V 形、K 形坡口、U 形和 J 形坡口（图 4.2-3）。

这类焊缝是在沿板厚仅部分开坡口的焊接连接，由于沿板厚未全部焊透，故不能按与母材等强考虑。计算时按三级对接焊缝的强度取值。

常用的部分焊透对接焊缝的强度计算按角焊缝计算公式计算，其对应的角焊缝计算厚度 h_e 按下述规定取用：

（1）图 4.2-3（a）的 V 形坡口：当 $\alpha \geqslant 60°$ 时，$h_e = s$；当 $\alpha < 60°$ 时，$h_e = 0.75s$；

（2）图 4.2-3（b）、（c）的单边 V 形和 K 形坡口：当 $\alpha = 45° \pm 5°$ 时，$h_e = s - 3$；

（3）图 4.2-3（d）、（e）的 U 形和 J 形坡口：$h_e = s$。

3）对接与角接组合焊缝

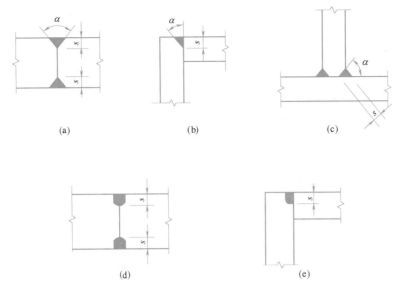

图 4.2-3　部分熔透的对接焊缝坡口形式和 T 形对接
与角接焊缝的组合焊缝截面

（a）V 形坡口；（b）单边 V 形坡口；（c）单边 K 形坡口；（d）U 形坡口；（e）J 形坡口

对接焊缝与角接焊缝的组合焊缝存在于对接接头（图 4.2-4）和 T 形接头（图 4.2-5）中，坡口形式有 V 形、单 V 形和 K 形。

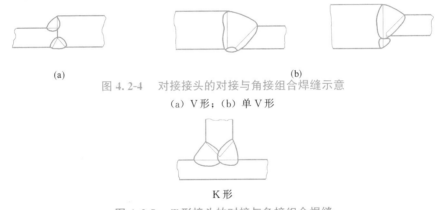

图 4.2-4　对接接头的对接与角接组合焊缝示意
（a）V 形；（b）单 V 形

K 形

图 4.2-5　T 形接头的对接与角接组合焊缝

2. 角焊缝

角焊缝一般用于板件的搭接或 T 形接头，可分为直角焊缝与斜角焊缝。

4.2.2　焊接材料的选用

1. 焊缝金属的性能应与焊件金属母材相匹配；当两种不同强度的钢材焊接时，宜采用与低强度钢材相适应的焊接材料。

2. 手工电弧焊应采用符合国家标准《非合金钢及细晶粒钢焊条》GB/T 5117—2012 或《热强钢焊条》GB/T 5118—2012 规定的焊条。钢材与焊条的匹配可参照表 4.2-1 选用。

4.2.3　焊缝的设计要求

1. 在满足设计承载的情况下，尽量减少焊缝的数量和尺寸。焊缝长度和焊脚尺寸应由计算确定，不应随意增大增厚，尽量少用环形封闭焊缝。

2. 在设计中不得任意加大焊缝，避免焊缝交叉和在一处集中大量焊缝，同时焊缝的布置应尽可能对称于构件形心轴。焊件厚度大于 20mm 的角接接头焊缝，应采用收缩时不易引起层状撕裂的构造。

3. 焊缝的质量等级应根据结构的重要性、荷载特性、焊缝形式、工作环境以及应力状态等情况，按《钢结构设计标准》GB 50017—2017 的原则选用。

常用钢材的焊接材料推荐表

表 4.2-1

母材				焊接材料			
GB/T 700 和 GB/T 1591	GB/T 19879	GB/T 4171	GB/T 7659	焊条电弧焊 SMAW	实心焊丝气体保护焊 GMAW	药芯焊丝气体保护焊 FCAW	埋弧焊 SAW
Q215	—	—	ZG200-400H ZG230-450H	GB/T 5117:E43XX	GB/T 8110: ER49-X	GB/T 17493: E43XTX-X	GB/T 5293: F4XX-H08A
Q235	Q235GJ	Q235NH Q265GNH Q295NH Q295GNH	ZG275-485H	GB/T 5117:E43XX E50XX GB/T 5118:E50XX-X	GB/T 8110: ER49-X ER50-X	GB/T 17493: E43XTX-X E50XTX-X	GB/T 5293: F4XX-H08A GB/T 12470: F48XX-H08MnA
Q275							
Q345 Q390	Q345GJ Q390GJ	Q310GNH Q355NH Q355GNH	—	GB/T 5117: E5015,16 GB/T 5118: E5015,16-X E5515,16-X[a]	GB/T 8110: ER50-X ER55-X	GB/T 17493: E50XTX-X	GB/T 12470: F48XX-H08MnA F48XX-H10Mn2 F48XX-H10Mn2A
Q420	Q420GJ	Q415NH	—	GB/T 5118: E5515,16-X E6015,16-X[b]	GB/T 8110 ER55-X ER62-X[b]	GB/T 17493: E55XTX-X	GB/T 12470: F55XX-H10Mn2A F55XX-H08MnMoA
Q460	Q460GJ	Q460NH	—	GB/T 5118: E5515,16-X E6015,16-X	GB/T 8110 ER55-X	GB/T 17493: E55XTX-X E60XTX-X	GB/T 12470: F55XX-H08MnMoA F55XX-H08Mn2MoVA

注:1. 被焊母材有冲击要求时,熔敷金属的冲击功应不低于母材规定;
2. 焊接接头板厚大于等于25mm时,宜采用低氢型焊接材料;
3. 表中X对应焊材标准中的相应规定;
4. a 仅适用于Q345q厚度不大于16mm及Q370q厚度不大于35mm;
5. b 仅适用于Q420q厚度不大于16mm。

1）在承受动荷载且需要进行疲劳验算的构件中，凡要求与母材等强连接的焊缝应焊透，其质量等级应符合下列规定：

（1）作用力垂直于焊缝长度方向的横向对接焊缝或T形接头的对接与角接组合焊缝，受拉时应为一级，受压时不应低于二级；

（2）作用力平行于焊缝长度方向的纵向对接焊缝不应低于二级；

（3）重级工作制（A6～A8）和起重量 $Q \geqslant 50t$ 的中级工作制（A4、A5）吊车梁的腹板与上翼缘之间以及吊车桁架上弦杆与节点板之间的T形连接部位焊缝应焊透，焊缝形式宜为对接与角接组合焊缝，其质量等级不应低于二级。

2）在工作温度等于或低于－20℃的地区，构件对接焊缝的质量不得低于二级。

3）不需要疲劳验算的构件中，凡要求与母材等强的对接焊缝宜焊透，其质量等级受拉时不应低于二级，受压时不宜低于二级。

4）部分焊透的对接焊缝、采用角焊缝或部分焊透的对接与角接组合焊缝的T形连接部位，以及搭接连接角焊缝，其质量等级应符合下列规定：

（1）直接承受动荷载且需要疲劳验算的结构和吊车起重量等于或大于50t的中级工作制吊车梁以及梁柱、牛腿等重要节点不应低于二级；

（2）其他结构可为三级。

4. 以下部位的对接焊缝应采用全熔透焊缝：

1）要求与母材等强的焊接连接；

2）直接承受或传递动力荷载的焊接连接；

3）按抗震设计的高（多）层框架梁柱节点塑性区段的焊接连接。

5. 焊缝金属性能应与母材金属性能相适应。重要承重构件或承受直接动力荷载作用构件，宜选用低氢型焊条。

6. 对重要构件的主要受力节点，应进行焊接工艺评定，制定专门的措施，如预热、缓冷、选用优质焊接材料及合理的焊接主法与焊接工艺等，以保证焊接质量。

7. 计算对接焊缝及角焊缝时，焊缝的强度计算指标、焊接材料的匹配、焊缝强度设计值可按表 4.2-2 取用。

焊缝的强度指标　　　　　　　　　　　　　　表 4.2-2

焊接方法和焊条型号	构件钢材		对接焊缝强度设计值				角焊缝强度设计值	对接焊缝抗拉强度 f_u^w (N/mm²)	角焊缝抗拉、抗压和抗剪强度 f_u^f (N/mm²)
	牌号	厚度或直径 (mm)	抗压 f_c^w (N/mm²)	焊缝质量为下列等级时，抗拉 f_t^w (N/mm²)		抗剪 f_v^w (N/mm²)	抗拉、抗压和抗剪 f_f^w (N/mm²)		
				一级、二级	三级				
自动焊、半自动焊和E43型焊条手工焊	Q235	≤16	215	215	185	125	160	415	240
		>16,≤40	205	205	175	120			
		>40,≤100	200	200	170	115			
自动焊、半自动焊和E50、E55型焊条手工焊	Q345	≤16	305	305	260	175	200	480(E50) 540(E55)	280(E50) 315(E55)
		>16,≤40	295	295	250	170			
		>40,≤63	290	290	245	165			
		>63,≤80	280	280	240	160			
		>80,≤100	270	270	230	155			
	Q390	≤16	345	345	295	200	200(E50) 220(E55)		
		>16,≤40	330	330	280	190			
		>40,≤63	310	310	265	180			
		>63,≤100	295	295	250	170			

续表

焊接方法和焊条型号	构件钢材		对接焊缝强度设计值				角焊缝强度设计值	对接焊缝抗拉强度 f_u^w (N/mm²)	角焊缝抗拉、抗压和抗剪强度 f_u^f (N/mm²)
	牌号	厚度或直径 (mm)	抗压 f_c^w (N/mm²)	焊缝质量为下列等级时,抗拉 f_t^w (N/mm²)		抗剪 f_v^w (N/mm²)	抗拉、抗压和抗剪 f_f^w (N/mm²)		
				一级、二级	三级				
自动焊、半自动焊和 E55、E60 型焊条手工焊	Q420	≤16	375	375	320	215	220(E55) 240(E60)	540(E55) 590(E60)	315(E55) 340(E60)
		>16,≤40	355	355	300	205			
		>40,≤63	320	320	270	185			
		>63,≤100	305	305	260	175			
自动焊、半自动焊和 E55、E60 型焊条手工焊	Q460	≤16	410	410	350	235	220(E55) 240(E60)	540(E55) 590(E60)	315(E55) 340(E60)
		>16,≤40	390	390	330	225			
		>40,≤63	355	355	300	205			
		>63,≤100	340	340	290	195			
自动焊、半自动焊和 E50、E55 型焊条手工焊	Q345GJ	>16,≤35	310	310	265	180	200	480(E50) 540(E55)	280(E50) 315(E55)
		>35,≤50	290	290	245	170			
		>50,≤100	285	285	240	165			

注:表中厚度系指计算点的钢材厚度,对轴心受拉和轴心受压构件系指截面中较厚板件的厚度。

4.2.4 角焊缝的有效厚度

角焊缝的有效厚度 h_e 是根据焊脚尺寸 h_f 来确定的,其 h_f 值不得小于 $1.5\sqrt{t}$,t 为较厚焊件尺寸,当焊件厚度等于或小于 4mm 时,应取焊件厚度。

1. 直角角焊缝,见图 4.2-6 中 (a)、(b)、(c);取 $h_e = 0.7h_f$;

2. 斜角角焊缝,见图 4.2-6 中 (d)、(e)、(f);当 $\alpha \leqslant 90°$ 时,取 $h_e = 0.7h_f$,$\alpha > 90°$ 时取 $h_e = h_f\cos\dfrac{\alpha}{2}$,亦可按表 4.2-3 确定。

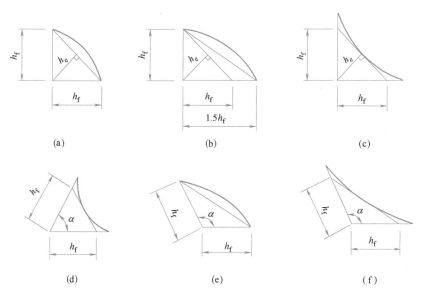

图 4.2-6　角焊缝的有效厚度

(a) 等边直角焊缝截面;(b) 不等边直角焊缝截面;(c) 等边凹形直角焊缝截面;

(d) 凹形锐角焊缝截面;(e) 钝角焊缝截面;(f) 凹形钝角焊缝截面

表 4.2-3

斜角焊缝的有效厚度 h_e

两焊角边的夹 α	$60° \sim 90°$	$91° \sim 100°$	$101° \sim 106°$	$107° \sim 113°$	$114° \sim 120°$
焊缝有效厚度 h_e	$0.7h_f$	$0.65h_f$	$0.6h_f$	$0.55h_f$	$0.5h_f$

4.2.5　焊缝的强度计算

1. 对接焊缝或对接与角接组合焊缝

1）在对接接头和 T 形对接与角接组合焊缝中，垂直于轴心拉力或轴心压力的对接焊缝或对接与角接组合焊缝，其强度应按公式（4.2-1）计算：

$$\sigma = \frac{N}{l_w h_e} \leqslant f_t^w \text{ 或 } f_c^w \tag{4.2-1}$$

式中　N——轴心拉力或轴心压力（N）；

$\quad\quad\ \sigma$——对接焊缝的正应力（N/mm²）；

$\quad\quad\ l_w$——焊缝长度（mm）；

$\quad\quad\ h_e$——对接焊缝的计算厚度（mm），在对接连接节点中取连接件的较小厚度，在 T 形连接节点中取腹板的厚度；

f_t^w、f_c^w——对接焊缝的抗拉、抗压强度设计值（N/mm²）。

2）在对接和 T 形连接中，承受弯矩和剪力共同作用的对接焊缝或对接与角接组合焊缝，其正应力和剪应力应分别进行计算。但在同时受有较大正应力 σ 和剪应力 τ 处（梁腹板横向对接焊缝的端部），应按下式计算折算应力：

$$\sqrt{\sigma^2 + 3\tau^2} \leqslant 1.1 f_t^w \tag{4.2-2}$$

2. 直角角焊缝

1）在外力（包括拉力、压力或剪力）通过焊缝形心作用下：

（1）当力垂直于焊缝长度方向时，角焊缝正应力按公式（4.2-3）计算：

$$\sigma_f = \frac{N}{h_e l_w} \leqslant \beta_f f_f^w \tag{4.2-3}$$

（2）当作用力平行于焊缝长度方向时，角焊缝剪应力按公式（4.2-4）计算：

$$\tau_f = \frac{N}{h_e l_w} \leqslant f_f^w \tag{4.2-4}$$

2）在外力（包括拉力、压力或剪力）不通过焊缝形心作用下，直角焊缝的正应力 σ_f 和剪应力 τ_f 按公式（4.2-5）计算：

$$\sqrt{\left(\frac{\sigma_f}{\beta_f}\right)^2 + \tau_f^2} \leqslant f_f^w \tag{4.2-5}$$

式中　σ_f——按焊缝有效截面（$h_e l_w$）计算，垂直于焊缝长度方向的应力（N/mm²）；

$\quad\quad\ \tau_f$——按焊缝有效截面计算，沿焊缝长度方向的剪应力（N/mm²）；

$\quad\quad\ h_e$——直角角焊缝的计算厚度（mm），当两焊件间隙 $b \leqslant 1.5$mm 时，$h_e = 0.7h_f$；1.5mm$< b \leqslant 5$mm 时，$h_e = 0.7(h_f - b)$，h_f 为焊脚尺寸（图 4.2-7）；

$\quad\quad\ l_w$——角焊缝的计算长度（mm），对每条焊缝取其实际长度减去 $2h_f$；

$\quad\quad\ f_f^w$——角焊缝的强度设计值（N/mm²）；

$\quad\quad\ \beta_f$——正面角焊缝的强度设计值增大系数；对承受静力荷载和间接承受动力荷载的结构，$\beta_f = 1.22$；对直接承受动力荷载的结构，$\beta_f = 1.0$。

3. 斜角角焊缝

两焊脚边夹角的 T 形连接的斜角角焊缝（图 4.2-6（d）、（e）、（f）和图 4.2-7），其强度应按式（4.2-2）、式（4.2-3）、式（4.2-4）计算，其计算厚度计算应符合下列规定：

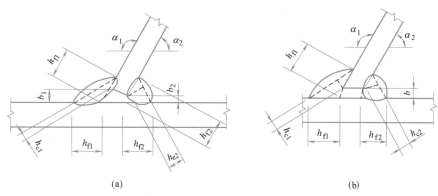

(a)   (b)

图 4.2-7 T形连接的根部间隙和焊缝截面

1）当根部间隙 b、b_1 或 $b_2 \leqslant 1.5$mm 时，$h_e = h_f \cos \dfrac{\alpha}{2}$；

2）当根部间隙 b、b_1 或 $b_2 > 1.5$mm 且 $\leqslant 5$mm 时，$h_e = \left[h_f - \dfrac{b\ (或\ b_1、b_2)}{\sin\alpha} \right] \cos \dfrac{\alpha}{2}$；

3）当 $30° \leqslant \alpha \leqslant 60°$ 或 $\alpha < 30°$ 时，斜角角焊缝计算厚度 h_e 应按现行国家标准《钢结构焊接规范》GB 50661 的有关规定计算取值。

4. 部分焊透的对接焊缝

部分焊透的对接焊缝按角焊缝的计算公式（4.2-3）、式（4.2-4）、式（4.2-5）计算，取 $\beta_f = 1.0$。但在垂直于焊缝长度方向的压力作用时，强度设计仍采用 $\beta_f = 1.22$。当熔合线处焊缝截面边长等于或接近于最短距离 s 时（图 4.2-3b、c、e），抗剪强度设计值应按角焊缝的强度设计值乘以 0.9 计算。

5. 单位长度焊缝的承载力设计值计算表

为便于技术人员的使用方便，列出单位长度直角焊缝和对接焊缝的承载力设计值见表 4.2-4～表 4.2-6。

1）单位长度角焊缝的承载力

见表 4.2-4。

每 1cm 长度角焊缝的承载力设计值   表 4.2-4

角焊缝的焊脚尺寸 h_f (mm)	抗拉、抗压、抗剪角焊缝承力设计值 N_f^w (kN)							
	Q235 构件采用自动焊、半自动焊和 E43×× 型焊条的手工焊焊接	Q345、Q345GJ 构件采用自动焊、半自动焊和 E50×× 型焊条的手工焊焊接	Q390 构件采用自动焊、半自动焊和 E50(E55)×× 型焊条的手工焊焊接		Q420 构件采用自动焊、半自动焊和 E55(E60)×× 型焊条的手工焊焊接		Q460 构件采用自动焊、半自动焊和 E55(E60)×× 型焊条的手工焊焊接	
	E43××	E50××	E50××	E55××	E55××	E60××	E55××	E60××
3	3.36	4.20	4.20	4.62	4.62	5.04	4.62	5.04
4	4.48	5.60	5.60	6.16	6.16	6.71	6.16	6.71
5	5.60	7.00	7.00	7.70	7.70	8.40	7.70	8.40
6	6.72	8.40	8.40	9.24	9.24	10.08	9.24	10.08
8	8.96	11.20	11.20	12.32	12.32	13.43	12.32	13.43
10	11.20	14.00	14.00	15.40	15.40	16.79	15.40	16.79
12	13.44	16.80	16.80	18.48	18.48	20.14	18.48	20.14
14	15.68	19.60	19.60	21.56	21.56	23.50	21.56	23.50
16	17.92	22.40	22.40	24.64	24.64	26.86	24.64	26.86
18	20.16	25.20	25.20	27.72	27.72	30.21	27.72	30.21

续表

角焊缝的焊脚尺寸 h_f (mm)	抗拉、抗压、抗剪角焊缝承载力设计值 N_f^w (kN)							
	Q235 构件采用自动焊、半自动焊和 E43×× 型焊条的手工焊焊接	Q345、Q345GJ 构件采用自动焊、半自动焊和 E50×× 型焊条的手工焊焊接	Q390 构件采用自动焊、半自动焊和 E50(E55)×× 型焊条的手工焊焊接		Q420 构件采用自动焊、半自动焊和 E55(E60)×× 型焊条的手工焊焊接		Q460 构件采用自动焊、半自动焊和 E55(E60)×× 型焊条的手工焊焊接	
	E43××	E50××	E50××	E55××	E55××	E60××	E55××	E60××
20	22.40	28.00	28.00	30.80	30.80	33.58	30.80	33.58
22	24.64	30.80	30.80	33.88	33.88	36.93	33.88	36.93
24	26.88	33.60	33.60	36.96	36.96	40.29	36.96	40.29
26	29.12	36.40	36.40	40.04	40.04	43.64	40.04	43.64
28	31.36	39.20	39.20	43.12	43.12	47.00	43.12	47.00

注:1. 表中角焊缝的承载力设计值 N_f^w 按式 $N_f^w = 0.7 h_f f_f^w / 100$ 算得,式中,f_f^w 为角焊缝的抗拉、抗压、抗剪强度设计值,对 E43、E50、E55、E60 分别为 160N/mm²、200N/mm²、220N/mm²、240N/mm²;

2. 对施工条件较差的高空安装焊缝,表中承载力设计值应乘系数 0.9;

3. 单角钢单面连接的角焊缝,表中承载力设计值应按表中的数值乘以 0.85。

2)单位长度对接焊缝的承载力设计值

(1) Q235、Q345、Q345GJ 构件采用自动焊、半自动焊和 E43、E50、E55 型焊条的手工焊接,每 1cm 长度对接焊缝的承载力设计值见表 4.2-5。

(2) Q390、Q420、Q460 构件采用自动焊、半自动焊和 E50、E55、E60 型焊条的手工焊接,每 1cm 长度对接焊缝的承载力设计值见表 4.2-6。

每 1cm 长度对接焊缝的承载力设计值 表 4.2-5

板件的厚度 t (mm)	抗压承载力设计值 N_c^w (kN)			抗压、抗弯承载力设计值 N_t^w (kN)						抗剪承载力设计值 N_v^w (kN)		
				一级、二级焊缝			三级焊缝					
	Q235	Q345	Q345GJ	Q235	Q345	Q345GJ	Q235	Q345	Q345GJ	Q235	Q345	Q345GJ
4	8.6	12.2	12.4	8.6	12.2	12.4	7.4	10.4	10.6	5.0	7.0	7.2
6	12.9	18.3	18.6	12.9	18.3	18.6	11.1	15.6	15.9	7.5	10.5	10.8
8	17.2	24.4	24.8	17.2	24.4	24.8	14.8	20.8	21.2	10.0	14.0	14.4
10	21.5	30.5	31.0	21.5	30.5	31.0	18.5	26.0	26.5	12.5	17.5	18.0
12	25.8	36.6	37.2	25.8	36.6	37.2	22.2	31.2	31.8	15.0	21.0	21.6
14	30.1	42.7	43.4	30.1	42.7	43.4	25.9	36.4	37.1	17.5	24.5	25.2
16	34.4	48.8	49.6	34.4	48.8	49.6	29.6	41.6	42.4	20.0	28.0	28.8
18	36.9	53.1	55.8	36.9	53.1	55.8	31.5	45.0	47.7	21.6	30.6	32.4
20	41.0	59.0	62.0	41.0	59.0	62.0	35.0	50.0	53.0	24.0	34.0	36.0
22	45.1	64.9	63.8	45.1	64.9	63.8	38.5	55.0	58.3	26.4	37.4	39.6
24	49.2	70.4	69.6	49.2	70.4	69.6	42.0	60.0	63.6	28.8	40.8	43.2
25	51.2	73.8	72.5	51.2	73.8	72.5	43.7	62.5	66.3	30.0	42.5	45.0
26	53.3	76.7	80.6	53.3	76.7	80.6	45.5	65.0	68.9	31.2	44.2	46.8
28	57.4	82.6	86.8	57.4	82.6	86.8	49.0	70.0	72.4	22.6	47.6	50.4
30	61.5	88.5	93.0	61.5	88.5	93.0	52.5	75.0	79.5	36.0	51.0	54.0
32	64.0	94.4	99.2	64.0	94.4	99.2	54.6	80.0	84.8	38.4	54.4	57.6
34	65.6	100.3	105.4	65.6	100.3	105.4	56.0	85.0	90.1	40.8	57.7	61.2
36	73.8	106.2	104.4	73.8	106.2	104.4	63.0	90.0	88.2	43.2	61.2	61.2

续表

| 板件的厚度 t (mm) | 抗压承载力设计值 N_c^w(kN) | | | 抗压、抗弯承载力设计值 N_t^w(kN) | | | | | | 抗剪承载力设计值 N_v^w(kN) | | |
| | | | | 一级、二级焊缝 | | | 三级焊缝 | | | | | |
	Q235	Q345	Q345GJ	Q235	Q345	Q345GJ	Q235	Q345	Q345GJ	Q235	Q345	Q345GJ
38	77.9	112.1	110.2	77.9	112.1	110.2	66.5	95.0	93.1	45.6	64.6	64.6
40	82.0	118.0	116.0	82.0	118.0	116.0	70.0	100.0	98.0	48.0	68.0	68.0
42	84.0	121.8	121.8	84.0	121.8	121.8	71.4	102.9	102.9	48.3	69.3	71.4
44	88.0	127.6	127.6	88.0	127.6	127.6	74.8	107.8	107.8	50.6	72.6	74.8
46	92.0	133.4	133.4	92.0	133.4	133.4	78.2	112.7	112.7	52.9	75.9	78.2
48	96.0	139.2	139.2	96.0	139.2	139.2	81.6	117.6	117.6	55.2	95.7	81.6
50	100.0	145.0	145.0	100.0	145.0	145.0	85.0	122.5	122.5	57.5	82.5	85.0
52	104.0	150.8	148.2	104.0	150.8	148.2	88.4	127.4	124.8	59.8	85.8	85.8
54	108.0	156.6	153.9	108.0	156.6	153.9	91.8	132.3	129.6	62.1	89.1	89.1
56	112.0	162.4	159.6	112.0	162.4	159.6	95.2	137.2	134.4	64.4	92.4	92.4
58	116.0	168.2	165.3	116.0	168.2	165.3	98.6	142.1	139.2	66.7	95.7	95.7
60	120.0	164.0	171.0	120.0	164.0	171.0	102.0	147.0	144.0	69.0	99.0	99.0

注：焊缝的质量等级按照《钢结构设计标准》GB 50017—2017 的规定确定。

每 1cm 长度对接焊缝的承载力设计值   表 4.2-6

| 板件的厚度 t (mm) | 抗压承载力设计值 N_c^w(kN) | | | 抗压、抗弯承载力设计值 N_t^w(kN) | | | | | | 抗剪承载力设计值 N_v^w(kN) | | |
| | | | | 一级、二级焊缝 | | | 三级焊缝 | | | | | |
	Q390	Q420	Q460	Q390	Q420	Q460	Q390	Q420	Q460	Q390	Q420	Q460
4	13.8	15.0	16.4	13.8	15.0	16.4	11.8	12.8	14.0	8.0	8.6	9.4
6	20.7	22.5	24.6	20.7	22.5	24.6	17.7	19.2	21.0	12.0	12.9	14.1
8	27.6	30.0	32.8	27.6	30.0	32.8	23.6	25.6	28.0	16.0	17.2	18.8
10	34.5	37.5	41.0	34.5	37.5	41.0	29.5	32.0	35.0	20.0	21.5	23.5
12	41.4	45.0	49.2	41.4	45.0	49.2	35.4	38.4	42.0	24.0	25.8	28.2
14	48.3	52.5	57.4	48.3	52.5	57.4	41.3	44.8	49.0	28.0	30.1	32.9
16	55.2	60.0	65.6	55.2	60.0	65.6	47.2	51.2	56.0	32.0	34.4	37.6
18	59.4	67.5	70.2	59.4	67.5	70.2	50.4	54.0	59.4	34.2	38.7	40.5
20	66.0	71.0	78.0	66.0	71.0	78.0	56.0	60.0	66.0	38.0	43.0	45.0
22	72.6	78.1	85.8	72.6	78.1	85.8	61.6	66.0	72.6	41.8	47.3	49.5
24	79.2	85.2	93.6	79.2	85.2	93.6	67.2	72.0	79.2	45.6	51.6	54.0
25	82.5	88.8	97.5	82.5	88.8	97.5	70.0	75.0	82.5	47.5	53.7	58.5
26	85.8	92.3	101.4	85.8	92.3	101.4	72.8	78.0	85.8	49.4	55.9	58.5
28	92.4	99.4	109.2	92.4	99.4	109.2	78.4	84.0	92.4	53.2	60.2	63.0
30	99.0	106.5	117.0	99.0	106.5	117.0	84.0	90.0	99.0	57.0	64.5	67.5
32	105.6	113.6	124.8	105.6	113.6	124.8	89.6	96.0	105.6	60.8	68.8	72.0
34	112.2	120.7	132.6	112.2	120.7	132.6	95.2	102.0	112.2	64.6	73.1	76.5
36	118.8	127.8	140.4	118.8	127.8	140.4	100.8	108.0	118.8	68.4	77.4	81.0
38	125.4	134.9	148.2	125.4	134.9	148.2	106.4	114.0	125.4	72.2	81.7	85.5
40	132.0	140.0	156.0	132.0	140.0	156.0	112.0	120.0	132.0	76.0	86.0	90.0

板件的厚度 t (mm)	抗压承载力设计值 N_c^w(kN)			抗压、抗弯承载力设计值 N_t^w(kN)						抗剪承载力设计值 N_v^w(kN)		
				一级、二级焊缝			三级焊缝					
	Q390	Q420	Q460	Q390	Q420	Q460	Q390	Q420	Q460	Q390	Q420	Q460
42	130.2	134.4	149.1	130.2	134.4	149.1	111.3	113.4	126.0	75.6	77.7	86.1
44	136.4	140.8	156.2	136.4	140.8	156.2	116.6	118.8	132.0	79.2	81.4	90.2
46	142.6	147.2	163.3	142.6	147.2	163.3	121.9	124.2	138.0	82.8	85.1	94.3
48	148.8	153.6	170.4	148.8	153.6	170.4	153.7	129.6	144.0	86.4	88.8	98.4
50	155.0	160.0	177.5	155.0	160.0	177.5	132.5	135.0	150.0	90.0	92.5	102.5
52	161.2	166.4	184.6	161.2	166.4	184.6	137.8	140.4	156.0	93.6	96.2	106.6
54	167.4	172.8	191.7	167.4	172.8	191.7	143.1	145.8	162.0	97.2	99.9	110.7
56	173.6	179.2	198.8	173.6	179.2	198.8	148.4	151.2	168.0	100.8	103.6	114.8
58	179.8	185.6	205.9	179.8	185.6	205.9	153.7	156.6	174.0	104.4	107.3	118.9
60	186.0	192.0	213.0	186.0	192.0	213.0	159.0	162.0	180.0	108.0	111.0	123.0

注：焊缝的质量等级按照《钢结构设计标准》GB 50017—2017 的规定确定。

4.2.6 焊缝连接接头的强度计算

焊接接头连接的强度计算公式一般采用应力表达式。各类焊接连接接头的焊接应力强度计算公式可按表 4.2-7 和表 4.2-8 采用。

对接焊缝或对接与角焊缝组合焊缝的强度计算公式　　　　　表 4.2-7

序号	受力情况	计算内容	公式	说明
1	单向轴力作用	拉应力或压应力	$\sigma=\dfrac{N}{tl_w}\leqslant f_t^w$ 或 $f_c^w(f_f^w)$ (4.2-6)	对接焊缝（全熔透）
2	弯、剪联合作用	正应力	$\sigma=\dfrac{6M}{tl_w^2}\leqslant f_t^w$ 或 $f_c^w(f_f^w)$ (4.2-7)	对接焊缝（全熔透）
		剪应力	$\tau=\dfrac{1.5V}{tl_w}\leqslant f_v^w$ (4.2-8)	
3	弯、剪、轴力共用	正应力（翼缘）	$\sigma=\dfrac{N}{A_w}+\dfrac{M}{W_w}\leqslant f_t^w$ 或 $f_c^w(f_f^w)$ (4.2-9)	对接与角接组合焊缝（全熔透）
		剪应力（腹板）	$\tau=\dfrac{VS_w}{I_wt_w}\leqslant f_v^w(f_f^w)$ (4.2-10)	
		折算应力 1点应力	$\sqrt{\sigma_x^2+3\tau_1^2}\leqslant 1.1f_t^w(f_f^w)$ (4.2-11)	仅当点1的正应力、剪应力均较大时才需验算折算应力

注：1. 表中符号定义如下：M、N、V——作用于连接处的弯矩、轴心力和剪力设计值；
　　　t——在对接连接中为连接件的较小厚度，在T形连接中为腹板的厚度；
　　　t_w——腹板的厚度；
　　　A_w、W_w——焊缝截面的面积和截面抵抗矩；
　　　S_w——所求剪应力处以上的焊缝截面对中和轴的面积矩；
　　　I_w——焊缝截面对其中和轴的惯性矩；
　　　l_w——焊缝的计算长度，当未采用引弧板施焊时，取实际焊缝长度减去10mm；当采用引弧板施焊时，取焊缝实际长度；
　　　f_t^w、f_c^w、f_v^w——对接焊缝的抗拉、抗压和抗剪强度设计值；
　　　f_f^w——角焊缝的抗拉、抗压和抗剪强度设计值。
　　2. 当对接焊缝采用引弧板并为熔透焊（质量等级为一、二）时，为与母材等强度的焊缝，其焊缝强度可不计算。

对接焊缝或角焊缝的接头焊缝强度计算公式 表 4.2-8

序号	接头型式及受力状态	公式	说明
1	单向轴向力作用	$\sigma_f = \dfrac{N}{(h_{e1}+h_{e2})l_w} \leqslant \beta_f f_f^w$ (4.2-12)	正面角焊缝搭接连接,力垂直于焊缝长度方向
2		$\tau_f = \dfrac{N}{h_e \sum l_w} \leqslant f_f^w$ (4.2-13)	侧面角焊缝搭接连接,力平行于焊缝长度方向
3		先计算由正面焊缝承担的力 N_1 $$N_1 = h_{e1}\sum l_{w1}\beta_f f_f^w$$ 需由侧焊缝分担的力 N_2 $$N_2 = N - N_1$$ 再验算侧焊缝剪应力 $$\tau_f = \dfrac{N_2}{h_{e2}\sum l_{w2}} \quad (4.2\text{-}14)$$	搭接连接中的正面与侧面角焊缝
4	弯、剪共同作用	1 点应力 $$\sigma_{M1} = \dfrac{M}{W_{w1}} \leqslant \beta_f f_f^w \quad (4.2\text{-}15)$$ 2 点应力 $$\sigma_{f2} = \sqrt{\left(\dfrac{\sigma_{M2}}{\beta_F}\right)^2 + (\tau_v)^2}$$ $$= \sqrt{\left(\dfrac{M}{\beta_f W_{w2}}\right)^2 + \left(\dfrac{V}{A_{vw}}\right)^2} \leqslant f_f^w$$ (4.2-16)	H 型钢端面角焊缝连接
5		1 点应力 $$\sigma_{M1} = \dfrac{M}{W_{w1}} \leqslant \beta_f f_f^w \quad (4.2\text{-}17)$$ 2 点应力 $$\sigma_{f2} = \sqrt{\left(\dfrac{\sigma_{M2}}{\beta_F}\right)^2 + (\tau_v)^2}$$ $$= \sqrt{\left(\dfrac{M}{\beta_f W_{w2}}\right)^2 + \left(\dfrac{V}{A_{ww}}\right)^2} \leqslant f_f^w$$ (4.2-18)	牛腿连接焊缝

续表

序号	接头型式及受力状态	公式	说明
6	弯、剪共同作用 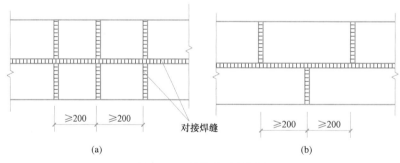	1点处合成应力为最大值 $$\sigma_{12} = \sqrt{\left(\frac{\sigma_M}{\beta_f} + \frac{\sigma_f}{\beta_f}\right)^2 + (\tau_{M1})^2}$$ $$= \sqrt{\left(\frac{F_{ex}}{\beta_f l_{pm}}\right)^2 + \left(\frac{F}{\beta_f h_c \sum l_w}\right)^2 + \left(\frac{F_{ey}}{l_{pw}}\right)^2} \leqslant f^w$$ (4.2-19)	图中所示为单面焊缝,图中0点为焊缝截面的形心

注：h_c（h_{e1}、h_{e2}）——角焊缝有效厚度；

　　$\sum l_w$（$\sum l_{w1}$、$\sum l_{w2}$）——拼接连接一侧或两焊件间的焊缝计算长度总和；计算时,对不加引弧板的每一焊段 l_w 应减去 10mm 的起灭弧的无效长度；

　　σ_M（σ_{M1}、σ_{M2}）——角焊缝在弯矩 M（或 $F \cdot e$）作用下所产生的垂直于焊缝长度方向的应力；

　　σ_f、σ_F——角焊缝在轴心力 N 或外力 F 作用下所产生的垂直于焊缝长度方向的应力；

　　τ_1、τ_F、τ_M——角焊缝在剪力 N、外力 F 和弯矩 $F \cdot e$ 作用下所产生的沿焊缝长度方向的剪应力；

　　I_{pw}——角焊缝有效截面对其形心 0 的极惯性矩,按 $I_{pw} = I_x + I_y$ 计算；

　　I_x、I_y——角焊缝有效截面对其 X 轴和 Y 轴的惯性矩；

　　A_{ww}——腹板连接焊缝的有效截面面积；

　　W_w——焊缝的截面抵抗矩；

　　x、y——焊缝 1 点处至焊缝中和轴的水平和垂直距离。

4.2.7　焊接连接的构造要求

1. 对接焊缝

1）对接焊缝的坡口形式,宜根据板厚和施工条件按现行国家标准《钢结构焊接规范》GB 50661—2011 要求选用。

图 4.2-8 板件的对接拼接
(a) 十字形交叉布置；(b) T 形交叉布置

2）采用对接焊缝的板材拼接中,其纵横两方向的对接焊缝可采用十字形交叉或 T 形交叉（图 4.2-8）,交叉点的间距不得小于 200mm。

3）在对接焊缝的拼接处：当焊件的宽度不同或厚度在一侧相差 4mm 以上时,应分别在宽度方向或厚度方向从一侧或两侧做成坡度不大于 1∶2.5 的斜角（图 4.2-9）；当厚度不同时,焊缝坡口形式应根据较薄焊件厚度确定。对直接承受动力载荷且需要进行疲劳计算的结构,斜角坡度不应大于 1∶4。

4）当采用部分焊透的对接焊缝时,应在设计图中注明坡口的形式和尺寸,在直接承受动力荷载的结构中,垂直于受力方向的焊缝不宜采用部分焊透的对接焊缝。

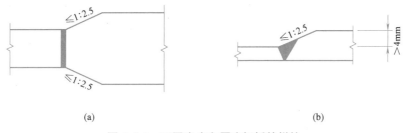

图 4.2-9　不同宽度和厚度钢板的拼接
（a）不同宽度对接；（b）不同厚度对接

2. 角焊缝的尺寸和布置

1）角焊缝的尺寸应符合下列要求：

（1）角焊缝的最小计算长度应为其焊脚尺寸 h_f 的 8 倍，且不应小于 40mm，设计时宜尽量避免采用短而厚的焊缝段。

（2）侧面角焊缝的计算长度不宜大于 $60h_f$，当大于上述数值时，其超过部分在计算中不予考虑。若内力沿侧面角焊缝全长分布时（如突缘支座梁其腹板与支座端板的竖向传力角焊缝），其计算长度可不受此限。焊缝计算长度应为扣除引弧、收弧长度后的焊缝长度。

（3）断续角焊缝焊段的最小长度不应小于最小计算长度。

（4）角焊缝两焊角边的夹角 α 一般为 90°（直角角焊缝）。夹角 $\alpha > 135°$ 或 $\alpha < 60°$ 的斜角角焊缝，不宜用作受力焊缝。

（5）角焊缝的焊脚尺寸 h_f（mm）应按表 4.2-9 取值，对 T 形连接的单面角焊缝，应增加 1mm。当焊件厚度等于或小于 4mm 时，最小焊脚尺寸应与焊件厚度相同。承受动力荷载时角焊缝焊脚尺寸不宜小于 5mm。

角焊缝最小焊脚尺寸（mm）　　　　　　　　　　　表 4.2-9

母材厚度 t	角焊缝最小焊脚尺寸 h_f
$t \leqslant 6$	3
$6 < t \leqslant 12$	5
$12 < t \leqslant 20$	6
$t > 20$	8

注：1. 采用不预热的非低氢焊接方法进行焊接时，t 等于焊接连接部位中较厚件厚度，宜采用单道焊缝采用预热的非低氢焊接方法或低氢焊接方法进行焊接时，t 等于焊接连接部位中较薄件厚度。

　　2. 焊缝尺寸 h_f 不要求超过焊接连接部位中较薄件厚度的情况除外。

（6）焊接接头构件中较薄板厚度不小于 25mm 时，宜采用开局部坡口的角焊缝。

（7）采用角焊缝焊接连接，不宜将厚板焊接到较薄钢板上。

（8）角焊缝的焊脚尺寸不宜大于较薄焊件厚度的 1.2 倍（钢管结构除外），但板件（厚度为 t）边缘的角焊缝最大焊脚尺寸，尚应符合下列要求：

①当 $t \leqslant 6$mm 时，$h_f \leqslant t$；

②当 $t > 6$mm 时，$h_f \leqslant t - (1 \sim 2)$mm。

（9）在次要构件或次要焊接连接中，可采用断续角焊缝。断续角焊缝焊段的长度不得小于 $10h_f$ 或 50mm，其净距不应大于 $15t$（对受压构件）或 $30t$（对受拉构件），t 为较薄焊件厚度。腐蚀环境中不宜采用断续角焊缝。

（10）当板件的端部仅有两侧面角焊缝连接时，每条侧面角焊缝长度不宜小于两侧面角焊缝之间的距离 b；同时两侧面角焊缝之间的距离不宜大于 $16t$（当 $t > 12$mm）或 190mm（当 $t \leqslant 12$mm），t 为较薄焊件的厚度。当受力较大或 b 较大不能满足以上要求时，可采用图 4.2-10 所示的托板焊接传力构造。

（11）杆件与节点板的连接焊缝宜采用两面侧焊，必要时也可用三面围焊，对角钢杆件可采用 L 形围焊，所有围焊的转角处必须连续施焊。

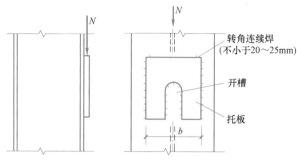

图 4.2-10 托板焊接构造

（12）当角焊缝的端部在构件转角处做长度为 $2h_f$ 的绕角焊时，转角处必须连接施焊。

2）搭接连接角焊缝的尺寸及布置应符合下列规定：

（1）对于传递轴向力的部件，其搭接连接最小搭接长度应为较薄件厚度 t 的 5 倍，且不应小于 25mm（图 4.2-11），并应施焊纵向或横向双角焊缝。

图 4.2-11 搭接连接双角焊缝的要求

$t-t_1$ 和 t_2 中较小者；h_f—焊脚尺寸，按设计要求

（2）只采用纵向角焊缝连接的型钢杆件的端部宽度不应大于 200mm；当宽度大于 200mm 时，应加横向角焊缝或中间塞焊；型钢杆件每一侧纵向角焊缝的长度不应小于型钢杆件的端部宽度。

（3）型钢杆件的搭接连接采用围焊时，在转角处应连续施焊。杆件端部搭接角焊缝作绕焊时，绕焊长度不应小于焊脚尺寸的 2 倍，并应连续施焊。

（4）搭接焊缝沿母材棱边的最大焊脚尺寸：

① 当板厚不大于 6mm 时，应为母材厚度；

② 当板厚大于 6mm 时，应为母材厚度减去 1～2mm（图 4.2-12）。

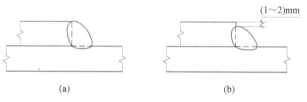

（a）   （b）

图 4.2-12 搭接焊缝沿母材棱边的最大焊脚尺寸

（a）母材厚度小于等于 6mm 时；（b）母材厚度大于 6mm 时

（5）用搭接焊缝的套管连接可只焊一条角焊缝，其管材搭接长度 L 不应小于 $5(t_1+t_2)$，且不应小于 25mm。搭接焊缝焊脚尺寸 h_f 应符合设计要求（图 4.2-13）。

3）塞焊和槽（圆孔或槽孔）焊焊缝的尺寸、间距、焊缝高度应符合下列规定：

（1）塞焊和槽焊的有效面积应为贴合面上圆孔或长槽孔的标称面积。

（2）塞焊焊缝的最小中心间隔应为孔径的 4 倍，槽焊焊缝的纵向最小间距应为槽孔长度的 2 倍，垂直于槽孔长度方向的两排槽孔的最小间距应为槽孔宽度的 4 倍。

（3）塞焊孔的最小直径不得小于开孔板厚度加 8mm，最大直径应为最小直径加 3mm 和开孔件厚度的 2.25 倍两者中的较大者。槽孔长度不应超过开孔件厚度的 10 倍，最小及最大槽宽

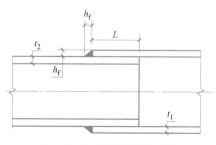

图 4.2-13 管材套管连接的搭接焊缝最小长度

h_f—焊脚尺寸，按设计要求

规定应与塞焊孔的最小及最大孔径规定相同。

（4）塞焊和槽焊的焊缝高度应符合下列规定：

① 当母材厚度不大于 16mm 时，应与母材厚度相同；

② 当母材厚度大于 16mm 时，不应小于母材厚度的一半和 16mm 两者中的较大者。

（5）塞焊焊缝和槽焊焊缝的尺寸应根据贴合面上承受的剪力计算确定。

3. 焊接连接接头

1）宜尽量减少零部件焊接加工的工作量，如刨边、坡口、打磨等。

2）为便于焊接操作，尽量选用平焊或横焊的焊接位置，并有合理的施焊空间；手工焊接操作时焊接结构参考极限构造尺寸。

3）焊缝的布置应尽量对称于构件或节点板截面中和轴，避免连接偏心传力。

4）采用刚性较小的接头形式，应避免焊缝密集的小面积围焊或三向焊缝相交，以减少焊接应力和应力集中。

5）对较厚的板件（$t \geqslant 36$mm），在 T 形接头、角接接头和十字形接头等重要受拉焊接接头中应采取合理的焊接工艺以减少层状撕裂的影响。

4. 动荷载的焊缝构造要求

1）承受动荷载不需要进行疲劳验算的构件，采用塞焊、槽焊时，孔或槽的边缘到构件边缘在垂直于应力方向上的间距不应小于此构件厚度的 5 倍，且不应小于孔或槽宽度的 2 倍；构件端部搭接连接的纵向角焊缝长度不应小于两侧焊缝间的垂直间距 a，且在无塞焊、槽焊等其他措施时，间距 a 不应大于较薄件厚度 t 的 16 倍（图 4.2-14）。

2）不得采用焊脚尺寸小于 5mm 的角焊缝。

3）严禁采用断续坡口焊缝和断续角焊缝。

4）对接与角接组合焊缝和 T 形连接的全焊透坡口焊缝应采用角焊缝加强，加强焊脚尺寸不应大于连接部位较薄件厚度的 1/2，但最大值不得超过 10mm。

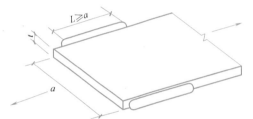

图 4.2-14 承受动载不需进行疲劳验算时构件端部纵向角焊缝长度及间距要求
a—不应大于 $16t$（中间有塞焊焊缝或槽焊焊缝时除外）

5）承受动荷载需经疲劳验算的连接，当拉应力与焊缝轴线垂直时，严禁采用部分焊透对接焊缝。

6）除横焊位置以外，不宜采用 L 形和 J 形坡口。

7）不同板厚的对接连接承受动载时，应做成平缓过渡。

8）在直接承受动力载荷的结构中，角焊缝表面应做成直线形或凹形。焊脚尺寸的比例：对正面角焊缝宜为 1∶1.5（长边顺内力方向）；对侧面角焊缝可为 1∶1。

4.3 紧固件连接

4.3.1 紧固件连接的类型和适用范围

1. 连接的类型

紧固件连接类型有普通螺栓连接、高强度螺栓连接和锚栓连接。建筑钢结构中最常用的是普通螺栓连接、高强度螺栓连接（图 4.3-1）。

1）普通螺栓连接

普通螺栓分为 C 级（4.6 级、4.8 级）和 A、B 级（5.6 级、8.8 级）。建筑钢结构连接一般采用 C 级螺栓。设计时可直接注明所要求的强度级别 4.6 级或 4.8 级，不必再注明材质要求。C 级连接螺栓连接适用于不承受直接动力荷载的受拉连接、较次要的受剪连接及安装连接。

2）高强度螺栓连接

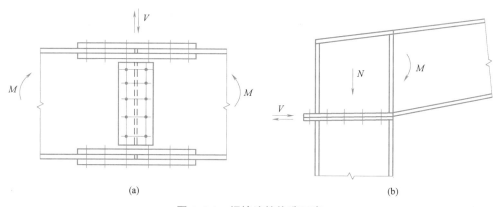

图 4.3-1　螺栓连接构造示意

（a）H 型钢梁螺栓拼接连接；（b）H 型钢刚架梁柱节点端板螺栓连接

高强度螺栓由高强度钢经热处理制成，并在连接时需施加预拉力紧固。高强度螺栓按强度等级分为 8.8 级和 10.9 级（扭剪型高强度螺栓仅有 10.9 级一个级别），材质一般相应为 35 号钢、45 号钢、40B 钢及 20MnTiB 钢等。

根据其螺栓的类别及施拧工具不同，可分为扭剪型高强度螺栓和大六角型高强度螺栓。扭剪型高强度螺栓施拧时以拧掉梅花头为力矩计值标准；大六角型高强度螺栓需采用力矩扳手施拧。

高强度螺栓连接类别根据其传力方式不同，可分为摩擦型连接和承压型连接。

3）锚栓连接

锚栓连接是用于钢柱与混凝土基础的锚固连接，锚栓为直径较粗的栓杆，上端固定于柱脚，下部埋置于基础中，其材质一般采用 Q235 钢和 Q345 钢，并按受拉计算决定截面。

2. 螺栓连接的适用范围

普通螺栓连接、高强度螺栓连接各类螺栓连接的特性及适用范围可见表 4.3-1。

各类螺栓连接的特性及适用范围

表 4.3-1

连接类型		特 点	适 用 范 围
普通螺栓连接	A 级螺栓 B 级螺栓	1. 精制螺栓,加工精度及安装精度要求高; 2. 抗剪、抗拉性能较好; 3. 强度级别较高(5.6 级、8.8 级)	建筑钢结构较少采用
	C 级螺栓	1. 粗制螺栓,施工简便,加工及安装精度较低; 2. 应用方便; 3. 强度级别较低(4.6 级、4.8 级)	1. 承受静载的受拉连接; 2. 次要构件(次梁、支撑、檩条等)的抗剪连接; 3. 需拆装的结构连接或现场安装连接
高强度螺栓连接	高强度螺栓摩擦型连接	1. 螺栓及连接副采用高强度钢制作,安装精度与粗制螺栓相同,但施拧时以专用扳手施加预拉力,同时所连接构件的相应接触面应作摩擦面处理,其材料及施工费用较高; 2. 连接以摩擦面产生相对滑移为极限状态,故不允许有滑移变形,承载及耐疲劳性能良好	1. 直接承受动力荷载或需作疲劳验算的结构连接; 2. 大型构件(H 型钢梁柱、大型桁架、大梁等)或高烈度地震区等重要结构的现场连接和拼接连接
	高强度螺栓承压型连接	1. 强度级别、加工、施工条件与摩擦型连接相同,但连接件界面可不作摩擦面专门处理(仍应有除锈处理),相对施工较方便; 2. 连接以螺栓抗剪或孔壁承压最大承载力为极限状态,允许连接板件间有微量滑移,但连接强度高(比摩擦型连接高 30% 以上)	承受静载或间接动力荷载的结构连接

4.3.2　螺栓与锚栓的设计要求

1. 计算普通螺栓、承压型连接的高强度螺栓及锚栓的强度时，其强度设计值按表 4.3-2 选用。

螺栓与锚栓连接的强度指标（N/mm²）　　表 4.3-2

螺栓的性能等级、锚栓和构件钢材的牌号		强度设计值										高强度螺栓的抗拉强度 f_u^b
		普通螺栓						锚栓	承压型连接或网架用高强度螺栓			
		C级螺栓			A级、B级螺栓							
		抗拉 f_t^b	抗剪 f_v^b	承压 f_c^b	抗拉 f_t^b	抗剪 f_v^b	承压 f_c^b	抗拉 f_t^a	抗拉 f_t^b	抗剪 f_v^b	承压 f_c^b	
普通螺栓	4.6级、4.8级	170	140	—	—	—	—	—	—	—	—	—
	5.6级	—	—	—	210	190	—	—	—	—	—	—
	8.8级	—	—	—	400	320	—	—	—	—	—	—
锚栓	Q235	—	—	—	—	—	—	140	—	—	—	—
	Q345	—	—	—	—	—	—	180	—	—	—	—
	Q390	—	—	—	—	—	—	185	—	—	—	—
承压型连接高强度螺栓	8.8级	—	—	—	—	—	—	—	400	250	—	830
	10.9级	—	—	—	—	—	—	—	500	310	—	1040
螺栓球节点用高强度螺栓	9.8级	—	—	—	—	—	—	—	385	—	—	—
	10.9级	—	—	—	—	—	—	—	430	—	—	—
构件钢材牌号	Q235	—	—	305	—	—	405	—	—	—	470	—
	Q345	—	—	385	—	—	510	—	—	—	590	—
	Q390	—	—	400	—	—	530	—	—	—	615	—
	Q420	—	—	425	—	—	560	—	—	—	655	—
	Q460	—	—	450	—	—	595	—	—	—	695	—
	Q345GJ	—	—	400	—	—	530	—	—	—	615	—

注：1. A级螺栓用于 $d \leqslant 24$mm 和 $L \leqslant 10d$ 或 $L \leqslant 150$mm（按较小值）的螺栓；B级螺栓用于 $d > 24$mm 和 $L > 10d$ 或 $L > 150$mm（按较小值）的螺栓；d 为公称直径，L 为螺栓公称长度。

2. A、B级螺栓孔的精度和孔壁表面粗糙度，C级螺栓孔的允许偏差和孔壁表面粗糙度，均应符合现行国家标准《钢结构工程施工质量验收规范》GB 50205 的要求。

3. 用于螺栓球节点网架的高强度螺栓，M12～M36 为 10.9 级，M39～M64 为 9.8 级。

2. 螺栓的有效截面积。计算螺栓受拉、受剪承载力时，其有效直径 d_e（螺纹处）或有效截面积 A_e 计算可按表 4.3-3 取值计算。

螺栓的有效直径和在螺纹处的有效面积　　表 4.3-3

螺栓直径 d(mm)	螺纹间距 p(mm)	螺栓有效直径 d_e(mm)	螺栓有效截面积 A_e(mm²)
10	1.5	8.59	58
12	1.75	10.36	84
14	2.0	12.12	115
16	2.0	14.12	157
18	2.5	15.65	193
20	2.5	17.65	245
22	2.5	19.65	303
24	3.0	21.19	353
27	3.0	24.19	459
30	3.5	26.72	561
33	3.5	29.72	694

续表

螺栓直径 d(mm)	螺纹间距 p(mm)	螺栓有效直径 d_e(mm)	螺栓有效截面积 A_e(mm²)
36	4.0	32.25	817
39	4.0	35.25	976
42	4.5	37.78	1121
45	4.5	40.78	1306
48	5.0	43.31	1473
52	5.0	47.31	1758
56	5.5	50.84	2030
60	5.5	54.84	2362
64	6.0	58.37	2676
68	6.0	62.37	3055
72	6.0	66.37	3460
76	6.0	70.37	3889
80	6.0	74.37	4344
85	6.0	79.37	4948
90	6.0	84.37	5591
95	6.0	89.37	6273
100	6.0	84.37	6995

注：表中螺栓在螺纹处的有效直径 d_e 按 $d_e=\left(d-\dfrac{13}{24}\sqrt{3p}\right)$ 计算。

3. 螺栓（铆钉）连接宜采用紧凑布置，其连接中心宜与被连接构件截面的重心相一致。螺栓或铆钉的间距、边距和端距容许值应符合表 4.3-4 的要求。

螺栓或铆钉的孔距、边距和端距容许值　　　　　　　　　　　　表 4.3-4

名称	位置和方向			最大容许间距（取两者的较小值）	最小容许间距
中心间距	外排(垂直内力方向或顺内力方向)			$8d_0$ 或 $12t$	$3d_0$
	中间排	垂直内力方向		$16d_0$ 或 $24t$	
		顺内力方向	构件受压力	$12d_0$ 或 $18t$	
			构件受拉力	$16d_0$ 或 $24t$	
	沿对角线方向			—	
中心至构件边缘距离	顺内力方向			$4d_0$ 或 $8t$	$2d_0$
	垂直内力方向	剪切边或手工切割边			$1.5d_0$
		轧制边、自动气割或锯割边	高强度螺栓		
			其他螺栓或铆钉		$1.2d_0$

注：1. d_0 为螺栓或铆钉的孔径，对槽孔为短向尺寸，t 为外层较薄板件的厚度；

2. 钢板边缘与刚性构件（如角钢，槽钢等）相连的高强度螺栓的最大间距，可按中间排的数值采用；

3. 计算螺栓孔引起的截面削弱时可取 $d+4mm$ 和 d_0 的较大者。

4. 每一杆件在节点上或拼接连接一侧的永久性螺栓数量不宜少于 2 个，但小截面杆件（如 L40×4 等小截面角钢）、对组合构件的缀条、端部连接可采用一个螺栓。

5. 连接处的螺栓（普通螺栓和高强度螺栓）的布置应保证施拧工具操作空间的要求。

4.3.3　普通螺栓和锚栓连接设计

1. 普通螺栓的规格与技术标准

普通螺栓为通用性紧固件,其化学成分与机械性能应符合《紧固件机械性能螺栓、螺钉、螺柱》GB/T 3098.1—2000 的规定。选用时注明强度级别,可不必再标注所用钢号。C 级与 A、B 级螺栓的规格标准可见附录 3。

2. 普通螺栓及锚栓承载力计算

普通螺栓及锚栓按其构造与受力状态的不同(图 4.3-1)可分别按单剪、双剪、承压或受拉以及拉剪共同作用等状态计算其承载力。

1)承载力设计值计算

对同一节点连接,应按其受力状态的最小承载力为控制值进行连接设计,有关承载力计算公式见表 4.3-5。

单个普通螺栓、锚栓的承载力(设计值)计算公式 表 4.3-5

项次	受 力 情 况	承载力计算公式	说 明
1	抗剪连接	抗剪承载力设计值: $$N_v^b = n_v \dfrac{\pi d^2}{4} f_v^b \quad (4.3\text{-}1)$$ 承压承载力设计值: $$N_c^b = d \sum t f_c^b \quad (4.3\text{-}2)$$	验算同一连接时,应取两式中较小者为最大承载力
2	杆轴方向受拉力连接	螺栓抗拉承载力设计值: $$N_t^b = \dfrac{\pi d_e^2}{4} f_t^b \quad (4.3\text{-}3)$$ 锚栓抗拉承载力设计值: $$N_t^a = \dfrac{\pi d_e^2}{4} f_t^b \quad (4.3\text{-}4)$$	柱脚锚栓只承受拉力,不考虑抗剪
3	同时承受剪力和杆轴方向拉力的连接	$$\sqrt{\left(\dfrac{N_v}{N_v^b}\right)^2 + \left(\dfrac{N_t}{N_t^b}\right)^2} \leqslant 1 \quad (4.3\text{-}5)$$ $$N_v < N_c^b \quad (4.3\text{-}6)$$	承载力以相关公式表达,需先设定螺栓数量及布置,再以式(4.3-5)验算,同时应满足式(4.3-6)的要求

注:n_v—受剪面数量,单剪时 $n_v=1$,双剪时 $n_v=2$;

d—螺栓(或锚栓)的螺栓杆直径;

d_e—螺栓(或锚栓)在螺纹处的有效直径,按表 4.3-3 计算;

$\sum t$—在连接中同一受力方向的承压板件的较小总厚度;

f_v^b、f_c^b、f_t^b—普通螺栓的抗剪、承压和抗拉强度的设计值,按表 4.3-2 采用;

N_v、N_t—每个普通螺栓所承受的剪力和拉力。

2)普通螺栓承载力设计值

单个普通 C 级螺栓承载力设计值可见表 4.3-6 和表 4.3-7。

单个直径 12~20mm 普通 C 级螺栓的承载力设计值 表 4.3-6

| 螺栓直径 d(mm) | 螺栓毛截面面积 A(mm²) | 螺栓有效截面面积 A_e(mm²) | 构件钢材的钢号 | 承压的承载力设计值 N_c^b(kN) 承压板的厚度 t(mm) | | | | | | | | | | 受拉的承载力设计值 N_t^b(kN) | 受剪的承载力设计值 N_v^b(kN) | |
				5	6	7	8	10	12	14	16	18	20		单剪	双剪
12	1.131	0.84	Q235	18.3	22.0	25.6	29.3	36.6	43.9	51.2	58.6	65.9	73.2	14.3	15.8	31.7
			Q345	23.1	27.7	32.3	37.0	46.2	55.4	64.7	73.9	83.2	92.4			
			Q390	24.0	28.8	33.6	38.4	48.0	57.6	67.2	76.8	86.4	96.0			
			Q420	25.5	30.6	35.7	40.8	51.0	61.2	71.3	81.6	91.8	102.0			
			Q460	27.0	32.5	37.7	43.2	53.5	64.7	75.5	86.5	97.2	108.0			
			Q345GJ	24.0	28.8	33.6	38.4	48.0	57.6	67.2	76.8	86.4	96.0			

续表

螺栓直径 d(mm)	螺栓毛截面面积 A(mm²)	螺栓有效截面面积 A_c(mm)²	构件钢材的钢号	承压的承载力设计值 N_c^b(kN)										受拉的承载力设计值 N_t^b(kN)	受剪的承载力设计值 N_v^b(kN)	
				承压板的厚度 t(mm)												
				5	6	7	8	10	12	14	16	18	20		单剪	双剪
14	1.539	1.15	Q235	21.4	25.6	29.9	34.2	42.7	51.2	59.8	68.3	76.9	85.4	19.6	21.6	43.1
			Q345	27.0	32.3	37.7	43.1	53.9	64.7	75.5	86.2	97.0	107.8			
			Q390	28.0	33.6	39.2	44.8	56.0	67.2	78.4	89.6	100.8	112.0			
			Q420	29.7	35.7	41.6	47.6	59.5	71.3	83.3	95.2	107.1	119.0			
			Q460	31.5	37.7	44.1	50.5	63.0	75.5	88.2	100.8	113.4	126.0			
			Q345GJ	28.0	33.6	39.2	44.8	56.0	67.2	78.4	89.6	100.8	112.0			
16	2.011	1.57	Q235	24.4	29.3	34.2	39.0	48.8	58.6	68.3	78.1	87.8	97.6	26.7	28.1	56.3
			Q345	30.8	37.0	43.1	49.3	61.6	73.9	86.2	98.6	110.9	123.2			
			Q390	32.0	38.4	44.8	51.2	64.0	76.8	89.6	102.4	115.2	128.0			
			Q420	34.0	40.8	47.7	54.3	68.0	81.7	95.2	109.0	122.3	136.0			
			Q460	36.0	43.2	50.5	57.5	72.0	86.5	100.8	115.2	129.5	144.0			
			Q345GJ	32.0	38.4	44.8	51.2	64.0	76.8	89.6	102.4	115.2	128.0			

单个直径 22～30 普通 C 级螺栓的承载力设计值　　表 4.3-7

螺栓直径 d(mm)	螺栓毛截面面积 A(mm²)	螺栓有效截面面积 A_c(mm²)	构件钢材的钢号	承压的承载力设计值 N_c^b(kN)										受拉的承载力设计值 N_t^b(kN)	受剪的承载力设计值 N_v^b(kN)	
				承压板的厚度 t(mm)												
				5	6	7	8	10	12	14	16	18	20		单剪	双剪
22	3.801	3.03	Q235	33.6	40.3	47.0	53.7	67.1	80.5	93.9	107.4	120.8	134.2	51.5	53.2	106.4
			Q345	42.4	50.8	59.3	67.8	84.7	101.6	118.6	135.5	152.5	169.4			
			Q390	44.0	52.8	61.6	70.4	88.0	105.6	123.2	140.8	158.4	176.0			
			Q420	46.8	56.2	65.3	74.8	93.5	112.2	130.9	149.7	168.3	187.0			
			Q460	49.6	59.5	69.3	79.2	99.0	118.7	138.5	158.5	178.2	198.0			
			Q345GJ	44.0	52.8	61.6	70.4	88.0	105.6	123.2	140.8	158.4	176.0			
24	4.524	3.53	Q235	36.6	43.9	51.2	58.6	73.2	87.8	102.5	117.1	131.8	146.4	60.0	63.3	126.7
			Q345	46.2	55.4	64.7	73.9	92.4	110.9	129.4	147.8	166.3	184.4			
			Q390	48.0	57.6	67.2	76.8	96.0	115.2	134.4	153.6	172.8	192.0			
			Q420	51.0	61.2	71.3	81.7	102.0	122.3	142.8	163.2	183.7	204.0			
			Q460	54.0	64.8	75.5	86.5	108.0	129.5	151.2	172.8	194.5	216.0			
			Q345GJ	48.0	57.6	67.2	76.8	96.0	115.2	134.4	153.6	172.8	192.0			
27	5.726	4.59	Q235	41.2	49.4	57.6	65.9	82.4	98.8	115.3	131.8	148.2	164.7	78.0	80.2	160.3
			Q345	52.0	62.4	72.8	83.2	104.0	124.7	145.5	166.3	187.1	207.0			
			Q390	54.0	64.8	75.6	86.4	108.0	129.6	151.2	172.8	194.4	216.0			
			Q420	57.4	68.9	80.3	91.9	114.9	137.8	160.8	183.6	206.6	229.6			
			Q460	60.8	72.9	85.0	97.2	121.6	145.8	170.1	194.4	218.7	243.0			
			Q345GJ	54.0	64.8	75.6	86.4	108.0	129.6	151.2	172.8	194.4	216.0			
30	7.069	5.61	Q235	45.8	54.9	64.1	73.2	91.5	109.8	128.1	146.4	164.7	183.0	95.4	99.0	197.9
			Q345	57.8	69.3	80.9	92.4	115.5	138.6	161.7	184.8	207.9	231.0			
			Q390	60.0	72.0	84.0	96.0	120.0	144.0	168.0	192.0	216.0	240.0			
			Q420	63.9	76.5	89.4	102.0	127.6	153.1	178.6	204.0	229.5	255.0			
			Q460	67.6	81.0	94.6	108.0	135.0	162.0	189.0	216.0	243.0	270.0			
			Q345GJ	60.0	72.0	84.0	96.0	120.0	144.0	168.0	192.0	216.0	240.0			

注：1. 表中螺栓的承载力设计值系按下列公式算得：承压 $N_c^b=d\sum t f_c^b$；受拉 $N_t^b=\dfrac{\pi d^2}{4}f_t^b$；受剪 $N_v^b=n_v\dfrac{\pi d^2}{4}f_v^b$。

式中　N_c^b、N_t^b、N_v^b——分别为螺栓的承压、受拉和受剪承载力设计值；

f_c^b、f_t^b、f_v^b——分别为螺栓的抗压、抗拉和抗剪强度设计值，f_t^b、f_v^b 对于 4.6 级或 4.6 级分别为 170N/mm²、140N/mm²，f_c^b 对于 Q235、Q345、Q390、Q420、Q460、Q345GJ 分别为 305N/mm²、385N/mm²、400 N/mm²、425N/mm²、450N/mm²、400N/mm²；

$\sum t$——在不同受力方向中一个受力方向承压构件总厚度的较小者；

n_v——受剪面数目；

d、d_e——分别为螺栓杆直径、螺栓在螺纹处的有效直径。

2. 单角钢单面连接的螺栓，其承载力设计值应按表中数值乘以 0.85。

3. 普通螺栓连接的设计及构造要求

1) B级普通螺栓的孔径 d_0 较螺栓公称直径 d 大 0.2~0.5mm，C级普通螺栓的孔径 d_0 较螺栓公称直径 d 大 1.0~1.5mm，其连接的制孔应采用钻成孔。

2) 普通螺栓连接适用于抗拉连接或次要构件的抗剪连接，其抗剪连接宜使螺纹不进入剪切面。

3) 对有防松要求的普通螺栓连接，应采用弹簧垫圈或双螺帽等防松措施，不应采用焊死螺帽或打乱丝扣等做法。

4) 在下列情况的连接中，螺栓或铆钉的数目应予增加：

(1) 一个构件借助填板或其他中间板与另一构件连接的螺栓（摩擦型连接的高强度螺栓除外）或铆钉数目，应按计算增加 10%。

(2) 当采用搭接或拼接板的单面连接传递轴心力，因偏心引起连接部位发生弯曲时，螺栓（摩擦型连接的高强度螺栓除外）数目应按计算增加 10%。

(3) 在构件的端部连接中，当利用短角钢连接型钢（角钢或槽钢）的外伸肢以缩短连接长度时，在短角钢两肢中的一肢上，所用的螺栓或铆钉数目应按计算增加 50%。

(4) 当铆钉连接的铆合总厚度超过铆钉孔径的 5 倍时，总厚度每超过 2mm，铆钉数目应按计算增加 1%（至少应增加 1 个铆钉），但铆合总厚度不得超过铆钉孔径的 7 倍。

4.3.4 高强度螺栓连接设计

1. 高强度螺栓的级别与规格

1) 高强度螺栓按强度级别分为 8.8 级与 10.9 级两种（扭剪型高强度螺栓仅有 10.9 级强度级别），其机械与物理性能可见表 4.3-2。

2) 高强度螺栓按自身构造不同分为大六角型及扭剪型两类。

3) 高强度螺栓及其配套的螺母和垫圈统称为连接副，设计选用的大六角高强度螺栓连接副（螺栓直径规格为 M12、M16、M20、M22、M24、M27、M30）或扭剪型高强度螺栓连接副（螺栓直径规格为 M16、M20、M22、M24）应分别符合国标《钢结构用高强度大六角头螺栓、大六角螺母、垫圈与技术条件》GB/T 1228~1231 及《钢结构用扭剪型高强度螺栓连接副技术条件》GB/T 3632~3633 的规定。

2. 高强度螺栓连接的类别与特点

高强度螺栓按自身构造不同分为大六角型及扭剪型两类。

高强度螺栓的连接按受力机理不同分为摩擦型连接及承压型连接两类，任何一种高强度螺栓均可用于这两类连接。高强度螺栓摩擦型连接是通过连接板层间的抗滑移力来传递剪力，按板层间出现滑移作为其承载力的极限状态，适用于重要结构和承受动力荷载的结构。高强度螺栓承压型连接是以连接板层间出现滑动作为正常使用极限状态，而以连接的破坏（螺栓或板件的破坏）作为承载能力极限状态。可用于允许产生少量滑移的静载结构或间接承受动力荷载的构件，其计算方法与构造要求与普通螺栓相同。

3. 高强度螺栓连接的设计

1) 高强度螺栓连接的设计计算与施工

应符合《钢结构设计标准》GB 50017—2017 和《钢结构高强度螺栓连接的设计、施工及验收规程》JGJ 82—2011 的规定。

2) 高强度螺栓摩擦型连接的计算

(1) 高强度螺栓摩擦型连接由施加预拉力后板件间挤压而产生的摩擦阻力提供抗剪承载力，由板件间预压变形的恢复力或螺杆拉力提供抗拉承载力，其承载力计算公式见表 4.3-8。

(2) 高强度螺栓摩擦型连接要求对连接板件的表面进行摩擦面处理，以保证可靠的抗滑移系数 μ，不同方法处理的 μ 值可见表 4.3-9。

(3) 所有高强度螺栓均应施加预拉力 P，其值应符合表 4.3-10 的要求。

摩擦型连接中每个高强度螺栓的承载力（设计值）计算公式　　　　　表 4.3-8

项次	受力情况	公式
1	抗剪连接（承受摩擦面间的剪力）承载力	$N_v^b = 0.9 n_f \mu P$　　(4.3-7)
2	螺栓杆轴方向受拉的连接承载力	$N_t^b = 0.8P$　　(4.3-8)
3	同时承受摩擦面间的剪力和螺栓杆轴方向的外拉力时	$\dfrac{N_v}{N_v^b} + \dfrac{N_t}{N_t^b} \leqslant 1$　　(4.3-9)

注：n_f—传力摩擦面数目；

　　μ—摩擦面的抗滑移系数，应按表 4.3-9 采用；

　　P—每个高强度螺栓的预应力，应按表 4.3-10 采用；

　　N_t—每个高强度螺栓摩擦型连接所受拉力，此拉力不应大于设计预拉力 P 的 80% （即 $N_t < 0.8P$）；

　　N_v—每个高强度螺栓摩擦型连接所受剪力；

　　N_v^b、N_t^b—摩擦型连接中每个高强度螺栓的受剪、受拉承载力设计值。

摩擦面的抗滑移系数 μ 值　　　　　表 4.3-9

连接处构件接触面的处理方法	构件的钢材牌号		
	Q235 钢	Q345 钢或 Q390 钢	Q420 钢或 Q460 钢
喷硬质石英砂或铸钢棱角砂	0.45	0.45	0.45
抛丸（喷砂）	0.40	0.40	0.40
钢丝刷清除浮锈或未经处理的干净轧制面	0.30	0.35	—

注：1. 钢丝刷除锈方向应与受力方向垂直。

　　2. 当连接构件采用不同钢材牌号时，μ 按相应较低强度者取值。

　　3. 采用其他方法处理时，其处理工艺及抗滑移系数值均需经试验确定。

（4）所有高强度螺栓均应施加预拉力 P，其值应符合表 4.3-10 的要求。

一个高强度螺栓的预拉力 P （kN）　　　　　表 4.3-10

螺栓的承载性能等级	螺栓公称直径(mm)					
	M16	M20	M22	M24	M27	M30
8.8 级	80	125	150	175	230	280
10.9 级	100	155	190	225	290	355

3）高强度螺栓承压型连接的计算

高强度螺栓承压型连接，由于允许连接有微量滑移，其抗拉、抗剪、承压等承载力计算与普通螺栓相同，高强度螺栓连接承载力（设计值）计算公式见表 4.3-11。

承压型连接中每个高强度螺栓的承载力（设计值）计算公式　　　　　表 4.3-11

项次	受力情况		公式	说明
1	抗剪连接	抗剪承载力设计值	$N_v^b = n_v \dfrac{\pi d^2}{4} f_v^b$　　(4.3-10)	取两式中的较小者；当剪切面在螺纹处时，其抗剪承载力应按螺纹处的有效直径 d_e 计算
		承压承载力设计值	$N_c^b = d \sum t f_c^b$　　(4.3-11)	
2	杆轴方向受拉的连接		$N_t^b = \dfrac{\pi d_e^2}{4} f_t^b$　　(4.3-12)	
3	同时承受剪力和杆轴方向拉力的连接		$\sqrt{\left(\dfrac{N_v}{N_v^b}\right)^2 + \left(\dfrac{N_t}{N_t^b}\right)^2} \leqslant 1$　　(4.3-13) $N_v \leqslant N_c^b / 1.2$　　(4.3-14)	

注：f_v^b、f_c^b—承压型连接中高强度螺栓的抗剪和承压强度设计值，按表 4.3-3 用；

　　N_v、N_t—承压型连接中每个高强度螺栓所受的剪力和拉力；

　　N_v^b、N_t^b、N_c^b—承压型连接中每个高强度螺栓的抗剪、抗拉、承压承载力。

4）单个高强度螺栓的承载力设计值表

单个高强度螺栓摩擦型连接的承载力设计值见表 4.3-12。单个高强度螺栓承压型连接的承载力设计值见表 4.3-13。

单个高强度螺栓摩擦型连接的承载力设计值　　　　　　　　表 4.3-12

螺栓性能等级	构件钢材钢号	构件在连接处接触面的处理方法	μ	抗剪承载力设计值 N_v^b (kN)											
				单剪						双剪					
				螺栓直径 d (mm)											
				16	20	22	24	27	30	16	20	22	24	27	30
8.8级	Q235	喷硬质石英砂或铸钢棱角砂	0.45	32.4	50.6	60.8	70.9	93.2	113.4	64.8	101.3	121.5	141.8	186.3	226.8
		抛丸（喷砂）	0.40	28.8	45.0	54	63	82.8	100.8	57.6	90	108	126	165.6	201.6
		钢丝刷清除浮锈或未经处理的干净轧制表面	0.30	21.6	33.8	40.5	47.3	62.1	75.6	43.2	67.5	81	94.5	124.2	151.2
	Q345 Q390	喷硬质石英砂或铸钢棱角砂	0.45	32.4	50.7	60.8	70.9	93.2	113.4	64.8	101.2	121.5	141.8	186.3	226.8
		抛丸（喷砂）	0.40	28.8	45.0	54.0	63.0	82.8	100.8	57.6	90.0	108.0	126.0	165.6	201.6
		钢丝刷清除浮锈或未经处理的干净轧制表面	0.35	25.2	39.4	47.3	55.1	72.5	88.2	50.4	78.8	94.5	110.3	144.9	176.4
	Q420 Q460	喷硬质石英砂或铸钢棱角砂	0.45	32.4	50.7	60.8	70.9	93.2	113.4	64.8	101.2	121.5	141.8	186.3	226.8
		抛丸（喷砂）	0.40	28.8	45.0	54	63	82.8	100.8	57.6	90	108	126	165.6	201.6
10.9级	Q235	喷硬质石英砂或铸钢棱角砂	0.45	40.5	62.8	77	91.1	117.5	143.8	81	125.6	153.9	182.3	234.9	287.6
		抛丸（喷砂）	0.4	36	55.8	68.4	81	104.4	127.8	72	111.6	136.8	162	208	255.6
		钢丝刷清除浮锈或未经处理的干净轧制表面	0.3	27	41.9	51.3	60.8	78.3	95.9	54	83.7	102.6	121.5	156.6	191.7
	Q345 Q390	喷硬质石英砂或铸钢棱角砂	0.45	40.5	62.8	77	91.1	117.5	143.8	81	125.6	153.9	182.3	234.9	287.6
		抛丸（喷砂）	0.40	36	55.8	68.4	81	104.4	127.8	72	111.6	136.8	162	208	255.6
		钢丝刷清除浮锈或未经处理的干净轧制表面	0.35	31.5	48.8	59.9	70.9	91.4	111.8	63	97.7	119.7	141.8	182.7	223.7
	Q460 Q420	喷硬质石英砂或铸钢棱角砂	0.45	40.5	62.8	77	91.1	117.5	143.8	81	125.6	153.9	182.3	234.9	287.6
		抛丸（喷砂）	0.40	36	55.8	68.4	81	104.4	127.8	72	111.6	136.8	162	208	255.6

注：1. 表中高强度螺栓的受剪承载力设计值按下式算得：

$$N_c^b = 0.9 n_f \mu P$$

　　式中　　n_f——传力的摩擦面数目；

　　　　　　μ——摩擦系数；

　　　　　　P——高强度螺栓的预拉力。

　　2. 单角钢单面连接的螺栓，其承载力设计值应按表中数值乘以 0.85。

表 4.3-13

单个高强度螺栓承压型连接的承载力设计值

| 螺栓的性能等级 | 螺栓直径 d(mm) | 螺栓毛截面面积 A(mm²) | 螺栓有效截面面积 Ac(mm²) | 构件钢材的钢号 | 承压承载力设计值 承压板厚度 t(mm) | | | | | | | | | 受拉的承载力设计值 | 受剪承载力设计值 | | | |
					6	7	8	10	12	14	16	18	20		承剪面在螺杆处 单剪	双剪	承剪面在螺纹处 单剪	双剪
8.8级 (10.9级)	16	201.1	156.6	Q235	45.1	52.6	60.2	75.2	90.2	105.3	120.3	135.4	150.4	62.6 (78.3)	50.3 (62.4)	100.5 (124.6)	39.1 (48.5)	78.3 (91.1)
				Q345	56.6	66.1	75.5	94.4	113.3	132.2	151.0	169.9	188.8					
				Q390	59	68.9	78.7	98.4	118.1	137.8	157.4	177.1	196.8					
				Q420	62.8	73.3	83.9	104.8	125.7	146.7	167.7	188.7	210.0					
				Q460	66.7	77.8	89.0	111.2	133.4	155.7	177.9	200.2	222.4					
				Q345GJ	59	68.9	78.7	98.4	118.1	137.8	157.4	177.1	196.8					
	20	314.2	244.7	Q235	56.4	65.8	75.2	94.0	112.8	131.6	150.4	169.2	188.0	97.9 (122.3)	78.5 (97.3)	157.1 (194.8)	61.2 (75.9)	122.3 (151.7)
				Q345	70.8	82.6	94.4	118.0	141.6	165.2	188.8	212.4	236.0					
				Q390	73.8	86.1	98.4	123.0	147.6	172.2	196.8	221.4	246.0					
				Q420	78.6	91.7	104.8	131.0	157.2	183.4	209.6	235.8	262.0					
				Q460	83.4	97.3	111.2	139.0	166.8	194.6	222.4	250.2	278.0					
				Q345GJ	73.8	86.1	98.4	123.0	147.6	172.2	196.8	221.4	246.0					
	22	380.1	303.3	Q235	62.0	72.4	82.7	103.4	124.1	144.8	165.4	186.1	206.8	121.3 (151.6)	95.0 (117.8)	190.1 (235.7)	75.8 (94.0)	151.6 (188.0)
				Q345	77.9	90.9	103.8	129.8	155.8	181.7	207.7	233.6	259.6					
				Q390	81.2	94.7	108.2	135.3	162.4	189.4	216.5	243.5	270.6					
				Q420	86.4	100.9	115.2	144.1	172.9	201.8	230.5	259.3	288.2					
				Q460	91.7	107.0	122.2	152.9	183.5	214.1	244.6	275.2	305.8					
				Q345GJ	81.2	94.7	108.2	135.3	162.4	189.4	216.5	243.5	270.6					
	24	452.4	352.7	Q235	67.7	79.0	90.0	112.8	135.4	157.9	180.5	203.0	225.6	141.1 (176.3)	113.1 (140.2)	226.2 (280.5)	88.2 (109.4)	176.3 (181.4)
				Q345	85.0	99.1	113.3	141.6	169.9	198.2	226.6	254.9	283.2					
				Q390	88.6	103.3	118.1	147.6	177.1	206.6	236.2	265.7	295.2					
				Q420	94.3	110.1	125.7	157.2	188.7	220.1	251.5	282.9	314.4					
				Q460	100.1	116.8	133.4	166.8	200.2	233.5	266.9	300.2	333.6					
				Q345GJ	88.6	103.3	118.1	147.6	177.1	206.6	236.2	265.7	295.2					

螺栓的性能等级	螺栓直径 d(mm)	螺栓毛截面面积 A(mm²)	螺栓有效截面面积 Aₑ(mm²)	构件钢号	承压承载力设计值 承压板厚度 t(mm)									受拉的承载力设计值	受剪承载力设计值			
															承剪面在螺杆处		承剪面在螺纹处	
					6	7	8	10	12	14	16	18	20		单剪	双剪	单剪	双剪
8.8级 (10.9级)	27	572.6	459.6	Q235	76.1	88.8	101.5	126.9	152.3	177.7	203.0	228.4	253.8	183.8 (229.8)	143.1 (177.4)	286.3 (355.0)	114.9 (142.5)	229.8 (284.9)
				Q345	95.6	111.5	127.4	159.3	191.2	223.0	254.9	286.7	318.6					
				Q390	99.6	116.2	132.8	166.1	199.3	232.5	265.7	298.9	332.1					
				Q420	106.1	123.8	141.5	176.9	212.2	247.7	282.9	318.3	353.7					
				Q460	112.5	131.3	150.1	187.7	225.2	262.8	300.2	337.8	375.3					
				Q345GJ	99.6	116.2	132.8	166.1	199.3	232.5	265.7	298.9	332.1					
	30	706.9	560.7	Q235	84.6	98.7	112.8	141.0	169.2	197.4	225.6	253.8	282.0	224.3 (280.4)	176.7 (219.1)	353.4 (438.2)	140.2 (173.8)	280.4 (347.7)
				Q345	106.2	123.9	141.6	177.0	212.4	247.8	283.2	318.6	354.0					
				Q390	110.7	129.2	147.6	184.5	221.4	258.3	295.2	332.1	369.0					
				Q420	117.9	137.6	157.2	196.5	235.8	275.0	314.4	353.7	393.0					
				Q460	125.8	145.9	166.8	208.5	250.2	291.9	493.3	375.3	417.0					
				Q345GJ	110.7	129.2	147.6	184.5	221.4	258.3	295.2	332.1	369.0					

注:1. 表中承压型高强度螺栓承载力设计值按下式算得:

承压 $N_c^b = d\sum t f_c^b$; 受拉 $N_t^b = \dfrac{\pi d_e^2}{4} f_t^b$; 受剪 $N_v^b = n_v \dfrac{\pi d^2}{4} f_v^b$;

式中 N_c^b、N_t^b、N_v^b——分别为承压型高强度螺栓的承压、受拉和受剪承载力设计值;

f_c^b、f_t^b、f_v^b——分别为承压型高强度螺栓的抗压、抗拉和抗剪强度设计值,f_t^b、f_v^b对于8.8级(10.9级)分别为400N/mm²(500N/mm²),250N/mm²(310N/mm²);f_c^b对于Q235、Q345、Q390、Q420、Q460、Q345GJ分别为470N/mm²、590N/mm²、615N/mm²、655N/mm²、695N/mm²、615N/mm²;

$\sum t$——在不同受力方向中一个受力方向承压构件的有效厚度总和;

n_v——受剪面数目;

d、d_e——分别为螺栓连接的螺栓直径、螺栓在螺纹处的有效直径。

2. 单角钢单面连接时,其承载力设计值应按表中数值乘以0.85。

5）计算高强度螺栓连接承载力的注意事项

（1）在杆轴方向受拉的连接中，一般应注意采用增加连接端板刚度的构造措施，而不计入连接板变形产生板端撬力。

此时摩擦型连接每个高强度螺栓的抗拉承载力设计值取为 $N_t^b=0.8P$；承压型连接每个高强度螺栓的抗拉承载力则按式（4.3-12）计算，其结果基本相同。

（2）当摩擦型连接同时承受摩擦面间的剪切和螺栓杆轴方向的外拉力时，每个高强度螺栓仍按抗剪验算强度，其抗剪承载力设计值仍按公式（4.3-9）计算，N_t 为每个高强度螺栓在其杆轴方向的外拉力，其值仍不应大于 $0.8P$。

（3）在抗剪连接中，每个承压型连接高强度螺栓的承载力计算方法（式 4.3-10、式 4.3-11）与普通螺栓相同，但其抗剪承载力应按螺纹处有效面积计算（表 4.3-3）。

（4）当板件的节点处或拼接接头的一端，高强度螺栓沿受力方向的连接长度 L_1 大于 $15d_1$。（d_0 为孔径）并小于等于 $60d_0$ 时，应将高强度螺栓的承载力乘以折减系数 $\left(1.1-\dfrac{L_1}{150d_0}\right)$，当 $L_1 > 60d_0$ 时，可取定值折减系数 0.7。

（5）当高强度螺栓连接有填板、辅助角钢或为单面拼接时，所计算的螺栓数量应按设计要求予以增加，高强度螺栓在构件的端部连接中，当用短角钢连接型钢（角钢或槽钢）长度时，在短角钢两肢中的一肢上，所用的高强度螺栓数目应按计算增加 50%。

（6）栓焊节点连接中当高强度螺栓临近焊缝，并采用先拧后焊的工序时，其高强度螺栓的承载力应降低 10% 考虑。

（7）对端板接头连接的受拉螺栓，其端板厚度（图 4.3-1）不宜小于连接螺栓的直径。各类接头中高强度螺栓连接的计算与构造应符合《钢结构高强度螺栓连接技术规程》JGJ 82—2011 的规定。

（8）当高强度螺栓连接的环境温度为 100～150℃ 时，其承载力应降低 10%。

（9）采用高强度螺栓承压型连接时，连接处构件接触面应清除油污及浮锈，仅承受拉力的高强度螺栓连接，不要求对接触面进行抗滑移处理。

（10）高强度螺栓承压型连接不应用于直接承受动力荷载的结构，抗剪承压型连接在正常使用极限状态下应符合摩擦型连接的设计要求。

4. 高强度螺栓连接的构造要求

1）高强度螺栓孔均应采用钻成孔。摩擦型连接高强度螺栓的孔径可按比螺栓公称直径 d 大 1.5～2.0mm 采用；承压型连接高强度螺栓的孔径可按比螺栓公称直径 d 大 1.0～1.5mm 采用。

2）在高强度螺栓摩擦型连接范围内，连接板件的接触面应进行摩擦面处理，此摩擦面不得涂漆或其他涂料，对可能较长时间置于现场不能安装的摩擦面应采取防护措施，同时抗滑移系数及处理要求应在设计文件中说明。

3）高强度螺栓承压型连接的板件接触面除作除锈处理外，可不再作摩擦面处理。

4）高强度螺栓承压型连接采用标准圆孔时，其孔径 d_0 可按表 4.3-14 采用。

5）高强度螺栓摩擦型连接可采用标准孔、大圆孔和槽孔，孔型尺寸可按表 4.3-14 采用。采用扩大孔连接时，同一连接面只能在盖板和芯板其中之一的板上采用大圆孔或槽孔，其余仍采用标准孔。

高强度螺栓连接的孔型尺寸匹配（mm）　　　　　　　　　　　　　表 4.3-14

螺栓公称直径		M12	M16	M20	M22	M24	M27	M30
孔型	标准孔　直径	13.5	17.5	22	24	26	30	33
	大圆孔　直径	16	20	24	28	30	35	38
	槽孔　短向	13.5	17.5	22	24	26	30	33
	槽孔　长向	22	30	37	40	45	50	55

6）高强度螺栓摩擦型连接盖板按大圆孔、槽孔制孔时，应增大垫圈厚度或采用连续型垫板，其孔径与标准垫圈相同，对 M24 及以下的螺栓，厚度不宜小于 8mm；对 M24 以上的螺栓，厚度不宜小于 10mm。

4.3.5 螺栓群连接的设计

在实际工程中，螺栓连接中螺栓数量一般都大于两个，也就是以螺栓群的形式存在于连接中，螺栓连接的设计主要是螺栓群的计算。

1. 当承受轴力或剪力时，螺栓群按所有螺栓平均承担计算；当承受弯矩作用时，螺栓群承载力则以端部或角部受力最大的螺栓进行控制性验算。

2. 常用的螺栓群的设计计算公式见表 4.3-15。表中第 6、7、8 项端板连接计算式中未考虑附加撬力的不利影响。

3. 对受力较大或要求节点转动刚度较大的端板连接，应考虑撬力的影响，按《钢结构高强度螺栓连接技术规程》JGJ 82—2011 计算螺栓数量与端板厚度。

普通螺栓或高强度螺栓群连接的计算公式

表 4.3-15

项次	受力情况	简　图	计　算　公　式
1	承受轴心力作用的抗剪连接		所需的普通螺栓或高强度螺栓数目 $$n=\frac{N}{[N_{\min}]} \quad (4.3\text{-}15)$$
2	承受轴心力和剪力作用的抗剪连接	并列 错列	当并列布置时 $$N_N=\frac{N}{m_1 n_s} \quad (4.3\text{-}16)$$ $$N_v=\frac{V}{m_j n_s} \quad (4.3\text{-}17)$$ 当错列布置且 m_j 为偶数时， $$N_N=\frac{2N}{m_1(2n_s-1)} \quad (4.3\text{-}18)$$ $$N_v=\frac{2V}{m_1(2n_s-1)} \quad (4.3\text{-}19)$$ 当错列布置且 m_j 为奇数时， $$N_N=\frac{2N}{m_1(2n_s-1)+1} \quad (4.3\text{-}20)$$ $$N_v=\frac{2V}{m_1(2n_s-1)+1} \quad (4.3\text{-}21)$$ $$N_s=\sqrt{(N_N)^2+(N_s)^2}\leqslant[N_{\min}]$$ $$\quad (4.3\text{-}22)$$
3	承受弯矩作用的抗剪连接		$$N_{M1}=\frac{Mr_1}{\sum(x_i^2+y_i^2)}\leqslant[N_{\min}] \quad (4.3\text{-}23)$$

续表

项次	受力情况	简 图	计算公式
4	承受弯矩和剪力作用的抗剪连接		$N_{M1}=\dfrac{Mr_1}{\sum(x_i^2+y_i^2)}$ (4.3-24) $N_{M1x}=\dfrac{My_1}{\sum(x_i^2+y_i^2)}$ (4.3-25) $N_{M1y}=\dfrac{Mx_1}{\sum(x_i^2+y_i^2)}$ (4.3-26) $N_e=\dfrac{V}{n}$ (4.3-27) $N_{s1}=\sqrt{(N_{M1s})^2+(N_{M1y}+N_y)^2}\leqslant[N_{min}]$ (4.3-28)
5	承受弯矩、剪力和轴心力作用的抗剪连接		$N_{M1}=\dfrac{Mr_1}{\sum(x_i^2+y_i^2)}$ (4.3-29) $N_{M1x}=\dfrac{My_1}{\sum(x_i^2+y_i^2)}$ (4.3-30) $N_{M1y}=\dfrac{Mx_1}{\sum(x_i^2+y_i^2)}$ (4.3-31) $N_e=\dfrac{V}{n}$ (4.3-32) $N_N=\dfrac{N}{n}$ $N_{s1}=\sqrt{(N_{M1x}+N_s)^2+(N_{m1y}+N_s)^2}[N_{min}]$ (4.3-33)
6	承受轴心力作用的抗拉连接		所需的普通螺栓或高强度螺栓数目(轴心力通过紧固群中心) $n=\dfrac{N}{[N_t]}$ (4.3-34)
7	承受弯矩作用的抗拉连接	 普通螺栓连接	$N_{M1}=\dfrac{My_1}{\sum y_i^2}\leqslant[N_t]$ (4.3-35)

续表

项次	受力情况	简　图	计　算　公　式
8	承受弯矩作用的抗拉连接	 高强度螺栓连接	$N_{M1}=\dfrac{My_1}{\sum y_i^2}\leqslant[N_t]$　　(4.3-36)

注：$[N_{\min}]$——对普通螺栓取按式（4.3-1）和式（4.3-2）计算的抗剪和承压承载力设计值的较小者；对摩擦型高强度螺栓取按式（4.3-7）计算的抗剪承载力设计值；对承压型高强度螺栓取按式（4.3-10）和式（4.3-11）计算的抗剪和承压承载力设计值的较小者；

m_1——普通螺栓或高强度螺栓的列数；

n_s——一列普通螺栓或高强度螺栓的数目；

r_1——边行受力最大的一个普通螺栓或高强度螺栓至普通螺栓或高强度螺栓群中心的距离；

x_1——边行受力最大的一个普通螺栓或高强度螺栓至普通螺栓或高强度螺栓群中心的水平距离；

y_1——边行受力最大的一个普通螺栓或高强度螺栓至普通螺栓或高强度螺栓群中心（或回转轴）的垂直距离；

x_i——任一个普通螺栓或高强度螺栓至普通螺栓或高强度螺栓群中心的水平距离；

y_i——任一个普通螺栓或高强度螺栓至普通螺栓或高强度螺栓群中心（或回转轴）的垂直距离；

$\sum x_i^2$、$\sum y_i^2$——应包括连接中的所有普通螺栓或高强度螺栓的数目；

$[N_t]$——对普通螺栓取按式（4.3-3）计算的抗拉承载力设计值；对高强度螺栓取按式（4.3-8）计算的抗拉承载力设计值。

第 5 章　H 型钢柱的设计

5.1　概述

钢柱属于轴心受压或压弯构件，在建筑结构中也是联系关系最多的构件。

5.1.1　H 型钢柱的截面和应用

H 型钢柱除了 H 型钢截面外，还有 H 型钢格构式截面以及利用 H 型钢和钢板或其他型钢拼接组合截面（图 5.1-1）。

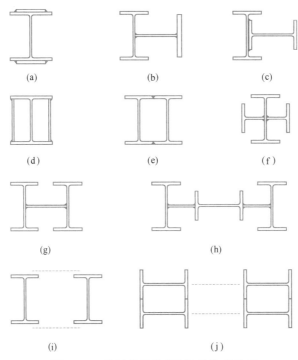

图 5.1-1　钢柱的拼接截面和格构式截面

1. 在直接采用 H 型钢做成的钢柱中，其具有截面经济高效、双向连接方便、制作省工、双向接近等优点。H 型钢可直接用作高（多）层框架柱、门式刚架柱、平台柱及工业构架等。在门式刚架的建筑中，常采用 H 型钢变截面柱，发挥了钢材的高效优势。

2. 在承受重荷载的高大建筑结构中以拼接组合的方式，形成更强大的截面。常见的拼接 H 型钢组合截面见图 5.1-1。

1）图 5.1-1（a）为在 H 型钢翼缘上增加盖板组成的截面（盖板也可宽于翼缘），可增加截面积及承载力。

2）图 5.1-1（b）～（c）适合于偏心受压，并且便于在两个方向上与梁连接。图 5.1-1（b）截面虽然比较开展，受力较好，但比图 5.1-1（c）在组合连接成截面时多用两条竖向焊缝。

3）图 5.1-1（d）、（e）为箱形截面，抗扭性能较好。

4）图 5.1-1（f）为 H 型钢与两个 T 型钢组成，多用于钢骨混凝土组合柱，在高层钢结构建筑的地下室和地上裙房常用这种组合柱。

3. 对有吊车的工业厂房可采用由 H 型钢格构式下柱及 H 型钢上柱组成的变截面阶形柱，均具有良好的承载性能。图 5.1-1 （g）、（h）、（i）、（j）适用于有重型吊车的阶形厂房柱的下柱，其中图 5.1-1 （i）、（j）截面为格构式柱。

5.1.2 设计内容

H 型钢柱的设计应进行强度计算、整体稳定计算（平面内及平面外）、局部稳定验算、长细比验算（平面内及平面外）、位移计算等内容。

5.1.3 基本设计规定

1. 钢柱长细比容许值

1）单层钢结构厂房框架柱的长细比，轴压比小于 0.2 时，不宜大于 150；轴压比不小于 0.2 时，不宜大于 $120\sqrt{235/f_y}$，f_y 为钢材的屈服强度。

2）多层钢结构厂房框架柱的长细比，轴压比不大于 0.2 时，不宜大于 150；轴压比大于 0.2 时，不宜大于 $125(1-0.8N/Af)\sqrt{235/f_y}$。

3）多高层民用房屋钢结构框架柱的长细比，一级抗震等级时不应大于 $60\sqrt{235/f_y}$，二级抗震等级时不应大于 $80\sqrt{235/f_y}$，三级抗震等级时不应大于 $100\sqrt{235/f_y}$，四级抗震等级时不应大于 $120\sqrt{235/f_y}$。

2. 钢柱位移容许值

1）单层钢结构柱顶水平位移限值宜符合下列规定：

（1）在风荷载标准值作用下

① 单层钢结构柱顶水平位移不宜超过表 5.1-1 的数值；

② 无桥式起重机时，当围护结构采用砌体墙时，柱顶水平位移不应大于 $H/240$；当围护结构采用轻型钢墙板且房屋高度不超过 18m 时，柱顶水平位移可放宽至 $H/60$；

③ 有桥式起重机时，当房屋高度不超过 18m，采用轻型屋盖，吊车起重量不大于 20t 工作级别为 A1～A5 且吊车由地面控制时，柱顶水平位移可放宽至 $H/180$。

风荷载作用下单层钢结构柱顶水平位移容许值　　　　　　　　　　　表 5.1-1

结构体系	吊车情况	柱顶水平位移
排架、框架	无桥式起重机	$H/150$
	有桥式起重机	$H/400$

注：H 为柱高度，当围护结构采用轻型钢墙板时，柱顶水平位移要求可适当放宽。

（2）在冶金厂房或类似车间中设有 A7、A8 级吊车的厂房柱和设有中级和重级工作制吊车的露天栈桥柱，在吊车梁或吊车桁架的顶面标高处，由一台最大吊车水平荷载（按荷载规范取值）所产生的计算变形值，不宜超过表 5.1-2 所列的容许值。

吊车水平荷载作用下柱水平位移（计算值）容许值　　　　　　　　　　表 5.1-2

项次	位移的种类	按平面结构图形计算	按空间结构图形计算
1	厂房柱的横向位移	$H_c/1250$	$H_c/2000$
2	露天栈桥柱的横向位移	$H_c/2500$	—
3	厂房和露天栈桥柱的纵向位移	$H_c/4000$	—

注：1. H_c 为基础顶面至吊车梁或吊车桁架的顶面的高度；
　　2. 计算厂房或露天栈桥柱的纵向位移时，可假定吊车的纵向水平制动力分配在温度区段内所有的柱间支撑或纵向框架上；
　　3. 在设有 A8 级吊车的厂房中，厂房柱的水平位移（计算值）容许值不宜大于表中数值的 90%；
　　4. 在设有 A6 级吊车的厂房柱的纵向位移宜符合表中的要求。

2）多层钢结构层间位移角限值宜符合下列规定：

（1）在风荷载标准值作用下，有桥式起重机时，多层钢结构的弹性层间位移角不宜超过 1/400；

（2）在风荷载标准值作用下，无桥式起重机时，多层钢结构的弹性层间位移角不宜超过表 5.1-3 的数值。

层间位移角容许值　　　　　　　表 5.1-3

结构体系				层间位移角
框架、框架-支撑				1/250
框-排架	侧向框-排架			1/250
	竖向框-排架	排架		1/150
		框架		1/250

注：1. 对室内装修要求较高的建筑，层间位移角宜适当减小；无墙壁的建筑，层间位移角可适当放宽；

2. 当围护结构可适应较大变形时，层间位移角可适当放宽；

3. 在多遇地震作用下多层钢结构的弹性层间位移角不宜超过 1/250。

3）高层建筑钢结构在风荷载或多遇地震标准值作用下的弹性层间位移角不宜超过 1/250。

3. 截面板件宽厚比等级

1）进行受弯和压弯构件计算时，截面板件宽厚比等级及限值应符合表 5.1-4 的规定，其中参数 α_0 应按下式计算：

$$\alpha_0 = \frac{\sigma_{max} - \sigma_{min}}{\sigma_{max}} \tag{5.1-1}$$

式中　σ_{max}——腹板计算边缘的最大压应力；

σ_{min}——腹板计算高度另一边缘相应的应力，压应力取正值，拉应力取负值。

压弯构件的截面板件宽厚比等级及限值　　　　　　　表 5.1-4

构件	截面板件宽厚比等级		S1 级	S2 级	S3 级	S4 级	S5 级
压弯构件（框架柱）	H 形截面	翼缘 b/t	$9\varepsilon_k$	$11\varepsilon_k$	$13\varepsilon_k$	$15\varepsilon_k$	20
		腹板 h_0/t_w	$(33+13\alpha_0^{1.3})\varepsilon_k$	$(38+13\alpha_0^{1.39})\varepsilon_k$	$(40+18\alpha_0^{1.5})\varepsilon_k$	$(45+25\alpha_0^{1.66})\varepsilon_k$	250

注：1. ε_k 为钢号修正系数，其值为 235 与钢材牌号中屈服点数值的比值的平方根。

2. b 为工字形、H 形截面的翼缘外伸宽度，t、h_0、t_w 分别是翼缘厚度、腹板净高和腹板厚度。对轧制型截面，不包括翼缘腹板过渡处圆弧段。

3. 腹板的宽厚比，可通过设置加劲肋减小。

4. 当按国家标准《建筑抗震设计规范》GB 50011 第 9.2.14 条第 2 款的规定设计，且 S5 级截面的板件宽厚比小于 S4 级经 ε_σ 修正的板件宽厚比时，可归属为 C 类截面，ε_σ 为应力修正因子，$\varepsilon_\sigma = \sqrt{f_y/\sigma_{max}}$。

2）进行抗震性能化设计时，支撑截面板件宽厚比等级及限值应符合表 5.1-5 的规定。

支撑截面板件宽厚比等级及限值　　　　　　　表 5.1-5

截面板件宽厚比等级		BS1 级	BS2 级	BS3 级
H 形截面	翼缘 b/t	$8\varepsilon_k$	$9\varepsilon_k$	$10\varepsilon_k$
	腹板 h_0/t_w	$30\varepsilon_k$	$35\varepsilon_k$	$42\varepsilon_k$

5.2　钢柱的强度计算

5.2.1　轴心受压钢柱

1. 对于轴心受压钢柱，当端部连接及中部拼接处组成截面的各板件都由连接件直接传力时，截面强度按以下情况分别进行验算。

1）钢柱无虚孔，截面强度按公式（5.2-1）计算：

$$\sigma = \frac{N}{A} \leqslant f \tag{5.2-1}$$

2）钢柱有虚孔，孔心所在截面的强度按公式（5.2-2）计算：

$$\sigma = \frac{N}{A_n} \leqslant 0.7 f_u \tag{5.2-2}$$

式中　σ——截面强度；

　　N——所计算截面处的压力设计值；

　　f——钢材的抗压强度设计值；

　　A——构件的毛截面面积；

　　A_n——构件的净截面面积，当构件多个截面有孔时，取最不利的截面；

　　f_u——钢材的抗拉强度。

2. 对于轴心受压构钢柱，当其组成板件在节点或拼接处并非全部直接传力时，应将危险截面的面积乘以有效截面系数 η。对于 H 型钢，采用翼缘连接时 $\eta=0.90$；采用腹板连接时 $\eta=0.70$。

3. 实腹式轴心受压钢柱剪力 V 值可认为沿构件全长不变。除考虑腹板屈曲后强度者外，其受剪强度应按公式（5.2-3）计算：

$$\tau = \frac{VS}{It_w} \leqslant f_v \tag{5.2-3}$$

式中　V——计算截面沿腹板平面作用的剪力设计值；

　　S——计算剪应力处以上（或以下）毛截面对中和轴的面积矩；

　　I——钢柱的毛截面惯性矩；

　　t_w——钢柱的腹板厚度；

　　f_v——钢材的抗剪强度设计值。

5.2.2　受弯钢柱

对弯矩作用在主平面内的拉弯和压弯构件，其强度按公式（5.2-4）计算：

$$\frac{N}{A_n} \pm \frac{M_x}{\gamma_x W_{nx}} \pm \frac{M_y}{\gamma_y W_{ny}} \leqslant f \tag{5.2-4}$$

式中　M_x、M_y——绕 x 轴（强轴）和 y 轴（弱轴）的弯矩，H 型钢两个轴的方向见图 5.2-1；

　　W_{nx}、W_n——对 x 轴和 y 轴的净截面模量；

　　γ_x、γ_y——与截面模量相应的截面塑性发展系数，根据其受压板件的内力分布情况确定其截面板件宽厚比等级，当截面板件宽厚比等级不满足 S3 级要求时，$\gamma_x=1.0$，$\gamma_y=1.0$；满足 S3 级要求时，$\gamma_x=1.05$，$\gamma_y=1.2$；需要验算疲劳强度的拉弯、压弯构件，$\gamma_x=1.0$，$\gamma_y=1.0$。

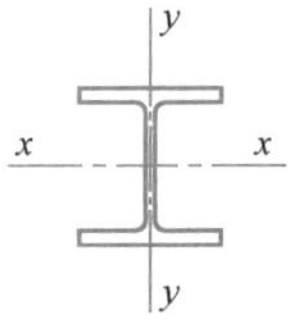

图 5.2-1　H 型钢两个轴的方向

5.3　钢柱的稳定设计

钢柱的承载能力主要与钢柱的整体稳定关系紧密，钢柱的整体稳定主要与长细比有关。因此，在计算钢柱长细比时，应考虑钢柱两端的约束情况采用计算长度。

5.3.1　钢柱计算长度

1. 钢柱的计算长度按公式（5.3-1）确定：

$$l_0 = \mu l \tag{5.3-1}$$

式中　l_0——钢柱的计算长度；

μ——计算长度系数；

l——钢柱的长度。

2. 钢柱的长度 l 应根据其与其他构件的连接情况确定。钢柱底部不论与基础刚接还是铰接，一般均应从基础顶面起计算钢柱的长度（长脖子基础算作下段柱者除外），常见的柱子长度如图 5.3-1 所示。

1）钢柱上部与实腹梁或桁架铰接时，应从铰接点起计算钢柱的长度，如图 5.3-1（a）和（c）所示；

2）与实腹梁或有限刚度桁架刚接时，应从梁或桁架端部的形心线起计算钢柱的长度，如图 5.3-1（b）和（e）所示；

3）与无限刚度桁架刚接时，应从桁架下弦杆的形心线起计算钢柱的长度，如图 5.3-1（d）所示。

4）当桁架受竖向荷载作用时或桁架抗弯刚度小于钢柱抗弯刚度的 4 倍时，按有限刚度考虑，这里所说的抗弯刚度是指在刚接点给定单位转角在桁架或钢柱端部所产生的弯矩。

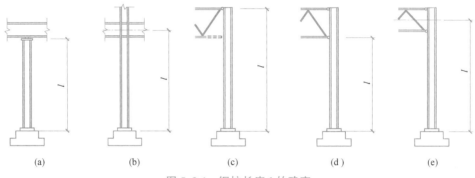

图 5.3-1　钢柱长度 l 的确定

3. 钢柱的计算长度系数 μ。对于单层或多层框架等截面柱，在确定框架平面内的计算长度系数时，应首先区分框架是无支撑框架还是有支撑框架。对有支撑框架，要考虑侧移刚度，确定是否是强支撑框架，设计中不推荐采用弱支撑框架。对框架内力计算要区分是采用一阶弹性分析方法还是二阶弹性分析方法。

当采用二阶弹性分析方法计算内力且在每层柱顶按式（5.3-2）附加考虑假想水平力 H_{ni} 时，框架柱的计算长度系数 $\mu=1.0$ 或其他认可的值。

$$H_{ni} = \frac{G_i}{250} \sqrt{0.2 + \frac{1}{n_s}} \tag{5.3-2}$$

式中　G_i——第 i 楼层的总重力荷载设计值；

n_s——结构总层数，当 $\sqrt{0.2 + \frac{1}{n_s}} < \frac{2}{3}$ 时，取此根号值为 $\frac{2}{3}$；$\sqrt{0.2 + \frac{1}{n_s}} > 1$ 时，取此根号值为 1.0。

当采用一阶弹性分析方法计算内力时，框架柱的计算长度系数 μ 应按下列规定确定：

1）无支撑框架

（1）框架柱的计算长度系数 μ 按本条 3）中有侧移框架柱的计算长度系数确定，也可按下列简化公式计算：

$$\mu = \sqrt{\frac{7.5 K_1 K_2 + 4(K_1 + K_2) + 1.52}{7.5 K_1 K_2 + K_1 + K_2}} \tag{5.3-3}$$

式中 K_1、K_2——分别为相交于柱上端、柱下端的横梁线刚度之和与柱线刚度之和的比值，K_1、K_2的修正按本条 3）取值。

（2）设有摇摆柱时，框架柱的计算长度系数乘以放大系数 η，η 应按下式计算：

$$\eta=\sqrt{1+\frac{\sum(N_1/h_1)}{\sum(N_f/h_f)}} \tag{5.3-4}$$

式中 $\sum(N_f/h_f)$——本层各框架柱轴心压力设计值与钢柱高度比值之和；

$\sum(N_1/h_1)$——本层各摇摆柱轴心压力设计值与钢柱高度比值之和。

所谓摇摆柱，是指上下端均为铰接的柱，如图 5.3-2 中的两端铰接柱，其计算长度系数取为 $\mu=1.0$。摇摆柱不具有抗侧移刚度，其稳定性要靠框架的支持。因此，刚架柱的计算长度系数要考虑摇摆柱上荷载的影响。

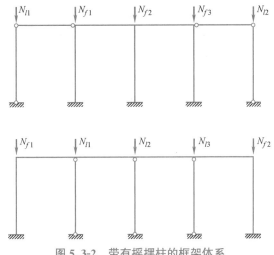

图 5.3-2 带有摇摆柱的框架体系

（3）当有侧移框架同层各柱的 N/I 不相同时，柱计算长度系数宜按下列公式计算：

$$\mu_i=\sqrt{\frac{N_{Ei}}{N_i}\cdot\frac{1.2}{K}\sum\frac{N_i}{h_i}} \tag{5.3-5}$$

$$N_{Ei}=\pi^2EI_i/h_i^2 \tag{5.3-6}$$

当框架附有摇摆柱时，框架柱的计算长度系数由下式确定：

$$\mu_i=\sqrt{\frac{N_{Ei}}{N_i}\cdot\frac{1.2\sum(N_i/h_i)+\sum(N_{1j}/h_j)}{K}} \tag{5.3-7}$$

式中 N_i——第 i 根柱轴心压力设计值；

N_{Ei}——第 i 根柱的欧拉临界力；

h_i——第 i 根柱高度；

K——框架层侧移刚度，即产生层间单位侧移所需的力；

N_{1j}——第 j 根摇摆柱轴心压力设计值；

h_j——第 j 根摇摆柱的高度。

当根据式（5.3-5）或式（5.3-7）计算而得的 μ_i 小于 1.0 时，取 $\mu_i=1$。

（4）计算单层框架和多层框架底层的计算长度系数时，K 值宜按柱脚的实际约束情况进行计算，也可按理想情况（铰接或刚接）确定 K 值，并对算得的系数 μ 进行修正。

（5）当多层单跨框架的顶层采用轻型屋面，或多跨多层框架的顶层由于抽柱而形成较大跨度时，顶层框架柱的计算长度系数应忽略屋面梁对钢柱的转动约束。

2）有支撑框架

当支撑结构（支撑桁架、剪力墙等）的层侧移刚度 S_b 满足公式（5.3-8）的要求时，为强支撑框架，框架柱的计算长度系数 μ 按本条 3）中无侧移框架柱的计算长度系数确定，也可按式（5.3-9）计算。

$$S_b \geqslant 4.4 \left[\left(1+\frac{100}{f_y}\right)\sum N_{bi} - \sum N_{0i}\right] \tag{5.3-8}$$

$$\mu = \sqrt{\frac{(1+0.41K_1)(1+0.41K_2)}{(1+0.82K_1)(1+0.82K_2)}} \tag{5.3-9}$$

式中 $\sum N_{bi}$、$\sum N_{0i}$——分别是第 i 层层间所有框架柱用无侧移框架和有侧移框架柱计算长度系数算
得的轴压杆稳定承载力之和；

S_b——支撑结构层侧移刚度，即施加于结构上的水平力与其产生的层间位移角的
比值；

K_1、K_2——分别为相交于柱上端、柱下端的横梁线刚度之和与柱线刚度之和的比值，并
按横梁远端约束情况按本条 3）修正。

3）无侧移和有侧移框架柱的计算长度系数 μ 应根据相交于柱上端、柱下端的横梁线刚度之和与钢柱线刚度之和的比值 K_1（柱上端）和 K_2（柱下端）按表 5.3-1 和表 5.3-2 确定。K_1 和 K_2 值按下式计算：

$$K_i = \frac{\sum \dfrac{\alpha_{Ni}\gamma_i I_{bi}}{l_{bi}}}{\sum \dfrac{I_{ci}}{H_i}} \quad (i=1,2,\text{分别表示柱上端与柱下端}) \tag{5.3-10}$$

式中 a_{Ni}、γ_i——考虑 i 端横梁较大轴心压力 N_b 和远端约束情况的修正系数，按表 5.3-3 采用；

I_{bi}、l_{bi}——相对应的横梁的惯性矩和长度；

I_{ci}、H_i——相对应的钢柱的惯性矩和高度。

当横梁与柱铰接时，取横梁线刚度为零。对底层框架柱：当柱与基础铰接时，取 $K_2 = 0$（对平板支座可取 $K_2 = 0.1$）；当柱与基础刚接时，取 $K_2 = 10$。

无侧移框架柱的计算长度系数 μ　　　　　　　　　　表 5.3-1

K_2 \ K_1	0	0.05	0.1	0.2	0.3	0.4	0.5	1	2	3	4	5	≥10
0	1.000	0.990	0.981	0.964	0.949	0.935	0.922	0.875	0.820	0.791	0.773	0.760	0.732
0.05	0.990	0.981	0.971	0.955	0.940	0.926	0.914	0.867	0.814	0.784	0.766	0.754	0.726
0.1	0.981	0.971	0.962	0.946	0.931	0.918	0.906	0.860	0.807	0.778	0.760	0.748	0.721
0.2	0.964	0.955	0.946	0.930	0.916	0.903	0.891	0.846	0.795	0.767	0.749	0.737	0.711
0.3	0.949	0.940	0.931	0.916	0.902	0.889	0.878	0.834	0.784	0.756	0.739	0.728	0.701
0.4	0.935	0.926	0.918	0.903	0.889	0.877	0.866	0.823	0.774	0.747	0.730	0.719	0.693
0.5	0.922	0.914	0.906	0.891	0.878	0.866	0.855	0.813	0.765	0.738	0.721	0.710	0.685
1	0.875	0.867	0.860	0.846	0.834	0.823	0.813	0.774	0.729	0.704	0.688	0.677	0.654
2	0.820	0.814	0.807	0.795	0.784	0.774	0.765	0.729	0.686	0.663	0.648	0.638	0.615
3	0.791	0.784	0.778	0.767	0.756	0.747	0.738	0.704	0.663	0.640	0.625	0.616	0.593
4	0.773	0.766	0.760	0.749	0.739	0.730	0.721	0.688	0.648	0.625	0.611	0.601	0.580
5	0.760	0.754	0.748	0.737	0.728	0.719	0.710	0.677	0.638	0.616	0.601	0.592	0.570
≥10	0.732	0.726	0.721	0.711	0.701	0.693	0.685	0.654	0.615	0.593	0.580	0.570	0.549

注：表中的计算长度系数 μ 值系按下式算得：

$$\left[\left(\frac{\pi}{\mu}\right)^2 + 2(K_1+K_2) - 4K_1K_2\right]\frac{\pi}{\mu}\sin\frac{\pi}{\mu} - 2\left[(K_1+K_2)\left(\frac{\pi}{\mu}\right)^2 + 4K_1K_2\right]\cos\frac{\pi}{\mu} + 8K_1K_2 = 0$$

式中，K_1、K_2 分别为相交与柱上端、柱下端的横梁线刚度之和与柱线刚度之和的比值。

有侧移框架柱的计算长度系数 μ 　　　　表 5.3-2

K_1 \ K_2	0	0.05	0.1	0.2	0.3	0.4	0.5	1	2	3	4	5	$\geqslant10$
0	∞	6.02	4.46	3.42	3.01	2.78	2.64	2.33	2.17	2.11	2.08	2.07	2.03
0.05	6.02	4.16	3.47	2.86	2.58	2.42	2.31	2.07	1.94	1.90	1.87	1.86	1.83
0.1	4.46	3.47	3.01	2.56	2.33	2.20	2.11	1.90	1.79	1.75	1.73	1.72	1.70
0.2	3.42	2.86	2.56	2.23	2.05	1.94	1.87	1.70	1.60	1.57	1.55	1.54	1.52
0.3	3.01	2.58	2.33	2.05	1.90	1.80	1.74	1.58	1.49	1.46	1.45	1.44	1.42
0.4	2.78	2.42	2.20	1.94	1.80	1.71	1.65	1.50	1.42	1.39	1.37	1.37	1.35
0.5	2.64	2.31	2.11	1.87	1.74	1.65	1.59	1.45	1.37	1.34	1.32	1.32	1.30
1	2.33	2.07	1.90	1.70	1.58	1.50	1.45	1.32	1.24	1.21	1.20	1.19	1.17
2	2.17	1.94	1.79	1.60	1.49	1.42	1.37	1.24	1.16	1.14	1.12	1.12	1.10
3	2.11	1.90	1.75	1.57	1.46	1.39	1.34	1.21	1.14	1.11	1.10	1.09	1.07
4	2.08	1.87	1.73	1.55	1.45	1.37	1.32	1.20	1.12	1.10	1.08	1.08	1.06
5	2.07	1.86	1.72	1.54	1.44	1.37	1.32	1.19	1.12	1.09	1.08	1.07	1.05
$\geqslant10$	2.03	1.83	1.70	1.52	1.42	1.35	1.30	1.17	1.10	1.07	1.06	1.05	1.03

注：表中的计算长度系数 μ 值系按下式算得：

$$\left[36K_1K_2-\left(\frac{\pi}{\mu}\right)^2\right]\sin\frac{\pi}{\mu}+6(K_1+K_2)\frac{\pi}{\mu}\cos\frac{\pi}{\mu}=0$$

式中，K_1、K_2 分别为相交与柱上端、柱下端的横梁线刚度之和与柱线刚度之和的比值。

横梁线刚度修正系数　　　　表 5.3-3

横梁远端约束情况	无侧移			有侧移		
	简图	a_N	γ	简图	a_N	γ
刚接		$a_N=1-N_b/N_{Eb}$	1.0		$a_N=1-N_b/(4N_{Eb})$	1.0
铰接		$a_N=1-N_b/N_{Eb}$	1.5		$a_N=1-N_b/N_{Eb}$	0.5
嵌固		$a_N=1-N_b/(2N_{Eb})$	2.0		$a_N=1-N_b/(2N_{Eb})$	2/3

注：表中 N_b 为横梁中的轴心压力；$N_{Eb}=P^2EI_b/l^2$，I_b 为横梁截面惯性矩，l 为横梁长度。

4. 在单层厂房框架中，采用 H 型钢组成的下端刚性固定的带牛腿等截面柱在框架平面内的计算长度应按下列公式确定：

$$H_0=\alpha_N\left[\sqrt{\frac{4+7.5K_b}{1+7.5K_b}}-\alpha_K\left(\frac{H_1}{H}\right)^{1+0.8K_b}\right]H \tag{5.3-11}$$

$$K_b=\frac{\sum(I_{bi}/l_i)}{I_c/H} \tag{5.3-12}$$

当 $K_b<0.2$ 时：

$$\alpha_K=1.5-2.5K_b \tag{5.3-13}$$

当 $0.2\leqslant K_b<2.0$ 时：

$$\alpha_K=1.0 \tag{5.3-14}$$

$$\gamma=\frac{N_1}{N_2} \tag{5.3-15}$$

当 $\gamma\leqslant0.2$ 时：

$$\alpha_N=1.0 \tag{5.3-16}$$

当 $\gamma > 0.2$ 时：

$$\alpha_N = 1 + \frac{H_1}{H_2}\frac{(\gamma-0.2)}{1.2} \tag{5.3-17}$$

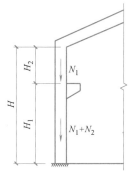

图 5.3-3 单层厂房框架示意

式中　H_1、H——分别为柱在牛腿表面以上的高度和柱的总高度（图 5.3-3）；

　　　　K_b——与柱连接的横梁线刚度之和与柱线刚度之比；

　　　　α_K——和比值 K_b 有关的系数；

　　　　α_N——考虑压力变化的系数；

　　　　γ——柱上、下段轴心压力设计值之比；

　　　　N_1——上段柱的轴心压力设计值；

　　　　N_2——下段柱中扣除 N_1 以外的轴心压力设计值；

　　　I_{bi}、l_i——分别为第 i 根梁的截面惯性矩和跨度；

　　　　I_c——为柱截面惯性矩。

5. 在单层厂房框架中，采用 H 型钢组成的下端刚性固定的单阶阶形柱时，应分别计算上、下段柱在框架平面内的计算长度系数。

1) 下段柱的计算长度系数 μ_2

(1) 当柱上端与横梁铰接时，等于按表 5.3-4（柱上端为自由的单阶柱）的数值乘以表 5.3-6 的折减系数；

(2) 当柱上端与桁架式横梁刚接时，等于按表 5.3-5（柱上端可移动但不转动的单阶柱）的数值乘以表 5.3-6 的折减系数；

柱上端为自由的单阶柱下段的计算长度系数 μ_2　　　　　　　表 5.3-4

简图（柱上段 I_1、H_1；柱下段 I_2、H_2）

$$K_1 = \frac{I_1}{I_2}\cdot\frac{H_2}{H_1}$$

$$\eta_1 = \frac{H_1}{H_2}\sqrt{\frac{N_1}{N_2}\cdot\frac{I_2}{I_1}}$$

N_1——上段柱的轴心力；

N_2——下段柱的轴心力

η_1 \ K_1	0.06	0.08	0.10	0.12	0.14	0.16	0.18	0.20	0.22	0.24	0.26	0.28	0.3	0.4	0.5	0.6	0.7	0.8
0.2	2.00	2.01	2.01	2.01	2.01	2.01	2.01	2.01	2.02	2.02	2.02	2.02	2.02	2.03	2.04	2.05	2.06	2.07
0.3	2.01	2.02	2.02	2.02	2.03	2.03	2.03	2.04	2.04	2.05	2.05	2.05	2.06	2.08	2.10	2.12	2.13	2.15
0.4	2.02	2.03	2.04	2.04	2.05	2.06	2.07	2.07	2.08	2.09	2.09	2.10	2.11	2.14	2.18	2.21	2.25	2.28
0.5	2.04	2.05	2.06	2.07	2.09	2.10	2.11	2.12	2.13	2.15	2.16	2.17	2.18	2.24	2.29	2.35	2.40	2.45
0.6	2.06	2.08	2.10	2.12	2.14	2.16	2.18	2.19	2.21	2.23	2.25	2.26	2.28	2.36	2.44	2.52	2.59	2.66
0.7	2.10	2.13	2.16	2.18	2.21	2.24	2.26	2.29	2.31	2.34	2.36	2.38	2.41	2.52	2.62	2.72	2.81	2.90
0.8	2.15	2.20	2.24	2.27	2.31	2.34	2.38	2.41	2.44	2.47	2.50	2.53	2.56	2.70	2.82	2.94	3.06	3.16
0.9	2.24	2.29	2.35	2.39	2.44	2.48	2.52	2.56	2.60	2.63	2.67	2.71	2.74	2.90	3.05	3.19	3.32	3.44
1.0	2.36	2.43	2.48	2.54	2.59	2.64	2.69	2.73	2.77	2.82	2.86	2.90	2.94	3.12	3.29	3.45	3.59	3.74
1.2	2.69	2.76	2.83	2.89	2.95	3.01	3.07	3.13	3.19	3.24	3.27	3.32	3.37	3.59	3.80	3.99	4.17	4.34
1.4	3.07	3.14	3.22	3.29	3.36	3.42	3.48	3.55	3.61	3.66	3.72	3.78	3.83	4.09	4.33	4.56	4.77	4.97
1.6	3.47	3.55	3.63	3.71	3.78	3.85	3.92	3.99	4.07	4.12	4.18	4.25	4.31	4.61	4.88	5.14	5.38	5.62
1.8	3.88	3.97	4.05	4.13	4.21	4.29	4.37	4.44	4.52	4.59	4.66	4.73	4.80	5.13	5.44	5.73	6.00	6.26
2.0	4.29	4.39	4.48	4.57	4.65	4.74	4.82	4.90	4.99	5.07	5.14	5.22	5.30	5.66	6.00	6.32	6.63	6.92
2.2	4.71	4.81	4.91	5.00	5.10	5.19	5.28	5.37	5.46	5.54	5.63	5.71	5.80	6.19	6.57	6.92	7.26	7.58
2.4	5.13	5.24	5.34	5.44	5.54	5.64	5.74	5.84	5.93	6.03	6.12	6.21	6.30	6.73	7.14	7.52	7.89	8.24
2.6	5.55	5.66	5.77	5.88	5.99	6.10	6.20	6.31	6.41	6.51	6.61	6.71	6.80	7.27	7.71	8.13	8.52	8.90
2.8	5.97	6.09	6.21	6.33	6.44	6.55	6.67	6.78	6.89	6.99	7.10	7.21	7.31	7.81	8.28	8.73	9.16	9.57
3.0	6.39	6.52	6.64	6.77	6.89	7.01	7.13	7.25	7.37	7.48	7.59	7.71	7.82	8.35	8.86	9.34	9.80	10.24

注：表中的计算长度系数 μ_2 值系下式算得：

$$\eta_1 K_1 \cdot \tan\frac{\pi}{\mu_2} \cdot \tan\frac{\pi\eta_1}{\mu_2} - 1 = 0$$

柱上端可移动但不转动的单阶柱下段的计算长度系数 μ_2　　表 5.3-5

简图	K_1 \ η_1	0.06	0.08	0.10	0.12	0.14	0.16	0.18	0.20	0.22	0.24	0.26	0.28	0.3	0.4	0.5	0.6	0.7	0.8
	0.2	1.96	1.94	1.93	1.91	1.90	1.89	1.88	1.86	1.85	1.84	1.83	1.82	1.81	1.76	1.72	1.68	1.65	1.62
	0.3	1.96	1.94	1.93	1.92	1.91	1.89	1.88	1.87	1.86	1.85	1.84	1.83	1.82	1.77	1.73	1.70	1.66	1.63
	0.4	1.96	1.95	1.94	1.92	1.91	1.90	1.89	1.88	1.87	1.86	1.85	1.84	1.83	1.79	1.75	1.72	1.68	1.66
	0.5	1.96	1.95	1.94	1.93	1.92	1.91	1.90	1.89	1.88	1.87	1.86	1.85	1.85	1.81	1.77	1.74	1.71	1.69
	0.6	1.97	1.96	1.95	1.94	1.93	1.92	1.91	1.90	1.89	1.89	1.88	1.87	1.87	1.83	1.80	1.78	1.75	1.73
	0.7	1.97	1.97	1.96	1.95	1.94	1.94	1.93	1.92	1.92	1.91	1.90	1.90	1.89	1.86	1.84	1.82	1.80	1.78
	0.8	1.98	1.98	1.97	1.96	1.96	1.95	1.95	1.94	1.94	1.93	1.93	1.93	1.92	1.90	1.88	1.87	1.86	1.84
	0.9	1.99	1.99	1.98	1.98	1.98	1.97	1.97	1.97	1.96	1.96	1.96	1.96	1.96	1.95	1.94	1.93	1.92	1.92
	1.0	2.00	2.00	2.00	2.00	2.00	2.00	2.00	2.00	2.00	2.00	2.00	2.00	2.00	2.00	2.00	2.00	2.00	2.00
	1.2	2.03	2.04	2.04	2.05	2.06	2.07	2.07	2.08	2.08	2.09	2.10	2.10	2.11	2.13	2.15	2.17	2.18	2.20
	1.4	2.07	2.09	2.11	2.12	2.14	2.16	2.17	2.18	2.20	2.21	2.22	2.23	2.24	2.30	2.33	2.37	2.40	2.42
	1.6	2.13	2.16	2.19	2.22	2.25	2.27	2.30	2.32	2.34	2.36	2.37	2.39	2.41	2.48	2.54	2.59	2.63	2.67
	1.8	2.22	2.27	2.31	2.35	2.39	2.42	2.45	2.48	2.50	2.53	2.55	2.57	2.59	2.69	2.76	2.83	2.88	2.93
	2.0	2.35	2.41	2.46	2.50	2.55	2.59	2.62	2.66	2.69	2.72	2.75	2.77	2.80	2.91	3.00	3.08	3.14	3.20
	2.2	2.51	2.57	2.63	2.68	2.73	2.77	2.81	2.85	2.89	2.92	2.95	2.98	3.01	3.14	3.25	3.33	3.41	3.47
	2.4	2.68	2.75	2.81	2.87	2.92	2.97	3.01	3.05	3.09	3.13	3.17	3.20	3.24	3.38	3.50	3.59	3.68	3.75
	2.6	2.87	2.94	3.00	3.06	3.12	3.17	3.22	3.27	3.31	3.35	3.39	3.43	3.46	3.62	3.75	3.86	3.95	4.03
	2.8	3.06	3.14	3.20	3.27	3.34	3.38	3.43	3.48	3.53	3.58	3.62	3.66	3.70	3.87	4.01	4.13	4.23	4.32
	3.0	3.26	3.34	3.41	3.47	3.54	3.60	3.65	3.70	3.75	3.80	3.85	3.89	3.93	4.12	4.27	4.40	4.51	4.61

简图说明：

$$K_1=\frac{I_1}{I_2}\cdot\frac{H_2}{H_1}$$

$$\eta_1=\frac{H_1}{H_2}\sqrt{\frac{N_1}{N_2}\cdot\frac{I_2}{I_1}}$$

N_1——上段柱的轴心力；

N_2——下段柱的轴心力

注：表中的计算长度系数 μ_2 值系按下式算得：

$$\tan\frac{\pi\eta_1}{\mu_2}+\eta_1 K_1\cdot\tan\frac{\pi}{\mu_2}=0$$

单层厂房阶形柱计算长度的折减系数 ψ_s　　表 5.3-6

厂房类型				折减系数
单跨或多跨	纵向温度区段内一个柱列的钢柱数	屋面情况	厂房两侧是否有通长的屋盖纵向水平支撑	
单跨	等于或少于6个	—		0.9
	多于6个	非大型钢筋混凝土土屋面板的屋面	无纵向水平支撑	
			有纵向水平支撑	0.8
		大型钢筋混凝土土屋面板的屋面	—	
多跨	—	非大型钢筋混凝土屋面板的屋面	无纵向水平支撑	
			有纵向水平支撑	
		大型钢筋混凝土屋面板的屋面	—	0.7

注：有横梁的露天结构（如落锤车间），其折减系数可采用0.9。

（3）当柱上端与实腹横梁刚接时，等于按式（5.3-7）计算的系数 μ_2^1 乘以表 5.3-6 的折减系数，μ_2^1 不应大于按柱上端与横梁铰接计算所得的 μ_2 值，且不小于按柱上端与桁架型横梁刚接计算所得的 μ_2 值。

$$\mu_2^1 = \frac{\eta_1^2}{2(\eta_1+1)} \cdot \sqrt[3]{\frac{\eta_1-K_b}{K_b}} + (\eta_1-0.5)K_c + 2 \tag{5.3-18}$$

$$K_b = \frac{\sum(I_{bi}/l_{bi})}{I_1/H_1} \tag{5.3-19}$$

$$K_c = \frac{I_1/H_1}{I_2/H_2} \tag{5.3-20}$$

式中　I_1、H_1——阶形柱上段柱的惯性矩和柱高；

$\quad\quad I_2$、H_2——阶形柱下段柱的惯性矩和柱高；

$\quad\quad \eta_1$——参数，按表 5.3-4 或表 5.3-5 中的公式计算；

$\quad\quad K_b$——与柱连接的横梁线刚度之和与阶形柱上段柱线刚度的比值；

$\quad\quad K_c$——阶形柱上段柱线刚度与下段柱线刚度的比值。

2）上段柱的计算长度系数 μ_1

应按下式计算：

$$\mu_1 = \frac{\mu_2}{\eta_1} \tag{5.3-21}$$

式中　η_1——参数，按表 5.3-4 或表 5.3-5 中的公式计算；

$\quad\quad \mu_2$——下段柱的计算长度系数，由上一条计算所得。

6. 对于求解框架柱的计算长度，当计算框架的格构式柱和桁架式横梁的惯性矩时，应考虑柱或横梁截面高度变化和缀件（或腹杆）变形的影响，对惯性矩进行折减，折减系数可取 0.9 或其他认可的数值。

7. 框架柱在框架平面外的计算长度可取面外支撑点之间的距离。

8. 轴心受压等截面拱形杆件，其计算长度为 $l_0 = \mu S$，S 为拱形杆件的弧线长度，平面内的计算长度系数 μ 根据矢跨比 f/l 按表 5.3-7 采用。

等截面纯压拱的计算长度系数 μ　　　　　　　　表 5.3-7

f/l		0.1	0.2	0.3	0.4	0.5
两端铰接	圆拱	1.01	1.07	1.06	1.11	1.15
	抛物线拱	1.02	1.04	1.10	1.12	1.15
两端刚接	圆拱	0.70	0.70	0.70	0.71	0.71
	抛物线拱	0.70	0.69	0.70	0.71	0.72

9. 支撑力。用作减小轴心受压构件（柱）计算长度的 H 型钢支撑，当其轴线通过被撑构件截面剪心时，沿被撑构件屈曲方向的支撑力应按下列方法计算：

1）长度为 l 的单根柱设置一道支撑时，支撑力 F_{b1} 为：

当支撑杆位于柱高度中央时：

$$F_{b1} = \frac{N}{60} \tag{5.3-22}$$

当支撑杆位于距柱端 l 处时（$0 < \alpha < 1$）：

$$F_{b1} = \frac{N}{240\alpha(1-\alpha)} \tag{5.3-23}$$

2）长度为 l 的单根柱设置 m 道等间距或间距不等但与平均间距相比相差不超过 20% 的支撑时，各支承点的支撑力 F_{bm} 为：

$$F_{bm} = \frac{N}{42\sqrt{m+1}} \tag{5.3-24}$$

3）被撑构件为多根柱组成的柱列，在柱高度中央附近设置一道支撑时，支撑力 F_{bn} 应按下式计算：

$$F_{bn} = \frac{\sum N_i}{60}\left(0.6 + \frac{0.4}{n}\right) \tag{5.3-25}$$

式中　N——被撑构件的最大轴心压力；

　　　　n——柱列中被撑柱的根数；

　　$\sum N_i$——被撑柱同时存在的轴心压力设计值之和。

4）当支撑同时承担结构上其他作用的效应时，应按实际发生的情况与支撑力组合。

5）支撑的构造应使被撑构件在撑点处既不能平移，又不能扭转。

5.3.2 轴心受压钢柱

1. 实腹式轴心受压钢柱

除可考虑屈曲后强度的实腹式钢柱外，轴心受压钢柱稳定性应符合公式（5.3-26）要求。

$$\frac{N}{\varphi A f} \leqslant 1.0 \tag{5.3-26}$$

式中　φ——轴心受压构件的稳定系数（取截面两主轴稳定系数中的较小者），应根据构件的长细比 λ、钢材屈服强度和截面分类按附表 4-2～附表 4-5 采用。对于 H 型钢，可按表 5.3-8 及表 5.3-9 确定截面类别。$\lambda = l_0/i$，l_0 为构件计算长度，i 为构件截面的回转半径。

轴心受压构件的截面分类（板厚 $t < 40\text{mm}$）　　　　　　　　表 5.3-8

截面形式		对 x 轴	对 y 轴
轧制	$b/h \leqslant 0.8$	a 类	b 类
	$b/h > 0.8$	a * 类	b * 类
焊接，翼缘为焰切边		b 类	b 类
焊接			
格构式			
焊接，翼缘为轧制或剪切边		b 类	c 类

轴心受压构件的截面分类（板厚 $t \geqslant 4mm$） 表 5.3-9

截面形式		对 x 轴	对 y 轴
轧制工字形成 H 形截面	$t < 80mm$	b 类	c 类
	$t \geqslant 80mm$	c 类	d 类
焊接工字形截面	翼缘为焰切边	b 类	b 类
	翼缘为轧制或剪切边	c 类	d 类

注：1. a＊类含义为 Q235 钢取 b 类，Q345、Q390、Q420 和 Q460 钢取 a 类；

2. b＊类含义为 Q235 钢取 c 类，Q345、Q390、Q420 和 Q460 钢取 b 类。

2. 格构式轴心受压钢柱

1）格构式轴心受压钢柱的稳定性仍应符合公式（5.3-26）要求；但对虚轴（图 5.3-4 中的 x 轴）的长细比应取换算长细比。换算长细比应按下列公式验算：

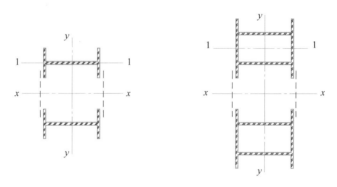

图 5.3-4 格构式组合截面

（1）当缀件为缀板时：

$$\lambda_{ox} = \sqrt{\lambda_x^2 + \lambda_1^2} \tag{5.3-27}$$

（2）当缀件为缀条时：

$$\lambda_{ox} = \sqrt{\lambda_x^2 + 27\frac{A}{A_{1x}}} \tag{5.3-28}$$

式中 λ_x——整个构件对 x 轴的长细比；

λ_1——分肢对最小刚度轴 1-1 的长细比，其计算长度取为：焊接时，为相邻两缀板的净距离；螺栓连接时，为相邻两缀板边缘螺栓的距离；

A——整个构件的毛截面面积；

A_{1x}——构件截面中垂直于 x 轴的各斜缀条毛截面面积之和。

2）对格构式轴心受压钢柱的长细比和缀件的构造要求，根据缀件是缀条还是缀板分别符合以下要求：

（1）当缀件为缀条时：

① 其分肢的长细比 λ_1 不应大于构件两方向长细比（对虚轴取换算长细比）的较大值 λ_{max} 的 0.7 倍；

② 缀件面宽度较大的格构式柱宜采用缀条柱，斜缀条与构件轴线间的夹角应为 $40°\sim70°$；

③ 格构式柱和大型实腹式柱，在受有较大水平力处和运送单元的端部应设置横隔，横隔的间距不

宜大于柱截面长边尺寸的 9 倍且不宜大于 8m。

（2）当缀件为缀板时：

① λ_1 不应大于 $40\varepsilon_k$，并不应大于 λ_{max} 的 0.5 倍；

② 当 $\lambda_{max}<50$ 时，取 $\lambda_{max}=50$；

③ 缀板柱中同一截面处缀板或型钢横杆的线刚度之和不得小于柱较大分肢线刚度的 6 倍。

3）对格构式轴心受压钢柱，剪力 V 应由承受该剪力的缀材面（包括用整体板连接的面）分担，其值应按公式（5.3-29）计算：

$$V=\frac{Af}{85\varepsilon_k} \tag{5.3-29}$$

式中 A——格构柱柱肢横截面面积之和。

5.3.3 压弯钢柱

1. 等截面 H 型钢柱

1）H 型钢偏心受压钢柱，弯矩在 y-y 平面内（绕 x 轴作用）时，其稳定性应按下列规定对两个平面分别验算：

（1）弯矩作用平面内（y-y 平面）的稳定性：

$$\frac{N}{\varphi_x Af}+\frac{\beta_{mx}M_x}{\gamma_x W_{1x}\left(1-0.8\dfrac{N}{N'_{Ex}}\right)f}\leqslant1.0 \tag{5.3-30}$$

（2）弯矩作用平面外（x-x 平面）的稳定性：

$$\frac{N}{\varphi_y Af}+\eta\frac{\beta_{tx}M_x}{\varphi_b W_{1x}f}\leqslant1.0 \tag{5.3-31}$$

$$\varphi_b=1.07-\frac{\lambda_y^2}{44000\varepsilon_k^2} \tag{5.3-32}$$

式中 N——所计算构件段范围内的轴心压力设计值；

N'_{Ex}——参数，$N'_{Ex}=\pi^2 EA/(1.1\lambda_x^2)$；

φ_x——弯矩作用平面内的轴心受压构件稳定系数；

M_x——所计算构件段范围内的最大弯矩设计值；

W_{1x}——在弯矩作用平面内对最大受压纤维的毛截面模量；

φ_y——弯矩作用平面外的轴心受压构件稳定系数；

φ_b——均匀弯曲的受弯构件整体稳定系数，对于 H 型钢，当 $\lambda_y\leqslant120\varepsilon_k$ 时，可按近似公式（5.3-32）计算；当算得的值 φ_b 大于 1.0 时，取 $\varphi_b=1.0$；

η——截面影响系数，对 H 型钢，$\eta=1.0$。

2）等效弯矩系数 β_{mx} 应按下列规定采用：

（1）无侧移框架柱和两端支承的构件

① 有端弯矩但无横向荷载作用时：

$$\beta_{mx}=0.6+0.4\frac{M_2}{M_1} \tag{5.3-33}$$

式中 M_1、M_2——端弯矩，构件无反弯点时取同号；构件有反弯点时取异号，$|M_1|\geqslant|M_2|$；

② 无端弯矩但有横向荷载作用时：

跨中单个集中荷载：

$$\beta_{mx}=1-\frac{0.36N}{N_{cr}} \tag{5.3-34}$$

全跨均布荷载：

$$\beta_{mx} = 1 - \frac{0.18N}{N_{cr}} \tag{5.3-35}$$

$$N_{cr} = \frac{\pi^2 EI}{(\mu l)^2} \tag{5.3-36}$$

式中　N_{cr}——弹性临界力；

μ——构件的计算长度系数；

l——构件的几何长度。

③ 有端弯矩和横向荷载同时作用时，式（5.3-30）中的 $\beta_{mx} M_x$ 应由下式计算：

$$\beta_{mx} M_x = \beta_{mlx} M_1 + \beta_{mqx} M_{qx} \tag{5.3-37}$$

式中　M_1——与本项工况①对应的端弯矩设计值；

M_{qx}——横向荷载产生的最大弯矩设计值；

β_{mlx}——按本项工况①计算的等效弯矩系数；

β_{mqx}——按本项工况②计算的等效弯矩系数。

即工况①和工况②等效弯矩的代数和。

（2）有侧移框架柱和悬臂构件

① 有横向荷载的柱脚铰接的单层框架柱和多层框架的底层柱

$$\beta_{mx} = 1.0 \tag{5.3-38}$$

② 除①项外的框架柱

$$\beta_{mx} = 1 - \frac{0.36N}{N_{cr}} \tag{5.3-39}$$

③ 自由端作用有弯矩的悬臂柱

$$\beta_{mx} = 1 - \frac{0.36(1-m)N}{N_{cr}} \tag{5.3-40}$$

式中　m——自由端弯矩与固定端弯矩设计值之比，当弯矩图无反弯点时取正号，有反弯点时取负号。

3）等效弯矩系数 β_{tx} 应按下列规定采用：

（1）弯矩作用平面外有支承的构件，应根据相邻支承点间构件段内的荷载和内力情况确定：

① 有端弯矩但无横向荷载作用时：

$$\beta_{tx} = 0.65 + 0.35 \frac{M_2}{M_1} \tag{5.3-41}$$

② 无端弯矩但有横向荷载作用时：

$$\beta_{tx} = 1.0$$

③ 有端弯矩和横向荷载同时作用时：

构件无反弯点：

$$\beta_{tx} = 1.0$$

构件有反弯点：

$$\beta_{tx} = 0.85$$

（2）弯矩作用平面外为悬臂的构件：

$$\beta_{tx} = 1.0$$

2. 变截面 H 型钢柱

对于截面均匀变化的楔形柱，其弯矩作用平面内和平面外的稳定性仍按式（5.3-30）和式（5.3-31）进行计算，但截面特性应按弯矩最大处的截面采用，轴心力亦应取与最大弯矩同一截面处的轴心力。

3. 格构式偏心受压钢柱

1）用 H 型钢组成的双肢格构式压弯构件，弯矩绕虚轴（x 轴）作用时，其弯矩作用平面内的整体稳定性应按下式计算：

$$\frac{N}{\varphi_x A f}+\frac{\beta_{mx}M_x}{W_{1x}\left(1-\varphi_x\dfrac{N}{N'_{Ex}}\right)f}\leqslant 1.0 \qquad (5.3\text{-}42)$$

式中，$W_{1x}=I_x/y_0$，I_x 为对 x 轴的毛截面惯性矩；y_0 为 x 轴到压力较大分肢的轴线距离或者到压力较大分肢腹板外边缘的距离，两者取较大值；φ_x、N'_{Ex} 由换算长细比确定。

2）弯矩作用平面外的整体稳定性可不计算，但应计算分肢的稳定性，分肢的轴心力应按桁架的弦杆计算。对缀板柱的分肢尚应考虑由剪力引起的局部弯矩。

3）弯矩绕实轴作用的格构式压弯构件，其弯矩作用平面内和平面外的稳定性计算均与实腹式构件相同。但在计算弯矩作用平面外的整体稳定性时，长细比应取换算长细比，φ_b 应取 1.0。

4）用 H 型钢组成的双肢格构式压弯构件，弯矩作用在两个主平面内时，其稳定性应按下列规定计算：

（1）按整体计算

$$\frac{N}{\varphi_x A f}+\frac{\beta_{mx}M_x}{W_{1x}\left(1-\dfrac{N}{N'_{Ex}}\right)f}+\frac{\beta_{ty}M_y}{W_{1y}f}\leqslant 1.0 \qquad (5.3\text{-}43)$$

式中　W_{1y}——在 M_y 作用下，对较大受压纤维的毛截面模量。

（2）按分肢计算

在 N 和 M_x 作用下，将分肢作为桁架弦杆计算其轴心力，M_y 按公式（5.3-44）和公式（5.3-45）分配给两分肢（图 5.3-5），然后按公式（5.3-30）及式（5.3-31）计算分肢稳定性（将 M_{y1}、M_{y2} 替换 M_x）。

分肢 1：$M_{y1}=\dfrac{I_1/y_1}{I_1/y_1+I_2/y_2}\cdot M_y$ 　　　(5.3-44)

分肢 2：$M_{y2}=\dfrac{I_2/y_2}{I_1/y_1+I_2/y_2}\cdot M_y$ 　　　(5.3-45)

图 5.3-5　格构式构件截面

式中　I_1、I_2——分肢 1、分肢 2 对 y 轴的惯性矩；

y_1、y_2——M_y 作用的主轴平面至分肢 1、分肢 2 轴线的距离。

5）计算格构式压弯构件的缀件时，应取构件的实际剪力和按式（5.3-29）计算的剪力两者中较大值进行计算。

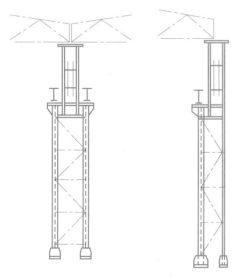

图 5.3-6　格构式阶形柱

6）用作减小压弯构件弯矩作用平面外计算长度的支撑，应将压弯构件的受压翼缘（对实腹式构件）或受压分肢（对格构式构件）视为轴心压杆按 5.3.1 节第 9 条的规定计算各自的支撑力。

7）由 H 型钢上阶柱和 H 型钢格构式下阶柱组成的阶形柱（图 5.3-6），是有吊车工业厂房最常用的钢柱类型，其平面内上下柱的计算长度可按 5.3.1 节第 5 条的规定计算。但在计算下阶格构式柱时，其惯性矩按两个分肢截面的组合柱计算并考虑斜缀条变形影响乘以 0.9 的折减系数。其平面外的计算长度则取上柱支撑及下柱支撑支点间的长度。当计算长度确定后，上下柱的强度、稳定性可分别按上述实腹柱和格构式柱的要求进行计算。

5.4 钢柱局部稳定和屈曲后强度

5.4.1 轴心受压钢柱

1. H形轴心受压钢柱要求不出现局部失稳者,其板件宽厚比应符合下列规定:

1) 腹板

$$h_0/t_w \leqslant (25+0.5\lambda)\varepsilon_k \tag{5.4-1}$$

式中 λ——构件的较长长细比;当 $\lambda<30$ 时,取为 30;当 $\lambda>100$ 时,取为 100;

h_0、t_w——分别为腹板的计算高度和厚度。

2) 翼缘

$$b/t_f \leqslant (10+0.1\lambda)\varepsilon_k \tag{5.4-2}$$

式中 b、t_f——分别为翼缘板的自由外伸宽度和厚度。

2. 当 H 形轴心受压钢柱的压力小于稳定承载力 φAf 时,可将其板件宽厚比限值按式(5.4-1)及式(5.4-2)算得后乘以放大系数 $\alpha = \sqrt{\varphi Af/N}$ 确定。

3. 当板件宽厚比超过第 1 条规定的限值时,可采用纵向加劲肋加强;当可考虑屈曲后强度时,H形轴心受压钢柱的强度和稳定性可按下列公式计算:

强度计算:

$$\frac{N}{A_{ne}} \leqslant f \tag{5.4-3}$$

稳定性计算:

$$\frac{N}{\varphi A_e f} \leqslant 1.0 \tag{5.4-4}$$

$$A_{ne} = \sum \rho_i A_{ni} \tag{5.4-5}$$

$$A_e = \sum \rho_i A_i \tag{5.4-6}$$

式中 A_{ne}、A_e——分别为有效净截面面积和有效毛截面面积;

A_{ni}、A_i——分别为各板件净截面面积和有效毛截面面积;

φ——稳定系数,可按毛截面计算;

ρ_i——各板件有效截面系数,可按第 4 条的规定计算。

4. H形轴心受压钢柱腹板的有效截面系数 ρ 可按下列规定计算:

1) 当 $b/t \leqslant 42\varepsilon_k$ 时:

$$\rho = 1.0 \tag{5.4-7}$$

2) 当 $b/t > 42\varepsilon_k$ 时:

$$\rho = \frac{1}{\lambda_{n,p}}\left(1-\frac{0.19}{\lambda_{n,p}}\right) \tag{5.4-8}$$

$$\lambda_{n,p} = \frac{b/t}{56.2\varepsilon_k} \tag{5.4-9}$$

3) 当 $\lambda > 52\varepsilon_k$ 时:

$$\rho \geqslant (29\varepsilon_k+0.25\lambda)t/b \tag{5.4-10}$$

式中 b、t——分别为腹板的净宽度和厚度。

5. H形轴心受压钢柱的腹板,当用纵向加劲肋加强以满足宽厚比限值时,加劲肋宜在腹板两侧成对配置,其一侧外伸宽度不应小于腹板厚度 t_w 的 10 倍,厚度不宜小于 $0.75t_w$。

5.4.2 压弯钢柱

1. H形压弯钢柱要求不出现局部失稳,其腹板高厚比、翼缘宽厚比应符合压弯构件 S4 级截面要求。

2. 当腹板高厚比不满足 S4 级截面要求时,可在计算压弯钢柱的强度和稳定性时按腹板的有效截面计算，但在计算钢柱的稳定系数时，仍用全截面。钢柱设计应符合下列规定：

1）应以有效截面代替实际截面按本条第 2 款计算钢柱的承载力

（1）腹板受压区的有效宽度应取为：

$$h_e = \rho h_c \tag{5.4-11}$$

当 $\lambda_{n,p} \leqslant 0.75$ 时：

$$\rho = 1.0 \tag{5.4-12a}$$

当 $\lambda_{n,p} > 0.75$ 时：

$$\rho = \frac{1}{\lambda_{n,p}} \left(1 - \frac{0.19}{\lambda_{n,p}} \right) \tag{5.4-12b}$$

$$\lambda_{n,p} = \frac{h_w/t_w}{28.1\sqrt{k_\sigma}} \cdot \frac{1}{\varepsilon_k} \tag{5.4-13}$$

$$k_\sigma = \frac{16}{2 - \alpha_0 + \sqrt{(2-\alpha_0)^2 + 0.112\alpha_0^2}} \tag{5.4-14}$$

式中 h_c、h_e——分别为腹板受压区宽度和有效宽度，当腹板全部受压时，$h_c = h_w$，h_c 见图 5.4-1；

ρ——有效宽度系数；

t_w——腹板厚度；

ε_k——钢号修正系数，$\varepsilon_k = \sqrt{\dfrac{235}{f_y}}$，$f_y$ 为钢材屈服强度；

α_0——参数，按式（5.1-1）计算。

（2）腹板有效宽度 h_e 应按下列公式计算：

当截面全部受压，即 $\alpha_0 \leqslant 1$ 时（图 5.4-1a）：

$$h_{e1} = 2h_e/(4+\alpha_0) \tag{5.4-15}$$
$$h_{e2} = h_e - h_{e1} \tag{5.4-16}$$

当截面部分受拉，即 $\alpha_0 > 1$ 时（图 5.4-1b）：

$$h_{e1} = 0.4h_e \tag{5.4-17}$$
$$h_{e2} = 0.6h_e \tag{5.4-18}$$

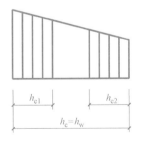
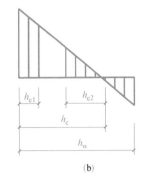

（a）　　　　　　　　　　　（b）

图 5.4-1　有效宽度的分布

（a）截面全部受压；（b）截面局部受拉

2）采用下列公式计算其承载力

强度计算：

$$\frac{N}{A_{ne}} \pm \frac{M_x + Ne}{\gamma_x W_{nex}} \leqslant f \tag{5.4-19}$$

平面内稳定计算：

$$\frac{N}{\varphi_{x}A_{e}f}+\frac{\beta_{mx}M_{x}+Ne}{\gamma_{x}W_{elx}(1-0.8N/N'_{Ex})f}\leqslant 1.0 \tag{5.4-20}$$

平面外稳定计算：

$$\frac{N}{\varphi_{y}A_{e}f}+\eta\frac{\beta_{tx}M_{x}+Ne}{\varphi_{b}W_{elx}f}\leqslant 1.0 \tag{5.4-21}$$

式中　A_{ne}、A_{e}——分别为有效净截面面积和有效毛截面面积；

　　　W_{nex}——有效截面的净截面模量；

　　　W_{elx}——有效截面对较大受压纤维的毛截面模量；

　　　e——有效截面形心至原截面形心的距离。

3. 压弯构件的板件当用纵向加劲肋加强以满足宽厚比限值时，加劲肋宜在板件两侧成对配置，其一侧外伸宽度不应小于板件厚度 t 的 10 倍，厚度不宜小于 $0.75t$。

5.5　钢柱计算实例

5.5.1　实腹式阶形柱的计算

1. 设计资料及说明

1）实腹式边柱特征

(1) 计算假定：为多跨厂房的边柱，上柱与屋架铰接，下柱与基础刚接，其计算简图如图 5.5-1 所示。

(2) 吊车梁为突缘支座，边柱采用整体式柱脚，基础混凝土为 C20。

(3) 材料采用 Q235B，钢柱主焊缝采用自动埋弧焊，焊丝采用 H08A；手工焊焊条采用 E4303 型。

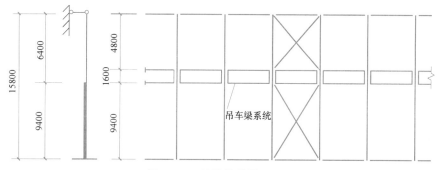

图 5.5-1　柱计算简图（mm）

2）计算内力

内力设计值如下（非抗震组合，上、下段柱均有横向荷载作用）：

上段柱：$M=-358.8\text{kN}\cdot\text{m}$，$N=438.0\text{kN}$，$V=-57.4\text{kN}$

下段柱：$M=-384.9\text{kN}\cdot\text{m}$，$N=1606.0\text{kN}$，$V=-9.4\text{kN}$（肢件Ⅰ受压）

　　　　$M=604.2\text{kN}\cdot\text{m}$，$N=1237.0\text{kN}$，$V=58.5\text{kN}$（肢件Ⅱ受压）

2. 截面特征

1）上柱及下柱的假定截面如图 5.5-2 所示。

2）上柱截面特征：采用 H482×300×11×15；$A=14117\text{mm}^{2}$，$I_{x}=5.7212\times 10^{8}\text{mm}^{4}$；$W_{x}=2.374\times 10^{6}\text{mm}^{3}$，$i_{x}=201.3\text{mm}$；$I_{y}=6.756\times 10^{7}\text{mm}^{4}$，$i_{y}=69.2\text{mm}$。

3）下柱截面特征：

吊车肢采用 H450×200×9×14。

$$A_{2}=9543\text{mm}^{2}，\quad I_{y}=3.1973\times 10^{8}\text{mm}^{4}，\quad I_{x}=1.870\times 10^{7}\text{mm}^{4}$$

$$A=420\times 16+979.5\times 8+9543$$

$$=6720+7836+9543$$

$$=24099 \text{mm}^2$$

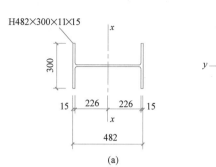
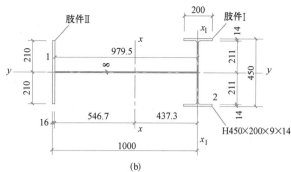

图 5.5-2 阶形柱截面 (mm)

(a) 上柱截面;(b) 下柱截面

$$y_0 = \frac{6720 \times 992 + 7836 \times 494.25}{24099} = 437.3 \text{mm}$$

$$I_x = 6720 \times 554.7^2 + \frac{420 \times 16^3}{12} + 7836 \times \left(546.7 - \frac{979.5}{2}\right)^2 + \frac{8 \times 979.5^3}{12} + 9543 \times 437.3^2 + 1.87 \times 10^7$$

$$\approx 4.5634 \times 10^9 \text{mm}^4$$

$$W_{1x} = \frac{4.5634 \times 10^9}{562.7} = 8.11 \times 10^6 \text{mm}^3$$

$$W_{2x} = \frac{4.5634 \times 10^9}{537.3} = 8.493 \times 10^6 \text{mm}^3$$

$$I_y = \frac{16 \times 420^3}{12} + \frac{979.5 \times 8^3}{12} + 3.1973 \times 10^8 = 4.1856 \times 10^8 \text{mm}^4$$

$$i_x = \sqrt{\frac{4.5634 \times 10^9}{24099}} = 435.2 \text{mm}$$

$$i_y = \sqrt{\frac{4.1856 \times 10^8}{24099}} = 131.8 \text{mm}$$

上、下柱截面特征汇总于表 5.5-1。

上、下柱截面特征汇总表   表 5.5-1

名称	A (mm²)	I_x (mm⁴)	I_y (mm⁴)	W_{1x} (mm³)	W_{2x} (mm³)	i_x (mm)	i_y (mm)
上柱	14117	5.7212×10^8	6.756×10^7	2.374×10^6	2.374×10^6	201.3	69.2
下柱	24099	4.5634×10^9	4.1856×10^8	8.11×10^6	8.493×10^6	435.2	131.8

3. 柱子计算长度的确定

1)框架平面内计算长度 H_{1x}、H_{2x}

上柱:$N_1 = 438.0 \text{kN}$;$H_1 = 6400 \text{mm}$;$I_1 = 5.7212 \times 10^8 \text{mm}^4$。

下柱:$N_2 = 1606.0 \text{kN}$;$H_1 = 9400 \text{mm}$;$I_2 = 4.5634 \times 10^9 \text{mm}^4$。

N_1、N_2 分别为上、下柱最大轴心压力设计值。

根据表 5.3-4,得:

$$K_1 = \frac{I_1}{I_2} \times \frac{H_2}{H_1} = \frac{5.7212 \times 10^8}{4.5634 \times 10^9} \times \frac{9400}{6400} = 0.184$$

$$\eta_1 = \frac{H_1}{H_2}\sqrt{\frac{N_1 I_2}{N_2 I_1}} = \frac{6400}{9400} \times \sqrt{\frac{438 \times 4.5634 \times 10^9}{1606 \times 5.7212 \times 10^8}} = 0.99$$

查表 5.3-4 得：计算长度系数 $\mu=2.68$。

本工程采用大型钢筋混凝土屋面板，为多跨厂房，查表 5.3-6 得 $\psi_s=0.7$，则下柱的计算长度系数：

$$\mu_2=\psi_s\mu=0.7\times2.68=1.88$$

上柱的计算长度系数：

$$\mu_1=\frac{\mu_2}{\eta}=\frac{1.88}{0.99}=1.90$$

上柱：$H_{1x}=\mu_1 H_1=1.90\times6400=12160mm$

下柱：$H_{2x}=\mu_2 H_2=1.88\times9400=17672mm$

2）框架平面外的计算长度 H_{1y}、H_{2y}

按平面外支撑点的距离确定（图 5.5-1），上柱 $H_{1y}=4800mm$，下柱 $H_{2y}=9400mm$。

4．上柱截面验算

1）腹板及翼缘局部稳定验算

上柱截面无孔洞削弱，翼缘宽厚比 $\dfrac{b}{t}=\dfrac{144.5}{15}=9.6<13$，满足 S3 级，即亦满足 S4 级。

腹板：

$$
\begin{aligned}
\sigma_{max}&=\frac{N}{A}+\frac{M_x}{I_x}y_1\\
&=\frac{438\times10^3}{14117}+\frac{358.8\times10^6}{5.7212\times10^8}\times226\\
&=31.0+141.7\\
&=172.7\text{N/mm}^2\\
\sigma_{min}&=31.0-141.7\\
&=-110.7\text{N/mm}^2\\
\alpha_0&=\frac{\sigma_{max}-\sigma_{min}}{\sigma_{max}}\\
&=\frac{172.7+110.7}{172.7}\\
&=1.64
\end{aligned}
$$

腹板高厚比 $\dfrac{h_0}{t_w}=\dfrac{426}{11}=38.7<40+18\alpha_0^{1.5}=40+18\times1.64^{1.5}=77.8$，满足 S3 级，即亦满足 S4 级。

2）上柱强度验算

构件满足 S3 等级，则 $\gamma_x=1.05$。

$$
\begin{aligned}
\sigma&=\frac{N}{A_n}+\frac{M_x}{\gamma_x W_{nx}}+\frac{M_y}{\gamma_y W_{ny}}\\
&=\frac{438\times10^3}{14117}+\frac{358.8\times10^6}{1.05\times2.374\times10^6}\\
&=31.0+143.9\\
&=174.9\text{N/mm}^2<215\text{N/mm}^2
\end{aligned}
$$

3）框架平面内稳定计算

$$\lambda_x=\frac{H_{1x}}{i_x}=\frac{12160}{201.3}=60.4$$

$$
\begin{aligned}
N'_{Ex}&=\pi^2 EA/(1.1\lambda_x^2)\\
&=\frac{\pi^2\times206\times10^3\times14117}{1.1\times60.4^2}
\end{aligned}
$$

$$= 7.145 \times 10^6 \text{N}$$

上柱对 x 轴属 a 类截面，查附表 4-2 得：$\varphi_x = 0.88$。

按有侧移框架柱，由于：

$$N_{cr} = \frac{\pi^2 EI}{(\mu l)^2}$$

$$= \frac{\pi^2 \times 206 \times 10^3 \times 5.7212 \times 10^8}{12160^2}$$

$$= 7.859 \times 10^6 \text{N}$$

则：

$$\beta_{mx} = 1 - \frac{0.36N}{N_{cr}}$$

$$= 1 - \frac{0.36 \times 438 \times 10^3}{7.859 \times 10^6}$$

$$= 0.98$$

应力比：

$$\frac{N}{\varphi_x A f} + \frac{\beta_{mx} M_x}{\gamma_x W_{1x} \left(1 - 0.8 \dfrac{N}{N'_{Ex}}\right) f}$$

$$= \frac{438 \times 10^3}{0.88 \times 14117 \times 215} + \frac{0.98 \times 358.8 \times 10^6}{1.05 \times 2.374 \times 10^6 \times \left(1 - 0.8 \times \dfrac{438 \times 10^3}{7.145 \times 10^6}\right) \times 215}$$

$$= 0.164 + 0.690$$

$$= 0.854 < 1.0$$

4）框架平面外稳定性计算

$$\lambda_y = \frac{H_{1y}}{i_y} = \frac{4800}{69.2} = 69.4 < 120$$

上柱对 y 轴属 b 类截面，查附表 4-3 得：$\varphi_y = 0.754$。

整体稳定系数 φ_b 由近似公式（5.3-32）计算：

$$\varphi_b = 1.07 - \frac{\lambda_y^2}{44000 \varepsilon_k^2}$$

$$= 1.07 - \frac{69.4^2}{44000}$$

$$= 0.961$$

无端弯矩但有横向荷载作用时，取 $\beta_{tx} = 1.0$。

$$\frac{N}{\varphi_y A f} + \eta \frac{\beta_{tx} M_x}{\varphi_b W_{1x} f}$$

$$= \frac{438 \times 10^3}{0.754 \times 14117 \times 215} + 1.0 \times \frac{1.0 \times 358.8 \times 10^6}{0.961 \times 2.374 \times 10^6 \times 215}$$

$$= 0.191 + 0.731$$

$$= 0.922 < 1.0$$

5. 下柱截面验算

1）强度验算

两组内力：

$$\begin{cases} M=-384.9\text{kN·m（肢件 I 受压）} \\ N=1606.0\text{kN} \end{cases}$$

$$\begin{cases} M=604.2\text{kN·m（肢件 II 受压）} \\ N=1237.0\text{kN} \end{cases}$$

$$\sigma_1=\frac{N}{A_n}+\frac{M_x}{\gamma_x W_{2x}}$$

$$=\frac{1606\times10^3}{24099}+\frac{384.9\times10^6}{1.05\times8.493\times10^6}$$

$$=109.8\text{N/mm}^2<f=215\text{N/mm}^2$$

$$\sigma_2=\frac{N}{A_n}+\frac{M_x}{\gamma_x W_{1x}}$$

$$=\frac{1237\times10^3}{24099}+\frac{604.2\times10^6}{1.05\times8.11\times10^6}$$

$$=122.3\text{N/mm}^2<f=215\text{N/mm}^2$$

2）框架平面内稳定计算

$$\lambda_x=\frac{H_{2x}}{i_x}=\frac{17672}{435.2}=40.6$$

$$N'_{Ex}=\pi^2EA/(1.1\lambda_x^2)$$

$$=\frac{\pi^2\times206\times10^3\times24099}{1.1\times40.6^2}$$

$$=2.699\times10^7\text{N}$$

下柱对 x 轴属 b 类截面，查附表 4-3 得：$\varphi_x=0.897$。

按有侧移框架柱，由于：

$$N_{cr}=\frac{\pi^2EI}{(\mu l)^2}$$

$$=\frac{\pi^2\times206\times10^3\times4.5634\times10^9}{17672^2}$$

$$=2.968\times10^7\text{N}$$

则：

$$\beta_{mx}=1-\frac{0.36N}{N_{cr}}$$

$$=1-\frac{0.36\times1237\times10^3}{2.968\times10^7}$$

$$=0.985$$

应力比：

$$\frac{N}{\varphi_x Af}+\frac{\beta_{mx}M_x}{\gamma_x W_{1x}\left(1-0.8\dfrac{N}{N'_{Ex}}\right)f}$$

$$=\frac{1237\times10^3}{0.897\times24099\times215}+\frac{0.985\times604.2\times10^6}{1.05\times8.11\times10^6\times\left(1-0.8\dfrac{1237\times10^3}{2.699\times10^7}\right)\times215}$$

$$=0.266+0.337$$

$$=0.603<1.0$$

3）框架平面外稳定性验算

$$\lambda_y = \frac{H_{2y}}{i_y} = \frac{9400}{131.8} = 71.3 < 120$$

由于为单轴对称截面，需要计算剪心位置及确定扭转惯性矩和扇形惯性矩，肢件Ⅰ和肢件Ⅱ绕 y 轴的惯性矩分别为：

$$I_{yⅡ} = \frac{16 \times 420^3}{12} = 9.8784 \times 10^7 \text{mm}^4$$

$$I_{yⅠ} = 3.1973 \times 10^8 \text{mm}^4$$

$$I_y = 4.1856 \times 10^8 \text{mm}^4$$

构件截面剪心至肢件Ⅰ剪心的距离为：

$$h_Ⅰ = h\left(\frac{I_{yⅡ}}{I_y}\right) = 992 \times \frac{9.8784 \times 10^7}{4.1856 \times 10^8} = 234.1 \text{mm}$$

$$y_s = 437.3 - 234.1 = 203.2 \text{mm}$$

$$\begin{aligned} i_0^2 &= e_0^2 + i_x^2 + i_y^2 \\ &= 203.2^2 + 435.2^2 + 131.8^2 \\ &= 2.4806 \times 10^5 \text{mm}^2 \end{aligned}$$

扭转惯性矩为：

$$\begin{aligned} I_t &= \frac{\sum b_i t_i^3}{3} \\ &= \frac{420 \times 16^3 + 422 \times 9^3 + 2 \times 200 \times 14^3}{3} \\ &= 1.042 \times 10^6 \text{mm}^4 \end{aligned}$$

扇形惯性矩为：

$$\begin{aligned} I_\omega &= \frac{I_{yⅠ} I_{yⅡ}}{I_y} h^2 + I_{\omega Ⅰ} + I_{\omega Ⅱ} \\ &= \frac{3.1973 \times 10^8 \times 9.8784 \times 10^7}{4.1856 \times 10^8} \times 992^2 + \frac{1.870 \times 10^7 \times 436^2}{4} \\ &= 7.515 \times 10^{13} \text{mm}^6 \end{aligned}$$

$$\begin{aligned} \lambda_z &= \sqrt{\frac{I_0}{I_t/25.7 + I_\omega/l_\omega^2}} \\ &= \sqrt{\frac{i_0^2 A}{I_t/25.7 + I_\omega/l_\omega^2}} \\ &= \sqrt{\frac{2.4806 \times 10^5 \times 24099}{1.042 \times 10^6/25.7 + 7.515 \times 10^{13}/9400^2}} \\ &= 81.9 \end{aligned}$$

$$\begin{aligned} \lambda_{yz} &= \left[\frac{1}{2}(\lambda_y^2 + \lambda_z^2) + \frac{1}{2}\sqrt{(\lambda_y^2 + \lambda_z^2)^2 - 4\left(1 - \frac{y_s^2}{i_0^2}\right)\lambda_y^2 \lambda_z^2}\right]^{\frac{1}{2}} \\ &= \left[\frac{1}{2}(71.3^2 + 81.9^2) + \frac{1}{2}\sqrt{(71.3^2 + 81.9^2)^2 - 4\left(1 - \frac{203.2^2}{2.4806 \times 10^5}\right) \times 71.3^2 \times 81.9^2}\right]^{\frac{1}{2}} \\ &= 91.7 \end{aligned}$$

属 b 类截面，查附表 4-3 得：稳定系数 $\varphi = 0.61$。

截面为单轴对称，受弯整体稳定系数为：

$$\alpha_b = \frac{I_1}{I_1 + I_2} = \frac{3.1973 \times 10^8}{4.1856 \times 10^8} = 0.764$$

$$\varphi_b = 1.07 - \frac{W_x}{(2\alpha_b + 0.1)Ah} \cdot \frac{\lambda_y^2}{14000\varepsilon_k^2}$$

$$= 1.07 - \frac{8.496 \times 10^6}{(2 \times 0.763 + 0.1) \times 24099 \times 992} \times \frac{71.3^2}{14000}$$

$$= 0.991$$

由于边柱有均布风荷载作用，在稳定计算中偏安全地取 $\beta_{tx} = 1.0$。

若腹板全截面有效，则：

$$\frac{N}{\varphi_y A f} + \eta \frac{\beta_{tx} M_x}{\varphi_b W_{1x} f}$$

$$= \frac{1237 \times 10^3}{0.61 \times 24099 \times 215} + 1.0 \times \frac{1.0 \times 604.2 \times 10^6}{0.991 \times 8.11 \times 10^6 \times 215}$$

$$= 0.391 + 0.350$$

$$= 0.741 < 1.0$$

4）下柱局部稳定验算：

腹板应力：

$$\sigma_{max} = \frac{N}{A} + \frac{M_x}{I_x}y$$

$$= \frac{1237 \times 10^3}{24099} + \frac{604.2 \times 10^6}{4.5634 \times 10^9} \times 546.7$$

$$= 51.3 + 72.4$$

$$= 123.7 \text{N/mm}^2$$

$$\sigma_{max} = 51.3 - 72.4 = -21.1 \text{N/mm}^2$$

$$\alpha_0 = \frac{\sigma_{max} - \sigma_{min}}{\sigma_{max}} = \frac{123.7 + 21.1}{123.7} = 1.17$$

腹板高厚比：

$$\frac{h_0}{t_w} = \frac{979.5}{8} = 122.4$$

$$(45 + 25\alpha_0^{1.5})\varepsilon_k = (45 + 25 \times 1.17^{1.5}) \times 1.0 = 76.6$$

122.4＞76.6，腹板高厚比不满足 S4 要求，截面验算需考虑有效截面。

肢件Ⅱ翼缘宽厚比：

$$\frac{b}{t} = \frac{210 - 4}{16} = 12.9 < 15，满足 S4 等级；$$

肢件Ⅰ腹板高厚比：

$$\frac{h_0}{t_w} = \frac{396}{9} = 44 < 45，满足 S4 等级；$$

肢件Ⅰ翼缘宽厚比：

$$\frac{b}{t} = \frac{95.5}{14} = 6.8 < 15，满足 S4 等级；$$

5）下柱考虑屈曲后强度进行强度及稳定验算

下柱应按图 5.5-3 进行强度补充验算，根据规范规定其稳定系数仍用全部截面：

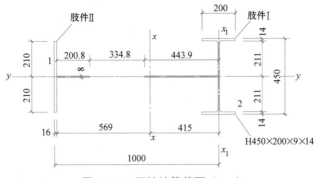

图 5.5-3 下柱计算截面（mm）

$$k_\sigma = \frac{16}{2-\alpha_0+\sqrt{(2-\alpha_0)^2+0.112\alpha_0^2}}$$

$$= \frac{16}{2-1.17+\sqrt{(2-1.17)^2+0.112\times1.17^2}}$$

$$=9.15$$

$$\lambda_{n,p} = \frac{h_w/t_w}{28.1\sqrt{k_\sigma}}\cdot\frac{1}{\varepsilon_k}$$

$$= \frac{122.4}{28.1\times\sqrt{9.15}}$$

$$=1.44>0.75$$

故：

$$\rho = \frac{1}{\lambda_{n,p}}\left(1-\frac{0.19}{\lambda_{n,p}}\right)$$

$$= \frac{1}{1.44}\times\left(1-\frac{0.19}{1.44}\right)$$

$$=0.6$$

而：

$$h_c = \frac{|\sigma_{max}|}{|\sigma_{max}|+|\sigma_{min}|}h_w$$

$$= \frac{123.7}{123.7+21.1}\times979.5$$

$$=836.8\text{mm}$$

$$h_t = \frac{|\sigma_{min}|}{|\sigma_{max}|+|\sigma_{min}|}h_w$$

$$= \frac{123.7}{123.7+21.1}\times979.5$$

$$=142.7\text{mm}$$

受压区有效宽度 $h_e=\rho h_w=0.6\times836.8=502$mm。

由于 $\alpha_0=1.17>1.0$，且截面部分受拉，则：

$$h_{e1} = 0.4h_e=0.4\times502=200.8\text{mm}$$

$$h_{e2} = 0.6h_e=0.6\times502=301.2\text{mm}$$

$$A_{ne} = 24099-334.8\times8=21421\text{mm}^2$$

$$y_0' = \frac{420 \times 16 \times 992 + 200.8 \times 8 \times 883.6 + 443.9 \times 8 \times 226.5}{21421} = 415\text{mm}$$

$$e = y_0 - y_0' = 437.3 - 415 = 22.3\text{mm}$$

$$I_x = 420 \times 16 \times \left(569 - \frac{16}{2}\right)^2 + \frac{420 \times 16^3}{12} + 200.8 \times 8 \times \left(569 - \frac{200.8}{2}\right)^2 + \frac{8 \times 200.8^3}{12}$$

$$+ 443.9 \times 8 \times \left(415 - \frac{443.9}{2} - 4.5\right)^2 + \frac{8 \times 443.9^3}{12} + 9543 \times 415^2 + 1.87 \times 10^7$$

$$\approx 4.3207 \times 10^9 \text{mm}^4$$

$$W_{1x} = \frac{4.3207 \times 10^9}{585} = 7.386 \times 10^6 \text{mm}^3$$

强度校核：

$$\sigma = \frac{N}{A_{ne}} + \frac{M_x + Ne}{\gamma_x W_{nex}}$$

$$= \frac{1237 \times 10^3}{21421} + \frac{604.2 \times 10^6}{1.05 \times 7.386 \times 10^6}$$

$$= 135.7\text{N/mm}^2 < f = 215\text{N/mm}^2$$

平面内稳定计算：

$$\frac{N}{\varphi_x A_e f} + \frac{\beta_{mx} M_x + Ne}{\gamma_x W_{elx}(1 - 0.8N/N_{Ex}')f}$$

$$= \frac{1237 \times 10^3}{0.897 \times 21421 \times 215} + \frac{0.985 \times 604.2 \times 10^6 + 1237 \times 10^3 \times 22.3}{1.05 \times 7.386 \times 10^6 \times \left(1 - 0.8 \times \dfrac{1237 \times 10^3}{2.699 \times 10^7}\right) \times 215}$$

$$= 0.299 + 0.388$$

$$= 0.687 < 1.0，满足。$$

平面外稳定计算：

$$\frac{N}{\varphi_y A_e f} + \eta \frac{\beta_{tx} M_x + Ne}{\varphi_b W_{elx} f}$$

$$= \frac{1237 \times 10^3}{0.61 \times 21421 \times 215} + 1.0 \times \frac{1.0 \times 604.2 \times 10^6 + 1237 \times 10^3 \times 22.3}{0.991 \times 7.386 \times 10^6 \times 215}$$

$$= 0.440 + 0.401$$

$$= 0.841 < 1.0，满足。$$

5.5.2 双肢格构式阶形柱的计算

1. 设计资料及说明

1）工程情况

某车间单跨厂房，跨度 30m，长 168m，柱距 24m，采用压型钢板屋面及墙皮，车间行驶 2 台 Q＝225/25t 重级工作制软钩吊车，屋架间距 6m，柱间有 24m 托架，与屋架平接，沿厂房有纵向水平支撑及双片上、下柱的柱间支撑，柱为单阶，柱顶与横梁、柱底与基础均为刚接，布置如图 5.5-4 所示。钢材采用 Q345B，焊条 E50 型，柱翼缘板为焰切边；缀板采用 Q235B，焊条 E43 型。抗震设防烈度为 7 度。

2）计算内力

内力设计值（非抗震组合，上、下段柱均有横向荷载作用及正负弯矩）：

上段柱：$M = 2250\text{kN} \cdot \text{m}$，$N = 4357\text{kN}$，$V = 368\text{kN}$

下段柱：$M = 12950\text{kN} \cdot \text{m}$，$N = 9820\text{kN}$，$V = 512\text{kN}$（吊车肢受压）

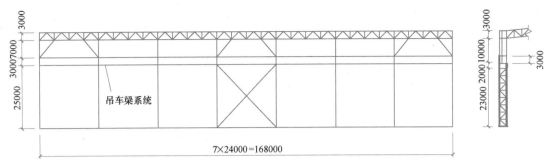

图 5.5-4　柱计算简图（mm）

2. 截面特征

1）上柱及下柱的假定截面

如图 5.5-5 所示。

2）上柱截面特征

采用 H1000×600×20×25（焊接 H 型钢）；$A=49000\text{mm}^2$，$I_x=8.56×10^9\text{mm}^4$；$W_x=1.712×10^7\text{mm}^3$，$i_x=417.9\text{mm}$；$I_y=9.006×10^8\text{mm}^4$，$i_y=135.5\text{mm}$。

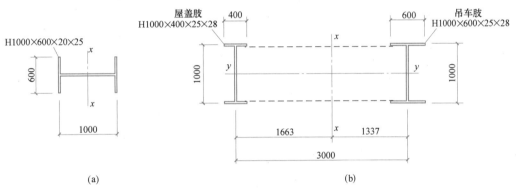

图 5.5-5　阶形柱截面（mm）

（a）上柱截面；（b）下柱截面

3）下柱截面特征

格构式柱：

$A=103200\text{mm}^2$，$I_x=2.308×10^{11}\text{mm}^4$，$i_x=1495\text{mm}$，$W_{1x}=2.308×10^{11}/(1337+12.5)=1.71×10^8\text{mm}^3$（对吊车肢腹板外边缘）

吊车肢：

$A=57200\text{mm}^2$，$I_x=1.938×10^7\text{mm}^4$，$i_x=411.6\text{mm}$，$i_y=132.8\text{mm}$，$W_x=1.938×10^7\text{mm}^3$

3. 柱子计算长度的确定

1）框架平面内计算长度 H_{1x}、H_{2x}

上柱：$H_1=10000\text{mm}$（上柱底即吊车梁底计至屋架下弦）

下柱：$H_2=25000\text{mm}$（吊车梁底计至下柱底）

格构式下柱在计算钢柱的计算长度时考虑刚度折减系数 0.9。

根据表 5.3-5，得：

$$K_1=\frac{I_1}{I_2}×\frac{H_2}{H_1}=\frac{8.56×10^9}{0.9×2.308×10^{11}}×\frac{25000}{10000}=0.103$$

$$\eta_1=\frac{H_1}{H_2}\sqrt{\frac{N_1I_2}{N_2I_1}}=\frac{10000}{25000}×\sqrt{\frac{4357}{9820}×\frac{0.9×2.308×10^{11}}{8.56×10^9}}=1.312$$

查表 5.3-4 得：计算长度系数 $\mu = 2.08$。

本工程采用压型板屋面，单跨，每列 8 柱，有纵向支撑，查表 5.3-6 得 $\psi_s = 0.8$，则下柱的计算长度系数：

$$\mu_2 = \psi_s \mu = 0.8 \times 2.08 = 1.664$$

上柱的计算长度系数：

$$\mu_1 = \frac{\mu_2}{\eta} = \frac{1.664}{1.312} = 1.268$$

上柱：$H_{1x} = \mu_1 H_1 = 1.268 \times 10000 = 12680\text{mm}$

下柱：$H_{2x} = \mu_2 H_2 = 1.664 \times 25000 = 41600\text{mm}$

2）框架平面外的计算长度 H_{1y}、H_{2y}

按平面外支撑点的距离确定（图 5.5-4），上柱 $H_{1y} = 7400\text{mm}$，下柱 $H_{2y} = 25000\text{mm}$。

4. 上柱截面验算

1）腹板及翼缘局部稳定验算

上柱截面无孔洞削弱，翼缘宽厚比 $\dfrac{b}{t} = \dfrac{290}{25} = 11.6 > 13\sqrt{\dfrac{235}{345}} = 10.7$，不满足 S3 级，但 $\dfrac{b}{t} = 11.6 < 15\sqrt{\dfrac{235}{345}} = 12.4$，满足 S4 级。

腹板：

$$\sigma_{\max} = \frac{N}{A} + \frac{M_x}{I_x} y_1$$

$$= \frac{4357 \times 10^3}{49000} + \frac{2250 \times 10^6}{8.56 \times 10^9} \times 475$$

$$= 88.9 + 124.9$$

$$= 213.8\text{N/mm}^2$$

$$\sigma_{\min} = 88.9 - 124.9$$

$$= -36.0\text{N/mm}^2$$

$$\alpha_0 = \frac{\sigma_{\max} - \sigma_{\min}}{\sigma_{\max}}$$

$$= \frac{213.8 + 36.0}{213.8}$$

$$= 1.168$$

腹板高厚比 $\dfrac{h_0}{t_w} = \dfrac{950}{20} = 47.5 < 40 + 18\alpha_0^{1.5} = 40 + 18 \times 1.168^{1.5} = 62.7$，满足 S3 级，即亦满足 S4 级。

2）上柱强度验算

构件（上翼缘）不满足 S3 等级，则 $\gamma_x = 1.0$。

$$\sigma = \frac{N}{A_n} + \frac{M_x}{\gamma_x W_{nx}} + \frac{M_y}{\gamma_y W_{ny}}$$

$$= \frac{4357 \times 10^3}{49000} + \frac{2250 \times 10^6}{1.0 \times 1.712 \times 10^7}$$

$$= 88.9 + 131.4$$

$$= 220.3\text{N/mm}^2 < 295\text{N/mm}^2$$

3）框架平面内稳定计算

$$\lambda_x = \frac{H_{1x}}{i_x} = \frac{12680}{417.9} = 30.3$$

$$N'_{Ex} = \pi^2 EA / (1.1\lambda_x^2)$$

$$= \frac{\pi^2 \times 206 \times 10^3 \times 49000}{1.1 \times 30.3^2}$$

$$= 9.855 \times 10^7 \text{N}$$

上柱对 x 轴属 b 类截面，$\lambda_x \cdot \sqrt{\dfrac{345}{235}} = 30.3 \times \sqrt{\dfrac{235}{345}} = 36.7$，查附表 4-2 得：$\varphi_x = 0.913$。

按有侧移框架柱，由于：

$$N_{cr} = \frac{\pi^2 EI}{(\mu l)^2}$$

$$= \frac{\pi^2 \times 206 \times 10^3 \times 8.56 \times 10^9}{12680^2}$$

$$= 1.081 \times 10^8 \text{N}$$

则：

$$\beta_{mx} = 1 - \frac{0.36N}{N_{cr}}$$

$$= 1 - \frac{0.36 \times 4357 \times 10^3}{1.081 \times 10^8}$$

$$= 0.985$$

应力比：

$$\frac{N}{\varphi_x A f} + \frac{\beta_{mx} M_x}{\gamma_x W_{1x}\left(1 - 0.8\dfrac{N}{N'_{Ex}}\right)f}$$

$$= \frac{4357 \times 10^3}{0.913 \times 49000 \times 295} + \frac{0.985 \times 2250 \times 10^6}{1.0 \times 1.712 \times 10^7 \times \left(1 - 0.8 \times \dfrac{4357 \times 10^3}{9.855 \times 10^7}\right) \times 295}$$

$$= 0.330 + 0.455$$

$$= 0.785 < 1.0$$

4）框架平面外稳定性计算

$$\lambda_y = \frac{H_{1y}}{i_y} = \frac{7000}{135.5} = 51.7 < 120 \times \sqrt{\frac{235}{345}} = 99$$

上柱对 y 轴属 b 类截面，$\lambda_y \cdot \sqrt{\dfrac{345}{235}} = 51.7 \times \sqrt{\dfrac{345}{235}} = 62.6$，查附表 4-3 得：$\varphi_y = 0.794$。

整体稳定系数 φ_b 由近似公式（5.3-32）计算：

$$\varphi_b = 1.07 - \frac{\lambda_y^2}{44000\varepsilon_k^2}$$

$$= 1.07 - \frac{51.7^2}{44000 \times \dfrac{235}{345}}$$

$$= 0.981$$

上柱段内有正负弯矩及横向荷载作用，取 $\beta_{tx} = 0.85$。

$$\frac{N}{\varphi_y Af} + \eta \frac{\beta_{tx} M_x}{\varphi_b W_{1x} f}$$

$$= \frac{4357 \times 10^3}{0.794 \times 49000 \times 295} + 1.0 \times \frac{0.85 \times 2250 \times 10^6}{0.981 \times 1.712 \times 10^7 \times 295}$$

$$= 0.380 + 0.386$$

$$= 0.766 < 1.0$$

5. 下柱截面验算

下段格构式柱可视为桁架式结构进行分析，需计算平面内整体稳定性，进行单肢（本算例仅以吊车肢为例）强度计算、平面内外稳定性验算以及缀条截面验算。

1）平面内整体稳定性计算

$$\lambda_x = \frac{H_{2x}}{i_x} = \frac{41600}{1495} = 27.8$$

斜缀条用 2L180×110×10，$A' = 2 \times 2837.3 = 5674.6 \text{mm}^2$。

$$\lambda_{0x} = \sqrt{\lambda_x^2 + 27 \times \frac{A}{A'}} = \sqrt{27.8^2 + 27 \times \frac{103200}{5674.6}} = 35.6$$

下柱对 x 轴属 b 类截面，$\lambda_{0x} \cdot \sqrt{\frac{345}{235}} = 35.6 \times \sqrt{\frac{345}{235}} = 43.1$，查附表 4-3 得：$\varphi_x = 0.886$。

$$N'_{Ex} = \pi^2 EA / (1.1 \lambda_{0x}^2)$$

$$= \frac{\pi^2 \times 206 \times 10^3 \times 103200}{1.1 \times 35.6^2}$$

$$= 1.504 \times 10^8 \text{N}$$

按有侧移框架柱，由于：

$$N_{cr} = \frac{\pi^2 EI}{(\mu l)^2}$$

$$= \frac{\pi^2 \times 206 \times 10^3 \times 2.308 \times 10^{11}}{41600^2}$$

$$= 2.709 \times 10^8 \text{N}$$

则：

$$\beta_{mx} = 1 - \frac{0.36N}{N_{cr}}$$

$$= 1 - \frac{0.36 \times 9820 \times 10^3}{2.709 \times 10^8}$$

$$= 0.987$$

应力比：

$$\frac{N}{\varphi_x Af} + \frac{\beta_{mx} M_x}{W_{1x}\left(1 - \frac{N}{N'_{Ex}}\right)f}$$

$$= \frac{9820 \times 10^3}{0.886 \times 103200 \times 295} + \frac{0.987 \times 12950 \times 10^6}{1.71 \times 10^8 \times \left(1 - \frac{9820 \times 10^3}{1.504 \times 10^8}\right) \times 295}$$

$$= 0.364 + 0.271$$

$$= 0.635 < 1.0$$

2）吊车肢强度计算

$$N = \frac{12950 \times 10^6}{3000} + \frac{9820 \times 10^3 \times 1663}{3000} = 9.76 \times 10^6 \text{N}$$

$$\sigma = \frac{N}{A_n} = \frac{9.76 \times 10^6}{57200} = 170.6 \text{N/mm}^2 < 295 \text{N/mm}^2$$

3）吊车肢稳定验算

由于 $l_{x1} = 2875\text{mm}$，$l_y = 25000\text{mm}$，则：

$$\lambda_{x1} = \frac{l_{x1}}{i_{x1}} = \frac{2875}{132.8} = 21.6$$

$$\lambda_y = \frac{l_y}{i_y} = \frac{25000}{411.6} = 60.7$$

由于 $\lambda_y > \lambda_{x1}$，稳定由 λ_y 控制。

吊车肢对 y 轴属 b 类截面，$\lambda_y \cdot \sqrt{\dfrac{345}{235}} = 60.7 \times \sqrt{\dfrac{345}{235}} = 73.5$，查附表 4-3 得：$\varphi_y = 0.729$。

$$\frac{N}{\varphi_y A_n f} = \frac{9.76 \times 10^6}{0.729 \times 57200 \times 295} = 0.793 < 1.0$$

4）吊车肢局部稳定验算

吊车肢可视作轴心受力构件，故：

翼缘：

$$\frac{b}{t_f} = \frac{287.5}{28} = 10.3$$

$$(10 + 0.1\lambda)\varepsilon_k = (10 + 0.1 \times 60.7) \times \sqrt{\frac{235}{345}} = 13.3$$

$10.3 < 13.3$，翼缘宽厚比满足限值。

腹板：

$$\frac{h_0}{t_w} = \frac{944}{285} = 37.8$$

$$(25 + 0.5\lambda)\varepsilon_k = (25 + 0.5 \times 60.7) \times \sqrt{\frac{235}{345}} = 45.7$$

$37.8 < 45.7$，腹板高厚比满足限值。

5）斜缀条计算

按公式（5.3-29）计算剪力：

$$V = \frac{Af}{85\varepsilon_k} = \frac{103200 \times 295}{85} \times \sqrt{\frac{345}{235}} = 434\text{kN} < 512\text{kN}$$

故格构柱所受剪力取为 V＝512kN，每个斜缀条角钢承受水平剪力 256kN。

斜缀条长＝$\sqrt{3000^2 + 2875^2} = 4155\text{mm}$。

每个斜缀条角钢承受轴心压力 $N = 256 \times \dfrac{4155}{3000} = 354.6\text{kN}$。

斜缀条 L180×110×12，对应的截面特性：$A = 3370\text{mm}^2$，$i_x = 57.8\text{mm}$，$i_y = 31\text{mm}$。

短边上的附加缀件布置如图 5.5-6 所示。

$$\lambda_x = \frac{0.8 \times 4155}{57.8} = 57.5$$

$$\lambda_y = \frac{1385}{31} = 44.7$$

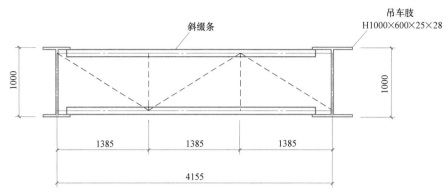

图 5.5-6　斜缀条上附加缀件布置（mm）

b 类截面，构件长细比 57.5，查附表 4-3 得：$\varphi_x=0.821$。

根据《钢结构设计标准》GB 50017—2017 第 7.6.1 条，长边相连的不等边角钢：$\eta=0.7$。

$$\frac{N}{\eta\varphi Af}=\frac{354.6\times10^3}{0.7\times0.821\times3370\times215}=0.85<1.0$$

平缀条截面可采用与斜缀条一致，或按计算取较小截面。

6）吊车肢插入杯口深度

（1）构造要求

按《钢结构设计标准》GB 50017—2017 第 12.7.10 条及《建筑抗震设计规范》GB 50011—2010 第 9.2.16 条，最小插入杯口深度为：

① $d_{min}\geqslant500$mm；

② $d_{min}\geqslant\dfrac{38000}{20}=1900$m；

③ $d_{min}\geqslant0.5h_c=0.5\times3500=1750$mm；

④ $d_{min}\geqslant1.5b_c=1.5\times1000=1500$mm。

按《建筑抗震设计规范》GB 50011—2010 第 9.2.16 条，最小插入杯口深度为：

$d_{min}\geqslant2.5h=2.5\times1000=2500$mm。

故最小插入杯口深度暂按 2500mm 取。

（2）计算要求

① 粘剪承载力

基础混凝土按 C30 计，$f_t=1.43$N/mm^2，$f_c=14.3$N/mm^2

粘剪承载力：

$$N_c=d_{min}Sf_t=2500\times[2\times(600+575+944)]\times1.43\times10^{-3}=15150\text{kN}$$

吊车肢实际承受的压力：$N=\dfrac{12950}{3}+\dfrac{9820\times1663}{3000}=9760\text{kN}<15150\text{kN}$

即粘剪承载力满足吊车肢受压要求。

② 混凝土局部承压力

双肢柱采用双杯口，柱肢下设底板，底板采用 1050×600×28，杯口底面积为 1150mm×700mm。

$$\beta_l=\sqrt{\frac{A_b}{A_l}}=\sqrt{\frac{1150\times700}{1050\times600}}=1.13$$

柱底下的混凝土局部承压力：

$$N_c=1.35\beta_c\beta_lf_cA_l=1.35\times1.0\times1.13\times14.3\times1050\times600\times10^{-3}=13743\text{kN}>9760\text{kN}$$

7）屋盖肢插入杯口深度

（1）构造要求

为构造方便，最小插入杯口深度与吊车肢一致，按 2500mm 取。

（2）计算要求

粘剪承载力：

$$N_c = d_{min} S f_t = 2500 \times [2 \times (400+575+944)] \times 1.43 \times 10^{-3} = 13721\text{kN}$$

屋盖肢实际承受的拉力：$N = \dfrac{9820 \times 1337}{3000} - \dfrac{12950}{3} = 60\text{kN} < 13721\text{kN}$

8）插入式柱脚构造节点

见图 5.5-7。

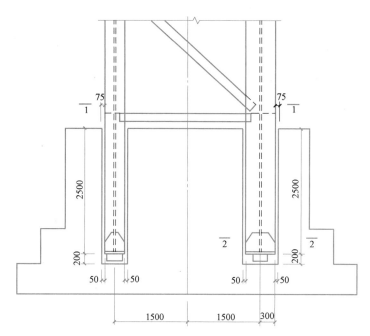

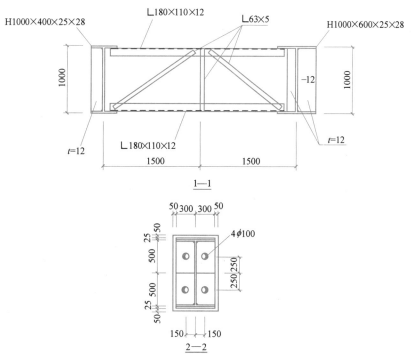

图 5.5-7　插入式柱脚构造节点（mm）

第 6 章 H 型 钢 梁

6.1 概述

钢梁是工程结构中最基本的一类构件，钢梁是将竖向荷载通过受弯作用传递荷载的受力构件，常见梁的截面形式见图 6.1-1。

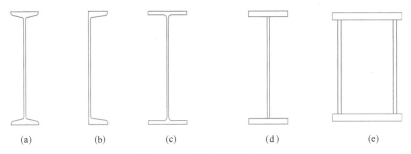

图 6.1-1 梁的截面和形式

(a) 工字钢；(b) 槽钢；(c) 热轧 H 型钢；(d) 焊接工字钢；(e) 箱形截面梁

对于常见跨度的梁，通常可以采用的热轧型钢，如热轧 H 型钢、工字钢、槽钢等；对于荷载很小的构件（如轻钢屋面的檩条）可采用冷弯 C 型钢、冷弯 Z 型钢等。当跨度较大，现成的轧制型钢无法满足受力要求时，可以采用焊接型钢、蜂窝梁、箱形梁或桁架梁。

6.1.1 H 型钢梁类型

根据 H 型钢梁的外观形式，常见的有等截面的热轧 H 型钢梁、变截面梯形 H 型钢梁、腹部开孔梁、蜂窝梁。对于工业厂房中的吊车梁也有用热轧 H 型钢和型钢组合截面形式的。本章中将分别予以阐述其设计内容。

蜂窝梁是利用普通热轧 H 型钢，在腹板处进行切割后，再错位焊接制作而成。目前常用蜂窝梁的截面高度是原始 H 型钢截面高度的 1.5 倍，可以大大提高 H 型钢梁的抗弯承载能力。

6.1.2 H 型钢梁的一般要求

当热轧 H 型钢用于梁构件时的一般要求如下：

1. H 型钢用于梁构件时，一般采用窄翼缘 HN 系列规格。由于 H 型钢截面高度范围较普通工字钢大并且截面面积分配合理，故可扩大轧制型钢梁的应用范围。当 H 型钢承载能力不足时，可在翼缘上增加钢板做成盖板梁。H 型钢尚可进行再加工，以扩大其用途，如在腹板处切割，再焊接做成变截面梯形梁或蜂窝梁。在腹板中切割增焊钢板可增大梁高度，用作吊车梁时，可改善其抗疲劳性能。

2. 进行梁的设计时，应根据外荷载及其分布情况用结构力学的方法计算梁的内力及挠度。

3. 在进行梁截面的设计时，一般应进行强度、稳定和变形的计算，对直接承受重级工作制吊车荷载作用的吊车梁还应验算疲劳强度。强度计算中包括弯曲正应力、剪应力、集中荷载处局部压应力，以及腹板计算高度边缘处的折算应力。稳定计算中包括整体稳定和局部稳定验算。对于轧制 H 型钢梁，由于腹板计算高度边缘处有圆弧过渡，所以一般不需要进行折算应力的验算。同时 H 型钢翼缘和腹板的宽厚比一般均在规定数值内，除少数情况外，一般不需要局部稳定验算。除固定的集中荷载和支座反力作用处，其腹板亦不需要配置加劲肋。

4. 采用 Q235 和 Q355 钢的符合《热轧 H 型钢和剖分 T 型钢》GB/T 11263—2017 标准的 HW、

HM 和 HN 系列 H 型钢作梁时，不必验算翼缘和腹板的局部稳定性。

5. 实际结构中常用混凝土楼面的钢梁跨高比在 18 左右，一般不大于 24。轻型门式刚架结构的屋面梁跨高比一般在 30 左右，且一般不超过 40；当荷载较大时，跨高比取小值。

6. H 型钢梁的挠度应根据使用部位、荷载类型等设计条件的不同情况，满足相应的容许限值。为改善 H 型钢受弯构件的外观和使用条件，H 型钢可预先起拱，起拱大小应视实际需要而定，可取恒载标准值加 1/2 活载标准值所产生的挠度值。当仅为改善外观条件时，构件挠度应取在恒荷载和活荷载标准值作用下的挠度计算值减去起拱值。

6.2 H 型钢梁设计

采用热轧 H 型钢作为梁截面时，应对其进行强度、稳定和变形的计算。其中强度计算中包括弯曲正应力、剪应力、集中荷载处局部压应力及腹板计算高度边缘处的折算应力等。稳定计算中包括整体稳定和局部稳定验算。

6.2.1 H 型钢梁的强度验算

1. 在主平面内受弯的 H 型钢梁，其抗弯强度应按式 (6.2-1) 计算：

$$\frac{M_x}{\gamma_x W_{nx}} + \frac{M_y}{\gamma_y W_{ny}} \leqslant f \tag{6.2-1}$$

式中　M_x、M_y——同一截面处绕 x 轴（强轴）和 y 轴（弱轴）的弯矩；

W_{nx}、W_{ny}——对 x 轴和 y 轴的净截面模量；对于 H 型钢截面，其截面板件宽厚比等级可以满足 S4 级要求，可取全截面模量；

γ_x、γ_y——截面塑性发展系数；当翼缘截面板件宽厚比等级不满足受弯构件 S3 级要求时，截面塑性发展系数应取为 1.0，满足受弯构件 S3 级要求时，截面塑性发展系数 $\gamma_x = 1.05$，$\gamma_y = 1.2$；对需要验算疲劳的梁，宜取 $\gamma_x = \gamma_y = 1.0$，Q355 以上钢材的 HW388×422×15×15 和 HW338×351×13×13 两个规格截面应取 $\gamma_x = 1.0$；

f——钢材的抗弯强度设计值。

2. 在主平面内受弯的 H 型钢梁，其受剪强度应按式 (6.2-2) 计算：

$$\tau = \frac{VS}{I t_w} \leqslant f_v \tag{6.2-2}$$

式中　τ——钢材的抗剪强度设计值（N/mm²）；

V——计算截面沿腹板平面作用的剪力设计值（N）；

S——计算剪应力处以上（或以下）毛截面对中和轴的面积矩（mm³）；

I——钢梁的毛截面惯性矩（mm⁴）；

t_w——腹板厚度（mm）；

f_v——钢材的抗剪强度设计值（N/mm²）。

3. 当 H 型钢梁上翼缘受有沿腹板平面作用的集中荷载且该荷载处又未设置支承加劲肋时，应按式 (6.2-3) 验算腹板计算高度上边缘的局部承压强度：

$$\sigma_c = \frac{\psi F}{t_w l_z} \leqslant f \tag{6.2-3}$$

$$l_z = 3.25 \sqrt[3]{\frac{I_R + I_f}{t_w}} \tag{6.2-4}$$

或
$$l_z = a + 5 h_y + 2 h_R \tag{6.2-5}$$

式中　σ_c——局部承压强度；

F——集中荷载设计值，对动力荷载应考虑动力系数；

ψ——集中荷载增大系数；对重级工作制吊车梁，$\psi = 1.35$；对其他梁，$\psi = 1.0$；

l_z——集中荷载在腹板计算高度上边缘的假定分布长度，按式（6.2-4）计算，也可采用简化式（6.2-5）计算；图6.2-1给出了各种集中荷载在腹板边缘假定分布长度示意；

I_R——轨道绕自身形心轴的惯性矩；

I_f——梁上翼缘绕翼缘中面的惯性矩；

a——集中荷载沿梁跨度方向的支承长度，对钢轨上的轮压可取50mm；

h_y——自梁顶面至腹板计算高度上边缘的距离；对H型钢为梁顶面到腹板过度完成点的距离；

h_R——轨道的高度，对梁顶无轨道的梁$h_R=0$；

f——钢材的抗压强度设计值。

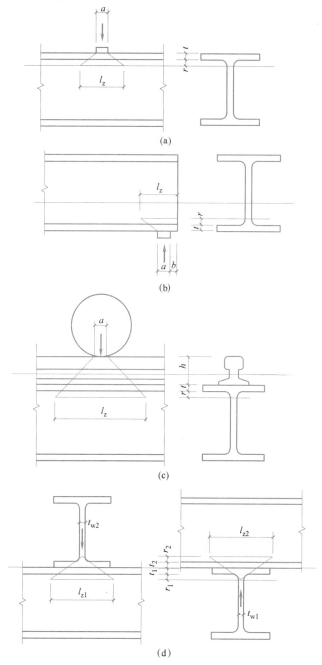

图6.2-1　集中荷载在腹板边缘假定分布长度

（a）集中荷载作用在梁中部，$l_z=a+5(t+r)$；（b）集中荷载作用在梁端部，$l_z=b+a+2.5(t+r)\leqslant a+5(t+r)$；

（c）吊车轮压荷载作用在轨道上，$l_z=a+2(h+t+r)$，可取$a=50$mm；

（d）两根H型钢梁相互叠接，$l_{z1}=t_{w2}+1.61r_2+5(t_2+t_1+r_1)$，$l_{z2}=t_{w1}+1.61r_1+5(t_1+t_2+r_2)$

4. 在梁的支座处，当不设置支承加劲肋时，也应按式（6.2-3）计算腹板计算高度下边缘的局部压应力，但 ψ 取 1.0。支座集中反力的假定分布长度，应根据支座具体尺寸按式（6.2-5）计算。

5. 当腹板局部压应力验算不满足要求时，对固定的集中荷载，可设置支承加劲肋，对移动的集中荷载（如吊车轮压），则只能改变截面，加大腹板厚度。

6.2.2 H型钢梁的稳定验算

在热轧 H 型钢梁的设计中，H 型钢梁的稳定性应考虑其平面外支承条件，当钢梁平面外没有支撑或支撑强度不足以保证钢梁的平面外稳定时，应验算钢梁的整体稳定性。

1. 对于支承在受压翼缘上并与其牢固连接的各类混凝土楼板或钢板的 H 型钢梁，楼板刚度较大，足以阻止钢梁受压翼缘的侧向失稳，故可不计算钢梁的整体稳定性。

2. 对于梁端与框架柱刚性连接的框架梁，由于钢梁支座承担负弯矩，即使梁顶有混凝土楼板时，也应验算框架梁下翼缘的稳定性。

3. 对于其他条件下的 H 型钢梁均应验算其整体稳定性，H 型钢的整体稳定按下列要求计算。

1）H 型钢梁的整体稳定性按下列公式计算：

（1）在最大刚度平面内单向受弯时：

$$\frac{M_x}{\varphi_b W_x f} \leqslant 1.0 \qquad (6.2-6)$$

（2）在两个主平面内双向受弯时：

$$\frac{M_x}{\varphi_b W_x f} + \frac{M_y}{\gamma_x W_y f} \leqslant 1.0 \qquad (6.2-7)$$

式中　M_x——绕强轴作用的最大弯矩设计值；

　W_x、W_y——按受压最大纤维确定的对 x 轴的稳定计算截面模量和对 y 轴的毛截面模量，对于 H 型钢截面，其截面板件宽厚比等级可以满足 S4 级要求，可取全截面模量；

　φ_b——绕强轴弯曲所确定的梁整体稳定系数，按 6.2.2 节第 2）条确定。

2）轧制 H 型钢简支梁的整体稳定性系数 φ_b 按下式计算：

$$\varphi_b = \beta_b \frac{4320}{\lambda_y^2} \cdot \frac{Ah}{W_x} \cdot \sqrt{1 + \left(\frac{\lambda_y t}{4.4h}\right)^2} \cdot \frac{235}{f_y} \qquad (6.2-8)$$

$$\lambda_y = l_1 / i_y \qquad (6.2-9)$$

式中　β_b——梁整体稳定的等效临界弯矩系数，按表 6.2-1 采用；

　λ_y——梁在侧向支承点间对截面 y 轴（弱轴）的长细比；

　i_y——梁毛截面对 y 轴的回转半径；

　l_1——梁受压翼缘侧向支撑点之间的距离；

　A——梁的毛截面面积；

　h、t——梁截面高度和受压翼缘厚度。

H 型钢简支梁的系数 β_1　　　　　　　　表 6.2-1

项次	侧向支承	荷载		$\xi = \dfrac{l_1 t}{bh}$	
				$\xi \leqslant 2.0$	$\xi > 2.0$
1	跨中无侧向支承	均布荷载作用在	上翼缘	$0.69 + 0.13\xi$	0.95
2			下翼缘	$1.73 - 0.20\xi$	1.33
3		集中荷载作用在	上翼缘	$0.73 + 0.18\xi$	1.09
4			下翼缘	$2.23 - 0.28\xi$	1.67
5	跨度中点有一个侧向支承点	均布荷载作用在	上翼缘	1.15	
6			下翼缘	1.40	
7		集中荷载作用在截面高度上任意位置		1.75	

项次	侧向支承		荷载	$\xi=\dfrac{l_1 t}{bh}$	
				$\xi \leqslant 2.0$	$\xi > 2.0$
8	跨中有不少于两个		任意荷载作用在	上翼缘	1.20
9	等距离侧向支承点			下翼缘	1.40
10	梁端有弯矩，但跨中无荷载作用			$1.75-1.05\left(\dfrac{M_2}{M_1}\right)+0.3\left(\dfrac{M_2}{M_1}\right)^2$，但不大于 2.3	

注：1. M_1、M_2 为梁端弯矩，使梁产生同向曲率时，M_1 和 M_2 取同号，产生反向曲率时取异号，$|M_1| \geqslant |M_2|$。

2. 表中项次 3、4 和 7 的集中荷载是指一个或少数几个集中荷载位于跨中央附近的情况，对其他情况的集中荷载，应按表中项次 1、2、5、6 内的数值采用。

3. 项次 8、9 中的 β_b，当集中荷载作用在侧向支承点处时，取 $\beta_b=1.20$；

4. 荷载作用在上翼缘系指荷载作用点在翼缘表面，方向指向截面形心；荷载作用在下翼缘系指荷载作用点在翼缘表面，方向背向截面形心；

当按式（6.2-8）算得的 φ_b 值大于 0.60 时，应用下式计算的 φ_b' 代替 φ_b 值：

$$\varphi_b'=1.07-\frac{0.282}{\varphi_b} \leqslant 1.0 \tag{6.2-10}$$

H 型钢悬臂梁的整体稳定性系数也可按式（6.2-8）计算，但式中系数应按表 6.2-2 查得，$\lambda_y = l_1/i_y$，l_1 为悬臂梁的悬伸长度。此表是按支承端为固定的情况确定的，当用于由邻跨延伸出来的伸臂梁时，应在构造上采取措施加强支承处的抗扭能力。当算得的 φ_b 值大于 0.60 时，应按式（6.2-10）算得的相应 φ_b' 代替 φ_b 值。

H 型钢悬臂梁的系数 β_b　　　　　　　　　　　　　表 6.2-2

项次	荷载形式		$\xi=\dfrac{l_1 t}{bh}$		
			$0.60 \leqslant \xi \leqslant 1.24$	$1.24 < \xi \leqslant 1.96$	$1.96 < \xi \leqslant 3.10$
1	自由端一个集中	上翼缘	$0.21+0.67\xi$	$0.72+0.26\xi$	$1.17+0.03\xi$
2	荷载作用在	下翼缘	$2.94-0.65\xi$	$2.64-0.40\xi$	$2.15-0.15\xi$
3	均布荷载作用在上翼缘		$0.62+0.82\xi$	$1.25+0.31\xi$	$1.66+0.10\xi$

3）支座承担负弯矩且梁顶有混凝土楼板时，框架梁下翼缘的稳定性计算应符合下列规定：

（1）当 $\lambda_{n,b} \leqslant 0.45$ 时，可不计算框架梁下翼缘的稳定性。塑性设计时，正则化长细比 $\lambda_{n,b}$ 不大于 0.3。

（2）当不满足本条第（1）款时，框架梁下翼缘的稳定性应按下列公式计算：

$$\frac{M_x}{\varphi_d W_{x1} f} \leqslant 1 \tag{6.2-11}$$

$$\lambda_e = \pi \lambda_{n,b} \sqrt{\frac{E}{f_y}} \tag{6.2-12}$$

$$\lambda_{n,b} = \sqrt{\frac{f_y}{\sigma_{cr}}} \tag{6.2-13}$$

$$\sigma_{cr} = \frac{3.46 b_1 t_1^3 + h_w t_w^3 (7.27\gamma + 3.3)\varphi_1}{h_w^2(12 b_1 t_1 + 1.78 h_w t_w)} E \tag{6.2-14}$$

$$\gamma = \frac{b_1}{t_w} \sqrt{\frac{b_1 t_1}{h_w t_w}} \tag{6.2-15}$$

$$\varphi_1 = \frac{1}{2}\left(\frac{5.436\gamma h_w^2}{l^2} + \frac{l^2}{5.436\gamma h_w^2}\right) \tag{6.2-16}$$

式中　b_1——受压翼缘的宽度；

　　　t_1——受压翼缘的厚度；

　　　W_{x1}——弯矩作用平面内对受压最大纤维的毛截面模量；

　　　φ_d——稳定系数，根据换算长细比 λ_e 按 b 类截面查轴心受压构件的稳定系数表采用；

　　　$\lambda_{n,b}$——正则化长细比；

　　　σ_{cr}——畸变屈曲临界应力；

　　　l——当框架主梁支承次梁且次梁高度不小于主梁高度一半时，取次梁到框架柱的净距；除此情况外，取梁净距的一半。

（3）当不满足（1）、（2）款时，在侧向未受约束的受压翼缘区段内，应设置隅撑或沿梁长设间距不大于 2 倍梁高与梁等宽的加劲肋。

4）当钢梁的上翼缘没有通长的刚性铺板或防止侧向弯扭屈曲的构件时，在构件出现塑性铰的截面处，应设置侧向支承。该支承点与其相邻支承点间构件的长细比 λ_y 应符合下列要求：

（1）当 $-1 \leqslant \dfrac{M_1}{W_{px}f} \leqslant 0.5$ 时：

$$\lambda_y \leqslant \left(60 - 40\frac{M_1}{W_{px}f}\right)\varepsilon_k \tag{6.2-17}$$

（2）当 $0.5 \leqslant \dfrac{M_1}{W_{px}f} \leqslant 1$ 时：

$$\lambda_y \leqslant \left(45 - 10\frac{M_1}{W_{px}f}\right)\varepsilon_k \tag{6.2-18}$$

$$\lambda_y = \frac{l_1}{i_y} \tag{6.2-19}$$

式中　λ_y——弯矩作用平面外的长细比；

　　　l_1——侧向支承点间距离；对不出现塑性铰的构件区段，其侧向支承点间距应由弯矩作用平面外的整体稳定计算确定。

　　　i_y——截面绕弱轴的回转半径；

　　　W_{px}——对 x 轴的塑性毛截面模量；

　　　M_1——与塑性铰相距为 l_1 的侧向支承点处的弯矩；当长度 l_1 内为同向曲率时，$\dfrac{M_1}{W_{px}f}$ 为正；当为反向曲率时，$\dfrac{M_1}{W_{px}f}$ 为负。

6.2.3　H型钢梁的侧向支撑设计

1. 钢梁的支座处，应采取构造措施，以防止梁端截面的扭转。

2. 当简支梁仅腹板与相邻构件相连，钢梁稳定性计算时，侧向支承点距离应取实际距离的 1.2 倍。

3. 用作减少梁受压翼缘自由长度的侧向支撑，其支撑力应将梁的受压翼缘视为轴心压杆计算。

4. 可以设置隅撑作为钢梁的侧向支承，隅撑的计算及构造要求可参见第 8 章 8.1 节的相关内容。

6.2.4　钢梁的挠度设计

计算 H 型钢梁的挠度时，可不考虑螺栓孔引起的截面削弱。H 型钢梁的挠度容许值宜符合表 6.2-3 的规定。

钢梁的挠度容许值　　　　表 6.2-3

项次	构件类别	挠度容许值	
		$[v_T]$	$[v_Q]$
1	吊车梁和吊车桁架(按自重和起重量最大的一台吊车计算挠度) (1)手动吊车和单梁吊车(含悬挂吊车) (2)轻级工作制桥式吊车 (3)中级工作制桥式吊车 (4)重级工作制桥式吊车	$l/500$ $l/750$ $l/900$ $l/1000$	—
2	手动或电动葫芦的轨道梁	$l/400$	—
3	(1)有重轨(重量等于或大于38kg/m)轨道的工作平台梁 (2)有轻轨(重量等于或小于24kg/m)轨道的工作平台梁	$l/600$ $l/400$	—
4	楼(屋)盖梁或桁架、工作平台梁(第3项除外)和平台板 (1)主梁或桁架(包括设有悬挂起重设备的梁和桁架) (2)仅支承压型金属板屋面和冷弯型钢檩条 (3)除支承压型金属板屋面和冷弯型钢檩条外,尚有吊顶 (4)抹灰顶棚的次梁 (5)除(1)~(4)款外的其他梁(包括楼梯梁) (6)屋盖檩条 　支承压型金属板、无积灰的瓦楞铁和石棉瓦屋面者 　支承有积灰的瓦楞铁和石棉瓦等屋面者 　支承其他屋面材料者 　有吊顶 (7)平台板	$l/400$ $l/180$ $l/240$ $l/250$ $l/250$ $l/150$ $l/200$ $l/240$ $l/150$	$l/500$ — — $l/350$ $l/300$ — —
5	墙架构件(风荷载不考虑阵风系数) (1)支柱(水平方向) (2)抗风桁架(作为连续支柱的支承时) (3)砌体墙的横梁(水平方向) (4)支承压型金属板的横梁(水平方向) (5)支承其他墙面材料的横梁(水平方向) (6)带有玻璃窗的横梁(竖直和水平方向)	— — — — — $l/200$	$l/400$ $l/1000$ $l/300$ $l/100$ $l/200$ $l/200$

注：1. l 为受弯构件的跨度(对悬臂梁和伸臂梁为悬臂长度的2倍)；

　　2. $[v_T]$ 为永久和可变荷载标准值产生的挠度(如有起拱应减去拱度)的容许值，$[v_Q]$ 为可变荷载标准值产生的挠度的容许值；

　　3. 当吊车梁或吊车桁架跨度大于12m时，其挠度容许值 $[v_T]$ 应乘以0.9的系数；

　　4. 当墙面采用延性材料或与结构采用柔性连接时，墙架构件的支柱水平位移容许值可采用1/300，抗风桁架(作为连续支柱的支承时)水平位移容许值可采用1/800。

6.2.5　钢梁的加劲肋设计

钢梁支座处及承受固定集中荷载的部位，当钢梁腹板不足以抵抗外部的荷载时，可以使用加劲肋对腹板进行加强，支承加劲肋的构造要求、截面形式、加劲肋布置及承载力计算见下列要求。

1. 在固定的集中荷载作用处或梁的支座处设置支承加劲肋时，应在腹板两侧成对配置，其截面尺寸应符合下列公式要求：

1) 加劲肋外伸宽度：

$$b_s \geqslant \frac{h_0}{30} + 40\text{mm} \qquad (6.2\text{-}20)$$

2) 加劲肋厚度：

(1) 承压加劲肋：

$$t_s \geqslant \frac{b_s}{15} \qquad (6.2\text{-}21)$$

（2）不受力加劲肋：

$$t_s \geqslant \frac{b_s}{19}$$ 　　　　　(6.2-22)

式中　h_0——梁的计算高度，为 H 型钢腹板与上、下翼缘相接处两内弧起点间的距离。

2. 用型钢（H 型钢、工字钢、槽钢、肢尖焊于腹板的角钢）做成的加劲肋，其截面惯性矩不得小于相应钢板加劲肋的惯性矩。在腹板两侧成对配置的加劲肋，其截面惯性矩应按梁腹板中心线为轴线进行计算。在腹板一侧配置的加劲肋，其截面惯性矩应按加劲肋相连的腹板边缘为轴线进行计算。

3. 梁的支承加劲肋，应按承受固定集中荷载或支座反力的轴心受压构件计算其在腹板平面外的稳定性。此受压构件的截面包括加劲肋面积和加劲肋每侧 $15t_w\sqrt{235/f_y}$ 范围内的腹板面积，其计算长度取 h_0。

4. 当梁支承加劲肋的端部为刨平顶紧时，应按其所承受的支座反力或固定集中荷载计算其端面承压应力；突缘支座的突缘加劲肋的伸出长度不得大于其厚度的 2 倍；当端部为焊接时，应按传力情况计算其焊缝应力。

5. 支承加劲肋与腹板的连接焊缝，应按传力需要进行计算。

6.2.6　框架梁支座下翼缘的稳定性计算实例

1. 设计条件

对于某跨度 $L=8m$ 的 H 型钢框架梁，截面 HN450×200×9×14，$h=450mm$，$A=9543mm^2$，$I_x=32900\times10^4 mm^4$，$W_x=1460\times10^3 mm^3$。钢材设计强度 $f=305N/mm^2$（翼缘板厚度 $t_1=14mm<16mm$）。框架梁上的次梁间距 $l_1=3m$，截面 HN350×175×7×11。梁顶有混凝土楼板。框架梁支座负弯矩 $M_x=410kN\cdot m$。

2. 框架梁支座下翼缘的稳定性计算

首先判断是否需要验算框架梁下翼缘稳定性。由于次梁高度 350mm 大于框架梁高度的一半，故框架梁平面外计算长度取次梁至框架柱的净距，即 $l_1=3m$。

$$\gamma=\frac{b_1}{t_w}\sqrt{\frac{b_1 t_1}{h_w t_w}}=\frac{200}{9}\sqrt{\frac{200\times14}{422\times9}}=19.08$$

$$\varphi_1=\frac{1}{2}\left(\frac{5.436\gamma h_w^2}{l^2}+\frac{l^2}{5.436\gamma h_w^2}\right)=\frac{1}{2}\left(\frac{5.436\times19.08\times422^2}{3000^2}+\frac{3000^2}{5.436\times19.08\times422^2}\right)=1.27$$

畸变屈曲临界应力：

$$\sigma_{cr}=\frac{3.46b_1 t_1^3+h_w t_w^3(7.27\gamma+3.3)\varphi_1}{h_w^2(12b_1 t_1+1.78h_w t_w)}E=\frac{3.46\times200\times14^3+422\times14^3(7.27\times19.08+3.3)1.27}{422^2(12\times200\times14+1.78\times422\times14)}\times206000$$

$$=1644N/mm^2$$

正则化长细比：$\lambda_{n,b}=\sqrt{\frac{f_y}{\sigma_{cr}}}=\sqrt{\frac{345}{1644}}=0.458>0.45$，故需验算框架梁下翼缘稳定性。

$$\lambda_e=\pi\lambda_{n,b}\sqrt{\frac{E}{f_y}}=3.14\times0.458\sqrt{\frac{206000}{345}}=35.2$$

按 b 类截面查轴心受压构件的稳定系数表，$\varphi_d=0.888$。

$$\varphi_d W_{1x} f=0.888\times1460\times10^3 mm^3\times305N/mm^2=395.4kN\cdot m<M_x=410kN\cdot m$$

故框架梁下翼缘稳定性不满足要求，应设置隔撑或沿梁长设间距不大于 2 倍梁高与梁等宽的加劲肋，加劲肋宽度可取 95mm，厚度取 $t_s=10mm>\frac{95}{19}=5mm$，加劲肋间距可取 2 倍梁高 900mm。

6.3　变截面梯形 H 型钢梁

6.3.1　H 型梯形变截面梁的类型

为了应用合理并降低用钢量，可将 H 型钢沿腹板斜向切割，分割成高度变化的 T 型钢后，再按一定要求焊接成高度变化的变截面梁。一般采用的 H 型梯形变截面梁有单坡和双坡两种。

1. 单坡梯形梁的加工制作如图 6.3-1 所示。如果要做成两翼缘的夹角为 θ 的梯形 H 型钢梁，在 H 型钢的腹板上以 $\theta/2$ 的角度斜向切割，将切下的一半变换方向后再重新进行焊接而成。

2. 双坡梯形梁的加工制作如图 6.3-2 所示，与单坡的类似，沿虚线切割后焊接而成。

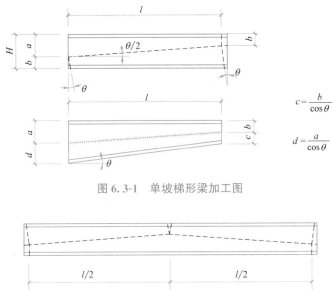

$$c = \frac{b}{\cos\theta}$$

$$d = \frac{a}{\cos\theta}$$

图 6.3-1　单坡梯形梁加工图

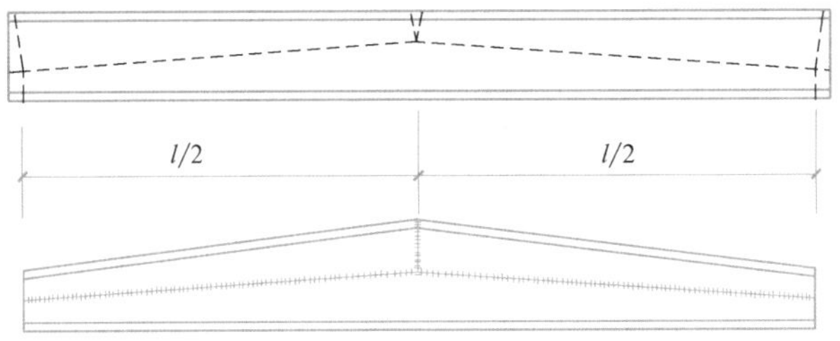

图 6.3-2　双坡梯形梁加工图

3. H 型钢梁腹板的切割应采用自动或半自动切割，并对切割边进行适当修整，其对接焊宜采用埋弧焊，再经必要的校正工序对截面及构件进行校正后成为构件产品。

6.3.2　梯形变截面梁设计的注意事项

H 型单坡梯形梁可用于悬臂柱和刚架结构的梁或柱，H 型双坡梯形梁一般用于屋盖梁。在 H 型梯形梁的设计计算中，要考虑以下几个问题：

1. 梁的坡度一般小于 1/10，故在计算时可不考虑翼缘不平行的影响，按所控制截面的高度视为等截面梁来进行强度计算。

2. 梁受弯强度计算时的最大应力截面即控制截面，但不一定在最大弯矩处，其位置与梁的坡度和外荷载的分布有关。根据外荷载产生的弯矩，可以绘出沿梁长度方向变化的弯矩包络图，某处的控制高度就是能抵抗该处弯矩作用所需要的截面最小高度。

1) 受均布荷载作用的 H 型双坡梯形简支梁的控制高度曲线如图 6.3-3 中的虚线所示。斜翼缘板与控制高度曲线相切处为梁的控制截面，此处的梁高与控制高度相同。其他各处的梁高都大于控制高度。从图 6.3-3 中还可以看出，不同坡度的梁，其控制截面位置不同。改变控制截面的位置，变截面梁的坡度相应发生变化，而腹板材料的消耗也随之变化，控制截面在 $L/4$ 处时，腹板重量最小。

2) 其他荷载作用下 H 型双坡梯形简支梁控制截面位置、控制高度、斜翼缘坡度以及跨中和端部梁高可按表 6.3-1 中的公式近似计算。

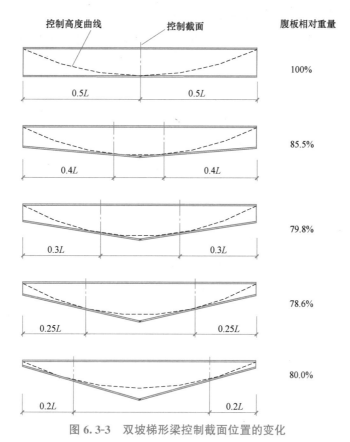

图 6.3-3 双坡梯形梁控制截面位置的变化

不同荷载情况下控制截面最佳位置及有关参数   表 6.3-1

荷载情况	控制截面最佳位置(距支座)	控制高度 h	斜翼缘坡度 $\tan\theta$	跨中梁高	端部梁高
P $L/2 \mid L/2$	$\dfrac{l}{2}$	$\sqrt{\left(\dfrac{3A_{\mathrm{f}}}{t_{\mathrm{w}}}\right)^2+\dfrac{3Pl}{2t_{\mathrm{w}}f}}-\dfrac{3A_{\mathrm{f}}}{t_{\mathrm{w}}}$	$\dfrac{1.5P}{f(t_{\mathrm{w}}h+3A_{\mathrm{f}})}$	h	$h-\dfrac{l}{2}\tan\theta$
$P \quad P$ $L/3 \mid L/3 \mid L/3$	$\dfrac{l}{3}$	$\sqrt{\left(\dfrac{3A_{\mathrm{f}}}{t_{\mathrm{w}}}\right)^2+\dfrac{2Pl}{t_{\mathrm{w}}f}}-\dfrac{3A_{\mathrm{f}}}{t_{\mathrm{w}}}$	$\dfrac{3P}{f(t_{\mathrm{w}}h+3A_{\mathrm{f}})}$	$h+\dfrac{l}{6}\tan\theta$	$h-\dfrac{l}{3}\tan\theta$
$P \quad P \quad P$ $L/4 \mid L/4 \mid L/4 \mid L/4$	$\dfrac{l}{4}$	$\sqrt{\left(\dfrac{3A_{\mathrm{f}}}{t_{\mathrm{w}}}\right)^2+\dfrac{9Pl}{4t_{\mathrm{w}}f}}-\dfrac{3A_{\mathrm{f}}}{t_{\mathrm{w}}}$	$\dfrac{1.5P}{f(t_{\mathrm{w}}h+3A_{\mathrm{f}})}$	$h+\dfrac{l}{4}\tan\theta$	$h-\dfrac{l}{4}\tan\theta$
$P \quad P \quad P \quad P$ $L/5 \mid L/5 \mid L/5 \mid L/5 \mid L/5$	$\dfrac{l}{5}$	$\sqrt{\left(\dfrac{3A_{\mathrm{f}}}{t_{\mathrm{w}}}\right)^2+\dfrac{2.4Pl}{t_{\mathrm{w}}f}}-\dfrac{3A_{\mathrm{f}}}{t_{\mathrm{w}}}$	$\dfrac{3P}{f(t_{\mathrm{w}}h+3A_{\mathrm{f}})}$	$h+0.3\tan\theta$	$h-0.2\tan\theta$
$P \quad P \quad P \quad P \quad P$ $L/6 \mid L/6 \mid L/6 \mid L/6 \mid L/6 \mid L/6$	$\dfrac{l}{4}$	$\sqrt{\left(\dfrac{3A_{\mathrm{f}}}{t_{\mathrm{w}}}\right)^2+\dfrac{13Pl}{4t_{\mathrm{w}}f}}-\dfrac{3A_{\mathrm{f}}}{t_{\mathrm{w}}}$	$\dfrac{4.5P}{f(t_{\mathrm{w}}h+3A_{\mathrm{f}})}$	$h+\dfrac{l}{4}\tan\theta$	$h-\dfrac{l}{4}\tan\theta$
q L	$\dfrac{l}{4}$	$\sqrt{\left(\dfrac{3A_{\mathrm{f}}}{t_{\mathrm{w}}}\right)^2+\dfrac{9ql^2}{16t_{\mathrm{w}}f}}-\dfrac{3A_{\mathrm{f}}}{t_{\mathrm{w}}}$	$\dfrac{0.75ql}{f(t_{\mathrm{w}}h+3A_{\mathrm{f}})}$	$h+\dfrac{l}{4}\tan\theta$	$h-\dfrac{l}{4}\tan\theta$

注：表中 A_{f} 为一个翼缘的截面积；t_{w} 为腹板厚度；f 为 H 型钢设计强度。

3. 用 H 型钢制作双坡梯形梁时，梁跨中高度和端部高度的平均值（即在 $l/4$ 处的梁高）近似等于 H 型钢的高度。因此，当控制截面在 $l/4$ 处时，可按控制高度来选用 H 型钢截面高度，同时按表 6.3-1 计算出的斜翼缘坡度 $\tan\theta$ 要小于 H 型钢高度与梁跨度之比的 4 倍。当控制截面不在 $l/4$ 处时，可按根据控制高度和斜翼缘坡度 $\tan\theta$ 计算出的梁跨中高度与端部高度的平均值来选用 H 型钢截面高度，同样，$\tan\theta$ 要小于 H 型钢高度与梁跨度之比的 4 倍。

4. 确定 H 型钢截面和梯形梁的几何参数之后，应校核控制截面的抗弯强度和梁端的抗剪强度，以及根据梁腹板高厚比和集中荷载作用情况确定是否设置加劲肋。

6.3.3　H 型双坡梯形变截面梁挠度计算

梯形梁的跨中挠度可采用分段累计的方法按式（6.3-1）计算。即把梁从梁端至跨中分成若干段，如图 6.3-4 所示，每一段按等截面梁计算，然后累计。分段越多，最后计算的结果越准确，一般分为 5 段就可得到相当准确的结果。

$$\Delta = \frac{S}{E}\sum_{i=1}^{n}\frac{M_i x_i}{I_i} \tag{6.3-1}$$

式中　S——梁分段长度；

　　　E——钢材的弹性模量；

　　　x_i——第 i 段梁中点至梁端的距离；

　　　M_i——第 i 段梁中点所对应的弯矩值；

　　　I_i——第 i 段梁中点处的截面惯性矩。

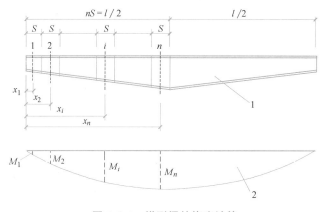

图 6.3-4　梯形梁的挠度计算

6.4　腹板开孔梁

当楼层高度受到限制时，为了减小建筑层高，可采用腹板开孔梁布置设备管线，开孔梁可以避免管线从梁下穿过造成层高增加的问题。当腹板开洞较大时，洞口将对钢梁的结构性能产生明显影响，需要对钢梁进行承载力、挠度的验算，并采取一定的构造措施保证钢梁的结构安全性，必要时应对腹板洞口进行限制，并根据洞口大小进行补强。

根据相关研究结果：腹板开孔梁的受力特征与焊接截面梁类似。当梁上的开孔需要补强时，在孔上下设置纵向加劲肋的方法明显比横向或沿孔外围设置加劲肋更有效。

6.4.1　腹板开孔梁的承载力验算

1. 腹板开孔梁应满足整体稳定及局部稳定要求，并应进行下列计算。

1）实腹及开孔截面处的受弯承载力验算；

2）开孔处顶部及底部 T 形截面受弯剪承载力验算。

2. 对用套管补强腹板开孔的钢梁，可以根据以下两个假定，分别验算受弯和受剪时的承载力。

1) 弯矩仅由翼缘承受；

2) 剪力由套管和梁腹板共同承担。

3. 不带补强的腹板开孔梁最大受弯承载力按式（6.4-1）计算。

$$M_m = M_p \left[1 - \frac{\Delta A_s \left(\frac{h_0}{4} + e \right)}{Z} \right]$$ (6.4-1)

式中　M_p——塑性极限弯矩，$M_p = f_y Z$；

　　　ΔA_s——腹板开孔削弱面积，$\Delta A_s = h_0 t_w$；

　　　h_0——腹板开孔高度（mm）；

　　　t_w——腹板厚度（mm）；

　　　e——开孔偏心量，取正值（mm）；

　　　Z——未开孔截面塑性截面模量（mm^3）；

　　　f_y——钢材屈服强度（N/mm^2）。

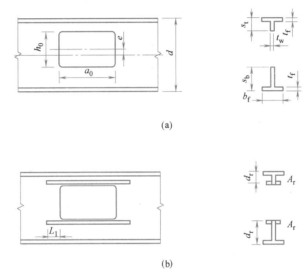

(a)

(b)

图 6.4-1　腹板开孔梁计算几何图形

（a）开孔不带补强；（b）开孔带补强

4. 带补强的腹板开孔梁最大受弯承载力按式（6.4-2）或式（6.4-3）计算。

当 $t_w e < A_r$ 时：　　　$$M_m = M_p \left[1 - \frac{t_w \left(\frac{h_0^2}{4} + h_0 e - e^2 \right) - A_r h_0}{Z} \right] \leqslant M_p$$ (6.4-2)

当 $t_w e \geqslant A_r$ 时：　　　$$M_m = M_p \left[1 - \frac{\Delta A_s \left(\frac{h_0}{4} + e - \frac{A_r}{2 t_w} \right)}{Z} \right] \leqslant M_p$$ (6.4-3)

式中　ΔA_s——腹板开孔削弱面积，$\Delta A_s = h_0 t_w - 2 A_r$；

　　　A_r——腹板单侧加劲肋截面积。

6.4.2　腹板开孔梁的挠度计算

1. 对于梁腹板开洞以后，孔洞会导致钢梁产生附加弯曲变形和附加剪切变形，附加变形的计算可参考以下公式进行简化计算：

当 $x \leqslant 0.5L$ 时　　　$$\frac{\Delta_a}{\Delta} = k_0 \left(\frac{a_0}{L} \right) \left(\frac{h_0}{h} \right) \left(1 - \frac{x}{L} \right)$$ (6.4-4)

当 $x > 0.5L$ 时

$$\frac{\Delta_a}{\Delta} = k_0 \left(\frac{a_0}{L}\right)\left(\frac{h_0}{h}\right)\left(\frac{x}{L}\right)$$ (6.4-5)

式中　x——腹板洞口中心距离支座的位置；

　　　h_0——腹板方（矩）形孔洞高度或圆形孔洞直径；

　　　a_0——腹板方（矩）形孔洞有效长度，圆形孔洞时，$a_0 = 0.45h_0$；

　　　k_0——孔洞口上下设置纵向加劲时，取 $k_0 = 1.0$；孔洞口上下未设置加劲肋时，取 $k_0 = 1.5$；

　　　Δ_a——荷载标准值作用下，腹板孔洞引起的附加竖向变形；

　　　Δ——荷载标准值作用下，腹板无孔洞钢梁的竖向变形；

　　　L——梁跨度。

2. 当有腹板多个矩形孔洞时，腹板孔洞引起的附加变形计算公式如下：

$$\frac{\Delta_a}{\Delta} = 0.7n_0k_0\left(\frac{a_0}{L}\right)\left(\frac{h_0}{h}\right)$$ (6.4-6)

式中　n_0——洞口数量。

6.4.3　腹板开孔梁的构造要求及腹板补强措施

为了保证钢梁腹板开孔后的承载力和变形要求，必须对钢梁腹板孔洞的尺寸进行适当限制，并采取设置加劲肋等补强措施。

1. 当孔型为圆形或矩形时，腹板开孔梁的构造要求：

1）圆孔孔口直径不宜大于 0.7 倍梁高，矩形孔口高度不宜大于梁高的 0.5 倍，矩形孔口长度不宜大于 3 倍孔高与梁高的较小值；

2）相邻圆形孔口边缘间的距离不宜小于梁高的 0.25 倍，矩形孔口与相邻孔口的距离不宜小于梁高和矩形孔口长度中的较大者；

3）开孔处梁上下 T 形截面高度均不小于 0.15 倍梁高，矩形孔口上下边缘至梁翼缘外皮的距离不宜小于梁高的 0.25 倍；

4）开孔长度（或直径）与 T 形截面高度的比值不宜大于 12；

5）不应在距梁端相当于梁高范围内设孔，抗震设防的结构不应在隔撑与梁柱接头区域范围内设孔；

6）腹板开孔梁材料的屈服强度应不大于 440N/mm^2。

2. 腹板开孔梁的腹板补强措施

1）圆形孔直径小于或等于 1/3 梁高时，可不予补强。当大于 1/3 梁高时，可用环形加劲肋加强（图 6.4-2a），也可用套管（图 6.4-2b）或环形补强板（图 6.4-2c）加强。

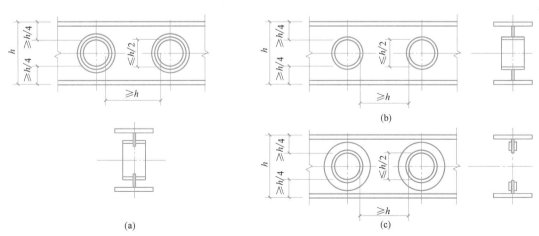

图 6.4-2　钢梁圆形孔口的补强

2）圆形孔口加劲肋截面不宜小于 $100\text{mm} \times 10\text{mm}$，加劲肋边缘至孔口边缘的距离不宜大于 12mm。

圆形孔口用套管补强时，其厚度不宜小于梁腹板厚度，补强管的长度可与梁翼缘等宽或稍短，角焊缝长度可取 0.7 倍梁腹板厚度。用环形板补强时，若在梁腹板两侧设置，环形板的厚度可稍小于腹板厚度，其宽度可取 75～125mm。

3）矩形孔口的边缘应采用纵向和横向加劲肋加强。矩形孔口上下边缘的水平加劲肋端部宜伸至孔口边缘以外单面加劲肋宽度的 2 倍，且不宜小于 150mm。加劲肋的厚度 t_r 不宜小于 8mm，宽度不大于 $10t_r\sqrt{235/f_y}$。当矩形孔口长度大于梁高时，其横向加劲肋应沿梁全高设置。

4）矩形孔口加劲肋截面总宽度不宜小于翼缘宽度的 1/2，厚度不宜小于翼缘厚度。当孔口长度大于 500mm 时，应在梁腹板两面设置加劲肋。

6.4.4 腹板开孔梁承载力计算实例

1. 腹板开孔梁的基本条件

对于某跨度 $L=8m$ 的 H 型钢简支梁，截面 HN450×200×9×14，$h=450mm$，$A=9543mm^2$，$I_x=32900\times10^4 mm^4$，$W_x=1460\times10^3 mm^3$。钢材设计强度 $f=215N/mm^2$（翼缘板厚度 $t_1=14mm<16mm$）。钢梁跨中腹板开洞长度 $a_0=400mm$，洞口高度 $h_0=240mm$，开孔偏心距离 $e=30mm$（图 6.4-3），孔中心距离左端支座的距离 3500mm。梁上均布荷载标准值为 $q=40kN/m$。

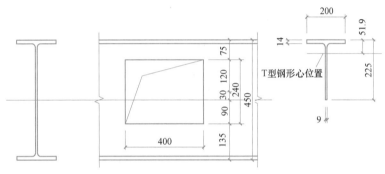

图 6.4-3　钢梁腹板开孔示意

2. 不带补强板时，腹板开孔梁承载力计算

未开孔截面的塑性截面模量计算：

$$Z=\frac{A}{2}\times(h-2C_x)=\frac{9543}{2}\times(450-2\times51.9)=1652\times10^3 mm^3$$

未开孔截面处的塑性极限弯矩为：

$$M_p=f_y\times Z=235\times1652\times10^3=388.15kN\cdot m$$

腹板开孔削弱面积为：

$$\Delta A_s=h_0\cdot t_w=240\times9=2160mm^2$$

腹板开孔截面处的塑性极限弯矩为：

$$M_m=M_p\left[1-\frac{\Delta A_s\left(\frac{h_0}{4}+e\right)}{Z}\right]=388.15\times\left[1-\frac{2160\times\left(\frac{240}{4}+30\right)}{1652\times10^3}\right]=342.5kN\cdot m$$

3. 带补强板时，腹板开孔梁承载力计算

腹板单侧补强板加劲肋：加劲肋宽度 $b_0=50mm$，厚度 $t_0=10mm$。

加劲肋面积：

$$A_r=b_0\cdot t_0=50\times10=500mm^2$$

腹板开孔削弱面积为：

$$\Delta A_s=h_0\cdot t_w-2\cdot A_r=240\times9-2\times500=1160mm^2$$

$$t_w\cdot e=9\times30=270mm^2<A_r$$

135

带补强板的腹板开孔截面处的塑性极限弯矩为：

$$M_m = M_p \left[1 - \frac{t_w \left(\frac{h_0^2}{4} + h_0 e - e^2 \right) - A_r h_0}{Z} \right] = 388.15 \times \left[1 - \frac{9 \left(\frac{240^2}{4} + 240 \times 30 - 30^2 \right) - 500 \times 240}{1652 \times 10^3} \right]$$

$$= 372.6 \text{kN} \cdot \text{m} < M_p$$

4. 腹板开孔钢梁的挠度计算

孔中心距离左端支座的距离：$x = 3500 \text{mm}$，腹板洞上下均未设置加劲肋。

钢梁承担的均布荷载标准值为 30kN/m。

荷载标准值作用下，腹板无洞口 H 型钢梁的竖向挠度为：

$$\Delta = \frac{5 q_k L^4}{384 E I_x} = \frac{5 \times 30 \times 8000^4}{384 \times 206000 \times 32900 \times 10^4} = 23.61 \text{mm}$$

腹板开洞引起的附加变形为：

$$\Delta_a = k_0 \cdot \left(\frac{a_0}{L} \right) \left(\frac{h_0}{h} \right) \left(1 - \frac{x}{L} \right) = 1.5 \times \left(\frac{400}{8000} \right) \times \left(\frac{240}{450} \right) \times \left(1 - \frac{3500}{8000} \right) = 0.55 \text{mm}$$

故腹板开孔梁的最终竖向变形为：$23.61 + 0.55 = 24.16 \text{mm}$。

6.5　蜂窝梁

蜂窝梁是一种特殊的腹板开洞梁，它是在 H 型钢腹板上按一定的折线进行切割后变换位置重新焊接组合而形成的新型梁。根据孔洞类型的不同可分为六角孔、八角孔、圆孔和椭圆孔等多种。蜂窝梁腹板上开孔形状最常用的为六角孔型，形同蜂窝，蜂窝梁由此得名。本节主要介绍六角孔型的蜂窝梁。

6.5.1　蜂窝梁特点和类型

1. 六角孔的蜂窝梁的成形（图 6.5-1）是将 H 型钢切割后变换位置可采用平移错开或掉头的方式进行，为保持梁端头平齐，可切除多余部分或加焊钢板补齐。用类似的方法可做成长圆形孔和方形孔的梁，如图 6.5-2 所示。

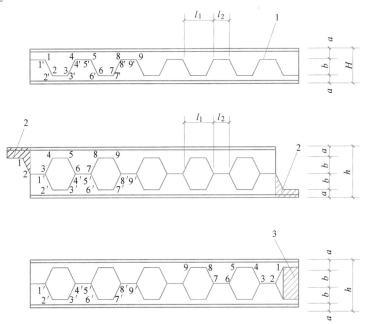

图 6.5-1　蜂窝梁的成形

1—H型钢腹板上的切割线；2—多余部分切除；3—补焊钢板

2. 蜂窝梁属于空腹结构构件，在跨度较大而荷载较小的情况下，采用蜂窝梁比较合适。蜂窝梁多用于轻型楼面梁、屋面檩条、屋面梁以及门式刚架等。当用于楼面梁时，由于可利用孔洞通行管道，与在楼面梁下布置管道相比，可提高楼层净空，增加使用空间。

3. 蜂窝梁的截面高度 h 与原 H 型钢的截面高度 H 之比称为扩张比，一般在 $1.2\sim1.7$ 之间，常用的扩张比为 1.5。由于扩张后增大了截面惯性矩和抵抗矩，所以显著地提高了梁的刚度和强度。

4. 蜂窝梁的类型

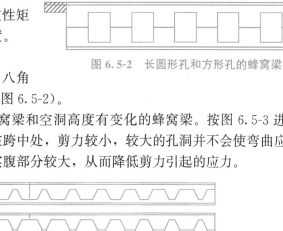

图 6.5-2　长圆形孔和方形孔的蜂窝梁

1) 根据孔洞类型的不同可分为六角孔、八角孔、圆孔和椭圆孔等多种蜂窝梁（图 6.5-1 和图 6.5-2）。

2) 根据切割的不同，形成空洞相同的蜂窝梁和空洞高度有变化的蜂窝梁。按图 6.5-3 进行切割组合，可做成孔洞长度有变化的等高蜂窝梁。在跨中处，剪力较小，较大的孔洞并不会使弯曲应力显著增加，在剪力较大的支座处，孔洞做得较小而实腹部分较大，从而降低剪力引起的应力。

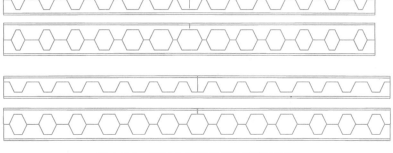

图 6.5-3　孔洞长度有变化的等高蜂窝梁

3) 蜂窝梁根据高度的不同分为等高蜂窝梁和梯形蜂窝梁。蜂窝梁用于屋面梁或门式刚架时，有时需要变化截面高度。可采用以下两种方法制作变高度蜂窝梁，如图 6.5-4 所示。

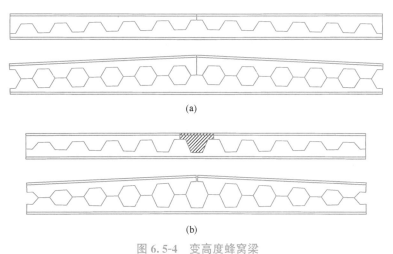

(a)

(b)

图 6.5-4　变高度蜂窝梁

（1）切割方向与 H 型钢轴线成一夹角，切下的一部分掉头后与另一部分焊接就组成了孔洞尺寸相同的变高度蜂窝梁，如图 6.5-4（a）所示；

（2）切割范围逐渐扩大，切割后，两部分错开拼接，也可组成变高度梁，但孔洞高度有变化，如

图 6.5-4（b）所示。

6.5.2　蜂窝梁设计

在荷载作用下蜂窝梁腹板洞口处会出现局部变形，该变形会叠加在钢梁的整体弯曲变形上，导致梁的挠度增加并引起额外的腹板应力。为此，蜂窝梁在设计时，应进行强度、整体稳定、集中荷载作用下支承加劲肋、挠度验算，并满足局部稳定和构造要求，同时需要考虑以下内容：

（1）由整体弯曲产生，主要翼缘承担的主弯曲应力；

（2）腹板空洞引起的局部弯曲应力；

（3）空洞部位的局部空腹挠曲引起的腹板受剪；

（4）腹板孔洞引起的局部弯曲。

下面介绍的蜂窝梁设计是针对上下 T 形截面部分相同的蜂窝梁。

1. 蜂窝梁的截面强度计算

1）蜂窝梁的截面正应力

（1）蜂窝梁的截面正应力计算假定

① 在弯矩作用下，应力在上下两 T 形截面上均匀分布，方向相反，如图 6.5-5（a）所示。

② 带孔截面的上下两 T 形截面部分按框架梁考虑，反弯点在 T 形截面部分的正中，如图 6.5-5（b）所示。剪力按上下 T 形截面部分的刚度进行分配，蜂窝梁上下 T 形截面部分一般相同，故有：

$$V_1 = V_2 = \frac{V}{2} \tag{6.5-1}$$

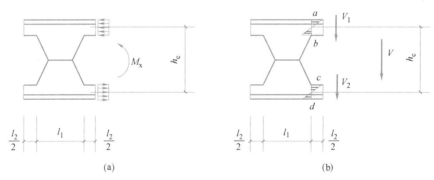

图 6.5-5　截面正应力计算假定

（a）纯弯作用下的应力分布；（b）剪力作用下的应力分布

按上述假定，最大正应力发生在蜂窝梁 T 形截面部分两端的腹板孔角点上，即图 6.5-5（b）中的 b 点或 c 点。

（2）对于上下 T 形截面部分相同的蜂窝梁，其抗弯强度的计算公式为：

$$\frac{M_x}{h_c A_T} + \frac{V l_2}{4 W_T} \leqslant f \tag{6.5-2}$$

式中　M_x、V——作用于蜂窝梁验算截面处的弯矩和剪力；

A_T——梁 T 形截面的净面积；

l_2——梁蜂窝孔上下两边的边长；

W_T——梁 T 形截面的腹板边缘处的净截面抵抗矩。

（3）控制截面确定

由于弯矩和剪力都产生正应力，最大弯矩和最大剪力一般不在同一位置，所以产生最大正应力的截面即控制截面一般不在弯矩最大处或剪力最大处。

① 对于受均布荷载作用的简支蜂窝梁，控制截面在距离梁端 x 处附近的蜂窝孔中点处，应采用该处的弯矩和剪力验算抗弯强度。x 值可按式（6.5-3）计算：

$$x = \frac{l}{2} - \frac{h_c A_T l_2}{4 W_T} \quad (6.5-3)$$

式中 l——梁跨度。

② 对于其他情况的梁，可近似地针对梁端第一个孔中央、1/4 跨度处和跨度中央分别进行验算。

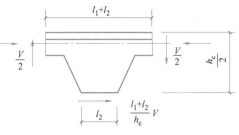

图 6.5-6 蜂窝梁的剪力

2）蜂窝梁的剪应力

在剪力作用下，蜂窝梁应分别验算蜂窝孔上、下两边的 T 形截面和蜂窝孔之间的腹板对焊拼接接缝（图 6.5-6）的剪应力，验算公式可按式（6.5-4）和式（6.5-5）进行。

① T 形截面处的剪应力： $\tau = \frac{V S_T}{2 t_w I_T} \leq f_v$ (6.5-4)

② 腹板对焊处的剪应力： $\tau = \frac{V(l_1 + l_2)}{l_2 h_c t_w} \leq f_v^w$ (6.5-5)

式中 S_T——T 形截面的面积矩，当形心位于腹板内时，取中性轴以上部分面积对中性轴的面积矩，当形心位于翼缘内时，取腹板自由端至翼缘内表面之间腹板面积对形心轴的面积矩；

I_T——T 形截面的惯性矩；

t_w——梁腹板厚度；

l_2——取连接焊缝长度减去 10mm；

f_v——钢材抗剪强度设计值；

f_v^w——对接焊缝抗剪强度设计值。

2. 蜂窝梁的整体稳定性计算

蜂窝梁的整体稳定性计算与一般实腹工字形截面梁相同，但其截面特性应按空腹部分的梁截面计算。

3. 集中荷载作用下支承加劲肋的设计

较大的集中荷载应布置在蜂窝孔之间的实腹部分。在集中荷载作用处一般应设置支承加劲肋。无支承加劲肋时，应按下列公式验算腹板对接焊缝的折算应力和这部分腹板作为轴心压杆在平面外的稳定性：

1）焊缝的折算应力 $\sqrt{\left(\frac{F}{2 l_2 t_w}\right)^2 + 3\left[\frac{(V-F/2)(l_1+l_2)}{h_c l_2 t_w}\right]^2} \leq f_t^w$ (6.5-6)

2）平面外的稳定性 $\frac{F}{2\varphi l_2 t_w} \leq f$ (6.5-7)

式中 F——集中荷载；

f_t^w——对接焊缝抗拉强度设计值；

φ——轴心受压构件的稳定系数，计算长度取孔的高度，回转半径为 $t_w/\sqrt{12}$，按 c 类截面考虑。

4. 蜂窝梁的挠度计算

蜂窝梁的挠度计算要考虑剪力的影响，剪力一方面造成 T 形截面的次弯矩从而产生挠度，另一方面剪力造成较大剪切变形产生挠度。

对于扩张比 $h/H = 1.5$ 的蜂窝梁，挠度值可以按与蜂窝梁实腹部分等截面的实腹梁的弯曲挠度乘以表 6.5-1 中的挠度放大系数来计算。

简支蜂窝梁（$h/H=1.5$）挠度放大系数　　　　表 6.5-1

荷载作用形式	高跨比(h/l)									
	1/40	1/36	1/32	1/28	1/24	1/20	1/16	1/12	1/10	1/8
均布荷载	1.09	1.09	1.10	1.11	1.13	1.19	1.28	1.48	1.70	2.34
两个集中荷载作用在三分点处	1.09	1.11	1.12	1.13	1.16	1.22	1.34	1.55	1.83	2.40
一个集中荷载作用在跨中	1.11	1.12	1.13	1.15	1.18	1.24	1.38	1.60	1.92	2.59

5. 蜂窝梁局部稳定要求

1) 对于没有集中荷载作用的蜂窝梁，当 $h_c/t_w \leq 80$ 时，其跨内可不设置中间加劲肋；当 $80 < h_c/t_w \leq 100$ 时，应设置间距不超过 $2.5h_c$ 的中间加劲肋；当 $h_c/t_w > 100$ 时，中间加劲肋的间距不应超过 $2h_c$。

2) 蜂窝梁受压的 T 形截面的腹板自由外伸高度不应大于 $13t_w\sqrt{235/f_y}$，超过时，可沿 T 形截面的自由边缘设置水平加劲肋或适当降低应力水平以保证 T 形截面腹板的局部稳定性。

6. 构造要求

1) 蜂窝梁腹板的焊缝连接必须采用焊透的对接焊缝。

(1) 当腹板厚度 $t_w \leq 6$mm、采用手工焊接时，或者 $t_w \leq 8$mm、采用自动或半自动焊接时，可采用不开坡口的双面焊接。

(2) 不属于上述情况时，应采用开坡口的对接焊缝，以保证焊透。

(3) 在孔洞范围内不宜有集中荷载，若布置上无法避免时，可将孔洞用钢板焊补。

2) 在梁端支承处应设置加劲肋，如图 6.5-7 所示，并按一般实腹梁设置端加劲的要求进行计算，同时应保证加劲肋距孔边的距离 $C \geq 250$mm。

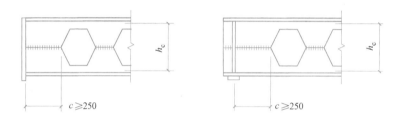

图 6.5-7　梁端支承加劲肋

6.5.3　蜂窝梁设计用表

按照国标 H 型钢剖分组合的蜂窝梁截面特性、跨中挠度、容许最大线荷载分别见表 6.5-2、表 6.5-3、表 6.5-4 和表 6.5-5。表中蜂窝梁的切割尺寸应满足图 6.5-8 要求。

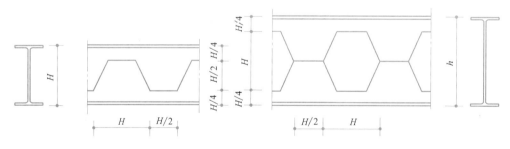

图 6.5-8　蜂窝梁的切割尺寸

表 6.5-4 和表 6.5-5 中：q 为不考虑整体稳定时的最大线荷载；q_0 为考虑整体稳定时的最大线荷载，无侧向支撑，荷载作用在上翼缘；q_1 为考虑整体稳定时的最大线荷载，跨度中点有一个侧向支撑点，荷载作用在上翼缘；q_2 为考虑整体稳定时的最大线荷载，跨度中点有两个侧向支撑点，支撑点作用在三分点处，荷载作用在上翼缘。注意：①计算最大线荷载时，考虑了最不利位置的抗弯、焊缝和 T 形截面抗剪以及 T 形截面腹板的局部稳定性，表中取各种计算的最小线荷载值，适用于不需考虑整体稳定的情况；②q_0、q_1 和 q_2 系按整体稳定计算，所得值高于 q 时，取为 q 值；③荷载作用在上翼缘系指作用点在翼缘表面，方向指向截面形心；④梁的支座处，应采取构造措施以防止梁端截面的扭转以及在支座反力作用下腹板屈曲；⑤蜂窝梁上下两部分之间的焊接应采取对接焊缝，焊缝材料与母材相匹配，满焊，可不用引弧板；⑥蜂窝梁的切割尺寸应满足图 6.5-8 的要求。

表 6.5-2

蜂窝梁的截面性质

截面高度 h (mm)	原H型钢型号	扩张比	T型钢截面 高度 h_T (mm)	蜂窝孔 高度 h_o (mm)	T型钢截面 重心 C_x (mm)	两T形截面 形心距 h_c (mm)	惯性矩（对x轴） 空腹处 I_o (cm⁴)	惯性矩（对x轴） 实腹处 I_s (cm⁴)	T形截面性质（对x_T轴） 惯性矩 I_T (cm⁴)	T形截面性质（对x_T轴） 面积矩 S_T (cm³)	T形截面性质（对x_T轴） 面积 A_T (cm²)	T形截面性质（对x_T轴） 抵抗矩 W_T (cm³)
300	HN198×99×4.5×7	1.515	48	204	8.36	283	3647.8	3966.2	11.3	3.53	9.0	2.84
	HN200×100×5.5×8	1.500	50	200	9.44	281	4206.7	4573.4	15.0	4.52	10.6	3.71
	HM194×150×6×9	1.546	44	212	7.41	285	6474.0	6950.4	11.9	4.01	15.9	3.24
	HW200×200×8×12	1.500	50	200	8.71	283	11108.7	11642.0	23.4	6.78	27.8	5.67
	HW200×204×12×12	1.500	50	200	9.80	280	11726.0	12526.0	32.5	9.67	29.8	8.08
350	HN248×124×5×8	1.411	73	204	12.81	324	7157.0	7510.7	44.6	9.06	13.4	7.41
	HN250×125×6×9	1.400	75	200	14.09	322	8126.0	8526.0	56.3	11.13	15.5	9.25
	HM244×175×7×11	1.434	69	212	11.28	327	12963.9	13519.7	53.3	11.66	24.0	9.23
	HW244×252×11×11	1.434	69	212	11.79	326	18672.2	19545.6	82.4	18.00	34.8	14.41
	HW250×250×9×14	1.400	75	200	11.99	326	22058.9	22658.9	89.5	17.85	41.2	14.20
	HW250×255×14×14	1.400	75	200	14.12	322	23488.7	24422.0	129.3	25.95	45.0	21.23
400	HN248×124×5×8	1.613	48	304	7.93	384	9017.0	10187.6	12.8	4.01	12.2	3.19
	HN250×125×6×9	1.600	50	300	8.90	382	10241.6	11591.6	16.8	5.07	14.0	4.09
	HW250×250×9×14	1.600	50	300	9.1	382	28446.4	30471.4	27.8	7.43	39.0	6.79
	HW250×255×14×14	1.600	50	300	10.0	380	29972.0	33122.0	38.9	11.07	41.5	9.73
	HM294×200×8×12	1.361	94	212	15.8	368	21508.4	22143.6	153.5	24.44	31.3	19.63
	HM298×201×9×14	1.342	98	204	17.2	366	24718.5	25355.3	192.2	29.40	36.4	23.77
	HN298×149×5.5×8	1.342	98	204	17.7	365	11910.2	12299.3	118.1	17.75	17.6	14.70
	HN300×150×6.5×9	1.333	100	200	19.1	362	13446.0	13879.4	144.7	21.28	20.1	17.88
	HW294×302×12×12	1.361	94	212	15.9	368	32163.3	33116.1	230.5	36.63	46.8	29.50
	HW300×300×10×15	1.333	100	200	15.3	369	37437.7	38104.4	238.4	35.84	54.2	28.16
	HW300×305×15×15	1.333	100	200	18.3	363	39751.5	40751.5	334.7	50.10	59.2	40.95
	HN298×149×5.5×8	1.342	98	204	17.7	365	11910.2	12299.3	118.1	17.75	17.6	14.70
450	HN300×150×6.5×9	1.500	75	300	13.1	424	16725.3	18187.8	62.3	12.46	18.5	10.07
	HN298×149×5.5×8	1.510	73	304	11.9	426	14802.0	16089.7	49.9	10.27	16.2	8.17

续表

截面高度 h (mm)	原H型钢型号	扩张比	T型钢截面 高度 h_T (mm)	蜂窝孔高度 h_o (mm)	T型钢重心 C_x (mm)	两T形截面形心距 h_c (mm)	惯性矩（对x轴）空腹处 I_o (cm⁴)	惯性矩（对x轴）实腹处 I_s (cm⁴)	T形截面性质（对x_T轴）惯性矩 I_T (cm⁴)	面积矩 S_T (cm³)	面积 A_T (cm²)	抵抗矩 W_T (cm³)
450	HN300×150×6.5×9	1.500	75	300	13.1	424	16725.3	18187.8	62.3	12.46	18.5	10.07
	HM294×200×8×12	1.531	69	312	11.3	427	26635.6	28860.3	60.9	13.30	29.3	10.56
	HM298×200×8×12	1.510	73	304	12.7	425	30955.6	33062.7	79.5	16.37	34.2	13.18
	HW294×302×12×12	1.531	69	312	11.4	427	40128.3	43165.5	91.4	19.93	43.8	15.86
	HW300×300×10×15	1.500	75	300	11.9	426	47180.8	49430.8	100.9	19.89	51.7	15.98
	HW300×305×15×15	1.500	75	300	13.6	423	49833.1	53208.1	141.4	28.27	55.5	23.02
500	HN346×174×6×9	1.445	96	308	16.0	468	23876.8	25337.7	124.3	19.20	21.6	15.53
	HN350×175×7×11	1.429	100	300	17.3	465	28665.6	30240.6	160.8	23.91	26.2	19.45
	HM340×250×9×14	1.471	90	320	14.2	472	47609.7	50067.3	154.5	25.84	42.6	20.39
	HW344×348×10×16	1.453	94	312	13.7	473	72077.2	74608.1	202.6	32.20	64.2	25.23
	HW350×350×12×19	1.429	100	300	15.8	468	84938.0	87638.0	285.2	42.44	76.9	33.89
550	HN346×174×6×9	1.590	71	408	11.0	528	28100.6	31496.5	50.9	10.81	20.1	8.48
	HN350×175×7×11	1.571	75	400	12.3	525	33857.8	37591.1	68.4	13.75	24.5	10.91
	HM340×250×9×14	1.618	65	420	10.7	529	56419.9	61976.5	58.6	13.22	40.3	10.78
	HW344×348×10×16	1.599	69	412	11.0	528	86175.5	92003.4	81.9	16.71	61.7	14.12
	HW350×350×12×19	1.571	75	400	12.9	524	101805.0	108205.0	123.4	22.89	73.9	19.88
	HN400×150×8×13	1.375	125	300	25.7	499	36937.3	38737.3	336.3	39.47	29.2	33.86
	HN396×199×7×11	1.389	121	308	20.8	508	39718.3	41422.7	288.4	35.12	30.3	28.79
	HN400×200×8×13	1.375	125	300	22.2	506	46311.1	48111.1	357.7	42.29	35.7	34.79
	HM390×300×10×16	1.410	115	320	17.7	515	78317.0	81047.6	362.5	47.32	58.6	37.26
	HW388×402×15×15	1.418	113	324	18.1	514	102465.5	106717.0	506.6	67.47	77.1	53.41
	HW394×398×11×18	1.396	119	312	16.7	517	113939.5	116723.5	454.5	57.53	84.8	44.44
	HW400×400×13×21	1.375	125	300	18.9	512	131678.1	134603.1	607.9	73.08	99.6	57.32
	HW408×408×21×21	1.375	125	300	22.9	504	140851.1	145576.1	908.4	109.41	109.6	88.99
600	HN400×150×8×13	1.500	100	400	19.3	561	43170.6	47437.2	174.9	26.06	27.2	21.67

续表

截面高度 h (mm)	原H型钢型号	扩张比	T型钢截面 高度 h_T (mm)	蜂窝孔高度 h_o (mm)	T型钢重心 C_x (mm)	两T形截面形心距 h_c (mm)	惯性矩(对x轴) 空腹处 I_o (cm⁴)	实腹处 I_s (cm⁴)	T形截面性质(对x_T轴) 惯性矩 I_T (cm⁴)	面积矩 S_T (cm³)	面积 A_T (cm²)	抵抗矩 W_T (cm³)
600	HN396×199×7×11	1.515	96	408	15.5	569	46517.2	50479.1	145.9	22.71	28.6	18.11
	HN400×200×8×13	1.500	100	400	16.8	566	54370.9	58637.6	184.9	27.68	33.7	22.22
	HM390×300×10×16	1.538	90	420	13.9	572	92180.0	98354.0	173.9	28.90	56.1	22.86
	HW388×402×15×15	1.546	88	424	13.9	572	120237.4	129765.5	239.6	41.13	73.3	32.35
	HW394×398×11×18	1.523	94	412	13.7	573	134847.2	141257.9	225.2	35.36	82.1	28.04
	HW400×400×13×18	1.500	100	400	15.8	568	156136.5	163069.8	313.3	45.91	96.3	37.20
	HW400×408×21×21	1.500	100	400	18.4	563	166151.2	177351.2	465.5	69.82	104.3	57.05
	HW414×405×18×28	1.449	114	372	20.8	558	205336.1	213057.9	612.2	77.76	131.0	65.67
	HW428×407×20×35	1.402	128	344	24.9	550	248849.5	255634.1	953.5	105.34	163.1	92.45
	HN446×150×7×12	1.345	146	308	30.3	539	41798.1	43502.5	471.3	46.83	28.1	40.74
	HN450×151×8×14	1.333	150	300	31.9	536	48203.2	50003.2	575.3	55.78	32.7	48.72
	HN446×199×8×12	1.345	146	308	28.1	544	53307.3	55255.2	557.7	55.57	35.3	47.31
	HN450×200×9×14	1.333	150	300	29.4	541	61312.3	63337.3	672.4	65.44	41.0	55.76
	HM440×300×11×18	1.364	140	320	22.8	554	106122.3	109126.1	707.8	75.54	68.1	60.39
650	HN400×150×8×13	1.625	75	500	13.9	622	48883.5	57216.8	74.3	14.95	25.2	12.15
	HN396×199×7×11	1.641	71	508	11.0	628	52959.3	60606.6	59.2	12.59	26.8	9.88
	HN400×200×8×13	1.625	75	500	12.4	625	62072.8	70406.1	78.2	15.70	31.7	12.48
	HM390×300×10×16	1.667	65	520	11.0	628	105871.2	117588.5	67.0	14.46	53.6	12.41
	HW394×398×11×18	1.650	69	512	11.4	627	156107.4	168410.7	93.6	18.03	79.3	16.24
	HW400×400×13×21	1.625	75	500	13.3	623	181053.5	194595.2	139.2	24.37	93.1	22.56
	HW400×408×21×21	1.625	75	500	14.8	620	190909.9	212784.9	200.1	37.70	99.1	33.21
	HW414×405×18×28	1.570	89	472	17.9	614	239040.3	254813.4	306.6	44.59	126.5	43.11
	HW428×407×20×35	1.519	103	444	22.0	606	291376.4	305964.5	527.3	63.92	158.1	65.09
	HN446×150×7×12	1.457	121	408	23.5	603	48443.2	52405.1	273.9	33.28	26.4	28.09
	HN450×151×8×14	1.444	125	400	25.0	600	55982.7	60249.4	339.0	39.96	30.7	33.91

续表

截面高度 h(mm)	原H型钢型号	扩张比	T型钢截面高度 h_T (mm)	蜂窝孔高度 h_o (mm)	T型钢重心 C_x (mm)	两T形截面形心距 h_c (mm)	惯性矩(对x轴) 空腹处 I_o (cm⁴)	实腹处 I_s (cm⁴)	T形截面性质(对x_T轴) 惯性矩 I_T (cm⁴)	面积矩 S_T (cm³)	面积 A_T (cm²)	抵抗矩 W_T (cm³)
650	HN446×199×8×12	1.457	121	408	21.8	606	61883.8	66411.7	323.1	39.36	33.3	32.57
	HN450×200×9×14	1.444	125	400	23.1	604	71325.0	76125.0	394.8	46.70	38.7	38.75
	HM440×300×11×18	1.477	115	420	18.4	613	123715.5	130506.9	392.8	51.32	65.4	40.67
	HM482×300×11×15	1.349	157	336	27.5	595	110532.4	114009.6	985.5	92.25	61.3	76.09
	HM488×300×11×18	1.332	163	324	27.4	595	127387.3	130505.1	1111.9	101.11	70.7	82.01
	HW428×407×20×35	1.519	103	444	22.0	606	291376.4	305964.5	527.3	63.92	158.1	65.09
	HN446×199×8×12	1.570	96	508	17.4	665	54676.2	62323.5	138.9	21.60	24.6	17.68
	HN450×200×9×14	1.556	100	500	19.0	662	63330.9	71664.2	175.7	26.27	28.7	21.68
	HN446×199×8×12	1.570	96	508	16.3	667	70069.5	78809.3	163.3	25.43	31.3	20.48
	HN450×200×9×14	1.556	100	500	17.6	665	80955.5	90330.5	203.9	30.55	36.5	24.75
	HM440×300×11×18	1.591	90	520	14.7	671	141211.1	154100.2	188.7	31.12	62.6	25.06
	HN470×150×7×13	1.489	120	460	22.7	655	59898.3	65576.2	269.1	33.14	27.7	27.66
700	HN475×151.5×8.5×15.5	1.474	125	450	25.1	650	71450.8	77905.5	358.1	42.40	33.5	35.86
	HN482×153.5×10.5×19	1.452	132	436	28.3	643	87428.8	94680.9	502.5	56.46	41.8	48.45
	HN492×150×9×16	1.423	142	416	29.2	642	58120.8	62320.3	435.1	44.54	27.8	38.57
	HN500×152×9×16	1.400	150	400	32.4	635	76126.4	80926.4	639.2	62.24	37.1	54.35
	HN504×153×10×18	1.389	154	392	34.0	632	85095.1	90114.8	756.9	71.95	41.9	63.10
	HN496×199×9×14	1.411	146	408	28.4	643	84904.2	89997.9	621.0	62.20	40.5	52.82
	HN500×200×10×16	1.400	150	400	29.8	640	96039.1	101372.4	738.7	72.24	46.1	61.46
	HN506×201×11×19	1.383	156	388	31.3	637	111464.2	116818.5	904.7	85.52	54.0	72.55
	HM482×300×11×15	1.452	132	436	22.0	656	127224.5	134822.0	591.2	66.55	58.6	53.75
	HM488×300×11×18	1.434	138	424	22.4	655	147111.0	154098.3	678.0	73.46	67.9	58.67
750	HN470×150×7×13	1.596	95	560	17.0	716	66809.7	77054.0	135.0	21.30	26.0	17.31
	HN475×151.5×8.5×15.5	1.579	100	550	19.2	712	79827.5	91612.4	185.0	27.74	31.4	22.90
	HN482×153.5×10.5×19	1.556	107	536	22.2	706	97953.7	111427.9	269.3	37.77	39.1	31.75

续表

截面高度 h (mm)	原H型钢型号	扩张比	T型钢截面高度 h_T (mm)	蜂窝孔高度 h_o (mm)	T型钢重心 C_x (mm)	两T形截面形心距 h_c (mm)	惯性矩(对x轴) 空腹处 I_o (cm⁴)	实腹处 I_s (cm⁴)	T形截面性质(对x_T轴) 惯性矩 I_T (cm⁴)	面积矩 S_T (cm³)	面积 A_T (cm²)	抵抗矩 W_T (cm³)
750	HN492×150×9×16	1.524	117	516	22.5	705	65284.1	73298.4	248.4	31.28	26.1	26.27
	HN500×152×9×16	1.500	125	500	25.6	699	85834.5	95209.5	375.4	44.46	34.9	37.77
	HN504×153×10×18	1.488	129	492	27.2	696	96117.3	106041.9	450.6	51.80	39.4	44.27
	HN496×199×9×14	1.512	121	508	22.2	706	95795.6	105627.9	358.4	43.89	38.2	36.29
	HN500×200×10×16	1.500	125	500	23.6	703	108562.0	118978.7	432.4	51.38	43.6	42.65
	HN506×201×11×19	1.482	131	488	25.3	699	126393.4	137046.4	540.0	61.47	51.2	51.08
	HM482×300×11×15	1.556	107	536	17.2	716	143582.9	157698.7	316.3	44.35	55.8	35.23
	HM488×300×11×18	1.537	113	524	18.1	714	166783.9	179972.7	372.7	49.55	65.2	39.26
800	HN496×199×9×14	1.613	96	608	16.8	766	105928.0	122784.7	180.4	28.19	36.0	22.79
	HN500×200×10×16	1.600	100	600	18.2	764	120300.6	138300.6	222.6	33.43	41.1	27.22
	HN506×201×11×19	1.581	106	588	20.0	760	140590.6	159226.2	286.8	40.68	48.5	33.35
	HM482×300×11×15	1.660	82	636	13.2	774	159126.4	182708.6	142.5	26.02	53.1	20.71
	HM488×300×11×18	1.639	88	624	14.4	771	185924.6	208196.9	176.5	29.68	62.4	24.00
	HN546×199×9×14	1.465	146	508	28.4	743	112949.1	122781.3	621.0	62.20	40.5	52.82
	HN550×200×10×16	1.455	150	500	29.8	740	127881.3	138298.0	738.7	72.24	46.1	61.46
	HN596×199×10×15	1.342	196	408	43.9	712	126558.6	132218.4	1582.1	115.60	48.7	104.05
	HN600×200×11×17	1.333	200	400	45.2	710	141751.7	147618.3	1834.5	131.77	54.9	118.52
	HM582×300×12×17	1.375	182	436	33.7	733	195189.3	203477.5	1642.7	131.95	71.5	110.77
	HM588×300×12×20	1.361	188	424	33.5	733	220995.2	228617.7	1827.5	143.31	80.9	118.25
	HM594×302×14×23	1.347	194	412	36.2	728	253722.4	261881.4	2289.2	174.30	94.1	145.07
850	HN596×199×10×15	1.426	171	508	36.4	777	141579.4	152504.1	1071.1	90.60	46.2	79.57
	HN600×200×11×17	1.417	175	500	37.7	775	158794.1	170252.4	1250.4	103.68	52.1	91.07
	HN606×201×12×20	1.403	181	488	39.1	772	182467.9	194089.4	1499.5	120.89	60.2	105.64
	HM582×300×12×17	1.460	157	536	27.8	794	218362.8	233761.9	1065.5	100.22	68.5	82.44
	HM588×300×12×20	1.446	163	524	28.0	794	247916.3	262304.1	1198.8	109.38	77.9	88.79

续表

截面高度 h(mm)	原H型钢型号	扩张比	T型钢截面高度 h_T (mm)	蜂窝孔高度 h_o (mm)	T型钢重心 C_x (mm)	两T形截面形心距 h_c (mm)	惯性矩(对x轴) 空腹处 I_o (cm³)	实腹处 I_s (cm³)	T形截面性质(对x_T轴) 惯性矩 I_T (cm³)	面积矩 S_T (cm³)	面积 A_T (cm²)	抵抗矩 W_T (cm³)
850	HM594×302×14×23	1.431	169	512	30.6	789	284987.2	300646.0	1521.4	134.10	90.6	109.92
	HN596×199×10×15	1.510	146	608	29.4	841	155849.5	174579.2	678.2	67.98	43.7	58.16
	HN600×200×11×17	1.500	150	600	30.8	838	175076.6	194876.6	799.3	78.21	49.4	67.03
	HN606×201×12×20	1.485	156	588	32.3	835	201714.7	222044.4	971.2	91.85	57.2	78.50
	HM582×300×12×17	1.546	132	636	22.4	855	240837.5	266563.5	637.5	72.05	65.5	58.18
900	HM588×300×12×20	1.531	138	624	23.1	854	274426.6	298723.6	729.8	79.25	74.9	63.50
	HM594×302×14×23	1.515	144	612	25.5	849	315829.7	342572.2	943.3	98.24	87.1	79.63
	HN625×198.5×13.5×17.5	1.440	175	550	41.6	817	192135.3	210852.5	1458.3	120.18	56.7	109.29
	HN630×200×15×20	1.429	180	540	43.4	813	217461.7	237144.7	1740.4	139.94	64.7	127.41
	HN638×202×17×24	1.411	188	524	46.0	808	255990.3	276373.0	2212.3	171.29	77.1	155.84
	HN596×199×10×15	1.594	121	708	23.1	904	168931.6	198506.2	391.2	47.94	41.2	39.95
	HN600×200×11×17	1.583	125	700	24.5	901	190118.1	221559.7	467.6	55.60	46.6	46.51
	HN606×201×12×20	1.568	131	688	26.1	898	219746.5	252312.6	579.4	66.00	54.2	55.25
	HM582×300×12×17	1.632	107	736	17.8	914	262088.3	301957.2	340.3	47.79	62.5	38.13
	HM588×300×12×20	1.616	113	724	18.8	912	300001.0	337951.3	400.8	53.23	71.9	42.55
950	HM594×302×14×23	1.599	119	712	21.1	908	345637.3	387747.5	532.5	67.07	83.6	54.40
	HN625×198.5×13.5×17.5	1.520	150	650	33.9	882	209417.5	240312.9	934.8	90.96	53.4	80.53
	HN630×200×15×20	1.508	155	640	35.8	878	237492.3	270260.3	1128.4	106.62	61.0	94.64
	HN638×202×17×24	1.489	163	624	38.5	873	280464.1	314884.9	1459.0	131.78	72.8	117.18
	HN692×300×13×20	1.373	217	516	41.9	866	332152.8	347036.5	2961.5	199.20	87.0	169.17
	HN700×300×13×24	1.357	225	500	41.6	867	380581.9	394123.5	3341.0	218.71	99.5	182.14
1000	HN606×201×12×20	1.650	106	788	20.7	959	236038.5	284968.9	307.7	43.64	51.2	36.08
	HN692×300×13×20	1.445	192	616	35.6	929	365237.6	390560.0	2072.7	158.93	83.8	132.55
	HN700×300×13×24	1.429	200	600	35.8	928	419585.4	442985.4	2361.6	175.26	96.3	143.82
1050	HN692×300×13×20	1.517	167	716	29.8	990	397413.2	437178.3	1374.8	122.31	80.5	100.22

续表

截面高度 h(mm)	原H型钢型号	扩张比	T型钢截面高度 h_T(mm)	蜂窝孔高度 h_o(mm)	T型钢重心 C_x(mm)	两T形截面形心距 h_c(mm)	惯性矩(对x轴)		T形截面面性质(对x_T轴)			
							空腹处 I_o(cm⁴)	实腹处 I_s(cm⁴)	惯性矩 I_T(cm⁴)	面积矩 S_T(cm³)	面积 A_T(cm²)	抵抗矩 W_T(cm³)
1050	HN700×300×13×24	1.500	175	700	30.5	989	458070.7	495229.1	1588.6	135.73	93.0	109.94
1100	HN692×300×13×20	1.590	142	816	24.6	1051	428110.9	486972.5	849.2	89.62	77.3	72.32
1100	HN700×300×13×24	1.571	150	800	25.7	1049	495469.1	550935.7	1002.0	100.40	89.8	80.62
1150	HN692×300×13×20	1.662	117	916	20.0	1110	456761.8	540024.1	475.6	61.20	74.0	49.01
1150	HN700×300×13×24	1.643	125	900	21.5	1107	531211.7	610186.7	580.1	69.57	86.5	56.05

表 6.5-3

单位均布荷载(1kN/m)作用下简支蜂窝梁的跨中挠度(mm)

H型型号	蜂窝梁高度(mm)	扩张比 h/H	蜂窝梁的跨度(m)										
			6	7.5	9	10.5	12	13.5	15	18	21	24	30
HN198×99×4.5×7	297	1.5	2.51	5.79	11.81	21.61	—	—	—	—	—	—	—
HN200×100×5.5×8	300	1.5	2.13	4.92	10.02	18.31	—	—	—	—	—	—	—
HM194×150×6×9	291	1.5	1.49	3.45	7.04	12.90	22.01	—	—	—	—	—	—
HW200×200×8×12	300	1.5	0.84	1.93	3.94	7.19	12.27	19.66	29.96	—	—	—	—
HW200×204×12×12	300	1.5	0.78	1.80	3.66	6.69	11.41	18.27	27.85	—	—	—	—
HN248×124×5×8	372	1.5	1.21	2.75	5.43	9.88	16.56	26.52	—	—	—	—	—
HN250×125×6×9	375	1.5	1.05	2.38	4.69	8.54	14.43	22.91	34.92	—	—	—	—
HM244×175×7×11	366	1.5	0.70	1.58	3.13	5.70	9.56	15.31	23.34	—	—	—	—
HW250×250×9×14	375	1.5	0.40	0.90	1.78	3.23	5.46	8.67	13.21	27.40	50.76	—	—
HW250×255×14×14	375	1.5	0.37	0.83	1.64	2.98	5.05	8.01	12.21	25.31	46.90	—	—
HN298×149×5.5×8	447	1.5	0.72	1.59	3.11	5.52	9.23	14.64	22.03	—	—	—	—
HN300×150×6.5×9	450	1.5	0.63	1.39	2.72	4.81	8.05	12.76	19.19	—	—	—	—
HM294×200×8×12	441	1.5	0.41	0.91	1.78	3.16	5.29	8.40	12.65	26.24	48.61	—	—
HW298×201×9×14	447	1.5	0.35	0.77	1.51	2.68	4.49	7.12	10.71	22.22	41.16	—	—
HW294×302×12×12	441	1.5	0.28	0.61	1.19	2.11	3.54	5.62	8.46	17.54	32.50	55.45	—
HW300×300×10×15	450	1.5	0.23	0.51	1.00	1.77	2.96	4.69	7.06	14.63	27.11	46.25	—

续表

H型钢型号	蜂窝梁高度(mm)	扩张比 h/H	蜂窝梁的跨度(m)										
			6	7.5	9	10.5	12	13.5	15	18	21	24	30
HW300×305×15×15	450	1.5	0.22	0.47	0.93	1.64	2.75	4.36	6.56	13.60	25.19	42.98	—
HN346×174×6×9	519	1.5	0.45	0.98	1.87	3.30	5.43	8.52	12.85	26.23	48.60	—	—
HN350×175×7×11	525	1.5	0.37	0.80	1.53	2.71	4.44	6.96	10.50	21.41	39.66	—	—
HM340×250×9×14	510	1.5	0.24	0.51	0.98	1.73	2.85	4.48	6.77	13.82	25.61	43.69	—
HW344×348×10×16	516	1.5	0.16	0.34	0.64	1.14	1.87	2.94	4.43	9.05	16.76	28.59	69.81
HW350×350×12×19	525	1.5	0.13	0.28	0.53	0.94	1.54	2.41	3.63	7.41	13.73	23.42	57.17
HN400×150×8×13	600	1.5	0.29	0.61	1.15	2.01	3.29	5.09	7.59	15.46	28.25	48.20	—
HN396×199×7×11	594	1.5	0.28	0.58	1.10	1.93	3.15	4.88	7.29	14.85	27.17	46.35	—
HN400×200×8×13	600	1.5	0.24	0.49	0.93	1.63	2.66	4.12	6.14	12.50	22.86	38.99	—
HN446×151×7×12	669	1.5	0.29	0.56	1.03	1.77	2.88	4.45	6.57	13.20	24.16	40.79	—
HN450×151×8×14	675	1.5	0.25	0.48	0.88	1.51	2.46	3.80	5.61	11.25	20.59	34.74	—
HM390×300×10×16	585	1.5	0.15	0.31	0.58	1.02	1.67	2.58	3.86	7.87	14.42	24.59	60.04
HW388×402×15×15	582	1.5	0.11	0.24	0.45	0.78	1.28	1.98	2.96	6.04	11.07	18.89	46.11
HW394×398×11×18	591	1.5	0.10	0.21	0.40	0.69	1.14	1.76	2.63	5.36	9.81	16.74	40.86
HW400×400×13×21	600	1.5	0.09	0.18	0.34	0.59	0.96	1.48	2.21	4.50	8.22	14.02	34.24
HW400×408×21×21	600	1.5	0.08	0.16	0.31	0.54	0.88	1.36	2.03	4.14	7.56	12.90	31.49
HW414×405×18×28	621	1.5	0.06	0.13	0.24	0.42	0.69	1.06	1.57	3.19	5.82	9.94	24.26
HW428×407×20×35	642	1.5	0.05	0.10	0.19	0.33	0.54	0.83	1.22	2.47	4.50	7.68	18.75
HN446×150×7×12	669	1.5	0.29	0.56	1.03	1.77	2.88	4.45	6.57	13.20	24.16	40.79	—
HN450×151×8×14	675	1.5	0.25	0.48	0.88	1.51	2.46	3.80	5.61	11.25	20.59	34.74	—
HN446×199×8×12	669	1.5	0.23	0.44	0.81	1.40	2.27	3.51	5.19	10.43	19.08	32.21	—
HN450×200×9×14	675	1.5	0.20	0.38	0.70	1.20	1.95	3.01	4.45	8.92	16.31	27.53	67.21
HN470×150×7×13	705	1.5	0.26	0.49	0.89	1.53	2.46	3.80	5.61	11.16	20.38	34.29	—
HN475×151.5×8.5×15.5	712.5	1.5	0.22	0.40	0.74	1.26	2.03	3.13	4.62	9.18	16.74	28.15	68.73
HN482×153.5×10.5×19	723	1.5	0.18	0.32	0.59	1.01	1.62	2.50	3.69	7.31	13.32	22.37	54.62
HN492×150×7×12	738	1.5	0.27	0.48	0.86	1.48	2.36	3.64	5.37	10.61	19.32	32.40	—
HN500×152×9×16	750	1.5	0.20	0.36	0.64	1.10	1.76	2.71	4.00	7.88	14.33	24.23	58.62

续表

H型钢钢号	蜂窝梁高度(mm)	扩张比 h/H	蜂窝梁的跨度(m)										
			6	7.5	9	10.5	12	13.5	15	18	21	24	30
HM504×153×10×18	756	1.5	0.18	0.32	0.57	0.97	1.56	2.40	3.53	6.95	12.64	21.36	51.65
HM440×300×11×18	660	1.5	0.12	0.23	0.43	0.73	1.19	1.84	2.72	5.47	10.02	16.93	41.33
HN496×199×9×14	744	1.5	0.18	0.33	0.59	1.01	1.61	2.48	3.66	7.23	13.16	22.05	53.84
HN500×200×10×16	750	1.5	0.16	0.29	0.52	0.88	1.41	2.17	3.20	6.30	11.47	19.39	46.91
HN506×201×11×19	759	1.5	0.14	0.25	0.44	0.75	1.20	1.84	2.71	5.34	9.70	16.39	39.61
HM482×300×11×15	723	1.5	0.13	0.23	0.41	0.71	1.14	1.76	2.60	5.15	9.38	15.76	38.47
HM488×300×11×18	732	1.5	0.11	0.20	0.36	0.61	0.98	1.50	2.22	4.39	7.99	13.42	32.75
HN546×199×9×14	819	1.5	0.15	0.30	0.51	0.85	1.35	2.05	3.02	5.92	10.63	17.89	43.03
HN550×200×10×16	825	1.5	0.13	0.26	0.44	0.74	1.18	1.79	2.64	5.18	9.28	15.62	37.55
HN596×199×10×16	894	1.5	0.11	0.26	0.41	0.67	1.06	1.61	2.35	4.59	8.13	13.61	32.48
HN600×200×11×17	900	1.5	0.10	0.23	0.36	0.60	0.94	1.42	2.07	4.05	7.18	12.01	28.64
HN606×201×12×20	909	1.5	0.08	0.20	0.31	0.51	0.81	1.23	1.78	3.48	6.17	10.31	24.55
HN582×300×12×17	873	1.5	0.08	0.17	0.28	0.46	0.73	1.10	1.61	3.15	5.59	9.39	22.46
HM588×300×12×20	882	1.5	0.07	0.15	0.24	0.40	0.64	0.96	1.41	2.75	4.88	8.18	19.56
HM594×302×14×23	891	1.5	0.06	0.13	0.21	0.34	0.55	0.82	1.20	2.35	4.17	6.98	16.67
HN692×300×13×20	1038	1.5	0.05	0.11	0.20	0.30	0.47	0.70	1.01	1.94	3.42	5.62	13.32
HN700×300×13×24	1050	1.5	0.04	0.09	0.18	0.26	0.41	0.60	0.87	1.67	2.95	4.85	11.46

注：1. 本表适用于扩张比为1.5的蜂窝梁，钢号不限；
2. 实际验算时将表中值乘以线荷载（标准值）与单位线荷载（1kN/m）之比值，即得梁的实际挠度。

Q235简支蜂窝梁的容许最大线荷载 (kN/m)

表 6.5-4

截面高度 h(mm)	H型钢钢号	荷载类别	蜂窝梁的跨度(m)										
			3	4.5	6	7.5	9	10.5	12	15	18	21	24
297	HN198×99×4.5×7	q	17.59	11.69	8.23	5.96	4.46	3.44	2.72	1.81	1.28	0.96	0.74
	HN198×99×4.5×7	q_0	17.59	5.98	2.38	1.21	0.69	0.43	0.28	0.14	0.08	0.05	0.03
	HN198×99×4.5×7	q_1	17.59	11.69	8.07	3.93	2.07	1.22	0.78	0.38	0.21	0.13	0.08
	HN198×99×4.5×7	q_2	17.59	11.69	8.23	5.96	3.67	2.31	1.45	0.67	0.36	0.22	0.14

截面高度 h (mm)	H 型钢型号	荷载类别	蜂窝梁的跨度 (m)										
			3	4.5	6	7.5	9	10.5	12	15	18	21	24
300	HN200×100×5.5×8	q	21.33	14.12	9.84	7.08	5.27	4.05	3.20	2.12	1.50	1.12	0.86
	HN200×100×5.5×8	q_0	21.33	7.69	3.13	1.61	0.90	0.56	0.37	0.19	0.11	0.07	0.04
	HN200×100×5.5×8	q_1	21.33	14.12	9.65	4.90	2.61	1.56	1.00	0.49	0.27	0.17	0.11
	HN200×100×5.5×8	q_2	21.33	14.12	9.84	7.05	4.38	2.82	1.82	0.85	0.46	0.28	0.18
291	HM194×150×6×9	q	23.23	15.49	11.57	8.85	6.87	5.44	4.38	2.99	2.15	1.62	1.26
	HM194×150×6×9	q_0	23.23	15.49	9.32	4.59	2.64	1.64	1.07	0.53	0.30	0.19	0.13
	HM194×150×6×9	q_1	23.23	15.49	11.57	8.85	6.87	4.59	3.12	1.48	0.81	0.50	0.32
	HM194×150×6×9	q_2	23.23	15.49	11.57	8.85	6.87	5.44	4.21	2.38	1.43	0.87	0.56
300	HW200×200×8×12	q	32.74	21.83	16.37	13.04	10.52	8.57	7.05	4.95	3.63	2.76	2.16
	HW200×200×8×12	q_0	32.74	21.83	16.37	13.04	8.40	5.24	3.42	1.69	0.96	0.60	0.40
	HW200×200×8×12	q_1	32.74	21.83	16.37	13.04	10.52	8.57	7.05	4.17	2.54	1.59	1.03
	HW200×200×8×12	q_2	32.74	21.83	16.37	13.04	10.52	8.57	7.05	4.95	3.29	2.25	1.59
300	HW200×204×12×12	q	46.60	31.07	23.02	17.37	13.36	10.50	8.42	5.70	4.09	3.07	2.38
	HW200×204×12×12	q_0	46.6C	31.07	23.02	14.91	8.64	5.42	3.54	1.76	1.00	0.62	0.41
	HW200×204×12×12	q_1	46.60	31.07	23.02	17.37	13.36	10.50	7.65	4.35	2.64	1.64	1.07
	HW200×204×12×12	q_2	46.60	31.07	23.02	17.37	13.36	10.50	8.42	5.30	3.44	2.35	1.66
372	HN248×124×5×8	q	24.73	16.49	12.26	9.29	7.17	5.65	4.54	3.08	2.21	1.66	1.29
	HN248×124×5×8	q_0	24.73	13.88	5.21	2.53	1.43	0.90	0.60	0.30	0.17	0.10	0.07
	HN248×124×5×8	q_1	24.73	16.49	12.26	9.11	5.04	2.90	1.81	0.85	0.46	0.28	0.18
	HN248×124×5×8	q_2	24.73	16.49	12.26	9.29	7.17	5.02	3.42	1.60	0.84	0.50	0.32
375	HN250×125×6×9	q	29.46	19.64	14.51	10.92	8.38	6.58	5.27	3.56	2.55	1.91	1.48
	HN250×125×6×9	q_0	29.46	16.92	6.47	3.19	1.83	1.15	0.76	0.38	0.21	0.13	0.09
	HN250×125×6×9	q_1	29.46	19.64	14.51	10.64	6.06	3.52	2.22	1.04	0.57	0.35	0.23
	HN250×125×6×9	q_2	29.46	19.64	14.51	10.92	8.38	5.83	4.02	1.94	1.03	0.61	0.39
366	HM244×175×7×11	q	34.12	22.75	17.06	13.59	10.95	8.90	7.32	5.14	3.77	2.86	2.24
	HM244×175×7×11	q_0	34.12	22.75	17.06	9.66	5.44	3.40	2.27	1.12	0.63	0.39	0.26
	HM244×175×7×11	q_1	34.12	22.75	17.06	13.59	10.95	8.90	6.44	3.24	1.76	1.06	0.69

续表

截面高度 h (mm)	H型钢型号	荷载类别	蜂窝梁的跨度(m)										
			3	4.5	6	7.5	9	10.5	12	15	18	21	24
366	HM244×175×7×11	q_2	34.12	22.75	17.06	13.59	10.95	8.90	7.32	4.73	2.92	1.88	1.21
375	HW250×250×9×14	q	46.12	30.74	23.06	18.45	15.37	12.98	11.00	8.06	6.07	4.70	3.73
	HW250×250×9×14	q_0	46.12	30.74	23.06	18.45	15.37	11.33	7.53	3.76	2.11	1.30	0.86
	HW250×250×9×14	q_1	46.12	30.74	23.06	18.45	15.37	12.98	11.00	8.06	5.29	3.48	2.34
	HW250×250×9×14	q_2	46.12	30.74	23.06	18.45	15.37	12.98	11.00	8.06	6.07	4.47	3.23
375	HW250×255×14×14	q	68.11	45.41	34.06	26.89	21.42	17.27	14.12	9.81	7.15	5.41	4.23
	HW250×255×14×14	q_0	68.11	45.41	34.06	26.89	18.70	11.63	7.73	3.90	2.19	1.35	0.90
	HW250×255×14×14	q_1	68.11	45.41	34.06	26.89	21.42	17.27	14.12	8.82	5.54	3.63	2.42
	HW250×255×14×14	q_2	68.11	45.41	34.06	26.89	21.42	17.27	14.12	9.81	6.76	4.70	3.39
447	HN298×149×5.5×8	q	32.96	21.98	16.48	12.85	10.13	8.10	6.58	4.53	3.29	2.48	1.93
	HN298×149×5.5×8	q_0	32.96	21.98	8.83	4.08	2.22	1.35	0.89	0.45	0.26	0.16	0.11
	HN298×149×5.5×8	q_1	32.96	21.98	16.48	12.85	9.08	5.29	3.24	1.45	0.77	0.45	0.29
	HN298×149×5.5×8	q_2	32.96	21.98	16.48	12.85	10.13	8.10	5.83	2.94	1.50	0.86	0.54
450	HN300×150×6.5×9	q	38.70	25.80	19.34	14.98	11.75	9.36	7.58	5.21	3.77	2.84	2.21
	HN300×150×6.5×9	q_0	38.70	25.80	10.68	5.01	2.76	1.70	1.12	0.58	0.33	0.20	0.13
	HN300×150×6.5×9	q_1	38.70	25.80	19.34	14.98	10.54	6.27	3.87	1.76	0.94	0.56	0.36
	HN300×150×6.5×9	q_2	38.70	25.80	19.34	14.98	11.75	9.36	6.71	3.46	1.79	1.04	0.65
441	HM294×200×8×12	q	46.89	31.26	23.44	18.76	15.39	12.70	10.57	7.53	5.57	4.26	3.35
	HM294×200×8×12	q_0	46.89	31.26	23.44	15.92	8.74	5.35	3.54	1.80	1.01	0.62	0.41
	HM294×200×8×12	q_1	46.89	31.26	23.44	18.76	15.39	12.70	10.50	5.52	2.96	1.76	1.13
	HM294×200×8×12	q_2	46.89	31.26	23.44	18.76	15.39	12.70	10.57	7.53	4.75	3.10	2.06
441	HW294×302×12×12	q	70.34	46.89	35.17	28.14	23.08	19.03	15.83	11.28	8.35	6.38	5.02
	HW294×302×12×12	q_0	70.34	46.89	35.17	28.14	22.91	13.57	8.67	4.20	2.38	1.50	0.99
	HW294×302×12×12	q_1	70.34	46.89	35.17	28.14	23.08	19.03	15.83	11.23	7.03	4.57	3.00
	HW294×302×12×12	q_2	70.34	46.89	35.17	28.14	23.08	19.03	15.83	11.28	8.35	5.97	4.30
450	HW300×300×10×15	q	61.22	40.81	30.61	24.49	20.41	17.49	15.13	11.43	8.80	6.92	5.55
	HW300×300×10×15	q_0	61.22	40.81	30.61	24.49	20.41	17.49	12.85	6.38	3.68	2.25	1.47

续表

截面高度 h (mm)	H型钢型号	荷载类别	蜂窝梁的跨度 (m)										
			3	4.5	6	7.5	9	10.5	12	15	18	21	24
450	HW300×300×10×15	q_1	61.22	40.81	30.61	24.49	20.41	17.49	15.13	11.43	8.80	5.97	4.12
	HW300×300×10×15	q_2	61.22	40.81	30.61	24.49	20.41	17.49	15.13	11.43	8.80	6.92	5.35
	HW300×305×15×15	q	88.17	58.78	44.08	35.27	28.99	23.95	19.95	14.24	10.55	8.08	6.36
450	HW300×305×15×15	q_0	88.17	58.78	44.08	35.27	28.99	20.17	13.09	6.52	3.77	2.31	1.52
	HW300×305×15×15	q_1	88.17	58.78	44.08	35.27	28.99	23.95	19.95	14.24	9.29	6.20	4.26
	HW300×305×15×15	q_2	88.17	58.78	44.08	35.27	28.99	23.95	19.95	14.24	10.55	7.69	5.60
519	HN346×174×6×9	q	41.97	27.98	20.99	16.76	13.58	11.10	9.16	6.46	4.75	3.62	2.84
	HN346×174×6×9	q_0	41.97	27.98	16.97	7.65	4.07	2.43	1.57	0.78	0.45	0.28	0.18
	HN346×174×6×9	q_1	41.97	27.98	20.99	16.76	13.58	10.09	6.36	2.79	1.45	0.85	0.53
	HN346×174×6×9	q_2	41.97	27.98	20.99	16.76	13.58	11.10	9.16	5.32	2.95	1.67	1.03
525	HN350×175×7×11	q	48.92	32.61	24.46	19.56	15.98	13.13	10.89	7.73	5.71	4.36	3.42
	HN350×175×7×11	q_0	48.92	32.61	23.05	10.62	5.77	3.50	2.30	1.16	0.67	0.41	0.27
	HN350×175×7×11	q_1	48.92	32.61	24.46	19.56	15.98	12.85	8.46	3.78	2.00	1.18	0.75
	HN350×175×7×11	q_2	48.92	32.61	24.46	19.56	15.98	13.13	10.89	6.71	3.89	2.24	1.40
510	HM340×250×9×14	q	61.51	41.01	30.75	24.60	20.50	17.48	14.96	11.11	8.45	6.59	5.25
	HM340×250×9×14	q_0	61.51	41.01	30.75	24.60	19.90	11.91	7.73	3.85	2.22	1.36	0.89
	HM340×250×9×14	q_1	61.5‒	41.01	30.75	24.60	20.50	17.48	14.96	11.11	6.74	4.08	2.58
	HM340×250×9×14	q_2	61.51	41.01	30.75	24.60	20.50	17.48	14.96	11.11	8.45	6.07	4.28
516	HW344×348×10×16	q	70.86	47.24	35.43	28.35	23.62	20.25	17.72	13.96	11.09	8.92	7.28
	HW344×348×10×16	q_0	70.85	47.24	35.43	28.35	23.62	20.25	17.72	10.10	5.68	3.55	2.35
	HW344×348×10×16	q_1	70.85	47.24	35.43	28.35	23.62	20.25	17.72	13.96	11.09	8.92	6.44
	HW344×348×10×16	q_2	70.86	47.24	35.43	28.35	23.62	20.25	17.72	13.96	11.09	8.92	7.28
525	HW350×350×12×19	q	82.12	54.75	41.06	32.85	27.37	23.46	20.53	16.15	12.81	10.30	8.40
	HW350×350×12×19	q_0	82.12	54.75	41.06	32.85	27.37	23.46	20.53	13.36	7.65	4.73	3.09
	HW350×350×12×19	q_1	82.12	54.75	41.06	32.85	27.37	23.46	20.53	16.15	12.81	10.30	7.69
	HW350×350×12×19	q_2	82.12	54.75	41.06	32.85	27.37	23.46	20.53	16.15	12.81	10.30	8.40
600	HN400×150×8×13	q	62.32	41.55	31.16	24.87	20.15	16.45	13.58	9.57	7.03	5.35	4.19

续表

截面高度 h (mm)	H型钢型号	荷载类别	蜂窝梁的跨度 (m)										
			3	4.5	6	7.5	9	10.5	12	15	18	21	24
600	HN400×150×8×13	q_0	62.32	41.55	21.21	10.08	5.62	3.48	2.33	1.18	0.67	0.41	0.27
		q_1	62.32	41.55	31.16	24.87	20.15	12.25	7.60	3.49	1.88	1.13	0.73
		q_2	62.32	41.55	31.16	24.87	20.15	16.45	12.98	6.73	3.52	2.05	1.30
		q	55.95	37.30	27.97	22.38	18.58	15.54	13.07	9.47	7.08	5.45	4.31
594	HN396×199×7×11	q_0	55.95	37.30	27.97	15.50	8.19	4.85	3.11	1.53	0.87	0.55	0.36
		q_1	55.95	37.30	27.97	22.38	18.58	15.54	12.38	5.71	2.95	1.71	1.07
		q_2	55.95	37.30	27.97	22.38	18.58	15.54	13.07	9.36	5.64	3.41	2.09
		q	63.87	42.58	31.93	25.55	21.26	17.87	15.10	11.00	8.25	6.38	5.05
600	HN400×200×8×13	q_0	63.87	42.58	31.93	20.22	10.85	6.51	4.24	2.12	1.23	0.76	0.50
		q_1	63.87	42.58	31.93	25.55	21.26	17.87	15.10	7.31	3.82	2.23	1.42
		q_2	63.87	42.58	31.93	25.55	21.26	17.87	15.10	11.00	6.89	4.32	2.69
		q	78.86	52.58	39.43	31.55	26.29	22.53	19.70	15.22	11.91	9.48	7.67
585	HM390×300×10×16	q_0	78.86	52.58	39.43	31.55	26.29	22.53	15.28	7.40	4.19	2.63	1.73
		q_1	78.86	52.58	39.43	31.55	26.29	22.53	19.70	15.22	11.91	7.96	5.28
		q_2	78.86	52.58	39.43	31.55	26.29	22.53	19.70	15.22	11.91	9.48	7.45
		q	116.78	77.85	58.39	46.71	38.93	33.34	28.76	21.63	16.60	13.02	10.43
582	HW388×402×15×15	q_0	116.78	77.85	58.39	46.71	38.93	33.34	27.84	12.87	7.02	4.27	2.81
		q_1	116.78	77.85	58.39	46.71	38.93	33.34	28.76	21.63	16.60	12.35	8.70
		q_2	116.78	77.85	58.39	46.71	38.93	33.34	28.76	21.63	16.60	13.02	10.43
		q	85.54	57.03	42.77	34.22	28.51	24.44	21.39	17.11	13.99	11.51	9.56
591	HW394×398×11×18	q_0	85.54	57.03	42.77	34.22	28.51	24.44	21.39	16.68	9.23	5.69	3.78
		q_1	85.54	57.03	42.77	34.22	28.51	24.44	21.39	17.11	13.99	11.51	9.56
		q_2	85.54	57.03	42.77	34.22	28.51	24.44	21.39	17.11	13.99	11.51	9.56
		q	102.14	68.09	51.07	40.86	34.05	29.18	25.53	20.42	16.67	13.69	11.35
600	HW400×400×13×21	q_0	102.14	68.09	51.07	40.86	34.05	29.18	25.53	20.42	12.39	7.74	5.13
		q_1	102.14	68.09	51.07	40.86	34.05	29.18	25.53	20.42	16.67	13.69	11.35
		q_2	102.14	68.09	51.07	40.86	34.05	29.18	25.53	20.42	16.67	13.69	11.35

续表

截面高度 h (mm)	H型钢型号	荷载类别	蜂窝梁的跨度 (m)										
			3	4.5	6	7.5	9	10.5	12	15	18	21	24
600	HW400×408×21×21	q	156.59	104.39	78.30	62.64	52.20	44.73	38.66	29.17	22.44	17.63	14.14
	HW400×408×21×21	q_0	156.59	104.39	78.30	62.64	52.20	44.73	38.66	22.55	12.70	7.94	5.31
	HW400×408×21×21	q_1	156.59	104.39	78.30	62.64	52.20	44.73	38.66	29.17	22.44	17.47	12.58
	HW400×408×21×21	q_2	156.59	104.39	78.30	62.64	52.20	44.73	38.66	29.17	22.44	17.63	14.14
621	HW414×405×18×28	q	146.28	97.52	73.14	58.51	48.76	41.79	36.57	29.19	23.64	19.30	15.93
	HW414×405×18×28	q_0	146.28	97.52	73.14	58.51	48.76	41.79	36.57	29.19	22.04	13.55	8.88
	HW414×405×18×28	q_1	146.28	97.52	73.14	58.51	48.76	41.79	36.57	29.19	23.64	19.30	15.93
	HW414×405×18×28	q_2	146.28	97.52	73.14	58.51	48.76	41.79	36.57	29.19	23.64	19.30	15.93
642	HW428×407×20×35	q	176.30	117.53	88.15	70.52	58.77	50.37	44.08	35.26	28.79	23.67	19.63
	HW428×407×20×35	q_0	176.30	117.53	88.15	70.52	58.77	50.37	44.08	35.26	28.79	20.45	13.63
	HW428×407×20×35	q_1	176.30	117.53	88.15	70.52	58.77	50.37	44.08	35.26	28.79	23.67	19.63
	HW428×407×20×35	q_2	176.30	117.53	88.15	70.52	58.77	50.37	44.08	35.26	28.79	23.67	19.63
675	HN450×200×9×14	q	80.09	53.40	40.05	32.04	26.66	22.40	18.91	13.77	10.33	7.98	6.32
	HN450×200×9×14	q_0	80.09	53.40	40.05	23.64	12.66	7.58	4.92	2.45	1.42	0.88	0.58
	HN450×200×9×14	q_1	80.09	53.40	40.05	32.04	26.66	22.40	18.31	8.59	4.48	2.62	1.66
	HN450×200×9×14	q_2	80.09	53.40	40.05	32.04	26.66	22.40	18.91	13.76	8.33	5.12	3.16
669	HN446×199×8×12	q	71.27	47.51	35.63	28.51	23.66	19.78	16.63	12.03	8.99	6.93	5.47
	HN446×199×8×12	q_0	71.27	47.51	35.63	18.49	9.76	5.77	3.71	1.81	1.03	0.65	0.43
	HN446×199×8×12	q_1	71.27	47.51	35.63	28.51	23.66	19.78	15.14	6.83	3.53	2.04	1.28
	HN446×199×8×12	q_2	71.27	47.51	35.63	28.51	23.66	19.78	16.63	11.61	6.91	4.09	2.50
675	HN450×200×9×14	q	80.09	53.40	40.05	32.04	26.66	22.40	18.91	13.77	10.33	7.98	6.32
	HN450×200×9×14	q_0	80.09	53.40	40.05	23.64	12.66	7.58	4.92	2.45	1.42	0.88	0.58
	HN450×200×9×14	q_1	80.09	53.40	40.05	32.04	26.66	22.40	18.31	8.59	4.48	2.62	1.66
	HN450×200×9×14	q_2	80.09	53.40	40.05	32.04	26.66	22.40	18.91	13.76	8.33	5.12	3.16
660	HM440×300×11×18	q	92.57	61.71	46.29	37.03	30.86	26.45	23.14	18.05	14.22	11.37	9.24
	HM440×300×11×18	q_0	92.57	61.71	46.29	37.03	30.86	26.45	18.35	8.89	5.04	3.16	2.09
	HM440×300×11×18	q_1	92.57	61.71	46.29	37.03	30.86	26.45	23.14	18.05	14.22	9.63	6.34

续表

截面高度 h (mm)	H型钢型号	荷载类别	蜂窝梁的跨度（m）										
			3	4.5	6	7.5	9	10.5	12	15	18	21	24
660	HM440×300×11×18	q_2	92.57	61.71	46.29	37.03	30.86	26.45	23.14	18.05	14.22	11.37	9.05
744	HN496×199×9×14	q	88.28	58.86	44.14	35.31	29.41	24.79	20.99	15.34	11.55	8.93	7.08
	HN496×199×9×14	q_0	88.28	58.86	44.14	24.33	12.92	7.68	4.96	2.45	1.40	0.89	0.58
	HN496×199×9×14	q_1	88.28	58.86	44.14	35.31	29.41	24.79	19.73	8.94	4.64	2.70	1.70
	HN496×199×9×14	q_2	88.28	58.86	44.14	35.31	29.41	24.79	20.99	15.12	9.00	5.34	3.28
750	HN500×200×10×16	q	97.98	65.32	48.99	39.19	32.66	27.65	23.49	17.26	13.03	10.11	8.03
	HN500×200×10×16	q_0	97.98	65.32	48.99	30.25	16.26	9.78	6.37	3.19	1.85	1.15	0.76
	HN500×200×10×16	q_1	97.98	65.32	48.99	39.19	32.66	27.65	23.34	10.95	5.74	3.37	2.14
	HN500×200×10×16	q_2	97.98	65.32	48.99	39.19	32.66	27.65	23.49	17.26	10.63	6.51	4.03
759	HN506×201×11×19	q	103.00	68.67	51.50	41.20	34.33	29.30	25.10	18.67	14.22	11.10	8.85
	HN506×201×11×19	q_0	103.00	68.67	51.50	38.58	21.08	12.85	8.47	4.32	2.46	1.52	1.00
	HN506×201×11×19	q_1	103.00	68.67	51.50	41.20	34.33	29.30	25.10	13.67	7.25	4.30	2.76
	HN506×201×11×19	q_2	103.00	68.67	51.50	41.20	34.33	29.30	25.10	18.67	12.48	7.96	5.06
723	HM482×300×11×15	q	106.58	71.05	53.29	42.63	35.53	30.45	26.42	20.05	15.49	12.21	9.81
	HM482×300×11×15	q_0	106.58	71.05	53.29	42.63	35.53	23.39	14.65	6.87	3.79	2.33	1.54
	HM482×300×11×15	q_1	106.58	71.05	53.29	42.63	35.53	30.45	26.42	20.05	13.89	8.57	5.28
	HM482×300×11×15	q_2	106.58	71.05	53.29	42.63	35.53	30.45	26.42	20.05	15.49	12.21	8.71
732	HM488×300×11×18	q	102.69	68.46	51.34	41.07	34.23	29.34	25.67	20.11	15.90	12.74	10.37
	HM488×300×11×18	q_0	102.69	68.46	51.34	41.07	34.23	29.34	18.92	9.05	5.07	3.16	2.12
	HM488×300×11×18	q_1	102.69	68.46	51.34	41.07	34.23	29.34	25.67	20.11	15.90	10.42	6.65
	HM488×300×11×18	q_2	102.69	68.46	51.34	41.07	34.23	29.34	25.67	20.11	15.90	12.74	10.05
819	HN546×199×9×14	q	97.16	64.77	48.58	38.86	32.39	27.41	23.29	17.11	12.92	10.02	7.96
	HN546×199×9×14	q_0	97.16	64.77	48.58	25.44	13.40	7.91	5.07	2.47	1.41	0.89	0.60
	HN546×199×9×14	q_1	97.16	64.77	48.58	38.86	32.39	27.41	21.40	9.45	4.87	2.82	1.77
	HN546×199×9×14	q_2	97.16	64.77	48.58	38.86	32.39	27.41	23.29	16.72	9.79	5.66	3.46
825	HN550×200×10×16	q	107.82	71.88	53.91	43.13	35.94	30.54	26.03	19.23	14.57	11.33	9.01
	HN550×200×10×16	q_0	107.82	71.88	53.91	31.47	16.77	10.01	6.48	3.21	1.85	1.17	0.77

续表

截面高度 h (mm)	H型钢型号	荷载类别	蜂窝梁的跨度(m)										
			3	4.5	6	7.5	9	10.5	12	15	18	21	24
825	HN550×200×10×16	q_1	107.82	71.88	53.91	43.13	35.94	30.54	25.35	11.53	6.00	3.50	2.22
	HN550×200×10×16	q_2	107.82	71.88	53.91	43.13	35.94	30.54	26.03	19.23	11.57	6.88	4.24
894	HN596×199×10×16	q	116.68	77.79	58.34	46.67	38.89	32.95	28.01	20.59	15.56	12.07	9.59
	HN596×199×10×16	q_0	116.68	77.79	58.34	29.17	15.37	9.08	5.82	2.84	1.62	1.02	0.69
	HN596×199×10×16	q_1	116.68	77.79	58.34	46.67	38.89	32.95	24.86	10.86	5.60	3.24	2.04
	HN596×199×10×16	q_2	116.68	77.79	58.34	46.67	38.89	32.95	28.01	19.71	11.40	6.50	3.98
900	HN600×200×11×17	q	122.28	81.52	61.14	48.91	40.76	34.66	29.56	21.85	16.57	12.89	10.26
	HN600×200×11×17	q_0	122.28	81.52	61.14	33.97	18.10	10.80	6.99	3.46	1.99	1.26	0.83
	HN600×200×11×17	q_1	122.28	81.52	61.14	48.91	40.76	34.66	27.88	12.49	6.50	3.79	2.40
	HN600×200×11×17	q_2	122.28	81.52	61.14	48.91	40.76	34.66	29.56	21.65	12.75	7.44	4.59
909	HN606×201×12×20	q	133.68	89.12	66.84	53.47	44.56	38.11	32.76	24.50	18.73	14.65	11.71
	HN606×201×12×20	q_0	133.68	89.12	66.84	44.44	24.03	14.52	9.50	4.79	2.79	1.72	1.13
	HN606×201×12×20	q_1	133.68	89.12	66.84	53.47	44.56	38.11	32.76	16.04	8.44	4.97	3.17
	HN606×201×12×20	q_2	133.68	89.12	66.84	53.47	44.56	38.11	32.76	24.50	15.61	9.52	5.92
873	HM582×300×12×17	q	133.06	88.70	66.53	53.22	44.35	38.02	33.21	25.60	20.00	15.90	12.85
	HM582×300×12×17	q_0	133.06	88.70	66.53	53.22	44.35	29.27	18.28	8.52	4.67	2.86	1.89
	HM582×300×12×17	q_1	133.06	88.70	66.53	53.22	44.35	38.02	33.21	25.60	18.02	10.81	6.64
	HM582×300×12×17	q_2	133.06	88.70	66.53	53.22	44.35	38.02	33.21	25.60	20.00	15.61	11.43
882	HM588×300×12×20	q	134.19	89.46	67.10	53.68	44.73	38.34	33.55	26.53	21.17	17.09	13.98
	HM588×300×12×20	q_0	134.19	89.46	67.10	53.68	44.73	37.81	23.85	11.31	6.30	3.90	2.61
	HM588×300×12×20	q_1	134.19	89.46	67.10	53.68	44.73	38.34	33.55	26.53	21.17	13.63	8.49
	HM588×300×12×20	q_2	134.19	89.46	67.10	53.68	44.73	38.34	33.55	26.53	21.17	17.09	13.53
891	HM594×302×14×23	q	156.03	104.02	78.02	62.41	52.01	44.58	39.01	30.85	24.62	19.87	16.26
	HM594×302×14×23	q_0	156.03	104.02	78.02	62.41	52.01	44.58	30.43	14.69	8.30	5.20	3.48
	HM594×302×14×23	q_1	156.03	104.02	78.02	62.41	52.01	44.58	39.01	30.85	24.62	16.60	10.63
	HM594×302×14×23	q_2	156.03	104.02	78.02	62.41	52.01	44.58	39.01	30.85	24.62	19.87	15.98
937.5	HN625×198.5×13.5×17.5	q	208.56	139.04	104.28	83.42	69.52	59.59	52.14	41.45	33.31	27.04	22.21

续表

截面高度 h (mm)	H型钢型号	荷载类别	蜂窝梁的跨度 (m)										
			3	4.5	6	7.5	9	10.5	12	15	18	21	24
937.5	HN625×198.5×13.5×17.5	q_0	208.56	139.04	104.28	83.42	69.52	59.59	52.14	41.45	33.31	27.04	20.40
	HN625×198.5×13.5×17.5	q_1	208.56	139.04	104.28	83.42	69.52	49.64	30.96	14.40	7.89	4.82	3.18
	HN625×198.5×13.5×17.5	q_2	208.56	139.04	104.28	83.42	69.52	49.64	30.96	14.40	7.89	4.82	3.18
945	HN630×200×15×20	q	210.48	140.32	105.24	84.19	70.16	60.14	52.62	42.10	34.58	28.55	23.77
	HN630×200×15×20	q_0	210.48	140.32	105.24	84.19	70.16	60.14	52.62	42.10	34.58	28.55	23.77
	HN630×200×15×20	q_1	210.48	140.32	105.24	84.19	70.16	60.14	40.59	19.22	10.68	6.61	4.41
	HN630×200×15×20	q_2	210.48	140.32	105.24	84.19	70.16	60.14	40.59	19.22	10.68	6.61	4.41
957	HN638×202×17×24	q	219.01	146.01	109.51	87.61	73.00	62.58	54.75	42.96	34.01	27.30	22.23
	HN638×202×17×24	q_0	219.01	146.01	109.51	87.61	73.00	62.58	54.75	42.96	34.01	26.78	18.33
	HN638×202×17×24	q_1	219.01	146.01	109.51	87.61	73.00	62.58	54.75	42.96	34.01	26.78	18.33
	HN638×202×17×24	q_2	219.01	146.01	109.51	87.61	71.09	40.31	24.88	11.35	6.11	3.68	2.40
969	HN646×299×12×18	q	236.02	157.35	118.01	94.41	78.67	67.44	59.01	46.91	37.70	30.60	25.14
	HN646×299×12×18	q_0	236.02	157.35	118.01	94.41	78.67	67.44	59.01	46.91	34.83	20.00	12.29
	HN646×299×12×18	q_1	236.02	157.35	118.01	94.41	78.67	67.44	59.01	46.91	37.70	30.60	22.62
	HN646×299×12×18	q_2	236.02	157.35	118.01	94.41	78.67	53.80	33.56	15.62	8.55	5.23	3.45
975	HN650×300×13×20	q	252.71	168.48	126.36	101.09	84.24	72.20	63.18	50.51	41.11	33.71	27.91
	HN650×300×13×20	q_0	252.71	168.48	126.36	101.09	84.24	72.20	63.18	50.51	41.11	25.37	15.71
	HN650×300×13×20	q_1	252.71	168.48	126.36	101.09	84.24	72.20	63.18	50.51	41.11	33.71	27.02
	HN650×300×13×20	q_2	252.71	168.48	126.36	101.09	84.24	69.39	43.72	20.71	11.51	7.12	4.75
981	HN654×301×14×22	q	269.30	179.53	134.65	107.72	89.77	76.94	67.33	53.86	44.33	36.67	30.57
	HN654×301×14×22	q_0	269.30	179.53	134.65	107.72	89.77	76.94	67.33	53.86	44.33	31.37	19.56
	HN654×301×14×22	q_1	269.30	179.53	134.65	107.72	89.77	76.94	67.33	53.86	44.33	36.67	30.57
	HN654×301×14×22	q_2	269.30	179.53	134.65	107.72	89.77	76.94	67.33	53.86	44.33	36.67	30.57
1032	HN692×300×13×20	q	170.26	113.50	85.13	68.10	56.75	48.64	42.56	33.60	26.75	21.56	17.62
	HN692×300×13×20	q_0	170.26	113.50	85.13	68.10	56.75	40.51	25.31	11.81	6.48	3.97	2.62
	HN692×300×13×20	q_1	170.26	113.50	85.13	68.10	56.75	48.64	42.56	33.60	25.30	14.97	9.21
	HN692×300×13×20	q_2	170.26	113.50	85.13	68.10	56.75	48.64	42.56	33.60	26.75	21.56	16.14

续表

截面高度 h(mm)	H型钢型号	荷载类别	蜂窝梁的跨度(m)										
			3	4.5	6	7.5	9	10.5	12	15	18	21	24
1050	HN700×300×13×24	q	171.95	114.64	85.98	68.78	57.32	49.13	42.99	34.38	28.05	23.04	19.10
	HN700×300×13×24	q_0	171.95	114.64	85.98	68.78	57.32	49.13	34.13	16.24	9.06	5.62	3.76
	HN700×300×13×24	q_1	171.95	114.64	85.98	68.78	57.32	49.13	42.99	34.38	28.05	19.54	12.13
	HN700×300×13×24	q_2	171.95	114.64	85.98	68.78	57.32	49.13	42.99	34.38	28.05	23.04	19.10
1101	H734×299×12×16	q	175.68	117.12	87.84	70.27	58.56	50.19	43.90	34.06	26.73	21.31	17.27
	H734×299×12×16	q_0	175.68	117.12	87.84	70.27	55.86	31.53	19.38	8.77	4.68	2.80	1.82
	H734×299×12×16	q_1	175.68	117.12	87.84	70.27	55.86	31.53	19.38	8.77	4.68	2.80	1.82
	H734×299×12×16	q_2	175.68	117.12	87.84	70.27	58.56	50.19	43.90	34.06	21.50	11.99	7.27
1113	H742×300×13×20	q	182.60	121.73	91.30	73.04	60.87	52.17	45.65	36.13	28.86	23.31	19.08
	H742×300×13×20	q_0	182.60	121.73	91.30	73.04	60.87	41.90	26.07	12.07	6.58	4.00	2.64
	H742×300×13×20	q_1	182.60	121.73	91.30	73.04	60.87	41.90	26.07	12.07	6.58	4.00	2.64
	H742×300×13×20	q_2	182.60	121.73	91.30	73.04	60.87	52.17	45.65	36.13	26.87	15.61	9.57
1125	H750×300×13×24	q	184.39	122.93	92.19	73.76	61.46	52.68	46.10	36.88	30.17	24.83	20.62
	H750×300×13×24	q_0	184.39	122.93	92.19	73.76	61.46	52.68	34.96	16.50	9.15	5.64	3.76
	H750×300×13×24	q_1	184.39	122.93	92.19	73.76	61.46	52.68	34.96	16.50	9.15	5.64	3.76
	H750×300×13×24	q_2	184.39	122.93	92.19	73.76	61.46	52.68	46.10	36.88	30.17	20.31	12.55
1137	H758×303×16×28	q	225.18	150.12	112.59	90.07	75.06	64.34	56.30	45.01	36.66	30.07	24.91
	H758×303×16×28	q_0	225.18	150.12	112.59	90.07	75.06	64.34	56.30	45.01	36.66	30.07	24.91
	H758×303×16×28	q_1	225.18	150.12	112.59	90.07	75.06	64.34	45.82	22.05	12.42	7.76	5.22
	H758×303×16×28	q_2	225.18	150.12	112.59	90.07	75.06	64.34	45.82	22.05	12.42	7.76	5.22
1188	H792×300×14×22	q	208.56	139.04	104.28	83.42	69.52	59.59	52.14	41.45	33.31	27.04	22.21
	H792×300×14×22	q_0	208.56	139.04	104.28	83.42	69.52	59.59	52.14	41.45	33.31	27.04	20.40
	H792×300×14×22	q_1	208.56	139.04	104.28	83.42	69.52	49.64	30.96	14.40	7.89	4.82	3.18
	H792×300×14×22	q_2	208.56	139.04	104.28	83.42	69.52	49.64	30.96	14.40	7.89	4.82	3.18
1200	H800×300×14×26	q	210.48	140.32	105.24	84.19	70.16	60.14	52.62	42.10	34.58	28.55	23.77
	H800×300×14×26	q_0	210.48	140.32	105.24	84.19	70.16	60.14	52.62	42.10	34.58	28.55	23.77
	H800×300×14×26	q_1	210.48	140.32	105.24	84.19	70.16	60.14	40.59	19.22	10.68	6.61	4.41

续表

截面高度 h (mm)	H型钢型号	荷载类别	蜂窝梁的跨度（m）										
			3	4.5	6	7.5	9	10.5	12	15	18	21	24
1200	H800×300×14×26	q_2	210.48	140.32	105.24	84.19	70.16	60.14	40.59	19.22	10.68	6.61	4.41
1251	H834×298×14×19	q	219.01	146.01	109.51	87.61	73.00	62.58	54.75	42.96	34.01	27.30	22.23
	H834×298×14×19	q_0	219.01	146.01	109.51	87.61	73.00	62.58	54.75	42.96	34.01	26.78	18.33
	H834×298×14×19	q_1	219.01	146.01	109.51	87.61	73.00	62.58	54.75	42.96	34.01	26.78	18.33
	H834×298×14×19	q_2	219.01	146.01	109.51	87.61	71.09	40.31	24.88	11.35	6.11	3.68	2.40
1263	H842×299×15×23	q	236.02	157.35	118.01	94.41	78.67	67.44	59.01	46.91	37.70	30.60	25.14
	H842×299×15×23	q_0	236.02	157.35	118.01	94.41	78.67	67.44	59.01	46.91	34.83	20.00	12.29
	H842×299×15×23	q_1	236.02	157.35	118.01	94.41	78.67	67.44	59.01	46.91	37.70	30.60	22.62
	H842×299×15×23	q_2	236.02	157.35	118.01	94.41	78.67	53.80	33.56	15.62	8.55	5.23	3.45
1275	H850×300×16×27	q	252.71	168.48	126.36	101.09	84.24	72.20	63.18	50.51	41.11	33.71	27.91
	H850×300×16×27	q_0	252.71	168.48	126.36	101.09	84.24	72.20	63.18	50.51	41.11	25.37	15.71
	H850×300×16×27	q_1	252.71	168.48	126.36	101.09	84.24	72.20	63.18	50.51	41.11	33.71	27.02
	H850×300×16×27	q_2	252.71	168.48	126.36	101.09	84.24	69.39	43.72	20.71	11.51	7.12	4.75
1287	H858×301×17×31	q	269.30	179.53	134.65	107.72	89.77	76.94	67.33	53.86	44.33	36.67	30.57
	H858×301×17×31	q_0	269.30	179.53	134.65	107.72	89.77	76.94	67.33	53.86	44.33	31.37	19.56
	H858×301×17×31	q_1	269.30	179.53	134.65	107.72	89.77	76.94	67.33	53.86	44.33	36.67	30.57
	H858×301×17×31	q_2	269.30	179.53	134.65	107.72	89.77	76.94	67.33	53.86	44.33	36.67	30.57
1335	H890×299×15×23	q	249.38	166.26	124.69	99.75	83.13	71.25	62.35	49.66	40.03	32.56	26.80
	H890×299×15×23	q_0	249.38	166.26	124.69	99.75	83.13	55.22	34.34	15.89	8.66	5.27	3.46
	H890×299×15×23	q_1	249.38	166.26	124.69	99.75	83.13	71.25	62.35	49.66	36.43	20.65	12.66
	H890×299×15×23	q_2	249.38	166.26	124.69	99.75	83.13	71.25	62.35	49.66	40.03	32.56	23.89
1350	H900×300×16×28	q	267.61	178.41	133.81	107.04	89.20	76.46	66.90	53.52	43.90	36.21	30.12
	H900×300×16×28	q_0	267.61	178.41	133.81	107.04	89.20	75.29	47.38	22.39	12.42	7.67	5.11
	H900×300×16×28	q_1	267.61	178.41	133.81	107.04	89.20	76.46	66.90	53.52	43.90	27.60	17.07
	H900×300×16×28	q_2	267.61	178.41	133.81	107.04	89.20	76.46	66.90	53.52	43.90	36.21	29.66
1368	H912×302×18×34	q	301.47	200.98	150.74	120.59	100.49	86.14	75.37	60.29	49.93	41.58	34.86
	H912×302×18×34	q_0	301.47	200.98	150.74	120.59	100.49	86.14	66.25	32.02	18.09	11.33	7.64

续表

蜂窝梁的跨度（m）

截面高度 h (mm)	H型钢型号	荷载类别	3	4.5	6	7.5	9	10.5	12	15	18	21	24
1368	H912×302×18×34	q_1	301.47	200.98	150.74	120.59	100.49	86.14	75.37	60.29	49.93	37.24	23.28
	H912×302×18×34	q_2	301.47	200.98	150.74	120.59	100.49	86.14	75.37	60.29	49.93	41.58	34.86
	H970×297×16×21	q	286.72	191.15	143.36	114.69	95.57	81.92	71.68	56.59	45.07	36.33	29.68
	H970×297×16×21	q_0	286.72	191.15	143.36	114.69	87.34	49.49	30.53	13.91	7.48	4.50	2.93
1455	H970×297×16×21	q_1	286.72	191.15	143.36	114.69	87.34	49.49	30.53	13.91	7.48	4.50	2.93
	H970×297×16×21	q_2	286.72	191.15	143.36	114.69	95.57	81.92	71.68	56.59	33.62	18.81	11.46
	H980×298×17×26	q	307.45	204.97	153.73	122.98	102.48	87.84	76.86	61.37	49.74	40.64	33.56
	H980×298×17×26	q_0	307.45	204.97	153.73	122.98	102.48	68.27	42.61	19.84	10.87	6.64	4.39
1470	H980×298×17×26	q_1	307.45	204.97	153.73	122.98	102.48	68.27	42.61	19.84	10.87	6.64	4.39
	H980×298×17×26	q_2	307.45	204.97	153.73	122.98	102.48	87.84	76.86	61.37	45.06	25.46	15.65
	H990×298×17×31	q	310.84	207.23	155.42	124.34	103.61	88.81	77.71	62.17	51.41	42.73	35.77
	H990×298×17×31	q_0	310.84	207.23	155.42	124.34	103.61	88.81	56.65	26.86	14.94	9.25	6.17
1485	H990×298×17×31	q_1	310.84	207.23	155.42	124.34	103.61	88.81	56.65	26.86	14.94	9.25	6.17
	H990×298×17×31	q_2	310.84	207.23	155.42	124.34	103.61	88.81	77.71	62.17	51.41	32.88	20.38
	H1000×300×19×36	q	347.13	231.42	173.56	138.85	115.71	99.18	86.78	69.43	57.63	48.18	40.51
	H1000×300×19×36	q_0	347.13	231.42	173.56	138.85	115.71	99.18	86.78	69.43	57.63	48.18	40.51
1500	H1000×300×19×36	q_1	347.13	231.42	173.56	138.85	115.71	99.18	73.59	35.51	20.03	12.53	8.44
	H1000×300×19×36	q_2	347.13	231.42	173.56	138.85	115.71	99.18	73.59	35.51	20.03	12.53	8.44
	H1008×302×21×40	q	382.79	255.19	191.39	153.11	127.60	109.37	95.70	76.56	63.62	53.29	44.88
	H1008×302×21×40	q_0	382.79	255.19	191.39	153.11	127.60	109.37	95.70	76.56	63.62	53.29	44.88
1512	H1008×302×21×40	q_1	382.79	255.19	191.39	153.11	127.60	109.37	89.49	43.71	24.89	15.69	10.48
	H1008×302×21×40	q_2	382.79	255.19	191.39	153.11	127.60	109.37	89.49	43.71	24.89	15.69	10.48

表 6.5-5

Q355 简支蜂窝梁的容许最大线荷载（kN/m）

蜂窝梁的跨度（m）

截面高度 h (mm)	H型钢型号	荷载类别	3	4.5	6	7.5	9	10.5	12	15	18	21	24
297	HN198×99×4.5×7	q	24.95	16.58	11.67	8.46	6.33	4.87	3.85	2.57	1.82	1.36	1.05

续表

截面高度 h (mm)	H型钢型号	荷载类别	蜂窝梁的跨度 (m)										
			3	4.5	6	7.5	9	10.5	12	15	18	21	24
297	HN198×99×4.5×7	q_0	24.95	8.48	3.38	1.71	0.98	0.60	0.40	0.20	0.11	0.07	0.05
	HN198×99×4.5×7	q_1	24.95	16.58	11.45	5.58	2.94	1.74	1.11	0.53	0.30	0.18	0.12
	HN198×99×4.5×7	q_2	24.95	16.58	11.67	8.46	5.20	3.28	2.06	0.95	0.51	0.31	0.20
	HN198×99×4.5×7	q	24.95	20.03	13.96	10.04	7.48	5.75	4.53	3.01	2.13	1.59	1.23
300	HN200×100×5.5×8	q_0	30.26	10.91	4.44	2.28	1.28	0.79	0.52	0.26	0.15	0.09	0.06
	HN200×100×5.5×8	q_1	30.26	20.03	13.70	6.95	3.71	2.21	1.42	0.69	0.39	0.24	0.16
	HN200×100×5.5×8	q_2	30.26	20.03	13.96	10.00	6.21	4.00	2.58	1.20	0.66	0.40	0.26
	HN200×100×5.5×8	q	30.26	21.97	16.41	12.55	9.75	7.72	6.22	4.24	3.06	2.30	1.79
291	HM194×150×6×9	q_0	32.95	21.97	13.22	6.52	3.74	2.32	1.52	0.76	0.43	0.27	0.18
	HM194×150×6×9	q_1	32.95	21.97	16.41	12.55	9.75	6.52	4.42	2.10	1.16	0.70	0.46
	HM194×150×6×9	q_2	32.95	21.97	16.41	12.55	9.75	7.72	5.98	3.38	2.02	1.23	0.79
	HM194×150×6×9	q	32.95	30.96	23.22	18.51	14.93	12.15	10.00	7.02	5.15	3.92	3.07
300	HW200×200×8×12	q_0	46.45	30.96	23.22	18.51	11.92	7.43	4.85	2.40	1.37	0.85	0.57
	HW200×200×8×12	q_1	46.45	30.96	23.22	18.51	14.93	12.15	10.00	5.91	3.60	2.25	1.47
	HW200×200×8×12	q_2	46.45	30.96	23.22	18.51	14.93	12.15	10.00	7.02	4.66	3.19	2.26
	HW200×200×8×12	q	46.45	44.07	32.65	24.64	18.95	14.89	11.94	8.09	5.80	4.35	3.38
300	HW200×204×12×12	q_0	66.11	44.07	32.65	21.15	12.25	7.69	5.03	2.49	1.42	0.88	0.59
	HW200×204×12×12	q_1	66.11	44.07	32.65	24.64	18.95	14.89	10.85	6.17	3.75	2.33	1.52
	HW200×204×12×12	q_2	66.11	44.07	32.65	24.64	18.95	14.89	11.94	7.52	4.88	3.34	2.36
	HW200×204×12×12	q	66.11	44.07	32.65	24.64	18.95	14.89	11.94	7.52	4.88	3.34	1.83
372	HN248×124×5×8	q_0	35.09	19.69	7.39	3.58	2.03	1.27	0.85	0.42	0.24	0.15	0.10
	HN248×124×5×8	q_1	35.09	23.39	17.39	12.92	7.15	4.12	2.57	1.20	0.65	0.40	0.26
	HN248×124×5×8	q_2	35.09	23.39	17.39	13.18	10.17	7.12	4.86	2.27	1.19	0.70	0.45
	HN248×124×5×8	q	35.09	23.39	17.39	13.18	10.17	8.01	6.44	4.37	3.14	2.71	2.10
375	HN250×125×6×9	q_0	41.80	24.00	9.18	4.52	2.59	1.64	1.07	0.53	0.30	0.19	0.13
	HN250×125×6×9	q_1	41.80	27.86	20.59	15.09	8.60	4.99	3.14	1.48	0.81	0.50	0.32
	HN250×125×6×9	q_2	41.80	27.86	20.59	15.49	11.89	8.27	5.70	2.75	1.46	0.86	0.55
	HN250×125×6×9	q	41.80	27.86	20.59	15.49	11.89	9.33	7.47	5.05	3.62		

续表

截面高度 h (mm)	H型钢型号	荷载类别	蜂窝梁的跨度 (m)										
			3	4.5	6	7.5	9	10.5	12	15	18	21	24
366	HM244×175×7×11	q	48.41	32.27	24.20	19.27	15.53	12.63	10.39	7.29	5.34	4.06	3.18
		q_0	48.41	32.27	24.20	13.70	7.72	4.82	3.22	1.59	0.90	0.56	0.37
		q_1	48.41	32.27	24.20	19.27	15.53	12.63	9.13	4.59	2.49	1.50	0.97
		q_2	48.41	32.27	24.20	19.27	15.53	12.63	10.39	6.70	4.15	2.66	1.71
375	HW250×250×9×14	q	65.42	43.61	32.71	26.17	21.80	18.41	15.61	11.43	8.62	6.67	5.29
		q_0	65.42	43.61	32.71	26.17	21.80	16.08	10.68	5.34	2.99	1.85	1.22
		q_1	65.42	43.61	32.71	26.17	21.80	18.41	15.61	11.43	7.51	4.94	3.33
		q_2	65.42	43.61	32.71	26.17	21.80	18.41	15.61	11.43	8.62	6.34	4.58
375	HW250×255×14×14	q	96.62	64.41	48.31	38.15	30.39	24.50	20.03	13.92	10.14	7.68	6.00
		q_0	96.62	64.41	48.31	38.15	26.53	16.49	10.97	5.53	3.11	1.92	1.27
		q_1	96.62	64.41	48.31	38.15	30.39	24.50	20.03	12.52	7.85	5.15	3.43
		q_2	96.62	64.41	48.31	38.15	30.39	24.50	20.03	13.92	9.59	6.67	4.81
447	HN298×149×5.5×8	q	46.76	31.17	23.38	18.23	14.37	11.49	9.33	6.43	4.66	3.52	2.74
		q_0	46.76	31.17	12.52	5.79	3.15	1.91	1.26	0.64	0.37	0.23	0.15
		q_1	46.76	31.17	23.38	18.23	12.88	7.50	4.59	2.06	1.09	0.64	0.41
		q_2	46.75	31.17	23.38	18.23	14.37	11.49	8.27	4.17	2.13	1.22	0.76
450	HN300×150×6.5×9	q	54.90	36.60	27.43	21.25	16.67	13.28	10.76	7.39	5.34	4.03	3.13
		q_0	54.90	36.60	15.15	7.10	3.92	2.41	1.60	0.82	0.46	0.29	0.19
		q_1	54.90	36.60	27.43	21.25	14.96	8.90	5.49	2.49	1.33	0.79	0.51
		q_2	54.90	36.60	27.43	21.25	16.67	13.28	9.52	4.91	2.54	1.47	0.92
441	HM294×200×8×12	q	66.52	44.34	33.26	26.61	21.83	18.01	14.99	10.68	7.91	6.05	4.76
		q_0	66.52	44.34	33.26	22.59	12.39	7.58	5.02	2.56	1.43	0.88	0.58
		q_1	66.52	44.34	33.26	26.61	21.83	18.01	14.90	7.83	4.20	2.49	1.60
		q_2	66.52	44.34	33.26	26.61	21.83	18.01	14.99	10.68	6.74	4.40	2.92
441	HW294×302×12×12	q	99.78	66.52	49.89	39.91	32.74	27.00	22.46	16.00	11.84	9.06	7.12
		q_0	99.78	66.52	49.89	39.91	32.50	19.25	12.30	5.96	3.38	2.12	1.40
		q_1	99.78	66.52	49.89	39.91	32.74	27.00	22.46	15.94	9.98	6.48	4.26

截面高度 h (mm)	H 型钢型号	荷载类别	\multicolumn{11}{c}{蜂窝梁的跨度 (m)}
			3	4.5	6	7.5	9	10.5	12	15	18	21	24
441	HW294×302×12×12	q_2	99.78	66.52	49.89	39.91	32.74	27.00	22.46	16.00	11.84	8.47	6.11
450	HW300×300×10×15	q	86.85	57.90	43.42	34.74	28.95	24.81	21.47	16.22	12.49	9.82	7.88
	HW300×300×10×15	q_0	86.85	57.90	43.42	34.74	28.95	24.81	18.23	9.05	5.23	3.19	2.09
	HW300×300×10×15	q_1	86.85	57.90	43.42	34.74	28.95	24.81	21.47	16.22	12.49	8.46	5.84
	HW300×300×10×15	q_2	86.85	57.90	43.42	34.74	28.95	24.81	21.47	16.22	12.49	9.82	7.60
450	HW300×305×15×15	q	125.08	83.39	62.54	50.03	41.12	33.98	28.30	20.20	14.97	11.46	9.02
	HW300×305×15×15	q_0	125.08	83.39	62.54	50.03	41.12	28.61	18.57	9.25	5.35	3.28	2.15
	HW300×305×15×15	q_1	125.08	83.39	62.54	50.03	41.12	33.98	28.30	20.20	13.17	8.79	6.04
	HW300×305×15×15	q_2	125.08	83.39	62.54	50.03	41.12	33.98	28.30	20.20	14.97	10.91	7.94
519	HN346×174×6×9	q	59.54	39.70	29.77	23.77	19.27	15.74	13.00	9.16	6.74	5.13	4.02
	HN346×174×6×9	q_0	59.54	39.70	24.08	10.85	5.78	3.45	2.23	1.10	0.64	0.40	0.26
	HN346×174×6×9	q_1	59.54	39.70	29.77	23.77	19.27	14.31	9.02	3.96	2.06	1.20	0.76
	HN346×174×6×9	q_2	59.54	39.70	29.77	23.77	19.27	15.74	13.00	7.54	4.18	2.36	1.46
525	HN350×175×7×11	q	69.40	46.26	34.70	27.75	22.66	18.63	15.45	10.97	8.09	6.18	4.86
	HN350×175×7×11	q_0	69.40	46.26	32.69	15.06	8.18	4.96	3.26	1.65	0.95	0.58	0.38
	HN350×175×7×11	q_1	69.40	46.26	34.70	27.75	22.66	18.22	12.00	5.37	2.83	1.67	1.07
	HN350×175×7×11	q_2	69.40	46.26	34.70	27.75	22.66	18.63	15.45	9.51	5.52	3.18	1.98
510	HM340×250×9×14	q	87.26	58.17	43.63	34.90	29.09	24.80	21.22	15.76	11.99	9.35	7.45
	HM340×250×9×14	q_0	87.26	58.17	43.63	34.90	28.24	16.90	10.96	5.46	3.15	1.93	1.27
	HM340×250×9×14	q_1	87.26	58.17	43.63	34.90	29.09	24.80	21.22	15.76	9.56	5.78	3.66
	HM340×250×9×14	q_2	87.26	58.17	43.63	34.90	29.09	24.80	21.22	15.76	11.99	8.61	6.07
516	HW344×348×10×16	q	100.53	67.02	50.26	40.21	33.51	28.72	25.13	19.80	15.73	12.66	10.33
	HW344×348×10×16	q_0	100.53	67.02	50.26	40.21	33.51	28.72	25.13	14.32	8.06	5.04	3.33
	HW344×348×10×16	q_1	100.53	67.02	50.26	40.21	33.51	28.72	25.13	19.80	15.73	12.66	9.14
	HW344×348×10×16	q_2	100.53	67.02	50.26	40.21	33.51	28.72	25.13	19.80	15.73	12.66	10.33
525	HW350×350×12×19	q	118.17	78.78	59.08	47.27	39.39	33.76	29.54	23.23	18.43	14.82	12.08
	HW350×350×12×19	q_0	118.17	78.78	59.08	47.27	39.39	33.76	29.54	19.23	11.01	6.81	4.45

续表

截面高度 h (mm)	H型钢型号	荷载类别	蜂窝梁的跨度 (m)										
			3	4.5	6	7.5	9	10.5	12	15	18	21	24
525	HW350×350×12×19	q_1	118.17	78.78	59.08	47.27	39.39	33.76	29.54	23.23	18.43	14.82	11.06
	HW350×350×12×19	q_2	118.17	78.78	59.08	47.27	39.39	33.76	29.54	23.23	18.43	14.82	12.08
600	HN400×150×8×13	q	88.41	58.94	44.21	35.29	28.58	23.34	19.26	13.57	9.97	7.59	5.95
	HN400×150×8×13	q_0	88.41	58.94	30.08	14.30	7.97	4.94	3.30	1.68	0.95	0.59	0.39
	HN400×150×8×13	q_1	88.41	58.94	44.21	35.29	28.58	17.37	10.77	4.95	2.67	1.60	1.04
	HN400×150×8×13	q_2	88.41	58.94	44.21	35.29	28.58	23.34	18.41	9.55	5.00	2.91	1.84
594	HN396×199×7×11	q	79.37	52.91	39.68	31.75	26.36	22.05	18.55	13.43	10.04	7.74	6.12
	HN396×199×7×11	q_0	79.37	52.91	39.68	21.99	11.61	6.87	4.42	2.16	1.24	0.78	0.51
	HN396×199×7×11	q_1	79.37	52.91	39.68	31.75	26.36	22.05	17.57	8.10	4.18	2.42	1.52
	HN396×199×7×11	q_2	79.37	52.91	39.68	31.75	26.36	22.05	18.55	13.28	8.00	4.84	2.97
600	HN400×200×8×13	q	90.60	60.40	45.30	36.24	30.16	25.35	21.41	15.60	11.71	9.05	7.16
	HN400×200×8×13	q_0	90.60	60.40	45.30	28.69	15.39	9.24	6.01	3.00	1.74	1.07	0.71
	HN400×200×8×13	q_1	90.60	60.40	45.30	36.24	30.16	25.35	21.41	10.37	5.42	3.17	2.01
	HN400×200×8×13	q_2	90.60	60.40	45.30	36.24	30.16	25.35	21.41	15.60	9.77	6.13	3.81
585	HM390×300×10×16	q	111.88	74.58	55.94	44.75	37.29	31.96	27.94	21.59	16.90	13.45	10.88
	HM390×300×10×16	q_0	111.38	74.58	55.94	44.75	37.29	31.96	21.68	10.50	5.94	3.73	2.46
	HM390×300×10×16	q_1	111.88	74.58	55.94	44.75	37.29	31.96	27.94	21.59	16.90	11.29	7.49
	HM390×300×10×16	q_2	111.88	74.58	55.94	44.75	37.29	31.96	27.94	21.59	16.90	13.45	10.56
582	HW388×402×15×15	q	165.66	110.44	82.83	66.26	55.22	47.29	40.80	30.69	23.55	18.47	14.79
	HW388×402×15×15	q_0	165.66	110.44	82.83	66.26	55.22	47.29	39.49	18.26	9.95	6.06	3.99
	HW388×402×15×15	q_1	165.66	110.44	82.83	66.26	55.22	47.29	40.80	30.69	23.55	17.52	12.34
	HW388×402×15×15	q_2	165.66	110.44	82.83	66.26	55.22	47.29	40.80	30.69	23.55	18.47	14.79
591	HW394×398×11×18	q	123.10	82.06	61.55	49.24	41.03	35.17	30.77	24.62	20.13	16.57	13.76
	HW394×398×11×18	q_0	123.10	82.06	61.55	49.24	41.03	35.17	30.77	24.00	13.28	8.18	5.44
	HW394×398×11×18	q_1	123.10	82.06	61.55	49.24	41.03	35.17	30.77	24.62	20.13	16.57	13.76
	HW394×398×11×18	q_2	123.10	82.06	61.55	49.24	41.03	35.17	30.77	24.62	20.13	16.57	13.76

续表

截面高度 h (mm)	H型钢型号	荷载类别	蜂窝梁的跨度（m）										
			3	4.5	6	7.5	9	10.5	12	15	18	21	24
600	HW400×400×13×21	q	146.98	97.99	73.49	58.79	48.99	41.99	36.74	29.39	23.98	19.70	16.33
	HW400×400×13×21	q_0	146.98	97.99	73.49	58.79	48.99	41.99	36.74	29.39	17.83	11.13	7.38
	HW400×400×13×21	q_1	146.98	97.99	73.49	58.79	48.99	41.99	36.74	29.39	23.98	19.70	16.33
	HW400×400×13×21	q_2	146.98	97.99	73.49	58.79	48.99	41.99	36.74	29.39	23.98	19.70	16.33
600	HW400×408×21×21	q	225.34	150.23	112.67	90.14	75.11	64.36	55.64	41.98	32.29	25.37	20.34
	HW400×408×21×21	q_0	225.34	150.23	112.67	90.14	75.11	64.36	55.64	32.45	18.28	11.43	7.63
	HW400×408×21×21	q_1	225.34	150.23	112.67	90.14	75.11	64.36	55.64	41.98	32.29	25.14	18.10
	HW400×408×21×21	q_2	225.34	150.23	112.67	90.14	75.11	64.36	55.64	41.98	32.29	25.37	20.34
621	HW414×405×18×28	q	210.50	140.34	105.25	84.20	70.17	60.14	52.63	42.01	34.02	27.78	22.92
	HW414×405×18×28	q_0	210.50	140.34	105.25	84.20	70.17	60.14	52.63	42.01	31.71	19.50	12.78
	HW414×405×18×28	q_1	210.50	140.34	105.25	84.20	70.17	60.14	52.63	42.01	34.02	27.78	22.92
	HW414×405×18×28	q_2	210.50	140.34	105.25	84.20	70.17	60.14	52.63	42.01	34.02	27.78	22.92
642	HW428×407×20×35	q	253.70	169.13	126.85	101.48	84.57	72.49	63.43	50.73	41.43	34.06	28.25
	HW428×407×20×35	q_0	253.70	169.13	126.85	101.48	84.57	72.49	63.43	50.73	41.43	29.43	19.61
	HW428×407×20×35	q_1	253.70	169.13	126.85	101.48	84.57	72.49	63.43	50.73	41.43	34.06	28.25
	HW428×407×20×35	q_2	253.70	169.13	126.85	101.48	84.57	72.49	63.43	50.73	41.43	34.06	28.25
675	HN450×200×9×14	q	113.62	75.75	56.81	45.45	37.82	31.78	26.83	19.53	14.66	11.32	8.96
	HN450×200×9×14	q_0	113.62	75.75	56.81	33.54	17.95	10.76	6.99	3.48	2.01	1.25	0.82
	HN450×200×9×14	q_1	113.62	75.75	56.81	45.45	37.82	31.78	25.97	12.19	6.36	3.72	2.36
	HN450×200×9×14	q_2	113.62	75.75	56.81	45.45	37.82	31.78	26.83	19.52	11.82	7.26	4.48
669	HN446×199×8×12	q	101.10	67.40	50.55	40.44	33.57	28.06	23.59	17.07	12.76	9.83	7.77
	HN446×199×8×12	q_0	101.10	67.40	50.55	26.23	13.84	8.19	5.26	2.57	1.47	0.93	0.61
	HN446×199×8×12	q_1	101.10	67.40	50.55	40.44	33.57	28.06	21.47	9.69	5.00	2.90	1.82
	HN446×199×8×12	q_2	101.10	67.40	50.55	40.44	33.57	28.06	23.59	16.46	9.80	5.80	3.55
675	HN450×200×9×14	q	113.62	75.75	56.81	45.45	37.82	31.78	26.83	19.53	14.66	11.32	8.96
	HN450×200×9×14	q_0	113.62	75.75	56.81	33.54	17.95	10.76	6.99	3.48	2.01	1.25	0.82
	HN450×200×9×14	q_1	113.62	75.75	56.81	45.45	37.82	31.78	25.97	12.19	6.36	3.72	2.36

续表

截面高度 h (mm)	H型钢型号	荷载类别	蜂窝梁的跨度 (m)										
			3	4.5	6	7.5	9	10.5	12	15	18	21	24
675	HN450×200×9×14	q_2	113.62	75.75	56.81	45.45	37.82	31.78	26.83	19.52	11.82	7.26	4.48
660	HM440×300×11×18	q	133.21	88.81	66.61	53.29	44.40	38.06	33.30	25.97	20.47	16.37	13.29
	HM440×300×11×18	q_0	133.21	88.81	66.61	53.29	44.40	38.06	26.40	12.80	7.25	4.55	3.00
	HM440×300×11×18	q_1	133.21	88.81	66.61	53.29	44.40	38.06	33.30	25.97	20.47	13.85	9.12
	HM440×300×11×18	q_2	133.21	88.81	66.61	53.29	44.40	38.06	33.30	25.97	20.47	16.37	13.02
744	HN496×199×9×14	q	125.24	83.49	62.62	50.10	41.73	35.17	29.78	21.77	16.38	12.67	10.05
	HN496×199×9×14	q_0	125.24	83.49	62.62	34.52	18.33	10.90	7.04	3.47	1.99	1.26	0.83
	HN496×199×9×14	q_1	125.24	83.49	62.62	50.10	41.73	35.17	27.99	12.69	6.58	3.83	2.42
	HN496×199×9×14	q_2	125.24	83.49	62.62	50.10	41.73	35.17	29.78	21.45	12.77	7.57	4.66
750	HN500×200×10×16	q	138.99	92.66	69.50	55.60	46.33	39.22	33.32	24.48	18.49	14.34	11.39
	HN500×200×10×16	q_0	138.99	92.66	69.50	42.91	23.07	13.88	9.04	4.53	2.63	1.63	1.07
	HN500×200×10×16	q_1	138.99	92.66	69.50	55.60	46.33	39.22	33.11	15.54	8.14	4.77	3.04
	HN500×200×10×16	q_2	138.99	92.66	69.50	55.60	46.33	39.22	33.32	24.48	15.07	9.24	5.72
759	HN506×201×11×19	q	148.22	98.81	74.11	59.29	49.41	42.16	36.12	26.87	20.47	15.97	12.74
	HN506×201×11×19	q_0	148.22	98.81	74.11	55.52	30.33	18.50	12.19	6.22	3.54	2.18	1.44
	HN506×201×11×19	q_1	148.22	98.81	74.11	59.29	49.41	42.16	36.12	19.67	10.44	6.18	3.96
	HN506×201×11×19	q_2	148.22	98.81	74.11	59.29	49.41	42.16	36.12	26.87	17.96	11.45	7.28
723	HM482×300×11×15	q	151.19	100.79	75.59	60.48	50.40	43.20	37.48	28.45	21.97	17.32	13.91
	HM482×300×11×15	q_0	151.19	100.79	75.59	60.48	50.40	33.19	20.79	9.74	5.37	3.30	2.19
	HM482×300×11×15	q_1	151.19	100.79	75.59	60.48	50.40	43.20	37.48	28.45	19.70	12.16	7.49
	HM482×300×11×15	q_2	151.19	100.79	75.59	60.48	50.40	43.20	37.48	28.45	21.97	17.32	12.36
732	HM488×300×11×18	q	147.77	98.51	73.88	59.11	49.26	42.22	36.94	28.93	22.88	18.34	14.92
	HM488×300×11×18	q_0	147.77	98.51	73.88	59.11	49.26	42.22	27.22	13.02	7.30	4.55	3.05
	HM488×300×11×18	q_1	147.77	98.51	73.88	59.11	49.26	42.22	36.94	28.93	22.88	15.00	9.57
	HM488×300×11×18	q_2	147.77	98.51	73.88	59.11	49.26	42.22	36.94	28.93	22.88	18.34	14.46
819	HN546×199×9×14	q	137.83	91.89	68.92	55.13	45.94	38.89	33.04	24.27	18.33	14.21	11.29
	HN546×199×9×14	q_0	137.83	91.89	68.92	36.09	19.00	11.22	7.19	3.51	2.00	1.26	0.84

续表

截面高度 h(mm)	H型钢型号	荷载类别	蜂窝梁的跨度(m)										
			3	4.5	6	7.5	9	10.5	12	15	18	21	24
819	HN546×199×9×14	q_1	137.83	91.89	68.92	55.13	45.94	38.89	30.36	13.41	6.91	4.00	2.51
	HN546×199×9×14	q_2	137.83	91.89	68.92	55.13	45.94	38.89	33.04	23.71	13.89	8.02	4.91
825	HN550×200×10×16	q	152.96	101.97	76.48	61.18	50.99	43.33	36.93	27.27	20.67	16.07	12.78
	HN550×200×10×16	q_0	152.96	101.97	76.48	44.64	23.80	14.20	9.19	4.56	2.62	1.66	1.09
	HN550×200×10×16	q_1	152.96	101.97	76.48	61.18	50.99	43.33	35.97	16.36	8.52	4.97	3.14
	HN550×200×10×16	q_2	152.96	101.97	76.48	61.18	50.99	43.33	36.93	27.27	16.42	9.75	6.01
894	HN596×199×10×16	q	165.53	110.35	82.76	66.21	55.18	46.74	39.73	29.21	22.07	17.13	13.61
	HN596×199×10×16	q_0	165.53	110.35	82.76	41.38	21.80	12.88	8.26	4.03	2.29	1.44	0.97
	HN596×199×10×16	q_1	165.53	110.35	82.76	66.21	55.18	46.74	35.27	15.41	7.95	4.60	2.89
	HN596×199×10×16	q_2	165.53	110.35	82.76	66.21	55.18	46.74	39.73	27.96	16.18	9.21	5.64
900	HN600×200×11×17	q	175.97	117.31	87.98	70.39	58.66	49.87	42.54	31.44	23.84	18.54	14.76
	HN600×200×11×17	q_0	175.97	117.31	87.98	48.88	26.04	15.54	10.05	4.98	2.86	1.82	1.20
	HN600×200×11×17	q_1	175.97	117.31	87.98	70.39	58.66	49.87	40.12	17.97	9.35	5.46	3.45
	HN600×200×11×17	q_2	175.97	117.31	87.98	70.39	58.66	49.87	42.54	31.15	18.35	10.71	6.60
909	HN606×201×12×20	q	192.37	128.25	96.19	76.95	64.12	54.84	47.14	35.26	26.95	21.08	16.85
	HN606×201×12×20	q_0	192.37	128.25	96.19	63.95	34.58	20.90	13.67	6.89	4.02	2.48	1.63
	HN606×201×12×20	q_1	192.37	128.25	96.19	76.95	64.12	54.84	47.14	23.08	12.15	7.16	4.57
	HN606×201×12×20	q_2	192.37	128.25	96.19	76.95	64.12	54.84	47.14	35.26	22.46	13.70	8.51
873	HM582×300×12×17	q	191.47	127.65	95.74	76.59	63.82	54.71	47.79	36.85	28.79	22.87	18.49
	HM582×300×12×17	q_0	191.47	127.65	95.74	76.59	63.82	42.12	26.30	12.26	6.72	4.11	2.72
	HM582×300×12×17	q_1	191.47	127.65	95.74	76.59	63.82	54.71	47.79	36.85	25.93	15.55	9.56
	HM582×300×12×17	q_2	191.47	127.65	95.74	76.59	63.82	54.71	47.79	36.85	28.79	22.87	16.44
882	HM588×300×12×20	q	193.10	128.74	96.55	77.24	64.37	55.17	48.28	38.18	30.46	24.59	20.11
	HM588×300×12×20	q_0	193.10	128.74	96.55	77.24	64.37	54.41	34.32	16.28	9.07	5.62	3.75
	HM588×300×12×20	q_1	193.10	128.74	96.55	77.24	64.37	55.17	48.28	38.18	30.46	19.62	12.21
	HM588×300×12×20	q_2	193.10	128.74	96.55	77.24	64.37	55.17	48.28	38.18	30.46	24.59	19.47
891	HM594×302×14×23	q	224.54	149.69	112.27	89.81	74.85	64.15	56.13	44.39	35.42	28.59	23.39

续表

截面高度 h (mm)	H型钢型号	荷载类别	蜂窝梁的跨度 (m)										
			3	4.5	6	7.5	9	10.5	12	15	18	21	24
891	HM594×302×14×23	q_0	224.54	149.69	112.27	89.81	74.85	64.15	43.79	21.15	11.94	7.48	5.01
	HM594×302×14×23	q_1	224.54	149.69	112.27	89.81	74.85	64.15	56.13	44.39	35.42	23.89	15.29
	HM594×302×14×23	q_2	224.54	149.69	112.27	89.81	74.85	64.15	56.13	44.39	35.42	28.59	22.99
937.5	HN625×198.5×13.5×17.5	q	300.12	200.08	150.06	120.05	100.04	85.75	75.03	59.65	47.94	38.91	31.96
	HN625×198.5×13.5×17.5	q_0	300.12	200.08	150.06	120.05	100.04	85.75	75.03	59.65	47.94	38.91	29.35
	HN625×198.5×13.5×17.5	q_1	300.12	200.08	150.06	120.05	100.04	71.43	44.55	20.73	11.35	6.93	4.58
	HN625×198.5×13.5×17.5	q_2	300.12	200.08	150.06	120.05	100.04	71.43	44.55	20.73	11.35	6.93	4.58
945	HN630×200×15×20	q	302.89	201.93	151.45	121.16	100.96	86.54	75.72	60.58	49.76	41.09	34.21
	HN630×200×15×20	q_0	302.89	201.93	151.45	121.16	100.96	86.54	75.72	60.58	49.76	41.09	34.21
	HN630×200×15×20	q_1	302.89	201.93	151.45	121.16	100.96	86.54	58.41	27.66	15.37	9.50	6.34
	HN630×200×15×20	q_2	302.89	201.93	151.45	121.16	100.96	86.54	58.41	27.66	15.37	9.50	6.34
957	HN638×202×17×24	q	315.16	210.11	157.58	126.07	105.05	90.05	78.79	61.82	48.95	39.28	31.99
	HN638×202×17×24	q_0	315.16	210.11	157.58	126.07	105.05	90.05	78.79	61.82	48.95	38.53	26.38
	HN638×202×17×24	q_1	315.16	210.11	157.58	126.07	105.05	90.05	78.79	61.82	48.95	38.53	26.38
	HN638×202×17×24	q_2	315.16	210.11	157.58	126.07	102.31	58.01	35.80	16.33	8.79	5.29	3.45
969	HN646×299×12×18	q	339.64	226.43	169.82	135.86	113.21	97.04	84.91	67.51	54.25	44.03	36.17
	HN646×299×12×18	q_0	339.64	226.43	169.82	135.86	113.21	97.04	84.91	67.51	50.12	28.79	17.69
	HN646×299×12×18	q_1	339.64	226.43	169.82	135.86	113.21	97.04	84.91	67.51	54.25	44.03	32.55
	HN646×299×12×18	q_2	339.64	226.43	169.82	135.86	113.21	77.41	48.30	22.48	12.31	7.52	4.96
975	HN650×300×13×20	q	363.66	242.44	181.83	145.46	121.22	103.90	90.92	72.68	59.17	48.51	40.16
	HN650×300×13×20	q_0	363.66	242.44	181.83	145.46	121.22	103.90	90.92	72.68	59.17	36.51	22.61
	HN650×300×13×20	q_1	363.66	242.44	181.83	145.46	121.22	103.90	90.92	72.68	59.17	48.51	38.89
	HN650×300×13×20	q_2	363.66	242.44	181.83	145.46	121.22	99.85	62.92	29.80	16.57	10.25	6.83
981	HN654×301×14×22	q	387.53	258.35	193.77	155.01	129.18	110.72	96.88	77.51	63.79	52.76	43.99
	HN654×301×14×22	q_0	387.53	258.35	193.77	155.01	129.18	110.72	96.88	77.51	63.79	45.14	28.15
	HN654×301×14×22	q_1	387.53	258.35	193.77	155.01	129.18	110.72	96.88	77.51	63.79	52.76	43.99
	HN654×301×14×22	q_2	387.53	258.35	193.77	155.01	129.18	110.72	96.88	77.51	63.79	52.76	43.99

续表

截面高度 h (mm)	H型钢型号	荷载类别	蜂窝梁的跨度 (m)										
			3	4.5	6	7.5	9	10.5	12	15	18	21	24
1032	HN692×300×13×20	q	245.00	163.34	122.50	98.00	81.67	70.00	61.25	48.35	38.50	31.03	25.35
	HN692×300×13×20	q_0	245.00	163.34	122.50	98.00	81.67	58.29	36.42	16.99	9.32	5.71	3.77
	HN692×300×13×20	q_1	245.00	163.34	122.50	98.00	81.67	70.00	61.25	48.35	36.41	21.55	13.25
	HN692×300×13×20	q_2	245.00	163.34	122.50	98.00	81.67	70.00	61.25	48.35	38.50	31.03	23.23
1050	HN700×300×13×24	q	247.44	164.96	123.72	98.98	82.48	70.70	61.86	49.47	40.36	33.15	27.48
	HN700×300×13×24	q_0	247.44	164.96	123.72	98.98	82.48	70.70	49.11	23.37	13.04	8.09	5.41
	HN700×300×13×24	q_1	247.44	164.96	123.72	98.98	82.48	70.70	61.86	49.47	40.36	28.12	17.46
	HN700×300×13×24	q_2	247.44	164.96	123.72	98.98	82.48	70.70	61.86	49.47	40.36	33.15	27.48
1101	H734×299×12×16	q	249.22	166.15	124.61	99.69	83.07	71.21	62.28	48.31	37.92	30.23	24.50
	H734×299×12×16	q_0	249.22	166.15	124.61	99.69	79.24	44.73	27.49	12.43	6.64	3.97	2.58
	H734×299×12×16	q_1	249.22	166.15	124.61	99.69	79.24	44.73	27.49	12.43	6.64	3.97	2.58
	H734×299×12×16	q_2	249.22	166.15	124.61	99.69	83.07	71.21	62.28	48.31	30.50	17.00	10.32
1113	H742×300×13×20	q	262.76	175.17	131.38	105.10	87.59	75.07	65.69	51.99	41.53	33.55	27.46
	H742×300×13×20	q_0	262.76	175.17	131.38	105.10	87.59	60.29	37.51	17.36	9.47	5.76	3.79
	H742×300×13×20	q_1	262.76	175.17	131.38	105.10	87.59	60.29	37.51	17.36	9.47	5.76	3.79
	H742×300×13×20	q_2	262.76	175.17	131.38	105.10	87.59	75.07	65.69	51.99	38.67	22.46	13.77
1125	H750×300×13×24	q	265.34	176.89	132.67	106.14	88.45	75.81	66.34	53.07	43.42	35.74	29.68
	H750×300×13×24	q_0	265.34	176.89	132.67	106.14	88.45	75.81	50.31	23.75	13.16	8.12	5.41
	H750×300×13×24	q_1	265.34	176.89	132.67	106.14	88.45	75.81	50.31	23.75	13.16	8.12	5.41
	H750×300×13×24	q_2	265.34	176.89	132.67	106.14	88.45	75.81	66.34	53.07	43.42	29.23	18.06
1137	H758×303×16×28	q	324.04	216.03	162.02	129.62	108.01	92.58	81.01	64.77	52.76	43.28	35.84
	H758×303×16×28	q_0	324.04	216.03	162.02	129.62	108.01	92.58	81.01	64.77	52.76	43.28	35.84
	H758×303×16×28	q_1	324.04	216.03	162.02	129.62	108.01	92.58	65.93	31.73	17.87	11.17	7.51
	H758×303×16×28	q_2	324.04	216.03	162.02	129.62	108.01	92.58	65.93	31.73	17.87	11.17	7.51
1188	H792×300×14×22	q	300.12	200.08	150.06	120.05	100.04	85.75	75.03	59.65	47.94	38.91	31.96
	H792×300×14×22	q_0	300.12	200.08	150.06	120.05	100.04	85.75	75.03	59.65	47.94	38.91	29.35
	H792×300×14×22	q_1	300.12	200.08	150.06	120.05	100.04	71.43	44.55	20.73	11.35	6.93	4.58

续表

截面高度 h (mm)	H型钢型号	荷载类别	蜂窝梁的跨度 (m)										
			3	4.5	6	7.5	9	10.5	12	15	18	21	24
1188	H792×300×14×22	q_2	300.12	200.08	150.06	120.05	100.04	71.43	44.55	20.73	11.35	6.93	4.58
1200	H800×300×14×26	q	302.89	201.93	151.45	121.16	100.96	86.54	75.72	60.58	49.76	41.09	34.21
	H800×300×14×26	q_0	302.89	201.93	151.45	121.16	100.96	86.54	75.72	60.58	49.76	41.09	34.21
	H800×300×14×26	q_1	302.89	201.93	151.45	121.16	100.96	86.54	58.41	27.66	15.37	9.50	6.34
	H800×300×14×26	q_2	302.89	201.93	151.45	121.16	100.96	86.54	58.41	27.66	15.37	9.50	6.34
1251	H834×298×14×19	q	315.16	210.11	157.58	126.07	105.05	90.05	78.79	61.82	48.95	39.28	31.99
	H834×298×14×19	q_0	315.16	210.11	157.58	126.07	105.05	90.05	78.79	61.82	48.95	38.53	26.38
	H834×298×14×19	q_1	315.16	210.11	157.58	126.07	105.05	90.05	78.79	61.82	48.95	38.53	26.38
	H834×298×14×19	q_2	315.16	210.11	157.58	126.07	102.31	58.01	35.80	16.33	8.79	5.29	3.45
1263	H842×299×15×23	q	339.64	226.43	169.82	135.86	113.21	97.04	84.91	67.51	54.25	44.03	36.17
	H842×299×15×23	q_0	339.64	226.43	169.82	135.86	113.21	97.04	84.91	67.51	50.12	28.79	17.69
	H842×299×15×23	q_1	339.64	226.43	169.82	135.86	113.21	97.04	84.91	67.51	54.25	44.03	32.55
	H842×299×15×23	q_2	339.64	226.43	169.82	135.86	113.21	77.41	48.30	22.48	12.31	7.52	4.96
1275	H850×300×16×27	q	363.66	242.44	181.83	145.46	121.22	103.90	90.92	72.68	59.17	48.51	40.16
	H850×300×16×27	q_0	363.66	242.44	181.83	145.46	121.22	103.90	90.92	72.68	59.17	36.51	22.61
	H850×300×16×27	q_1	363.66	242.44	181.83	145.46	121.22	103.90	90.92	72.68	59.17	48.51	38.89
	H850×300×16×27	q_2	363.66	242.44	181.83	145.46	121.22	99.85	62.92	29.80	16.57	10.25	6.83
1287	H858×301×17×31	q	387.53	258.35	193.77	155.01	129.18	110.72	96.88	77.51	63.79	52.76	43.99
	H858×301×17×31	q_0	387.53	258.35	193.77	155.01	129.18	110.72	96.88	77.51	63.79	45.14	28.15
	H858×301×17×31	q_1	387.53	258.35	193.77	155.01	129.18	110.72	96.88	77.51	63.79	52.76	43.99
	H858×301×17×31	q_2	387.53	258.35	193.77	155.01	129.18	110.72	96.88	77.51	63.79	52.76	43.99
1335	H890×299×15×23	q	358.87	239.25	179.44	143.55	119.62	102.53	89.72	71.46	57.60	46.86	38.56
	H890×299×15×23	q_0	358.87	239.25	179.44	143.55	119.62	79.46	49.42	22.86	12.46	7.58	4.98
	H890×299×15×23	q_1	358.87	239.25	179.44	143.55	119.62	102.53	89.72	71.46	52.42	29.72	18.22
	H890×299×15×23	q_2	358.87	239.25	179.44	143.55	119.62	102.53	89.72	71.46	57.60	46.86	34.38
1350	H900×300×16×28	q	385.10	256.73	192.55	154.04	128.37	110.03	96.27	77.02	63.17	52.10	43.34
	H900×300×16×28	q_0	385.10	256.73	192.55	154.04	128.37	108.34	68.18	32.22	17.87	11.04	7.35

截面高度 h(mm)	H型钢型号	荷载类别	蜂窝梁的跨度(m)										
			3	4.5	6	7.5	9	10.5	12	15	18	21	24
1350	H900×300×16×28	q_1	385.10	256.73	192.55	154.04	128.37	110.03	96.27	77.02	63.17	39.71	24.57
	H900×300×16×28	q_2	385.10	256.73	192.55	154.04	128.37	110.03	96.27	77.02	63.17	52.10	42.68
1368	H912×302×18×34	q	433.83	289.22	216.91	173.53	144.61	123.95	108.46	86.77	71.85	59.84	50.16
	H912×302×18×34	q_0	433.83	289.22	216.91	173.53	144.61	123.95	95.34	46.08	26.03	16.31	10.99
	H912×302×18×34	q_1	433.83	289.22	216.91	173.53	144.61	123.95	108.46	86.77	71.85	53.58	33.49
	H912×302×18×34	q_2	433.83	289.22	216.91	173.53	144.61	123.95	108.46	86.77	71.85	59.84	50.16
1455	H970×297×16×21	q	412.60	275.07	206.30	165.04	137.53	117.89	103.15	81.43	64.85	52.27	42.71
	H970×297×16×21	q_0	412.60	275.07	206.30	165.04	125.68	71.22	43.93	20.02	10.76	6.47	4.21
	H970×297×16×21	q_1	412.60	275.07	206.30	165.04	125.68	71.22	43.93	20.02	10.76	6.47	4.21
	H970×297×16×21	q_2	412.60	275.07	206.30	165.04	137.53	117.89	103.15	81.43	48.38	27.07	16.49
1470	H980×298×17×26	q	442.44	294.96	221.22	176.97	147.48	126.41	110.61	88.31	71.58	58.48	48.29
	H980×298×17×26	q_0	442.44	294.96	221.22	176.97	147.48	98.24	61.32	28.55	15.64	9.56	6.31
	H980×298×17×26	q_1	442.44	294.96	221.22	176.97	147.48	98.24	61.32	28.55	15.64	9.56	6.31
	H980×298×17×26	q_2	442.44	294.96	221.22	176.97	147.48	126.41	110.61	88.31	64.85	36.63	22.53
1485	H990×298×17×31	q	447.30	298.20	223.65	178.92	149.10	127.80	111.83	89.46	73.97	61.49	51.47
	H990×298×17×31	q_0	447.30	298.20	223.65	178.92	149.10	127.80	81.53	38.66	21.50	13.30	8.88
	H990×298×17×31	q_1	447.30	298.20	223.65	178.92	149.10	127.80	81.53	38.66	21.50	13.30	8.88
	H990×298×17×31	q_2	447.30	298.20	223.65	178.92	149.10	127.80	111.83	89.46	73.97	47.32	29.33
1500	H1000×300×19×36	q	499.52	333.01	249.76	199.81	166.51	142.72	124.88	99.90	82.94	69.33	58.29
	H1000×300×19×36	q_0	499.52	333.01	249.76	199.81	166.51	142.72	124.88	99.90	82.94	69.33	58.29
	H1000×300×19×36	q_1	499.52	333.01	249.76	199.81	166.51	142.72	105.90	51.10	28.82	18.04	12.14
	H1000×300×19×36	q_2	499.52	333.01	249.76	199.81	166.51	142.72	105.90	51.10	28.82	18.04	12.14
1512	H1008×302×21×40	q	550.84	367.23	275.42	220.34	183.61	157.38	137.71	110.17	91.56	76.69	64.59
	H1008×302×21×40	q_0	550.84	367.23	275.42	220.34	183.61	157.38	137.71	110.17	91.56	76.69	64.59
	H1008×302×21×40	q_1	550.84	367.23	275.42	220.34	183.61	157.38	128.78	62.90	35.82	22.58	15.09
	H1008×302×21×40	q_2	550.84	367.23	275.42	220.34	183.61	157.38	128.78	62.90	35.82	22.58	15.09

6.5.4　蜂窝梁的设计例题

简支屋面梁跨度 $l=18$m，间距 6m，采用轻钢屋面，屋面构件对梁上翼缘提供侧向支撑，所以不考虑梁的整体稳定性。选用 Q235 钢的 HN396×199×7×11 制作蜂窝梁，蜂窝孔尺寸满足图 6.5-8 的要求。

1. 强度验算

活（雪）荷载设计值：$0.5×6×1.5=4.50$kN/m

屋面恒荷载设计值：$0.35×6×1.3=2.73$kN/m

_____

总计：　　　　　　　　　　　7.23kN/m

1）蜂窝梁截面特性

蜂窝梁截面特性可查表 6.5-2。$A_T=3030$mm^2，T 型钢重心 $x_T=20.8$mm，形心的惯性矩 $I_x=288.4×10^4$mm^4，抵抗矩 $W_T=28.79$cm^3；空腹处，$I_o=39718.3$cm^4；实腹处，$I_s=41422.7$cm^4；两 T 形截面形心距 $h_c=508$mm。

2）蜂窝梁强度验算及稳定验算

（1）弯曲作用下，蜂窝梁的截面抗弯强度计算

跨中最大弯矩：$M_x=\dfrac{7.23×18^2}{8}=292.8$kN·m

$V=0$kN

根据公式（6.5-2），蜂窝梁抗弯强度验算：

$$\sigma=\frac{M_x}{h_c A_T}=\frac{292.8×10^6}{508×3030}=190.2\text{N/mm}^2<f=215\text{N/mm}^2$$

（2）弯矩和剪力作用下，蜂窝梁的截面正应力验算

对于受均布荷载作用的简支蜂窝梁，控制截面在距离梁端 x 处附近的蜂窝孔中点处，应采用该处的弯矩和剪力验算抗弯强度。蜂窝梁控制截面在距离梁端 x 值可按公式（6.5-3）计算：

$$x=\frac{l}{2}-\frac{h_c A_T l_2}{4W_T}=\frac{18000}{2}-\frac{508×3030×396/2}{4×28.79×10^3}=6353.5\text{mm}$$

该截面处的弯矩和剪力分别为：

$$M_{x1}=\frac{7.23×18×6.3535}{2}-\frac{7.23×6.3535^2}{2}=267.5\text{kN·m}$$

$$V_{x1}=\frac{7.23×18}{2}-7.23×6.3535=19.1\text{kN}$$

根据公式（6.5-2），蜂窝梁最大正应力为：

$$\sigma=\frac{M_x}{h_c A_T}+\frac{V·l_2}{4W_T}=\frac{267.9×10^6}{508×3030}+\frac{19.1×10^3×396/2}{4×28.79×10^3}=206.9\text{N/mm}^2<f=215\text{N/mm}^2$$

综上，**蜂窝梁强度满足要求**。

2. 挠度验算

活（雪）荷载标准值：$0.5×6=3.0$kN/m

屋面恒荷载标准值：$0.35×6=2.1$kN/m

_____

总计：　　　　　　　　　　　5.1 kN/m

查表 6.5-3，该蜂窝梁在单位均布荷载（1kN/m）作用下的跨中挠度为 14.85mm，在荷载标准值作用下的挠度为：$14.85×5.1=75.7$mm$=l/237<l/180$（轻钢屋面梁挠度允许值），满足要求。

如采用轻型焊接实腹工字形截面梁，选用 I550×200×6×10 截面，$W_x=1.33×10^6$mm^3，$I_x=3.661×10^8$mm^4，单位长度的重量为 56.4kg/m，与制作蜂窝梁的 HN396×199×7×11 的 56.7kg/m 大

致相当，考虑截面塑性发展系数后的计算应力为 $\sigma=205\text{N/mm}^2<f=215\text{N/mm}^2$，挠度为 $98\text{mm}=l/184<l/180$，也满足要求。

由本例题可见，用板厚较大的轧制 H 型钢制作蜂窝梁，在用钢量上可取得与焊接轻型钢结构大致相同的结果。

6.6 H 型钢吊车梁

在工业厂房中，用于支承桥式和梁式吊车的结构构件称为吊车梁，一般采用单跨实腹吊车梁。目前实腹吊车梁的截面有型钢梁、组合型钢梁和箱型截面梁。本节主要介绍热轧 H 型钢吊车梁的设计。

6.6.1 热轧 H 型钢吊车梁的特点

随着热轧 H 型钢截面的丰富多样，利用热轧 H 型钢作为吊车梁也有了更多选择。用热轧 H 型钢制作吊车梁具有诸多优点，如构造简单、加工量少、施工方便和抗疲劳性能好。

1. 采用热轧 H 型钢完全替代传统热轧工字钢吊车梁

在原来采用普通工字钢做吊车梁的情况下，均可用热轧 H 型钢替代。同时，到目前为止热轧 H 型钢翼缘宽度也已经足够大，也不再像普通工字钢那样要加强上翼缘。

2. 可以采用热轧 H 型钢替代焊接 H 型钢吊车梁

热轧 H 型钢的国内生产产品种类增多，高度和宽度范围扩大很多，宽度可达 500mm，高度已达 1000mm，可以代替传统焊接 H 型钢吊车梁。

3. H 型钢吊车梁截面

对于跨度、吊车吨位较小的吊车梁可以直接选用 HW 或 HM 系列的单根 H 型钢制作，如图 6.6-1 (a) 所示。当吊车吨位较大时，也可以像普通工字钢吊车梁那样用钢板或角钢加强上翼缘，如图 6.6-1 (b) 和 (c) 所示，或采用增高 H 型钢梁（可附设水平制动系统），如图 6.6-1 (d) 所示。

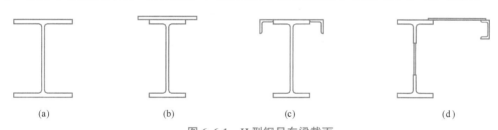

(a)   (b)   (c)   (d)

图 6.6-1 H 型钢吊车梁截面
(a) H 型钢；(b) 盖板加强；(c) 角钢加强；(d) 增高 H 型钢

6.6.2 热轧 H 型钢吊车梁的设计

吊车梁的设计应根据工艺资料提供的吊车轮压进行设计。跨度不大时，一般可直接选用热轧 H 型钢作为吊车梁。吊车梁的设计应满足强度、整体稳定、局部稳定和容许挠度的要求，热轧 H 型钢梁一般局部稳定都能满足，不必设置中间加劲肋。对于重级工作制和中、重级工作制吊车桁架还应进行疲劳验算，当采用 Q235 钢热轧 H 型钢制作吊车梁且受拉区没有虚孔和焊接时，不必验算疲劳强度。

1. 热轧 H 型钢吊车梁的计算

1) 吊车梁的强度和稳定性计算一般按两台最大吊车的最不利组合考虑，取轮压设计值并应计入动力系数。进行疲劳计算时，按一台吊车的轮压荷载标准值考虑，不计动力系数。

2) 对于不设制动结构用 H 型钢制作的吊车梁，截面设计时应考虑上翼缘的强度和整体稳定性，按下列公式进行计算：

(1) 上翼缘强度：

$$\frac{M_x}{W_{1nx}}+\frac{M_y}{W_{1ny}}\leqslant f \tag{6.6-1}$$

(2) 整体稳定性：

$$\frac{M_x}{\varphi_b W_{1x}}+\frac{M_y}{W_{1y}}\leqslant f \tag{6.6-2}$$

式中　M_x——由吊车轮压及梁自重产生的绕 x 轴（强轴）的弯矩；

　　　M_y——由吊车横向水平荷载产生的绕 y 轴（弱轴）的弯矩；

　　　W_{1nx}——按上翼缘较大受压纤维确定的梁净截面对 x 轴的抵抗矩；

　　　W_{1x}——按上翼缘较大受压纤维确定的梁毛截面对 x 轴的抵抗矩；

　　　W_{1ny}——梁上翼缘（包括加强板）对 y 轴的净截面抵抗矩；

　　　W_{1y}——梁上翼缘（包括加强板）对 y 轴的毛截面抵抗矩。

3）对于上翼缘有加强的吊车梁，还应按式（6.6-3）计算下翼缘的强度：

$$\frac{M_x}{W_{2nx}} \leqslant f \qquad (6.6\text{-}3)$$

式中　W_{2nx}——按下翼缘较大受压纤维确定的梁净截面对 x 轴的抵抗矩。

4）对于设置制动结构的 H 型钢吊车梁，可不验算整体稳定性。

5）简支吊车梁的挠度，可按式（6.6-4）计算：

$$\nu = \frac{M_{xo} l^2}{10 E I_x} \qquad (6.6\text{-}4)$$

式中　M_{xo}——跨内最大弯矩标准值，不考虑动力系数。

2. 热轧 H 型钢吊车梁的构造要求

1）在 H 型钢吊车梁的支座处应设置支承加劲肋。当腹板计算高度 h_0 大于 $60 t_w \sqrt{235/f_y}$ 时，应按现行《钢结构设计标准》GB 50017—2017 的规定设置中间横向加劲肋。

2）H 型钢吊车梁无连接处主体金属疲劳强度按现行《钢结构设计规范》GB 50017—2017 规定的 Z1 类构造细节的疲劳强度取值，但当表面质量很差或不能保证不出现锈蚀时，主体金属的疲劳强度应适当降低。

6.6.3　热轧 H 型钢吊车梁的计算实例

吊车梁跨度 $l = 6$m，采用 Q235 钢的 HW400×400×13×21 制作，不设专门制动结构和支撑，截面没有孔洞削弱。吊车梁受两台轻级工作制吊车作用，吊车跨度 15m，额定起重量 $Q = 15$t，最大轮压 $P = 113$kN，小车自重 $g = 5.7$t，桥架一侧有两个车轮，轮距 4.0 米，桥架最大宽度 5.2 米。验算 H 型钢吊车梁是否满足要求。

1. 截面特性

对于 HW400×400×13×21 截面，$h = 400$mm，$A = 21870$mm^2，$I_x = 66600×10^4$ mm^4，$W_x = 3330×10^3$ mm^3，$i_x = 17.5$cm，$i_y = 10.1$cm，钢材设计强度 $f = 205$N/mm^2（翼缘板厚度 $t_1 = 21$mm$>$16mm）。

2. 承载力验算（考虑两台吊车作用）

1）荷载

竖向荷载作用下最大弯矩标准值 $M_{x,k} = 274.6$kN·m，动力系数 $\alpha = 1.05$，自重系数 $\beta = 1.03$，荷载系数 $\gamma_Q = 1.5$，最大弯矩设计值 $M_x = \alpha\beta\gamma_Q M_{x,k} = 433.5$kN·m。

吊车轮子处横向水平荷载 $H = 0.10(Q+g)/n = 5.2$ kN，水平荷载作用下最大弯矩设计值 $M_y = \gamma_Q (H/P) M_{x,k} = 19.0$kN·m。

2）承载力验算

将公式（6.6-2）变换成：

$$\frac{M_x}{\varphi_b W_{1x} f} + \frac{M_y}{W_{1y} f} = \frac{M_x}{[M_x]} + \frac{M_y}{[M_y]} \leqslant 1 \qquad (6.6\text{-}5)$$

其中，$[M_x] = \varphi_b W_{1x} f$ 为考虑整体稳定性的抗竖向弯矩承载能力；$[M_y] = W_{1y} f$ 为梁上翼缘抗横向弯矩承载能力。

（1）轧制 H 型钢简支梁的整体稳定性系数计算

$$\varphi_b = \beta_b \frac{4320}{\lambda_y^2} \frac{Ah}{W_x} \sqrt{1 + \left(\frac{\lambda_y t_1}{4.4h}\right)} \frac{235}{f_y}$$

$$= 0.87 \times \frac{4320}{59.4^2} \times \frac{21870 \times 400}{3330 \times 10^3} \times \sqrt{1 + \left(\frac{59.4 \times 21}{4.4 \times 400}\right)} \times \frac{235}{235}$$

$$= 3.66 > 0.6$$

$$\varphi_b' = 1.07 - \frac{0.282}{\varphi_b} = 0.99$$

其中：

$$\lambda_y = \frac{l_y}{i_y} = \frac{6000}{101} = 59.4$$

$$\xi = \frac{l_1 t_1}{b_1 h} = \frac{6000 \times 21}{400 \times 400} = 0.788 < 2.0$$

$$\beta_b = 0.73 + 0.18\xi = 0.87$$

（2）轧制 H 型钢简支梁的整体稳定性承载力计算

$[M_x] = \varphi_b W_{1x} f = 0.99 \times 3330 \times 10^3 \times 205 = 675 \times 10^6 \text{N} \cdot \text{m} = 675 \text{kN} \cdot \text{m}$；

计算 $[M_y] = 114.8 \text{kN} \cdot \text{m}$。

将这两个数值及 M_x 和 M_y 代入式（6.6-5），有：

$$\frac{M_x}{[M_x]} + \frac{M_y}{[M_y]} = \frac{433.5}{675} + \frac{19.0}{114.8} = 0.81 < 1.0 \text{，满足要求。}$$

3. 挠度验算（考虑一台吊车作用）

最大弯矩标准值 $M_{x,k} = 170 \text{kN} \cdot \text{m}$，考虑自重系数 $\beta = 1.03$，吊车梁挠度按公式（6.6-4）计算：

$$\nu = \frac{\beta \cdot M_{x,k} l^2}{10 E I_x} = 4.6 \text{mm} < l/800 = 7.5 \text{mm}$$

满足轻级工作制吊车梁允许挠度的要求。

所选截面 HW400×400×13×21 满足吊车梁设计要求。

第 7 章　H 型钢和 T 型钢桁架

7.1　概述

桁架是一种由直杆在两端连接而组成的格构式结构，也可以理解成一种格构式的梁结构，当支撑屋面时通常也被称为屋架。桁架中的杆件主要承受轴向拉力或压力，应力在截面上均匀分布，从而能充分利用材料的强度，在跨度较大时可比实腹梁节省材料，减轻自重和增大刚度。由于桁架的这些优势，使其易于构成各种形状以适应不同的用途，如可以做成简支桁架、拱、网架及塔架等。桁架是一种应用极其广泛的结构，除了常用于屋盖结构外，还用于皮带桥、输电塔架和桥梁等。

7.1.1　热轧 H 型钢和 T 型钢桁架的应用

热轧 H 型钢和剖分 T 型钢，以其优良的力学性能、方便的节点连接、便于采购等诸多优点被广泛地应用于各类桁架结构中。以 H 型钢和 T 型钢作为杆件的桁架，跨度范围通常为 18～100m，也有跨度超过 100m 的实际工程。

以角钢、槽钢、薄壁型钢等截面为主的传统桁架跨度一般在 9～30m。目前，角钢和槽钢屋架已经较少应用，代之以 H 型钢和 T 型钢桁架的应用越来越多。T 型钢作为双角钢组合截面的替代品具有加工简便、节约钢材的特点。其中效能最好的是用 T 型钢作弦杆、用成对或单个热轧或冷轧截面作腹杆组成的桁架，可用于轻、中型荷载和各种跨度，与弦杆为双角钢组合截面的桁架相比，在连接零件数量、节点板大小和连接焊缝长度等几个方面均节约 10% 左右。

7.1.2　热轧 H 型钢和 T 型钢桁架的杆件截面

用作桁架杆件的 H 型钢和 T 型钢截面如图 7.1-1（a）、（b）所示。H 型钢的翼缘可垂直于桁架平面，也可平行于桁架平面；T 型钢除本身可直接作为桁架截面外还可做成组合截面。与 H 型钢和 T 型钢共同组成桁架的其他常用型钢截面如图 7.1-1（c）、（d）、（e）所示。

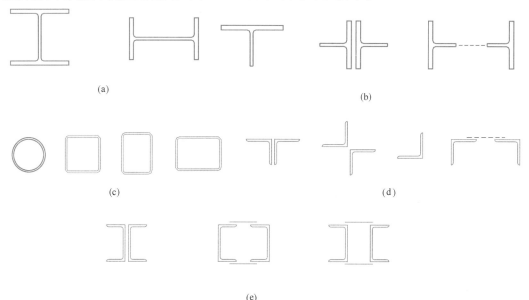

图 7.1-1　桁架杆件的截面

（a）H 型钢截面；（b）T 型钢截面；（c）管截面；（d）角钢截面；（e）槽钢截面

7.1.3 《钢结构设计标准》GB 50017—2017 的变化

现行的《钢结构设计标准》GB 50017—2017 相比《钢结构设计规范》GB 50017—2003，对桁架杆件设计存在以下几点变化，需引起设计人员注意：

1. 轴心受力构件的净截面强度计算公式有所调整，由净截面屈服强度改为净截面断裂强度。

2. 轴心受压构件的稳定性计算的表达形式有所调整，使其有别于截面强度的应力表达形式，使概念明确。

3. 对于等边单角钢轴心受压构件，当绕两主轴方向弯曲的计算长度相等时，可不计算弯扭屈曲。对于双角钢组成的 T 形截面构件，其绕对称轴的换算长细比的简化计算公式有所调整，对计算结果稍有影响。

4. 给出了承受次弯矩的桁架杆件（仅承受节点荷载的杆件截面为 H 形或箱形的桁架截面）截面强度计算公式。

7.2 桁架的分类

桁架通常分为平面桁架和立体桁架。由桁架之间组合可以组成多跨连续桁架、长悬挑桁架等。

7.2.1 平面桁架

平面桁架是所有杆件在同一平面的桁架。平面桁架应用最为广泛，工业厂房、机场航站楼、高铁站、体育场馆均能看到其身影，相对于实腹梁具有节约钢材的优点，而相对于网架则有简洁、美观等优点。近年来，从建筑美学考虑，空腹桁架（无斜腹杆）也在实际工程中得到应用。

平面桁架根据立面外形可以分为三角形桁架、梯形桁架、平行弦桁架、拱形桁架等，如图 7.2-1 中

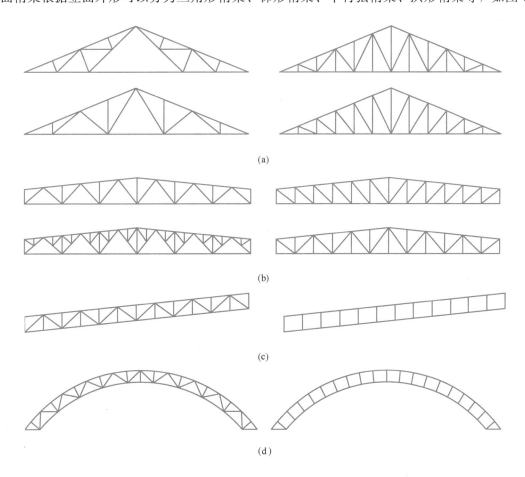

图 7.2-1 平面桁架

（a）三角形桁架；（b）梯形桁架；（c）平行弦桁架；（d）拱形桁架

的 (a)、(b)、(c)、(d) 所示。工程中桁架的选型受建筑外形、屋面材料、桁架跨度、传力合理性、综合经济指标等诸多因素影响,对于每一种类型的桁架,均有合理的外形比例规格。如三角形桁架,坡度一般控制在 1/6~1/3;梯形桁架,跨中截面高度一般控制在跨度的 1/15~1/10,屋面坡度相对较缓时一般控制在 1/20~1/8;平行弦桁架的桁架高度一般取跨度的 1/18~1/10,坡度则通过桁架本身的倾斜来实现;拱形桁架的矢高可取跨度的 1/6~1/3,厚度可取跨度的 1/30~1/20。桁架腹杆的位置应与屋面系统或下弦吊挂系统在桁架上的着力点一致,合理布置受拉与受压腹杆,提升杆件截面使用效率,呈现出合理的桁架受力模式。

平面桁架按支撑连接方式可分为上承式桁架和下承式桁架,如图 7.2-1 (b) 所示,左侧为下承式桁架,右侧为上承式桁架。

7.2.2　立体桁架

立体桁架由平面桁架发展而来,是杆件不在同一平面的桁架。相对于平面桁架,立体桁架更能满足超大跨、重荷载等要求,目前在机场航站楼、高铁站、大型商场、体育场中均有广泛应用。

常用的立体桁架类型有矩形桁架和倒三角桁架,如图 7.2-2 中 (a)、(b) 所示:

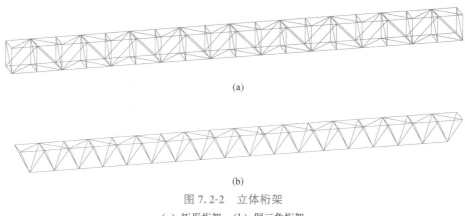

(a)

(b)

图 7.2-2　立体桁架

(a) 矩形桁架;(b) 倒三角桁架

H 型钢和 T 型钢作为常用的杆件截面广泛应用于上述桁架种类中。对于平面桁架中的梯形、平行弦、拱形桁架,立体桁架中的矩形桁架,H 型钢均作为优选截面被设计者所选用,而 T 型钢在三角形桁架、梯形桁架则具有较大的优势。以 H 型钢、T 型钢做弦杆,其他截面做腹杆的桁架也较为常见。

7.3　钢桁架设计

本节以 H 型钢、剖分 T 型钢作为桁架主要受力杆件的平面桁架为例,介绍桁架的设计,包括一些其他截面作为桁架腹杆的情况:H 型钢桁架为弦杆、圆管或双槽钢为腹杆的桁架,T 型钢为弦杆、双角钢为腹杆的桁架等。

7.3.1　荷载及荷载组合

1. 作用在桁架上的荷载

1) 永久荷载和可变荷载

永久荷载和可变荷载按《建筑结构荷载规范》GB 50009—2012 的规定取值。

永久荷载包括屋面恒载、吊挂荷载等;可变荷载包括屋面活荷载、雪荷载、积灰荷载、吊车荷载、风荷载等。上述几种荷载作用在桁架上时应注意以下几项内容:

(1) 屋面恒载和活荷载除考虑全跨布置外尚应考虑半跨布置的情况。

(2) 雪荷载考虑不均匀分布的情况。

(3) 屋面积灰荷载应与雪荷载或不上人屋面均布活荷载两者中的较大值同时考虑。

(4) 对于桁架计算,当考虑悬挂吊车和电动葫芦的荷载时,在同一跨间每条运行的线路上的台数:

对梁式吊车不宜多于 2 台；对电动葫芦不宜多于 1 台。

（5）不上人屋面的活荷载可不与风荷载和雪荷载同时考虑。

永久荷载和除风荷载以外的可变荷载通常垂直于地面，向下作用于桁架的上弦和下弦的节点上，如图 7.3-1 所示。

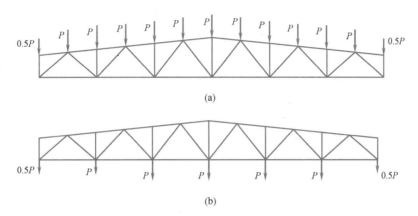

图 7.3-1　永久荷载和除风荷载以外的可变荷载作用示意

（a）荷载作用于上弦；（b）荷载作用于下弦

风荷载的作用方向为垂直屋面向上，如图 7.3-2 所示。

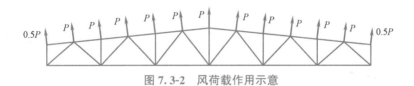

图 7.3-2　风荷载作用示意

2）地震作用

（1）按《建筑抗震设计规范》GB 50011—2010（2016 年版）的规定：

① 7 度时，矢跨比小于 1/5 的单向平面桁架和单向立体桁架结构可不进行沿桁架的水平向及竖向地震作用计算。

② 8、9 度时的大跨度和长悬臂结构应计算竖向地震的作用。

（2）关于作用于桁架上的地震作用，建议设计时依据规范条文及工程实际情况按以下要求操作：

① 水平地震作用：7 度及其以下时，矢跨比大于 1/5 的桁架考虑水平地震作用计算；8 度及其以上时，所有桁架均考虑水平地震作用计算；当桁架作为结构抗侧力构件的组成部分时，如桁架与两侧柱刚接形成结构抗侧力体系，无论处于几度区，建议均考虑水平地震作用。其他情况不考虑水平地震作用计算。

② 竖向地震作用：8 度区跨度大于 24m 的桁架，9 度区跨度大于 18m 的桁架应考虑竖向地震作用，其他情况可不考虑。对于长悬挑桁架及长悬臂构件是否需要计算竖向地震，此条规范没有定值，建议 8 度区悬臂长度大于 6m 的桁架，9 度区悬臂长度大于 4.5m 的桁架考虑竖向地震作用。

3）温度作用

（1）桁架是否考虑温度作用不应单纯地从桁架角度考虑，而应看桁架所在的结构是否应考虑温度作用。此项内容可参考《钢结构设计标准》GB 50017—2017 中 3.3.5 节的内容。

（2）如需考虑温度作用，应按《建筑结构荷载规范》GB 50009—2012 第 9 章内容考虑。

2. 荷载组合

桁架设计中针对承载能力极限状态和正常使用极限状态选取不同的荷载组合。

1）承载能力极限状态按荷载的基本组合或偶然组合计算荷载组合的效应设计值，一般工程中常用的为荷载基本组合。

2）正常使用状态应根据不同的设计要求，采用荷载的标准组合、频遇组合或准永久组合，一般工程中常用的为荷载标准组合。

对应不同荷载组合的计算公式应按《建筑结构荷载规范》GB 50009—2012 相关内容考虑。

7.3.2　桁架内力计算

目前，桁架的内力计算通常都由计算机软件完成，在保证正确的荷载输入及边界条件后，由计算机软件完成内力计算既准确又快捷。

1. 桁架边界条件设定

桁架边界条件的设定会对桁架的内力计算产生较大的影响。边界条件包括桁架支座处的约束条件及桁架杆件连接处的约束条件。

1）桁架支座

根据桁架与支承柱的情况确定桁架两端支座的连接方式。当桁架支承在混凝土柱顶或牛腿上时，通常采用铰接连接；当桁架侧面连接在钢柱上时，可采用刚接连接。

2）桁架杆件之间的连接

桁架杆件之间的连接通常有三种情况，如图 7.3-3 所示。

（1）节点铰接

桁架各杆件在节点处均按铰接连接处理。该假定为桁架结构中最常用的边界约束条件，一般能够保证工程精度要求且便于手动计算内力，杆件均只承受轴力，截面验算也比较简单。

（2）腹杆铰接

桁架的腹杆两端为铰接，弦杆为连续构件。这种情况通常更符合实际情况。此种假定虽然增加了计算难度，但会提高实际工程与计算模型的相似性。

（3）节点刚接

桁架各杆件之间采用刚接，此种情况对于以 H 型钢为截面的桁架更为适用。H 型钢之间均采用焊接或螺栓连接，此时在节点位置会出现次弯矩的情况，桁架的杆件需按拉弯或压弯构件来设计。

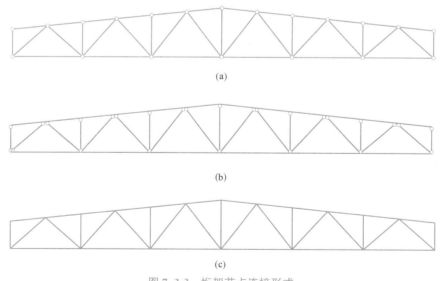

(a)

(b)

(c)

图 7.3-3　桁架节点连接形式

（a）节点铰接；（b）腹杆铰接；（c）节点刚接

2. 桁架杆件的计算长度取值

1）确定桁架弦杆和单系腹杆的长细比时，其计算长度应按表 7.3-1 采用；采用相贯焊接连接的钢管桁架，其构件计算长度可按表 7.3-2 取值；除钢管结构外，无节点板的腹杆计算长度在任意平面内均应取其几何长度。桁架再分式腹杆体系的受压主斜杆及 K 形腹杆体系的竖杆等，在桁架平面内的计算长度则取节点中心间距离。

桁架弦杆和单系腹杆的计算长度 l_0 表 7.3-1

弯曲方向	弦杆	腹杆	
		支座斜杆和支座竖杆	其他腹杆
在桁架平面内	l	l	$0.8l$
在桁架平面外	l_1	l	l
斜 平 面	—	l	$0.9l$

注：1. l 为杆件的几何长度（节点中心间距离）；l_1 为桁架弦杆侧向支承点之间的距离；

2. 斜平面系指与桁架平面斜交的平面，适用于杆件截面两主轴均不在桁架平面内的单角钢腹杆和双角钢十字形截面腹杆。

钢管桁架构件的计算长度 l_0 表 7.3-2

桁架类别	弯曲方向	弦杆	腹杆	
			支座斜杆和支座竖杆	其他腹杆
平面桁架	平面内	$0.9l$	l	$0.8l$
	平面外	l_1	l	l
立体桁架		$0.9l$	l	$0.8l$

注：1. l_1 为平面外无支撑长度，l 为杆件的节间长度；

2. 对端部缩头或压扁的圆管腹杆，其计算长度取 l；

3. 对于立体桁架，弦杆平面外的计算长度取 $0.9l$，同时尚应以 $0.9l_1$ 按格构式压杆验算其稳定性。

2）确定在交叉点相互连接的桁架交叉腹杆的长细比时，在桁架平面内的计算长度应取节点中心到交叉点的距离；在桁架平面外的计算长度，当两交叉杆长度相等且在中点相交时，应按下列规定采用：

（1）压杆

① 相交另一杆受压，两杆截面相同并在交叉点均不中断，则：

$$l_0 = l\sqrt{\frac{1}{2}\left(1+\frac{N_0}{N}\right)}$$ （7.3-1）

② 相交另一杆受压，此另一杆在交叉点中断但以节点板搭接，则：

$$l_0 = l\sqrt{1+\frac{\pi^2}{12} \cdot \frac{N_0}{N}}$$ （7.3-2）

③ 相交另一杆受拉，两杆截面相同并在交叉点均不中断，则：

$$l_0 = l\sqrt{\frac{1}{2}\left(1-\frac{3}{4} \cdot \frac{N_0}{N}\right)} \geqslant 0.5l$$ （7.3-3）

④ 相交另一杆受拉，此拉杆在交叉点中断但以节点板搭接，则：

$$l_0 = l\sqrt{1-\frac{3}{4} \cdot \frac{N_0}{N}} \geqslant 0.5l$$ （7.3-4）

⑤ 当拉杆连续而压杆在交叉点中断但以节点板搭接，$N_0 \geqslant N$ 或拉杆在桁架平面外的抗弯刚度 $EI_y \geqslant \frac{3N_0 l^2}{4\pi^2}\left(\frac{N}{N_0}-1\right)$ 时，取 $l_0 = 0.5l$。其中，l 为桁架节点中心间距离（交叉点不作为节点考虑）（mm）；N、N_0 分别为所计算杆的内力及相交另一杆的内力，均为绝对值。两杆均受压时，取 $N_0 \leqslant N$，两杆截面应相同。

（2）拉杆，应取 $l_0 = l$。当确定交叉腹杆中单角钢杆件斜平面内的长细比时，计算长度应取节点中心至交叉点的距离。

3）当桁架弦杆侧向支承点之间的距离为节间长度的 2 倍（图 7.3-4a）且两节间的弦杆轴心压力不相同时，则该弦杆在桁架平面外的计算长度，应按下式确定（但不应小于 $0.5 l_1$）：

$$l_0 = l_1\left(0.75 + 0.25\frac{N_2}{N_1}\right)$$ （7.3-5）

式中　N_1——较大的压力，计算时取正值；

　　　N_2——较小的压力或拉力，计算时压力取正值，拉力取负值。

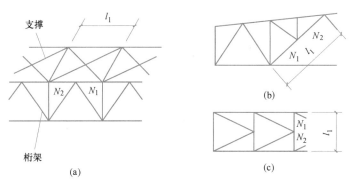

图 7.3-4　杆件内力有变化的桁架简图

4）桁架再分式腹杆体系的受压主斜杆（图 7.3-4b）及 K 形腹杆体系的竖杆（图 7.3-4c）等，在桁架平面外的计算长度也应按公式（7.3-5）确定（受拉主斜杆仍取 l_1）；在桁架平面内的计算长度则取节点中心间距离。

3. 杆件的容许长细比

1）受压杆件的容许长细比

验算容许长细比时，可不考虑扭转效应，计算单角钢受压构件的长细比时，应采用角钢的最小回转半径，但计算在交叉点相互连接的交叉杆件平面外的长细比时，可采用与角钢肢边平行轴的回转半径。轴心受压构件的容许长细比宜符合下列规定：

（1）跨度等于或大于 60m 的桁架，其受压弦杆、端压杆和直接承受动力荷载的受压腹杆的长细比不宜大于 120。

（2）轴心受压构件的长细比不宜超过表 7.3-3 规定的容许值，但当杆件内力设计值不大于承载能力的 50% 时，容许长细比值可取 200。

受压构件的容许长细比　　　　　　　　　　　　　表 7.3-3

杆件名称	容许长细比
轴心受压柱、桁架和天窗架中的压杆	150
柱的缀条、吊车梁或吊车桁架以下的柱间支撑	150
支撑	200
用以减小受压构件计算长度的杆件	200

2）受拉杆件的容许长细比

验算容许长细比时，在直接或间接承受动力荷载的结构中，计算单角钢受拉构件的长细比时，应采用角钢的最小回转半径，但计算在交叉点相互连接的交叉杆件平面外的长细比时，可采用与角钢肢边平行轴的回转半径。受拉构件的容许长细比宜符合下列规定：

（1）除对腹杆提供平面外支点的弦杆外，承受静力荷载的结构受拉构件，可仅计算竖向平面内的长细比；

（2）中、重级工作制吊车桁架下弦杆的长细比不宜超过 200；

（3）在设有夹钳或刚性料耙等硬钩起重机的厂房中，支撑的长细比不宜超过 300；

（4）受拉构件在永久荷载与风荷载组合作用下受压时，其长细比不宜超过 250；

（5）跨度等于或大于 60m 的桁架，其受拉弦杆和腹杆的长细比，承受静力荷载或间接承受动力荷载时不宜超过 300，直接承受动力荷载时，不宜超过 250；

（6）受拉构件的长细比不宜超过表 7.3-4 规定的容许值。柱间支撑按拉杆设计时，竖向荷载作用下柱子的轴力应按无支撑时考虑。

构件名称	承受静力荷载或间接承受动力荷载的结构			直接承受动力荷载的结构
	一般建筑结构	对腹杆提供平面外支点的弦杆	有重级工作制起重机的厂房	
桁架的构件	350	250	250	250
吊车梁或吊车桁架以下柱间支撑	300	—	200	—
除张紧的圆钢外的其他拉杆、支撑、系杆等	400	—	350	—

7.3.3 桁架杆件截面验算

杆件根据是否有节间荷载呈现不同受力状态的特点，分为仅承受轴力的杆件和有节间荷载的杆件，前者属于轴心受力构件，后者属于压弯或拉弯构件。杆件需要根据桁架计算内力结果和杆件类型进行截面强度计算和稳定性计算（包括整体稳定和局部稳定）。

1. 仅承受轴力的桁架杆件验算

1）截面强度计算

（1）除采用高强度螺栓摩擦型连接者外，其截面强度应采用下列公式计算：

毛截面屈服：

$$\sigma = \frac{N}{A} \leqslant f \tag{7.3-6}$$

净截面断裂：

$$\sigma = \frac{N}{A_n} \leqslant 0.7 f_u \tag{7.3-7}$$

（2）采用高强度螺栓摩擦型连接的构件，其毛截面强度计算应采用式（7.3-6），净截面断裂应按式（7.3-8）计算：

$$\sigma = \left(1 - 0.5 \frac{n_1}{n}\right) \frac{N}{A_n} \leqslant 0.7 f_u \tag{7.3-8}$$

式中　N——所计算截面处的拉力设计值（N）；

　　　f——钢材的抗拉强度设计值（N/mm²）；

　　　A——构件的毛截面面积（mm²）；

　　　A_n——构件的净截面面积，当构件多个截面有孔时，取最不利的截面（mm²）；

　　　f_u——钢材的抗拉强度最小值（N/mm²）；

　　　n——在节点或拼接处，构件一端连接的高强度螺栓数目；

　　　n_1——所计算截面（最外列螺栓处）上高强度螺栓数目。

（3）轴心受拉构件和轴心受压构件，当其组成板件在节点或拼接处并非全部直接传力时，应将危险截面的面积乘以有效截面系数 η，不同构件截面形式和连接方式的 η 值应符合表 7.3-5 的规定。

构件截面形式	连接形式	η	图例
角钢	单边连接	0.85	

续表

构件截面形式	连接形式	η	图例
工字形、H形	翼缘连接	0.90	
	腹板连接	0.70	

2）轴心受压构件的稳定性计算

对于轴心受压的杆件除按上述公式验算强度外，还应按式（7.3-9）计算构件的稳定性：

$$\sigma = \frac{N}{\varphi A f} \leqslant 1.0 \tag{7.3-9}$$

式中 φ——轴心受压构件的稳定系数（取截面两主轴稳定系数中的较小者），根据构件的长细比（或换算长细比）、钢材屈服强度和构件的截面分类，按附录 4 中的附表 4-2～附表 4-6 采用。

对于稳定系数的计算，关键为构件的长细比。对于实腹式构件通常有以下几种失稳模式：弯曲屈曲、扭转屈曲以及两者结合的弯扭屈曲。构件的长细比 λ 则与其失稳模式紧密相连，并由下列公式确定：

（1）截面形心与剪心重合的构件

截面形心是指截面图形的几何中心；剪心是指当横向荷载的作用线通过构件上的某一点时构件只弯不扭，则该点为构件截面的剪心，也称弯心。双轴对称的截面，形心与剪心重合。单轴对称的 T 形（包括双角钢组合 T 形）及角形截面，剪心在两组成板件轴线相交点。

① 当计算弯曲屈曲时，长细比按下列公式计算：

$$\lambda_x = \frac{l_{0x}}{i_x} \tag{7.3-10}$$

$$\lambda_y = \frac{l_{0y}}{i_y} \tag{7.3-11}$$

式中 l_{0x}、l_{0y}——分别为构件对截面主轴 x 和 y 的计算长度；

i_x、i_y——分别为构件截面对主轴 x 和 y 的回转半径（mm）。

② 当计算扭转屈曲时，长细比按式（7.3-12）计算，双轴对称十字形截面板件宽厚比不超过 $15\varepsilon_k$ 者，可不计算扭转屈曲。

$$\lambda_z = \sqrt{\frac{I_0}{I_t/25.7 + I_\omega/l_\omega^2}} \tag{7.3-12}$$

式中 I_0、I_t、I_ω——分别为构件毛截面对剪心的极惯性矩（mm^4）、自由扭转常数（mm^4）和扇形惯性矩（mm^6），对十字形截面可近似取 $I_\omega = 0$；

l_ω——扭转屈曲的计算长度（mm）；两端铰支且端截面可自由翘曲者，取几何长度 l；两端嵌固且端部截面的翘曲完全受到约束者，取 $0.5l$。

（2）截面为单轴对称的构件

① 计算绕非对称主轴的弯曲屈曲时，长细比应由式（7.3-10）、式（7.3-11）计算确定。计算绕对称主轴的弯扭屈曲时，长细比按式（7.3-13）计算确定：

$$\lambda_{yz}=\left[\frac{(\lambda_y^2+\lambda_z^2)+\sqrt{(\lambda_y^2+\lambda_z^2)^2-4\left(1-\dfrac{y_s^2}{i_0^2}\right)\lambda_y^2\lambda_z^2}}{2}\right]^{\frac{1}{2}} \qquad (7.3\text{-}13)$$

式中 y_s——截面形心至剪心的距离（mm）；

   i_0——截面对剪心的极回转半径（mm），单轴对称截面 $i_0^2=y_s^2+i_x^2+i_y^2$；

   λ_z——扭转屈曲换算长细比，由式（7.3-12）确定。

② 等边单角钢轴心受压构件当绕两主轴弯曲的计算长度相等时，可不计算弯扭屈曲。因公式计算的复杂性，设计过程中通常由简化计算考虑，常用的双角钢及不等边角钢的杆件截面长细比简化公式见表 7.3-6；常用的剖分 T 型钢的杆件截面长细比简化公式见表 7.3-7。

双角钢 T 形截面及不等边角钢换算长细比简化计算 | 表 7.3-6

编号	截面形式	扭转屈曲长细比简化公式	条件	弯扭屈曲换算长细比简化公式
1	等边双角钢	$\lambda_z=3.9\dfrac{b}{t}$	$\lambda_y\geqslant\lambda_z$ 时	$\lambda_{yz}=\lambda_y\left[1+0.16\left(\dfrac{\lambda_z}{\lambda_y}\right)^2\right]$
			$\lambda_y<\lambda_z$ 时	$\lambda_{yz}=\lambda_z\left[1+0.16\left(\dfrac{\lambda_y}{\lambda_z}\right)^2\right]$
2	长肢相并的不等边角钢	$\lambda_z=5.1\dfrac{b_2}{t}$	$\lambda_y\geqslant\lambda_z$ 时	$\lambda_{yz}=\lambda_y\left[1+0.25\left(\dfrac{\lambda_z}{\lambda_y}\right)^2\right]$
			$\lambda_y<\lambda_z$ 时	$\lambda_{yz}=\lambda_z\left[1+0.25\left(\dfrac{\lambda_y}{\lambda_z}\right)^2\right]$
3	短肢相并的不等边角钢	$\lambda_z=3.7\dfrac{b_1}{t}$	$\lambda_y\geqslant\lambda_z$ 时	$\lambda_{yz}=\lambda_y\left[1+0.06\left(\dfrac{\lambda_z}{\lambda_y}\right)^2\right]$
			$\lambda_y<\lambda_z$ 时	$\lambda_{yz}=\lambda_z\left[1+0.06\left(\dfrac{\lambda_y}{\lambda_z}\right)^2\right]$
4	不等边角钢	$\lambda_z=4.21\dfrac{b_1}{t}$	$\lambda_y\geqslant\lambda_z$ 时	$\lambda_{xyz}=\lambda_y\left[1+0.25\left(\dfrac{\lambda_z}{\lambda_y}\right)^2\right]$
			$\lambda_y<\lambda_z$ 时	$\lambda_{xyz}=\lambda_z\left[1+0.25\left(\dfrac{\lambda_y}{\lambda_z}\right)^2\right]$

注：1. 无任何对称轴且又非极对称的截面（单面连接的不等边角钢除外）不宜做轴心受压构件。

剖分 T 型钢换算长细比计算　　　　表 7.3-7

编号	截面形式	高宽比	条件	弯扭屈曲换算长细比简化公式
1		$B/h=2/3$	$B/t_2 \leqslant 0.82 l_{oy}/B$ 时	$\lambda_{yz}=\lambda_y \left[1+\dfrac{B^4}{2.8 l_{oy}^2 t_2^2}\right]$
			$B/t_2 > 0.82 l_{oy}/B$ 时	$\lambda_{yz}=5.9 \dfrac{B}{t_2}\left[1+\dfrac{l_{oy}^2 t_2^2}{6.2 B^4}\right]$
2		$B/h=1.0$	$B/t_2 \leqslant 1.24 l_{oy}/B$ 时	$\lambda_{yz}=\lambda_y \left[1+\dfrac{B^4}{8.54 l_{oy}^2 t_2^2}\right]$
			$B/t_2 > 1.24 l_{oy}/B$ 时	$\lambda_{yz}=3.65 \dfrac{B}{t_2}\left[1+\dfrac{l_{oy}^2 t_2^2}{3.61 B^4}\right]$
3		$B/h=1.5$	$B/t_2 \leqslant 1.53 l_{oy}/B$ 时	$\lambda_{yz}=\lambda_y \left[1+\dfrac{B^4}{21.3 l_{oy}^2 t_2^2}\right]$
			$B/t_2 > 1.53 l_{oy}/B$ 时	$\lambda_{yz}=2.73 \dfrac{B}{t_2}\left[1+\dfrac{l_{oy}^2 t_2^2}{3.88 B^4}\right]$
4		$B/h=2.0$	$B/t_2 \leqslant 1.65 l_{oy}/B$ 时	$\lambda_{yz}=\lambda_y \left[1+\dfrac{B^4}{38.9 l_{oy}^2 t_2^2}\right]$
			$B/t_2 > 1.65 l_{oy}/B$ 时	$\lambda_{yz}=2.42 \dfrac{B}{t_2}\left[1+\dfrac{l_{oy}^2 t_2^2}{5.25 B^4}\right]$

（截面形式：T 形截面，标注 B、t_2、h、t_1）

2. 有节间荷载的弦杆验算（拉弯或压弯构件）

桁架弦杆有节间荷载时，应按压弯或拉弯构件对构件截面进行强度计算和稳定性计算。

1）截面强度计算

除圆管截面外，弯矩作用在两个主平面内的拉弯构件和压弯构件，其截面强度应按式（7.3-14）计算：

$$\frac{N}{A_n} \pm \frac{M_x}{\gamma_x W_{nx}} \pm \frac{M_y}{\gamma_y W_{ny}} \leqslant f \qquad (7.3\text{-}14)$$

式中　N——同一截面处轴心压力设计值（N）；

M_x、M_y——分别为同一截面处对 x 轴和 y 轴的弯矩设计值（N·mm）；

γ_x、γ_y——截面塑性发展系数，根据其受压板件的内力分布情况确定其截面板件宽厚比等级，当截面板件宽厚比等级不满足 S3 级要求时取 1.0，当满足 S3 级要求时可按《钢结构设计标准》GB 500017—2017 表 8.1.1 采用；需要验算疲劳强度的拉弯、压弯构件，宜取 1.0；

A_n——构件的净截面面积（mm²）；

W_n——构件的净截面模量（mm³）。

2）截面稳定性计算

除圆管截面外，弯矩作用在对称轴平面内的实腹式压弯构件，弯矩作用平面内稳定性应按式（7.3-15）计算，弯矩作用平面外稳定性应按式（7.2.17）计算；对于 T 形截面或双角钢组成的 T 形截面的压弯构件，当弯矩作用在非对称平面内且使翼缘受压时，除应按式（7.3-15）计算外，尚应按式（7.3-18）计算。

（1）平面内稳定性计算：

$$\frac{N}{\varphi_x A f}+\frac{\beta_{mx}M_x}{\gamma_x W_{1x}(1-0.8N/N'_{Ex})f}\leqslant1.0 \tag{7.3-15}$$

$$N'_{Ex}=\pi^2EA/(1.1\lambda_x^2) \tag{7.3-16}$$

（2）平面外稳定性计算：

$$\frac{N}{\varphi_x A f}+\eta\frac{\beta_{tx}M_x}{\varphi_b W_{1x}f}\leqslant1.0 \tag{7.3-17}$$

$$\left|\frac{N}{Af}-\frac{\beta_{mx}M_x}{\gamma_x W_{2x}(1-1.25N/N'_{Ex})f}\right|\leqslant1.0 \tag{7.3-18}$$

式中 N——所计算构件范围内轴心压力设计值（N）；

N'_{Ex}——参数，按式（7.3-16）计算（mm）；

φ_x——弯矩作用平面内轴心受压构件稳定系数；

M_x——所计算构件段范围内的最大弯矩设计值（N·mm）；

W_{1x}——在弯矩作用平面内对受压最大纤维的毛截面模量（mm^3）；

φ_y——弯矩作用平面外的轴心受压构件稳定系数；

φ_b——均匀弯曲的受弯构件整体稳定系数，按《钢结构设计标准》GB 50017—2017 附录 C 计算，其中工字形和 T 形截面的非悬臂构件，可按第 C.0.5 条的规定确定；对闭口截面取 1.0；

η——截面影响系数，闭口截面取 0.7，其他截面取 1.0；

β_{mx}、β_{tx}——等效弯矩系数；

W_{2x}——无翼缘端的毛截面模量（mm^3）。

3）承受次弯矩的桁架

对杆件截面为 H 形或箱形的桁架，当主管节间长度与截面高度截面高度或直径之比小于 12、支管杆间长度与截面高度或直径之比小于 24 时，应计算节点刚性引起的弯矩。在轴力和弯矩共同作用下，杆件端部截面的强度计算可考虑塑性应力重分布按以下规定进行计算；杆件的稳定计算应按压弯构件进行设计。

只承受节点荷载的杆件截面为 H 形或箱形的桁架，当节点具有刚性连接的特征时，应按刚接桁架计算杆件次弯矩，拉杆和板件宽厚比满足 S2 级要求的压杆，截面强度宜按下列公式计算：

当 $\varepsilon=\dfrac{MA}{NW}\leqslant0.2$ 时：

$$\frac{N}{A}\leqslant f \tag{7.3-19}$$

当 $\varepsilon=\dfrac{MA}{NW}>0.2$ 时：

$$\frac{N}{A}+\alpha\frac{M}{W_p}\leqslant\beta f \tag{7.3-20}$$

式中 W、W_p——分别为弹性截面模量和塑性截面模量（mm^3）；

M——杆件在节点处的次弯矩（N·mm）；

α、β——系数，应按表 7.3-8 的规定采用。

系数 α 和 β 表 7.3-8

杆件截面形式	α	β
H 形截面,腹板位于桁架平面内	0.85	1.15
H 形截面,腹板垂直于桁架平面	0.60	1.08
箱形截面	0.80	1.13

3. 桁架受压杆件的局部稳定

1）实腹式桁架构件轴心受压构件不出现局部失稳者，其板件宽厚比应符合下列规定：

(1) H形截面腹板：

$$h_0/t_w \leqslant (25+0.5\lambda)\varepsilon_k \tag{7.3-21}$$

式中　λ——构件的较大长细比；当$\lambda<30$时，取为30；当$\lambda>100$时，取为100；

h_0、t_w——分别为腹板计算高度和厚度。

(2) H形截面翼缘：

$$b/t_f \leqslant (10+0.1\lambda)\varepsilon_k \tag{7.3-22}$$

式中　b、t_f——分别为翼缘板自由外伸宽度和厚度。

(3) 箱形截面壁板：

$$b/t \leqslant 40\varepsilon_k \tag{7.3-23}$$

式中　b——壁板的净宽度，当箱形截面设有纵向加劲肋时，为壁板与加劲肋之间的净宽度。

(4) T形截面翼缘宽厚比限值应按式（7.3-22）确定。

T形截面腹板宽厚比限值为：

① 热轧剖分T型钢：

$$h_0/t_w \leqslant (15+0.2\lambda)\varepsilon_k \tag{7.3-24}$$

② 焊接T型钢：

$$h_0/t_w \leqslant (13+0.17\lambda)\varepsilon_k \tag{7.3-25}$$

对焊接构件h_0取腹板高度h_w；对热轧构件，h_0取腹板平直段长度，简要计算时可取$h_0=h_w-t_f$，但不小于(h_w-20)mm。

(5) 等边角钢轴心受压构件的肢件宽厚比限值为：

当$\lambda \leqslant 80\varepsilon_k$时：

$$\omega/t \leqslant 15\varepsilon_k \tag{7.3-26}$$

当$\lambda > 80\varepsilon_k$时：

$$\omega/t \leqslant 5\varepsilon_k+0.125\lambda \tag{7.3-27}$$

式中　ω、t——分别为角钢的平板宽度和厚度，简要计算时ω可取为$b-2t$，b为角钢宽度；

λ——按角钢绕非对称主轴回转半径计算的长细比。

(6) 圆管压杆的外径与壁厚之比不应超过$100\varepsilon_k^2$。

2) 当轴心受压构件的压力小于稳定承载力φAf时，可将其板件宽厚比限值乘以放大系数$\alpha=\sqrt{\varphi Af/N}$。

3) 板件宽厚比超过限值时，可采用纵向加劲肋加强，H形、工字形和箱形截面轴心受压构件的腹板，加劲肋宜在腹板两侧成对配置，其一侧外伸宽度不应小于$10t_w$，厚度不应小于$0.75t_w$。当可考虑屈曲后强度时，轴心受压杆件可采用有效截面分别计算强度和稳定性。

4) 实腹压弯构件要求不出现局部失稳者，其腹板高厚比、翼缘宽厚比应符合压弯构件S4级截面要求。当超过要求时，应以有效截面代替实际截面计算。

5) 压弯构件的板件当用纵向加劲肋加强以满足宽厚比限值时，加劲肋宜在板件两侧成对配置，其一侧外伸宽度不应小于板件厚度t的10倍，厚度不宜小于$0.75t$。

7.3.4　桁架节点设计

H型钢桁架的连接节点按连接位置主要可以分为支座连接节点和桁架杆件之间的连接节点，桁架连接节点应根据杆件类型、杆件内力、施工情况等综合考虑选取合理的节点连接形式。

连接节点按连接形式可以分为焊接、螺栓连接和栓焊连接，连接节点设计见第4章和第9章。

7.4　H型钢桁架设计实例

7.4.1　工程概况

某厂房位于北京市大兴区，结构设计使用年限为50年。采用36m跨梯形钢屋架＋混凝土柱形式，其中屋架间距7.5m，屋脊高度15m，屋面坡度5%。屋面采用压型钢板组合楼板现浇屋面，为上人屋面。檩条斜向间距3004mm，位于桁架上部，并通过隔撑与桁架上弦杆连接，作为桁架的侧向支撑。因屋面为重型屋面，且跨度和屋架间距均较大，杆件截面拟采用热轧H型钢作为杆件截面。弦杆通长布置，腹杆与弦杆之间采用刚性连接。桁架按平面桁架分析。屋面支撑系统不在本例分析范围内。

本例由计算软件完成桁架的内力分析，并通过手动计算完成杆件截面的验算。软件采用通用有限元分析与设计软件 MIDAS 2019 版。

7.4.2 荷载取值

1. 屋面永久荷载（恒荷载）标准值

屋架自重	由程序自动计算并考虑1.05放大系数（考虑节点板重）
防水层（三毡四油上铺小石子）	$0.4kN/m^2$
保温层（单位重量$4.0kN/m^3$，100mm厚）	$4.0\times0.1=0.4kN/m^2$
找平层（水泥砂浆20mm厚）	$20\times0.2=0.4kN/m^2$
压型钢板组合楼板（120mm厚）	$25\times0.12=3.0kN/m^2$
屋面檩条、支撑（估算，模型中有可自动计算）	$0.25kN/m^2$
屋面吊顶	$0.25kN/m^2$

合计　　　　　　　　　　　　　　　　　　　　　　　　　　　　　　　　　　　　　　　$4.7 kN/m^2$

转换为屋架的节点荷载：

中间节点：　　　　　　　　　　$P_1=4.7\times7.5\times3=105.8kN$

边节点：　　　　　　　　　　$P_2=4.7\times7.5\times3/2=52.9kN$

模型中永久荷载加载图如图7.4-1所示。

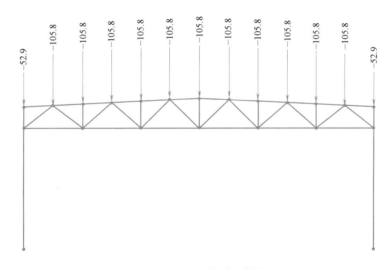

图 7.4-1　永久荷载加载图

要求施工过程对称施工，避免出现恒载的半跨布置情况。

2. 屋面活荷载标准值

屋面活荷载：　　　　　　　　　　　　　　　　　　　　　　　　　　　　　　　　　　　$2.0kN/m^2$

转换为屋架的节点荷载：

中间节点：　　　　　　　　　　$P_3=2.0\times7.5\times3=45.0kN$

边节点：　　　　　　　　　　$P_4=2.0\times7.5\times3/2=22.5kN$

模型中活荷载加载图如图7.4-2、图7.4-3所示，其中包括活荷载全跨均布和活荷载半跨均布工况。

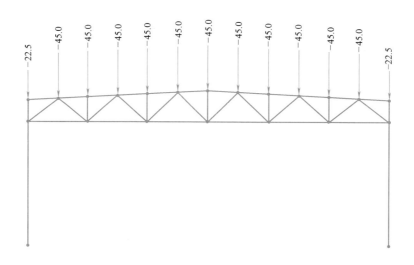

图 7.4-2　活荷载全跨均布加载图

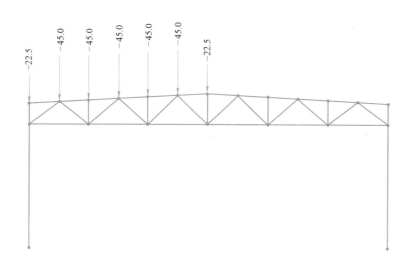

图 7.4-3　活荷载半跨均布加载图

3. 屋面雪荷载

查荷载规范，按 50 年一遇考虑。

基本雪压：$\qquad$ $0.4\mathrm{kN/m^2}$

雪荷载标准值：

全跨均匀分布情况：$\qquad$ $s_\mathrm{k}=\mu_\mathrm{r}s_0=1.0\times0.4=0.4\ \mathrm{kN/m^2}$

全跨不均匀分布情况：$\qquad$ $s_\mathrm{k}=\mu_\mathrm{r}s_0=0.75\times0.4=0.3\mathrm{kN/m^2}$
$s_\mathrm{k}=\mu_\mathrm{r}s_0=1.25\times0.4=0.5\mathrm{kN/m^2}$

半跨均匀分布情况：$\qquad$ $s_\mathrm{k}=\mu_\mathrm{r}s_0=1.0\times0.4=0.4\ \mathrm{kN/m^2}$

转换为屋架的节点荷载：

1）全跨和半跨均匀分布情况

中间节点：$\qquad$ $P_5=0.4\times7.5\times3=9.0\mathrm{kN}$

边节点：$\qquad$ $P_6=0.4\times7.5\times3/2=4.5\mathrm{kN}$

模型中雪荷载加载图如图 7.4-4、图 7.4-5 所示，其中包括雪荷载全跨均布和雪荷载半跨均布工况。

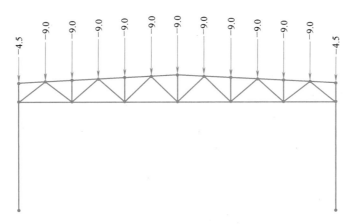

图 7.4-4　雪荷载全跨均布加载图

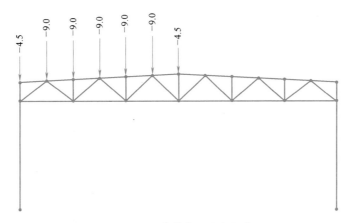

图 7.4-5　雪荷载半跨均布加载图

2）不均匀分布情况

考虑与半跨均布活荷载组合形成的不利作用，将不均匀分布雪荷载的大值施加在屋架的左半跨：

左侧中间节点：$\qquad P_7 = 0.5 \times 7.5 \times 3 = 11.3 \text{kN}$

左侧边节点：$\qquad P_8 = 0.5 \times 7.5 \times 3/2 = 5.6 \text{kN}$

右侧中间节点：$\qquad P_9 = 0.3 \times 7.5 \times 3 = 6.8 \text{kN}$

右侧边节点：$\qquad P_{10} = 0.3 \times 7.5 \times 3/2 = 3.4 \text{kN}$

中间节点：$\qquad P_{11} = 0.5 \times 7.5 \times 3/2 + 0.3 \times 7.5 \times 3/2 = 9.0 \text{kN}$

模型中不均匀分布雪荷载加载图如图 7.4-6 所示。

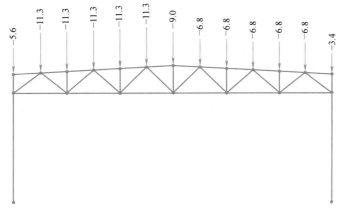

图 7.4-6　雪荷载不均匀分布加载图

4. 风荷载

基本风压： 0.45kN/m²

风振系数取 1.0（虽然是 36m 跨度，但本屋架采用混凝土屋面，非柔性屋面）；

风荷载体型系数：按《建筑结构荷载规范》GB 50009—2012 取值，左向右吹，左侧屋面−0.6，右侧屋面−0.5；

风压高度变化系数：1.13（B 类，按屋顶为 15m 高考虑）；

风荷载均为屋面风吸力，风荷载标准值：

左侧屋面：$w_k=\beta_z\mu_s\mu_zw_0=1.0\times0.6\times1.13\times0.45=0.31\text{kN/m}^2$

右侧屋面：$w_k=\beta_z\mu_s\mu_zw_0=1.0\times0.5\times1.13\times0.45=0.25\text{kN/m}^2$

转换为屋架的节点荷载：

左侧中间节点： $P_{12}=0.31\times7.5\times3=7.0\text{kN}$

左侧边节点： $P_{13}=0.31\times7.5\times3/2=3.5\text{kN}$

右侧中间节点： $P_{14}=0.25\times7.5\times3=5.6\text{kN}$

右侧边节点： $P_{15}=0.25\times7.5\times3/2=2.8\text{kN}$

风荷载加载图如图 7.4-7 所示。

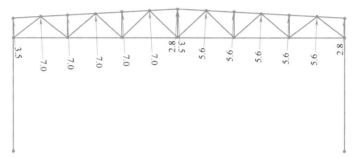

图 7.4-7　风荷载加载图

主要研究对象为屋架，作用在混凝土柱上的风荷载因对屋架影响很小，本例中忽略该部分风荷载。

5. 温度作用

屋架支座与混凝土柱采用铰接，屋架跨度为 36m，小于《钢结构设计标准》GB 50017—2017 表 3.3.5 中横向温度区段长度限值，桁架本身可不考虑温度作用。

6. 地震作用

1）水平地震作用：沿屋架跨度方向的水平地震作用，由程序按振型分解反应谱法进行计算；垂直于屋架跨度方向的水平地震作用通常由屋面支撑系统承担，另行考虑，本算例只考虑沿屋架跨度方向的水平地震作用。

2）竖向地震作用：位于 8 度区，跨度为 36m，属于大跨度范畴，应考虑竖向地震作用。

3）地震作用相关参数。计算水平地震时：8 度，0.20g，地震分组第二组，阻尼比 0.035（按大跨度屋盖考虑），以上依据《建筑抗震设计规范》GB 50011—2010（2016 年版），场地类别Ⅲ类（依据地勘报告）；重力荷载代表值：1.0 恒+0.5 活+0.5 雪。计算竖向地震作用时，按《建筑抗震设计规范》GB 50011—2010 第 5.3.4 条，将地震分组第二组改为第一组，竖向地震影响系数为水平地震影响系数的 65%。采用程序中自动计算考虑。

7. 荷载组合

根据《建筑结构可靠性设计统一标准》GB 50068—2018、《建筑结构荷载规范》GB 50009—2012 及《建筑抗震设计规范》GB 50011—2010（2016 年版），本算例常用的荷载组合应包括以下组合：

1）荷载基本组合

1.3 恒+1.5 活

1.3 恒+1.5 雪

1.3恒＋1.5活＋1.5雪×0.7

1.0恒＋1.5风

1.2(1.0恒＋0.5活＋0.5雪)±1.3水平地震

1.2(1.0恒＋0.5活＋0.5雪)±1.3竖向地震

1.2(1.0恒＋0.5活＋0.5雪)±1.3水平地震±0.5竖向地震

1.2(1.0恒＋0.5活＋0.5雪)±1.3竖向地震±0.5水平地震

1.0(1.0恒＋0.5活＋0.5雪)±1.3水平地震

1.0(1.0恒＋0.5活＋0.5雪)±1.3竖向地震

1.0(1.0恒＋0.5活＋0.5雪)±1.3水平地震±0.5竖向地震

1.0(1.0恒＋0.5活＋0.5雪)±1.3竖向地震±0.5水平地震

2）荷载标准组合

1.0恒＋1.0活＋1.0雪×0.7

1.0恒＋1.0风

1.0(1.0恒＋0.5活＋0.5雪)＋1.0水平地震

1.0(1.0恒＋0.5活＋0.5雪)＋1.0竖向地震

1.0(1.0恒＋0.5活＋0.5雪)＋1.0水平地震＋0.4竖向地震

1.0(1.0恒＋0.5活＋0.5雪)＋1.0竖向地震＋0.4水平地震

3）关于荷载组合的几点说明

本算例的设计使用年限为50年，故设计使用年限调整系数取1.0。风荷载的方向为垂直于屋面向上，其他荷载的方向为垂直地面向下，当活、雪及风荷载同时作用时，风荷载是有利的，因此可人为判别风荷载与其他可变荷载不组合。根据本算例各可变荷载的数值，可判别出活荷载为诸可变荷载效应中起控制作用者，为减少计算量，不考虑其他可变荷载作为起控制作用的轮次组合。标准组合中水平地震和竖向地震同时作用时，规范没有明确给出组合，此条为笔者参考规范条文解释给出。

7.4.3　模型假定及桁架截面设计

1. 计算模型假定

桁架放置在混凝土柱顶，桁架与混凝土柱之间采用铰接；桁架弦杆通长，截面采用热轧H型钢，腹杆与弦杆节点处采用刚接。

2. 桁架轴力包络图（图7.4-8）

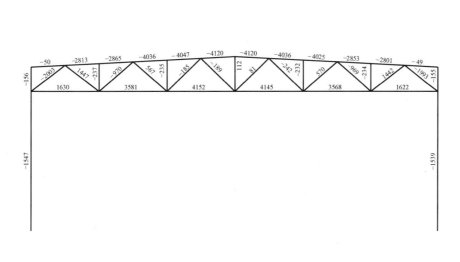
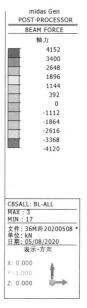

图 7.4-8　杆件轴力包络图

3. 桁架跨中上弦杆截面的确定

1) 选取上弦杆截面的控制内力

选取轴力最大的荷载组合作为杆件截面的控制组合，其中包括非地震作用组合和地震作用组合。

按抗震规范，屋盖构件截面抗震验算还应满足以下要求：关键杆件的地震组合内力设计值应乘以增大系数；其取值，7、8、9 度宜分别按 1.1、1.15、1.2 采用。

非地震组合：最大轴力 $N = -4120\text{kN}$，对应弯矩 $M_x = 150\text{kN} \cdot \text{m}$。

地震组合：最大轴力 $N = -3471\text{kN}$，对应弯矩 $M_x = 99\text{kN} \cdot \text{m}$；考虑放大系数 1.15 后，轴力 $N = -3992\text{kN}$，对应弯矩 $M_x = 114\text{kN} \cdot \text{m}$。

对于截面抗震承载力调整系数 γ_{RE}，钢结构强度取值 0.75，稳定取值 0.80，相对于荷载组合的增大系数 1.15，可判别出地震作用组合在本例中不起控制作用。

桁架上弦杆按压弯构件设计，杆件的桁架内计算长度 3004mm，面外计算长度 3004mm。取非地震组合为最不利情况计算。

2) 截面验算

桁架上弦拟采用两种截面形式，中部四个节间采用一种截面，两侧采用另一种截面。中部截面拟采用 HW400×400×13×21，材质 Q355B，截面特性：$A = 218.7\text{cm}^2$，$W_{nx} = 3330\text{m}^3$，$i_x = 17.5\text{cm}$，$i_y = 10.1\text{cm}$，本算例均采用焊接连接，截面本身未削弱，故净截面面积及模量同毛截面值。

(1) 本例因节点具有刚性连接的特征，按刚接桁架计算杆件次弯矩，可考虑塑性内力重分布计算，但本构件板件宽厚比不满足 S2 级要求，杆件按压弯构件考虑计算：

$$\frac{N}{A_n} + \frac{M_x}{\gamma_x W_{nx}} = \frac{4120 \times 10^3}{218.7 \times 10^2} + \frac{150 \times 10^6}{3330 \times 10^3}$$
$$= 188.4 + 45 = 233.4\text{N/mm}^2 < 290\text{N/mm}^2$$

(2) 稳定性计算：

平面内长细比：$\lambda_x = 3004/175 = 17.2$，满足长细比限值 150 的要求，计算稳定系数时考虑钢号修正后取 20.7，a 类，稳定系数查表 $\varphi_x = 0.979$。

平面外长细比：$\lambda_y = 3004/101 = 29.7$，满足长细比限值 150 的要求，计算稳定系数时考虑钢号修正后取 36.1，b 类，稳定系数查表 $\varphi_y = 0.914$。

截面塑性发展系数：$\gamma_x = 1.05$，$\gamma_y = 1.2$。

$$N'_{Ex} = \pi^2 EA / (1.1\lambda_x^2)$$
$$= 3.14^2 \times 206000 \times 21870 / (1.1 \times 17.2^2)$$
$$= 1.37 \times 10^8 \text{N}$$

参数：β_{mx}、β_{tx} 按无横向作用时取值，杆件的端弯矩从计算模型中摘取 $M_1 = 150\text{kN} \cdot \text{m}$，$M_2 = 31\text{kN} \cdot \text{m}$。

$$\beta_{mx} = 0.6 + 0.4\frac{M_2}{M_1} = 0.6 + 0.4 \times \frac{31}{150} = 0.683$$

$$\beta_{tx} = 0.65 + 0.35\frac{M_2}{M_1} = 0.65 + 0.35 \times \frac{31}{150} = 0.722$$

均匀弯曲的受弯构件整体稳定系数：

$$\varphi_b = 1.07 - \frac{\lambda_y^2}{44000\epsilon_k^2} = 1.07 - \frac{29.7^2}{44000 \times 235/355} = 1.04 > 1.0，\text{取} \varphi_b = 1.0$$

平面内的稳定性计算：

$$\frac{N}{\varphi_x Af} \pm \frac{\beta_{mx}M_x}{\gamma_x W_{1x}(1 - 0.8N/N'_{Ex})f}$$

$$=\frac{4120\times10^3}{0.979\times218.7\times10^2\times290}+\frac{0.683\times150\times10^6}{1.05\times3330000\times(1-0.8\times4120000/1.37\times10^8)\times290}$$

$$=0.664+0.104$$

$$=0.768<1$$

满足要求。

平面外的稳定性计算：

$$\frac{N}{\varphi_y Af}\pm\eta\frac{\beta_{tx}M_x}{\varphi_b W_{1x}f}$$

$$=\frac{4120\times10^3}{0.914\times218.7\times10^2\times290}+1.0\times\frac{0.722\times150\times10^6}{1.0\times3330000\times290}$$

$$=0.711+0.112$$

$$=0.823<1$$

满足要求。

（3）杆件的局部稳定：

按轴心受压构件要求，长细比 λ 小于 30 取 30；

腹板：$h_0/t_w\leq(25+0.5\lambda)\varepsilon_k=24.1\leq33.0$，满足要求；

翼缘：$b/t_f\leq(10+0.1\lambda)\varepsilon_k=9.2\leq10.7$，满足要求。

按压弯构件的要求，构件的翼缘和腹板的宽厚同时满足 S4 级截面要求。

4. 同样方法确定上弦杆两侧的截面

尺寸为 HW350×350×12×19。

5. 桁架下弦杆截面的确定

1）选取下弦杆截面的控制内力

选取轴力最大的荷载组合作为杆件截面的控制组合，其中包括非地震作用组合和地震作用组合，由上弦杆计算过程可判断地震作用组合不起控制作用。

非地震作用组合：最大轴力 $N=4152$kN，对应弯矩 $M_x=68$kN·m，按拉弯构件设计，杆件的桁架内计算长度 3000mm，面外计算长度 3000mm。

2）截面验算

下弦采用一种截面形式，截面拟采用 HW350×350×12×19，材质 Q355B，$A=171.9$cm^2，$W_{nx}=2280$m^3，本算例均采用焊接连接，截面本身未削弱，故净截面面积及模量同毛截面值；若截面有削弱，则净截面面积及模量按实际情况计算。

强度计算按考虑塑性内力重分布计算：

$$\varepsilon=\frac{MA}{NW}=\frac{68\times10^6\times171.9\times10^2}{4152\times10^3\times2280\times10^3}=0.12<0.2$$

$$\frac{N}{A}=\frac{4152\times10^3}{171.9\times10^2}=241.5\text{N/mm}^2<290\text{N/mm}^2$$

满足要求。

6. 桁架腹杆截面的确定

桁架腹杆根据不同的位置，分别按照考虑塑性内力重分布的方法计算或按照压弯和拉弯杆件进行设计，计算方法同弦杆，不再赘述。考虑综合经济效益及节点做法，桁架腹杆取三种，从支座起 1～4 根截面取值 HW300×300×10×15，5～7 根取 HW250×250×9×14，其余取 HW200×200×8×12。

确定后桁架的截面如图 7.4-9 所示。

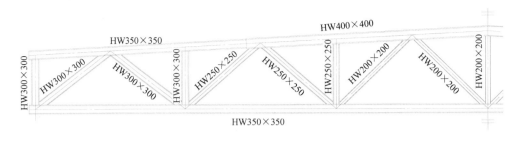

图 7.4-9　桁架截面图

7. 屋架的挠度验算

1）屋架起拱

为改善外观和符合使用条件，屋架采取预起拱的措施。跨中起拱值参照（1.0 恒＋0.5 活荷载）产生的挠度值 78mm 取整后取 75mm。

2）屋架挠度控制

屋架在（1.0 恒＋1.0 活＋0.7 雪荷载）标准组合作用下的挠度如图 7.4-10 所示：跨中挠度最大值为 94.7mm，两侧挠度值 1.1mm，考虑起拱值 75mm，跨中最终相对挠度值 94.7－1.1－75＝18.6mm；而屋架跨度 36m，挠度容许值 $[\upsilon_{\mathrm{T}}]$ 为 $l/400＝36000/400＝90$mm；18.6mm＜90mm，屋架挠度满足要求。

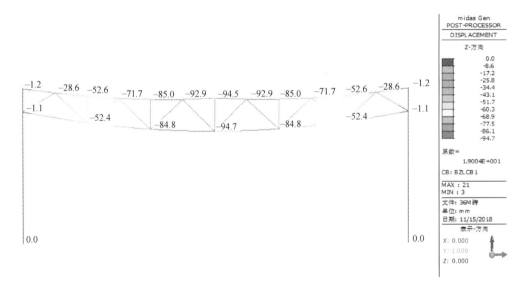

图 7.4-10　（1.0 恒＋1.0 活＋0.7 雪荷载）作用下挠度图

屋架在活荷载作用下的挠度如图 7.4-11 所示：跨中挠度最大值为 25.2mm，两侧挠度值 0.3mm，跨中最终相对挠度值 25.2－0.3＝24.9mm；而屋架跨度 36m，挠度容许值 $[\upsilon_{\mathrm{Q}}]$ 为 $l/500＝72$mm；24.9mm＜72mm，屋架挠度满足要求。

屋架在（重力荷载代表值＋竖向地震作用）标准组合作用下的挠度如图 7.4-12 所示：跨中挠度最大值为 89.4mm，两侧挠度值 1.0mm，跨中最终相对挠度值 89.4－1.0＝88.4mm；而屋架跨度 36m，挠度容许值 $[\upsilon_{\mathrm{Q}}]$ 为 $l/250＝144$mm；88.4mm＜144mm，屋架挠度满足要求。

最终确定桁架杆件截面见图 7.4-9。节点见第 9 章 9.6 节。

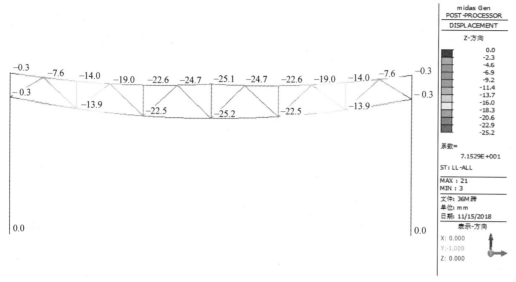

图 7.4-11 活荷载作用下挠度图

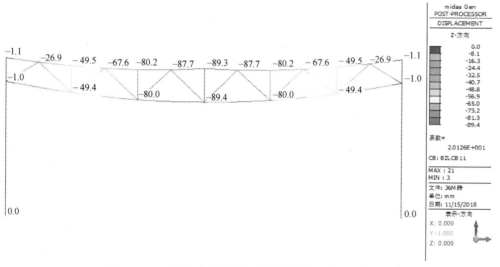

图 7.4-12 （重力荷载代表值＋竖向地震）作用下挠度图

7.4.4 设计建议

1. 关于屋架的地震作用。按照抗震规范，本算例需计算竖向地震作用没有疑问，而横向水平地震作用对桁架本身的影响是否会起控制作用应引起设计者注意。通常水平地震作用产生的桁架内力不大，但对于特殊情况如地震烈度较高的区域和屋面恒载较大的屋面结构，就很难人为辨别水平地震作用是否会起控制作用。对于计算机软件相对发达的当前，建议均进行水平地震作用的计算。

2. 关于屋面活荷载是否计入重力荷载代表值。按抗震规范，屋面活荷载不计入重力荷载代表值，但笔者认为，对于上人屋面如不考虑活荷载则存在因地震作用考虑偏小而导致的不安全因素，建议对于上人屋面活荷载考虑计入重力荷载代表值，组合值系数取 0.5。

3. 关于桁架的铰接与刚接。理想的桁架模型在节点处均为铰接，但如果截面采用热轧 H 型钢截面，通常节点采用直接焊接的做法，因此节点具有刚接属性。《钢结构设计标准》GB 50017—2017 给出杆件截面考虑塑性应力重分布后的杆件强度计算公式，但对于受压杆的板件需满足 S2 级的要求。对于设计者来说，可按考虑塑性应力重分布的方法验算杆件强度，也可以直接按照压弯构件验算截面。

4. 人工事先判别主导可变荷载可大量减少荷载组合，减少计算时间。如本例可轻松判别屋面活荷载为主导可变荷载，减少其他可变荷载作为主导荷载的轮次组合。若无法判别，则需轮次组合考虑。

5. 按抗震规范，屋盖构件的截面抗震验算还应满足以下要求：关键杆件的地震组合内力设计值应乘以增大系数；其取值，7、8、9度宜分别按1.1、1.15、1.2采用；关键节点的地震作用效应组合设计值应乘以增大系数，其取值7、8、9度宜分别按1.15、1.2、1.25采用。此条内容需注意两个问题：①关键杆件对于桁架来说指的是与支座直接相连的节间的弦杆和腹杆，即支座处第一节间的上下弦杆及端腹杆和第一根斜腹杆；而关键节点则指的是与关键杆件连接的节点。②组合设计值增大系数，针对的是地震作用组合，是先组合再放大。

7.5　T型钢桁架设计实例

7.5.1　工程概况

某机械厂铸造车间位于河北省秦皇岛市海港区，结构设计使用年限为50年。采用24m跨梯形钢屋架＋混凝土柱形式，其中屋架间距6m，屋脊高度15m，屋面坡度1/3。屋面采用压型钢板，非上人屋面。檩条斜向间距1581mm，位于桁架上部，并每隔一道设置隔撑作为桁架的侧向支撑。桁架弦杆截面拟采用热轧H型钢，腹杆采用双角钢。桁架按平面桁架分析。

本例由计算软件完成桁架的内力分析，并通过手动计算完成杆件截面的验算。软件采用通用有限元分析与设计软件MIDAS 2019版。

7.5.2　荷载取值

1. 屋面永久荷载（恒荷载）标准值

屋架自重	由程序自动计算并考虑1.05放大系数（考虑节点板重）
压型钢板	0.10kN/m²
屋面檩条、支撑（估算，模型中有可自动计算）	0.20kN/m²
屋面吊顶	0.20kN/m²
合计	0.50kN/m²

转换为屋架的节点荷载：

中间节点：　　　　$P_1=0.5\times6\times1.58=4.74\text{kN}$

边节点：　　　　$P_2=0.5\times6\times1.58/2=2.37\text{kN}$

模型中永久荷载加载图如图7.5-1所示。

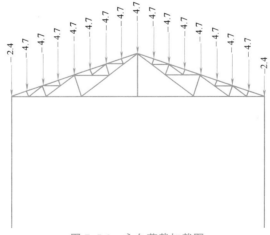

图7.5-1　永久荷载加载图

要求施工过程对称施工，避免出现恒载的半跨布置情况。

2. 屋面活荷载标准值

屋面活荷载标准值：　　　　　　　　　　　　　0.50kN/m²

转换为屋架的节点荷载：

中间节点： $P_3=0.5\times6\times1.58=4.74kN$

边节点： $P_4=0.5\times6\times1.58/2=2.37kN$

模型中活荷载加载图如图7.5-2、图7.5-3所示，其中包括活荷载全跨均布和活荷载半跨均布工况。

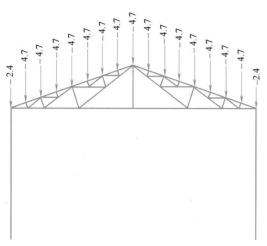

图7.5-2 活荷载全跨均布加载图

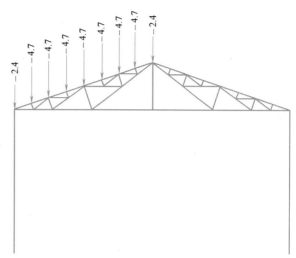

图7.5-3 活荷载半跨均布加载图

3. 屋面雪荷载标准值

查荷载规范，按50年一遇。

基本雪压： $0.4kN/m^2$

雪荷载标准值：

全跨均匀分布情况： $s_k=\mu_r s_0=1.0\times0.4=0.4kN/m^2$

全跨不均匀分布情况： $s_k=\mu_r s_0=0.75\times0.4=0.3kN/m^2$

$s_k=\mu_r s_0=1.25\times0.4=0.5kN/m^2$

半跨均匀分布情况： $s_k=\mu_r s_0=1.0\times0.4=0.4kN/m^2$

转换为屋架的节点荷载：

1）全跨和半跨均匀分布情况

中间节点： $P_5=0.4\times6\times1.58=3.79kN$

边节点： $P_6=0.4\times6\times1.58/2=1.90kN$

模型中雪荷载加载图如图7.5-4、图7.5-5所示，其中包括雪荷载全跨均布和雪荷载半跨均布工况。

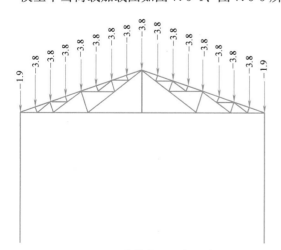

图7.5-4 雪荷载全跨均布加载图

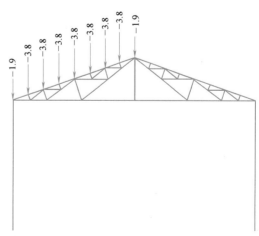

图7.5-5 雪荷载半跨均布加载图

2) 不均匀分布情况

考虑与半跨均布活荷载组合形成的不利作用，将不均匀分布雪荷载的大值施加在屋架的左半跨：

左侧中间节点：$P_7 = 0.5 \times 6 \times 1.58 = 4.74 \text{kN}$

左侧边节点：$P_8 = 0.5 \times 6 \times 1.58/2 = 2.37 \text{kN}$

右侧中间节点：$P_9 = 0.3 \times 6 \times 1.58 = 2.84 \text{kN}$

右侧边节点：$P_{10} = 0.3 \times 6 \times 1.58/2 = 1.42 \text{kN}$

跨中节点：$P_{11} = 0.5 \times 6 \times 1.58/2 + 0.3 \times 6 \times 1.58/2 = 3.79 \text{kN}$

模型中不均匀分布雪荷载加载图如图 7.5-6 所示。

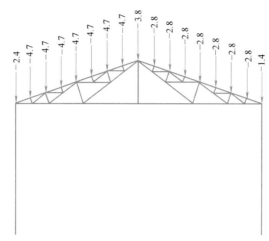

图 7.5-6 雪荷载不均匀分布加载图

4. 屋面积灰荷载

屋面积灰荷载标准值：0.5kN/m²

转换为屋架的节点荷载：

中间节点：$P_{12} = 0.5 \times 6 \times 1.58 = 4.74 \text{kN}$

边节点：$P_{13} = 0.5 \times 6 \times 1.58/2 = 2.37 \text{kN}$

模型中积灰荷载加载图如图 7.5-7、图 7.5-8 所示，其中包括全跨均布和半跨均布工况。

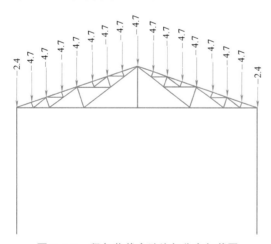

图 7.5-7 积灰荷载全跨均匀分布加载图

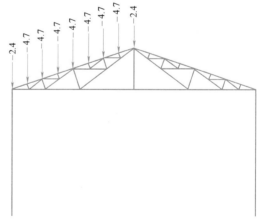

图 7.5-8 积灰荷载半跨均匀分布加载图

5. 风荷载

基本风压：0.45kN/m²

风振系数取 1.0。

风荷载体型系数：按《建筑结构荷载规范》GB 50009—2012 取值，从左向右吹，屋面与水平面夹角为18.43°，体型系数左侧屋面－0.46，右侧屋面－0.5。

风压高度变化系数：1.13（B类，按屋顶15m高考虑）。

风荷载均为屋面风吸力，风荷载标准值：

左侧屋面：$w_k=\beta_z\mu_s\mu_z w_0=1.0\times0.46\times1.13\times0.45=0.23kN/m^2$

右侧屋面：$w_k=\beta_z\mu_s\mu_z w_0=1.0\times0.5\times1.13\times0.45=0.25kN/m^2$

转换为屋架的节点荷载：

左侧中间节点：　　　　$P_{14}=0.23\times6\times1.58=2.18kN$

左侧边节点：　　　　　$P_{15}=0.23\times6\times1.58/2=1.09kN$

右侧中间节点：　　　　$P_{16}=0.25\times6\times1.58=2.37kN$

右侧边节点：　　　　　$P_{17}=0.25\times6\times1.58/2=1.19kN$

风荷载加载图如图7.5-9所示。

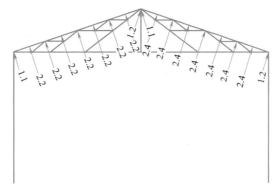

图7.5-9　风荷载加载图

主要研究对象为屋架，作用在两侧混凝土柱上的风荷载在因对屋架影响很小，本例中忽略该部分风荷载。

6. 温度作用

屋架支座与混凝土柱采用铰接，屋架跨度为24m，小于《钢结构设计标准》GB 50017—2017表3.3.5中横向温度区段长度限值，桁架本身可不考虑温度作用。

7. 地震作用

本算例位于7度区，且为跨度24m的轻屋面，地震作用对屋架本身影响不大，地震作用组合不起控制作用，因此本例的屋架计算忽略地震作用。

8. 荷载组合

根据《建筑结构可靠度设计统一标准》GB 50068—2018、《建筑结构荷载规范》GB 50009—2012及《建筑抗震设计规范》GB 50011—2010（2016年版），本算例常用的荷载组合应包括以下组合：

1）荷载基本组合

1.3恒＋1.5活＋1.5积灰×0.9

1.3恒＋1.5活×0.7＋1.5积灰

1.3恒＋1.5积灰＋1.5雪×0.7

1.3恒＋1.5积灰×0.9＋1.5雪

1.0恒＋1.5风

2）荷载标准组合

1.0恒＋1.0活＋1.0积灰×0.9

1.0恒＋1.0活×0.7＋1.0积灰

1.0恒＋1.0积灰＋1.0雪×0.7

1.0恒＋1.0积灰×0.9＋1.0雪

1.0恒＋1.0风

7.5.3　模型假定及桁架截面设计

1. 计算模型假定

桁架放置在混凝土柱顶，桁架与混凝土柱之间采用铰接。屋架均采用桁架单元计算。

2. 桁架轴力包络图（图7.5-10）

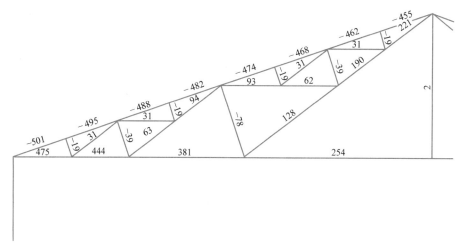

图7.5-10　桁架轴力包络图

3. 桁架上弦杆截面的确定

1）选取上弦截面的控制内力

选取轴力最大的荷载组合作为杆件截面的控制组合：最大轴力 $N=-501$kN。上弦杆按压弯构件设计，杆件的平面内计算长度1581mm，面外计算长度3162mm。

2）截面验算

桁架上弦截面拟采用 TW100×200×8×12，材质 Q235B，$A=31.76$cm^2，$i_x=2.40$cm，$i_y=5.02$cm，支撑及系杆采用螺栓与屋架弦杆连接，杆件截面有削弱，净截面面积按 $0.85A$ 考虑。

（1）强度计算

毛截面屈服验算：

$$\frac{N}{A}=\frac{501\times10^3}{31.76\times10^2}=157.7\text{N/mm}^2<215\text{N/mm}^2$$

满足要求。

净截面断裂验算：

$$\frac{N}{A_n}=\frac{501\times10^3}{0.85\times31.76\times10^2}=185.6\text{N/mm}^2<0.7\times370=259\text{N/mm}^2$$

满足要求。

（2）稳定性计算

平面内长细比（非对称轴长细比）：$\lambda_x=1581/24=65.9$，满足长细比限值150的要求，b类，稳定系数查表 $\varphi_x=0.775$；

平面外长细比（对称轴长细比）：$\lambda_y=3162/50.2=63.0$，按简化计算换算长细比 $\lambda_{yz}=63.0\times1.03=64.9$ 满足长细比限值150的要求，b类，稳定系数查表 $\varphi_y=0.780$；

由面内稳定控制，其稳定性计算：

$$\frac{N}{\varphi_x Af}=\frac{501\times10^3}{0.775\times31.76\times10^2\times215}=0.947<1$$

满足要求。

（3）杆件的局部稳定

按轴心受压构件要求，长细比 λ 小于 30 取 30。

腹板：$h_0/t_w \leqslant (15+0.2\lambda)\varepsilon_k = 9.4 \leqslant 28.2$，满足要求；

翼缘：$b/t_f \leqslant (10+0.1\lambda)\varepsilon_k = 8 \leqslant 16.6$，满足要求。

4. 桁架下弦杆截面的确定

1）选取下弦截面的控制内力

选取轴力最大的荷载组合作为杆件截面的控制组合：最大轴力 $N = 475\text{kN}$。杆件截面长度：桁架面内和面外均为 5.33m（桁架面外在节点处设有支撑）。

2）截面验算

下弦采用一种截面形式，截面拟采用 TW100×200×8×12，材质 Q235B，$A = 31.76\text{cm}^2$，$i_x = 2.40\text{cm}$，$i_y = 5.02\text{cm}$，支撑及系杆采用螺栓与屋架弦杆连接，杆件截面有削弱，净截面面积按 0.85A 考虑。

（1）强度计算：

毛截面屈服验算：

$$\frac{N}{A} = \frac{475 \times 10^3}{31.76 \times 10^2} = 149.6\text{N/mm}^2 < 215\text{N/mm}^2$$

满足要求。

净截面断裂验算：

$$\frac{N}{A_n} = \frac{475 \times 10^3}{0.85 \times 31.76 \times 10^2} = 176\text{N/mm}^2 < 0.7 \times 370 = 259\text{N/mm}^2$$

满足要求。

（2）当风荷载较大时，下弦杆可能出现杆件内力变号（由拉杆变成压杆）的情况，此时需特别注意。本例的杆件未出现此情况。

（3）受拉构件的长细比验算：$5330/24 = 222 < 350$，满足要求。

5. 桁架腹杆截面的确定

屋架腹杆的截面采用双角钢组成的 T 形截面、双角钢组成的十字形截面以及单角钢的截面形式。桁架的腹杆按照不同的位置及受力情况，分别按照压杆和拉杆进行设计。下面选取两种腹杆进行验算。

1）腹杆 1 截面验算

杆件内力为 221kN 的构件，对应的杆件计算长度：桁架面内 $0.8 \times 3.33 = 2.664\text{m}$，桁架面外 6.670m。该杆件主要承受拉力，在多种荷载组合下不出现压力，截面拟采用双角钢组成的 T 形截面 2L90×6，材质 Q235B，$A = 20.88\text{cm}^2$，$i_x = 28.13\text{cm}$，$i_y = 40.20\text{cm}$，杆件截面未削弱，净截面与毛截面相同。

（1）强度计算：

毛截面屈服验算：

$$\frac{N}{A} = \frac{221 \times 10^3}{20.88 \times 10^2} = 105.8\text{N/mm}^2 < 215\text{N/mm}^2$$

满足要求。

净截面断裂验算：

$$\frac{N}{A_n} = \frac{221 \times 10^3}{20.88 \times 10^2} = 105.8\text{N/mm}^2 < 0.7 \times 370 = 259\text{N/mm}^2$$

满足要求。

（2）当风荷载较大时，部分腹杆可能出现杆件内力变号（由拉杆变成压杆）的情况，此时需特别注意。本例的杆件未出现此情况。

（3）受拉构件的长细比验算（面外控制）：$6670/40.2 = 165.9 < 350$，满足要求。

2）腹杆2截面验算

杆件内力为-78kN的构件，对应的杆件计算长度，桁架面内：$0.8 \times 2.108 = 1.686$m，桁架面外为2.108m。该杆件主要承受压力，截面拟采用双角钢组成的T形截面2L70×6，材质Q235B，$A = 16.08 \mathrm{cm}^2$，$i_x = 21.68$cm，$i_y = 32.14$cm，杆件截面未削弱，净截面与毛截面相同。

（1）强度计算

毛截面屈服验算：

$$\frac{N}{A} = \frac{78 \times 10^3}{16.08 \times 10^2} = 48.5 \mathrm{N/mm^2} < 215 \mathrm{N/mm^2}$$

满足要求。

净截面断裂验算：

$$\frac{N}{A_n} = \frac{78 \times 10^3}{16.08 \times 10^2} = 48.5 \mathrm{N/mm^2} < 0.7 \times 370 = 259 \mathrm{N/mm^2}$$

满足要求。

（2）稳定性计算

平面内长细比（非对称轴长细比）：$\lambda_x = 1686/21.68 = 77.8$，满足长细比限值150的要求，b类，稳定系数查表$\varphi_x = 0.702$。

平面外长细比：$\lambda_y = 2108/32.14 = 65.6$，按简化计算法计算换算长细比：

$$\lambda_z = 3.9 \frac{b}{t} = 3.9 \times \frac{70}{6} = 45.5$$

$$\lambda_y > \lambda_z$$

$$\lambda_{yz} = \lambda_y \left[1 + 0.16 \left(\frac{\lambda_z}{\lambda_y} \right)^2 \right] = 65.6 \times \left[1 + 0.16 \times \left(\frac{45.5}{65.6} \right)^2 \right] = 70.6$$

满足长细比限值150的要求，b类，稳定系数查表$\varphi_y = 0.747$；

该构件由平面内稳定控制，其稳定性计算：

$$\frac{N}{\varphi_x A f} = \frac{78 \times 10^3}{0.702 \times 16.08 \times 10^2 \times 215} = 0.321 < 1$$

满足要求。

（3）杆件的局部稳定

按轴心受压构件要求，长细比λ小于80；

板件的宽厚比：$\frac{\omega}{t} \leqslant 15t = \frac{70 - 2 \times 6}{6} = 9.7 \leqslant 15$，满足要求。

其他桁架腹杆采用类似的方法计算，杆件最终截面如图7.5-11所示。

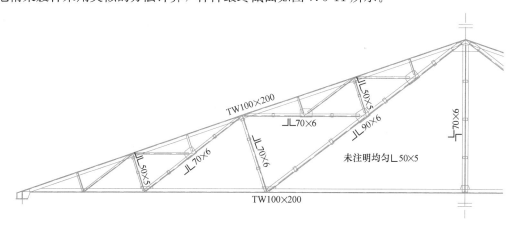

图7.5-11 桁架杆件截面图

6. 屋架的挠度验算

屋架在（1.0 恒＋1.0 活＋0.9 积灰）标准组合作用下的挠度如图 7.5-12 所示：跨中挠度最大值为 34.3mm，两侧挠度值 4.5mm，跨中最终相对挠度值 34.3－4.5＝29.8mm；而屋架跨度 24m，挠度容许值 $[v_T]$ 为 $l/400＝24000/400＝60$mm；29.8mm＜60mm，屋架挠度满足要求。

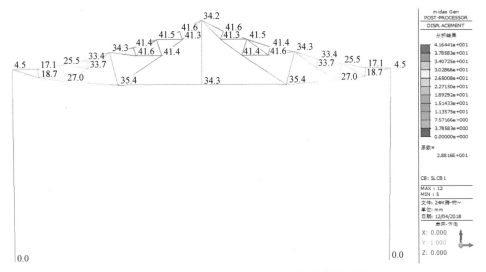

图 7.5-12　1.0 恒＋1.0 活＋0.9 积灰荷载挠度图

屋架在（1.0 积灰＋0.7 活）或（0.9 积灰＋1.0 活）标准组合作用下的挠度，两者取最不利的挠度如图 7.5-13 所示：跨中挠度最大值为 20.7mm，两侧挠度值 2.7mm，跨中最终相对挠度值 20.7－2.7＝18.0mm；而屋架跨度 24m，挠度容许值 $[v_Q]$ 为 $l/500＝24000/500＝48$mm；18.0mm＜48mm，屋架挠度满足要求。

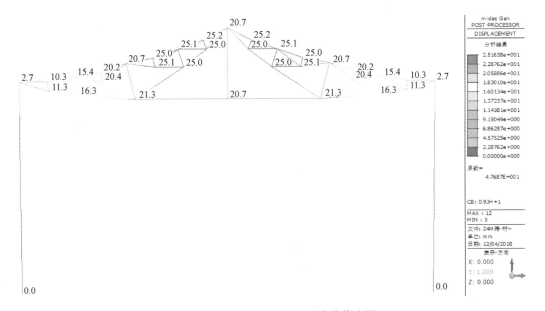

图 7.5-13　0.9 积灰＋1.0 活荷载挠度图

最终确定的桁架杆件截面见图 7.5-11。节点见第 9 章 9.6 节。

第8章 H型钢框架

近年各类钢结构建筑在我国工业和民用建筑中得到了迅猛发展，更多的业主也逐渐体会到钢结构带来的优越性。钢结构受到大家欢迎的原因主要有以下几点：

(1) 结构自重轻，可用于大跨度建筑结构；

(2) 工厂化预制程度高，机械化加工程度高，质量容易保证；

(3) 钢结构无需现场养护，可减少现场支模、混凝土浇筑等湿作业工程量，达到绿色环保要求，可缩短工期；

(4) 钢结构建筑改造及加固方便，以适应不同使用需求的变化；

(5) 抗震性能好。

由于热轧H型钢具有优越的截面性能，具有加工制作和安装工艺简单、方便、快捷的特点，它也获得了各方认可，作为绿色环保的建筑材料，热轧H型钢也已成为装配式建筑的优选构件，广泛应用于高层建筑、工业厂房、铁路和公路等。

H型钢框架是在建筑钢结构中应用最常见的结构体系。根据受力特点不同，H型钢框架分为单层H型钢框架和多层H型钢框架。单层H型钢框架最常用的形式是门式刚架结构。本章主要介绍刚架和多层框架的设计与计算。

8.1 H型钢刚架的设计与计算

8.1.1 H型钢刚架特点与适用范围

1. H型钢单层框架的特点

H型钢单层框架有H型钢刚架结构和H型钢重型厂房框排架。

1) H型钢刚架结构

H型钢刚架是由等截面或变截面钢柱和框架钢横梁在柱顶刚性连接构成的单层钢框架结构。目前，在工业与民用建筑房屋中，应用较多的单层刚架结构是单跨、双跨或多跨的轻型房屋H型钢门式刚架。

门式刚架具有结构简单、受力合理、自重与用钢量小、综合经济效益高、柱网布置灵活、使用空间大、施工方便以及便于工厂化、商品化的加工制作等特点。

与焊接H型钢相比，热轧H型钢门式刚架构件质量更好，加工更为简便，若刚架采用蜂窝梁柱，自重更轻，经济性能更好。

2) H型钢重型厂房框架结构

在传统重型吊车厂房的框架结构中，屋面通常采用平面桁架结构；如果在重型大吨位吊车的吊车梁以上结构采用H型钢门式刚架，具有刚度大、自重轻、结构占用空间少、便于施工等特点，厂房柱可采用H双支柱，目前已有工程应用实例。

2. 适用范围

轻型房屋单层H型钢门式刚架结构的单跨常用跨度为 12～48m，其常用的柱距为 6～9m。适用于单层工业建筑（可配置起重量 $Q \leqslant 20t$ 的 A1～A5 工作级别桥式吊车或起重量不大于 3t 的悬挂式起重机）、仓储、超市等商业建筑以及小型机库、体育场馆等公用建筑。与单层H型钢刚架相配套的围护结构一般采用冷弯薄壁型钢檩条、墙梁（C型钢、Z型钢和薄壁H型钢等）和彩色压型钢板等系统产品。

近年来，宝钢与沈阳重机厂在大吨位吊车轧钢车间与装配车间等重型厂房中使用了 H 型钢格构柱和柱上部分门式刚架结构，使用效果良好。

本节主要介绍轻型房屋单层 H 型钢门式刚架的设计与计算。

8.1.2 结构类型与构件节点形式

1. 结构类型

1）H 型钢刚架结构按刚架柱脚结构类型分为铰接刚架、刚接刚架（图 8.1-1a、b）。

2）通常采用的 H 型钢刚架结构类型为单跨实腹刚接或铰接刚架（图 8.1-1a、b）、中间为铰接柱的双（多）跨刚架（图 8.1-1c、d）等类型。

3）H 型钢刚架结构按梁柱截面形式分为等截面刚架、变截面刚架（图 8.1-1e、f）和蜂窝梁柱刚架（图 8.1-1g）。

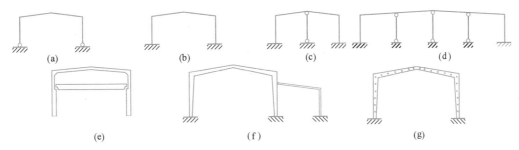

图 8.1-1　单层 H 型钢刚架的结构类型

（a）单跨实腹铰接刚架；（b）单跨实腹刚接刚架；（c）双跨实腹截面刚架（中间铰接柱）；（d）多跨实腹截面刚架（中间铰接柱）；
（e）刚接柱脚阶形变截面柱实腹刚架；（f）铰接柱脚楔阶变截面柱高低跨刚架；（g）蜂窝梁柱刚架

2. 构件形式

H 型钢刚架构件截面为等截面或变截面，构件形式是实腹梁柱或蜂窝梁柱。H 型钢刚架构件截面是根据刚架的跨度、高度、荷载及使用功能等要求进行设计选择确定。

等截面刚架梁柱可采用轧制 H 型钢；当构件为变截面时，可将轧制 H 型钢沿腹板斜向切割，分割成高度不同的 T 型钢后，再按一定要求焊接成楔形变截面构件。

3. 刚架柱梁和节点的选择

1）H 型钢刚架柱

（1）当刚架的跨度和荷载较小时，柱一般采用变截面，柱脚采用铰接。

（2）当水平荷载较大（如厂房内设有 5t 以上桥式或梁式吊车）、檐口高度较大以及对侧向刚度要求较高时，柱宜采用阶形变截面柱（图 8.1-1e），其下柱截面高度不应小于下柱高的 1/20，柱脚宜设计成刚接，以保证刚架有较强的侧向刚度。

（3）对于无吊车的门式刚架，为节约用材及外观要求，宜采用渐变截面的楔形柱（图 8.1-1f），柱脚可采用铰接连接，铰接端的柱截面高度不宜小于 200～250mm。

（4）当使用条件要求用楔形柱同时要求较大的刚度时，可将楔形柱小端柱脚做成刚接（插入式）柱脚。门式刚架的柱脚宜按铰接支承设计。

2）H 型钢刚架横梁

（1）H 型钢刚架横梁的截面高度一般可按跨度的 1/40～1/30（实腹梁）确定。

（2）当梁跨度不大时，横梁可采用等截面 H 型钢梁与加腋构造（计算时不考虑加腋），如图 8.1-2（a）所示。

（3）当梁跨度较大时，宜采用梁端加高的变截面 H 型钢梁（图 8.1-2b），梁端高度不宜小于跨度的 1/40～1/35，梁中段截面高度不宜小于全跨度的 1/60，自梁刚接端计起的变截面长度一般可取为跨度的 1/6～1/5，并与檩距相协调。

3）在横梁与柱连接节点处，梁、柱宜采用相同截面高度。当采用加腋梁（图 8.1-2a）时，加腋长度一般取门式刚架跨度的 1/10。

4）轻型房屋 H 型钢门式刚架梁柱可直接选用 HN 系列的 H 型钢截面，或由其切割组合的变截面 H 型钢截面。按经济截面的要求，其翼缘宽不宜大于 250mm，厚度不宜大于 12mm，腹板厚度不宜大于 8mm。当常用变截面梁柱时可采用局部加腋或变截面（图 8.1-2a、b）、变截面楔梁柱（图 8.1-2c）与阶形柱截面（图 8.1-2d）。

5）重型厂房门式刚架宜采用格构式 H 型钢变截面柱与变截面或等截面 H 型钢梁（图 8.1-2e）。

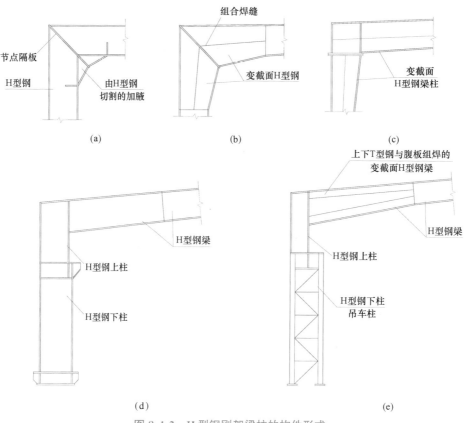

图 8.1-2　H 型钢刚架梁柱的构件形式

8.1.3　H 型钢刚架的结构布置

1. H 型钢刚架的结构尺寸

1）H 型钢刚架的计算跨度，应取横向刚架柱轴线间的距离，对边柱按柱外边或边柱下端（较小端）截面的中心线确定，对中柱按柱中心线确定，斜梁的轴线可取通过变截面梁段最小端中心与斜梁上表面平行的轴线；建筑物常用跨度按 3m 模数，如 12、15、18、21、24、27、30m 等。

2）单层 H 型钢刚架的常用柱距为 6.0m、7.5m 及 9.0m。

3）山墙可设置由斜梁、抗风柱、墙梁及其支撑组成的山墙墙架结构，或采用门式刚架。为使抗风柱顶便于直接与刚架梁上部相连接，山墙处抗风柱的柱列轴线一般宜取由端部刚架外移一定值。

4）建筑高度按使用要求确定，其建筑竖向檐口标高一般取为边柱外边线檩条上缘标高，有吊车时应按轨顶标高和吊车净空要求确定檐口高度。

5）屋面坡度按屋面板的构造与排水坡面长度及柱结构高度等因素综合考虑确定，宜取 1/20～1/8，在雨水较多的地区宜取其中的较大值。对多跨屋面宜尽量不设内落水，按单脊双坡构造。

6）轻型单层刚架房屋的最大高度，应取地坪至屋盖顶部檩条上缘的高度；其宽度应取房屋侧墙墙梁外皮之间的距离；其长度应取两端山墙墙梁外皮之间的距离。

7）H 型钢刚架的平均高度宜在 4.5～9m 范围内；当有桥式吊车时不宜大于 12m。

8）挑檐长度可根据使用要求确定，宜采用 0.5～1.2m。顶面坡度宜与斜梁坡度相同。

2. 经济合理的柱网尺寸

单层 H 型钢刚架的合理柱网尺寸应根据刚架跨度、荷载条件及使用等因素综合考虑，技术经济比较表明，单层 H 型钢刚架的单跨适用跨度为 12～48m，但经济跨度范围约在 18.0～21.0m 区间；适用柱距为 6.0～9.0m，无吊车时可采用较大值。

3. 单层 H 型钢刚架的温度区段

单层 H 型钢刚架的纵向温度区段长度纵向不宜大于 300m，横向不宜大于 150m；当横向温度区段大于 150m 时，应考虑温度的影响。

纵向温度伸缩缝可采用双柱布置或将纵向檩条的连接螺栓采用长圆孔（允许滑动）构造的单柱伸缩缝并使并使该处屋面板在构造上亦允许胀缩；若建筑内有其他纵向构件，如吊车梁时，亦采用长圆孔连接，吊车梁与吊车梁端部连接采用碟形弹簧，吊车轨道采用斜切留缝的措施。一般不宜采用横向温度伸缩缝。同时应合理布置相应的屋盖支撑。

4. 山墙结构

在建筑物的山墙处，一般宜设置端刚架与抗风柱系统；也可采用由斜梁、抗风柱、墙梁及其支撑组成的山墙墙架代替端刚架，以降低用钢量。

5. 支撑系统布置

在单层 H 型钢刚架柱网的每个温度区段、结构单元或分期建设的区段、结构单元应设置独立的完整支撑系统，与刚架结构一同构成独立的空间稳定体系。支撑体系可以按下述原则设置：

1）柱间支撑与屋盖横向支撑宜设置在同一开间。

2）每一柱列均应布置柱间支撑，并宜将建筑物内各柱列的柱间支撑布置在同一柱距内。柱间支撑的间距应根据房屋纵向柱距、受力情况和安装条件确定。

（1）当无吊车时，柱间支撑间距宜取 30～45m，端部柱间支撑宜设置在房屋端部第一或第二开间。

（2）当有吊车时，吊车牛腿下部支撑宜设置在温度区段中部，当温度区段较长时，宜设置在三分点内，且支撑间距不应大于 50m。牛腿上部支撑设置原则与无吊车时的柱间支撑设置相同。

（3）当房屋高度大于柱间距 2 倍时，柱间支撑宜分层设置。当沿柱高有质量集中点、吊车牛腿或低屋面连接点处应设置相应支撑点。

（4）柱间支撑采用的形式宜为：张紧的圆钢或钢索交叉支撑、型钢交叉支撑、方管或圆管人字支撑等。当有吊车时，吊车牛腿以下交叉支撑应选用型钢交叉支撑。同一柱列不宜混用刚度差异大的支撑形式。对于圆钢或钢索交叉支撑应按拉杆设计，型钢可按拉杆设计，支撑中的刚性系杆应按压杆设计。

（5）当房屋的纵向长度不大于横向宽度的 1.5 倍，且纵向和横向均有高低跨时，宜按整体空间刚架模型对纵向支撑体系进行计算。

（6）当地震作用组合的效应控制结构设计，纵向支撑采用圆钢或钢索时，支撑与柱子腹板的连接应采用不能相对滑动的连接。

3）屋盖端部横向支撑应在房屋端部和温度区段第一或第二开间，支撑形式可为交叉支撑，当布置在第二开间时应在房屋端部第一开间抗风柱顶部对应位置布置刚性系杆。

（1）屋面支撑形式可选用圆钢或钢索交叉支撑；

（2）当屋面斜梁承受悬挂吊车荷载时，屋面横向支撑应选用型钢交叉支撑；

（3）屋面横向交叉支撑节点布置应与抗风柱相对应，并应在屋面梁转折处布置节点；

（4）当建筑物纵向较长时，应在其中部增设一道或两道横向支撑；

（5）对设有带驾驶室且起重量大于 15t 桥式吊车的跨间，应在屋盖边缘设置纵向支撑；

（6）在有抽柱的柱列，沿托架长度应设置纵向支撑。

4）在屋脊、柱顶或刚架转折处，应沿房屋全长设置支撑刚性系杆，由檩条兼任刚性系杆时，应采用加强截面并满足压杆长细比及承载力要求。

5）当沿柱列向无法设置柱间支撑时，可设置纵向刚架，以保证纵向柱列的刚度。

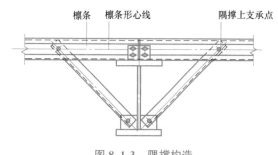

檩条　檩条形心线　隔撑上支承点

图8.1-3　隔撑构造

6）在梁柱刚性节点附近的梁柱受压区段内设置隔撑（图8.1-3），主刚架斜梁下翼缘和刚架柱内翼缘平面外的稳定性，应由隔撑保证。在屋面斜梁的两侧均设置隔撑且隔撑的上支承点的位置不低于檩条形心线时，隔撑可以作为梁柱受压翼缘的侧向支撑。隔撑应按轴心受压构件设计。

7）当地震作用组合的效应控制结构设计时，在檐口或中柱的两侧三个檩距范围内，每道檩条处屋面梁均应布置双侧隔撑；边柱的檐口墙檩处均应双侧设置隔撑。

8.1.4　轻型房屋H型钢刚架设计一般规定

1. 单层H型钢刚架的设计应合理布置柱网，优化结构与构件的选型，切实做到安全适用、经济合理，不宜仅以最低用钢量指标作为方案比选依据。

2. 对于房屋高度不大于18m，房屋高宽比小于1，承重结构为单跨或多跨实腹门式刚架、具有轻型屋盖、无桥式吊车或有起重量不大于20t的A1～A5工作级别桥式吊车或3t悬挂式起重机的单层钢结构房屋可按照《门式刚架轻型房屋钢结构技术规范》GB 51022—2015的有关规定进行设计，当超过此范围时，应按《钢结构设计标准》GB 50017—2017等有关规定设计。

3. 单层刚架结构的钢材选择

1）H型钢的钢材一般可选用Q235B级钢；当跨度、柱距较大或有吊车时，刚架与吊车梁宜选用Q355B钢；

2）檩条等次结构一般选用Q235B及以上等级的钢材，非焊接的檩条和墙梁等构件可采用Q235A钢材。当采用厚度小于6mm的冷弯薄壁型钢时，其强度设计值应按《冷弯薄壁型钢结构技术规范》GB 50018规定的设计值。

3）用于围护系统的金属屋面及墙面钢材应采用符合现行国家标准《连续热镀锌钢板及钢带》GB/T 2518、《连续热镀铝锌合金镀层钢板及钢带》GB/T 14978和《彩色涂层钢板及钢带》GB/T 12754规定的结构钢板，采用的压型钢板应符合现行国家标准《建筑用压型钢板》GB/T 12755—2008和《建筑用不锈钢压型板》GB/T 36145—2018的规定。压型钢板的钢基板宜选用250级结构钢和350级结构钢。

4. 刚架连接采用的焊条、焊丝应与连接母材相匹配，梁柱刚性连接处应选用高强度螺栓连接，高强度螺栓强度等级为10.9级。所用的普通螺栓可选用4.6级（C级）螺栓。

5. 门式刚架H型变截面钢柱柱脚端截面高度不宜小于200mm，刚接节点处梁柱的截面尺寸宜相同或接近。

6. H型钢结构构件的受拉强度应按净截面计算，受压强度应按有效净截面计算，稳定性应按有效截面计算，变形和各种稳定系数均可按毛截面计算。

7. H型钢门式刚架构件的长细比应符合表8.1-1、表8.1-2规定的限值。用作减小柱或梁受压翼缘自由长度的支撑刚性系杆与隔撑，均按压杆设计构造，支撑的内力应按《钢结构设计标准》GB 50017—2017第8.1.7条计算。

受压构件的长细比限值　　　　　　　　　　　　　　　表8.1-1

构件类型	长细比限值
主要构件	180
其他构件，支撑和隔撑	220

8. 梁柱刚性连接节点的构造应符合使用过程中梁柱交角不变的原则。H型钢刚架构件间的连接可采用高强度螺栓端板连接。高强度螺栓直径应根据受力确定，可采用M16～M24螺栓。在有吊车门式刚架中，梁柱节点可选用栓焊刚接连接节点，柱脚宜采用插入式或带柱靴刚性连接柱脚；

受拉构件的长细比限值   表 8.1-2

构件类型	承受静态荷载或间接承受动态荷载的结构	直接承受动态荷载的结构
桁架构件	350	250
吊车梁或吊车桁架以下的柱间支撑	300	—
其他支撑(张紧的圆钢或钢绞线支撑除外)	400	—

注：1. 对承受静态荷载的结构，可仅计算受拉构件在竖向平面内的长细比；

    2. 对直接或间接承受动态荷载的结构，计算单角钢受拉构件的长细比时，应采用角钢的最小回转半径；在计算单角钢交叉受拉杆件平面外长细比时，应采用与角钢肢边平行轴的回转半径；

    3. 在永久荷载与风荷载组合作用下受压的构件，其长细比不宜大于 250；

    4. 当地震作用组合的效应控制结构设计时，柱的长细比不应大于 150。

9. 各墙面都至少有 80% 面积为孔口的房屋，应按开敞式房屋对风荷载系数取值。

对于受外部正风压力墙面上开孔率大于 10% 的房屋，当该墙面上开孔面积大于该房屋其余墙面和屋面上开孔面积总和，且其余墙面和屋面的开孔率不超过 20% 时，应按部分封闭式房屋对风荷载系数取值。

10. 当风吸力作用较大或跨度较大时，应进行风吸力组合作用下刚架与檩条受压翼缘稳定性的验算，并采取加设隅撑、撑杆等构造措施。

11. H 型钢门式刚架的柱顶位移和刚架梁挠度限值应分别满足表 8.1-3、表 8.1-4 规定的限值，同时因柱顶位移与构件挠度引起屋面坡度的改变值不应大于屋面坡度设计值的 1/3；夹层处的柱顶位移限制宜为夹层处柱高的 1/250。对于跨度大于 30m 的斜梁应采取起拱措施，减少竖向变形。计算结构变形时，可不考虑螺栓孔引起的截面削弱。

刚架柱顶位移限值   表 8.1-3

吊车情况	其他情况	柱顶位移限值
无吊车	当采用轻型钢墙体时	$h/60$
	当采用砌体墙体时	$h/240$
有桥式吊车	当吊车有驾驶室时	$h/400$
	当吊车由地面操作时	$h/180$

注：表中 h 为刚架柱高度。

刚架梁的挠度限值   表 8.1-4

构件类别		挠度限值
门式刚架斜梁	仅支承压型钢板屋面和冷弯型钢檩条	$L/180$
	尚有吊顶	$L/240$
	有悬挂起重机	$L/400$
夹层	主梁	$L/400$
	次梁	$L/250$

12. 在设计柱脚时，计算应注意选取柱脚、锚栓与抗剪键的不利作用组合，获得计算所需锚栓或抗剪键及其连接控制内力。不带靴梁且螺母、垫板与底板焊接在一起的柱脚锚栓抗剪承载力可按 0.6 倍的锚栓受剪承载力取用。当柱底水平剪力大于柱脚的抗剪承载力时，应设置抗剪键。

当地震作用组合的效应控制结构设计时，刚接柱脚的锚栓面积不应小于柱子截面面积的 0.15 倍。

13. 利用软件设计计算时，设计人员对计算结果应进行正确判断，故对其计算假定、计算依据、计算原理与作用组合原则有基本了解，应对其计算结果进行分析判断，必要时尚须进行手工校核或与相似已有框架相比。同时宜对所选截面及应力、变形状态进行比较分析、调整与优化后最终选定截面。

14. 在同一工程中所选用的 H 型钢等材料规格不宜过多，各类节点、连接构造宜尽量统一或通用化，以便于材料选购与施工。

15. 有条件时，对有吊车的 H 型钢门式刚架，建议工艺采用新型轻量化桥式吊车，虽吊车价格有所增加，但因轮压减小，净空降低，使用条件改善，其综合技术经济效果更为合理。

8.1.5 轻型房屋 H 型钢刚架的荷载及荷载组合

1. 设计荷载

H 型钢刚架的荷载与其组合的计算应参照现行《建筑结构荷载规范》GB 50009—2012、《建筑抗震设计规范》GB 50011—2011（2016 年版）进行。由于单 H 型钢刚架作用荷载类型较少，满荷载概率相对较高，计算时应注意荷载参数和组合的合理与正确取值。设计应考虑的荷载类别如下：

1）永久荷载

（1）结构自重（包括屋面板、檩条、支撑、刚架、墙板等），初步计算时，此总折算荷载可按 $0.45 \sim 0.55 \mathrm{kN/m^2}$（标准值）近似取用；

（2）作用位置固定不变悬挂或建筑设施荷载（包括吊顶、管线、天窗、风机、门窗等）。当吊挂荷载的作用的位置和（或）作用时间具有不确定性时，宜按活荷载考虑。

2）可变荷载

（1）雪荷载

基本雪压按现行国家标准《建筑结构荷载规范》GB 50009—2012 规定的 100 年重现期的雪压采用；其雪荷载值的计算可按《门式刚架轻型房屋钢结构技术规范》GB 51022—2015 第 4.3 节进行。

（2）屋面活荷载

当采用压型钢板轻型屋面时，屋面按水平投影面积计算竖向活荷载的标准值应取 $0.5 \mathrm{kN/m^2}$，对于承受荷载水平投影面积超过 $60 \mathrm{m^2}$ 的刚架构件，屋面竖向均布活荷载的标准值可取不小于 $0.3 \mathrm{kN/m^2}$。

（3）屋面积灰荷载

（4）风荷载

① 门式刚架轻型房屋钢结构计算时，风荷载作用面积应取垂直于风向的最大投影面积，垂直于建筑物表面的单位面积风荷载标准值应按下式计算：

$$w_{\mathrm{k}} = \beta \mu_{\mathrm{w}} \mu_{z} w_{0} \tag{8.1-1}$$

式中　w_{k}——风荷载标准值（$\mathrm{kN/m^2}$）；

w_{0}——基本风压（$\mathrm{kN/m^2}$），按现行国家标准《建筑结构荷载规范》GB 50009 的规定值采用；

μ_{z}——风压高度变化系数，按现行国家标准《建筑结构荷载规范》GB 50009 的规定采用；当高度小于 10m 时，应按 10m 高度处的数值采用；

μ_{w}——风荷载系数，考虑内、外风压最大值的组合，按《建筑结构荷载规范》GB 50009 第 8.4.2 条的规定采用；

β——系数，计算主刚架时取 $\beta = 1.1$；计算檩条、墙梁、屋面板和墙面板及其连接时，取 $\beta = 1.5$。

② 对于门式刚架轻型房屋，当房屋高度不大于 18m、房屋高宽比小于 1 时，风荷载系数 μ_{w} 应按附录四的相关规定取值。

③ 门式刚架轻型房屋构件的有效风荷载面积（A）可按下式计算：

$$A = lc \tag{8.1-2}$$

式中　l——所考虑构件的跨度（m）；

c——所考虑构件的受风宽度（m），应大于 $(a+b)/2$ 或 $l/3$；a、b 分别为所考虑构件（墙架柱、墙梁、檩条等）在左、右侧或上、下侧与相邻构件间的距离；无确定宽度的外墙和其他板式构件采用 $c = l/3$。

（5）吊车荷载

① 桥（梁）式吊车或悬挂吊车的竖向荷载应按吊车的最不利位置取值。吊车荷载的动力系数仅对

直接作用的构件（吊车梁等）考虑，刚架计算时可不考虑；悬挂吊车的水平荷载应由支撑系统承受；设计该支撑系统时，尚应考虑风荷载与悬挂吊车水平荷载的组合；

② 对桥式吊车应考虑纵横向水平荷载作用，对手动吊车及电动葫芦（包括以电动葫芦作小车的单梁吊车、悬挂吊车等）不考虑其水平荷载作用。

3) 地震作用

（1）H型钢门式刚架轻型房屋钢结构的抗震设防类别和抗震设防标准，应按现行国家标准《建筑工程抗震设防分类标准》GB 50223—2008 的规定采用。H型钢门式刚架计算地震作用时，封闭式房屋的阻尼比可取 0.05，敞开式房屋可取 0.035，其余房屋应按外墙面积开孔率插值计算。计算地震作用时尚应考虑墙体对地震作用的影响。

（2）当为 7 度（0.15g）及以上时，横向刚架和纵向框架均需进行抗震验算。当设有夹层或有与门式刚架相连接的附属房屋时，应进行抗震验算。

（3）抗震设防烈度为 8 度、9 度时，应计算竖向地震作用，可分别取该结构重力荷载代表值的 10% 和 20%，设计基本地震加速度为 0.30g 时，可取该结构重力荷载代表值的 15%；

（4）对抗震设防烈度为 7 度（0.1g）及以下地区的以压型钢板围护的铰接柱脚单层 H型钢刚架一般可不进行抗震计算。

4) 温度效应

（1）当纵向温度区段大于 300m 或当横向温度区段大于 150m 时，应采取释放温度应力的措施或计算温度作用效应。

（2）计算温度作用效应时，基本气温应按现行国家标准《建筑结构荷载规范》GB 50009—2012 的规定采用。温度作用效应的分项系数宜采用 1.4。

（3）房屋纵向结构采用全螺栓连接时，可对温度作用效应进行折减，折减系数可取 0.35。

2. 荷载组合

1) 承载力验算的荷载组合

（1）基本组合的效应设计值：

1.3×永久荷载＋1.5×最大可变荷载；

$1.3×永久荷载＋0.9\sum_{i=1}^{n}1.5×可变荷载；$

1.0×永久荷载＋1.5×最大风吸力。

（2）地震作用组合

1.2（或 1.0）×（重力荷载代表值效应）±1.3×水平地震作用标准值效应。

8 度、9 度抗震设计时：

1.2（或 1.0）×（重力荷载代表值效应）±1.3×竖向地震作用标准值效应；

1.2（或 1.0）×（重力荷载代表值效应）±1.3×水平地震作用标准值效应±0.5×竖向地震作用标准值效应。

计算时不考虑风荷载作用，重力荷载代表值按《建筑抗震设计规范》GB 50011—2010 第 5.1.3 条计算。

2) 荷载组合的注意事项

（1）屋面均布活荷载不与雪荷载同时组合，应取两者中的较大值。

（2）地震作用不与风荷载同时考虑。

（3）积灰荷载应与雪荷载或不上人的屋面均布活荷载两者中的较大值同时考虑。

（4）施工或检修集中荷载不与屋面材料或檩条自重以外的其他荷载同时考虑；

（5）多台吊车的组合应符合现行国家标准《建筑结构荷载规范》GB 50009 的规定；

（6）H型钢门式刚架采用《门式刚架轻型房屋钢结构技术规范》GB 51022—2015 计算风荷载时，

一般风荷载效应与永久荷载效应两者符号相反，故对构件截面强度验算时一般不计入风载效应，但在验算风吸力作用下框架梁的稳定与柱脚锚栓或抗剪时，应考虑最大风吸力的不利组合。

（7）构件截面的验算应选择控制截面的最不利的荷载组合。对框架横梁一般应选用 M_{max} 的组合，同时也注意判断或选用稍次于 M_{max} 并能形成 Q_{max} 的组合；对柱的刚接上、下端截面，应选择 M_{max} 及相应 N 尽可能大的组合、N_{max} 及相应 M 尽可能大的组合；同时对柱脚锚栓、抗剪键的计算尚应考虑 M_{max} 及相应 N 尽可能小、V_{max} 及相应 N 尽可能小的组合。

8.1.6　刚架计算和构件设计

1. 内力计算

1）计算假定

（1）H 型钢刚架计算轴线简图的确定

刚架的跨度取横向刚架柱轴线间的距离；刚架的高度取室外地面至柱轴线与斜梁轴线交点的高度。高度应根据使用要求的室内净高确定，有吊车的厂房应根据轨顶标高和吊车净空要求确定；柱的轴线取通过柱下端（较小端）中心的竖向轴线；斜梁的轴线取通过变截面梁段最小端中心与斜梁上表面平行的轴线。

（2）对 H 型钢门式刚架应采用弹性分析方法确定构件内力。

（3）单层 H 型钢刚架可按平面结构分析内力，不考虑屋（墙）面板的蒙皮效应。

（4）当未设置柱间支撑时，柱脚应设计成刚接，柱应按双向受力进行设计计算。

（5）当采用二阶弹性分析时，应施加假想水平荷载。假想水平荷载应取竖向荷载设计值的 0.5%，分别施加在竖向荷载的作用处。假想荷载的方向与风荷载或地震作用的方向相同。

2）内力计算

（1）单层 H 型钢刚架结构设计计算可采用通用或专用程序（如 STS、3D3S、PS2000 等）进行。变截面 H 型钢门式刚架的内力可采用有限元法（直接刚度法）计算，计算时应将杆件分段划分单元，可采用楔形单元或等刚度单元，其划分长度应按单元两端惯性矩的比值不小于 0.8 来确定单元长度，并取单元中间惯性矩值进行计算。

（2）单跨房屋、多跨等高房屋可采用基底剪力法进行横向刚架的水平地震作用计算，不等高房屋可按振型分解反应谱法计算。

（3）有吊车厂房，在计算地震作用时，应考虑吊车自重，平均分配于两牛腿处。当采用砌体墙做围护墙体时，砌体墙的质量应沿高度分配到不少于两个质量集中点作为钢柱的附加质量，参与刚架横向的水平地震作用计算。

（4）带夹层的 H 型钢门式刚架轻型房屋，夹层的纵向抗震设计可单独进行，对内侧柱列的纵向地震作用应乘以增大系数 1.2。

2. 刚架变形计算

1）门式 H 型钢刚架的柱顶侧移与刚架梁的挠度计算一般由通用或专用程序按弹性分析方法确定。其变形值宜符合表 8.1-3、表 8.1-4 的规定。

2）当刚架梁柱为半刚性连接时，其横梁挠度值与柱顶侧移值宜考虑增大系数 1.1。

3）当有必要对刚架挠度或柱顶侧移限值作初步估算时，可按《门式刚架轻型房屋钢结构技术规范》GB 51022—2015 的有关规定计算。

3. 刚架横梁设计

1）H 型钢横梁设计计算的基本要求

（1）H 型钢实腹式刚架斜梁在平面内按压弯构件计算强度，不计算平面内稳定性，刚架平面外按压弯构件计算稳定。

（2）H 型钢实腹式刚架斜梁平面外稳定计算时，其平面外计算长度应取截面上、下翼缘均同时被支承的侧向支承点间的距离；当斜梁两翼缘侧向支承点间的距离不等时，应取最大受压翼缘侧向支承点间的距离。一般为在屋盖横向支撑点同时设置隔撑处。

（3）当刚架 H 型钢横梁承受负弯矩使其下翼缘受压时，H 型钢斜梁的平面外整体稳定可以由檩条及在受压翼缘侧面布置隔撑保证。支承在屋面斜梁上翼缘的檩条，不能单独作为屋面斜梁的侧向支承。隔撑的设置应满足下列条件：

① 在屋面斜梁的两侧均设置隔撑；

② 隔撑的上支承点的位置不低于檩条形心线；

③ 符合对隔撑的设计要求；

④ 隔撑应按轴心压杆设计。

（4）考虑隔撑作用的屋面斜梁的平面外稳定可按公式（8.1-11）～式（8.1-29）进行。

当屋面梁平面外计算长度取横向支撑点之间的长度，刚架梁平外面稳定承载力计算不满足时，可考虑隔撑对屋面梁的有利作用。

2）H 型钢实腹截面强度的计算

（1）H 型钢实腹截面的强度计算，对不考虑屈曲后强度的 H 型钢截面应按第 6 章所列公式计算。刚架横梁上有直接动力荷载作用时，横梁不宜考虑屈曲后强度。

（2）对考虑屈曲后强度的 H 型钢等截面构件和变截面构件，可考虑屈曲后强度，并按《门式刚架轻型房屋钢结构技术规范》GB 51022—2015 的有关规定与公式计算。

（3）H 型钢截面构件腹板的受剪板幅，考虑屈曲后强度时，应设置横向加劲肋，板幅的长度与板幅范围内的大端截面高度相比不应大于 3。

（4）梁的横向加劲肋的设置和计算。梁腹板应在与中柱连接处、较大集中荷载作用处和翼缘转折处设置腹板的横向加劲肋，当梁腹板利用屈曲后强度时，其中间加劲肋除承受集中荷载和翼缘转折产生的压力外，还承受屈曲后因拉力场影响产生的压力 N_S。N_S 可按公式（8.1-3）～式（8.1-4）计算：

$$N_S = V - 0.9\varphi_s h_w t_w f_v \tag{8.1-3}$$

$$\varphi_s = \frac{1}{\sqrt[3]{0.738 + \lambda_s^6}} \tag{8.1-4}$$

式中 N_S——拉力场产生的压力；

$\quad\quad V$——梁腹板抗剪承载力设计值；

$\quad\quad \varphi_s$——腹板剪切屈曲稳定系数，$\varphi_s \leqslant 1.0$；

$\quad\quad h_w$——腹板高度；

$\quad\quad t_w$——腹板厚度；

$\quad\quad \lambda_s$——腹板剪切屈曲通用高厚比，按公式（8.1-5）～式（8.1-9）计算。

$$\lambda_s = \frac{h_{w1}/t_w}{37\sqrt{k_\tau}\sqrt{235/f_y}} \tag{8.1-5}$$

当 $a/h_{w1} < 1$ 时：
$$k_\tau = 4 + 5.34/(a/h_{w1})^2 \tag{8.1-6}$$

当 $a/h_{w1} \geqslant 1$ 时：
$$k_\tau = \eta_s [5.34 + 4/(a/h_{w1})^2] \tag{8.1-7}$$

$$\eta_s = 1 - \omega_1\sqrt{\gamma_p} \tag{8.1-8}$$

$$\omega_1 = 0.41 - 0.897\alpha + 0.363\alpha^2 - 0.041\alpha^3 \tag{8.1-9}$$

式中 k_τ——受剪板件的屈曲系数；当不设横向加劲肋时，取 $k_\tau = 5.34\eta_s$；

$\quad\quad \alpha$——区格的长度与高度之比。

当验算加劲肋强度和稳定性时，其截面应包括每侧 $15t_w\sqrt{235/f_y}$ 宽度范围内的腹板面积，计算长度取 h_w。

（5）小端截面应验算轴力、弯矩和剪力共同作用下的强度。

（6）隔撑承受的轴心力 N 设计值按公式（8.1-10）计算：

$$N = \frac{Af}{60\cos\theta} \tag{8.1-10}$$

式中 θ——隅撑与檩条轴线的夹角;

A——被支撑翼缘的截面面积。

当隅撑成对布置时,每根隅撑的计算轴压力可取公式(8.1-10)计算值的一半。隅撑常用截面为单角钢。

(7) 横梁上翼缘承受较大集中荷载处应设横向加劲肋,一般可设成对短加劲肋。

3) H型钢刚架梁的稳定性计算

(1) 承受线性变化弯矩的楔形变截面梁段的稳定性,应按公式(8.1-11)~式(8.1-18)计算:

$$\frac{M_1}{\gamma_x \varphi_b W_{x1}} \leqslant f \tag{8.1-11}$$

$$\varphi_b = \frac{1}{(1 - \lambda_{b0}^{2n} + \lambda_b^{2n})^{1/n}} \tag{8.1-12}$$

$$\lambda_{b0} = \frac{0.55 - 0.25k_\sigma}{(1+\gamma)^{0.2}} \tag{8.1-13}$$

$$n = \frac{1.51}{\lambda_b^{0.1}} \sqrt[3]{\frac{b_1}{h_1}} \tag{8.1-14}$$

$$k_\sigma = k_M \frac{W_{x1}}{W_{x0}} \tag{8.1-15}$$

$$\lambda_b = \sqrt{\frac{\gamma_x W_x f_y}{M_{cr}}} \tag{8.1-16}$$

$$k_M = \frac{M_0}{M_1} \tag{8.1-17}$$

$$\gamma = (h_1 - h_0)/h_0 \tag{8.1-18}$$

式中 φ_b——楔形变截面梁段的整体稳定系数,$\varphi_b \leqslant 1.0$;

k_σ——小端截面压应力除以大端截面压应力得到的比值;

k_M——弯矩比,为较小弯矩除以较大弯矩;

λ_b——梁的通用长细比;

γ_x——截面塑性开展系数,按现行国家标准《钢结构设计标准》GB 50017—2017的规定取值;

M_{cr}——楔形变截面梁弹性屈曲临界弯矩(N·mm),按本条第2款计算;

b_1、h_1——弯矩较大截面的受压翼缘宽度和上、下翼缘中面之间的距离(mm);

W_{x1}——弯矩较大截面受压边缘的截面模量(mm³);

γ——变截面梁楔率;

h_0——小端截面上、下翼缘中面之间的距离(mm);

M_0——小端弯矩(N·mm);

M_1——大端弯矩(N·mm)。

(2) 弹性屈曲临界弯矩应按公式(8.1-19)~式(8.1-26)计算:

$$M_{cr} = C_1 \frac{\pi^2 E I_y}{L^2} \left[\beta_{x\eta} + \sqrt{\beta_{x\eta}^2 + \frac{I_{\omega\eta}}{I_y} \left(1 + \frac{GJ_\eta L^2}{\pi^2 E I_{\omega\eta}}\right)} \right] \tag{8.1-19}$$

$$C_1 = 0.46k_M^2 \eta_i^{0.346} - 1.32k_M \eta_i^{0.132} + 1.86\eta_i^{0.023} \tag{8.1-20}$$

$$\beta_{x\eta} = 0.45(1 + \lambda\eta)h_0 \frac{I_{yT} - I_{yB}}{I_y} \tag{8.1-21}$$

$$\eta = 0.55 + 0.04(1 - k_\sigma) \cdot \sqrt[3]{\eta_i} \tag{8.1-22}$$

$$I_{\omega\eta} = I_{\omega 0}(1+\gamma\eta)^2 \tag{8.1-23}$$

$$I_{\omega 0} = I_{yT}h_{sT0}^2 + I_{yB}h_{sB0}^2 \tag{8.1-24}$$

$$J = J_0 + \frac{1}{3}\gamma\eta(h_0 - t_f)t_w^3 \tag{8.1-25}$$

$$\eta_i = \frac{I_{yB}}{I_{yT}} \tag{8.1-26}$$

式中　　C_1——等效弯矩系数，$C_1 \leq 2.75$；

　　　　η_i——惯性矩比；

I_{yT}、I_{yB}——弯矩最大截面受压翼缘和受拉翼缘绕弱轴的惯性矩（mm^4）；

　　　$\beta_{x\eta}$——截面不对称系数；

　　　　I_y——变截面梁绕弱轴惯性矩（mm^4）；

　　　$I_{w\eta}$——变截面梁的等效翘曲惯性矩（mm^4）；

　　　I_{w0}——小端截面的翘曲惯性矩（mm^4）；

　　　　J_η——变截面梁等效圣维南扭转常数；

　　　　J_0——小端截面自由扭转常数；

h_{sT0}、h_{sB0}——分别是小端截面上、下翼缘的中面到剪切中心的距离（mm）；

　　　　t_f——翼缘厚度（mm）；

　　　　t_w——腹板厚度（mm）；

　　　　L——梁段平面外计算长度（mm）。

（3）隔撑支撑梁的稳定系数应按（2）的规定确定，其中 k_σ 为大、小端应力比，取三倍隔撑间距范围内的梁段的应力比，楔率 γ 取三倍隔撑间距计算；弹性屈曲临界弯矩应按公式（8.1-27）～式（8.1-29）计算：

$$M_{cr} = \frac{GJ + 2e\sqrt{k_b(EI_y e_1^2 + EI_\omega)}}{2(e_1 - \beta_x)} \tag{8.1-27}$$

$$k_b = \frac{1}{l_{kk}}\left[\frac{(1-2\beta)l_p}{2EA_P} + (a+h)\frac{(3-4\beta)}{6EI_P}\beta l_p^2 \tan a + \frac{l_k^2}{\beta l_p EA_k \cos a}\right]^{-1} \tag{8.1-28}$$

$$\beta_x = 0.45h\frac{I_1 - I_2}{I_y} \tag{8.1-29}$$

式中　J、I_y、I_w——大端截面的自由扭转常数、绕弱轴惯性矩和翘曲惯性矩（mm^4）；

　　　　G——斜梁钢材的剪切模量（N/mm^2）；

　　　　E——斜梁钢材的弹性模量（N/mm^2）；

　　　　a——檩条截面形心到梁上翼缘中心的距离（mm）；

　　　　h——大端截面上、下翼缘中面间的距离（mm）；

　　　　α——隔撑和檩条轴线的夹角（°）；

　　　　β——隔撑与檩条的连接点离开主梁的距离与檩条跨度的比值；

　　　　l_p——檩条的跨度（mm）；

　　　　I_p——檩条截面绕强轴的惯性矩（mm^4）；

　　　　A_p——檩条的截面积（mm^2）；

　　　　A_k——隔撑杆的截面面积（mm^2）；

　　　　l_k——隔撑杆的长度（mm）；

　　　　l_{kk}——隔撑的间距（mm）；

　　　　e——隔撑下支撑点到檩条形心线的垂直距离（mm）；

e_1——梁截面的剪切中心到檩条形心线的距离（mm）；

I_1——被隔撑支撑的翼缘绕弱轴的惯性矩（mm⁴）；

I_2——与檩条连接的翼缘绕弱轴的惯性矩（mm⁴）。

4. 刚架柱的设计

1）H型钢刚架柱设计的基本要求

（1）H型钢实腹式刚架柱应按压弯构件计算其强度和弯矩作用平面内、外的稳定性。

（2）H型钢等截面实腹刚架柱平面内和平面外稳定，应按第5章钢柱的公式进行计算，其截面特性按有效截面积取用。

（3）计算平面外稳定时，H型钢柱平面外的计算长度为柱间支撑（吊车梁）的支承点，当柱间支撑仅设置在柱子截面一个翼缘（或其附近）时，应在此处设置隔撑（连接与另一翼缘和檩条上）以支撑柱全截面。对H型钢柱一般均采用中间带撑杆的交叉支撑。

（4）H型钢变截面柱下端铰接时，应验算柱端的受剪承载力。当不满足承载力要求时，应对该处腹板进行加强。

（5）变截面H型钢刚架柱，除按其大小端分别计算截面强度外，尚应按压弯构件计算平面内、外的稳定性。

2）变截面H型钢柱在刚架平面内的稳定应按公式（8.1-30）～式（8.1-35）计算：

$$\frac{N_1}{\eta_t \varphi_x A_{e1}} + \frac{\beta_{mx} M_1}{(1 - N_1/N_{cr}) W_{e1}} \leqslant f \tag{8.1-30}$$

$$N_{cr} = \pi^2 E A_{e1} / \lambda_1^2 \tag{8.1-31}$$

当 $\overline{\lambda_1} \geqslant 1.2$ 时：

$$\eta_t = 1 \tag{8.1-32}$$

当 $\overline{\lambda_1} < 1.2$ 时：

$$\eta_t = \frac{A_0}{A_1} + \left(1 - \frac{A_0}{A_1}\right) \times \frac{\overline{\lambda_1^2}}{1.44} \tag{8.1-33}$$

$$\lambda_1 = \frac{\mu H}{i_{x1}} \tag{8.1-34}$$

$$\overline{\lambda_1} = \frac{\lambda_1}{\pi} \sqrt{\frac{f_y}{E}} \tag{8.1-35}$$

式中　N_1——大端的轴向压力设计值（N）；

M_1——大端的弯矩设计值（N·mm）；

A_{e1}——大端的有效截面面积（mm²）；

W_{e1}——大端有效截面最大受压纤维的截面模量（mm³）；

φ_x——杆件轴心受压稳定系数，楔形柱按本规范附录A规定的计算长度系数由现行国家标准《钢结构设计标准》GB 50017—2017查得，计算长细比时取大端截面的回转半径；

β_{mx}——等效弯矩系数，有侧移刚架柱的等效弯矩系数 β_{mx} 取1.0；

N_{cr}——欧拉临界力（N）；

λ_1——按大端截面计算的，考虑计算长度系数的长细比；

$\overline{\lambda_1}$——通用长细比；

i_{x1}——大端截面绕强轴的回转半径（mm）；

μ——柱计算长度系数；

H——柱高（mm）；

A_0、A_1——小端和大端截面的毛截面面积（mm²）；

E——柱钢材的弹性模量（N/mm²）；

f_y——柱钢材的屈服强度值（N/mm²）。

注：当柱的最大弯矩不出现在大端时，M_1 和 W_{e1} 分别取最大弯矩和该弯矩所在截面的有效截面模量。

3）变截面 H 型钢柱在刚架平面外的稳定计算

$$\frac{N_1}{\eta_{ty}\varphi_y A_{e1}f}+\left(\frac{M_1}{\varphi_b \gamma_x W_{e1}f}\right)^{1.3-0.3k_\sigma}\leqslant 1 \tag{8.1-36}$$

当 $\overline{\lambda_{1y}}\geqslant 1.3$ 时：
$$\eta_{ty}=1 \tag{8.1-37}$$

当 $\overline{\lambda_{1y}}<1.3$ 时：
$$\eta_{ty}=\frac{A_0}{A_1}+\left(1-\frac{A_0}{A_1}\right)\times\frac{\overline{\lambda_{1y}^2}}{1.69} \tag{8.1-38}$$

$$\overline{\lambda_{1y}}=\frac{\lambda_{1y}}{\pi}\sqrt{\frac{f_y}{E}} \tag{8.1-39}$$

$$\lambda_{1y}=\frac{L}{i_{y1}} \tag{8.1-40}$$

式中　$\overline{\lambda_{1y}}$——绕弱轴的通用长细比；

λ_{1y}——绕弱轴的长细比；

i_{y1}——大端截面绕弱轴的回转半径（mm）；

φ_y——轴心受压构件弯矩作用平面外的稳定系数，以大端为准，按现行国家标准《钢结构设计标准》GB 50017—2017 的规定采用，计算长度取纵向柱间支撑点间的距离；

N_1——所计算构件段大端截面的轴压力（N）；

M_1——所计算构件段大端截面的弯矩（N·mm）；

φ_b——稳定系数，按公式（8.1-12）计算。

当变截面 H 型钢柱在刚架平面外的稳定承载力不能满足设计要求时，应设置侧向支撑或隔撑，并验算每段的平面外稳定。

8.1.7　单层 H 型钢刚架计算实例

1. 设计资料

24m 跨 H 型钢门式刚架计算简图见图 8.1-4，屋面采用彩色压型钢板，刚架梁、柱为等截面 H 型钢，铰接柱脚，梁柱节点处采用高强度螺栓端板连接，平面外设柱间支撑及檩条端部隔撑在 a 点、b 点分别提供柱梁的侧向支撑点，刚架间距为 6m，材质采用 Q235-B。

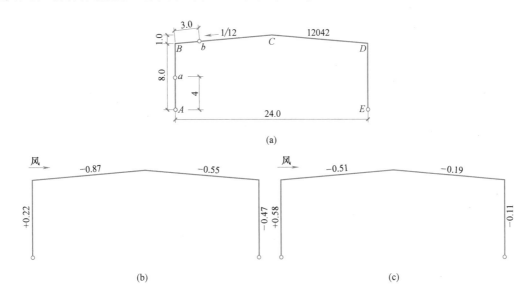

图 8.1-4　刚架简图及其风荷载体形系数

（a）刚架简图；（b）风荷载体形系数（内压为压力时）；（c）风荷载体形系数（内压为吸力时）

刚架梁柱节点和柱脚计算见第 9 章 9.4 节和 9.5 节的计算实例。

荷载条件（标准值）：雪荷载 $0.4kN/m^2$（$R=100$），积灰荷载 $0.3kN/m^2$，屋面活荷载 $0.3kN/m^2$，基本风压 $0.4kN/m^2$。（由于刚架的受荷面积为 $24\times6=144m^2>60m^2$，故刚架构件验算时的竖向均布活荷载的标准值可取 $0.3kN/m^2$）。

主刚架横向风荷载体型系数：按《门式刚架轻型房屋钢结构技术规范》GB 51022—2015 封闭式建筑类型确定。

2. 荷载计算

1) 荷载取值计算

屋盖自重（标准值，坡方向）：

0.6mm 厚压型板：	$0.10kN/m^2$
檩条及支撑：	$0.10kN/m^2$
刚架斜梁自重：	$\underline{0.20kN/m^2}$
小计：	$0.40kN/m^2$

屋面活载（标准值，水平投影方向）：

雪荷载：	$0.40kN/m^2$
积灰荷载：	$\underline{0.30kN/m^2}$
小计：	$0.70kN/m^2$

轻质墙面及柱自重（包括柱、墙骨架）$0.50kN/m^2$。

风荷载：主刚架计算时，取系数 $\beta=1.1$。按地面粗糙度为 B 类，屋顶高度为 9m<10m，风压高度变化系数取 $\mu_z=1.0$。

2) 各部分作用荷载

(1) 屋面

恒载标准值：$0.4\times6=2.40kN/m$

活载标准值：$0.7\times6=4.2kN/m$

(2) 柱荷载

恒载标准值：$0.5\times6=3.0kN/m$

(3) 风荷载（垂直于构件表面）

① 内压为压力时：

向风面：

柱上：$q_w=1.1\times0.40\times6\times0.22=0.586kN/m$

横梁上：$q_w=-1.1\times0.40\times6\times0.87=-2.318kN/m$

背风面：

柱上：$q_w=-1.1\times0.40\times6\times0.55=-1.465kN/m$

横梁上：$q_w=-1.1\times0.40\times6\times0.47=-1.252kN/m$

② 内压为吸力时：

向风面：

柱上：$q_w=1.1\times0.40\times6\times0.58=1.531kN/m$

横梁上：$q_w=-1.1\times0.40\times6\times0.51=-1.346kN/m$

背风面：

柱上：$q_w=-1.1\times0.40\times6\times0.19=-0.502kN/m$

横梁上：$q_w=-1.1\times0.40\times6\times0.11=-0.290kN/m$

3. 内力分析

采用结构辅助设计软件计算结构内力。刚架内力计算详见表 8.1-5。

4. 内力组合

1）H型钢刚架柱

（1）柱顶（B点）截面

因风荷载内力与竖向荷载内力符号相反，故刚架柱身只考虑竖向荷载＋活荷载的组合：

$$M_{BA}=1.3\times92.3+0.9\times1.5\times160.9=337.2\text{kN}\cdot\text{m}$$

$$N_{BA}=1.3\times(-29.0)+0.9\times1.5\times(-50.6)=-106.0\text{kN}$$

$$V_{B}=-1.3\times11.5-0.9\times1.5\times20.1=-12.2\text{kN}\quad(\leftarrow)$$

计算项目	计算简图及内力图(M、N、Q)	
		弯矩图
恒荷载作用		轴力图 （拉为正,压为负）
		剪力图 "+" →
		弯矩图
活荷载作用		轴力图 （拉为正,压为负）
		剪力图 "+" →

等截面刚架在各种荷载标准值作用下的内力计算结果　　　表 8.1-5

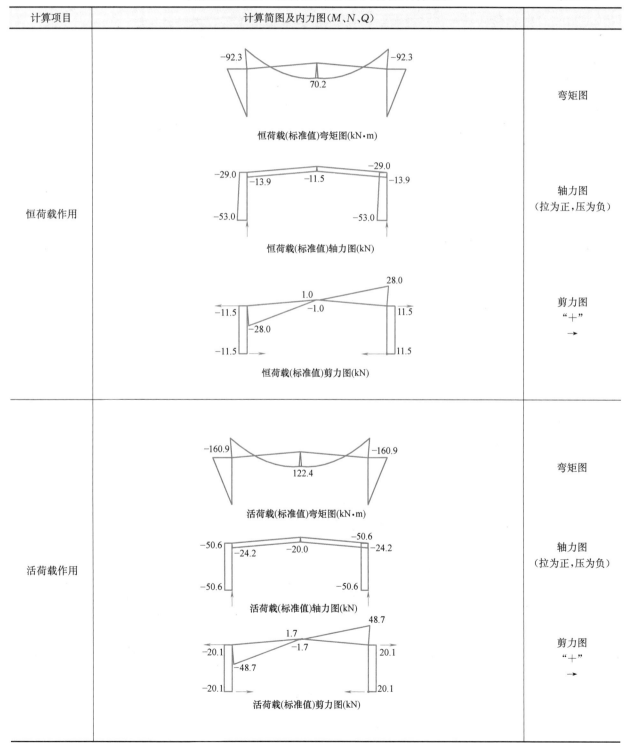

续表

计算项目	计算简图及内力图(M、N、Q)	
风荷载作用	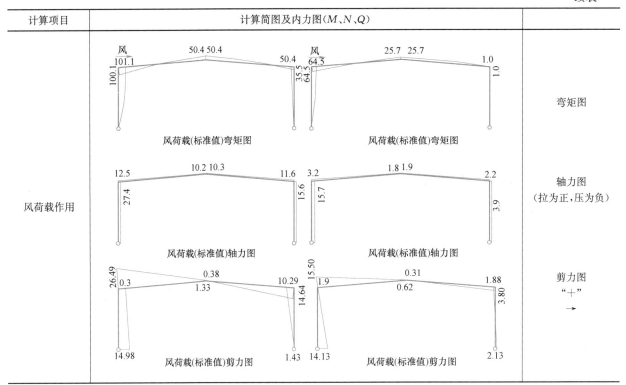 风荷载(标准值)弯矩图　风荷载(标准值)弯矩图 风荷载(标准值)轴力图　风荷载(标准值)轴力图 风荷载(标准值)剪力图　风荷载(标准值)剪力图	弯矩图 轴力图 (拉为正,压为负) 剪力图 "+" →

（2）柱底（A点）截面

$$N_A = 1.3 \times 53.0 + 0.9 \times 1.5 \times 50.6 = 137.21 \text{kN}$$

$$V_A = 1.3 \times (-11.5) + 0.9 \times 1.5 \times (-20.1) = -42.1 \text{kN} \quad (\leftarrow)$$

对计算锚栓及是否要抗剪键，应考虑恒载+风载的组合。此时，取恒载的荷载分项系数为1.0。按 N_{min} 组合：

$$M_A = 0$$

$$N_{Amin} = -53.0 + 1.5 \times 27.4 = -11.9 \text{kN}$$

$$V_A = -11.5 + 1.5 \times 14.98 = 10.97 \text{kN} \quad (\rightarrow)$$

对柱脚是否设抗剪键按 V_{max} 组合：

$$V_{max} = 1.3 \times 11.5 + 0.9 \times 1.5 \times 20.1 + 0.9 \times 1.5 \times 16 = 63.7 \text{kN}$$

$$N = 1.3 \times 53 + 0.9 \times 1.5 \times 50.6 - 0.9 \times 1.5 \times 30 = 96.71 \text{kN}$$

2）刚架横梁

（1）支点（B点）截面

因风荷载内力与竖向荷载内力符号相反，故只考虑竖向荷载+活荷载，按 M_{max} 取可变荷载效应控制时的组合：

弯矩 $M_{BC} = M_{BA} = 1.3 \times 92.3 + 0.9 \times 1.5 \times 160.9 = 337.2 \text{kN} \cdot \text{m}$

轴力 $N_{BC} = -1.3 \times 13.9 - 0.9 \times 1.5 \times 24.2 = -50.74 \text{kN}$

剪力 $V_{BC} = -1.3 \times 28.0 - 0.9 \times 1.5 \times 48.7 = -102.1 \text{kN}$

按力学原理构件反弯点时采用荷载标准值计算。

$$M_{BC} = 92.3 + 160.9 = 253.2 \text{kN} \cdot \text{m}$$

$$N_{BC} = 13.9 + 24.2 = 38.1 \text{kN}$$

$$V_{BC} = 28.0 + 48.7 = 76.7 \text{kN}$$

$$q = 2.4 + 4.2 / \cos\left(\arctan\frac{1}{12}\right) = 6.615 \text{kN/m}$$

H 型钢横梁计算简图见图 8.1-5。

（2）屋脊（C 点）截面

同上可只考虑竖向荷载＋活荷载，按 M_{max} 取可变荷载效组合：

$$M_{CB}=-1.3\times70.2-0.9\times1.5\times122.4$$
$$=-256.5\text{kN}\cdot\text{m}$$
$$N_{CB}=-1.3\times11.5-0.9\times1.5\times20.0$$
$$=-41.95\text{kN} \quad（压）$$
$$V_{CB}=1.3\times1.0+0.9\times1.5\times1.7=2.98\text{kN}$$

内力均小于 B 点截面，且平面外支撑条件相同，故可不验算本截面。

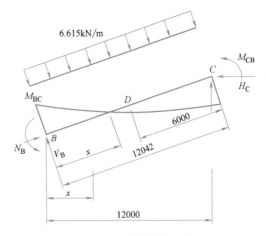

图 8.1-5 横梁计算简图

（3）校核反弯点距支点距离 x

反弯点弯矩：

$$M=76.7x-253.2-6.615\frac{x^2}{2}=0$$

即 $3.308x^2-76.7x+253.2=0$

解得：

$$x=\frac{76.7\pm\sqrt{(76.7)^2-4\times3.308\times253.2}}{2\times3.293}=\frac{76.7\pm50.3}{6.615}=3.99\text{m}$$

横梁端部平面外隔撑支点距离设定为 3m＜3.99m，可认为合适。

（4）距屋脊 6m 处的 D 点的内力

$$q=1.3\times4.2+0.9\times1.5\times4.2=11.13\text{kN/m}$$

$$M_D=256.5-\frac{1}{2}\times11.13\times6^2-2.98\times6=38.28\text{kN}\cdot\text{m}$$

$$N_D=41.95+11.13\times6\times\frac{1}{12}=47.52\text{kN}$$

内力均小于 B 点截面，可不验算本截面。

5. 截面选择与强度验算

按设计条件考虑梁柱选用相同截面，HN500×200×10×16，截面尺寸如图 8.1-6 所示。

1）H 型钢刚架柱

（1）截面特性

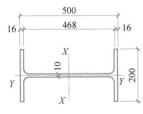

图 8.1-6 梁、柱截
面形式和尺寸

$A=11230\text{mm}^2$，$I_x=46800\times10^4\text{mm}^4$，$I_y=2140\times10^4\text{mm}^4$，$i_x=204\text{mm}$，$i_y=43.6\text{mm}$，$r=13\text{mm}$，$W_x=1870\times10^3\text{mm}^3$，$W_y=214\times10^3\text{mm}^3$。

平面内有效长度：

$$K_1=\frac{I_cL_B}{I_bH}=\frac{24.084}{8}=3.01 \quad（I_c=I_b）$$

$$K_2=0.0（柱脚与基础混凝土铰接）$$

查附录 4 附表 4-15 得：$\mu=2.11$。

$$H_{ox}=2.11\times8000=16880\text{mm}, \qquad \lambda_x=\frac{16880}{204}=82.7$$

平面外计算长度：$\qquad H_{oy}=4000\text{mm} \qquad \lambda_y=\frac{4000}{43.6}=91.7$

（2）截面局部稳定验算

翼缘：HN 系列截面的翼缘宽厚比不必验算。

腹板：按压弯构件，取 B 点处 $\begin{cases} M=337.2\text{kN}\cdot\text{m} \\ N=-106.0\text{kN} \\ V=-12.2\text{kN} \end{cases}$

$$\alpha_o=\frac{\sigma_{\max}-\sigma_{\min}}{\sigma_{\max}}$$

$$\left.\begin{array}{c}\sigma_{\max}\\\sigma_{\min}\end{array}\right\}=\frac{N}{A}\pm\frac{M}{W_x}=\frac{106\times10^3}{11230}\pm\frac{337.2\times10^6}{1870\times10^3}=\begin{cases}189.7\\-170.9\end{cases}$$

$$\alpha_0=\frac{\sigma_{\max}-\sigma_{\min}}{\sigma_{\max}}=\frac{189.7+170.9}{189.7}=1.90$$

$$\frac{h_0}{t_w}=\frac{500-2\times16-2\times13}{10}=44.2<(40+1.8\alpha_0^2)\varepsilon_k=(40+1.8\times1.90^2)\times1=46.5$$

满足局部稳定要求，构件全截面有效。

（3）强度验算

B 点强度：

$$\sigma=\frac{N}{A}+\frac{M}{\gamma_xW_x}=\frac{106\times10^3}{11230}+\frac{337.2\times10^6}{1.05\times1870\times10^3}=181.2\text{N}/\text{mm}^2$$

抗剪强度验算：

$$V_d=h_{tw}t_wf_v=468\times10\times125=5.85\times10^5\text{N}=585\text{kN}>V$$

满足要求。

（4）稳定性验算

平面内稳定：按公式 $\dfrac{N}{\varphi_xAf}+\dfrac{\beta_{mx}M_x}{\gamma_xW_{1x}(1-0.8N/N'_{Ex})f}\leqslant1.0$ 计算。

由 $\lambda_x=83.7$ 及 b 类截面查附录 4 附表 4-2 得：

$\varphi_x=0.662$

$$N'_{Ex}=\frac{\pi^2EA}{(1.1\lambda_x^2)}=\frac{\pi^2\times2.06\times10^5\times11230}{(1.1\times82.7^2)}=2961\text{kN}$$

$\beta_{mx}=1.0$

$$\frac{106\times10^3}{0.662\times11230\times215}+\frac{1.0\times337.2\times10^6}{1.05\times1870\times10^3(1-0.8\times106/2961)\times215}=0.88<1.0$$

平面外稳定：按公式 $\dfrac{N}{\varphi_yAf}+\dfrac{\beta_{tx}M_x}{\varphi_bW_{1x}f}\leqslant1.0$ 计算。

由 $\lambda_y=91.7$ 及 c 类截面查附录 4 附表 4-3 得：

$\varphi_y=0.512$

$$\beta_{tx}=0.65+0.35\frac{M_2}{M_1}=0.65+0.35\times\frac{1}{2}=0.825$$

$$\varphi_b=1.07-\frac{\lambda_y^2}{44000}\approx1.07-0.19=0.88$$

$$\frac{106\times10^3}{0.512\times11230\times215}+\frac{0.825\times337.2\times10^6}{0.88\times1870\times10^3\times215}=0.872<1.0$$

2）H 型钢横梁

（1）强度验算（不考虑屈曲后强度）

B 点按 $\begin{cases} M=337.2\text{kN}\cdot\text{m} \\ N=-50.74\text{kN} \\ V=-102.1\text{kN} \end{cases}$

$$\sigma=\frac{N}{A}+\frac{M}{\gamma_x W_x}=\frac{50.75\times10^3}{11230}+\frac{337.2\times10^6}{1.05\times1870\times10^3}=176.3\text{N/mm}^2$$

$$\tau=\frac{V}{h_w t_w}=\frac{102.1\times10^3}{468\times10}=21.8\text{N/mm}^2$$

抗剪强度验算：

$$V_d=h_w t_w f_v=468\times10\times125=585\text{kN}>V$$

满足要求。

（2）平面外稳定校核

一般刚架平面外靠支撑来保证稳定，本例采取以下三个措施：

① 作为梁下翼缘受压时，从檐口起的三个檩距范围内，每道檩条处屋面梁均布置双侧隅撑。

② 屋脊负弯矩使下翼缘受压时，屋脊点往下檩距范围内，每道檩条处屋面梁亦设双侧隅撑以保证屋面梁的平面外稳定。

③ 屋面横向支撑间距为 6m，并在支撑点处设隅撑以保证横梁全截面受支承，则横梁成为平面外为 6m 支撑的压弯构件。取 CD 段、BD 段分别计算（图 8.1-5）。

计算公式：$\dfrac{N}{\varphi_y Af}+\eta\dfrac{\beta_{tx}M_x}{\varphi_b W_{1x}f}\leqslant1.0$

CD 段：由 $\lambda_y=\dfrac{6000}{43.6}=137.6$ 及 c 类截面查附表 4-3 得：$\varphi_y=0.320$。

由于有端弯矩与横向荷载，取 $\beta_{tx}=1.0$，截面双轴对称：$\eta_b=0$。

$$\xi=\frac{l_1 t_1}{b_1 h}=\frac{6000\times16}{200\times500}=0.96<2.0$$

$\beta_b=0.69+0.13\xi=0.815$（均布荷载作用在上翼缘）

$$\varphi_b=\beta_b\frac{4320}{\lambda_y^2}\frac{Ah}{W_x}\left[\sqrt{1+\left(\frac{\lambda_y t_1}{4.4h}\right)^2}+\eta_b\right]\frac{235}{f_y}$$

$$=0.815\times\frac{4320}{137.6^2}\times\frac{11230\times500}{1870\times10^3}\times\left[\sqrt{1+\left(\frac{137.6\times16}{4.4\times500}\right)^2}+0\right]\times\frac{235}{235}=0.808>0.6$$

$$\varphi_b'=1.07-\frac{0.282}{0.808}=0.721$$

沿杆件线形变化取端中值 $N=\dfrac{38.28+41.95}{2}=40.1\text{kN}$

$$\frac{40.1\times10^3}{0.32\times11230\times215}+1.0\times\frac{256.5\times10^6}{0.72\times1870\times10^3\times215}=0.94<1.0$$

BD 段：钢梁下翼缘受压，从檐口起的三个檩距范围内，每道檩条处屋面梁均布置双侧隅撑，隅撑间距 1500mm。钢梁平面外计算长度 1500mm。

由 $\lambda_y=\dfrac{1500}{43.6}=34.4$ 及 c 类截面查附表 4-3 得：$\varphi_y=0.816$。

由于有端弯矩与横向荷载，取 $\beta_{tx}=1.0$，截面双轴对称：$\eta_b=0$。

$$\xi=\frac{l_1 t_1}{b_1 h}=\frac{1500\times16}{200\times500}=0.24$$

$\beta_b=1.20$（跨中有不少于两个等距离侧向支撑点）

$$\varphi_b=\beta_b\frac{4320}{\lambda_y^2}\frac{Ah}{W_x}\left[\sqrt{1+\left(\frac{\lambda_y t_1}{4.4h}\right)^2}+\eta_b\right]\frac{235}{f_y}$$

$$=1.2\times\frac{4320}{34.4^2}\times\frac{11230\times500}{1870\times10^3}\times\left[\sqrt{1+\left(\frac{137.6\times16}{4.4\times500}\right)^2}+\eta_b\right]\times\frac{235}{f_y}=18.6>0.6$$

$$\varphi_b' = 1.07 - \frac{0.282}{18.6} = 1.05 > 1.0，取\ \varphi_b = 1.0。$$

$$\varphi_y = 0.816，\beta_{tx} = 1.0，\varphi_b = 0.721，N = \frac{50.74 + 41.95}{2} = 46.35\text{kN}$$

$$\frac{46.35 \times 10^3}{0.816 \times 11230 \times 215} + 1.0 \times \frac{337.2 \times 10^6}{1.0 \times 1870 \times 10^3 \times 215} = 0.86 \leqslant 1.0$$

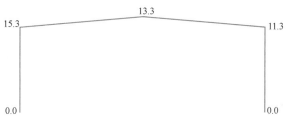

图 8.1-7　刚架在风荷载作用下的水平位移

（3）截面特性及截面宽厚比

由上述计算以类推，不必计算。

6. 位移验算（荷载采用标准值）

由结构辅助设计软件计算得数值如下：

1）风荷载作用下的柱顶水平位移（图 8.1-7）

上图为柱顶 B 点在风荷载作用下的位移 $\dfrac{\delta_B}{H} = \dfrac{15.3}{8000} = \dfrac{1}{522.9} < \dfrac{1}{80}$，可以。

2）竖向荷载标准值作用下的横梁竖向挠度（1.0 恒＋1.0 活）

图 8.1-8 为 C 点在竖向荷载（标准值）作用下的挠度 $w_c = 82.3 - 0.3 = 82.0\text{mm}$，挠度限值 $= \dfrac{82.3}{24000} = \dfrac{1}{291.1} < \dfrac{1}{180}$。

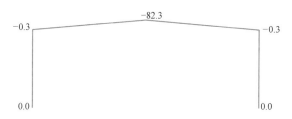

图 8.1-8　刚架在永久荷载和屋面活荷载作用下的竖向位移

坡度改变值为：

（1）因风力产生的水平挠度是跨度加大引起的屋面坡度变化，由于水平挠度对 BC 为 $15.3 - 13.3 = 2\text{mm}$，对 CD 为 $13.3 - 11.3 = 2.0\text{mm}$，其值太小可不计。

（2）因竖向挠度使坡度改变为 $\dfrac{1000 - 82.3}{12000} = \dfrac{1}{13.1}$，坡度的改变为原值的 $\dfrac{\dfrac{1}{12} - \dfrac{1}{13.1}}{\dfrac{1}{12}} = \dfrac{13.2 - 12}{12} = \dfrac{1}{10.9} < \dfrac{1}{3}$，可以。

8.2　多层 H 型钢框架的设计与计算

钢结构建筑应根据房屋高度和高宽比、抗震设防类别、抗震设防烈度、场地类别和施工技术条件等因素考虑其适宜的钢结构体系。多层框架结构是工业与民用建筑中常用的结构形式，本节叙述以轧制 H 型钢为框架梁柱截面的多层框架的设计与计算。

8.2.1　H 型钢多层框架的结构体系

多层民用建筑一般指层数不大于 10 层或房屋高度不大于 28m 的住宅建筑以及房屋高度不大于 24m 的其他高层民用建筑。热轧 H 型钢作为柱构件虽然有弱轴方向刚度小的特点，但便于施工，经过合理设计，用于多层框架结构，仍可有较好的技术经济效果。随着建筑层数及高度的增加，除竖向荷载增加外，抗侧力（风荷载、地震作用等）要求也成为多层框架的主要承载特点。按抗侧力结构的特点，多层钢结构常用的 H 型钢结构体系（图 8.2-1）一般可分为以下几种：

1. 柱-支撑体系

H 型钢柱-支撑体系（图 8.2-1b）的框架梁柱节点均为铰接，在结构布置的纵向与横向沿柱高设置竖向柱间支撑，以保证其空间刚度及提供抗侧力承载力均匀。这种结构体系适用于柱距不大而又允许双向设置支撑的建筑物，其特点是设计、制作及安装简单，承载功能明确，侧向刚度较大，用于抗侧力的钢材耗量较少。

2. 框架体系

H 型钢刚接框架体系（图 8.2-1c）的框架在纵、横两个方向均采用梁柱节点为刚性的刚接框架，其承载能力及空间刚度均由刚接框架提供。这种结构体系适用于柱距较大而又无法设置支撑的建筑物，其特点为节点构造较复杂，结构用钢量较多，但使用空间较大。

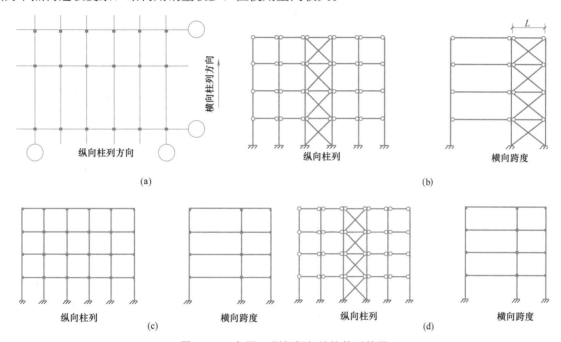

图 8.2-1 多层 H 型钢框架结构体系简图

（a）平面柱网；（b）柱-支撑体系；（c）纯框架体系；（d）框架-支撑体系

3. 框架-支撑体系

H 型钢框架-支撑体系（图 8.2-1d）的 H 型钢框架在一个方向（多为纵向）为沿柱高设置支撑，另一个方向（多为横向）为梁柱刚接的纯框架的混合体系。这种结构体系的特点为一个方向无支撑，便于生产或人流、物流等建筑功能，又适当考虑了简化设计与施工及用钢量适中等要求，更适用于纵向较长、横向较短的建筑物。

在上述结构体系中，框架结构亦可采用以 H 型钢为钢骨的钢骨混凝土组合结构框架；框架-支撑体系中的支撑在设计中可采用中心支撑、偏心支撑和屈曲约束支撑。

8.2.2 多层 H 型钢框架结构布置

1. 多层 H 型钢框架的平面布置应考虑柱网及梁系布置合理，纵向及横向刚度可靠、均匀，结构平面布置宜对称，构件传力明确，水平荷载的合力作用线宜接近抗侧力结构的刚度中心；构件类型统一，节点构造简化，通用化，并应便于施工。

2. 结构竖向体形宜规则、均匀，结构竖向布置宜使侧向刚度和受剪承载力沿竖向宜均匀变化；多层 H 型钢框架柱截面沿竖向的变化可以采用分段（每段约 3 层，长度约 12m）变截面（柱及支撑）的做法，但上、下相邻楼层间侧向刚度的变幅不宜过大。

对框架结构，楼层与其相邻上层的侧向刚度比不宜小于 0.7，与相邻上部三层刚度平均值的比值不宜小于 0.8。对框架-支撑结构，楼层与其相邻上层的侧向刚度比不宜小于 0.9；当本层层高大于相邻上层层高的 1.5 倍时，该比值不宜小于 1.1；对结构底部嵌固层，该比值不宜小于 1.5。

3. 支撑布置平面上宜均匀、分散，沿竖向宜连续布置。支撑结构体系具有用钢量低而刚度大，抗侧力效果明显且构造简单的特点，在条件允许时宜优先选用，同时支撑的平面布置，应注意位置与建筑功能的协调、平面与竖向刚度均匀，并避免或减少结构刚度中心的偏移。

设置地下室时，支撑应延伸至基础或在地下室相应位置设置剪力墙。支撑无法连续时应适当增加错开支撑并加强错开支撑之间的上下楼层水平刚度。

4. 采用 H 型框架结构时，甲、乙类建筑不应采用单跨框架，多层的丙类建筑不宜采用单跨框架。

5. 多层 H 型钢框架结构体系中的各层楼（屋）盖宜采用压型钢板现浇钢筋混凝土组合楼板、钢筋桁架楼承板组合楼板、预制混凝土叠合楼板及钢筋混凝土楼板等，楼板应与钢梁有可靠连接。对 6、7 度时 H 型钢框架结构也可采用装配整体式钢筋混凝土楼板、装配式楼板或其他轻型楼盖；但应将楼板预埋件与钢梁焊接，或设置水平支撑等采取其他保证楼盖整体性的措施。对转换层楼盖或楼板有大洞口等情况，必要时可设置水平支撑，以保证整体空间刚度及空间协调工作；楼盖主次梁的布置宜采用平接连接，不宜采用叠合式连接。

6. 在 H 型钢框架－支撑结构体系中，其支撑框架之间的楼（屋）盖平面尺寸的长宽比不宜大于 3。一、二级的钢结构房屋，宜设置偏心支撑；三、四级的多层 H 型钢结构宜采用中心交叉支撑，也可采用偏心支撑、屈曲约束支撑等消能支撑。也可采用人字支撑或单斜杆支撑，不宜采用 K 形支撑；支撑的轴线宜交汇于梁柱构件轴线的交点，偏离交点时的偏心距不应超过支撑杆件宽度，并应计入由此产生的附加弯矩。

1）当中心支撑采用只能受拉的单斜杆体系时，应同时设置不同倾斜方向的两组斜杆，且每组中不同方向单斜杆的截面面积在水平方向的投影面积之差不应大于 10%。

2）偏心支撑框架的每根支撑应至少有一端与框架梁连接，并在支撑与梁交点和柱之间或同一跨内另一支撑与梁交点之间形成消能梁段。

3）采用屈曲约束支撑时，宜采用人字支撑、成对布置的单斜杆支撑等形式，不应采用 K 形或 X 形，支撑与柱的夹角宜在 35°～55°之间。屈曲约束支撑受压时，其设计参数、性能检验和作为一种消能部件的计算方法可按相关要求设计。

7. 多层 H 型钢框架应根据设防分类、烈度和房屋高度采用不同的抗震等级，并应符合相应的计算和构造措施要求。标准设防的丙类建筑抗震等级应按表 8.2-1 确定。

多层钢结构房屋的抗震等级 表 8.2-1

房屋高度	6 度	7 度	8 度	9 度
≤50m	—	四	三	二

注：1. 高度接近或等于高度分界时，应允许结合房屋不规则程度和场地、地基条件确定抗震等级；

2. 一般情况，构件的抗震等级应与结构相同；当某个部位各构件的承载力均满足 2 倍地震作用组合下的内力要求时，7～9 度的构件抗震等级应允许按降低一度确定。

8. 多层 H 型钢结构房屋需要设置防震缝时，钢框架结构房屋的防震缝宽度为：

1）当高度不超过 15m 时不应小于 150mm；

2）高度超过 15m 时，6 度、7 度、8 度和 9 度分别每增加高度 5m、4m、3m 和 2m，宜加宽 20mm。

3）钢框架-抗震墙结构房屋的防震缝宽度不应小于钢框架结构规定数值的 70%，且不宜小于 100mm；防震缝两侧结构类型不同时，宜按需要较宽防震缝的结构类型和较低房屋高度确定缝宽。

8.2.3 多层 H 型钢框架构件的截面选型

1. 多层 H 型钢框架的框架梁宜选用轧制 HM、HN 系列的型钢截面（图 8.2-2a），其他楼层主次梁宜采用 H 型钢（上焊栓钉）梁或蜂窝梁上浇混凝土板的组合梁（图 8.2-2b、c）。各类梁均不宜采用钢骨混凝土梁。

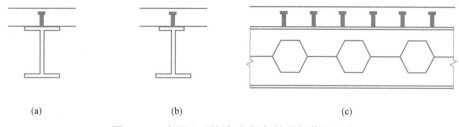

图 8.2-2　多层 H 型钢框架梁与楼盖梁截面形式

(a) H 型钢截面；(b) 组合梁截面；(c) 蜂窝梁

2. 多层 H 型钢框架柱宜采用较宽翼缘的 HW 或 HM 系列 H 型钢截面（图 8.2-3a）；当柱在纵向、横向均要求较大的刚度时（如角柱），可采用十字形截面（图 8.2-3b）。

8.2.4　多层 H 型钢框架的荷载和荷载效应组合

1. 荷载类别

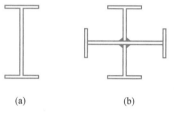

图 8.2-3　多层框架柱截面形式

(a) H 型钢截面；(b) 十字形截面

多层 H 型钢框架的各种荷载及其组合的计算应参照现行《建筑结构荷载规范》GB 50009—2012、《建筑抗震设计规范》GB 50011—2011（2016 年版）进行。一般应考虑以下荷载：

1）永久荷载（恒载）

（1）建筑物自重。

（2）楼（屋）盖上永久性设备荷载及管线等荷载，应按工艺提供的数据取值。

永久荷载的分项系数一般取 1.3；当恒荷载在荷载组合中为有利作用时应取为 1.0。

2）可变荷载（活荷载）

（1）雪荷载：荷载分项系数取为 1.5。

（2）积灰荷载：对有大量排灰的厂房或其相邻建筑，应考虑积灰荷载。其分项系数取为 1.5。积灰荷载应与雪荷载或不上人的屋面均布活荷载两者中的较大值同时考虑。

（3）楼层活荷载：包括工艺操作荷载与运输、起重设备行走荷载，应按工艺提供的资料取值，其荷载分项系数取为 1.5。

（4）风荷载：风荷载标准值 w_k 可按下式计算：

$$w_k = \beta_z \mu_s \mu_z w_0 \tag{8.2-1}$$

式中，基本风压 w_0、风压高度变化系数 μ_z、风荷载体形系数 μ_s 与风振系数 β_z 等均按《建筑结构荷载规范》GB 50009—2012 取值，仅当框架高度大于 30m 且高宽比大于 1.5 时，风荷载才计入风振系数 β_z。

（5）地震作用：包括水平地震作用与竖向地震作用。

水平地震作用是多层框架抗震计算中的主要作用。多遇地震水平地震作用计算时，结构各楼层对应于地震作用标准值的剪力应符合现行国家标准《建筑抗震设计规范》GB 50011—2011（2016 年版）的有关规定。

竖向地震作用仅在框架结构体系内大跨度或大悬臂构件抗震计算时予以考虑。

2. 荷载效应组合

1）H 型钢框架计算一般采用一阶弹性分析方法，可分别按不同荷载进行计算，对验算截面按最不利的工况进行荷载效应的组合，求得其总效应后，进行截面计算。

当采用二阶线弹性分析，内力采用放大系数法近似考虑二阶效应时，允许采用叠加原理进行内力组合。当采用二阶弹性分析方法时，荷载与位移呈非线性关系，故须先进行荷载组合后，按荷载组合值进行二阶弹性分析，从中选取最不利内力设计值，进行截面计算。

放大系数的计算应采用下列荷载组合下的重力：

$$1.3G+1.5[\psi L+0.5(1-\psi)L]=1.3G+1.5\times0.5(1+\psi)L \tag{8.2-2}$$

式中 G——永久荷载；

L——活荷载；

ψ——活荷载的准永久值系数。

2）活荷载荷载效应组合的计算，应符合以下要求：

（1）对不进行抗震计算的民用建筑多层 H 型钢框架，其多层楼面活荷载值，可按《建筑结构荷载规范》GB 5009—2012 规定对梁、柱的折减系数折减；计算构件应力时，楼（屋）盖竖向荷载效应时，可仅考虑各跨满载的情况。

进行非抗震组合计算时，多层民用建筑框架梁、柱的楼面活荷载应按《建筑荷载设计规范》GB 5009—2012 第 8.1.2 条的规定乘以折减系数；对多层工业建筑框架，活荷载为工艺操作荷载与检修、安装荷载的等效均布活荷载，其折减系数宜按实际情况与工艺协商确定。

（2）对按抗震设防计算的多层 H 型钢框架，用地震作用荷载组合的重力荷载代表值进行计算时，不再计入活荷载折减系数。

（3）多层 H 型钢框架构件的总效应 S，即弯矩、剪力、轴力或位移，应按可能同时出现的各类荷载效应及其最不利的工况组合，其基本组合表达式如下：

$$S=\gamma_G S_{GK}(恒载)+\gamma_L[\psi_L S_L(楼层活载)+S_S(雪载)+S_A(灰载)+S_W(风载)] \tag{8.2-3}$$

3．地震作用及其效应组合

1）水平地震作用及作用效应

（1）多层 H 型钢框架的水平地震作用应按《建筑抗震设计规范》GB 50011—2011（2016 年版）规定，采用振型分解反应谱方法计算确定。当不进行扭转耦联计算时，其典型表达式如下：

$$F_{ji}=\alpha_j\gamma_j X_{ji}G_i \tag{8.2-4}$$
$$(i=1,2,\cdots,n;j=1,2,\cdots,m)$$

式中 F_{ji}——j 振型时 i 质点的水平地震作用标准值；

α_j——相应于 j 振型自振周期的水平地震影响系数，应按《建筑抗震设计规范》GB 50011—2010（2016 年版）中以 α_{max}、特征周期 T_g、结构自振周期 T 等为函数的地震影响系数曲线确定；

γ_j——j 振型的参与系数；

X_{ji}——j 振型 i 质点的水平相对位移；

G_i——i 质点的重力荷载代表值；

m——振型数，振型数一般可以取振型参与质量达到总质量 90% 所需的振型数。

当相邻振型的周期比小于 0.85 时，结构的水平地震作用效应 S_{Ek}，即结构或构件最终组合的弯矩、剪力、轴力及位移等，可采用平方和平方根方法将各振型水平地震作用 F_{ji} 产生的各效应 S_{Ekj} 组合成 S_{Ek} 后进行截面验算。一般可只取 2~3 个振型，当基本自振周期 $T_1>1.5s$，或质量、刚度沿高度不均匀时，振型数应适当增加。

（2）水平地震作用下，不进行扭转耦联计算的规则结构，其平行于地震作用方向的两个边榀各构件，应通过乘以增大系数来考虑扭转耦联地震效应的影响。一般情况下，短边可按 1.15 采用，长边可按 1.05 采用；当扭转刚度较小时，周边各构件宜按不小于 1.3 采用。角部构件宜同时乘以两个方向各自的增大系数。

（3）不规则结构应采用扭转耦联振型分解法进行计算。

（4）多遇地震水平地震作用计算时，结构各楼层对应于地震作用标准值的剪力应符合现行国家标准《建筑抗震设计规范》GB 50011—2010（2016 年版）第 5.2.5 条的有关规定。

（5）水平地震作用的荷载分项系数 γ 按 1.3 采用。

2）竖向地震作用

（1）对于跨度大于24m的楼盖结构、跨度大于12m的转换结构和连体结构，悬挑长度大于5m的悬挑结构，结构竖向地震作用效应标准值宜采用时程分析法或振型分解反应谱法进行计算。时程分析计算时输入的地震加速度最大值可按规定的水平输入最大值的65%采用，反应谱分析时结构竖向地震影响系数最大值可按水平地震影响系数最大值的65%采用，设计地震分组可按第一组采用。

（2）大跨度结构、悬挑结构、转换结构、连体结构的连接体的竖向地震作用标准值，不宜小于结构或构件承受的重力荷载代表值与竖向地震作用系数的乘积。竖向地震作用系数可按表8.2-2取用。

竖向地震作用系数 表8.2-2

设防烈度	7度	8度		9度
设计基本地震加速度	0.15g	0.20g	0.30g	0.40g
竖向地震作用系数	0.08	0.10	0.15	0.20

3）计算多层H型钢框架的水平地震作用时，应根据设防烈度、场地类别、设计地震分组与结构自振周期以及阻尼比，正确地计算地震影响系数α。当按《建筑抗震设计规范》GB 50011—2010（2016年版）第5.1.4条、第5.1.5条计算α时，不同阻尼比相应的有关参数可按表8.2-3取值。

不同阻尼比相应的有关参数 表8.2-3

阻尼比	0.04	0.045	0.05
曲线下降段的衰减指数γ	0.919	0.909	0.90
直线下降段的下降斜率调整系数η_1	0.022	0.021	0.02
阻尼调整系数η_2	1.069	1.033	1.00

4）对于多层H型钢钢结构在多遇地震作用下进行弹性分析时，阻尼比可取0.04。当偏心支撑框架部分承担的地震倾覆力矩大于结构总地震倾覆力矩的50%时，其阻尼比可相应增加0.005；在罕遇地震下进行弹塑性分析，阻尼比可采用0.05。

5）多层H型钢框架地震作用下的重力附加弯矩大于初始弯矩的10%时，应计入重力二阶效应的影响。

6）计算各振型地震影响系数所采用的结构自振周期，应考虑非承重填充墙体的刚度影响予以折减。当非承重墙体为填充轻质砌块、填充轻质墙板或外挂墙板时，自振周期折减系数可取0.9～1.0。结构计算中不应计入非结构构件对结构承载力和刚度的有利作用。

7）各种荷载工况组合时，荷载或作用的分项系数如表8.2-4所示。

荷载或作用的标准值及分项系数 表8.2-4

组合情况	恒（永久）荷载γ_G	活荷载γ_Q	风荷载γ_w	备注
1. 不考虑地震作用影响按屋面、楼面静活荷载及风荷载	荷载标准值×1.3	荷载标准值×1.5	荷载标准值×1.5	荷载标准值按照《建筑结构荷载规范》GB 50009取值

考虑地震作用影响在内的荷载组合

组合情况	重力荷载代表值×1.2				地震作用		备注
	恒（永久）荷载	活荷载		雪荷载	水平地震作用γ_E	竖向地震作用γ_{Ev}	
		屋面	楼面				
2. 考虑重力荷载和水平地震作用	标准值×1.0	标准值×0（不计入）	标准值×（1.0～0.5）		1.3	—	荷载标准值按照《建筑结构荷载规范》GB 50009取值
3. 考虑重力荷载和竖向地震作用					—	1.3	

注：1. 本表中，地震作用组合仅用于60m以上的多高层框架。
2. 仅在7度0.15g及8度、9度设防地区的大跨度和长悬臂结构考虑第3项组合。

8.2.5　多层 H 型钢框架计算

1. 一般规定

1）多层 H 型钢框架的设计计算应遵守《钢结构设计标准》GB/T 50017—2017 的相应规定，对抗震设防地区的多层 H 型钢框架设计计算尚应遵守《建筑抗震设计规范》GB 50011—2010（2016 年版）的有关规定。

2）在竖向荷载、风荷载以及多遇地震作用下，H 型钢框架的内力和变形可采用弹性方法计算；罕遇地震作用下的弹塑性变形可采用弹塑性时程分析法或静力弹塑性分析法计算。

3）计算民用建筑钢结构的内力和变形时，可假定楼盖在其自身平面内为无限刚性，设计时应采取相应措施保证楼盖平面内的整体刚度。当楼盖可能产生较明显的面内变形时，计算时应采用楼盖平面内的实际刚度，考虑楼盖的面内变形的影响。

4）钢结构弹性计算时，钢筋混凝土楼板与钢梁间有可靠连接，可计入钢筋混凝土楼板对钢梁刚度的增大作用，两侧有楼板的钢梁其惯性矩可取为 $1.5I_b$，仅一侧有楼板的钢梁其惯性矩可取为 $1.2I_b$，I_b 为钢梁截面惯性矩。弹塑性计算时，不应考虑楼板对钢梁惯性矩的增大作用。

5）钢结构的弹性计算模型应根据结构的实际情况确定，应能较准确地反映结构的刚度和质量分布以及各结构构件的实际受力状况；在计算各振型地震影响系数所采用的结构自振周期时，应考虑非承重填充墙体的刚度影响予以折减。当非承重墙体为填充轻质砌块、填充轻质墙板或外挂墙板时，自振周期折减系数可取 0.9~1.0。

多层民用建筑钢结构抗震计算时的阻尼比取值：多遇地震下可取 0.04；在罕遇地震作用下的弹塑性分析，阻尼比可取 0.05。

6）结构计算中不应计入非结构构件对结构承载力和刚度的有利作用。

7）按抗震设防计算的框架-支撑或框架-剪力墙（筒）结构，其 H 型钢框架结构的钢框架-支撑结构的斜杆可按端部铰接杆计算；当实际构造为刚接时，也可按刚接计算。其中框架部分按刚度分配计算得到的地震层剪力应乘以调整系数，达到不小于结构底部总地震剪力的 25% 和框架部分计算最大层剪力 1.8 倍两者的较小值。

8）中心支撑框架的斜杆轴线偏离梁柱轴线交点不超过支撑杆件的宽度时，仍可按中心支撑框架分析，但应计及由此产生的附加弯矩。

9）偏心支撑框架中，与消能梁段相连构件的内力设计值应取消能梁段达到受剪承载力时的内力与增大系数的乘积。其中支撑斜杆的轴力增大系数为：一级不应小于 1.4，二级不应小于 1.3，三级不应小于 1.2；框架柱和位于消能梁段同一跨的框架梁内力设计值增大系数为：一级不应小于 1.3，二级不应小于 1.2，三级不应小于 1.1。

10）框架梁可按梁端截面的内力设计。对工字形截面柱，宜计入梁柱节点域剪切变形对结构侧移的影响；对箱形柱框架、中心支撑框架和高度不超过 50m 的钢结构，其层间位移计算可不计入梁柱节点域剪切变形的影响，近似按框架轴线进行分析。

11）钢结构转换构件下的钢框架柱，地震内力应乘以增大系数，增大系数值可采用 1.5。多遇地震组合下的托柱梁，地震作用产生的内力增大系数不得小于 1.5。

12）多层 H 型钢框架的结构内力分析可采用一阶弹性分析、二阶弹性分析或直接分析方法，并应根据最大二阶效应系数 $\theta_{i,max}^{II}$ 来选用相应的结构分析方法。当 $\theta_{i,max}^{II} \leqslant 0.1$ 时，可采用一阶弹性分析；当 $0.1 < \theta_{i,max}^{II} \leqslant 0.25$ 时，宜采用二阶弹性分析；当 $\theta_{i,max}^{II} > 0.25$ 时，应增大结构的刚度或采用直接分析。

（1）规则框架结构的二阶效应系数 $\theta_{i,max}^{II}$ 可按式（8.2-5）计算：

$$\theta_i^{II} = \frac{\sum N_{ik} \cdot \Delta u_i}{\sum H_{ik} \cdot h_i} \tag{8.2-5}$$

式中　$\sum N_{ik}$——所计算 i 楼层各柱轴心压力设计值值之和（N）；

$\sum H_{ik}$——产生层间侧移 Δu 的计算楼层及以上各层的水平力标准值之和（N）；

h_i——所计算 i 楼层的层高（mm）；

Δu_i——$\sum H_{ki}$ 作用下按一阶弹性分析求得的计算楼层的层间侧移。

（2）一般结构的二阶效应系数可按式（8.2-6）计算：

$$\theta_i^{\mathrm{II}}=\frac{1}{\eta_{\mathrm{cr}}} \tag{8.2-6}$$

式中 η_{cr}——整体结构最低阶弹性临界屈曲荷载与荷载设计值的比值。

13）二阶弹性分析和直接分析应合理考虑初始几何缺陷和残余应力的影响。

14）多层 H 型钢框架柱的计算长度 H_0 取为 μH，其计算长度系数 μ 可按如下确定：

（1）当采用二阶弹性分析方法计算内力且当每层柱顶附加考虑公式（8.2-7）的假想水平力 H_{ni} 时，框架柱的计算长度系数 μ 取为 1.0。

（2）当采用一阶弹性分析方法计算内力时，对无支撑 H 型钢纯框架，其计算长度系数 μ 按附录 4 附表 4-15 有侧移框架柱的计算长度系数确定。对有支撑 H 型钢框架，框架柱的计算长度系数 μ 按附录 4 附表 4-14 无侧移框架柱的计算长度系数确定。此时支撑的承载力应按《钢结构设计标准》GB 50017—2017 第 7.5 节的相关规定进行验算。

15）多层 H 型钢框架在风荷载或多遇地震标准值作用下，按弹性方法计算的楼层层间最大水平位移与层高之比不宜大于 $h/250$。

16）多层 H 型钢框架-中心支撑结构的框架部分按计算分配的地震剪力不大于结构底部总地震剪力的 25% 时，一、二、三级的抗震构造措施可按框架结构降低一级的相应要求采用。其他抗震构造措施，应符合《建筑抗震设计规范》GB 52211—2010 第 8.3 节对框架结构抗震构造措施的规定。

2. 二阶弹性分析计算方法

1）多层 H 型钢框架结构采用仅考虑 $P\text{-}\Delta$ 效应的二阶弹性分析时，计算结构在各种设计荷载（作用）下的内力和位移时，应考虑结构的整体初始缺陷的影响。计算构件稳定承载力时，构件计算长度系数 μ 取 1.0 或其他认可的值。对于 $0.1<\theta_{i,\max}^{\mathrm{II}}\leqslant0.25$ 的多层 H 型钢框架结构采用二阶弹性分析法计算时，结构整体初始几何缺陷模式可按最低阶整体屈曲模态采用。考虑结构的整体初始缺陷的影响的方法有以下两种：

（1）框架及支撑结构整体初始几何缺陷模式的最大值 Δ_0 可取为框架总高度的 1/250。框架及支撑结构整体初始几何缺陷代表值可由公式（8.2-7）确定（图 8.2-4）。

（2）可通过在框架每层柱顶附加作用一水平假想力 H_{ni} 等效考虑，施加方向应考虑荷载的最不利

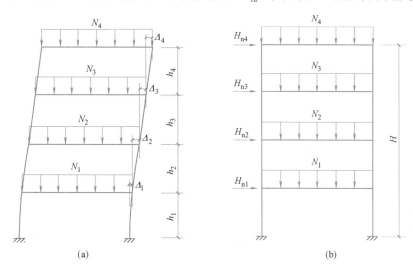

图 8.2-4　框架结构整体初始几何缺陷代表值及等效水平力
（a）框架整体初始几何缺陷代表值；（b）框架结构等效水平力

组合（图 8.2-5）。假想力水平按式（8.2-8）确定。

$$\Delta_i = \frac{h_i}{250}\sqrt{0.2 + \frac{1}{n_s}} \qquad (8.2-7)$$

$$H_{ni} = \frac{G_i}{250}\sqrt{0.2 + \frac{1}{n_s}} \qquad (8.2-8)$$

式中 Δ_i——所计算 i 楼层的初始几何缺陷代表值；

n_s——结构总层数，当 $\sqrt{0.2 + \frac{1}{n_s}} < \frac{2}{3}$ 时取此根号值为 $\frac{2}{3}$；当 $\sqrt{0.2 + \frac{1}{n_s}} > 1$ 时，取此根号值为 1.0；

h_i——所计算 i 楼层的高度；

G_i——第 i 楼层的总重力荷载设计值。

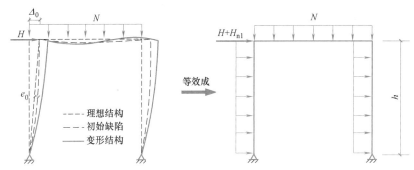

图 8.2-5 框架结构计算模型

2）对无支撑的 H 型钢纯框架结构的二阶 $P\text{-}\Delta$ 效应，可采用对一阶弯矩进行放大的方法来考虑，杆件杆端的弯矩 M_Δ^{II} 可采用下列近似公式进行计算：

$$M_\Delta^{\text{II}} = M_q + \alpha_i^{\text{II}} M_H \qquad (8.2-9)$$

$$\alpha_i^{\text{II}} = \frac{1}{1 - \theta_i^{\text{II}}} \qquad (8.2-10)$$

式中 M_q——结构在竖向荷载作用下的一阶弹性弯矩；

M_Δ^{II}——仅考虑 $P\text{-}\Delta$ 效应的二阶弯矩；

M_H——结构在水平荷载作用下的一阶弹性弯矩；

θ_i^{II}——二阶效应系数，按公式（8.2-5）、式（8.2-6）考虑；

α_i^{II}——考虑二阶效应第 i 层杆件的侧移弯矩增大系数；当 $\alpha_i^{\text{II}} > 1.33$ 时，宜增大结构的抗侧刚度。

3. 一阶弹性分析计算方法

对于等截面 H 型钢柱，在框架平面内的计算长度应等于该层柱的高度乘以计算长度系数 μ。H 型钢框架分为无支撑框架和有支撑框架。当采用二阶弹性分析方法计算内力且在每层柱顶附加考虑假想水平力 H_{ni} 时，框架柱的计算长度系数 $\mu = 1.0$。当采用一阶弹性分析方法计算内力时，框架柱的计算长度系数 μ 应按照下列规定确定：

1）无支撑框架

（1）H 型钢架柱的计算长度系数 μ 按附录 4 附表 4-15 有侧移框架柱的计算长度系数确定，也可按下列简化公式计算：

$$\mu = \sqrt{\frac{7.5K_1K_2 + 4(K_1 + K_2) + 1.52}{7.5K_1K_2 + K_1 + K_2}} \qquad (8.2-11)$$

式中 K_1、K_2——分别为相交于柱上端、柱下端的横梁线刚度之和与柱线刚度之和的比值；当梁远端为铰接时；应将横梁线刚度乘以 0.5；当横梁远端为嵌固时，则将横梁线刚度乘以 2/3。

（2）设有摇摆柱时，摇摆柱自身的计算长度系数取 1.0，框架柱的计算长度系数应乘以放大系数 η，η 应按下式计算：

$$\eta = \sqrt{1 + \frac{\sum (N_1/h_1)}{\sum (N_f/h_f)}} \qquad (8.2\text{-}12)$$

式中　$\sum (N_f/h_f)$——本层各框架柱轴心压力设计值与柱子高度比值之和；

　　　$\sum (N_1/h_1)$——本层各摇摆柱轴心压力设计值与柱子高度比值之和。

（3）当有侧移框架同层各柱的 N/I 不相同时，柱计算长度系数宜按下列公式计算：

$$\mu_i = \sqrt{\frac{N_{Ei}}{N_i} \cdot \frac{1.2}{K} \sum \frac{N_i}{h_i}} \qquad (8.2\text{-}13)$$

$$N_{Ei} = \pi^2 E I_i / h_i^2 \qquad (8.2\text{-}14)$$

（4）当框架附有摇摆柱时，框架柱的计算长度系数由下式确定：

$$\mu_i = \sqrt{\frac{N_{Ei}}{N_i} \cdot \frac{1.2\sum (N_i/h_i) + \sum (N_{1j}/h_j)}{K}} \qquad (8.2\text{-}15)$$

式中　N_i——第 i 根柱轴心压力设计值；

　　　N_{Ei}——第 i 根柱的欧拉临界力；

　　　h_i——第 i 根柱高度；

　　　K——框架层侧移刚度，即产生层间单位侧移所需的力；

　　　N_{1j}——第 j 根摇摆柱轴心压力设计值；

　　　h_j——第 j 根摇摆柱的高度。

当根据式（8.2-13）或式（8.2-15）计算而得的 μ_i 小于 1.0 时取 $\mu_i = 1$。

（5）计算单层 H 型钢框架和多层 H 型钢框架底层的计算长度系数时，K 值宜按柱脚的实际约束情况进行计算，也可按理想情况（铰接或刚接）确定 K 值，并对算得的系数 μ 进行修正。

（6）当多层单跨 H 型钢框架的顶层采用轻型屋面，或多跨多层框架的顶层抽柱形成较大跨度时，顶层框架柱的计算长度系数应忽略屋面梁对柱子的转动约束。

2）有支撑框架

当支撑系统满足式（8.2-16）要求时，为强支撑框架，框架柱的计算长度系数 μ 按附录 4 附表 4-14 无侧移框架柱的计算长度系数确定，也可按式（8.2-17）计算。

$$S_b \geqslant 4.4\left[\left(1 + \frac{100}{f_y}\right)\sum N_{bi} - \sum N_{0i}\right] \qquad (8.2\text{-}16)$$

$$\mu = \sqrt{\frac{(1 + 0.41K_1)(1 + 0.41K_2)}{(1 + 0.82K_1)(1 + 0.82K_2)}} \qquad (8.2\text{-}17)$$

式中　$\sum N_{bi}$、$\sum N_{0i}$——分别是第 i 层层间所有框架柱用无侧移框架和有侧移框架柱计算长度系数算得的轴压杆稳定承载力之和；

　　　S_b——支撑系统的层侧移刚度，即施加于结构上的水平力与其产生的层间位移的比值；

　　　K_1、K_2——分别为相交于柱上端、柱下端的横梁线刚度之和与柱线刚度之和的比值；当梁远端为铰接时；应将横梁线刚度乘以 1.5；当横梁远端为嵌固时，则将横梁线刚度乘以 2。框架柱在框架平面外的计算长度可取面外支撑点之间距离。

4. H 型钢构件的计算

1）H 型钢框架梁、柱及支撑的内力组合计算

（1）多层 H 型钢框架的构件内力组合应按梁、柱两端或最不利截面计算确定。

① 当用电脑软件计算时，应保证输入数据正确，并宜对其内力结果进行手工组合校核。

② 计算内力组合时，尚应注意正确计算柱脚处（包括有支撑柱脚）对基础作用力（弯矩、轴力、剪力）的最不利组合。

③ 当按双重抗侧力体系单独验算 H 型钢框架在 25％总地震剪力作用下的承载力时，其构件内力最不利组合的荷载作用条件可按两次计算求得，即第一次计算求出结构的内力与位移，第二次计算时将支撑（或剪力墙、筒）略去，而将第一次计算得出的底部地震总剪力的 25％（以分布荷载形式）作用到框架上，计算构件的最不利内力组合值，并验算截面是否满足要求。

④ 按抗震设防计算 H 型钢框架时，对不进行扭转耦联计算的规则结构，其他榀 H 型钢框架地震作用应考虑扭转影响，乘以增大系数 1.05～1.3；转换层下的 H 型钢框架柱其地震内力应乘以增大系数 1.5；托柱梁的地震内力应乘以不小于 1.5 的增大系数。

2）H 型钢梁柱构件的计算

H 型钢梁、柱等构件应按控制截面的最不利内力验算截面，验算可按第 9 章及有关规范规定进行，并符合以下补充规定。必要时宜进行截面优化的调整计算。

（1）多层 H 型钢框架梁、柱、支撑所用钢材强度级别不宜超过 390MPa，截面板材厚度不宜超过 40mm。抗震计算时构件承载力均应考虑承载力抗震调整系数 γ_{RE}，H 型钢构件的强度承载力抗震调整系数为 0.75，钢柱及支撑的稳定承载力抗震调整系数为 0.80。

（2）H 型钢梁、柱构件截面板材的宽（高）厚比应符合表 8.2-5 的要求；当 H 型钢框架构件截面由地震作用计算决定时，其截面板件宽厚比应符合表 8.2-6 的规定。

H 型钢框架柱、梁宽厚比限值　　表 8.2-5

板件名称		S1 级	S2 级	S3 级	S4 级
H 型钢柱	翼缘外伸部分	9	11	13	15
	腹板	$33+13\alpha_0^{1.3}$	$38+13\alpha_0^{1.39}$	$40+18\alpha_0^{1.5}$	$45+25\alpha_0^{1.66}$
H 型钢梁	翼缘外伸部分	9	11	13	15
	腹板	65	72	93	124

注：1. 表中数值适用于 Q235 钢，采用其他牌号钢时，应将表中数值乘以系数 ε_k，其中 $\varepsilon_k=\sqrt{235/f_y}$；

2. 表中参数按下式计算，$\alpha_0=\dfrac{\sigma_{max}-\sigma_{min}}{\sigma_{max}}$；$\sigma_{max}$ 为腹板计算边缘的最大压应力（N/mm²）；σ_{min} 为腹板计算高度另一边缘相应的应力（N/mm²），压应力取正值，拉应力取负值。

地震作用控制时的 H 型钢框架柱、梁宽厚比限值　　表 8.2-6

板件名称		一级	二级	三级	四级
H 型钢柱	翼缘外伸部分	10	11	12	13
	腹板	43	45	48	52
H 型钢梁	翼缘外伸部分	9	9	10	11
	腹板	$72-120\dfrac{N}{Af}$	$72-120\dfrac{N}{Af}$	$80-110\dfrac{N}{Af}$	$85-100\dfrac{N}{Af}$

注：表中数值适用于 Q235 钢，采用其他牌号钢时，应将表中数值乘以系数 ε_k，其中 $\varepsilon_k=\sqrt{235/f_y}$。

（3）H 型钢框架梁应采用组合梁构造，梁上设栓钉抗键连接件，但截面计算仍按钢梁计算。当按抗震设防计算时，其截面塑性发展系数 γ_x、γ_y 宜取为 1.0。

（4）对仅以梁端腹板与柱或主梁相连的梁，需验算其稳定性时，应将其稳定系数 φ_b 乘 0.85 系数予以降低。

（5）按三级及以上抗震设防的多层钢结构，H 型钢框架梁在梁端处受压翼缘应根据需要设置侧向支撑，梁受压翼缘在支撑点间的长度与其宽厚比，应符合关于塑性设计有关要求。当 H 型钢梁受拉的上翼缘有楼板或刚性铺板与钢梁可靠连接时，形成塑性铰的截面应满足下列要求之一：

① 根据本书第 6 章钢梁中公式（6.2-13）计算的正则化长细比不大于 0.3；

② 布置间距不大于 2 倍梁高的加劲肋；

③ 受压下翼缘设置侧向支撑。

（6）多、高层 H 型钢框架的框架梁端截面应按式（8.2-18）验算平均抗剪强度：

$$\tau_o = V/A_{wn} \leqslant f_v \qquad (8.2-18)$$

式中　τ_o——钢梁腹板平均剪应力；

　　　V——梁端剪力；

　　　A_{wn}——扣除焊接孔和螺栓孔后的腹板受剪面积。

（7）非抗震设防的框架柱或由地震作用计算决定截面的框架柱的长细比应满足表 8.2-7 的限值。

H 型钢框架柱长细比的限值 　　　　　　　　　　　　　　　　　表 8.2-7

非抗震设防结构	抗震等级			
	一级	二级	三级	四级
150	60	80	100	120

注：表中值适用于 Q235 钢，采用其他牌号钢时应将表中值乘以 $\sqrt{235/f_y}$。

（8）计算 H 型钢框架柱的轴压稳定系数 φ 时，应注意正确选定截面的类别。对焊接 H 型钢截面当按 b 类截面选用 φ 时，应在设计文件中注明不允许采用轧制或剪切的柱翼缘板。

（9）楼盖主、次梁宜按钢-混凝土组合梁设计，其设计计算和构造按第 10 章有关规定进行。

（10）楼盖结构应具有适宜的舒适度。楼盖结构的竖向振动频率不宜小于 3Hz，竖向振动加速度峰值不应大于表 8.2-8 的限值。楼盖结构竖向振动加速度可按现行行业标准《高层建筑混凝土结构技术规程》JGJ 3—2010 的有关规定计算。

楼盖结构竖向振动加速度 　　　　　　　　　　　　　　　　　表 8.2-8

人员活动环境	峰值加速度限值	
	竖向自振频率不大于 2Hz	竖向自振频率不小于 4Hz
住宅、办公	0.07	0.05
商场及室内环境	0.22	0.15

注：楼盖结构竖向频率为 2～4Hz 时，峰值加速度限值可按线性插值选取。

3）支撑设计与计算

（1）多层 H 型钢框架柱柱间支撑宜采用中心支撑。支撑沿竖向应连续布置，支撑的平面布置应避免或减小刚心的偏移。

（2）支撑形式可采用交叉支撑或人字支撑等（图 8.2-6），在民用建筑中，支撑的位置与形式应满足通道空间或门窗开洞的要求。

（3）中心支撑斜杆与横杆一般应按压杆设计与构造，对角钢、小截面钢管的交叉支撑也可按单拉杆计算。当支撑同时承担结构上其他作用的效应时，支撑杆件的截面与连接应按所在层间的剪力与附加竖向作用力的组合内力进行计算，后者包括因柱压缩变形（图 8.2-6 中 a、b、e）或因支撑横梁（图 8.2-6 中 c、d）产生的附加作用力。

（4）支撑杆件内力中的层间剪力可取为下列两者的较大值：

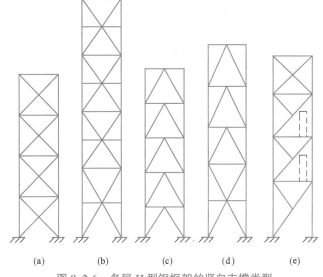

(a)　　(b)　　(c)　　(d)　　(e)

图 8.2-6　多层 H 型钢框架的竖向支撑类型

① 实际水平荷载产生的层间剪力，当按抗震设防时，钢框架-支撑结构的框架部分按刚度分配计算得到的地震层间剪力应乘以调整系数，其值应不小于结构总地震剪力的 25% 和框架部分计算最大层剪力 1.8 倍两者的较小值。

② 层间节点水平荷载按公式（8.2-19）计算：

$$F_{bm} = \frac{\sum N_i}{60}\left(0.6 + \frac{0.4}{n}\right) \tag{8.2-19}$$

式中　N——被撑构件的最大轴心压力；

n——柱列中被撑柱的根数；

$\sum N_i$——被撑柱同时存在的轴心压力设计值之和。

（5）支撑的构造应使被支撑构件在撑点处既不能平移，又不能扭转。

（6）多层 H 型钢框架的支撑宜选用中心支撑，支撑截面宜选用槽钢或 H 型钢。支撑杆件按压杆设计时，其长细比不应大于 $120\sqrt{235/f_y}$；一、二、三级中心支撑不得采用拉杆设计，四级采用拉杆设计时，其长细比不应大于 180。

（7）支撑杆件板件的宽厚比应满足轴心受压构件的局部稳定限值；当由地震作用控制截面设计时，则不应大于表 8.2-9 的限值。

钢结构中心支撑板件宽厚比限值

表 8.2-9

杆件类别	一级	二级	三级	四级
翼缘外伸部分	8	9	10	13
工字形、槽形截面腹板	25	26	27	33
箱型截面腹板	18	20	25	30

注：表中值适用于 Q235 钢，采用其他牌号钢时应将表中值乘以 $\sqrt{235/f_y}$。

8.2.6 多层框架计算实例

1. 设计资料及说明

设计计算一制糖车间多层钢框架，其平面及剖面如图 8.2-7 所示。其横向为框架，纵向为支撑抗侧力体系；框架梁、柱均采用热轧 H 型钢截面，材质均为 Q235 钢；梁、柱节点采用现场焊接连接；框架柱考虑在现场分两段吊装（下两层一段、上三层一段）。因而中柱上段变一次截面；屋面构造现浇屋面板 100mm 厚，约 2.50kN/m²，楼面构造为现浇板 120mm 厚，约 3.00kN/m²。外墙采用加气混凝土（200mm 厚）外包砌筑，并分别由各层墙梁支托。

风荷载及雪荷载标准值分别为 0.40kN/m² 及 0.40kN/m²，各层楼盖上活荷载标准值均为 5.0kN/m²，屋面活荷载标准值为 0.65kN/m²。

抗震设防烈度为 8 度，$\alpha_{max} = 0.16$，并按 II 类场地土及设计地震分组第一组考虑，阻尼比取 0.04。

2. 横向刚架计算

由于每榀的刚架布置相同，故可按间距为 5m 的平面刚架计算。多层框架计算示意图见图 8.2-8。

1）荷载计算

（1）屋面恒荷载

二毡三油防水层：0.35×5×1.3=2.275kN/m

泡沫混凝土保温层：6×0.08×5×1.3=3.12kN/m

现浇屋面板：2.5×5×1.3=16.25kN/m

钢梁自重：1.0×1.3=1.3kN/m

合计：Σ=22.945kN/m

（2）屋面活荷载

屋面雪荷载：0.40×5×1.5=3.0kN/m

屋面活荷载：0.65×5×1.5=4.9kN/m

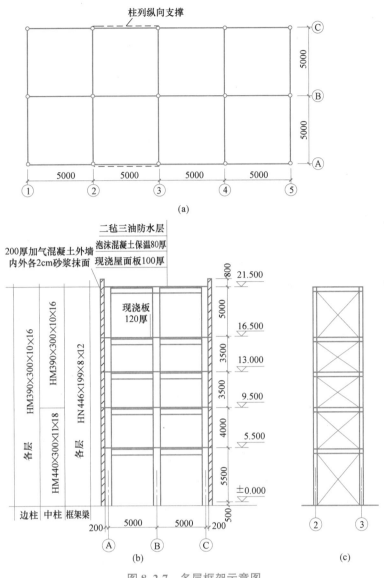

图 8.2-7　多层框架示意图
(a) 平面图；(b) 剖面图；(c) 柱间支撑

活荷载与雪荷载不同时考虑，取两者较大值。本例取活荷载值计算，即 4.9kN/m。

（3）各层楼面静荷载

楼面现浇板：$3.5 \times 5 \times 1.3 = 22.75$kN/m

钢梁自重：$1.0 \times 1.3 = 1.3$kN/m

合计：$\sum = 24.05$kN/m

（4）各层楼面活荷载

操作活荷载不折减。

楼面活荷载：$5 \times 5 \times 1.5 = 37.5$kN/m

（5）各层框架节点集中荷载

① A 列、C 列

16.500m 标高处：

钢柱：$1.1 \times 5 \times 1.3 = 7.15$kN

外墙：$(7 \times 0.2 + 20 \times 0.04) \times 5 \times 1.3 = 82.94$kN

考虑窗口折减：$82.94 \times 0.8 = 66.35$kN

合计：$\Sigma=73.5$kN

13.000m 和 9.500m 标高处：

钢柱：$1.1\times3.5\times1.3=5.0$kN

外墙：$(7\times0.2+20\times0.04)\times5.0\times3.5\times1.3\times0.8=40.04$kN

合计：$\Sigma=45.04$kN

5.500m 标高处：

钢柱：$1.1\times4\times1.3=5.72$kN

外墙：$(7\times0.2+20\times0.04)\times5.0\times4\times1.3\times0.8=45.76$kN

$(7\times0.2+20\times0.04)\times5\times4\times1.2\times0.8=42.24$kN

合计：$\Sigma=51.48$kN

-0.500m 标高处：

钢柱：$1.1\times4\times1.3=8.58$kN

外墙：$(7\times0.2+20\times0.04)\times6\times5\times1.3\times0.8=68.64$kN

合计：$\Sigma=77.22$kN

② B 列钢柱节点荷载

16.500m 标高处：$1.1\times5\times1.3=7.15$kN

13.000m 和 9.500m 标高处：$1.1\times3.5\times1.3=5.0$kN

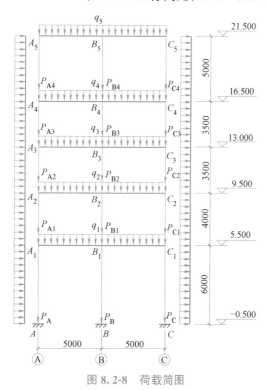

图 8.2-8　荷载简图

5.500m 标高处：$1.1\times4\times1.3=5.72$kN

-0.500m 标高处：$1.1\times6\times1.3=8.58$kN

（6）风载

基本风压 0.4kN/m²，按统一高度 $21.5\times\dfrac{2}{3}=14.5$m

计，取 B 类 $\mu_z=1.13$。

迎风面：$q_1=(0.4\times1.13\times0.8)\times5\times1.5=2.7$kN/m

背风面：$q_2=(0.4\times1.13\times0.8)\times5\times1.5=1.7$kN/m

计算按左风和右风分别考虑，各项荷载计算简图如图 8.2-8 所示。

框架节点集中荷载：

$P_{A4}=P_{C4}=67.85$kN，$P_{B4}=6.6$kN

$P_{A3}=P_{C3}=41.58$kN，$P_{B3}=4.62$kN

$P_{A2}=P_{C2}=41.58$kN，$P_{B2}=4.62$kN

$P_{A1}=P_{C1}=47.52$kN，$P_{B1}=5.52$kN

$P_A=P_C=71.28$kN，$P_B=8.28$kN

$q_{5d}=21.18$kN/m，$q_{5L}=4.9$kN/m

$q_{4d}=q_{3d}=q_{2d}=q_{1d}=19.2$kN/m

$q_{4L}=q_{3L}=q_{2L}=q_{1L}=32.5$kN/m

（7）计算地震作用时横向刚架节点的质量集中（图 8.2-9）

① A 列、C 列

$$G_{EA5}=G_{EC5}=G_K+0.5Q_s=(0.35+6\times0.08+2.5)\times5\times2.7+1\times2.5+1.1\times2.5+$$

$$(7\times0.2+20\times0.04)\times5\times3.3\times0.8+0.4\times5\times2.7\times0.5$$

$$=44.96+2.5+2.75+29.04+2.7$$

$$=81.95\text{kN}$$

$$G_{EA4}=G_{EC4}=G_K+0.5Q_L$$
$$=3\times5\times2.7+1\times2.5+1.1\times\frac{5+3.5}{2}+(7\times0.2+$$
$$20\times0.04)\times5\times\frac{5+3.5}{2}\times0.8+5\times5\times2.7\times0.5$$
$$=40.5+2.5+4.68+37.4+33.75$$
$$=118.83kN$$

$$G_{EA3}=G_{EC3}=G_K+0.5Q_L$$
$$=3\times5\times2.7+1\times2.5+1.1\times3.5+(7\times0.2+20\times$$
$$0.04)\times5\times3.5\times0.8+5\times5\times2.7\times0.5$$
$$=40.5+2.5+3.85+30.8+33.75$$
$$=111.4kN$$

$$G_{EA2}=G_{EC2}=G_K+0.5Q_L$$
$$=3\times5\times2.7+1\times2.5+1.1\times\frac{4+3.5}{2}+(7\times0.2+20\times$$
$$0.04)\times5\times\frac{4+3.5}{2}\times0.8+5\times5\times2.7\times0.5$$
$$=40.5+2.5+4.125+33+33.75$$
$$=113.88kN$$

$$G_{EA1}=G_{EC1}=G_K+0.5Q_L$$
$$=3\times5\times2.7+1\times2.5+1.1\times\frac{6+4}{2}+(7\times0.2+20\times0.04)\times5\times\frac{6+4}{2}\times0.8+5\times5\times2.7\times0.5$$
$$=40.5+2.5+5.5+44+33.75$$
$$=126.25kN$$

② B列

$$G_{EB5}=G_K+0.5Q_s$$
$$=(0.35+6\times0.08+2.5)\times5\times5+1\times5+1.1\times2.5+0.4\times5\times5\times0.5$$
$$=83.25+5+2.75+5$$
$$=96kN$$

$$G_{EB4}=G_K+0.5Q_L$$
$$=3\times5\times5+1\times5+1.1\times\frac{5+3.5}{2}+5\times5\times5\times0.5$$
$$=45+5+4.675+62.5$$
$$=117.18kN$$

$$G_{EB3}=G_K+0.5Q_L=3\times5\times5+1\times5+1.1\times3.5+5\times5\times5\times0.5$$
$$=45+5+3.85+62.5$$
$$=116.35kN$$

$$G_{EB2}=G_K+0.5Q_L=3\times5\times5+1\times5+1.1\times\frac{4+3.5}{2}+5\times5\times5\times0.5$$
$$=45+5+4.125+62.5$$
$$=116.63kN$$

$$G_{EB1}=G_K+0.5Q_L=3\times5\times5+1\times5+1.1\times\frac{6+4}{2}+5\times5\times5\times0.5$$
$$=45+5+5.5+62.5$$
$$=118kN$$

节点集中质量如图8.2-9所示。

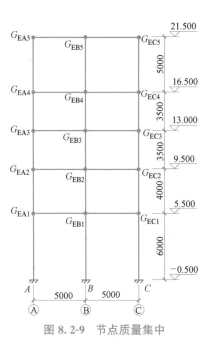

图8.2-9 节点质量集中

2）内力计算及组合

内力计算及组合分别按荷载基本组合及地震作用组合计算。内力分析采用中国建筑科学研究院研制开发的结构设计软件 PKPM，计算模型采用平面框架模型。

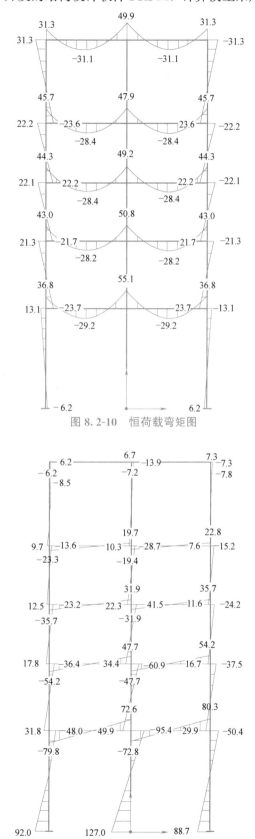

图 8.2-10　恒荷载弯矩图

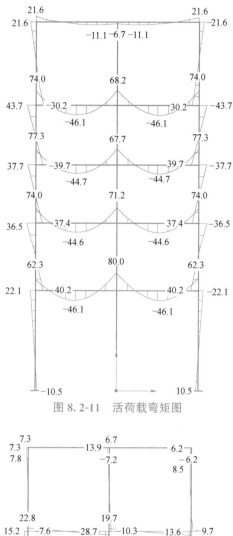

图 8.2-11　活荷载弯矩图

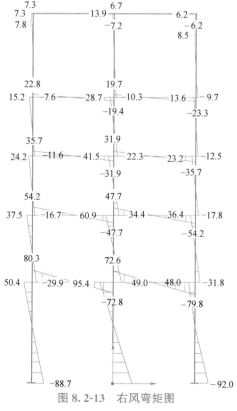

图 8.2-12　左风弯矩图

图 8.2-13　右风弯矩图

荷载基本组合的内力计算及组合，应考虑荷载为恒载、除地震作用外的活荷载及风荷载。由机算所得的各荷载作用的内力图分别示于图 8.2-10～图 8.2-13。图中杆件内力正负号按照软件 PKPM 规定，即弯矩、剪力、轴力的符号遵循右手坐标，弯矩 M 以逆时针方向为正，剪力 V 以和 Y 轴同方向为正，轴力 N 以和 X 轴同方向为正，弯矩、剪力、轴力单位分别为"kN·m、kN、kN"。内力组合列于表 8.2-10。

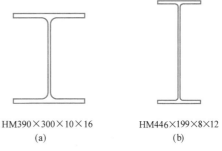

HM390×300×10×16
(a)

HM446×199×8×12
(b)

图 8.2-14　A、C 列柱及横梁截面图
(a) 柱截面；(b) 梁截面

当内力组合中考虑有风荷载与活荷载共同作用时，所有活荷载考虑组合系数为 0.9。荷载基本组合的框架内力见表 8.2-10。

3）杆件截面验算

（1）基本组合时的杆件截面验算

① A、C 列（边）柱（图 8.2-14）

边柱截面特性：HM390×300×10×16；$A=133.30\text{cm}^2$，$I_x=37900\text{cm}^4$，$i_x=16.90\text{cm}$，$W_x=1940\text{cm}^3$，$I_y=7200\text{cm}^4$，$i_y=7.35\text{cm}$，$r=13\text{mm}$。

横梁截面特性：HN446×199×8×12；$A=82.97\text{cm}^2$，$I_x=28100\text{cm}^4$，$W_x=1260\text{cm}^3$，$r=13\text{mm}$。

a. 底层柱——AA_1 柱段

计算长度系数：底层柱与基础刚接，$K_2=10$。

$$K_1=\frac{28100/500}{37900/600+37900/400}=0.36$$

查附表 4-15 并用插入法计算得：$\mu=1.38$。

计算长度：$l_0=\mu l=1.38\times600=828\text{cm}$。

内力组合：

a）第一组：$M=153.6\text{kN·m}$，$N=1280.2\text{kN}$。

强度：

$$\frac{N}{A_n}+\frac{M_x}{\gamma_x W_{nx}}=\frac{1280.2\times10^3}{13330}+\frac{96.1\times10^6}{1.05\times1940\times10^3}=143.2\text{N/mm}^2<f$$

平面内稳定：

$$\lambda_x=\frac{l_0}{i_x}=\frac{828}{16.75}=49.4<150,\quad \frac{b}{h}=\frac{300}{390}=0.77<0.8，取 a 类截面。$$

查附录 4 的附表 4-2 得：$\varphi_x=0.920$（a 类截面）。

$$N'_{Ex}=\frac{\pi^2 EA}{1.1\times\lambda_x^2}=\frac{\pi^2\times206\times10^3\times133.30\times10^2}{1.1\times49.4^2\times10^3}=10092\text{kN}$$

$$\beta_{mx}=1.0$$

$$\frac{N}{\varphi_x A}+\frac{\beta_{mx}M_x}{\gamma_x W_{1x}\left(1-0.8\dfrac{N}{N'_{Ex}}\right)}=\frac{1280.2\times10^3}{0.92\times13330}+\frac{1.0\times96.1\times10^6}{1.05\times1940\times10^3\times\left(1-0.8\times\dfrac{1280.2}{10092}\right)}$$

$$=161.5\text{N/mm}^2<f$$

平面外稳定：

$$\lambda_y=\frac{l}{i_y}=\frac{600}{7.35}=81.6<150，取 b 类截面。$$

查附录 4 的附表 4-3 得：$\varphi_y=0.678$（b 类截面）。

表 8.2-10

基本组合的框架内力

截面		内力	1 恒载 S_{Gk}	2 活载 S_{Lk}	3 左风 S_{w1k}	4 右风 S_{w2k}	$+M_{max}$ 组合	$+M_{max}$ 内力	$-M_{min}$ 组合	$-M_{min}$ 内力	N_{max} 组合	N_{max} 内力
AA_1 柱	柱下端	M_{AA1} (kN·m)	-6.2	-10.5	48	-50.4	$1.0S_{GK}+$	64.7	$1.3S_{Gk}+$	-96.1	$1.3S_{Gk}+$	-105.1
		N_{AA1} (kN)	579.8	393	-75.6	75.9		466.4	$1.5*S_{w2k}+$	1280.2	$1.5*S_{Lk}+$	1411.6
		V_{AA1} (kN)	-3.2	-5.4	31.4	-28.3	$1.5S_{w1k}$	43.9	$0.7*1.5S_{Lk}$	-52.3	$0.6*1.5S_{w2k}$	-37.7
	柱上端	M_{A1A} (kN·m)	-13.1	-22.1	48	-50.4	$1.0S_{GK}+$	57.8	$1.3S_{Gk}+$	-117.3	$1.3S_{Gk}+$	-97.0
		N_{A1A} (kN)	579.8	393	-75.6	75.9		466.4	$1.5*S_{w2k}+$	1280.2	$1.5*S_{Lk}+$	1411.6
		V_{A1A} (kN)	-3.2	-5.4	15.2	-18.1	$1.5S_{w1k}$	19.6	$0.7*1.5S_{Lk}$	-37.0	$0.6*1.5S_{w2k}$	-28.6
A_1A_2 柱	柱下端	M_{A1A2} (kN·m)	-23.7	-40.2	31.8	-29.9	$1.0S_{GK}+$	20.9	$1.3S_{Gk}+$	-121.9	$1.3S_{Gk}+$	-122.1
		N_{A1A2} (kN)	394.6	302.8	-45.1	45.2		326.95	$1.5*S_{w2k}+$	898.7	$1.5*S_{Lk}+$	1007.9
		V_{A1A2} (kN)	-11.2	-19.2	22.4	-20.2	$1.5S_{w1k}$	22.4	$0.7*1.6S_{Lk}$	-65.0	$0.6*1.5S_{w2k}$	-61.5
	柱上端	M_{A2A1} (kN·m)	-21.3	-36.5	36.4	-37.5	$1.0S_{GK}+$	31.5	$1.3S_{Gk}+$	-124.6	$1.3S_{Gk}+$	-118.5
		N_{A2A1} (kN)	394.6	302.8	-45.1	45.2		326.95	$1.5*S_{w2k}+$	898.7	$1.5*S_{Lk}+$	1007.9
		V_{A2A1} (kN)	-11.2	-19.2	17.6	-19.0	$1.5S_{w1k}$	15.2	$0.7*1.6S_{Lk}$	-63.2	$0.6*1.5S_{w2k}$	-60.5
A_2A_3 柱	柱下端	M_{A2A3} (kN·m)	-22.2	-37.4	12.5	-11.6	$1.0S_{GK}+$	-4.55	$1.3S_{Gk}+$	-87.0	$1.3S_{Gk}+$	-96.8
		N_{A2A3} (kN)	291.0	208.5	-24.7	24.9		253.95	$1.5*S_{w2k}+$	634.6	$1.5*S_{Lk}+$	713.5
		V_{A2A3} (kN)	-12.5	-21.5	16.5	-14.7	$1.5S_{w1k}$	12.25	$0.7*1.6S_{Lk}$	-60.9	$0.6*1.5S_{w2k}$	-61.7
	柱上端	M_{A3A2} (kN·m)	-22.2	-43.7	13.6	-24.2	$1.0S_{GK}+$	-3.3	$1.3S_{Gk}+$	-106.7	$1.3S_{Gk}+$	-109.1
		N_{A3A2} (kN)	291.0	208.5	-24.7	24.9		253.95	$1.5*S_{w2k}+$	634.6	$1.5*S_{Lk}+$	713.5
		V_{A3A2} (kN)	-12.5	-21.5	11.3	-12.8	$1.5S_{w1k}$	4.45	$0.7*1.6S_{Lk}$	-58.0	$0.6*1.5S_{w2k}$	-60.0
A_3A_4 柱	柱下端	M_{A3A4} (kN·m)	-22.2	-39.7	12.5	-11.6			$1.3S_{Gk}+$	-90.0	$1.3S_{Gk}+$	-100.9
		N_{A3A4} (kN)	186.9	112.8	-11.2	11.3			$1.5*S_{w2k}+$	378.4	$1.5*S_{Lk}+$	422.3
		V_{A3A4} (kN)	-12.7	-23.8	12.2	-10.6			$0.7*1.6S_{Lk}$	-57.4	$0.6*1.5S_{w2k}$	-61.8
	柱上端	M_{A4A3} (kN·m)	-22.2	-43.7	13.6	-15.2			$1.3S_{Gk}+$	-99.4	$1.3S_{Gk}+$	-109.9
		N_{A4A3} (kN)	186.9	112.8	-11.2	11.3			$1.5*S_{w2k}+$	378.4	$1.5*S_{Lk}+$	422.3
		V_{A4A3} (kN)	-12.7	-23.8	5.0	-8.0			$0.7*1.6S_{Lk}$	-53.5	$0.6*1.5S_{w2k}$	-59.4
A_4A_5 柱	柱下端	M_{A4A5} (kN·m)	-23.6	-30.2	9.7	-7.6			$1.3S_{Gk}+$	-76.0	$1.3S_{Gk}+$	-85.0
		N_{A4A5} (kN)	53.7	17.9	-2.6	2.9			$1.5*S_{w2k}+$	93.0	$1.5*S_{Lk}+$	99.3
		V_{A4A5} (kN)	-11.0	-10.4	9.9	-7.2			$0.7*1.6S_{Lk}$	-36.0	$0.6*1.5S_{w2k}$	-36.4
	柱上端	M_{A5A4} (kN·m)	-31.3	-21.6	6.2	-7.3			$1.3S_{Gk}+$	-78.6	$1.3S_{Gk}+$	-84.0
		N_{A5A4} (kN)	53.7	17.9	-2.6	2.9			$1.5*S_{w2k}+$	93.0	$1.5*S_{Lk}+$	99.3
		V_{A5A4} (kN)	-11.0	-10.4	6.3	-5.9			$0.7*1.6S_{Lk}$	-34.1	$0.6*1.5S_{w2k}$	-35.2

续表

截面	内力	1 恒载 S_{Gk}	2 活载 S_{Lk}	3 左风 S_{w1k}	4 右风 S_{w2k}	$+M_{max}$ 内力	$+M_{max}$ 组合	$-M_{min}$ 内力	$-M_{min}$ 组合	N_{max} 组合	N_{max} 内力
BB_1柱 柱下端	M_{BB1} (kN·m)	0	0	85.7	−85.7	128.55	$1.3S_{Gk}+$	−128.55	$1.3S_{Gk}+$	$1.3S_{Gk}+$	0
	N_{BB1} (kN)	639.2	763.0	−0.3	−0.3	1631.66	$1.5*S_{w1k}+$	1631.66	$1.5*S_{w2k}+$	$1.5S_{Lk}$	1975.46
	V_{BB1} (kN)	0	0	37.1	−37.1	55.65	$0.7*1.5S_{Lk}$	−55.65	$0.7*1.5S_{Lk}$		0
柱上端	M_{B1B} (kN·m)	0	0	59.6	−59.6	89.4	$1.3S_{Gk}+$	−89.4	$1.3S_{Gk}+$	$1.3S_{Gk}+$	0
	N_{B1B} (kN)	639.2	763.0	−0.3	−0.3	1631.66	$1.5*S_{w1k}+$	1631.66	$1.5*S_{w2k}+$	$1.5S_{Lk}$	1975.46
	V_{B1B} (kN)	0	0	37.1	−37.1	55.65	$0.7*1.5S_{Lk}$	−55.65	$0.7*1.5S_{Lk}$		0
B_1B_2柱 柱下端	M_{B1B2} (kN·m)	0	0	38.1	−38.1	57.15	$1.3S_{Gk}+$	−57.15	$1.3S_{Gk}+$	$1.3S_{Gk}+$	0
	N_{B1B2} (kN)	506.0	568.4	0.2	0.2	1254.92	$1.5*S_{w1k}+$	1254.92	$1.5*S_{w2k}+$	$1.5S_{Lk}$	1510.4
	V_{B1B2} (kN)	0	0	27.7	−27.7	41.55	$0.7*1.5S_{Lk}$	−41.55	$0.7*1.5S_{Lk}$		0
柱上端	M_{B2B1} (kN·m)	0	0	48.2	−48.2	72.3	$1.3S_{Gk}+$	−72.3	$1.3S_{Gk}+$	$1.3S_{Gk}+$	0
	N_{B2B1} (kN)	506.0	568.4	0.2	0.2	1254.92	$1.5*S_{w1k}+$	1254.92	$1.5*S_{w2k}+$	$1.5S_{Lk}$	1510.4
	V_{B2B1} (kN)	0	0	27.7	−27.7	41.55	$0.7*1.5S_{Lk}$	−41.55	$0.7*1.5S_{Lk}$		0
B_2B_3柱 柱下端	M_{B2B3} (kN·m)	0	0	21.8	−21.8	32.7	$1.3S_{Gk}+$	−32.7	$1.3S_{Gk}+$	$1.3S_{Gk}+$	0
	N_{B2B3} (kN)	377.6	382.0	0.2	0.2	892.28	$1.5*S_{w1k}+$	892.28	$1.5*S_{w2k}+$	$1.5S_{Lk}$	1063.88
	V_{B2B3} (kN)	0	0	21.7	−21.7	32.55	$0.7*1.5S_{Lk}$	−32.55	$0.7*1.5S_{Lk}$		0
柱上端	M_{B3B2} (kN·m)	0	0	29.4	−28.4	44.1	$1.3S_{Gk}+$	−42.6	$1.3S_{Gk}+$	$1.3S_{Gk}+$	0
	N_{B3B2} (kN)	377.6	382.0	0.2	0.2	892.28	$1.5*S_{w1k}+$	892.28	$1.5*S_{w2k}+$	$1.5S_{Lk}$	1063.88
	V_{B3B2} (kN)	0	0	21.7	−21.7	32.55	$0.7*1.5S_{Lk}$	−32.55	$0.7*1.5S_{Lk}$		0
B_3B_4柱 柱下端	M_{B3B4} (kN·m)	0	0	17.2	−17.2	25.8	$1.3S_{Gk}+$	−25.8	$1.3S_{Gk}+$	$1.3S_{Gk}+$	0
	N_{B3B4} (kN)	250.3	198.4	0.2	0.2	534.01	$1.5*S_{w1k}+$	534.01	$1.5*S_{w2k}+$	$1.5S_{Lk}$	622.99
	V_{B3B4} (kN)	0	0	14.6	−14.6	21.9	$0.7*1.5S_{Lk}$	−21.9	$0.7*1.5S_{Lk}$		0
柱上端	M_{B4B3} (kN·m)	0	0	22.3	−22.3	33.45	$1.3S_{Gk}+$	−33.45	$1.3S_{Gk}+$	$1.3S_{Gk}+$	0
	N_{B4B3} (kN)	250.3	198.4	0.2	0.2	534.01	$1.5*S_{w1k}+$	534.01	$1.5*S_{w2k}+$	$1.5S_{Lk}$	622.99
	V_{B4B3} (kN)	0	0	14.6	−14.6	21.9	$0.7*1.5S_{Lk}$	−21.9	$0.7*1.5S_{Lk}$		0
B_4B_5柱 柱下端	M_{B4B5} (kN·m)	0	0	7.4	−7.4	11.1	$1.3S_{Gk}+$	−11.1	$1.3S_{Gk}+$	$1.3S_{Gk}+$	0
	N_{B4B5} (kN)	122.1	13.2	0.3	0.3	173.04	$1.5*S_{w1k}+$	173.04	$1.5*S_{w2k}+$	$1.5S_{Lk}$	178.53
	V_{B4B5} (kN)	0	0	4.9	−4.9	7.35	$0.7*1.5S_{Lk}$	−7.35	$0.7*1.5S_{Lk}$		0
柱上端	M_{B5B4} (kN·m)	0	0	10.8	−10.8	16.2	$1.3S_{Gk}+$	−16.2	$1.3S_{Gk}+$	$1.3S_{Gk}+$	0
	N_{B5B4} (kN)	122.1	13.2	0.3	0.3	173.04	$1.5*S_{w1k}+$	173.04	$1.5*S_{w2k}+$	$1.5S_{Lk}$	178.53
	V_{B5B4} (kN)	0	0	4.9	−4.9	7.35	$0.7*1.5S_{Lk}$	−7.35	$0.7*1.5S_{Lk}$		0

（注：内力组合总表分为 $+M_{max}$、$-M_{min}$、N_{max} 三部分）

框架轴线示意图：A、A_1、B、B_1、B_2、B_3、B_4、B_5、C、C_1、C_2、C_3、C_4、C_5

续表

截面	梁	内力	1 恒载 S_{GK}	2 活载 S_{Lk}	3 左风 S_{w1k}	4 右风 S_{w2k}	$+M_{max}$ 组合	$+M_{max}$ 内力	$-M_{min}$ 组合	$-M_{min}$ 内力	N_{max} 组合	N_{max} 内力
A_1B_1 梁	梁左端	M_{A1B1} (kN·m)	36.8	62.3	−79.8	80.3	$1.3S_{Gk}+0.9*(1.5S_{Lk})+1.5S_{w2k}$	240.4			$1.3S_{Gk}+1.5*S_{Lk}+0.6*1.5S_{w2k}$	189.5
		N_{A1B1} (kN)	8.0	13.7	7.2	2.1		31.7		18.8		32.2
		V_{A1B1} (kN)	56.5	90.2	30.5	30.5		236.4		102.3		227.1
	梁右端	M_{B1A1} (kN·m)	−55.1	−80.0	−72.6	72.8			$1.3S_{Gk}+0.9*(1.5S_{Lk}+1.5S_{w2k})$	−164.0	$1.3S_{Gk}+1.5*S_{Lk}+0.6*1.5S_{w2k}$	−148.0
		N_{B1A1} (kN)	8.0	13.7	7.2	2.1				18.8		32.2
		V_{B1A1} (kN)	63.8	97.3	30.5	30.5				109.6		247.2
A_2B_2 梁	梁左端	M_{A2B2} (kN·m)	43.0	74.0	−54.2	54.2	$1.3S_{Gk}+0.9*(1.5S_{Lk})+1.5S_{w2k}$	229.0	$1.0S_{Gk}+1.5S_{w1k}$	−38.3	$1.0S_{Gk}+1.5S_{w1k}$	199.4
		N_{A2B2} (kN)	1.3	2.3	4.8	1.2		6.4		8.5		5.9
		V_{A2B2} (kN)	58.6	94.3	20.4	20.4		231.0		89.2		229.9
	梁右端	M_{B2A2} (kN·m)	−50.8	−71.2	−47.7	47.7			$1.3S_{Gk}+0.9*(1.5S_{Lk}+1.5S_{w1k})$	−122.4	$1.0S_{Gk}+1.5S_{w1k}$	−144.2
		N_{B2A2} (kN)	1.3	2.3	4.8	1.2				8.5		5.9
		V_{B2A2} (kN)	61.7	93.2	20.4	20.4				92.3		232.3
A_3B_3 梁	梁左端	M_{A3B3} (kN·m)	44.3	−77.3	−35.7	35.7	$1.3S_{Gk}+0.9*(1.5S_{Lk})+1.5S_{w2k}$	1.4	$1.0S_{Gk}+1.5S_{w1k}$	−9.3	$1.0S_{Gk}+1.5S_{w1k}$	−36.9
		N_{A3B3} (kN)	0.2	2.4	5.2	1.9		6.1		8.0		5.0
		V_{A3B3} (kN)	59.1	95.7	13.5	8.4		217.4		79.4		225.4
	梁右端	M_{B3A3} (kN·m)	−49.2	−67.7	−31.9	31.9			$1.3S_{Gk}+0.9*(1.5S_{Lk}+1.5S_{w1k})$	−97.1	$1.0S_{Gk}+1.5S_{w1k}$	−146.4
		N_{B3A3} (kN)	0.20	2.4	5.2	1.9				8.0		5.0
		V_{B3A3} (kN)	61.1	92.6	13.5	8.4				81.4		223.4
A_4B_4 梁	梁左端	M_{A4B4} (kN·m)	45.7	74.0	−23.3	22.8	$1.3S_{Gk}+0.9*(1.5S_{Lk})+1.5S_{w2k}$	190.1	$1.3S_{Gk}+0.9*(1.5S_{Lk}+1.5S_{w1k})$	10.8	$1.3S_{Gk}+0.9*(1.5S_{w1k})$	184.1
		N_{A4B4} (kN)	1.7	13.5	7.2	2.6		23.9		12.5		24.0
		V_{A4B4} (kN)	59.7	91.6	8.6	8.4		212.6		72.6		220.1
	梁右端	M_{B4A4} (kN·m)	−47.9	−68.2	−19.7	19.4			$1.3S_{Gk}+0.9*(1.5S_{Lk}+1.5S_{w1k})$	−77.5	$1.3S_{Gk}+0.9*(1.5S_{w1k})$	−152.9
		N_{B4A4} (kN)	1.7	13.5	7.2	2.6				12.5		24.0
		V_{B4A4} (kN)	60.5	92.6	8.6	8.4				73.4		222.6
A_5B_5 梁	梁左端	M_{A5B5} (kN·m)	31.3	21.6	−6.2	7.2	$1.3S_{Gk}+0.9*(1.5S_{Lk})+1.5S_{w2k}$	79.6	$1.3S_{Gk}+0.9*(1.5S_{Lk}+1.5S_{w1k})$	22.0	$1.3S_{Gk}+0.9*(1.5S_{w1k})$	77.4
		N_{A5B5} (kN)	11	10.4	3.6	1.3		30.1		16.4		30.7
		V_{A5B5} (kN)	53.7	17.9	2.6	2.9		97.9		57.6		98.4
	梁右端	M_{B5A5} (kN·m)	−49.9	6.7	−6.7	7.2			$1.3S_{Gk}+0.9*(1.5S_{Lk}+1.5S_{w1k})$	−60.0	$1.3S_{Gk}+0.9*(1.5S_{w1k})$	−50.5
		N_{B5A5} (kN)	11	10.4	3.6	1.3				16.4		30.7
		V_{B5A5} (kN)	61.1	6.6	2.6	2.9				65.0		91.1

$$\varphi_b = 1.07 - \frac{\lambda_y^2}{44000} = 1.07 - \frac{81.6^2}{44000} = 0.92, \quad \beta_{tx} = 1.0, \quad \eta = 1.0$$

$$\frac{N}{\varphi_y A} + \eta \frac{\beta_{tx} M_x}{\varphi_b W_{1x}} = \frac{1280.2 \times 10^3}{0.678 \times 13330} + 1 \times \frac{1.0 \times 96.1 \times 10^6}{0.92 \times 1940 \times 10^3} = 192.9 \text{N/mm}^2 < f$$

局部稳定:

翼缘: $\dfrac{b}{t} = \dfrac{(300-10)/2 - 13}{16} = \dfrac{132}{16} = 8.25 < 13$,满足要求。

腹板: $W = \dfrac{I_x}{h_0/2} = \dfrac{37864}{35.8/2} = 2115 \text{cm}^3$

$$\sigma_{max} = \frac{N}{A} + \frac{M_x}{W} = \frac{1280.2 \times 10^3}{13330} + \frac{96.1 \times 10^6}{1940 \times 10^3} = 145.6 \text{N/mm}^2$$

$$\sigma_{min} = \frac{N}{A} - \frac{M_x}{W} = \frac{1280.2 \times 10^3}{13330} - \frac{96.1 \times 10^6}{1940 \times 10^3} = 46.5 \text{N/mm}^2$$

$$\alpha_0 = \frac{\sigma_{max} - \sigma_{min}}{\sigma_{max}} = \frac{145.6 - 46.5}{145.6} = 0.68$$

S3级,压弯构件腹板高厚比限值为: $40 + 18\alpha_0^{1.5} = 40 + 18 \times 0.68^{1.5} = 50.1$

$\dfrac{h_0}{t_w} = \dfrac{358}{10} = 35.8 < 50.1$,满足要求。

b) 第二组: $M = 70.6 \text{kN} \cdot \text{m}$,$N = 1411.6 \text{kN}$。

强度:

$$\frac{N}{A_n} + \frac{M_x}{\gamma_x W_{nx}} = \frac{1411.6 \times 10^3}{13330} + \frac{70.6 \times 10^6}{1.05 \times 1940 \times 10^3} = 105.9 \text{N/mm}^2 < f$$

平面内稳定:

$$\frac{N}{\varphi_x A} + \frac{\beta_{mx} M_x}{\gamma_x W_{1x}\left(1 - 0.8\dfrac{N}{N'_{Ex}}\right)} = \frac{1411.6 \times 10^3}{0.92 \times 13330} + \frac{1.0 \times 70.6 \times 10^6}{1.05 \times 1940 \times 10^3 \times \left(1 - 0.8 \times \dfrac{1411.6}{10092}\right)}$$

$$= 115.1 \text{N/mm}^2 < f$$

平面外稳定:

$$\frac{N}{\varphi_y A} + \eta \frac{\beta_{tx} M_x}{\varphi_b W_{1x}} = \frac{1411.6 \times 10^3}{0.678 \times 13330} + \frac{1.0 \times 70.6 \times 10^6}{0.92 \times 1940 \times 10^3} = 156.2 \text{N/mm}^2 < f$$

b. 二层柱——$A_1 A_2$ 柱段

计算长度系数:

$K_2 = 0.40$

$K_1 = \dfrac{28100/500}{37900/400 + 37900/350} = 0.28$

查附录4附表4-15并用插入法计算得: $\mu = 1.83$。

计算长度: $l_0 = \mu l = 1.83 \times 400 = 732.0 \text{cm}$

内力组合:

a) 第一组: $M = 117.3 \text{kN} \cdot \text{m}$,$N = 1280.2 \text{kN}$。

强度:

$$\frac{N}{A_n} + \frac{M_x}{\gamma_x W_{nx}} = \frac{1280.2 \times 10^3}{13330} + \frac{117.3 \times 10^6}{1.05 \times 1940 \times 10^3} = 153.6 \text{N/mm}^2 < f$$

平面内稳定:

$$\lambda_x = \frac{l_o}{i_x} = \frac{732}{16.75} = 43.7 < 150$$

查附录 4 附表 4-2 得：$\varphi_x = 0.933$（a 类截面）。

$$N'_{Ex} = \frac{\pi^2 EA}{1.1 \times \lambda_x^2} = \frac{\pi^2 \times 206 \times 10^3 \times 133.30 \times 10^2}{1.1 \times 43.7^2 \times 10^3} = 12897\text{kN}$$

$$\beta_{mx} = 1.0$$

$$\frac{N}{\varphi_x A} + \frac{\beta_{mx} M_x}{\gamma_x W_{1x}\left(1 - 0.8\dfrac{N}{N'_{Ex}}\right)} = \frac{1280.2 \times 10^3}{0.933 \times 13330} + \frac{1.0 \times 117.3 \times 10^6}{1.05 \times 1940 \times 10^3 \times \left(1 - 0.8 \times \dfrac{1411.6}{12897}\right)}$$
$$= 166.0\text{N/mm}^2 < f$$

平面外稳定：

$$\lambda_y = \frac{l}{i_y} = \frac{400}{7.35} = 54.4 < 150$$

查附录 4 附表 4-3 得：$\varphi_y = 0.836$（b 类截面）。

$$\varphi_b = 1.07 - \frac{\lambda_y^2}{44000} = 1.07 - \frac{54.4^2}{44000} = 1.0, \quad \beta_{tx} = 1.0, \quad \eta = 1.0$$

$$\frac{N}{\varphi_y A} + \eta\frac{\beta_{tx} M_x}{\varphi_b W_{1x}} = \frac{1280.2 \times 10^3}{0.836 \times 13330} + 1.0 \times \frac{1.0 \times 117.3 \times 10^6}{1.0 \times 1940 \times 10^3} = 175.3\text{N/mm}^2 < f$$

b）第二组：$M = 122.1\text{kN·m}$，$N = 1007.9\text{kN}$。

强度：

$$\frac{N}{A_n} + \frac{M_x}{\gamma_x W_{nx}} = \frac{1007.9 \times 10^3}{13330} + \frac{122.1 \times 10^6}{1.05 \times 1940 \times 10^3} = 135.5\text{N/mm}^2 < f$$

平面内稳定：

$$\frac{N}{\varphi_x A} + \frac{\beta_{mx} M_x}{\gamma_x W_{1x}\left(1 - 0.8\dfrac{N}{N'_{Ex}}\right)} = \frac{1007.9 \times 10^3}{0.933 \times 13330} + \frac{1.0 \times 122.1 \times 10^6}{1.05 \times 1940 \times 10^3 \times \left(1 - 0.8 \times \dfrac{1007.6}{12897}\right)}$$
$$= 144.9\text{N/mm}^2 < f$$

平面外稳定：

$$\frac{N}{\varphi_y A} + \eta\frac{\beta_{tx} M_x}{\varphi_b W_{1x}} = \frac{1007.9 \times 10^3}{0.836 \times 13330} + \frac{1.0 \times 122.1 \times 10^6}{1.0 \times 1940 \times 10^3} = 153.6\text{N/mm}^2 < f$$

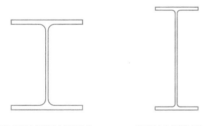

HM390×300×10×16
(a)

HM446×199×8×12
(b)

图 8.2-15　B 列柱截面

（a）下两段柱；（b）上三段柱

a. 底层柱——BB_1 柱段

计算长度系数：底层柱与基础刚接，$K_2 = 10$。

② B 列（中）柱（图 8.2-15）

中柱截面特性：

下段柱：HM440×300×11×18；$A = 153.9\text{cm}^2$，$I_x = 54700\text{cm}^4$，$i_x = 18.9\text{cm}$，$W_x = 2490\text{cm}^3$，$I_y = 8110\text{cm}^4$，$i_y = 7.25\text{cm}$。

上段柱：HM390×300×10×16；$A = 133.30\text{cm}^2$，$I_x = 37900\text{cm}^4$，$i_x = 16.9\text{cm}$，$W_x = 1940\text{cm}^3$，$I_y = 7200\text{cm}^4$，$i_y = 7.35\text{cm}$。

横梁截面特性：HN446×199×8×12；$A = 82.97\text{cm}^2$，$I_x = 28100\text{cm}^4$，$W_x = 1260\text{cm}^3$。

$$K_1 = \frac{2 \times 28100/500}{54700/600 + 54700/400} = 0.49$$

查附录 4 附表 4-15 得：$\mu = 1.30$。

计算长度：$l_0 = \mu l = 1.30 \times 600 = 780 \text{cm}$

内力组合：$M = 128.6 \text{kN} \cdot \text{m}$，$N = 1631.7 \text{kN}$。

强度：

$$\frac{N}{A_n} + \frac{M_x}{\gamma_x W_{nx}} = \frac{1631.7 \times 10^3}{15390} + \frac{128.6 \times 10^6}{1.05 \times 2490 \times 10^3} = 155.2 \text{N/mm}^2 < f$$

平面内稳定：

$$\lambda_x = \frac{l_0}{i_x} = \frac{780}{18.90} = 41.5 < 150$$

查附录附表 4-2 得：$\varphi_x = 0.938$（a 类截面）。

$$N'_{Ex} = \frac{\pi^2 EA}{1.1 \times \lambda_x^2} = \frac{\pi^2 \times 206 \times 10^3 \times 153.90 \times 10^2}{1.1 \times 41.5^2 \times 10^3} = 16515 \text{kN}$$

$$\beta_{mx} = 1.0$$

$$\frac{N}{\varphi_x A} + \frac{\beta_{mx} M_x}{\gamma_x W_{1x}\left(1 - 0.8\frac{N}{N'_{Ex}}\right)} = \frac{1631.7 \times 10^3}{0.938 \times 15390} + \frac{1.0 \times 128.6 \times 10^6}{1.05 \times 2490 \times 10^3 \times \left(1 - 0.8 \times \frac{1007.6}{12897}\right)}$$
$$= 165.5 \text{N/mm}^2 < f$$

平面外稳定：

$$\lambda_y = \frac{l}{i_y} = \frac{600}{7.25} = 82.6 < 150$$

查附录 4 附表 4-3 得：$\varphi_y = 0.671$（b 类截面）。

$$\varphi_b = 1.07 - \frac{\lambda_y^2}{44000} = 1.07 - \frac{82.6^2}{44000} = 0.91，\beta_{tx} = 1.0，\eta = 1.0$$

$$\frac{N}{\varphi_y A} + \eta \frac{\beta_{tx} M_x}{\varphi_b W_{1x}} = \frac{1631.7 \times 10^3}{0.671 \times 15390} + \frac{1.0 \times 128.6 \times 10^6}{0.91 \times 2490 \times 10^3} = 214.7 \text{N/mm}^2 < f$$

局部稳定：

按轴心受压构件：

$\lambda = 82.6$，翼缘宽厚比限值为：$10 + 0.1\lambda = 10 + 0.1 \times 82.6 = 18.26$。

翼缘：$\frac{b}{t} = \frac{(300 - 11)/2 - 13}{18} = \frac{131.5}{18} = 7.3 < 18.26$，满足要求。

腹板：腹板高厚比限值为：$25 + 0.5\lambda = 25 + 0.5 \times 82.6 = 66.3$。

$$\frac{h_0}{t_w} = \frac{404}{11} = 36.7 < 66.3，满足要求。$$

按压弯曲构件：

翼缘：$\frac{b}{t} = 8.0 < 13$，满足要求。

腹板：$W = \frac{I_x}{h_0/2} = \frac{54731}{40.4/2} = 2709.4 \text{cm}^3$

$$\sigma_{max} = \frac{N}{A} + \frac{M_x}{W} = \frac{1631.7 \times 10^3}{15390} + \frac{128.6 \times 10^6}{2490 \times 10^3} = 157.7 \text{N/mm}^2$$

$$\sigma_{min} = \frac{N}{A} - \frac{M_x}{W} = \frac{1631.7 \times 10^3}{15390} - \frac{128.6 \times 10^6}{2490 \times 10^3} = 54.4 \text{N/mm}^2$$

$$\alpha_0 = \frac{\sigma_{max} - \sigma_{min}}{\sigma_{max}} = \frac{157.7 - 54.4}{157.7} = 0.66$$

S3 级，压弯构件腹板高厚比限值为：$40 + 18\alpha_0^{1.5} = 40 + 18 \times 0.66^{1.5} = 49.7$。

$\frac{h_0}{t_w} = \frac{404}{11} = 36.7 < 49.7$，满足要求。

b. 三层柱——B_2B_3 柱段

计算长度系数：

$$K_1 = \frac{2 \times 28100/500}{2 \times 37900/350} = 0.52$$

$$K_2 = \frac{2 \times 28100/500}{37900/350 + 54700/400} = 0.46$$

查附录 4 附表 4-15 并用插入法计算得：$\mu = 1.61$。

计算长度：$l_0 = \mu l = 1.61 \times 350 = 563.5\text{cm}$

内力组合：$M = 32.7\text{kN} \cdot \text{m}$，$N = 892.3\text{kN}$。

强度：

$$\frac{N}{A_n} + \frac{M_x}{\gamma_x W_{nx}} = \frac{892.3 \times 10^3}{13330} + \frac{32.7 \times 10^6}{1.05 \times 1940 \times 10^3} = 83.0\text{N/mm}^2 < f$$

平面内稳定：

$$\lambda_x = \frac{l_0}{i_x} = \frac{563.5}{16.90} = 33.4 < 150$$

查附录附表 4-2 得：$\varphi_x = 0.956$（a 类截面）。

$$N'_{Ex} = \frac{\pi^2 EA}{1.1 \times \lambda_x^2} = \frac{\pi^2 \times 206 \times 10^3 \times 133.30 \times 10^2}{1.1 \times 33.4^2} = 22077\text{kN}$$

$\beta_{mx} = 1.0$

$$\frac{N}{\varphi_x A} + \frac{\beta_{mx} M_x}{\gamma_x W_{1x}\left(1 - 0.8\frac{N}{N'_{Ex}}\right)} = \frac{892.3 \times 10^3}{0.956 \times 13330} + \frac{1.0 \times 32.7 \times 10^6}{1.05 \times 1940 \times 10^3 \times \left(1 - 0.8 \times \frac{892.3}{22077}\right)}$$
$$= 86.6\text{N/mm}^2 < f$$

平面外稳定：

$$\lambda_y = \frac{l}{i_y} = \frac{350}{7.35} = 48 < 150$$

查附录 4 附表 4-3 得：$\varphi_y = 0.865$（b 类截面）。

$\varphi_b = 1.07 - \frac{\lambda_y^2}{44000} = 1.07 - \frac{48^2}{44000} = 1.02 > 1.0$，取 1.0。$\beta_{tx} = 1.0$，$\eta = 1.0$。

$$\frac{N}{\varphi_y A} + \eta\frac{\beta_{tx} M_x}{\varphi_b W_{1x}} = \frac{892.3 \times 10^3}{0.865 \times 13330} + \frac{1.0 \times 32.7 \times 10^6}{1.0 \times 1940 \times 10^3} = 94.2\text{N/mm}^2 < f$$

局部稳定：

翼缘：$\frac{b}{t} = \frac{(300-10)/2 - 13}{16} = \frac{132}{16} = 8.25 < 13$，满足要求。

腹板：$W = \frac{I_x}{h_0/2} = \frac{37864}{35.8/2} = 2115\text{cm}^3$

$$\sigma_{max} = \frac{N}{A} + \frac{M_x}{W} = \frac{892.3 \times 10^3}{13330} + \frac{32.7 \times 10^6}{1940 \times 10^3} = 83.8\text{N/mm}^2$$

$$\sigma_{min} = \frac{N}{A} - \frac{M_x}{W} = \frac{892.3 \times 10^3}{13330} - \frac{32.7 \times 10^6}{1940 \times 10^3} = 50.1\text{N/mm}^2$$

$$\alpha_0 = \frac{\sigma_{max} - \sigma_{min}}{\sigma_{max}} = \frac{83.8 - 50.1}{83.8} = 0.40$$

S3级，压弯构件腹板高厚比限值为：$40 + 18 \times \alpha_0^{1.5} = 40 + 18 \times 0.4^{1.5} = 44.6$。

$\frac{h_0}{t_w} = \frac{358}{10} = 35.8 < 44.6$，满足要求。

③ 横梁

横梁截面特性：HN446×199×8×12；$A = 82.97 cm^2$，$I_x = 28100 cm^4$，$W_x = 1260 cm^3$，$S_x = 696 cm^3$。

按梁端负弯矩校核。

因截面相同，可选择最不利内力组合验算，现选用 $A_1 B_1$ 梁左端内力组合验算。组合内力：$M = 240.4 kN \cdot m$，$N = 31.7 kN$。

最大剪应力组合的剪力取 $A_2 B_2$ 梁右左端，$V_{max} = 247.2 kN$。

梁端截面验算：

正应力：$\sigma = \frac{N}{A_n} + \frac{M_x}{W_{nx}} = \frac{31.7 \times 10^3}{8297} + \frac{240.4 \times 10^6}{1260 \times 10^3} = 194.6 N/mm^2 < f$

剪应力：$\tau = \frac{V S_x}{I t_w} = \frac{247.2 \times 10^3 \times 696 \times 10^3}{28100 \times 10^4 \times 8} = 76.5 N/mm^2$

由于梁上翼缘有现浇混凝土板与其可靠连接，所以梁整体稳定可不验算。

局部稳定：

翼缘：$\frac{b}{t} = \frac{(199-8)/2}{12} = 7.96 < 13$，满足要求。

腹板：腹板高厚比限值为：$80\sqrt{\frac{235}{f_y}} = 80$

$\frac{h_0}{t_w} = \frac{446 - 2 \times 12}{8} = 52.75 < 80$，满足要求。

梁跨中截面最大弯矩小于支座弯矩，故不再计算。

（2）地震作用下的内力组合及构件截面验算

① 地震作用下的内力组合

a. 重力荷载代表值的效应。为了利用无地震计算结果现分析如下：

对于恒荷载，取标准值×系数 $1 \times \gamma_{EG}$（1.2），故可利用恒荷载数据。

屋面活荷载，只取雪载×系数 $0.5 \times \gamma_{EG}$（1.2）。

楼面活荷载，取标准值×系数 $0.5 \times \gamma_{EG}$（1.2）。

b. 各楼层集中质量（图8.2-9）产生的地震作用标准值，经机算分析后弯矩如图8.2-16所示。

c. 地震作用时梁、柱的内力组合见表8.2-11。

② 梁柱截面验算

验算时，柱、梁截面承载力调整系数 γ_{RE} 采用 0.75；局部稳定应按表8.2-6控制，结构高度小于50m，抗震设防烈度为8度，抗震等级为三级。梁、柱截面特性均同前。

a. 边柱——AA_1 柱段

地震内力组合：$M = 79.3 kN \cdot m$，$N = 1030.2 kN$。

强度：

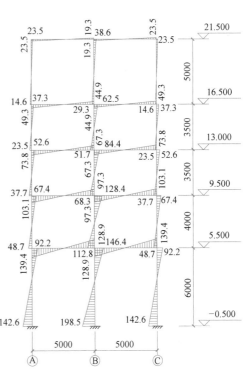

图8.2-16 水平地震作用弯矩图（kN·m）
（图示内力的地震作用方向为由右向左）

表 8.2-11

考虑地震组合的框架内力

截面		内力	重力荷载代表值 恒载 S_{Gk}	重力荷载代表值 活载 $0.5S_{Lk}$	地震作用 左震 S_{Ehk1}	地震作用 右震 S_{Ehk2}	内力组合 $+M_{max}$ 组合	$+M_{max}$ 内力	$-M_{max}$ 组合	$-M_{max}$ 内力	N_{max} 组合	N_{max} 内力
框架柱 AA₁ 柱	柱下端	M_{AA1} (kN·m)	-6.2	-5.25	48	-50.4	$1.2(S_{Gk}+0.5S_{Lk})+1.3S_{Ehk1}$	48.7	$1.2(S_{Gk}+0.5S_{Lk})+1.3S_{Ehk2}$	-79.3	$1.2(S_{Gk}+0.5S_{Lk})+1.3S_{Ehk2}$	-79.3
		N_{AA1} (kN)	579.8	196.5	-75.9	75.9		833.3		1030.2		1030.2
		V_{AA1} (kN)	-3.2	-2.7	31.4	-28.3		33.7		-43.9		-43.9
	柱上端	M_{A1A} (kN·m)	-13.1	-11.05	48	-50.4	$1.2(S_{Gk}+0.5S_{Lk})+1.3S_{Ehk1}$	33.4	$1.2(S_{Gk}+0.5S_{Lk})+1.3S_{Ehk2}$	-94.5	$1.2(S_{Gk}+0.5S_{Lk})+1.3S_{Ehk2}$	-94.5
		N_{A1A} (kN)	579.8	196.5	-75.6	75.9		833.3		1030.2		1030.2
		V_{A1A} (kN)	-3.2	-2.7	15.2	-18.1		12.7		-30.6		-30.6
A_1A_2 柱	柱下端	M_{A1A2} (kN·m)	-23.7	-20.1	31.8	-29.9	$1.2(S_{Gk}+0.5S_{Lk})+1.3S_{Ehk1}$	-11.2	$1.2(S_{Gk}+0.5S_{Lk})+1.3S_{Ehk2}$	-91.4	$1.2(S_{Gk}+0.5S_{Lk})+1.3S_{Ehk2}$	-91.4
		N_{A1A2} (kN)	394.6	151.4	-45.1	45.2		596.6		714.0		714.0
		V_{A1A2} (kN)	-11.2	-9.6	22.4	-20.2		4.2		-51.2		-51.2
	柱上端	M_{A2A1} (kN·m)	-21.3	-18.25	36.4	-37.5	$1.2(S_{Gk}+0.5S_{Lk})+1.3S_{Ehk1}$	-0.1	$1.2(S_{Gk}+0.5S_{Lk})+1.3S_{Ehk2}$	-96.2	$1.2(S_{Gk}+0.5S_{Lk})+1.3S_{Ehk2}$	-96.2
		N_{A2A1} (kN)	394.6	151.4	-45.1	45.2		596.6		714.0		714.0
		V_{A2A1} (kN)	-11.2	-9.6	17.6	-19		-2.1		-49.7		-49.7
A_2A_3 柱	柱下端	M_{A2A3} (kN·m)	-22.2	-18.7	12.5	-11.6	$1.2(S_{Gk}+0.5S_{Lk})+1.3S_{Ehk1}$	-32.8	$1.2(S_{Gk}+0.5S_{Lk})+1.3S_{Ehk2}$	-64.2	$1.2(S_{Gk}+0.5S_{Lk})+1.3S_{Ehk2}$	-64.2
		N_{A2A3} (kN)	291	104.25	-24.7	24.9		442.2		506.7		506.7
		V_{A2A3} (kN)	-12.5	-10.75	16.5	-14.7		-6.5		-47.0		-47.0
	柱上端	M_{A3A2} (kN·m)	-22.2	-18.85	13.6	-24.2	$1.2(S_{Gk}+0.5S_{Lk})+1.3S_{Ehk1}$	-31.6	$1.2(S_{Gk}+0.5S_{Lk})+1.3S_{Ehk2}$	-80.7	$1.2(S_{Gk}+0.5S_{Lk})+1.3S_{Ehk2}$	-80.7
		N_{A3A2} (kN)	291	104.25	-24.7	24.9		442.2		506.7		506.7
		V_{A3A2} (kN)	-12.5	-10.75	11.3	-12.8		-13.2		-44.5		-44.5
A_3A_4 柱	柱下端	M_{A3A4} (kN·m)	-22.2	-19.85	12.5	-11.6		-34.2	$1.2(S_{Gk}+0.5S_{Lk})+1.3S_{Ehk2}$	-65.5	$1.2(S_{Gk}+0.5S_{Lk})+1.3S_{Ehk2}$	-65.5
		N_{A3A4} (kN)	186.9	56.4	-11.2	11.3		277.4		306.7		306.7
		V_{A3A4} (kN)	-12.7	-11.9	12.2	-10.6		-13.7		-43.3		-43.3
	柱上端	M_{A4A3} (kN·m)	-22.2	-21.85	13.6	-15.2	$1.2(S_{Gk}+0.5S_{Lk})+1.3S_{Ehk1}$	-35.2	$1.2(S_{Gk}+0.5S_{Lk})+1.3S_{Ehk2}$	-72.6	$1.2(S_{Gk}+0.5S_{Lk})+1.3S_{Ehk2}$	-72.6
		N_{A4A3} (kN)	186.9	56.4	-11.2	11.3		277.4		306.7		306.7
		V_{A4A3} (kN)	-12.7	-11.9	11.3	-8		-23.0		-39.9		-39.9
A_4A_5 柱	柱下端	M_{A4A5} (kN·m)	-23.6	-15.1	9.7	-7.6	$1.2(S_{Gk}+0.5S_{Lk})+1.3S_{Ehk1}$	-33.8	$1.2(S_{Gk}+0.5S_{Lk})+1.3S_{Ehk2}$	-56.3	$1.2(S_{Gk}+0.5S_{Lk})+1.3S_{Ehk2}$	-56.3
		N_{A4A5} (kN)	53.7	8.95	-2.6	2.9		71.8		79.0		79.0
		V_{A4A5} (kN)	-11	-5.2	9.9	-7.2		-6.6		-28.8		-28.8
	柱上端	M_{A5A4} (kN·m)	-31.3	-10.8	6.2	-7.3	$1.2(S_{Gk}+0.5S_{Lk})+1.3S_{Ehk1}$	-42.5	$1.2(S_{Gk}+0.5S_{Lk})+1.3S_{Ehk2}$	-60.0	$1.2(S_{Gk}+0.5S_{Lk})+1.3S_{Ehk2}$	-60.0
		N_{A5A4} (kN)	53.7	8.95	-2.6	2.9		71.8		79.0		79.0
		V_{A5A4} (kN)	-11	-5.2	6.3	-5.9		-11.3		-27.1		-27.1

续表

截面		内力	重力荷载代表值 恒载 S_{Gk}	活载 $0.5S_{Lk}$	地震作用 左震 S_{Ehk1}	右震 S_{Ehk2}	内力组合 $+M_{max}$ 组合	内力	$-M_{max}$ 组合	内力	N_{max} 组合	内力
BB_1柱	柱下端	M_{BB1} (kN·m)	0	0	85.7	−85.7	$1.2(S_{Gk}+0.5S_{Lk})+1.3S_{Ehk1}$	111.4	$1.2(S_{Gk}+0.5S_{Lk})+1.3S_{Ehk2}$	111.4	$1.2(S_{Gk}+0.5S_{Lk})+1.3S_{Ehk2}$	111.4
		N_{BB1} (kN)	639.2	381.5	−0.3	−0.3	〃	1224.5	〃	1224.5	〃	1224.5
		V_{B1B} (kN)	0	0	37.1	−37.1	〃	48.2	〃	48.2	〃	48.2
	柱上端	M_{B1B} (kN·m)	0	0	59.6	−59.6	〃	77.5	〃	77.5	〃	77.5
		N_{B1B} (kN)	639.2	381.5	−0.3	−0.3	〃	1224.5	〃	1224.5	〃	1224.5
		V_{B1B} (kN)	0	0	37.1	−37.1	〃	48.2	〃	48.2	〃	48.2
B_1B_2柱	柱下端	M_{B1B2} (kN·m)	0	0	38.1	−38.1	〃	49.5	〃	49.5	〃	49.5
		N_{B1B2} (kN)	506	284.2	0.2	0.2	〃	948.5	〃	948.5	〃	948.5
		V_{B1B2} (kN)	0	0	27.7	−27.7	〃	36.0	〃	36.0	〃	36.0
	柱上端	M_{B2B1} (kN·m)	0	0	48.2	−48.2	〃	62.7	〃	62.7	〃	62.7
		N_{B2B1} (kN)	506	284.2	0.2	0.2	〃	948.5	〃	948.5	〃	948.5
		V_{B2B1} (kN)	0	0	27.7	−27.7	〃	36.0	〃	36.0	〃	36.0
B_2B_3柱	柱下端	M_{B2B3} (kN·m)	0	0	21.8	−21.8	〃	28.3	〃	28.3	〃	28.3
		N_{B2B3} (kN)	377.6	191	0.2	0.2	〃	682.6	〃	682.6	〃	682.6
		V_{B2B3} (kN)	0	0	21.7	−21.7	〃	28.2	〃	28.2	〃	28.2
	柱上端	M_{B3B2} (kN·m)	0	0	29.4	−28.4	〃	38.2	〃	38.2	〃	38.2
		N_{B3B2} (kN)	377.6	191	0.2	0.2	〃	682.6	〃	682.6	〃	682.6
		V_{B3B2} (kN)	0	0	21.7	−21.7	〃	28.2	〃	28.2	〃	28.2
B_3B_4柱	柱下端	M_{B3B4} (kN·m)	0	0	17.2	−17.2	〃	22.4	〃	22.4	〃	22.4
		N_{B3B4} (kN)	250.3	99.2	0.2	0.2	〃	419.7	〃	419.7	〃	419.7
		V_{B3B4} (kN)	0	0	14.6	−14.6	〃	19.0	〃	19.0	〃	19.0
	柱上端	M_{B4B3} (kN·m)	0	0	22.3	−22.3	〃	29.0	〃	29.0	〃	29.0
		N_{B4B3} (kN)	250.3	99.2	0.2	0.2	〃	419.7	〃	419.7	〃	419.7
		V_{B4B3} (kN)	0	0	14.6	−14.6	〃	19.0	〃	19.0	〃	19.0
B_4B_5柱	柱下端	M_{B4B5} (kN·m)	0	0	7.4	−7.4	〃	9.6	〃	9.6	〃	9.6
		N_{B4B5} (kN)	122.1	6.6	0.3	0.3	〃	154.8	〃	154.8	〃	154.8
		V_{B5B4} (kN)	0	0	4.9	−4.9	〃	6.4	〃	6.4	〃	6.4
	柱上端	M_{B5B4} (kN·m)	0	0	10.8	−10.8	〃	14.0	〃	14.0	〃	14.0
		N_{B5B4} (kN)	122.1	6.6	0.3	0.3	〃	154.8	〃	154.8	〃	154.8
		V_{B5B4} (kN)	0	0	4.9	−4.9	〃	6.4	〃	6.4	〃	6.4

框架梁

续表

截面		内力	重力荷载代表值 恒载 S_{Gk}	活载 $0.5S_{Lk}$	地震作用 左震 S_{Ehk1}	右震 S_{Ehk2}	内力组合 $+M_{max}$ 组合	内力	$-M_{max}$ 组合	内力	N_{max} 组合	内力
楼层横梁												
A_1B_1梁	梁左端	M_{A1B1} (kN·m)	36.8	31.15	-79.8	80.3	$1.2(S_{Gk}+0.5S_{Lk})+1.3S_{Ehk2}$	185.9	$1.2(S_{Gk}+0.5S_{Lk})+1.3S_{Ehk1}$	-22.2	$1.2(S_{Gk}+0.5S_{Lk})+1.3S_{Ehk1}$	-22.2
		N_{A1B1} (kN)	8	6.85	7.2	2.1		20.6		27.2		27.2
		V_{A1B1} (kN)	56.5	45.1	30.5	30.5		161.6		161.6		161.6
	梁右端	M_{B1A1} (kN·m)	-55.1	-40	-72.6	72.8	$1.2(S_{Gk}+0.5S_{Lk})+1.3S_{Ehk2}$	-19.5	$1.2(S_{Gk}+0.5S_{Lk})+1.3S_{Ehk1}$	-208.5	$1.2(S_{Gk}+0.5S_{Lk})+1.3S_{Ehk1}$	-208.5
		N_{B1A1} (kN)	8	6.85	7.2	2.1		20.6		27.2		27.2
		V_{B1A1} (kN)	63.8	48.65	30.5	30.5		174.6		174.6		174.6
A_2B_2梁	梁左端	M_{A2B2} (kN·m)	43	37	-54.2	54.2	$1.2(S_{Gk}+0.5S_{Lk})+1.3S_{Ehk2}$	166.5	$1.2(S_{Gk}+0.5S_{Lk})+1.3S_{Ehk1}$	25.5	$1.2(S_{Gk}+0.5S_{Lk})+1.3S_{Ehk1}$	25.5
		N_{A2B2} (kN)	1.3	1.15	4.8	1.2		4.5		9.2		9.2
		V_{A2B2} (kN)	58.6	47.15	20.4	20.4		153.4		153.4		153.4
	梁右端	M_{B2A2} (kN·m)	-50.8	-35.6	-47.7	47.7	$1.2(S_{Gk}+0.5S_{Lk})+1.3S_{Ehk2}$	-41.7	$1.2(S_{Gk}+0.5S_{Lk})+1.3S_{Ehk1}$	-165.7	$1.2(S_{Gk}+0.5S_{Lk})+1.3S_{Ehk1}$	-165.7
		N_{B2A2} (kN)	1.3	1.15	4.8	1.2		4.5		9.2		9.2
		V_{B2A2} (kN)	61.7	46.6	20.4	20.4		156.5		156.5		156.5
A_3B_3梁	梁左端	M_{A3B3} (kN·m)	44.3	38.65	-35.7	35.7	$1.2(S_{Gk}+0.5S_{Lk})+1.3S_{Ehk2}$	53.2	$1.2(S_{Gk}+0.5S_{Lk})+1.3S_{Ehk1}$	-39.6	$1.2(S_{Gk}+0.5S_{Lk})+1.3S_{Ehk1}$	-39.6
		N_{A3B3} (kN)	0.2	1.2	5.2	1.9		4.2		8.4		8.4
		V_{A3B3} (kN)	59.1	47.85	13.5	8.4		139.3		145.9		145.9
	梁右端	M_{B3A3} (kN·m)	-49.2	-33.85	-31.9	31.9	$1.2(S_{Gk}+0.5S_{Lk})+1.3S_{Ehk2}$	-58.2	$1.2(S_{Gk}+0.5S_{Lk})+1.3S_{Ehk1}$	-141.1	$1.2(S_{Gk}+0.5S_{Lk})+1.3S_{Ehk1}$	-141.1
		N_{B3A3} (kN)	0.2	1.2	5.2	1.9		4.2		8.4		8.4
		V_{B3A3} (kN)	61.1	46.3	13.5	8.4		139.8		146.4		146.4
A_4B_4梁	梁左端	M_{A4B4} (kN·m)	45.7	37	-23.3	22.8	$1.2(S_{Gk}+0.5S_{Lk})+1.3S_{Ehk2}$	128.9	$1.2(S_{Gk}+0.5S_{Lk})+1.3S_{Ehk1}$	69.0		69.0
		N_{A4B4} (kN)	1.7	6.75	7.2	2.6		13.5		19.5		19.5
		V_{A4B4} (kN)	59.7	45.8	8.6	8.4		137.5		137.8		137.8
	梁右端	M_{B4A4} (kN·m)	-47.9	-34.1	-19.7	19.4		-73.2	$1.2(S_{Gk}+0.5S_{Lk})+1.3S_{Ehk1}$	-124.0	$1.3S_{Ehk1}$	-124.0
		N_{B4A4} (kN)	1.7	6.75	7.2	2.6		13.5		19.5		19.5
		V_{B4A4} (kN)	60.5	46.3	8.6	8.4		139.1		139.3		139.3
A_5B_5梁	梁左端	M_{A5B5} (kN·m)	31.3	10.8	-6.2	7.2	$1.2(S_{Gk}+0.5S_{Lk})+1.3S_{Ehk2}$	59.9	$1.2(S_{Gk}+0.5S_{Lk})+1.3S_{Ehk1}$	42.5	$1.2(S_{Gk}+0.5S_{Lk})+1.3S_{Ehk1}$	42.5
		N_{A5B5} (kN)	11	5.2	3.6	1.3		21.1		24.1		24.1
		V_{A5B5} (kN)	53.7	8.95	2.6	2.9		79.0		78.6		78.6
	梁右端	M_{B5A5} (kN·m)	-49.9	3.35	-6.7	7.2	$1.2(S_{Gk}+0.5S_{Lk})+1.3S_{Ehk2}$	-46.5	$1.2(S_{Gk}+0.5S_{Lk})+1.3S_{Ehk1}$	-64.6	$1.2(S_{Gk}+0.5S_{Lk})+1.3S_{Ehk1}$	-64.6
		N_{B5A5} (kN)	11	5.2	3.6	1.3		21.1		24.1		24.1
		V_{B5A5} (kN)	61.1	3.3	2.6	2.9		81.1		80.7		80.7

$$\frac{N}{A_n}+\frac{M_x}{\gamma_x W_{nx}}=\frac{1030.2\times10^3}{13330}+\frac{79.3\times10^6}{1.05\times1940\times10^3}=116.2\text{N/mm}^2<f/0.75$$

平面内稳定：

$$\lambda_x=\frac{l_0}{i_x}=\frac{828}{16.85}=49.4<120$$

查附录 4 附表 4-2 得：$\varphi_x=0.910$（a 类截面）。

$$N'_{Ex}=\frac{\pi^2 EA}{1.1\times^2\lambda_x}=\frac{\pi^2\times206\times10^3\times133.30\times10^2}{1.1\times49.4^2\times10^3}=10092\text{kN}$$

$$\beta_{mx}=1.0$$

$$\frac{N}{\varphi_x A}+\frac{\beta_{mx}M_x}{\gamma_x W_{1x}\left(1-0.8\frac{N}{N'_{Ex}}\right)}=\frac{1030.2\times10^3}{0.91\times13330}+\frac{1.0\times79.3\times10^6}{1.05\times1940\times10^3\times\left(1-0.8\times\frac{1030.2}{10092}\right)}$$
$$=127.3\text{N/mm}^2<f/0.75$$

平面外稳定：

$$\lambda_y=\frac{l}{i_y}=\frac{600}{7.35}=81.6<120$$

查附录 4 附表 4-3 得：$\varphi_y=0.678$（b 类截面）。

$$\varphi_b=1.07-\frac{\lambda_y^2}{44000}=1.07-\frac{81.6^2}{44000}=0.92,\ \beta_{tx}=1.0,\ \eta=1.0$$

$$\frac{N}{\varphi_y A}+\eta\frac{\beta_{tx}M_x}{\varphi_b W_{1x}}=\frac{1030.2\times10^3}{0.678\times13330}+\frac{1.0\times79.3\times10^6}{0.92\times1940\times10^3}=162.4\text{N/mm}^2<f/0.75$$

局部稳定：

翼缘：$\dfrac{b}{t}=\dfrac{(300-10)/2-13}{16}=8.25<12$，可以。

腹板高厚比为：$\dfrac{h_0}{t_w}=\dfrac{390-16\times2-2\times13}{10}=33.2<48$，满足要求。

b. 中柱——BB_1 柱段（HM440×300×11×18）

地震内力组合：$M=111.4\text{kN·m}$，$N=1224.5\text{kN}$。

强度：

$$\frac{N}{A_n}+\frac{M_x}{\gamma_x W_{nx}}=\frac{1224.5\times10^3}{15390}+\frac{111.4\times10^6}{1.05\times2490\times10^3}=122.2\text{N/mm}^2<f/0.75$$

平面内稳定：

$$\lambda_x=\frac{l_0}{i_x}=\frac{780}{18.9}=41.4<120$$

查附录 4 附表 4-2 得：$\varphi_x=0.932$（a 类截面）。

$$N'_{Ex}=\frac{\pi^2 EA}{1.1\times\lambda_x^2}=\frac{\pi^2\times206\times10^3\times153.9\times10^2}{1.1\times41.4^2}=16515\text{kN}$$

$$\beta_{mx}=1.0$$

$$\frac{N}{\varphi_x A}+\frac{\beta_{mx}M_x}{\gamma_x W_{1x}\left(1-0.8\frac{N}{N'_{Ex}}\right)}$$

$$=\frac{1224.5\times10^3}{0.932\times15390}+\frac{1.0\times111.4\times10^6}{1.05\times2490\times10^3\times\left(1-0.8\times\frac{1224.5}{16515}\right)}=130.7\text{N/mm}^2<f/0.75$$

平面外稳定：

$$\lambda_y = \frac{l}{i_y} = \frac{600}{7.26} = 82.6 < 120$$

查附录 4 附表 4-3 得：$\varphi_y = 0.671$（b 类截面）。

$$\varphi_b = 1.07 - \frac{\lambda_y^2}{44000} = 1.07 - \frac{82.6^2}{44000} = 0.91, \quad \beta_{tx} = 1.0, \quad \eta = 1.0$$

$$\frac{N}{\varphi_y A} + \eta \frac{\beta_{tx} M_x}{\varphi_b W_{1x}} = \frac{1224.5 \times 10^3}{0.671 \times 15390} + \frac{1.0 \times 111.4 \times 10^6}{0.91 \times 2490 \times 10^3} = 167.7 \text{N/mm}^2 < f/0.75$$

局部稳定：

翼缘：$\dfrac{b}{t} = \dfrac{(300-11)/2-13}{18} = 7.3 < 12$，可以。

腹板：$\dfrac{h_0}{t_w} = \dfrac{440-18 \times 2-13 \times 2}{11} = 34.4 < 48$，满足要求。

c. 横梁验算——A_1B_1 梁（HN446×199×8×12）

组合内力：$M = 185.9 \text{kN} \cdot \text{m}$，$N = 20.6 \text{kN}$，$V = 161.6 \text{kN}$。

梁端截面验算：

正应力：$\dfrac{N}{A_n} + \dfrac{M_x}{W_{nx}} = \dfrac{20.6 \times 10^3}{8297} + \dfrac{185.9 \times 10^6}{1260 \times 10^3} = 150.0 \text{N/mm}^2 < f/0.75$

剪应力：$\tau = \dfrac{VS}{It_w} = \dfrac{161.6 \times 10^3 \times 696 \times 10^3}{28100 \times 10^4 \times 8} = 50.0 \text{N/mm}^2 < f/0.75$

$$\frac{161.8 \times 10^3 \times 696 \times 10^3}{28100 \times 10^4 \times 8} = 50.0 \text{N/mm}^2 < f_v/0.75$$

局部稳定可参见非地震组合验算，已满足要求。

3. 纵向支撑计算

1）基本组合时的计算

基本组合的纵向计算主要进行端山墙风力作用下柱列纵向柱间支撑开间的抗侧力验算，因纵向采用柱—支撑结构体系，故仅由竖向支撑承受风荷载，按布置图竖向支撑仅设置在 AB 柱列，故每列竖向支撑承受 5m 宽度的荷载。纵向支撑计算简图见图 8.2-17。

图 8.2-17 纵向支撑计算简图

（1）各层支撑内力计算

左风时 $q_{w1} = 2.7 \text{kN/m}$，$q_{w2} = 1.7 \text{kN/m}$，将均布风荷载化为节点集中风荷载，且交叉支撑一般仅按受拉杆计算；此时亦可不计入柱压缩所增加的轴心力。

水平风荷载计算：

节点集中风荷载：

$P_5 = (0.8 + 5/2) \times 2.7 = 8.91 \text{kN}$

$P_5' = (0.8 + 5/2) \times 1.7 = 5.61 \text{kN}$

$P_4 = \dfrac{1}{2}(5+3.5) \times 2.7 = 11.5 \text{kN}$

$P_4' = \dfrac{1}{2}(5+3.5) \times 1.7 = 7.2 \text{kN}$

$P_3 = 3.5 \times 2.7 = 9.45 \text{kN}$

$P_3' = 3.5 \times 1.7 = 6.0 \text{kN}$

$P_2 = \dfrac{1}{2}(3.5+4) \times 2.7 = 10.1 \text{kN}$

$$P_2' = \frac{1}{2}(3.5+4) \times 1.7 = 6.4\text{kN}$$

$$P_1 = \frac{1}{2}(4+5.5) \times 2.7 = 12.8\text{kN}$$

$$P_1' = \frac{1}{2}(4+5.5) \times 1.7 = 8.1\text{kN}$$

支撑杆拉力：

$$N_{el} = (P_5+P_5') \times \frac{5.5}{5} \times \frac{7.07}{5.5} = (8.91+5.61) \times \frac{5.5}{5} \times \frac{7.07}{5.5}$$
$$= 14.52 \times \frac{7.07}{5.0} = 20.53\text{kN}$$

$$N_{dk} = \left[(P_5+P_5') \times \frac{8.5}{5.0} + (P_4+P_4') \times \frac{3.5}{5.0}\right] \times \frac{6.10}{3.5} = \left(14.52 \times \frac{8.5}{5.0} + 18.7 \times \frac{3.5}{5.0}\right) \times \frac{6.10}{3.5}$$
$$= 65.8\text{kN}$$

$$N_{cj} = \left[(P_5+P_5') \times \frac{12.0}{5.0} + (P_4+P_4') \times \frac{7.0}{5.0} + (P_3+P_3') \times \frac{3.5}{5.0}\right] \times \frac{6.1}{3.5}$$
$$= \left(14.52 \times \frac{12.0}{5.0} + 18.7 \times \frac{7.0}{5.0} + 15.45 \times \frac{3.5}{5.0}\right) \times \frac{6.1}{3.5} = 125.2\text{kN}$$

$$N_{bi} = \left[(P_5+P_5') \times \frac{16.0}{5.0} + (P_4+P_4') \times \frac{11.0}{5.0} + (P_3+P_3') \times \frac{7.5}{5.0} + (P_2+P_2') \times \frac{4.0}{5.0}\right] \times \frac{6.4}{4.0}$$
$$= \left(14.52 \times \frac{16.0}{5.0} + 18.7 \times \frac{11.0}{5.0} + 15.45 \times \frac{7.5}{5.0} + 16.5 \times \frac{4.0}{5.0}\right) \times \frac{6.4}{4.0} = 195.9\text{kN}$$

$$N_{ah} = \left[(P_5+P_5') \times \frac{22.0}{5.0} + (P_4+P_4') \times \frac{17.0}{5.0} + (P_3+P_3') \times \frac{13.5}{5.0} + (P_2+P_2') \times \frac{10.0}{5.0} + (P_1+P_1') \times \frac{6.0}{5.0}\right] \times \frac{7.81}{6.0} = \left(14.52 \times \frac{22.0}{5.0} + 18.7 \times \frac{17.0}{5.0} + 15.45 \times \frac{13.5}{5.0} + 16.5 \times \frac{10.0}{5.0} + 20.9 \times \frac{6.0}{5.0}\right) \times \frac{7.81}{6.0} = 295.8\text{kN}$$

（2）支撑斜杆截面选择

斜杆截面均选择 ∟63×5，并验算如下：

el、fk 杆：$l=707\text{cm}$，$N=20.53\text{kN}$。

选用 ∟63×5，$A=6.14\text{cm}^2$，$i_x=1.94\text{cm}$，$i_v=1.25\text{cm}$，$\lambda_x = \frac{l}{i_x} = \frac{707}{1.94} = 364 < 400$，$\lambda_v = \frac{l}{i_v} = \frac{707/2}{1.25} = 283 < 400$。

$$\sigma = \frac{N}{A} = \frac{20.53 \times 10^3}{6.14 \times 10^2} = 33.4\text{N/mm}^2，满足要求。$$

dk、je 杆：$l=610\text{cm}$　$N=65.8\text{kN}$。

选用 ∟63×5，$A=6.14\text{cm}^2$，$i_x=1.94\text{cm}$，$i_v=1.25\text{cm}$，$\lambda_x = \frac{l}{i_x} = \frac{610}{1.94} = 314.4 < 400$，$\lambda_v = \frac{l}{i_v} = \frac{610/2}{1.25} = 244 < 400$。

$$\sigma = \frac{N}{A} = \frac{65.8 \times 10^3}{6.14 \times 10^2} = 107.2\text{N/mm}^2，满足要求。$$

cj、di 杆：$l=610\text{cm}$　$N=125.2\text{kN}$。

选用 ∟63×5，$A=6.14\text{cm}^2$，$i_x=1.94\text{cm}$，$i_v=1.25\text{cm}$，$\lambda_x = \frac{l}{i_x} = \frac{610}{1.94} = 314.4 < 400$，$\lambda_v = \frac{l}{i_v} =$

$\dfrac{610/2}{1.25}=244<400$。

$\sigma=\dfrac{N}{A}=\dfrac{125.2\times10^3}{6.14\times10^2}=203.9\text{N/mm}^2$，不满足要求。（单角钢单面连接设计应力 $\sigma=0.85\times215=183\text{N/mm}^2$）

故改用 $2\llcorner63\times5$，

$\sigma=\dfrac{N}{A}=\dfrac{125.2\times10^3}{2\times6.14\times10^2}=102.0\text{N/mm}^2$，满足要求。

bi、ch 杆：$l=640\text{cm}$，$N=195.9\text{kN}$。

选用 $2\llcorner63\times5$，$A=2\times6.14=12.28\text{cm}^2$，$i_x=1.94\text{cm}$，$\lambda_x=\dfrac{l/2}{i_x}=\dfrac{640/2}{1.94}=165<400$。

$\sigma=\dfrac{N}{A}=\dfrac{195.9\times10^3}{2\times6.14\times10^2}=159.5\text{N/mm}^2$，满足要求。

ah、gb 杆：$l=781\text{cm}$，$N=295.8\text{kN}$。

选用 $2\llcorner63\times6$，$A=2\times7.29=14.58\text{cm}^2$，$i_x=1.93\text{cm}$，$\lambda_x=\dfrac{l}{i_x}=\dfrac{743/2}{1.93}=192<400$。

$\sigma=\dfrac{N}{A}=\dfrac{295.8\times10^3}{14.58\times10^2}=202.3\text{N/mm}^2$，满足要求。

2）地震作用组合时的计算

本例框架总高度22m。在有地震作用的组合中不考虑风荷载的影响。计算地震作用时，采用层模型进行。

（1）各层重力荷载代表值的计算

各层质量集中见图 8.2-18。由横向计算中知：

$G_{5E}=4\times(G_{EA5}+G_{EC5}+G_{EB5})+(7\times0.2+20\times0.04)\times10\times(2.5+0.8)\times2$
$=4\times(81.95+81.95+96)+72.6\times2$
$=1039.6+145.2=1184.8\text{kN}$

$G_{4E}=4\times(G_{EA4}+G_{EC4}+G_{EB4})+(7\times0.2+20\times0.04)\times10\times(5/2+3.5/2)\times2$
$=4\times(118.83+118.83+117.18)+93.5\times2$
$=1419.36+187=1606.36\text{kN}$

$G_{3E}=4\times(G_{EA3}+G_{EC3}+G_{EB3})+(7\times0.2+20\times0.04)\times10\times3.5\times2$
$=4\times(111.4+111.4+116.35)+77\times2$
$=1356.6+154=1510.6\text{kN}$

图 8.2-18 各层质量集中

$G_{2E}=4\times(G_{EA2}+G_{EC2}+G_{EB2})+(7\times0.2+20\times0.04)\times10\times(3.5/2+4/2)\times2$
$=4\times(113.88+113.88+116.63)+82.5\times2$
$=1377.56+165=1542.56\text{kN}$

$G_{1E}=4\times(G_{EA1}+G_{EC1}+G_{EB1})+(7\times0.2+20\times0.04)\times10\times(4/2+6/2)\times2$
$=4\times(126.25+126.25+118)+110\times2$
$=1482+220=1702\text{kN}$

（2）各层刚度和周期计算

抗侧刚度计算见表 8.2-12。框架基本周期采用能量法计算，如表 8.2-13 所示。

基本周期 $T_1=2\sqrt{\dfrac{\sum G_iu_i}{\sum G_iu_i^2}}=2\times\sqrt{\dfrac{1063.22}{2757.72}}=1.2\text{s}$

（3）各楼层的纵向地震作用设计值

地震设防烈度8度，设计地震分组第一组，Ⅱ类场地。

抗侧刚度计算 表 8.2-12

层序	简图	抗侧刚度
第一层	按 2∠63×6	$l=\sqrt{5^2+6.0^2}=7.81\text{m}, \lambda_x=\frac{l_0}{i_x}=\frac{0.5\times781}{1.93}=202$ $\lambda_y=\frac{l}{i_y}=\frac{781}{2.83}=276$ $\delta_{11}=\frac{1}{EA_1}\times\frac{7.81^3}{5^2}=\frac{1}{206\times1458}\times\frac{7.81^3}{5^2}$ 刚度 $\overline{k}_1=2\times\frac{5^2}{7.81^3}\times206\times1458=15762\times2=31524\text{kN/m}$
第二层		$l=\sqrt{5^2+4^2}=6.4\text{m}, \lambda_x=\frac{l_0}{i_x}=\frac{0.5\times640}{1.93}=166$ $\lambda_y=\frac{l}{i_y}=\frac{640}{2.83}=226$ $\delta_{11}=\frac{1}{EA_1}\times\frac{6.4^3}{5^2}=\frac{1}{206\times1458}\times\frac{6.4^3}{5^2}$ 刚度 $\overline{k}_1=2\times\frac{5^2}{6.4^3}\times206\times1458=28643\times2=57286\text{kN/m}$
第三层		$l=\sqrt{5^2+3.5^2}=6.1\text{m}, \lambda_x=\frac{l_0}{i_x}=\frac{0.5\times610}{1.93}=158$ $\lambda_y=\frac{l}{i_y}=\frac{610}{2.83}=216$ $\delta_{11}=\frac{1}{EA_1}\times\frac{6.1^3}{5^2}=\frac{1}{206\times1458}\times\frac{6.1^3}{5^2}$ 刚度 $\overline{k}_1=2\times\frac{5^2}{6.1^3}\times206\times1458=33081\times2=66162\text{kN/m}$
第四层		$l=\sqrt{5^2+3.5^2}=6.1\text{m}, \lambda_x=\frac{l_0}{i_x}=\frac{0.5\times610}{1.93}=158$ $\lambda_y=\frac{l}{i_y}=\frac{610}{2.83}=216$ $\delta_{11}=\frac{1}{EA_1}\times\frac{6.1^3}{5^2}=\frac{1}{206\times1458}\times\frac{6.1^3}{5^2}$ 刚度 $\overline{k}_1=2\times\frac{5^2}{6.1^3}\times206\times1458=33081\times2=66162\text{kN/m}$
第五层		$l=\sqrt{5^2+5^2}=7.07\text{m}, \lambda_x=\frac{l_0}{i_x}=\frac{0.5\times707}{1.93}=183$ $\lambda_y=\frac{l}{i_y}=\frac{707}{2.83}=250$ $\delta_{11}=\frac{1}{EA_1}\times\frac{7.07^3}{5^2}=\frac{1}{206\times1458}\times\frac{7.07^3}{5^2}$ 刚度 $\overline{k}_1=2\times\frac{5^2}{7.07^3}\times206\times1458=21247\times2=42494\text{kN/m}$

框架基本周期计算 表 8.2-13

层号	G_i (kN)	$\sum D$ (kN·m^{-1})	$\Delta u_i=\frac{\sum G_i}{\sum D}$ (m)	$\Delta u_i=\sum u_i$ (m)	$G_i u_i$	$G_i u_i^2$
5	1184.8	42494	0.027882	0.466491	552.7	257.83
4	1606.36	66162	0.042187	0.438609	704.56	309.03
3	1510.6	66162	0.065019	0.396422	598.84	237.39
2	1542.56	57286	0.10202	0.381403	511.21	169.42
1	1702	31524	0.229383	0.229383	390.41	89.55
Σ	7546.32		0.466491		2757.72	1063.22

$\alpha_{max}=0.16$，$T_g=0.35s$，$\gamma=0.9$，$\eta_2=1.0$，$T=1.2s$，$\alpha_1=\left(\dfrac{T_g}{T}\right)^{\gamma}\eta_2\alpha_{max}=\left(\dfrac{0.35}{1.2}\right)^{0.9}\times1.0\times$ 0.16=0.052786

$T_1=1.2>1.4$，$T_g=1.4\times0.35=0.49$，故需考虑顶部附加地震作用。

$S_n=0.08T_1+0.07=0.08\times1.2+0.07=0.166$

$F_{EK}=\alpha_1G_{eg}=0.052786\times0.85\times7546.32=338.6kN$

$\Delta F_n=S_nF_{EK}=0.166\times338.6=56.2kN$

各层的地震作用 $F_1=\dfrac{G_iH_i}{\sum G_iH_i}F_{EK}(1-S_n)$。

列表计算见表8.2-14。

各楼层纵向地震作用设计值　　　　　　　　表8.2-14

层号	G_i (kN)	H_i (m)	G_iH_i (kN·m)	F_i (kN)	ΔF_i (kN)	$1.3(F_i+\Delta F_i)$ (kN)	每列纵向支撑的作用力 $1.3(F_i+\Delta F_i)/2$ (kN)
5	1184.8	22.0	26065.6	74.05	56.2	169.46	84.73
4	1606.36	17.0	27308.12	77.59		100.88	50.44
3	1510.6	13.5	20393.1	59.93		77.91	39.95
2	1542.56	10	15425.6	43.82		56.97	28.48
1	1702	6	10212	29.01		37.71	18.86
Σ	7452.82		99404.42				

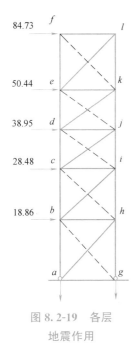

图8.2-19　各层
地震作用

（4）竖向支撑截面验算（图8.2-19）

杆 el：$N=84.73\times\dfrac{7.07}{5}=119.81kN$。

选用 2∟63×6，$A=14.58cm^2$。

$\sigma=\dfrac{N}{A}=\dfrac{119.81\times10^3}{14.58\times10^2}=82.2N/mm^2$，满足要求。

杆 dk：$N=\left(84.73\times\dfrac{8.5}{5}+50.44\times\dfrac{3.5}{5}\right)\times\dfrac{6.1}{3.5}=136.31\times\dfrac{6.1}{5}=312.6kN$。

选用 2∟80×8，$A=24.61cm^2$。

$\sigma=\dfrac{N}{A}=\dfrac{312.6\times10^3}{24.61\times10^2}=127.0N/mm^2$，满足要求。

杆 cj：$N=\left(84.73\times\dfrac{12}{5}+50.44\times\dfrac{7}{5}+38.95\times\dfrac{3.5}{5}\right)\times\dfrac{6.1}{3.5}=525kN$。

选用 2∟80×8，$A=24.61cm^2$。

$\sigma=\dfrac{N}{A}=\dfrac{525.0\times10^3}{24.61\times10^2}=213.3N/mm^2$，满足要求。

杆 bi：$N=\left(84.73\times\dfrac{16}{5}+50.44\times\dfrac{11}{5}+38.95\times\dfrac{7.5}{5}+28.48\times\dfrac{4}{5}\right)\times\dfrac{6.4}{4}=741.3kN$

选用 2∟100×10，$A=38.52cm^2$。

$\sigma=\dfrac{N}{A}=\dfrac{741.3\times10^3}{38.52\times10^2}=192.4N/mm^2$，满足要求。

杆 ah：$N=\left(84.73\times\dfrac{22}{5}+50.44\times\dfrac{17}{5}+38.95\times\dfrac{13.5}{5}+28.48\times\dfrac{10}{5}+18.86\times\dfrac{6}{5}\right)\times\dfrac{7.81}{4}=949kN$。

选用 2∟100×12，$A=45.60cm^2$。

$$\sigma = \frac{N}{A} = \frac{949 \times 10^3}{45.6 \times 10^2} = 208\text{N/mm}^2 < f,\ \text{满足要求。}$$

根据一般设计要求，尚应控制在地震作用下框架的位移，其限值一般取 $\frac{h}{250}$，现计算如下：

$$v = \frac{84.73}{206 \times 1458} \times \frac{7.07^3}{5^2} + \frac{135.17}{206 \times 1458} \times \frac{6.1^3}{5^2} + \frac{174.12}{206 \times 2461} \times \frac{6.1^3}{5^2} + \frac{202.6}{206 \times 3852} \times \frac{6.4^3}{5^2} + \frac{221.46}{206 \times 4560} \times \frac{7.81^3}{5^2}$$

$$= 0.003988 + 0.004086 + 0.003118 + 0.002677 + 0.004492$$

$$= 0.01836\text{m}$$

$$\frac{v}{h} = \frac{0.01836}{22} = \frac{1}{1198} < \frac{1}{250},\ \text{可以。}$$

第9章 H型钢构件的节点设计

9.1 节点设计的基本规定

9.1.1 基本原则

1. H型钢构件节点设计应符合现行《钢结构设计标准》GB 50017、《建筑抗震设计规范》GB 50011 及《高层民用建筑钢结构技术规程》JGJ 99、《门式刚架轻型房屋钢结构技术规范》GB 51022 的有关规定。

2. 节点应安全可靠,具有足够的强度和变形能力,并符合结构计算简图。框架结构的梁柱节点宜采用刚接或铰接。梁柱采用半刚性连接时,应计入梁柱交角变化的影响,在内力分析时,应假定连接的弯矩-转角曲线,并在节点设计时,保证节点的构造与假定的弯矩-转角曲线符合。

3. 节点的构造形式应尽量简单,便于制造、运输、安装和维护。同一类型结构中应采用相同或类似的连接节点。考虑到制造和安装过程中不可避免的误差,不宜采用对构件尺寸要求十分准确的构造形式,应使构件在安装过程中有调节的余地。充分利用吊装设备的能力以及设置安装承托和安装螺栓,尽量减少高空作业,避免仰焊等困难复杂的作业方式,以保证质量提高工效。

4. 轴心受拉构件和轴心受压构件,当其组成板件在节点或拼接处并非全截面直接传力,应将危险截面的面积乘以有效截面系数,有效截面系数按《钢结构设计标准》GB 50017—2017 规定取值,表 9.1-1 给出了轴心受力构件节点或拼接处危险截面有效截面系数。

轴心受力构件节点或拼接处危险截面有效截面系数 表 9.1-1

构件截面形式	连接形式	η	图例
角钢	单边连接	0.85	
工字形、H 形	翼缘连接	0.90	
	腹板连接	0.70	

5. 节点构造应进行耗材和施工费用的比较和优选,考虑综合的经济效益。

9.1.2 一般规定

1. 构件的现场连接应优先采用螺栓连接;对重要的节点连(如承受动力载荷)接应选用高强度螺栓摩擦型连接或高强度螺栓摩擦型连接与焊接并用的栓-焊连接。

2. 在焊接连接的构件和节点中,设计应选用合理构造以减少焊接约束应力。不应任意加大焊缝的厚度,并避免采用四周封闭的角焊缝围焊或端焊缝与侧焊缝并用的焊接连接和仰焊连接。在设计文件中应按《钢结构设计标准》GB 50017—2017 规定注明对焊缝的质量等级要求。

3. 在普通螺栓连接节点中，一般选用 C 级（4.6～4.8 级）螺栓；在高强度螺栓连接节点中，宜采用高强度螺栓摩擦型连接；对受静载（间接动载）的抗拉连接或对变形要求不特别严格的抗剪连接，可采用高强度螺栓承压型连接。

4. 对以下节点连接构造，在计算焊缝、螺栓的承载力时，其承载力设计值应乘以强度折减系数：

1）T 型钢仅以翼缘相连并按轴心受力计算连接强度时，折减系数为 0.85。

2）在栓-焊连接中，当施工顺序为先栓后焊时，其高强度螺栓承载力设计值的折减系数为 0.9。

3）当节点连（拼）接中加填板的构造时，折减系数为 0.9。

5. 对轴心受力的 H 型钢构件端部连接或拼接节点，不应采用仅连接腹板的构造。

6. 按抗震设防设计的连接和节点，尚应符合以下要求：

1）单层工业房屋钢结构（不包括轻型钢结构）的构件在可能产生塑性铰的最大应力区内应避免焊接接头；梁柱连接或梁拼接的抗弯、抗剪极限承载力应能分别承受梁全截面屈服时受弯、受剪承载力的 1.2 倍；柱间支撑的连接极限强度不应小于杆件塑性承载力的 1.2 倍。

2）地震区多层与高层钢结构的节点与构造和支撑节点应符合《建筑抗震设计规范》GB 50011—2010（2016 版）的有关规定，并按要求进行连接（焊缝及螺栓）的极限承载力验算。

3）连接或拼接节点处螺栓孔径对梁、柱截面的削弱率不应大于 25%。

7. 梁柱端板节点的计算与构造应符合《门式刚架轻型房屋钢结构技术规范》GB 51022—2015 的规定。端板厚度与相连处局部柱翼缘的厚度不应小于 16mm，且不宜小于连接螺栓的直径。

9.1.3 多层 H 型钢框架节点设计规定

1. H 型钢框架结构的节点连接应按节点连接强于构件的原则进行设计。抗震设计的构件按多遇地震作用下内力组合设计值选择截面；框架梁柱与支撑节点等连接设计应符合构造措施要求，按弹塑性设计，连接的极限承载力应大于构件的全塑性承载力。

2. H 型钢框架梁柱与柱脚等刚性连接节点或铰接节点，其构造应与计算假定相一致，应符合受力过程中梁柱等杆件交角不变的要求或可转动要求。

3. H 型钢框架梁柱节点的刚接连接应采用翼缘熔透焊并腹板高强度螺栓连接的栓-焊混合连接；也可采用全焊接连接；一、二级时梁与柱宜采用加强型连接或骨式连接。当采用栓-焊连接时，其高强度螺栓承载力计算应考虑先栓后焊的温度影响乘以折减系数 0.9。

4. 多层 H 型钢框架构件采用高强度螺栓连接时，宜采用摩擦型连接。

5. H 型钢框架节点的焊接连接应符合下列要求：

1）按计算与构造要求，合理确定焊接的熔透与相应的坡口、焊缝质量等级等。梁与柱刚性连接时，梁翼缘与柱的连接、框架柱的拼接、外露式柱脚的柱身与底板的连接以及重要受拉构件的拼接，均应采用一级全熔透焊缝，其他全熔透焊缝为二级。非熔透的角焊缝和部分熔透的对接与角接组合焊缝的外观质量标准应为二级。现场一级焊缝宜采用气体保护焊。

2）对承受非直接动力荷载作用的连接接头，当板厚较厚（$t \geqslant 40mm$）或施焊条件困难时，为减小大量焊接金属引起的焊接应力，宜采用坡口的部分熔透焊以代替角焊缝。

3）所有 H 型钢框架承重构件的现场拼接均应为等强拼接（用高强度螺栓摩擦型连接或焊接连接）。多层框架梁柱及支撑的安装单元划分，一般宜按图 9.1-1 所示分段。柱段高度 h_1 一般可按三层一段考虑，框架柱的接头距框架梁上方的距离 h_2，可取 1.3m 和柱净高一半两者的较小值。

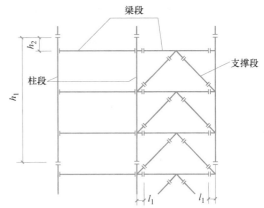

图 9.1-1 多层框架构件安装分段示意

6. 对抗震设防地区的多层 H 型钢框架的构件连接，除按地震组合内力进行弹性设计外，下列部位尚应按 9.4 节进行极限承载力的验算。

1）梁柱刚性连接的梁端截面处连接；

2）支撑与框架的连接、支撑的拼接；

3）H 型钢梁、柱构件的拼接。

7. 钢框架抗侧力结构构件的连接系数 α 应按表 9.1-2 的规定采用。

钢框架抗侧力结构构件的连接系数 α　　　　　　表 9.1-2

母材牌号	梁柱连接		支撑连接、构件拼接		柱脚	
	母材破坏	高强度螺栓破坏	母材或连接板破坏	高强度螺栓破坏		
Q235	1.40	1.45	1.25	1.30	埋入式	1.2
Q345	1.35	1.40	1.20	1.25	外包式	1.2
Q345GJ	1.25	1.30	1.10	1.15	外露式	1.0

注：1. 屈服强度高于 Q345 的钢材，按 Q345 的规定采用；

　　2. 屈服强度高于 Q345GJ 的 GJ 钢材，按 Q345GJ 的规定采用；

　　3. 外露式柱脚是指刚接柱脚，只适用于房屋高度 50m 以下。

8. 构件拼接和柱脚计算时，构件的受弯承载力应考虑轴力的影响。对 H 形截面和箱形截面构件的全塑性受弯承载力 M_p 应符合下列规定：

1）对于 H 型钢截面强轴方向和箱形截面：

当 $N/N_y \leqslant 0.13$ 时：$\qquad\qquad M_{pc}=M_p$ $\qquad\qquad$ (9.1-1)

当 $N/N_y > 0.13$ 时：$\qquad\qquad M_{pc}=1.15(1-N/N_y)M_p$ $\qquad\qquad$ (9.1-2)

2）H 型钢弱轴方向：

当 $N/N_y \leqslant A_w/A$ 时：$\qquad\qquad M_{pc}=M_p$ $\qquad\qquad$ (9.1-3)

当 $N/N_y > A_w/A$ 时：$\qquad\qquad M_{pc}=\left\{1-\left(\dfrac{N-A_w f_y}{N_y-A_w f_y}\right)^2\right\}M_p$ $\qquad\qquad$ (9.1-4)

式中　N——构件轴力设计值（N）；

　　　N_y——构件的轴向屈服承载力（N）；

　　　A——H 形截面或箱形截面构件的截面面积（mm^2）；

　　　A_w——构件腹板截面积（mm^2）；

　　　f_y——构件腹板钢材的屈服强度（N/mm^2）。

9.2　H型钢拼接节点

由于型材原料需接长或构件需分段运输、安装等原因，各类型材或构件常要求在工厂或现场进行拼接接长。拼接节点是保证杆件性能的关键部位，在工程设计中，设计人员（包括工厂钢结构制作详图设计人员）应重视并作好拼接节点的设计。

9.2.1　拼接节点分类和构造

1. 按拼接方法分类，可分为焊接拼接、螺栓拼接和栓-焊混用拼接三类，H 型钢梁的各类拼接节点构造见图 9.2-1。

2. H 型钢的工厂全焊拼接节点构造示例见图 9.2-2，现场栓-焊与全焊拼接节点构造示例见图 9.2-3。

3. H 型钢拼接处翼缘锁口焊接构造见图 9.2-4。

4. 拼材应采用与母材强度、性能相同的钢材，焊接拼接所用的焊条强度性能也应与拼材及母材相匹配；当采用栓接拼接时，在同类拼接节点中应采用同一性能等级及同一直径的同类高强度螺栓。

5. H 型钢柱的拼接宜采用全截面等强拼接，当受条件限制且构件长期承载条件不变化时，亦可采

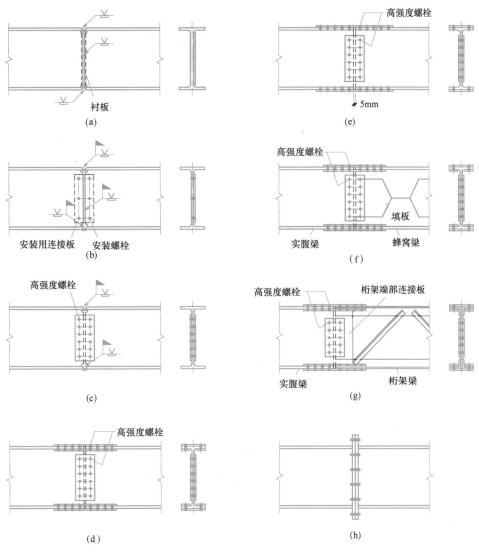

图 9.2-1 H型钢的拼接构造

(a) 全焊透拼接；(b) 翼缘焊透腹板带拼材的焊接拼接；(c) 翼缘焊透腹板带高强度螺栓的混合拼接；(d) 全高强度螺栓拼接；
(e) 全高强度螺栓拼接；(f) H型钢与蜂窝梁拼接；(g) H型钢与桁架梁拼接；(h) 端板法兰拼接

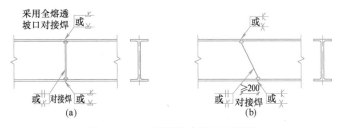

图 9.2-2 H型钢的全焊工厂拼接

(a) 腹板直缝对接；(b) 腹板斜缝对接（适用于重要构件）

用内力法进行拼接计算。

6. 当采用无拼材熔透焊接拼接时，宜采用加引弧板（翼缘拼焊处）及单面坡口熔透对接焊（加垫板及设扇形切口）的构造，腹板熔透对焊仅受单面焊条件限制时，应在背面侧加设垫板，如图 9.2-1 (b) 所示，对现场焊接（或栓-焊）拼接应注意拼接构造不致造成仰焊作业，在设计中应给出拼接节点图，同时在详图设计中应考虑预设相拼构件的定位夹具或耳板等零件。

7. 梁、柱的拼接位置应由设计确定，一般宜设在内力较小处，同时综合考虑运输分段、安装方便

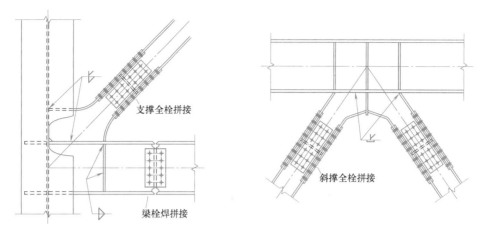

图 9.2-3 H 斜梁与梁柱连接处的现场拼接

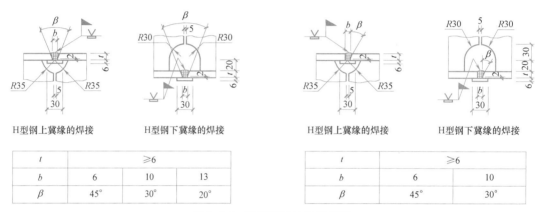

t	$\geqslant 6$		
b	6	10	13
β	45°	30°	20°

t	$\geqslant 6$	
b	6	10
β	45°	30°

图 9.2-4 翼缘锁口的焊缝构造

等条件合理确定，多（高）层框架的拼接位置可设在距梁端 1.0m 左右，柱的拼接宜设在距楼板面上方 1.1～1.3m。

9.2.2 拼接节点的设计计算

1. 计算的一般规定

1）按拼接设计的强度计算方法分为等强法及内力法两种方法，前者按拼接强度（包括拼材与拼接连接）不小于所拼接母材 H 型钢截面的强度进行设计。后者按拼接强度不小于拼接处母材最大内力（弯矩、轴力、剪力）进行设计。其翼缘拼接与腹板拼接强度均按翼缘与腹板所分担的最大内力计算。

2）等强拼接一般按拼接承载力不小于母材净截面承载力设计计算，但对承受静载 H 型钢的翼缘摩擦型高强度螺栓等强拼接，当有必要考虑孔前传力影响时，亦可按下述方法计算：

（1）当翼缘截面扣孔面积率不大于 15％时，所需高强螺栓数量按翼缘毛截面计算。

（2）当翼缘截面扣孔面积率大于 15％时，所需高强螺栓数量按 1.18 倍的实际翼缘净面积。

3）受拉及受弯 H 型钢构件受拉翼缘栓接拼接处的栓孔削弱截面面积不宜超过其所拼接毛截面面积的 25％。当按内力法计算 H 型钢构件拼接时，其腹板拼接（包括拼材及拼接连接）的承载力除大于拼接截面的最大剪力外，还应不小于腹板全截面抗剪承载力的 50％。

4）H 型钢梁、柱的拼接设计，应考虑拼接强于母材的原则，在计算与确定拼材及拼接连接的截面与数量时，应留有一定的裕度。对塑性设计的截面拼接以及抗震设防（7～9 度）地区 H 型钢梁、柱拼接抗弯承载力应不小于该拼接截面最大计算弯矩值的 1.1 倍，同时尚不得低于 $0.25W_p f_y$，W_p 及 f_y 分别为梁、柱截面的塑性截面模量及屈服强度。

5）为了保证拼接截面承载力的连续性，受弯或偏心受压的 H 型钢构件的拼接，除翼缘拼接（包括拼材与拼接连接）及腹板拼接的承载力应分别大于构件翼缘及腹板的承载力外，还应保证拼材全截面的抗弯承载力大于构件全截面的抗弯承载力。

6）对栓-焊混用拼接，当采用先拧后焊操作方法时，其腹板拼接高强螺栓的承载力应降低10%采用。

7）在拼接节点计算时，H型钢的翼缘截面应计入其与腹板相交处的弧角面积。腹板计算高度取上下弧角起点之间的高度。

2. 栓-焊拼接节点的计算

H型钢栓-焊拼接节点是指H型钢翼缘为全熔透对接焊接、腹板拼接采用高强度螺栓连接的构造节点。

1）计算假定

（1）H型钢翼缘为全熔透对接焊接，不再计算其拼接强度。

（2）腹板拼接板及每侧的高强度螺栓，按拼接处的弯矩和剪力设计值计算，即腹板拼接及每侧的高强度螺栓承受拼接截面的全部剪力及按刚度分配到腹板上的弯矩，但其拼接强度不应低于原腹板。

（3）当翼缘为焊接、腹板为高强度螺栓摩擦型连接时，由于一般采用先栓后焊的方法，因此在计算中，应考虑对翼缘施焊时其焊接高温对腹板连接螺栓预拉力的损失，损失后连接螺栓的抗剪承载力取 $0.9N_{\mathrm{v}}^{\mathrm{b}}$。

（4）计算拼接螺栓时，计入拼缝中心线至栓群中心的偏心附加弯矩。

2）梁腹板用高强度螺栓拼接的计算

（1）梁腹板用高强度螺栓

① 梁腹板用高强度螺栓拼接时，应以螺栓群角点处螺栓的受力满足其抗剪承载力要求的前提下，结合梁截面尺寸合理的布置螺栓群，如图9.2-5所示。

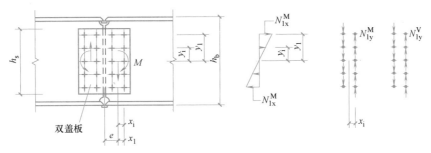

图 9.2-5　螺栓群弯矩和剪力作用示意图

② 螺栓群在弯矩和剪力作用下，角点螺栓所受剪力符合式（9.2-1）的要求。

$$\sqrt{(N_{1\mathrm{y}}^{\mathrm{V}}+N_{1\mathrm{y}}^{\mathrm{M}})^2+(N_{1\mathrm{x}}^{\mathrm{M}})^2}\leqslant 0.9N_{\mathrm{v}}^{\mathrm{b}} \tag{9.2-1}$$

$$N_{1\mathrm{y}}^{\mathrm{V}}=\frac{V}{mn}$$

$$N_{1\mathrm{y}}^{\mathrm{M}}=\frac{(M_{\mathrm{x}}+Ve)(I_{\mathrm{wj}}/I_{\mathrm{xj}})x_1}{\sum(x_{\mathrm{i}}^2+y_{\mathrm{i}}^2)}$$

$$N_{1\mathrm{x}}^{\mathrm{M}}=\frac{(M_{\mathrm{x}}+Ve)(I_{\mathrm{wj}}/I_{\mathrm{xj}})y_1}{\sum(x_{\mathrm{i}}^2+y_{\mathrm{i}}^2)}$$

式中　M_{x}、V——分别为梁拼接处的弯矩和剪力设计值；

　　　　m、n——分别为螺栓的行数和列数；

　　　　e——拼接缝至螺栓群中心处的偏心距；

　　　I_{xj}、I_{wj}——分别为梁和梁腹板绕x轴的净截面惯性矩。

（2）确定腹板拼接板的厚度（应取下列四项中最大者）

① 根据螺栓群受的弯矩求板厚

拼接板弯曲应力应满足：$\dfrac{Mh_s}{n_f I_j} \leqslant f$

其中拼接板净截面惯性矩：$I_j = \left[\dfrac{1}{12}t_s^M h_s^3 - t_s^M(\sum y_i^2/n)\times d_0\right]n_f$

按拼接板受弯确定板的厚度为：

$$t_s^M = \dfrac{M \cdot h_s}{n_f f\left[h_s^3/12 - (\sum y_i^2/n)\times d_0\right]} \tag{9.2-2}$$

式中　h_s——拼接板高度；

$\quad\quad d_0$——螺栓孔径；

$\quad\quad n_f$——拼接板数量。

② 根据螺栓群受的剪力求板厚

假定全部剪力由拼接板均匀承受，则拼接板的厚度为：

$$t_s^V = \dfrac{V}{n_f(h_s - md_0)f_v} \tag{9.2-3}$$

③ 根据螺栓间距 s 确定板的厚度

$$t_s^s \geqslant s/12 \tag{9.2-4}$$

④ 原则上应使拼接板截面面积不小于腹板的截面面积

$$t_s^A \geqslant \dfrac{(h_w - md_0)t_w}{n_f(h_s - md_0)} \tag{9.2-5}$$

式中　h_w、t_w——分别为梁腹板净高和厚度。

3. H 型钢构件拼接的构造要求

H 型钢构件拼接拼材与其连接的构造配置要求见表 9.2-1。

各类 H 型钢拼接拼材与其连接的配置要求　　　　　表 9.2-1

拼接方法	拼材配置与构造	拼接连接要求	说　明
全拼材焊接拼接	1. 翼缘拼接板均采用外侧单层拼板，为增加焊缝长度其外形亦可做成鱼尾板；拼板在拼缝一侧的长度不宜超过 $60h_f$（h_f 为拼接板纵向连接焊缝厚度）； 2. 当采用现场高空焊时，可选用上翼缘拼板较翼缘窄而下翼缘拼板较翼缘宽的构造以保证焊缝的俯焊作业； 3. 腹板拼板一般为双面设置，其外形宜选用窄而长的外形；当为柱拼接时，可选用鱼尾形拼接板； 4. 所有拼材应安装螺栓定位	1. 翼缘拼接焊缝宜只采用侧面纵向角焊缝（不同时采用端缝），焊缝长度不应超过 $60h_f$； 2. 腹板拼板在拼缝每侧为角焊缝三面围焊，且应明确要求焊缝的拐角处连续施焊，不得起弧灭弧	耗材一般较多，高空施焊时作业难度大，现较少采用
全截面高强螺栓拼接	1. 翼缘拼板一般在翼缘上下两侧设置，并宜采用同一厚度，在拼缝一侧的拼板长度一般不大于 $30d_0$（d_0 为螺栓孔径）；拼板宽度不大于翼缘宽度； 2. 腹板拼板一般亦在腹板双侧配置，其外形应尽量选用窄而长的外形； 3. 所有拼材及拼接区母材表面均应按摩擦面要求进行处理	1. 翼缘拼接螺栓的排列应注意保证有施拧空间进行施拧操作； 2. 拼缝一侧的腹板拼接螺栓宜尽量按单排布置，当为双排布置并构件截面较高时，靠近中和轴区的螺栓采用较大的栓距	避免高空施焊，但耗材量与造价较高
栓-焊混用拼接	1. 翼缘按熔透焊要求坡口，并设置单面坡口焊的下垫板及引弧板； 2. 腹板栓接拼接可单侧或双侧设置，外形宜窄而长，在腹板拼缝的上下端应开设扇形缺口，以便设置垫板及连续施焊； 3. 腹板及拼板摩擦面按设计要求处理	1. 翼缘板熔透焊为加垫板的单面坡口对接焊缝，坡口可按国标或焊接规程采用； 2. 腹板拼接高强度螺栓在拼缝一侧宜尽量按单排布置	一般按先拧后焊工序施工

续表

拼接方法	拼材配置与构造	拼接连接要求	说明
端板拼接	1. 端板厚度不应小于构件翼缘板厚度； 2. 为增加抗弯能力，端板亦可伸出翼缘以增加螺栓布置	1. 螺栓的布置应按较小容许间距紧凑布置； 2. 当拼接主要承受弯矩时，在靠近中和轴区可不布置螺栓； 3. 受拉翼缘与端板连接焊缝应按传力计算确定	

4. 翼缘拼接板尺寸及螺栓配置

翼缘拼接板尺寸、螺栓配置和间距等配置可参考表 9.2-2。

翼缘拼接板尺寸及螺栓配置 　　　　　　　　　　　　　　　　　表 9.2-2

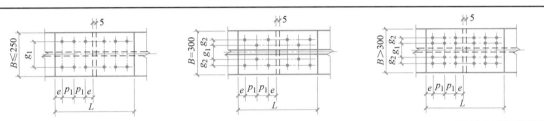

翼缘宽度B (mm)	d (mm)	拼接板长度L(mm)											螺栓间距及边距(mm)				
		4	6	8	10	12	14	16	18	20	22	24	g_1	g_2	p_1	p_2	e
125	M16	255	365										70		55		35
150	M16	255	365	475	585								85		55		35
	M20	325	465	605	745								85		70		45
175	M16	255	365	475	585	695	805						105		55		35
	M20	325	465	605	745	885	1025						105		70		45
200	M16	255	365	475	585	696	805	915					120		55		35
	M20	325	465	605	745	885	1025	1135					120		70		45
	M22	355	405	655	805	955	1105	1256					120		75		50
250	M20	325	465	605	745	885	1025	1135					150		70		45
	M22	355	505	655	805	955	1105	1255					150		75		50
300	M20	285	385	485	585	685	785	885	985				130	45			45
	M22	325	445	565	685	805	925	1045	1165				130	45			50
350	M20	185	325	325	465	465	605	605	745	745	885	885	100	75	70		45
	M22	205	355	355	505	505	655	656	805	805	955	955	100	75	75		50
400	M20	185	325	325	564	465	605	605	745	745	885	885	130	90	70		45
	M22	205	355	355	505	505	655	655	805	805	955	955	130	90	75		50

注：d 为高强螺栓直径。

9.2.3 H型钢拼接构造

1. 梁的拼接有全焊接、全栓和栓焊连接。常用的梁全焊接拼接形式见图 9.2-6，可采用翼缘斜接和

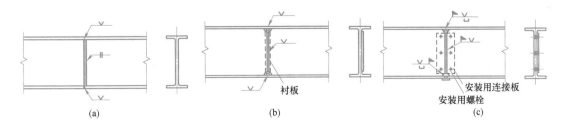

图 9.2-6 H型钢梁全焊接拼接节点构造示意

腹板竖接，翼缘平接和腹板斜接（图 9.2-7）。常用的梁全栓拼接形式见图 9.2-8。

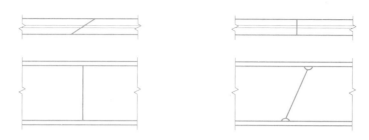

图 9.2-7　H 型钢梁全焊接拼接截面示意

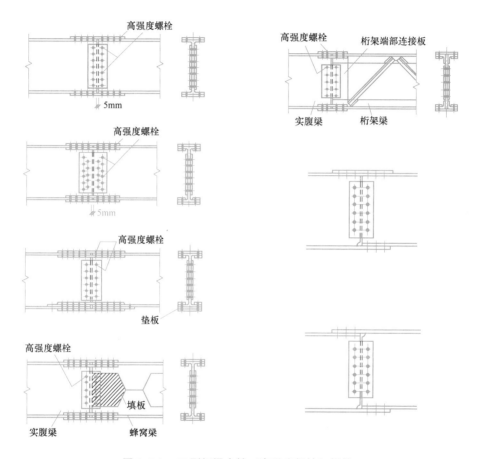

图 9.2-8　H 型钢梁全栓（高强度螺栓）拼接

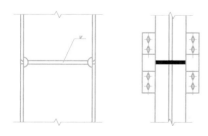

图 9.2-9　H 型钢柱全焊接拼接

2. 柱的拼接有全焊接、全栓和栓-焊连接。

1）常用的全焊接拼接形式见图 9.2-9，节点有安装用的耳板。

2）常用的栓-焊拼接形式见图 9.2-10，节点有安装用的耳板。

3）常用的全栓拼接形式见图 9.2-11～图 9.2-14，拼接板有单面拼接和双面拼接。

9.2.4　H 型钢梁拼接节点的计算例题

条件：梁截面 H500×250×8×16，钢材牌号 Q235B，梁拼接采用焊接与高强度螺栓摩擦型连接的栓焊连接，梁拼接处的弯矩和剪力设计值为 $M_x = 320$kN·m、$V = 230$kN。

设计：梁拼接节点，采用内力法进行本例题拼接处的计算。

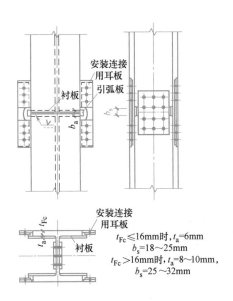

图 9.2-10 H 型钢柱栓-焊拼接（带安装耳板）

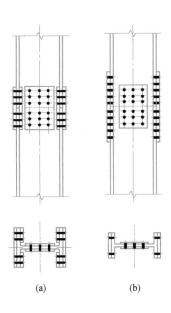

图 9.2-11 H 型钢柱全高度螺栓拼接（高强度螺栓）
（a）翼缘双拼板；（b）翼缘单拼板

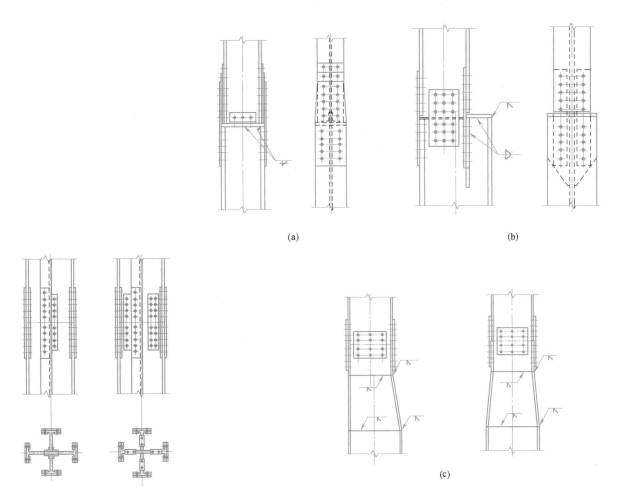

(a)   (b)

(c)

图 9.2-12 H 型钢十字形
组合柱全栓拼接

图 9.2-13 H 型钢柱变截面处全栓拼接
（a）带填板拼接；（b）无过渡段拼接；（c）有过渡段拼接

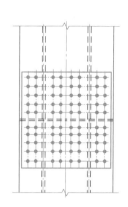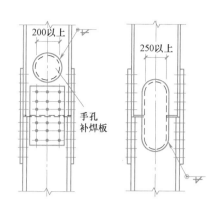

图 9.2-14　H 型钢箱形组合柱全栓拼接

1. 拼接节点构造

初步假定拼接处的节点采用栓-焊拼接节点，翼缘采用全熔透对接焊缝，腹板采用螺栓连接，螺栓的布置构造见图 9.2-15。采用高强度螺栓的性能等级 8.8s，预拉力 $P=125$kN，抗滑移系数 $\mu=0.4$。

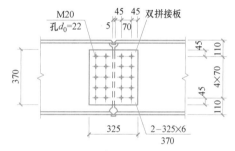

图 9.2-15　H 型钢梁栓-焊拼接示例

2. 腹板拼接螺栓计算

1）梁截面

梁的腹板高度：$h_w=500-2\times16=468$mm

梁腹板惯性矩：$I_w=8\times468^3/12=68.335\times10^6$mm^4

梁腹板的净截面惯性矩：$I_{wj}=I_w-2\times8\times22\times(70^2+140^2)=59.711\times10^6$mm^4

梁翼缘的毛截面惯性矩：$I_f=2\times250\times16\times(250-8)^2=468.512\times10^6$mm^4

梁的全截面惯性矩：$I_x=I_f+I_w=-536.847\times10^6$ mm^4

梁的净截面惯性矩：$I_{xj}=I_f+I_{wj}=528.223\times10^6$mm^4

2）螺栓计算

螺栓群偏心距：$e=2.5+45+70/2=82.5$mm，$m=5$，$n=2$，$n_f=2$。

（1）拼接螺栓承受的剪力计算

$$N_{1y}^V=\frac{V}{mn}=\frac{230}{5\times2}=23.0\text{kN}$$

（2）拼接螺栓偏心弯矩

$$M_x+Ve=320+230\times0.0825=338.975\text{kN}\cdot\text{m}$$

（3）螺栓受力计算

$$\frac{I_{wj}}{I_{xj}}=\frac{59.711}{528.223}=0.113$$

$$\sum(x_i^2+y_i^2)=10\times35^2+4\times(70^2+140^2)=110250\text{mm}^2$$

$$N_{1y}^M=\frac{(M_x+Ve)(I_{wj}/I_{xj})x_1}{\sum(x_i^2+y_i^2)}=\frac{338.975\times0.113\times0.035}{110250\times10^{-6}}=12.16\text{kN}$$

$$N_{1x}^M=\frac{(M_x+Ve)(I_{wj}/I_{xj})y_1}{\sum(x_i^2+y_i^2)}=\frac{338.975\times0.113\times0.14}{110250\times10^{-6}}=48.64\text{kN}$$

（4）角点处螺栓所受剪力计算

$$N=\sqrt{(N_{1y}^V+N_{1y}^M)^2+(N_{1x}^M)^2}=\sqrt{(23+12.16)^2+48.64^2}=60.0\text{kN}$$

（5）一个螺栓抗剪承载力计算

$$0.9N_v^b=0.9\times0.9\times n_f\mu P=0.9\times0.9\times2\times0.4\times125=81\text{kN}$$

满足要求。

3. 腹板拼接板

腹板拼接板双面设置，拼接板采用 325mm×370mm×6mm。拼接板可按 468mm×12mm 矩形截面承受弯矩（320×0.113）kN•m 和剪力 230kN 分别验算其抗弯、抗剪强度，计算从略。

4. 梁翼缘焊接

1) 当采用加引弧板熔透对接焊缝时，与母材等强，可不验算强度。

2) 当采用半熔透对接焊缝时，梁拼接处梁翼缘对接焊缝进行强度验算：

$$\sigma_f=\frac{M}{b_f t_f(h-t_f)}=\frac{320\times10^6}{250\times16\times(500-16)}=165.29\text{N/mm}^2<185\text{N/mm}^2$$

采用半熔透对接焊缝也满足要求。

9.3　H型钢梁与梁连接节点

9.3.1　梁与梁连接节点分类

H 型钢的梁与梁连接节点分为次梁铰接节点、梁连续节点。

1. 梁铰接节点

次梁与主梁连接节点一般采用铰接连接，常采用上翼缘平接的螺栓节点（图 9.3-1）和焊接节点（图 9.3-2）。

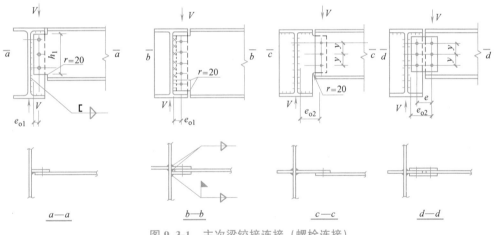

图 9.3-1　主次梁铰接连接（螺栓连接）

2. 梁连续节点

梁连续节点一般是指连续梁跨越另一方向梁的梁梁连接节点，一般采用等强连接，H 型钢连续梁多采用梁连续的平接节点和盖板节点。次梁连续节点示意如图 9.3-3 所示。

9.3.2　节点设计计算

1. 一般规定

1) 螺栓简支连接中，对次要或荷载不大的构件可选用普通 C 级螺栓；对重要构件宜选用高强度螺栓连接。

（1）在计算所需连接螺栓数量时可按次梁支座支力（剪力 V）计算。

（2）计算连接板与主梁连接的槽形焊缝时，宜按同时承受剪力（V）及传力偏心弯矩（Ve_o）计算；或简化将剪力 V 乘以增大系数 1.2～1.3（单排螺栓时）或 1.2～1.35（双排螺栓时），计算组合楼盖梁不考虑此增大系数。

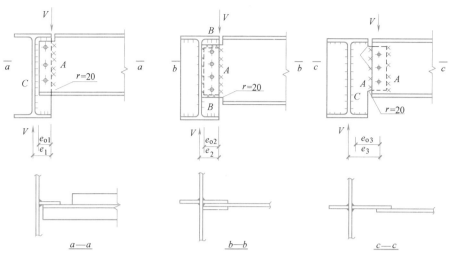

图 9.3-2 主次梁铰接连接（焊接连接）

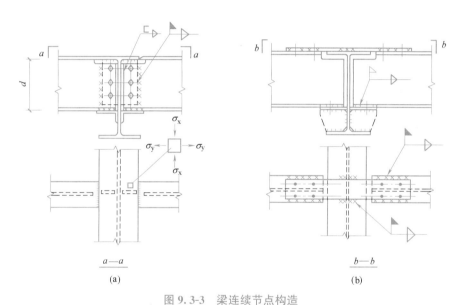

图 9.3-3 梁连续节点构造

（a）次梁连续栓焊平接节点构造；（b）次梁连续盖板节点构造

2）在焊接简支连接中，安装螺栓均为普通 C 级永久螺栓，紧固后不再拆除。每道计算的有效焊缝其长度不小于 40mm 或 $8h_f$（h_f 为焊脚厚度）。在计算连接板与主梁或次梁的连接焊缝时，宜考虑偏心弯矩（Ve_o）的影响；也可采用同上将剪力乘以增大系数简化方法。

3）对有局部切角的次梁腹板（图 9.3-1 及图 9.3-2）应按《钢结构设计标准》GB 50017—2017 验算撕裂强度。所有梁腹板或连接板的切角处均应做成圆弧（$r=20$）过渡（或钻孔后再切割）。

4）主梁上翼缘区段为双向应力区（可近似取为次梁翼缘宽度范围）设计时应补充验算折算应力 σ_r。

2. 梁铰接节点

1）次梁与主梁铰接节点的次梁腹板与主梁连接板，应按公式（9.3-1）验算抗剪强度。对有局部切槽的次梁腹板应按式（9.3-2）验算撕裂强度。

$$\tau_w = \frac{1.5V}{A_{wn}} < f_v \qquad (9.3\text{-}1)$$

式中 A_{wn}——次梁腹板或连接板的净截面积，凡有局部切除翼缘处，应取切槽后腹板高度。

2）对有局部切槽的次梁腹板应按公式（9.3-2）验算撕裂强度。

$$\sigma = \frac{V}{A_{1wn}} \qquad (9.3\text{-}2)$$

式中 A_{1wn}——切槽处撕裂截面净面积 $A_{1wn}=h_1t_w$，h_1 扣孔后计算。

3. 梁连续节点

当次梁为连续梁时，次梁与主梁连接可采用平接构造或盖板构造（图 9.3-3）。一般宜采用后者，其连接计算应考虑以下内容：

1）在平接构造节点中，主梁上翼缘双向应力区（可近似取为次梁翼缘宽度范围）应按式（9.3-3）验算折算应力 σ_r。

$$\sigma_r=\sqrt{\sigma_x^2-\sigma_x\sigma_y+\sigma_y^2}\leqslant\beta f \tag{9.3-3}$$

式中 σ_r——折算应力；

σ_x——该区主梁上翼缘的正应力，拉应力为正，压应力为负；

σ_y——连续支座处负弯矩引起的次梁上翼缘最大拉应力，取正号；

β——强度设计值增大系数，σ_x、σ_y 异号时取 $\beta=1.2$，同号时取 $\beta=1.1$；σ_x、σ_y 应取可能产生的最大值。

2）在梁连续盖板节点中，次梁上翼缘拼接盖板与抗剪支托盖板截面（图 9.3-3）可按与翼缘等强或内力法计算确定，计算时宜考虑单面连接偏心影响将强度降低 10%。拼接盖板的传力焊缝宜按与拼板等强计算确定。

3）次梁端部支座反力按由梁与主梁的腹板连接板及焊缝承担或支托托座承担来计算。

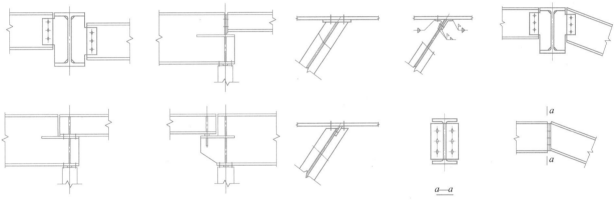

图 9.3-4 不同标高次梁与主梁铰接连接的节点构造

图 9.3-5 次梁与主梁斜交的节点构造

9.3.3 梁与梁连接节点构造

1. H 型钢次梁与主梁的铰接连接优先采用螺栓连接节点，常见的节点示意见图 9.3-1。图 9.3-4～图 9.3-6 给出了其他情形的节点构造示意。

2. H 型钢次梁与主梁的简支（铰接）连接，当荷载较大时也可采用焊接连接（图 9.3-2）。

3. H 型钢连续次梁的梁连续节点常采用梁连续平接和盖板构造（图 9.3-3）。

图 9.3-6 悬吊梁于主梁的铰接连接节点构造

9.4 H 型钢梁柱连接节点

H 型钢梁柱连接节点是框架结构。在单层框架结构中应用最广的 H 型钢梁柱连接节点是刚架梁柱节点，而且计算也比较复杂。在多层框架连接节点中不仅包括梁柱连接节点，也包括了支撑与梁、柱的连接节点。

9.4.1 梁柱连接节点分类

梁柱连接节点分为单层框架梁柱节点、多（高）层框架的梁柱节点。节点按照受力类型可分为铰接连接节点、刚接连接节点（半刚性连接节点）。

1. 单层框架梁柱节点

1）单层框架梁柱的铰接连接节点

单层梁柱的铰接连接节点一般采用叠接节点构造（图 9.4-1a、b、c）或平接铰接节点构造（图 9.4-1d）。主要用于刚架的摇摆柱、山墙抗风柱与梁的连接。

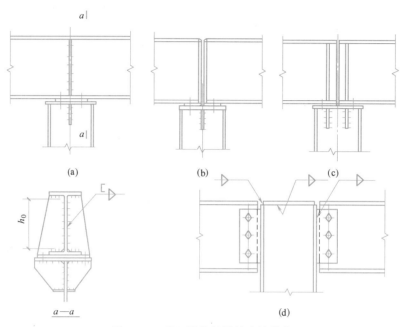

图 9.4-1　单层梁柱的铰接连接节点

（a）连续梁节点；（b）端板支座节点；（c）平板支座节点；（d）平接铰接节点

2）单层框架梁柱的刚接连接节点

梁柱刚接节点主要是应用于门式刚架结构中，梁柱节点典型构造见图 9.4-2。单层框架梁柱的刚接连接节点按节点刚度可分为刚性连接节点（图 9.4-2a、b、c 焊接接头或栓焊接头）与半刚性节点（图 9.4-2d、e 端板接头）两类。根据节点形式分为端板连接节点、全焊或栓-焊混合连接节点、弧形节点三种。

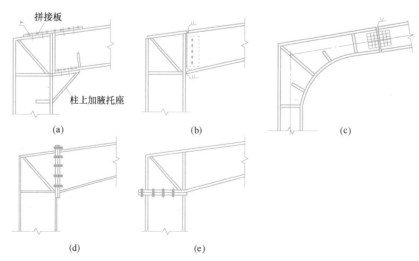

图 9.4-2　门式刚架梁柱节点类型

（a）加腋节点；（b）栓焊梁柱节点；（c）弧形加腋节点；（d）竖端板节点；（e）平端板节点

当梁柱节点采用端板连接（图 9.4-2d、e）或梁柱下翼缘圆弧过渡（图 9.4-2c）连接时，可不进行强节点弱杆件的验算。采用全焊或栓-焊混合节点（图9.4-2a、b）时应按抗震规范进行强节点弱杆件计算。

（1）端板连接节点

高强度螺栓端板连接节点是门式刚架目前实际工程中应用最多的节点连接类型（图9.4-3）。其特点是现场安装方便，但因节点抗弯刚度受端板厚度、螺栓的直径和数量以及节点构造（如加劲肋的设置）等因素影响较大，如果设计或构造不合理难以保证在使用过程中达到"梁柱交角不变"的要求。故不宜用于对刚接节点转动刚度有严格要求使用条件的结构，如有吊车的门式刚架。

① 目前常用端板的构造为外伸式端板节点，斜梁与刚架柱连接节点的受拉侧，宜采用端板外伸式，与斜梁端板连接的柱的翼缘部位应与端板等厚；外伸式端板节点的转动刚度大且受拉连接无偏心，传力直接，故实际工程应优先选用外伸式端板构造。当采用端板外伸式连接时，宜使翼缘内外的螺栓群中心与翼缘的中心重合或接近；

② 按端板位置分为平端板、斜端板及竖端板三种构造（图9.4-3），竖端板构造虽应用较多，但平端板构造更具有螺栓剪力较小、便于安装等特点，宜在工程中推广应用。

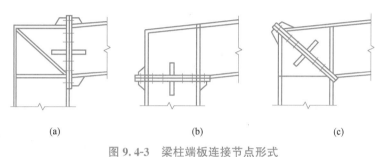

图9.4-3 梁柱端板连接节点形式
(a) 端板竖放；(b) 端板平放；(c) 端板斜放

③ H型钢刚架构件间的连接，可采用高强度螺栓端板连接。高强度螺栓直径应根据受力确定，常用高强度螺栓规格为M16～M24。

（2）栓-焊混合连接节点

栓-焊混合连接节点（图9.4-2a、b）的转动刚度符合刚性节点大、构造与计算假定一致的要求，工程费用较低，但高空焊接工作量大，适用于有吊车的门式刚架。

在实际工程中，栓-焊连接节点作为梁柱节点和横梁拼接节点，适用于有吊车及大跨度大荷载的H型钢门式刚架。

（3）弧形节点

H型钢门式梁柱弧型节点（图9.4-2c）因内侧翼缘呈弧形加腋形式，外观美观而多用于公共建筑。

2. 多（高）层框架的梁柱连接

1）多层框架梁柱的铰接连接节点

多层框架梁柱的铰接连接节点有连接板连接节点（图9.4-4a）、端板连接节点（图9.4-4b）、柱腹板与梁连接节点（图9.4-4c）。

2）多（高）层框架的梁柱刚性连接节点

多（高）层框架最常用的梁柱刚性连接节点为栓-焊刚接连接节点（图9.4-5）。栓-焊刚接连接节点有梁柱现场栓焊连接节点（图9.4-5a）、柱身带外伸短梁段的梁拼接节点（图9.4-5b）。

对柱身带外伸短梁段的梁拼接节点，其梁柱为工厂直接焊接连接，焊接质量更易保证。

对梁柱现场栓焊连接节点，按抗震设防设计的多（高）层框架梁柱连接节点构造做法参见图9.4-6。

9.4.2 梁柱连接节点构造

1. 单层梁柱连接节点

1）单层梁柱铰接连接节点

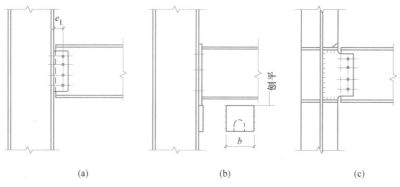

图 9.4-4　多（高）层框架梁柱的铰接连接

（a）连接板连接；（b）端板连接；（c）柱腹板与梁的连接

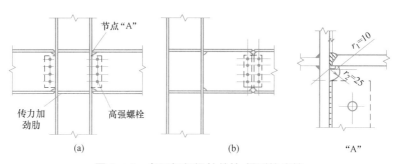

图 9.4-5　多层框架梁柱的栓-焊刚接连接

（a）梁柱现场栓焊构造；（b）外伸梁段现场栓焊

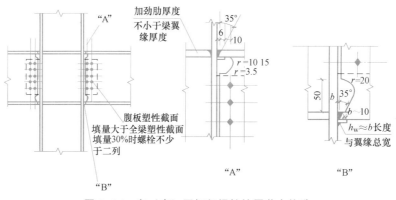

图 9.4-6　多（高）层框架梁柱抗震节点构造

（1）当 H 型钢梁高较高时，宜采用扩大支座的加劲肋构造以保证支座处符合简支支座的条件；同时应注意支座底板与连接螺栓处的构造，应不妨碍梁在支座处可能产生的转角变形。

（2）H 型钢梁的支承加劲肋应在腹板两侧设置，其厚度 t_s 不应小于梁腹板的厚度，外伸宽度不大于 $15t_s$。

（3）H 型钢梁的支座反力较大时，加劲肋可按承受梁支座受力的短柱计算其腹板平面外的稳定性，柱高取 h_0（h_0 为梁腹板计算高度，取梁上、下翼缘处弧角起点距离），柱截面为加劲肋及与其相连的每侧 $15t_w\sqrt{\dfrac{235}{f_y}}$ 腹板截面（t_w 为梁腹板厚度）。

（4）H 型钢梁的支承加劲肋底端连接焊缝应按传递全部支座反力计算确定。当反力很大时，亦可采用肋底端刨平顶紧的传力构造，此时，除顶紧端面应按传递全部反力进行验算外，其底端连接焊缝可按传递 15% 的反力计算确定。

（5）柱顶的加劲肋计算和构造均可参照梁支座加劲肋要求进行。

2）单层梁柱刚接连接节点

（1）端板连接节点的构造要求

① 端板连接宜采用高强度螺栓摩擦型连接，对跨度较小的无吊车门式刚架也可采用高强度螺栓承压型连接。

② 端板传力区螺栓宜成对布置。螺栓中心至翼缘板表面的距离，应满足拧紧螺栓时的施工要求，不宜小于45mm。螺栓端距不应小于2倍螺栓孔径；螺栓中距不应小于3倍螺栓孔径。

③ 端板厚度不应小于16mm及0.8倍高强度螺栓直径，当柱翼缘与端板连接时，柱翼缘应与端板等厚（不等厚时，柱翼缘可局部变厚度）。

④ 端板中部螺栓按最大距离不大于400mm布置。

⑤ 梁柱翼缘与端板的焊缝应采用熔透焊，焊缝质量等级为二级；腹板与端板的连接角焊缝应为等强，焊缝质量等级为外观检查二级焊缝。

⑥ 外伸端板的伸出部分宜设短加劲肋。连接节点处的三角形短加劲板长边与短边之比宜大于1.5：1.0，不满足时可增加板厚。

⑦ 当端板连接只承受轴向力和弯矩作用或剪力小于其抗滑移承载力时，端板表面可不作摩擦面处理。

（2）栓-焊节点构造要求

① 梁的上、下翼缘与柱顶板及柱翼缘现场熔透对焊，焊缝质量等级应不低于二级，为连续施焊，需在腹板上开槽口。

② 梁腹板与柱上连接板采用高强度螺栓连接，连接板可为单板，其厚度宜较腹板加厚一级。

③ 在柱腹板上与梁下翼缘对应处，应设置成对横加劲肋，对应处肋端与柱翼缘的对焊宜焊透或采用与翼缘等强的传力角焊缝，加劲肋与柱腹板的连接角焊缝宜与加劲肋等强，加劲肋厚度不应小于$b/15$（b为肋宽）并不小于所对应的梁翼缘厚度。

④ 节点域抗剪验算不足时应设置斜加劲，其截面应计算决定，其宽厚比不应大于$15\sqrt{\dfrac{235}{f_y}}$。

2. 多层H型框架梁柱连接节点

多层H型钢框架梁与H型钢柱的节点连接有四种形式，分为梁柱铰接（图9.4-4）、梁柱（H型钢）强轴方向刚接（图9.4-8a）、梁柱（H型钢）弱轴方向刚接（图9.4-8b）、短悬臂的梁柱刚接（图9.4-8c）。图9.4-7梁柱节点示意图中，给出常见的细部构造和一些参数值供读者参考。

1）多层框架梁柱的铰接连接节点

多层框架梁柱的铰接连接节点有连接板连接节点（图9.4-7a）、端板连接节点（图9.4-7b）、与柱腹板连接节点（图9.4-7c）。梁与柱铰接节点常采用钢柱与梁腹板相连的高强度螺栓连接，节点构造见图9.4-7。

（1）梁柱连接板连接节点的连接板可单侧设置（反力大时宜双侧设置），其厚度不得小于梁腹板厚。

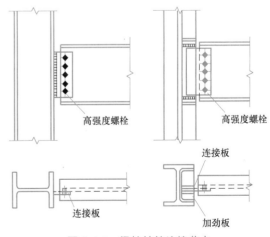

图9.4-7　梁柱铰接连接节点

（2）端板连接节点采用螺栓抗剪连接。当端板采用高强螺栓抗剪连接时，可不设托板。

当受力较大时，可设抗剪托板承受梁端剪力，螺栓为C级螺栓。端板下端应刨平加工并与柱上托板顶紧传力。托板厚度应较端板厚3～4mm，在计算托板两侧竖向抗剪焊缝时，宜考虑不均匀受力增大系数1.3，同时此两侧焊缝距离b（托板宽）尚应不大于$16t$（t为托板厚度）。

（3）与柱腹板连接节点采用柱腹板外伸连接板的螺栓连接，连接板上下端应设横向加劲肋。

2）H 型钢框架梁与 H 型钢柱的强轴刚性连接构造

（1）钢框架梁梁与 H 型钢柱的强轴刚性连接，采用 H 型钢梁上下翼缘与柱等强熔透焊接（加引弧板），与腹板以高强度螺栓连接的栓-焊节点构造（图 9.4-8a）。

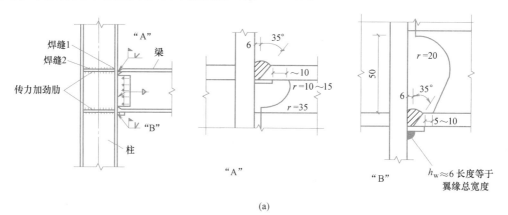

(a)

其中：$r_1 = 35$mm 左右；$r_2 = 10$mm 以上；O 点位置：$t_f < 22$mm：$L_0 = 0$；$t_f \geqslant 22$mm：$L_0 = 0.75 \, t_f - 15$；t_f 为下翼缘板厚

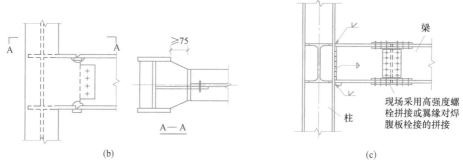

图 9.4-8 H 型钢柱梁柱刚接连接节点

（a）梁柱（H 型钢）强轴方向刚接节点；（b）梁柱（H 型钢）弱轴方向刚接；（c）短悬臂的梁柱刚接

（2）为保证现场焊接的质量，在梁腹板上开设过焊孔。过焊孔可采用常规型（图 9.4-9）和改进型（图 9.4-10）两种形式。采用改进型时，梁翼缘与柱的连接焊缝应采用气体保护焊。梁翼缘与柱翼缘间应采用全熔透坡口焊缝，抗震等级一、二级时，应检验焊缝的 V 形切口冲击韧性，其夏比冲击韧性在 -20℃时不低于 27J。

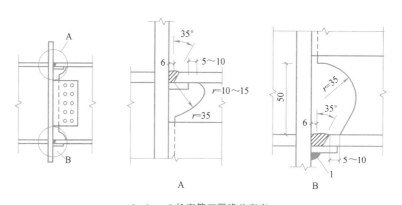

$l - h_w \approx 5$ 长度等于翼缘总宽度

图 9.4-9 常规型过焊孔

（3）梁柱刚接节点的 H 型钢柱腹板对应于梁翼缘部位应设置横向加劲肋，其厚度不宜小于梁翼缘厚度；横向加劲肋的上表面宜与梁翼缘的上翼缘对齐，并以焊透的 T 形对接焊缝与柱翼缘连接。对抗震设计的结构，水平加劲肋厚度不得小于梁翼缘厚度加 2mm，其钢材强度不得低于梁翼缘的钢材强度，

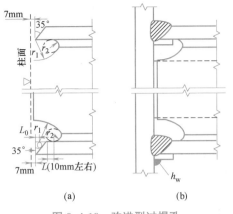

图 9.4-10 改进型过焊孔

(a) 坡口和焊接孔加工；(b) 全焊透焊缝

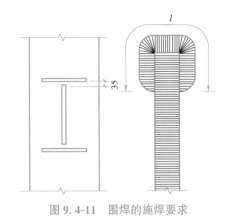

图 9.4-11 围焊的施焊要求

其外侧应与梁翼缘外侧对齐。

（4）梁腹板与柱的连接板应采用与梁腹板相同强度等级的钢材制作，其厚度应比梁腹板大 2mm。连接板与柱的焊接，当板厚小于 16mm 时应采用双面角焊缝，焊缝的有效截面高度应符合受力要求，且不得小于 5mm。当腹板厚度等于或大于 16mm 时应采用 K 形坡口焊缝。

对设防烈度 7 度（0.15g）及以上地区的 H 型钢框架，梁腹板与柱的连接焊缝应采用围焊，围焊在竖向部分的长度 l 应大于 400mm 且连续施焊（图 9.4-11），对焊缝的厚度要求与梁腹板与柱的焊缝要求相同。

3）H 型钢框架梁与 H 型钢柱的弱轴的刚性连接构造（图 9.4-8b）

（1）H 型钢框架梁与 H 型钢柱（绕弱轴）刚性连接时，加劲肋应伸至柱翼缘以外 75mm，并以变宽度形式伸至梁翼缘，用全熔透对接焊缝连接。加劲肋应两面设置，翼缘加劲肋应大于梁翼缘厚度。

（2）梁腹板与柱连接板用高强度螺栓连接。

4）短悬臂的梁柱刚接构造（图 9.4-8c）

当 H 型钢梁柱节点处有支撑连接或因抗震计算、构造要求，梁端需采用加强式连接时，梁柱刚性连接宜采用短悬臂构造（图 9.4-8c），悬臂长度可为 0.8~1.0m，对于抗震设防的框架，此悬臂段长度应不小于 $l/10$ 或 $2h$（l、h 分别为梁跨度与截面高度）。

5）梁柱铰接连接节点

梁与柱铰接节点常采用钢柱与梁腹板相连的高强度螺栓，节点构造见图 9.4-12。

9.4.3 单层 H 型钢框架梁柱连接节点设计

单层框架结构梁柱连接节点有铰接节点和刚接节点。本节重点介绍刚架的梁柱刚接节点设计，刚接节点有端板连接节点、栓-焊混合连接节点、弧形节点三种形式。

1. 铰接节点

1）铰接节点一般采用螺栓连接。

2）节点的连接板和螺栓直径根据所承受荷载计算确定。

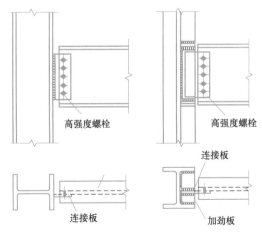

图 9.4-12 梁柱铰接连接节点

3）型钢梁的支座反力较大时，加劲肋可按承受梁支座受力的短柱计算其腹板平面外的稳定性。

2. 端板连接节点

端板连接节点设计内容：连接螺栓设计、端板厚度确定、柱上端节点域验算、构件翼缘与端板或柱底板的连接、端板连接刚度验算。

1）端板连接节点的内力取值

端板连接应按所受最大内力和按能够承受不小于较小被连接截面承载力的一半设计，并取两者的大值。

2）连接螺栓设计

（1）受拉螺栓设计

外伸端对称于梁受拉翼缘的两排螺栓为受拉螺栓，每个受拉螺栓的最大拉力 N_{tp} 按式（9.4-1）计算：

$$N_{tp} = \frac{M}{n_t h_t} + \frac{N}{n} \leqslant N_t^b \tag{9.4-1}$$

式中　M、N——端板连接处的最不利组合的弯矩与轴拉力，轴力为压力时不考虑；

　　　　N_t^b——一个高强度螺栓的抗拉承载力设计值；对摩擦型取 $0.8P$；

　　　　n_t——对称布置于受拉翼缘侧的两排螺栓的总数；

　　　　h_t——抗弯力臂，为梁或柱翼缘中心线间的距离；

　　　　n——端板上的连接螺栓总数。

当两排受拉螺栓强度不能满足公式（9.4-1）要求时，可计入布置于受拉区的第三排螺栓共同工作，最大受拉螺栓的拉力 N_{tp} 按公式（9.4-2）计算：

$$N_{tp} = \frac{M}{h_t \left[n_t + n_a \left(\dfrac{a_0}{h_t} \right)^2 \right]} + \frac{N}{n} \leqslant N_t^b \tag{9.4-2}$$

式中　n_a——第三排受拉螺栓的数量；

　　　　a_0——第三排螺栓中心至受压翼缘中心的距离。

（2）抗剪螺栓计算

除抗拉螺栓外，端板上其余螺栓均为抗剪螺栓，每个螺栓抗剪强度按公式（9.4-3）计算：

$$N_v = \frac{V}{n_v} \leqslant N_v^b \tag{9.4-3}$$

式中　V——端板连接处最不利组合中的剪力；

　　　　n_v——抗剪螺栓总数；

　　　　N_v——一个高强度螺栓承受的剪力；

　　　　N_v^b——一个高强度螺栓的抗剪承载力设计值，对摩擦型取 $0.9uP$；

　　　　μ——摩擦面抗滑移系数。

当端板连接只承受轴向力和弯矩作用或剪力小于其抗滑移承载力时，端板表面可不作摩擦面处理。

（3）端板厚度 t_p

可根据支撑条件按表 9.4-1 中相应公式计算确定，且不小于 0.8 倍高强度螺栓直径。

（4）柱上端节点域验算

H 型钢门式刚架斜梁与柱相交的节点应按式（9.4-4）验算节点域的剪应力。

$$\tau = \frac{M}{d_b d_c t_c} \leqslant f_v \tag{9.4-4}$$

式中　M——节点弯矩，对多跨刚架中间柱，应取两侧横梁端弯矩的代数和或柱端弯矩；

　　　　d_c、t_c——分别为节点域柱腹板的宽度和厚度；

　　　　d_b——斜梁端部高度或节点域高度。

当不满足公式（9.4-4）要求时应加厚腹板或增设斜加劲肋（图 9.1-13）。当采用节点域内增设斜加劲肋加强时，斜加劲肋所需截面 A_s 可按式（9.4-10）计算，同时其截面宽厚比应符合 $b/t \leqslant 15\sqrt{\dfrac{235}{f}}$ 的要求。

端板厚度计算公式   表 9.4-1

板区	板区号	计算公式	简　图
伸臂类区隔	1	$t_p \geqslant \sqrt{\dfrac{6e_f N_t}{bf}}$ 　　(9.4-5)	
两相连邻边支承区格(端板外伸时)	2	$t_p \geqslant \sqrt{\dfrac{6e_f e_w N_t}{[e_w b + 4e_f(e_f + e_w)]f}}$ 　(9.4-6)	
两相连邻边支承区格(端板平齐时)	—	$t_p \geqslant \sqrt{\dfrac{12e_f e_w N_t}{[e_w b + 2e_f(e_f + e_w)]f}}$ 　(9.4-7)	
无加劲肋区格	3	$t_p \geqslant \sqrt{\dfrac{3e_w N_t}{(0.5a + e_w)f}}$ 　　(9.4-8)	
有加劲三边支承区格	4	$t_p \geqslant \sqrt{\dfrac{6e_f \cdot e_w N_t}{[e_w(b + 2b_s) + 4e_f^2]f}}$ 　(9.4-9)	

1—涂臂;2—两边;3—无肋;4—等效

注：1. N_t——一个高强度螺栓抗拉承载力设计值；

　　2. 板区 4 为螺栓间有短加劲肋时的三边支承区；

　　3. e_w、e_f——分别为螺栓中心至腹板和翼缘板表面的距离（mm）；

　　4. b、b_s——分别为端板和加劲肋板的宽度（mm）；

　　5. a——螺栓的间距（mm）；

　　6. f——端板钢材的抗拉强度设计值（N/mm^2）。

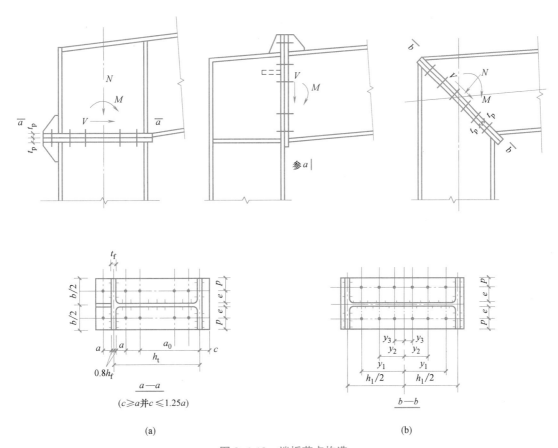

图 9.4-13　端板节点构造

（a）外伸式端板；（b）齐平式端板

$$A_s = \left(\frac{1.2M}{h_o f} - \frac{f_v t_w h_w}{f} \right) \frac{1}{\cos\theta} \qquad (9.4\text{-}10)$$

式中　M——节点最大弯矩；

h_o——节点域内腹板净高；

h_w、t_w——节点域内腹板宽度与腹板厚度；

f、f_v——钢材抗压（拉）与抗剪强度；

θ——斜加劲肋与水平线的夹角。

（5）H 型钢刚架构件的翼缘与端板的连接

① 当翼缘厚度大于 12mm 时宜采用全熔透对接焊缝，可视板厚采用 K 形对接焊缝或 V 形对接焊缝，焊缝连接强度与翼缘等强，腹板与端板的连接应采用角焊缝。

② 当翼缘厚度 $t \leqslant 12$mm 时，可采用采用等强连接的双面角焊缝或角对接组合焊缝。

③ 在端板设置螺栓处，应按公式（9.4-11）或式（9.4-12）验算构件腹板的强度：

当 $N_{t2} \leqslant 0.4P$ 时：
$$\frac{0.4P}{e_w t_w} \leqslant f \tag{9.4-11}$$

当 $N_{t2} > 0.4P$ 时：
$$\frac{N_{t2}}{e_w t_w} \leqslant f \tag{9.4-12}$$

式中 N_{t2}——翼缘内第二排 1 个螺栓的轴向拉力设计值；

P——1 个高强度螺栓的预拉力；

e_w——螺栓中心至腹板表面的距离；

t_w——腹板厚度。

（6）端板连接刚度验算

端板连接刚度应验算梁柱连接节点刚度和梁柱转动刚度。

① 梁柱连接节点刚度应满足式（9.4-13）要求：
$$R \geqslant 25EI_b/l_b \tag{9.4-13}$$

式中 R——刚架梁柱转动刚度（N·mm）；

I_b——刚架横梁跨间的平均截面惯性矩（mm^4）；

l_b——刚架横梁跨度（mm），中柱为摇摆柱时，取摇摆柱与刚架柱距离的 2 倍；

E——钢材的弹性模量（N/mm^2）。

② 梁柱转动刚度应按公式（9.4-14）～式（9.4-16）计算：
$$R = \frac{R_1 R_2}{R_1 + R_2} \tag{9.4-14}$$
$$R_1 = Gh_1 d_c t_p + Ed_b A_{st} \cos^2 a \sin a \tag{9.4-15}$$
$$R_2 = \frac{6EI_e h_1^2}{1.1e_f^3} \tag{9.4-16}$$

式中 R_1——与节点域剪切变形对应的刚度（N·mm）；

R_2——连接的弯曲刚度，包括端板弯曲、螺栓拉伸和柱翼缘弯曲所对应的刚度（N·mm）；

h_1——梁端翼缘板中心间的距离（mm）；

t_p——柱节点域腹板厚度（mm）；

I_e——端板惯性矩（mm^4）；

e_f——端板外伸部分的螺栓中心到其加劲肋外边缘的距离（mm）；

A_{st}——两条斜加劲肋的总截面积（mm^2）；

α——斜加劲肋倾角（°）；

G——钢材的剪切模量（N/mm^2）。

3. 栓-焊混合连接节点（图 9.4-14）

1）梁上、下翼缘与柱为二级质量的熔透焊缝，可视为与母材等强，一般不必验算梁接头连接的抗弯强度。

2）梁端抗剪强度的计算中，应进行连接螺栓、连接板及其焊缝的验算，验算时最不利内力组合应为最大剪力与最大弯矩（腹板分担部分）组合；对连接板及其焊缝尚应再考虑附加连接偏心弯矩 $V \cdot e$。

3）节点域的抗剪验算可按公式（9.4-4）进行。

4）全焊或栓-焊混合节点应进行强节点弱杆件计算，计算方法应按现行国家标准《建筑抗震设计规范》GB 50011 的规定执行。

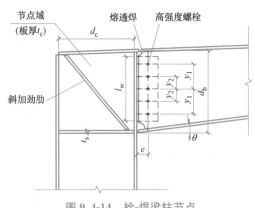

图 9.4-14　栓-焊梁柱节点

4. 弧形加腋节点

设计 H 型钢门式梁柱弧型节点（图 9.4-15）时，可按不同弧形截面验算强度，对受压的弧形翼缘尚应考虑双向应力的验算。

1）弧形加腋的截面正应力、剪应力验算

（1）弧形加腋的截面正应力、剪应力验算可按弧截面法进行，即在图 9.4-15 所示的加腋弧段中，可取任意需验算的弧线截面 2-2 或 5-5 将其展开后按式（9.4-17）、式（9.4-18）进行截面正应力 σ 和剪应力 τ 的验算。

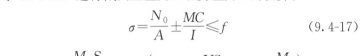

图 9.4-15　加腋节点计算简图

$$\sigma = \frac{N_0}{A} \pm \frac{MC}{I} \leqslant f \qquad (9.4\text{-}17)$$

$$\tau = \frac{M_0 S}{r I t_w} \leqslant f_v \quad \left(式中\ \tau = \frac{VS}{I t_w}\ 代以\ V = \frac{M_0}{r}\right) \qquad (9.4\text{-}18)$$

对柱段 2-2 弧形截面：$M = M_0 + H_0 r \qquad (9.4\text{-}19)$

$$N_{OC} = N_C \cos\phi + H \sin\phi \qquad (9.4\text{-}20)$$

$$H_{OC} = H \cos\phi - N_C \sin\phi \qquad (9.4\text{-}21)$$

$$M_{OC} = Hm + N_C \frac{h_c}{2} + M_C \qquad (9.4\text{-}22)$$

对梁端 5-5 弧形截面：$M = M_0 + V_0 r \qquad (9.4\text{-}23)$

$$N_{OB} = N_B \cos\phi + V_B H \sin\phi \qquad (9.4\text{-}24)$$

$$V_{OB} = V_B \cos\phi - N_B \sin\phi \qquad (9.4\text{-}25)$$

$$M_{OB} = V_B m + N_B \frac{h_B}{2} + M_B \qquad (9.4\text{-}26)$$

$$r = \frac{h + R(1 - \cos 2\phi)}{\sin 2\phi} \qquad (9.4\text{-}27)$$

$$e = r \sin\phi - h/2 \qquad (9.4\text{-}28)$$

式中　　　M——作用在 2-2 或 5-5 弧形截面上的弯矩；

　　　　　V——通过 O 点沿半径方向作用验算弧形截面 2-2 或 5-5 中和轴 a 点的轴力；

　　H_0、V_0——作用于 2-2 或 5-5 弧形截面顶点 O 上的剪力；

　　　　　M_0——作用于 2-2 或 5-5 弧形截面顶点 O 上的弯矩；

t_w、A、I、S——弧形截面展开后计算截面的腹板厚度、截面积、惯性矩、面积矩；

　　　　　r——所验算弧形截面的半径；

　　　　　e——弧形截面的偏心值；

　　　　　C——展开截面内外边缘至中和轴的距离，为 ϕ_r（ϕ 为弧度），当加腋区内外翼缘板截面不等时，中和轴位置及受拉区与受压区 C 值（不为等值）应分别计算确定。

（2）实际上在弧线翼缘截面中的应力 σ_x 因腹板约束的影响呈不均匀分布，当有必要验算其最大峰值 σ_{xmax} 时，可按式（9.4-29）计算：

$$\sigma_{xmax} = \frac{\sigma_x}{\gamma} < f \qquad\qquad (9.4\text{-}29)$$

式中　σ_x——平均正应力，按式（9.4-17）计算；

$\qquad$ γ——应力系数，按 $\dfrac{b^2}{tR}$ 值由表 9.4-2 查得；

$\qquad$ b——弧线翼缘由腹板边缘的外伸宽度（图 9.4-15）；

$\qquad$ t——弧线翼缘板的厚度；

$\qquad$ R——弧线翼缘的半径。

应力系数 γ、μ　　　　　　　　　　　　　　表 9.4-2

$\dfrac{b^2}{tR}$	0	0.1	0.2	0.3	0.4	0.5	0.6	0.7	0.8	0.9
γ	1.000	0.994	0.977	0.950	0.915	0.878	0.838	0.800	0.762	0.726
μ	0	0.297	0.580	0.836	1.056	1.238	1.382	1.495	1.577	1.636
$\dfrac{b^2}{tR}$	1.0	1.1	1.2	1.3	1.4	1.5	2.0	3.0	4.0	5.0
γ	0.693	0.663	0.636	0.611	0.589	0.569	0.495	0.414	0.367	0.334
μ	1.677	1.703	1.721	1.728	1.732	1.732	1.707	1.671	1.680	1.700

2）无加劲肋时弧线内翼缘横向应力验算

加腋弧线内翼缘在受有环向力 C 而产生法向应力 σ_x 时，伴随作用着径向力 S，在翼缘板无加劲肋支承时，会使弧形翼缘板在其宽度方向受弯而产生横向应力 σ_y，从而截面处于双向应力状态。σ_y 可按式（9.4-30）计算：

$$\sigma_y = \mu \sigma_{xmax} < f \qquad\qquad (9.4\text{-}30)$$

式中　σ_{xmax}——翼缘截面中最大正应力，按式（9.4-29）计算；

$\qquad$ μ——按 $\dfrac{b^2}{tR}$ 值，由表 9.4-2 查得。

9.4.4　多层 H 型钢框架的梁柱节点设计

在多层 H 型钢框架连接节点从受力特点分为铰接和刚接，不仅包括梁柱连接节点，也包括了支撑与梁、柱的连接节点。梁柱刚性节点多采用栓-焊连接节点。

1. 梁与柱铰接连接节点

1）梁柱节点的连接板截面及其连接焊缝应按承受最大梁端反力 V 及偏心弯矩 Ve 计算。梁与柱铰接时（图 9.4-16），与梁腹板相连的螺栓，除应承受梁端剪力外，尚应承受偏心弯矩的作用，偏心弯矩 M 应按式（9.4-31）计算。

$$M = V \cdot e \qquad\qquad (9.4\text{-}31)$$

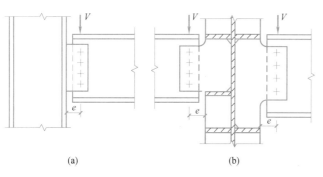

图 9.4-16　梁与柱铰接连接示意
(a) 绕柱强轴连接；(b) 绕柱弱轴连接

2）抗剪螺栓可按结构重要性及荷载性质不同，分别采用普通 C 级螺栓或高强度螺栓。反力较大时，亦可采用现场焊接。

3）在端板连接节点中，在计算托板两侧竖向抗剪焊缝时，宜考虑不均匀受力增大系数 1.3。

4）当采用现浇钢筋混凝土楼板将主梁和次梁连成整体时，可不计算偏心弯矩的影响。

2. H 型钢梁柱栓焊刚接节点承载力验算

梁与柱连接节点设计方法根据梁翼缘受弯

承载力占梁整个截面受弯承载力的百分比，可以采用简化设计法或全截面精确设计法。

1）简化设计法

当主梁翼缘的受弯承载力大于主梁整个截面受弯承载力的70%，即梁翼缘提供的塑性截面模量大于梁全截面塑性模量的70%，可以采用。

（1）简化设计法是指假设梁翼缘承担全部梁端弯矩，梁腹板承担全部梁端剪力。

（2）梁翼缘与柱翼缘对接焊缝的抗拉强度验算可按公式（9.4-32）计算：

$$\sigma_f = \frac{M}{b_f t_f (h - t_f)} \leqslant f_t^w \tag{9.4-32}$$

式中　M——梁端弯矩设计值；

　　b_f、t_f——梁翼缘宽度和厚度；

　　　　h——梁的高度；

　　　f_t^w——对接焊缝的抗拉强度设计值。

（3）由于栓焊混合连接一般采用先栓后焊的方法，此时应考虑翼缘焊接热影响引起的高强度螺栓预应力损失，故梁腹板高强度螺栓的抗剪承载力验算宜计入0.9的热损失系数，计算公式（9.4-33）如下：

$$N_v = \frac{V}{n} \leqslant 0.9 N_v^b \tag{9.4-33}$$

式中　V——梁端剪力设计值；

　　n——梁腹板高强度螺栓的数目；

　　N_v——一个高强度螺栓所承受的剪力；

　　N_v^b——单个高强度螺栓的受剪承载力设计值。

2）全截面精确设计法

当梁翼缘提供的塑性截面模量小于梁全截面塑性模量的70%时，应考虑全截面的抗弯承载力，可采用全截面精确设计法。

（1）全截面精确设计法是指梁腹板除承担全部剪力外，还与梁翼缘一起承担弯矩。

（2）梁翼缘和腹板分担弯矩的大小根据其刚度比按公式（9.4-34）确定。

$$M_f = M \cdot \frac{I_f}{I}, M_w = M \cdot \frac{I_w}{I} \tag{9.4-34}$$

式中　M_f、M_w——梁翼缘、腹板分别分担的弯矩；

　　I_f、I_w——梁翼缘、腹板分别对梁形心的惯性矩；

　　　　I——梁全截面的惯性矩。

（3）M_f作用下，梁翼缘与柱翼缘对接焊缝的抗拉强度验算按公式（9.4-35）计算。

$$\sigma_f = \frac{M_f}{b_f t_f (h - t_f)} \leqslant f_t^w \tag{9.4-35}$$

（4）梁腹板高强度螺栓的抗剪承载力计算按公式（9.4-36）计算。

$$N_v = \sqrt{\left(\frac{M_w y_1}{\sum y_i^2}\right)^2 + \left(\frac{V}{n}\right)^2} \leqslant 0.9 N_v^b \tag{9.4-36}$$

式中　y_i——各螺栓到螺栓群中心的y方向距离；

　　y_1——最外侧螺栓至螺栓群中心的y方向距离。

3. H型钢梁柱栓焊刚接节点的连接板验算

1）连接板与柱翼缘之间的双面角焊缝验算按公式（9.4-37）计算。

$$\tau_v = \frac{V}{2 \times 0.7 h_f l_w} \leqslant f_f^w \tag{9.4-37}$$

式中　τ_v——双面角焊缝抗剪强度；

h_f——双连接梁腹板与柱翼缘的角焊缝尺寸;

l_w——连接梁腹板与柱翼缘的角焊缝的计算长度;

f_f^w——角焊缝的强度设计值。

2) 连接板净截面强度验算按公式（9.4-38）计算。

$$\tau = \frac{V}{A_n} \leqslant f_v \tag{9.4-38}$$

式中　A_n——连接板净截面面积;

　　　f_v——钢材抗剪强度设计值。

4. H 型钢梁与钢柱栓焊刚性连接的极限受弯承载力验算

梁截面通常由弯矩控制,梁的极限受剪承载力取与极限受弯承载力对应的剪力加竖向荷载产生的剪力。

1) 抗震设计时,按弹塑性设计,梁与柱的刚性连接的极限承载力验算应满足公式（9.4-39）和式（9.4-40）要求。

$$M_u^j \geqslant \alpha M_p \tag{9.4-39}$$

$$V_u^j \geqslant \alpha(M_p/l_n) + V_{Gb} \tag{9.4-40}$$

式中　M_u^j——梁与柱连接的极限受弯承载力（kN·m）;

　　　M_p——梁的全塑性受弯承载力（kN·m）（加强型连接按未扩大的原截面计算）,考虑轴力影响时按公式（9.1-1）～式（9.1-4）计算;

　　　$\sum M_p$——梁两端截面的塑性受弯承载力之和（kN·m）;

　　　V_u^j——梁与柱连接的极限受剪承载力（kN）;

　　　V_{Gb}——梁在重力荷载代表值（9 度尚应包括竖向地震作用标准值）作用下,按简支梁分析的梁端截面剪力设计值（kN）;

　　　l_n——梁的净跨（m）;

　　　α——连接系数,按表 9.1-1 的规定采用。

2) H 型钢梁与 H 型钢柱（绕强轴）等刚性连接受弯承载力计算

H 型钢梁与 H 型钢柱（绕强轴）刚性连接、梁与箱形柱或圆管柱刚性连接（图 9.4-17）时,弯矩由梁翼缘和腹板受弯区的连接承受,剪力由腹板受剪区的连接承受。梁腹板用高强度螺栓连接时,应先确定腹板受弯区的高度,并应对设置于连接板上的高强度螺栓进行合理布置,再分别计算腹板连接的受弯承载力和受剪承载力。

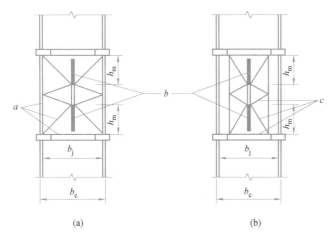

图 9.4-17　H 型钢梁与箱形柱和圆管柱连接的符号

(a) 箱形柱;(b) 圆管柱

a—壁板的屈服线;b—梁腹板的屈服区;c—钢管壁的屈服线

（1）梁腹板的有效受弯高度 h_m 应按公式（9.4-41）～式（9.4-46）计算:

当 H 型钢梁与 H 型钢柱（绕强轴）刚性连接时:

$$h_m = h_{0b}/2 \tag{9.4-41}$$

当 H 型钢梁与箱型柱刚性连接时:

$$h_m = \frac{b_j}{\sqrt{\dfrac{b_j t_{wb} f_{vb}}{t_{fc}^2 f_{yc}}} - 4} \tag{9.4-42}$$

当 H 型钢梁与圆管柱刚性连接时:

$$h_m = \frac{b_j}{\sqrt{\dfrac{k_1}{2}}\sqrt{k_2\sqrt{\dfrac{3k_1}{2}}} - 4} \tag{9.4-43}$$

当箱型柱、圆管柱 $h_m < S_p$ 时:

$$h_{m} = S_{r} \tag{9.4-44}$$

当箱形柱 $h_{m} > \dfrac{d_{j}}{2}$ 或 $\dfrac{b_{j}t_{wb}f_{yb}}{t_{fc}^{2}f_{yc}} \leqslant 4$ 时： $\qquad h_{m} = \dfrac{d_{j}}{2} \tag{9.4-45}$

当圆形柱 $h_{m} > \dfrac{d_{j}}{2}$ 或 $k_{2}\sqrt{\dfrac{3k_{1}}{2}} \leqslant 4$ 时： $\qquad h_{m} = \dfrac{d_{j}}{2} \tag{9.4-46}$

式中 d_{j}——箱形柱壁板上下加劲肋内侧之间的距离（mm）；

$\quad b_{j}$——箱形柱壁板屈服区宽度（mm）, $b_{j} = b_{c} - 2t_{fc}$；

$\quad b_{c}$——箱形柱壁板宽度或圆管柱的外径（mm）；

$\quad h_{m}$——与箱形柱或圆管柱连接时，梁腹板（一侧）的有效受弯高度（mm）；

$\quad S_{r}$——梁腹板过焊孔高度，高强螺栓连接时为剪力板与梁翼缘间间隙的距离（mm）；

$\quad h_{0b}$——梁腹板高度（mm）；

$\quad f_{yb}$——梁钢材的屈服强度（N/mm²），当梁腹板用高强度螺栓连接时，为柱连接板钢材的屈服强度（N/mm²）；

$\quad f_{yc}$——柱钢材屈服强度（N/mm²）；

$\quad t_{fc}$——箱形柱壁板厚度（mm）；

$\quad t_{fb}$——梁翼缘厚度（mm）；

$\quad t_{wb}$——梁腹板厚度（mm）；

k_{1}、k_{2}——圆管柱有关截面和承载力指标，$k_{1} = b_{j}/t_{fc}$，$k_{2} = t_{wb}f_{yb}/(t_{fc}f_{yc})$。

（2）H 形钢梁与柱连接节点的受弯承载力应按公式（9.4-47）～式（9.4-49）计算：

$$M_{j} = W_{e}^{j} \cdot f \tag{9.4-47}$$

当梁与 H 型钢柱（绕强轴）连接时： $\qquad W_{e}^{j} = 2I_{e}/h_{b} \tag{9.4-48}$

当梁与箱形柱或圆管柱连接时： $\qquad W_{e}^{j} = \dfrac{2}{h_{b}}\left\{I_{e} - \dfrac{1}{12}t_{wb}(h_{0b} - 2h_{m})^{3}\right\} \tag{9.4-49}$

式中 M_{j}——梁与柱连接节点的受弯承载力（N·mm）；

$\quad W_{e}^{j}$——连接的有效截面模量（mm³）；

$\quad I_{e}$——扣除过焊孔的梁端有效截面惯性矩（mm⁴）；当梁腹板用高强度螺栓连接时，为扣除螺栓孔和梁翼缘与连接板之间间隙后的截面惯性矩；

h_{b}、h_{0b}——分别为梁截面和梁腹板的高度（mm）；

$\quad t_{wb}$——梁腹板的厚度（mm）；

$\quad f$——梁的抗拉、抗压和抗弯强度设计值（N/mm²）；

$\quad h_{m}$——梁腹板的有效受弯高度（mm）。

3）抗震设计时，梁与柱连接节点的极限受弯承载力应按公式（9.4-50）～式（9.4-53）计算（图 9.4-18）：

梁端连接的极限受弯承载力：

$$M_{u}^{j} = M_{uf}^{j} + M_{uw}^{j} \tag{9.4-50}$$

梁翼缘连接的极限受弯承载力：

$$M_{uf}^{j} = A_{f}(h_{b} - t_{fb})f_{ub} \tag{9.4-51}$$

梁腹板连接的极限受弯承载力：

$$M_{uw}^{j} = m \cdot W_{wpe} \cdot f_{yw} \tag{9.4-52}$$

$$W_{wpe} = \dfrac{1}{4}(h_{b} - 2t_{fb} - 2S_{r})^{2}t_{wb} \tag{9.4-53}$$

梁腹板连接的受弯承载力系数 m 按公式（9.4-54）～式（9.4-56）计算：

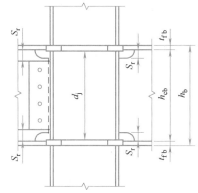

图 9.4-18　H 型钢梁柱连接

H 型钢柱（绕强轴）： $\qquad m=1$ \hfill (9.4-54)

箱形柱时： $\qquad m=\min\left\{1,4\dfrac{t_{fc}}{d_j}\sqrt{\dfrac{b_j\cdot f_{yc}}{t_{wb}\cdot f_{yw}}}\right\}$ \hfill (9.4-55)

圆管柱时： $\qquad m=\min\left\{1,\dfrac{8}{\sqrt{3}k_1\cdot k_2\cdot r}\left[\sqrt{k_2\sqrt{\dfrac{3k_1}{2}-4}+r}\right]\right\}$ \hfill (9.4-56)

式中　W_{wpe}——梁腹板有效截面的塑性截面模量（mm^3）；

$\quad f_{yw}$——梁腹板钢材的屈服强度（N/mm^2）；

$\quad h_b$——梁截面高度（mm）；

$\quad d_j$——柱上下水平加劲肋（横隔板）内侧之间的距离（mm）；

$\quad b_j$——箱形柱壁板内侧的宽度或圆管柱内直径（mm），$b_j=b_c-2t_{fc}$；

$\quad r$——圆钢管上下横隔板之间的距离与钢管内径的比值，$r=d_j/b_j$；

$\quad t_{fc}$——箱形柱或圆管柱壁板的厚度（mm）；

$\quad f_{yc}$——柱钢材屈服强度（N/mm^2）；

f_{yf}、f_{yw}——分别为梁翼缘和梁腹板钢材的屈服强度（N/mm^2）；

t_{fb}、t_{wb}——分别为梁翼缘和梁腹板的厚度（mm）；

$\quad f_{ub}$——梁翼缘钢材抗拉强度最小值（N/mm^2）。

4）H 型钢梁腹板与 H 型钢柱（绕强轴）、箱形柱或圆管柱的连接采用高强度螺栓连接（图 9.4-19）时，计算时应考虑连接的不同破坏模式，分为承受弯矩区和承受剪力区两个区域计算螺栓数量。承受弯矩区和承受剪力区的螺栓数应分别按弯矩在受弯区引起的水平力和剪力作用在受剪区（图 9.4-20）按公式（9.4-57）和式（9.4-58）分别进行计算，结果取较小值。

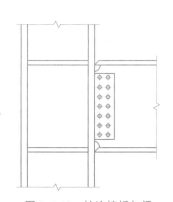

图 9.4-19　柱连接板与梁
腹板的螺栓连接

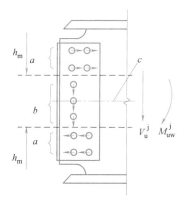

图 9.4-20　梁腹板与柱连接时的高强度螺栓连接的内力分担
a—承受弯矩区；b—承受剪力区；c—梁轴线

承受弯矩区： $\qquad \alpha V_{um}^j \leqslant N_u^b=\min\{n_1 N_{vu}^b,n_1 N_{cu1}^b,N_{cu2}^b,N_{cu3}^b,N_{cu4}^b\}$ \hfill (9.4-57)

承受剪力区： $\qquad V_u^j=n_2\cdot\min\{N_{vu}^b,N_{cu1}^b\}$ \hfill (9.4-58)

$$N_{vu}^b=0.58n_f A_e^b f_u^b$$ \hfill (9.4-59)

$$N_{cu}^b=d\sum t f_{cu}^b$$ \hfill (9.4-60)

式中　n_1、n_2——分别为承受弯矩区（一侧）和承受剪力区需要的螺栓数；

$\quad V_{um}$——弯矩 M_{uw}^j 引起的承受弯矩区的水平剪力（kN）；

$\quad \alpha$——连接系数，按表 9.1-1 的规定采用；

$\quad N_{vu}^b$——1 个高强度螺栓的极限受剪承载力（N），按公式（9.4-59）计算；

$\quad N_{cu}^b$——1 个高强度螺栓对应的板件极限承载力（N），按公式（9.4-60）计算；

$\quad n_f$——螺栓连接的剪切面数量；

A_e^b——螺栓螺纹处的有效截面面积（mm^2）；

f_u^b——螺栓钢材的抗拉强度最小值（N/mm^2）；

f_{cu}^b——螺栓连接板件的极限承压强度（N/mm^2），取 $1.5f_u$；

d——螺栓杆直径（mm）；

$\sum t$——同一受力方向的钢板厚度（mm）之和；

N_u^b——高强度螺栓连接（图 9.4-20）的极限受剪承载力应按不同情况，按公式（9.4-61）～式（9.4-64）计算。

仅考虑螺栓受剪和板件承压时：　　$N_u^b = \min\{nN_{vu}^b, nN_{cu1}^b\}$ （9.4-61）

单列高强度螺栓连接时：　　$N_u^b = \min\{nN_{vu}^b, nN_{cu1}^b, N_{cu2}^b, N_{cu3}^b\}$ （9.4-62）

多列高强度螺栓连接时：　　$N_u^b = \min\{nN_{vu}^b, nN_{cu1}^b, N_{cu2}^b, N_{cu3}^b, N_{cu4}^b\}$ （9.4-63）

连接板挤穿或拉脱时：　　$N_{cu}^b = (0.5A_{ns} + A_{nt})f_u$ （9.4-64）

式中　N_u^b——螺栓连接的极限承载力（N）；

N_{vu}^b——螺栓连接的极限受剪承载力（N）；

N_{cu1}^b——螺栓连接同一受力方向的板件承压承载力之和（N）；

N_{cu2}^b——连接板边拉脱时的受剪承载力（N）（图 9.4-20b）；

N_{cu3}^b——连接板件沿螺栓中心线挤穿时的受剪承载力（N）（图 9.4-20c）；

N_{cu4}^b——连接板件中部拉脱时的受剪承载力（N）（图 9.4-20a）；

f_u——构件母材的抗拉强度最小值（N/mm^2）；

A_{ns}——板区拉脱时的受剪截面面积（mm^2）（图 9.4-20）；

A_{nt}——板区拉脱时的受拉截面面积（mm^2）（图 9.4-21）；

n——连接的螺栓数。

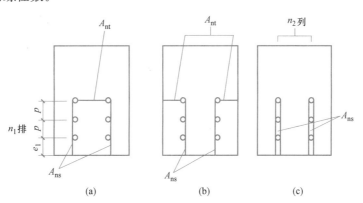

中部拉脱 $A_{ns} = 2\{(n_1-1)p + e_1\}t$

板边拉脱 $A_{ns} = 2\{(n_1-1)p + e_1\}t$

整列挤穿 $A_{ns} = 2n_2\{(n_1-1)p + e_1\}t$

图 9.4-21　拉脱举例（计算示意）

（a）中部拉脱；（b）板边拉脱；（c）整列挤穿

5）H 型钢梁腹板与柱焊接时（图 9.4-22），应设置定位螺栓。腹板承受弯矩区内应验算弯应力与剪应力组合的复合应力，承受剪力区可仅按所承受的剪力进行受剪承载力验算。

5. 钢柱腹板节点域验算和要求

由 H 型钢柱翼缘板与上下传力加劲肋围成的柱腹板节点域应按《钢结构设计标准》GB 50017—2017 第 12.3.3 条的规定进行强度和稳定性验算；当按抗震设防时，则应按《建筑抗震设计规范》GB 52011—2010 第 8.2.5 条的规定进行验算。轧制 H 型钢柱节点域验算不满足要求时，可贴焊补强板加

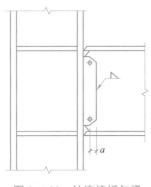

图 9.4-22　柱连接板与梁
腹板的焊接连接
（a 不小于 50mm）

强，腹板加厚的范围应伸出梁上下翼缘外不小于 150mm。补强板与柱加劲肋和翼缘可采用角焊缝连接，与柱腹板采用塞焊连成整体，塞焊点之间的距离不应大于较薄焊件厚度的 $21\sqrt{235/f_y}$ 倍。

除节点外柱身受有局部横向集中荷载处，均应设置传力加劲肋，并按《钢结构设计标准》GB 50017—2017 第 7.3.1 条计算决定其焊脚尺寸 h_f。

6. 支撑节点

1）支撑与 H 型钢梁柱节点连接示意见图 9.4-23，其节点构造应杆件中（重）心线交汇。节点板连接焊缝的重心与杆端焊缝的重心，以及杆件的重心应避免相互偏心，否则在杆件与连接的计算中应计入偏心影响。

2）支撑和框架采用节点板连接时，节点板应按等效宽度法（扩散角应取为 30°）验算强度。抗震等级为一、二级时，支撑杆件端部至节点板最近嵌固点（节点板与框架构件连接焊缝的端部）在沿支撑杆件轴线方向的距离，不应小于节点板厚度的 2 倍。支撑杆端的连接承载力应按杆件最大内力计算并留有一定裕度；当按抗震设防计算时，则应为等强连接，并应验算其连（拼）接的极限承载力。

3）抗震等级为一、二、三级支撑杆件宜采用 H 型钢。支撑与框架连接处，H 型钢支撑杆端宜做成圆弧，支撑两端与框架可采用刚接构造；梁柱与支撑连接处应设置加劲肋，短加劲肋截面不应小于相应支撑翼缘截面，其与梁、柱翼缘的连接宜采用熔透焊，与梁柱腹板的连接可采用角焊缝，并按与支撑翼缘等强计算确定焊缝尺寸。

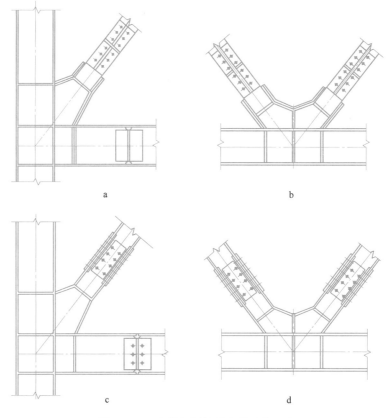

a

b

c

d

图 9.4-23　支撑与梁柱节点的连接示意

4）梁在其与 V 形支撑或人字支撑相交处，梁相应位置应设置侧向支承；该支承点与梁端支承点间的侧向长细比（λ_y）以及支撑力应符合现行国家标准《钢结构设计标准》GB 50017—2017 关于塑性设计的规定。

7. 其他梁柱连接节点构造

1）梁柱半刚性连接节点有梁腹板和梁下翼缘的螺栓连接，梁柱半刚性连接节点构造见图9.4-24。

2）梁柱刚性连接节点有现场栓焊连接节点（图9.4-25）、外伸梁栓焊连接节点（图9.4-26）、H型钢强弱轴方向刚接（T形件连接）（图9.4-27）和T形件连接节点（图9.4-28）。

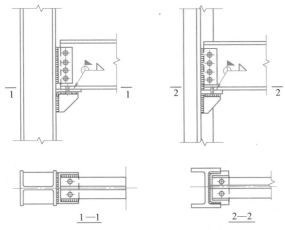

图9.4-24 梁柱半刚性连接节点

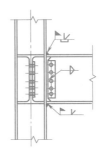

图9.4-25 梁柱刚性连接节点

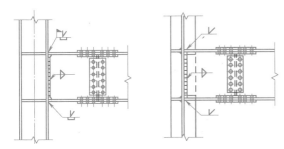

图9.4-26 外伸梁栓焊连接节点

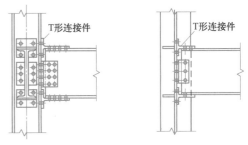

图9.4-27 H型钢强弱轴方向刚接（T形件连接）

9.4.5 梁柱连接节点设计计算示例

1. 门式刚架的梁柱端板节点计算

本例题为第8章8.1节中的单层H型钢刚架计算实例的门式梁柱端板刚接节点的计算。端板节点 B 连接设计采用高强度螺栓，节点构造及螺栓布置见9.4-29。

1）接头内力计算

$$B \text{ 点内力} \begin{cases} M_B = 313.5 \text{kN} \cdot \text{m} \\ N_B = 98.6 \text{kN} \\ V_B = 39.13 \text{kN} \end{cases}$$

为安全起见一般把节点 B 的内力直接移到 B' 点作为接头处内力计算，但因为连接面不是垂直于H型钢横梁，故 N_B、V_B 数值应修正为连接面的数值。

$$N'_B = 98.6 \times \cos a - 39.13 \sin a$$
$$= 98.26 - 3.25 = 95.01 \text{kN}$$

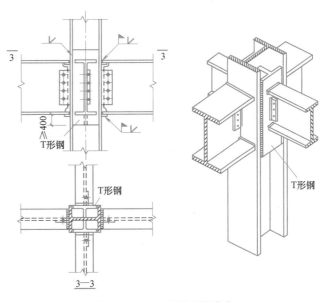

图9.4-28 T形件连接节点

$$V'_B = 39.13 \times \cos a - 98.6 \sin a = 38.99 + 8.19 = 48.18 \text{kN}$$

2）节点计算

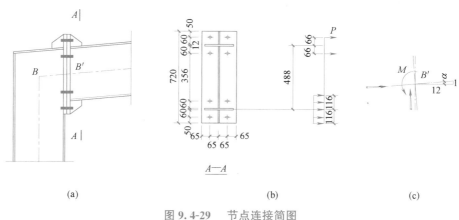

图 9.4-29　节点连接简图

(a) 节点详细；(b) 内力分布；(c) 内力转移

采用承压型高强度螺栓，螺栓承受拉力为：

$$N_{max}=\frac{M}{4\times0.484}=\frac{313.5}{4\times0.484}=161.9kN$$

采用 10.9 级 M24 螺栓，其抗拉承载力为：

$$[N_t^b]=0.8P=0.8\times225=180kN$$

$$N_t^b=\frac{\pi d_e^2}{4}\times f_t^b=\frac{\pi\times21.18^2}{4}\times500=176.2kN$$

$>161.6kN$，可以。

另一端承压 $f=\frac{313.5\times10^6}{240\times236\times484}=11.44N/mm^2$

抗剪靠下面 4 个螺栓，每个承受 $\frac{48.18}{4}=12.05kN$，设端板厚 $t=20mm$。

$$N_V^b=\frac{\pi d_e^2}{4}\times f_V^b=\frac{\pi\times21.18^2}{4}\times310=109.2kN$$

$$N_c^b=24\times20\times470=22.56kN$$

$>12.05kN$，可以。

板厚确定：

$$t\geq\sqrt{\frac{12e_fe_wN_t}{[e_wb+4e_f(e_w+e_f)]f}}=\sqrt{\frac{12\times60\times62\times180\times10^3}{[62\times240+4\times60\times(62+60)]\times205}}=29.8mm，采用 t=30mm。$$

3）节点域验算

$$\tau=\frac{M}{d_bd_ct_c}=\frac{313.5\times10^6}{468\times468\times10}=143.1>f_v=125N/mm^2，不满足。$$

在节点域内设置斜加劲肋加强，所需的加劲肋面积为：

$$A_s=\left(\frac{1.2M}{h_0f}-\frac{f_vt_wh_w}{f}\right)\frac{1}{\cos\theta}=\left(\frac{1.2\times313.5\times10^6}{468\times215}-\frac{125\times10\times468}{215}\right)\times\frac{1}{\cos45°}=1439mm^2$$

取 $2-100\times8$，$A_s=2\times100\times8=1600>1439mm^2$，$b/t=100/8=12.5<15\sqrt{\frac{235}{f_y}}=15$，可以。

2. 多层刚架的梁柱栓-焊刚接节点计算

1）设计要求

某建筑钢结构的梁柱均采用 Q235B 的轧制 H 型钢。柱截面采用 HW400×400×13×21，主梁截面采用 HN400×200×8×13，梁端剪力设计值 $V=102.7kN$，梁端弯矩设计值 $M=157.5kN\cdot m$。

按现场栓焊梁柱刚性连接节点进行设计。

2）梁柱连接节点设计

栓-焊刚性连接节点是梁翼缘与柱采用完全焊接的坡口对接焊缝连接，梁腹板与柱采用摩擦型高强度螺栓连接。梁截面如图 9.4-30 所示，梁柱连接节点如图 9.4-31 所示。

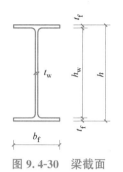

图 9.4-30 梁截面

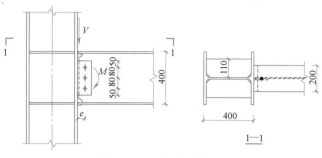

图 9.4-31 梁柱连接节点

初选：梁翼缘焊缝采用现场的二级焊缝，焊条采用 E43 型。$f_t^w=215\text{N/mm}^2$，$f_f^w=160\text{N/mm}^2$。

梁腹板采用 10.9 级 M20 高强度螺栓摩擦型连接，摩擦面做喷砂处理，摩擦系数 $\mu=0.45$，预拉力 $P=155\text{kN}$。

3）计算方法选择

梁翼缘的塑性截面模量：

$$W_{pf}=2b_f t_f\left(\frac{h}{2}-\frac{t_f}{2}\right)=2\times200\times13\times\left(\frac{400}{2}-\frac{13}{2}\right)=1006200\text{mm}^3$$

梁全截面的塑性截面模量：

$$W_{ps}=\left[\frac{t_w h_w^2}{4}+2b_f t_f\left(\frac{h}{2}-\frac{t_f}{2}\right)\right]=\left[\frac{8\times374^2}{4}+2\times200\times13\times\left(\frac{400}{2}-\frac{13}{2}\right)\right]=1285952\text{mm}^3$$

$W_{pf}=1006200>0.7W_{Pb}=0.7\times1285952=900166.4$

以上计算结果，梁翼缘提供的塑性截面模量大于梁全截面塑性模量的 70%，可采用简化设计法进行，梁翼缘承担全部梁端弯矩，梁腹板承担全部梁端剪力。

4）简化计算方法设计验算

（1）梁翼缘与柱之间的对接焊缝计算

$$\sigma_f=\frac{M}{b_f t_f(h-t_f)}=\frac{157.5\times10^6}{200\times13\times(400-13)}=156.5\text{N/mm}^2<f_t^w=215\text{N/mm}^2$$

对接焊缝满足设计要求。

（2）梁腹板与柱之间的高强度螺栓连接设计计算

① 高强度螺栓的数量和间距计算

单个螺栓抗剪承载力设计值为：$N_v^b=0.9n_f\mu P=0.9\times1\times0.45\times155=62.8\text{kN}$

需要螺栓数目：$n\geqslant\dfrac{V}{0.9N_v^b}=\dfrac{102.7}{0.9\times62.8}=1.8$ 个，取 $n=3$。

螺栓间距：$p_1\geqslant3d_0=3\times21.5=64.5\text{mm}$，取 $p_1=80\text{mm}$。

螺栓端距：$p_2\geqslant2d_0=2\times21.5=43\text{mm}$，取 $p_1=50\text{mm}$。

② 高强度螺栓的受力验算

在梁端剪力 V 作用下，一个高强度螺栓所受的力为：

$$N_V=\frac{V}{n}=\frac{102.7}{3}=34.2\text{kN}$$

在偏心弯矩 $M_e=Ve$ 作用下，受力最大的一个高强度螺栓所受的力为：

$$N_M=\frac{M_e y_{max}}{\sum y_i^2}=\frac{102.7\times0.06\times0.08}{2\times0.08^2}=38.5\text{kN}$$

在剪力和偏心弯矩共同作用下，受力最大的一个高强度螺栓所受的力：

$$N_{max}=\sqrt{(N_V)^2+(N_M)^2}=\sqrt{34.2^2+38.5^2}=51.5\text{kN}\leqslant0.9N_v^b=56.5\text{kN}$$

③ 结论：高强度螺栓设计满足要求。

5）连接板验算

根据高强度螺栓数量和间距计算，取剪力连接板尺寸为 260mm×110mm×8mm，连接板与柱翼缘之间采用双面角焊缝。

（1）角焊缝验算

初选连接板与柱翼缘间双面角焊缝的焊脚尺寸 $h_f=8$mm，焊缝的抗剪强度计算：

$$\tau_v=\frac{V}{2\times0.7h_fl_w}=\frac{102.7\times10^3}{2\times0.7\times8\times(260-2\times8)}=37.6\text{N/mm}^2<f_t^w=215\text{N/mm}^2$$

焊缝抗剪强度满足要求。

（2）连接板净截面强度验算

$$\tau=\frac{V}{A_n}=\frac{102.7\times10^3}{8\times(260-3\times21.5)}=65.66\text{N/mm}^2<f=215\text{N/mm}^2$$

连接板净截面强度满足要求。

3. 多层框架的梁柱刚接连接节点承载力计算

1）截面特性

某 H 型钢梁柱刚性连接节点，钢梁截面 HN450×200×9×14，梁截面高 $h_b=450$mm，梁腹板厚度 $t_{wb}=9$mm，梁翼缘厚度 $t_{bf}=14$mm，钢梁截面积 $A_b=9543$mm^2，钢梁惯性矩 $I_{xb}=32900\times10^4$mm^4，钢梁截面模量 $W_{xb}=1460\times10^3$mm^3。钢材设计强度 $f=305$N/mm^2（翼缘板厚度 $t_1=14$mm<16mm），钢材抗拉强度 $f_{ub}=470$N/mm^2，过焊孔高度 $S_r=50$mm。

2）梁与柱连接的受弯承载力计算

框架柱为 H 型钢柱时，H 型钢梁腹板的有效受弯高度 h_m 计算：

$$h_m=h_{0b}/2=(h_b-2\times t_{fb})/2=(450-2\times14)/2=211\text{mm}$$

扣除过焊孔的梁端有效截面惯性矩（mm^4）计算；当梁腹板用高强度螺栓连接时，为扣除螺栓孔和梁翼缘与连接板之间间隙后的截面惯性矩；

$$I_e=I_x-2\left[\frac{t_{wb}\cdot S_r^3}{12}+t_{wt}\cdot S_r\left(\frac{h_b-S_r}{2}\right)^2\right]=32900\times10^4-2\times\left[\frac{9\times50^3}{12}+9\times50\times\left(\frac{450-50}{2}\right)^2\right]=2.928\times10^8\text{mm}^4$$

连接的有效截面模量：$W_2^j=2I_e/h_b=2\times2.928\times10^8/450=1.301\times10^6\text{mm}^3$

梁与柱连接的受弯承载力：$M_j=W_e^j\cdot f=1.301\times10^6\text{mm}^3\times305\text{N/mm}^2=396.9\text{kN}\cdot\text{m}$

3）抗震设计时，H 型钢刚性连接的极限受弯承载力

H 型钢梁翼缘连接的极限承载力：$M_{uf}^j=A_f(h_b-t_{jb})f_{ub}=200\times4\times(450-16)\times470=573.8\text{kN}\cdot\text{m}$

梁腹板连接的极限受弯承载力：

$$M_{uw}^j=m\cdot W_{wpe}\cdot f_{yw}=1.0\times2.333\times10^5\text{mm}^3\times470\text{N/mm}^2=80.5\text{kN}\cdot\text{m}$$

梁腹板连接的受弯承载力系数 m：对于 H 型钢柱，强轴方向，$m=1.0$。

梁腹板有效截面的塑性截面模量：

$$W_{wpe}=\frac{1}{4}(h_b-2t_{fb}-2S_r)^2t_{wb}=\frac{1}{4}\times(450-2\times14-2\times50)^2\times9=2.333\times10^5\text{mm}^3$$

故梁端连接的极限受弯承载力：

$$M_u^j=M_{uf}^j=M_{uw}^j=573.8+80.5=654.3\text{kN}\cdot\text{m}$$

9.5 H 型钢柱脚

柱脚是结构中的重要支承节点，其作用是将柱下端的轴力、弯矩和剪力传递给基础，使钢柱与基础

有效地连接在一起，确保上部结构承受各种外力作用。

9.5.1 柱脚类型和应用

1. 柱脚按受力情况分铰接柱脚（图9.5-1a）和刚接柱脚（图9.5-1b、c、d、e、f）两大类型，常用的柱脚形式如图9.5-1和图9.5-2所示。

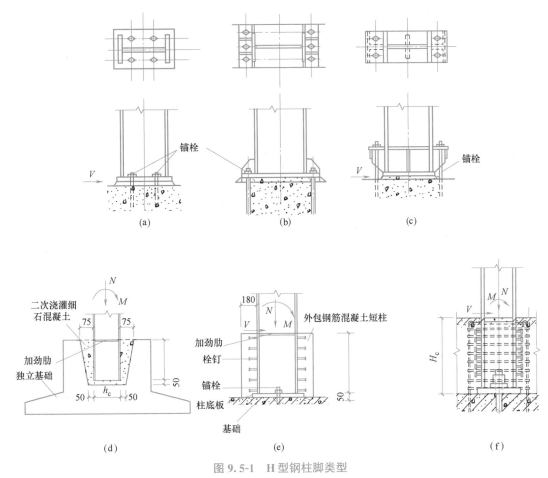

图 9.5-1　H型钢柱脚类型

（a）铰接柱脚；（b）加劲刚接柱脚；（c）带柱靴刚接柱脚；（d）插入式刚接柱脚；（e）外包式柱脚；（f）埋入式刚接柱脚

2. 柱脚按柱脚位置分外露式、插入式、外包式和埋入式四种。铰接柱脚宜采用外露式柱脚。有吊车门式刚架和多层框架一般采用刚接柱脚。刚性柱脚有柱底板加劲的外露式刚接柱脚、带柱靴外露式刚接柱脚、外包式和插入式柱脚。对于柱底板加劲的刚接柱脚（图9.5-1b），因柱底板横向刚度不大，其转动刚度不能满足完全刚性节点的要求，但构造简单，较宜安装，仅适用于跨度较小的门式刚架。带柱靴刚接柱脚（图9.5-1c）转动刚度大，符合刚性节点要求，但构造较复杂。插入式柱脚（图9.5-1d）是柱脚直接插入混凝土基础，构造简单，符合刚性节点要求，但安装调整较复杂。外包式柱脚常用于筏板基础。

3. 按柱脚形式也可分整体式（图9.5-1）和分离式（图9.5-2）两种。对于有大吨位吊车的重型工业厂房中，当采用格构式柱子时，柱脚就是分离式。

4. 轻型钢结构房屋和重工业厂房中采用外露式柱脚和插入式柱脚较多，高层钢结构柱脚一般采用外包式、埋入式，近年来亦有采用插入式的钢柱脚。

5. 在抗震设防地区的多层和高层钢框架柱脚宜采用插入式，也可采用外包式；抗震设防烈度为6、7度且高度不超过50m时可采用外露式。

9.5.2 柱脚设计规定

1. 柱脚构造应符合计算假定，传力可靠，减少应力集中，且便于制作、运输和安装。

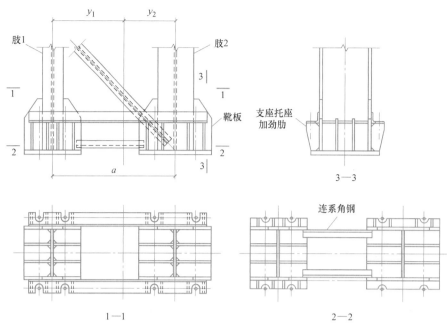

图9.5-2　分离式柱脚形式

2. 柱脚钢材牌号不应低于下段柱的钢材牌号。构造加劲肋可采用Q235B钢。对于承受拉力的柱脚底板，当钢板厚度不小于40mm时，应选用符合现行国家标准《厚板方向性能钢板》GB/T 5313中Z15的钢板。

3. 柱脚的靴梁、肋板、隔板应对称布置。

4. 柱脚的承载力设计值应不小于下段柱承载力设计值。

5. 柱脚焊缝承载力应不小于节点承载力。焊缝应根据焊缝形式和应力状态按下述原则分别选用不同的质量等级：

1）凡要求与母材等强的对接焊缝或要求焊透的T形接头焊缝，其质量等级宜为一级；外露式柱脚的柱身与底板的连接焊缝应为一级。

2）不要求焊透的T形接头采用的角焊缝或部分焊透的对接与角接组合焊缝，其焊缝的外观质量标准应为二级。其他焊缝的外观质量标准可为三级。

6. 在抗震设防地区的柱脚节点，应与上部结构的抗震性能目标一致，柱脚节点构造应符合"强节点、弱构件"的设计原则。当遭受小震和设防烈度地震作用时，柱脚节点应保持弹性。当遭受罕遇地震作用时，柱脚节点的极限承载力不应小于下段柱全塑性承载力1.2倍。

7. 外露式柱脚构造措施应防止积水、积灰，并采取可靠的防腐、隔热措施。

8. 复杂的大型柱脚节点构造应通过有限元分析确定，并宜进行试验验证，修正和完善节点构造。

9. 对插入式柱脚和外包式柱脚，钢柱与混凝土接触的范围内不得涂刷油漆；柱脚安装时，应将钢柱表面的泥土、油污、铁锈和焊渣等用砂轮清刷干净。

9.5.3　铰接柱脚设计

铰接柱脚适用于受轴力（轴压和轴拉）的钢柱或格构柱的单肢柱柱脚，H型钢柱脚采用锚栓连接。H型钢铰接柱脚一般采用平板式柱脚构造，锚栓可按一对或两对设置。铰接柱脚也有板铰节点做法（图9.5-3a）和摇摆柱的柱脚做法（图9.5-3b）。

H型钢铰接柱脚设计内容主要包括：柱脚底板的尺寸、连接和抗剪键计算，并符合构造要求。图9.5-4给出了铰接柱脚的形式和底板压力分布示意。

1. 格构式柱脚
对于格构式柱脚，每一单肢柱脚可按该肢为独立轴心受拉柱的铰接柱脚进行设计与构造。

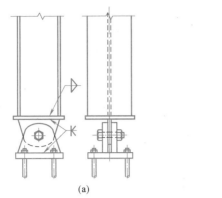
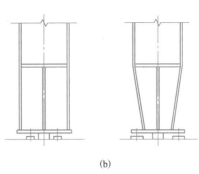

图 9.5-3 铰接柱脚

（a）板铰柱脚；（b）摇摆柱脚

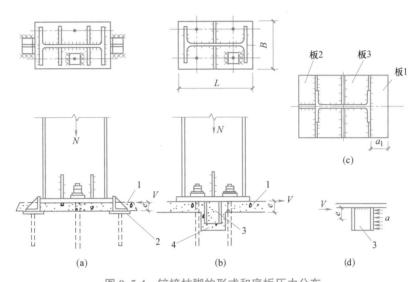

图 9.5-4 铰接柱脚的形式和底板压力分布

1—细石混凝土二次浇灌层；2—基础抗剪预埋件；3—柱底予焊抗剪键；4—基础顶预留抗剪键槽

1）每一单肢柱脚锚栓应为带加劲的高锚栓构造，每一柱肢的底板与锚栓的布置均应与该肢截面的重心对称。

2）格构式柱两柱肢柱脚之间应以缀杆相联系。

2．轴心受压柱柱脚

1）柱脚底板尺寸和连接

柱脚底板的尺寸应按计算决定，底板厚度不应小于柱翼缘厚度。

柱底板长、宽尺寸应满足式（9.5-1）要求。

$$\frac{N_{\max}}{BL}=\sigma_{\max}\leqslant f_c \tag{9.5-1}$$

式中　$N_{\max}$——作用于柱脚的最大轴压力设计值；

　　　B、L——柱底板的宽度及长度；

　　　$\sigma_{\max}$——底板下基础顶面压应力；

　　　f_c——基础混凝土的抗压强度设计值。

2）柱底板厚度的确定

轴心受力 H 型钢柱底板按均布压力分布。

（1）将底板伸出部分按下述两种悬臂长度确定底板厚度。

① 悬臂长度＝$(H-0.9h)/2$，柱脚底板宽度为 B；

② 悬臂长度＝$(B-0.8b)/2$，柱脚底板长度为 H。

（2）底板厚度不宜小于 16mm 和柱肢的厚度。

（3）对在两翼缘与腹板间的底板按相邻板或三相支撑板计算，计算采用最大弯矩设计值 M。

（4）柱底板的厚度按式（9.5-2）计算。

$$t_B \geqslant \sqrt{\frac{bM_B}{f}} \tag{9.5-2}$$

对悬臂板：
$$M_B = \frac{1}{2}\sigma_{max}a_1^2 \tag{9.5-3}$$

对两相邻边或三边支承板：
$$M_B = k\sigma_{max}a_2^2 \tag{9.5-4}$$

式中　M_B——底板所计算区格的最大弯矩设计值；

k——弯矩计算系数，可按表 9.5-1 查用；

t_B——底板厚度；

σ_{max}——作用于柱底板的最大地基反力；

a——最大悬臂长度。

系数 k　　　　表 9.5-1

三边支承板	b_2/a_2	0.3	0.35	0.4	0.45	0.5	0.55	0.6	0.65	0.7	0.75	0.8	0.85
	K	0.027	0.036	0.044	0.052	0.06	0.068	0.075	0.081	0.087	0.092	0.097	0.101
两相邻边支承板	b_2/a_2	0.9	0.95	1.0	1.1	1.2	1.3	1.4	1.5	1.75	2.0	>2.0	
	K	0.105	0.109	0.112	0.117	0.121	0.124	0.126	0.128	0.130	0.132	0.132	

注：当 $b_2/a_2<0.3$ 时，按悬伸长度为 b_2 的悬臂板计算。

3）底板与柱底端的连接焊缝

底板与柱底端的连接焊缝厚度应按传递柱身全部轴力计算确定。

（1）一般柱翼缘的焊缝宜采用坡口全熔透焊缝。

（2）当柱底端为刨平顶紧传力时，焊缝厚度可按全部轴力的 15% 计算，并不小于 $1.5\sqrt{t_B}$（t_B 为底板厚度）。

（3）当柱底板上设加劲肋时，应按加劲肋底部截面积与柱底总截面积的比例来分配各自所承担的轴力，再计算确定加劲肋与底板及与柱腹板相连接的焊缝尺寸，计算后者时尚应考虑轴力对连接焊缝的偏心。

4）柱脚锚栓

（1）计算带有柱间支撑的柱脚锚栓在风荷载作用下的上拔力时，应计入柱间支撑产生的最大竖向分力，且不考虑活荷载、雪荷载、积灰荷载和附加荷载影响，恒载分项系数应取 1.0。

（2）计算柱脚锚栓的受拉承载力时，应采用螺纹处的有效截面面积。

（3）在容易锈蚀的环境下，外露式柱脚的锚栓应按计算面积为基准预留适当腐蚀量。

5）抗剪键

柱脚节点水平抗剪承载力可按公式（9.5-5）计算。当计算不能满足柱底水平剪力大于受剪承载力时，应设置抗剪键。柱脚抗剪计算中不考虑锚栓的作用。柱底板抗剪键的受力示意见图 9.5-5。

$$V \leqslant 0.4N + 0.6N_v^b \tag{9.5-5}$$

式中 V——柱脚节点水平剪力；

n_v——受剪面数目；

d——螺栓杆直径；

f_v^b——螺栓的抗剪强度设计值；

N_v^b——一个普通螺栓的受剪、受拉和受压承载力设计值；

$$N_v^b = n_v \frac{\pi d^2}{4} f_v^b。$$

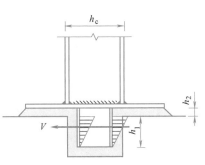

图 9.5-5　铰接柱脚底板抗
剪键的受力示意

（1）柱脚抗剪验算的荷载工况应取作用于柱脚最不利组合的轴力与剪力，剪力应取最大值，轴力取相应的尽可能小值（其永久荷载分项系数 $\gamma = 1.0$）。

（2）抗剪键可选用较厚钢板或短 H 型钢，其截面与连接焊缝应按传递全部剪力 V 及偏心弯矩 $V \cdot e$ 计算，其中 $e = h_1/2 + h_2$（图 9.5-4）。

（3）当柱底剪力较大而柱腹板较薄时，尚应验算柱腹板在抗剪键对应位置处的局部承载力。

（4）柱底受剪承载力按底板与混凝土基础间的摩擦力取用，摩擦系数可取 0.4，计算摩擦力时应考虑屋面风吸力产生的上拔力的影响。

（5）带靴梁的柱脚锚栓不宜受剪。

（6）当剪力由不带靴梁的锚栓承担时，应将螺母、垫板与底板焊接，柱底的受剪承载力可按 0.6 倍的锚栓受剪承载力取用。

（7）柱脚抗剪键有效长度不宜小于 60mm，当采用厚钢板时，钢板的宽厚比不宜小于 20。

3. 轴心受拉柱脚

1）轴心受拉柱柱脚底板上宜靠近锚栓设置加劲肋，一个锚栓所需的净截面面积按公式（9.5-6）计算：

$$A_n^a = \frac{N_{max}}{nf_t^a} \tag{9.5-6}$$

式中 A_n^a——所需锚栓净截面面积；

N_{max}——柱承受的最大轴心拉力设计值；

n——底板上锚栓数量；

f_t^a——锚栓抗拉强度设计值。

2）轴心受拉柱柱脚底板的计算构造可参照刚接柱脚有关规定。

9.5.4 刚接柱脚设计

刚性柱脚按柱脚形式分为底板加劲柱脚（图 9.5-1b）和带柱靴柱脚（图 9.5-1c）、插入式（图 9.5-1d）、外包式（图 9.5-1e）和埋入式（图 9.5-1f）五种。底板加劲柱脚（图 9.5-1b）和带柱靴柱脚（图 9.5-1c）都属于外露柱脚。

1. 底板加劲柱脚

底板加劲刚接柱脚的加劲肋板厚度不宜小于 8mm，高度不宜小于 200mm，且不宜小于 $h/3$（h 为柱截面高度），其柱底板的构造和受力示意图 9.5-6。

1）底板尺寸的确定

（1）先根据拟定的锚栓布置情况初步确定底板宽度 B 和宽度 L，底板尺寸应满足式（9.5-7）或式（9.5-8）的要求。

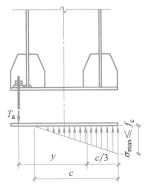

图 9.5-6　柱底板的构
造和受力示意

$$\sigma_{max} = \frac{N}{BL} \pm \frac{6M}{BL^2} \leqslant f_c \tag{9.5-7}$$

或
$$L \geqslant \frac{N}{2Bf_c} + \sqrt{\left(\frac{N}{2Bf_c}\right)^2 + \frac{6M}{Bf_c}} \qquad (9.5-8)$$

式中　σ_{max}——柱底板最大应力；

　　B、L——底板宽度与长度；

　　f_c——钢柱基础混凝土抗压强度设计值；

　　N、M——柱脚最不利组合内力的轴力与弯矩设计值，应选取弯矩最大同时轴力也尽量大的组合。

（2）底板厚度参照铰接柱脚的有关公式计算决定，并不宜小于 20mm，计算时应选取使所用计算区格底板下产生最大压应力的轴力与弯矩组合。

2）锚栓

（1）加劲刚接柱脚的受拉锚栓应按受弯方向在柱身两侧成对布置，其计算简图如图 9.5-5 所示。

（2）底板受拉侧锚栓的总拉力 T_a 及每个受拉螺栓的拉力 N_a 与所需有效截面积 A_e^a，可按式（9.5-9）和式（9.5-10）计算：

$$T_a = \frac{M - Nb}{y} \qquad (9.5-9)$$

$$N_a = T_a / n \qquad A_e^a = N_a / f_f^a \qquad (9.5-10)$$

式中　M、N——计算锚栓的最不利柱脚内力组合，应选取弯矩最大 M_{max} 及相应轴力尽量小 N 的组合，且永久荷载分项系数取 1.0；

　　y——受拉锚栓至底板下压力（三角形分布）合力作用点距离，$y = a + L - \dfrac{c}{3}$；

　　b——柱轴心力至底板下压应力合力作用点距离，$b = \dfrac{L}{2} - \dfrac{c}{3}$；

　　c——基础受压区长度，$c = \dfrac{\sigma_{max}}{\sigma_{max} + \sigma_{min}} L$；

　　n——受拉锚栓的数量；

　　f_f^a——锚栓抗拉强度设计值。

（3）已知所需每个锚栓有效截面面积 A_e^a 后，可按螺纹处的有效截面面积选定锚栓直径及其构造。

（4）刚接柱脚的受拉锚栓面积可按现行《混凝土结构设计规范》GB 50010—2010 中钢筋混凝土偏心受压构件截面设计方法计算。

（5）当锚栓同时受拉、受剪时，单根锚栓的承载力应按式（9.5-11）计算：

$$\left(\frac{N_t}{N_t^a}\right)^2 + \left(\frac{V_v}{V_v^a}\right)^2 \leqslant 1 \qquad (9.5-11)$$

式中　N_t——单根锚栓承受的拉力设计值（N）；

　　V_v——单根锚栓承受的剪力设计值（N）；

　　N_t^a——单根锚栓的受拉承载力（N），取 $N_t^a = A_e f_t^a$；

　　V_v^a——单根锚栓的受剪承载力（N），取 $V_v^a = A_e f_v^a$；

　　A_e——单根锚栓截面面积（mm²）；

　　f_t^a——锚栓钢材的抗拉强度设计值（N/mm²）；

　　f_v^a——锚栓钢材的抗剪强度设计值（N/mm²）。

3）用锚栓拉力校核底板厚度

对柱脚设计中，一般用锚栓拉力校核底板厚度是比较重要的。由于锚栓直接锚固在底板上，故需用锚栓拉力对底板所引起的弯矩进行底板厚度是否满足要求进行校核。

（1）锚栓拉力在支承边的有效分布宽度计算

锚栓拉力在支承边的有效分布长度 b_e（图 9.5-7）按式（9.5-12）计算。

$$b_e = a(3.5 - 1.5a/L) \qquad (9.5\text{-}12)$$

（2）锚栓拉力 P 在不同加劲肋间布置时的分配（图 9.5-8）

① 两边有加劲肋（图 9.5-8a）按式（9.5-13）、式（9.5-14）求各边应分配的荷载，I_1 及 I_2 为按有效宽度 b_{e1}、b_{e2} 求得的惯性矩。

$$P_1 = \frac{a_1^3 I_2}{a_1^3 I_2 + a_2^3 I_1} P \qquad (9.5\text{-}13)$$

$$P_2 = \frac{a_2^3 I_1}{a_1^3 I_2 + a_2^3 I_1} P \qquad (9.5\text{-}14)$$

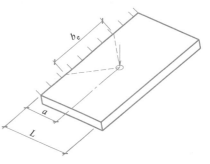

图 9.5-7 锚栓内力在支承边的有效分布长度

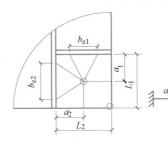 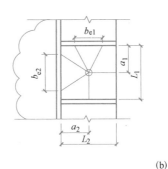 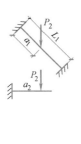

(a) (b)

图 9.5-8 锚栓拉力 P 在加劲肋间的分配

(a) 两边有加劲肋；(b) 三边有加劲肋

② 三边有加劲肋（图 9.5-8b）按公式（9.5-15）、式（9.5-16）求各边应分配的荷载，对 P_1 尚应按简支梁求其相应边所分配的荷载，如锚栓位于 L_1 中点时，则为 $P_1/2$。

$$P_1 = \frac{l_1^3 I_2}{16 a_2^3 I_1 + l_1^3 I_2} P \qquad (9.5\text{-}15)$$

$$P_2 = \frac{16 a_2^3 I_1}{16 a_2^3 I_1 + l_1^3 I_2} P \qquad (9.5\text{-}16)$$

（3）用锚栓拉力校核底板厚度 t 应按式（9.5-17）求得

$$t \geqslant \sqrt{\frac{6P_a}{b_e f}} \qquad (9.5\text{-}17)$$

4）抗剪键设置

当柱底水平剪力大于受剪承载力时，应设置抗剪键。抗剪键计算及构造同铰接柱脚。

2. 带柱靴柱脚

带柱靴刚接柱脚的底板受力情况与图 9.5-6 相同，构造示意如图 9.5-9 所示。柱底板的形心宜与柱截面的形心相一致。

1）靴梁高度（h_s）应计算确定，一般为柱截面高度的 0.4~0.6 倍，并不宜小于 300mm。

2）柱底板、加劲肋、锚栓、抗剪键、外包混凝土保护层等的计算和构造参照铰接柱脚外，需要符合以下要求：

（1）靴梁截面及其与柱翼缘连接的焊缝应按 H 型钢截面或 T 形截面计算确定，计算时应按受拉锚栓最大拉力进行，并考虑偏心弯矩的影响。

（2）靴梁盖板对应横向加劲肋的截面及焊缝，应按有效传递盖板拉力计算。

（3）锚栓下设于靴梁腹板上的成对短加劲肋截面连接焊缝，应按承受一个锚栓最大拉力及其偏心弯矩计算。

（4）当地震作用组合的效应控制结构设计时，刚接柱脚锚栓的面积不应小于柱子截面积的 0.15 倍。

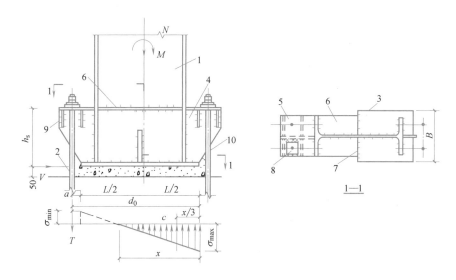

图 9.5-9　带柱靴刚接柱脚构造示意

1—钢柱；2—二次浇灌层；3—柱脚底板；4—靴板；5—靴梁盖板；6—柱横加劲肋；

7—底板加劲肋；8—螺栓小垫板；9—盖板加劲肋；10—高锚栓

（5）底板与锚栓的计算与同底板加劲刚接柱脚相同。

3. 插入式刚接柱脚

当 H 型钢框架柱采用插入式刚接柱脚（图 9.5-1d）时，H 型钢柱安装时插入基础预留杯口，调整就位后浇灌微膨胀细石混凝土，形成嵌固柱脚。基础杯口短柱应按计算配筋。

1）在柱脚最不利内力 M（弯矩）、N（轴力）及 V（剪力）组合作用下，插入式柱脚的承载力应满足公式（9.5-18）、式（9.5-19）的要求。

$$N \leqslant f_{cz} H_c \mu_c \tag{9.5-18}$$

$$M \leqslant \left(\frac{1}{3} b_c H_c^2 f_c - \frac{2}{3} V H_c\right) \tag{9.5-19}$$

式中　f_{cz}——二次浇灌层与钢柱或与杯口内表面间的粘剪强度设计值，无确定依据时，可暂取混凝土抗拉强度设计值；

μ_c——钢柱横截面的周边长度；

b_c、h_c——钢柱截面的宽度与高度；

H_c——钢柱插入杯口深度。

2）实腹截面柱柱脚承载力计算

H 型钢插入式柱脚在最不利内力弯矩（M）、剪力（V）组合作用下，插入式柱脚的承载力要满足式（9.5-20）要求。

$$\frac{V}{b_f d} + \frac{2M}{b_f d^2} + \frac{1}{2}\sqrt{\left(\frac{2V}{b_f d} + \frac{4M}{b_f d^2}\right)^2 + \frac{4V^2}{b_f^2 d^2}} \leqslant f_c \tag{9.5-20}$$

式中　M、V——柱脚底部的弯矩（N•mm）和剪力设计值（N）；

d——柱脚埋深（mm）；

b_f——柱翼缘宽度（mm）；

f_c——混凝土抗压强度设计值（N/mm²），应按现行国家标准《混凝土结构设计规范》GB 50010 的规定采用。

4. 外包式柱脚的计算

外包式柱脚的设计应考虑柱脚轴向压力由钢柱底板直接传给基础，验算柱脚底板下混凝土的局部承压。弯矩和剪力由外包层混凝土和钢柱脚共同承担，按外包层的有效面积计算（图9.5-10）。

1）柱脚的受弯承载力应按式（9.5-21）验算：

$$M \leqslant 0.9A_s f h_0 + M_1 \qquad (9.5\text{-}21)$$

式中　M——柱脚的弯矩设计值（N·mm）；

A_s——外包层混凝土中受拉侧的钢筋截面面积（mm^2）；

f——受拉钢筋抗拉强度设计值（N/mm^2）；

h_0——受拉钢筋合力点至混凝土受压区边缘的距离（mm）；

M_1——钢柱脚的受弯承载力（N·mm），按外露式钢柱脚的计算方法计算。

2）抗震设计时，可能出现塑性铰的柱脚，外包混凝土顶部箍筋处柱脚的极限受弯承载力应大于钢柱的全塑性受弯承载力。图9.5-11给出了极限受弯承载力时外包式柱脚的受力状态。

柱脚的极限受弯承载力应按下列公式验算：

$$M_u \geqslant \alpha M_{pc} \qquad (9.5\text{-}22)$$
$$M_u = \min(M_{u1}, M_{u2}) \qquad (9.5\text{-}23)$$
$$M_{u1} = M_{pc}/(1 - l_r/l) \qquad (9.5\text{-}24)$$
$$M_{u2} = 0.9A_s f_{sk} h_0 + M_{u3} \qquad (9.5\text{-}25)$$

式中　M_u——柱脚连接的极限受弯承载力（N·mm）；

M_{pc}——考虑轴力时，钢柱截面的全塑性受弯承载力（N·mm），

M_{u1}——考虑轴力影响，外包混凝土顶部箍筋处钢柱弯矩达到全塑性受弯承载力M_{pc}时，按比例放大的外包混凝土底部弯矩（N·mm）；

l——钢柱底板到柱反弯点的距离（mm），可取柱脚所在层层高的2/3；

l_r——外包混凝土顶部箍筋到柱底板的距离（mm）；

M_{u2}——外包钢筋混凝土的抗弯承载力（N·mm）与M_{u3}之和；

M_{u3}——钢柱脚的极限受弯承载力（N·mm），按外露式钢柱脚M_u的计算方法计算；

α——连接系数，对于外包式H型钢柱柱脚，取1.2；

f_{sk}——钢筋的抗拉强度最小值（N/mm^2）。

3）外包层混凝土截面的受剪承载力验算：

外包层混凝土截面的受剪承载力按公式（9.5-26）验算。抗震设计时，还应满足式（9.5-27）和式（9.5-28）要求。

$$V \leqslant b_e h_0 (0.7f_t + 0.5f_{yv}\rho_{sh}) \qquad (9.5\text{-}26)$$

当抗震设计的要求：

$$V_u \geqslant M_u/l_r \qquad (9.5\text{-}27)$$
$$V_u = b_e h_0 (0.7f_{tk} + 0.5f_{yvk}\rho_{sh}) + M_{u3}/l_r \qquad (9.5\text{-}28)$$

剪力作用方向

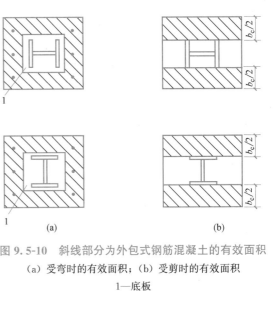

图9.5-10　斜线部分为外包式钢筋混凝土的有效面积

（a）受弯时的有效面积；（b）受剪时的有效面积

1—底板

图9.5-11　极限受弯承载力时外包式柱脚的受力状态

1—剪力；2—轴力；3—柱的反弯点；4—最上部箍筋；5—外包钢筋混凝土的弯矩；6—钢柱的弯矩；7—作为外露式柱脚的弯矩

式中 V——柱底截面的剪力设计值（N）；

V_u——外包式柱脚的极限受剪承载力（N）；

b_e——外包层混凝土的截面有效宽度（mm）（图 9.5-9b）；

f_{tk}——混凝土轴心抗拉强度标准值（N/mm²）；

f_t——混凝土轴心抗拉强度设计值（N/mm²）；

f_{yv}——箍筋的抗拉强度设计值（N/mm²）；

f_{yvk}——箍筋的抗拉强度标准值（N/mm²）；

ρ_{sh}——水平箍筋的配箍率；$\rho_{sh}=A_{sh}/b_{es}$，当 $\rho_{sh}>1.2\%$ 时，取 1.2%；

A_{sh}——配置在同一截面内箍筋的截面面积（mm²）。

5. 埋入式柱脚

1）柱脚底板可按施工阶段最大轴向力 N 计算与构造。

2）埋入式刚接柱脚的钢柱埋入部分的基础后浇段应配置纵筋及钢箍（图 9.5-1f），柱埋入深度 H_c 不应小于 $2h_c$（h_c 为钢柱截面高度）。

3）钢柱埋入段上（一般在柱翼缘上）应设置圆柱头焊钉，焊钉数量应满足公式（9.5-29）要求：

$$n_c \geqslant \frac{M}{N_v^c h_c} \tag{9.5-29}$$

式中 n_c——柱侧翼缘上所需焊钉数量；

M——钢柱作用于基础的最大弯矩；

N_v^c——一个圆柱头焊钉的抗剪承载力；

h_c——埋入部分钢柱的截面高度。

9.5.5 柱脚构造要求

1）各类柱脚底板厚度不宜小于 20mm 及柱翼缘厚度。

2）外包式、埋入式及插入式柱脚，钢柱与混凝土接触的范围内的柱段表面，均应仔细除锈，达 St2 级标准，并不涂漆或涂料；柱脚安装时，应将钢柱表面的泥土、油污、铁锈和焊渣等用砂轮清刷干净。

3）在地面以下部分柱脚与地坪以上高 150mm 范围内的柱身，应连续以 C15 或 C20 混凝土包裹，保护层厚度不小于 50mm。

4）柱脚锚栓：

（1）铰接柱脚的锚栓直径不宜小于 24mm 及柱翼缘厚度，外包式柱脚锚栓直径不宜小于 16mm，柱脚锚栓应采用 Q235 钢或 Q345 钢制作。

（2）锚栓埋入混凝土基础部分一般为带弯钩或锚件，弯钩长度 4d（d 为锚栓直径），锚栓的最小锚固长度 l_a（投影长度）应符合表 9.5-2 的规定，且不应小于 200mm。底板上螺栓孔经应较螺栓直径大 6～8mm，并另设厚度为（0.4～0.5)d 的锚栓垫板（d 锚栓直径），其孔径较栓径大 1.5～2.0mm，待柱安装就位后焊固于底板上。锚栓均采用双螺母构造。

锚栓的最小锚固长度

表 9.5-2

螺栓钢材	混凝土强度等级					
	C25	C30	C35	C40	C45	≥C50
Q235	20d	18d	16d	15d	14d	14d
Q345	25d	23d	21d	19d	18d	17d

（3）外露式柱脚锚栓应考虑使用环境，且应有足够的埋置深度，当埋置深度受限或锚栓在混凝土中的锚固较长时，可设置锚板或锚梁。

5）底板加劲刚接柱脚的加劲肋板厚度不宜小于 8mm，高度不宜小于 200mm，且不宜小于 $h/3$（h 为柱截面高度）。

6）带柱靴柱脚：

（1）靴梁高度一般为柱截面高度的 0.4～0.6 倍，并不宜小于 300mm。

（2）靴梁盖板上的锚栓孔径应较锚栓直径大 6～8mm，其上螺栓小垫板孔径可较栓径大 2mm，垫板厚度宜与盖板相同。

7）插入式刚接柱脚：

（1）H 型钢柱或分肢柱插入基础杯口的最小深度 d_{in} 可按表 9.5-3 取值，但不小于 500mm，并不宜小于吊装时钢柱长度的 1/20。

柱插入杯口最小深度 d_{in}　　　　　　　　表 9.5-3

柱类别	单根柱	双肢格构式柱（单或双杯口）
最小插入深度 d_{in}	$1.5h_c$ 或 $1.5d_c$	$1.5h_c$ 和 $1.5b_c$（或 d_c）中的较大值

注：h_c—柱截面高度（长边尺寸）；b_c—柱截面宽度；d_c—圆管柱外径。

（2）插入式刚接柱脚柱底端一般宜设底板，并留有排气孔。

（3）H 型钢实腹柱宜设柱底板，钢柱柱身在杯口顶面处宜设加劲肋。

（4）H 型钢柱底至基础杯口底的距离不应小于 50mm，当有柱底板时，其距离可采用 150～200mm（图 9.5-12）。当插入式柱脚钢柱底部有钢板时，细石混凝土浇灌层应分两次完成，先将底部标高找准并完成柱底浇灌层，安装钢柱找正后再完成柱周浇灌层。

必要时柱底板下以无收缩砂浆浇筑密实。细石混凝土或砂浆强度均应高于基础强度。

8）外包式柱脚的构造：

（1）柱脚底板厚度不宜小于 16mm。

（2）外包式柱脚锚栓应按构造要求设置，直径不宜小于 16mm，锚固长度不宜小于其直径的 20 倍。

（3）H 型钢柱脚底板应位于基础梁或筏板的混凝土保护层内；外包混凝土厚度不宜小于 160mm，同时不宜小于钢柱截面高度的 30%。混凝土强度等级不宜低于 C30；H 型钢柱柱脚混凝土外包高度不宜小于柱截面高度的 2 倍；当没有地下室时，外包宽度和高度宜增大 20%；当仅有一层地下室时，外包宽度宜增大 10%。

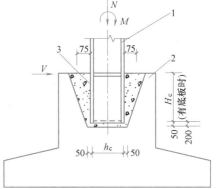

图 9.5-12　插入式柱脚的构造
1—柱；2—基础；3—细石混凝土浇灌层

（4）H 型钢柱在外包混凝土的顶部箍筋处应设置水平加劲肋，其宽厚比应符合《钢结构设计标准》GB 50017—2017 第 6.4 节的相关规定。

（5）H 型钢柱埋入部分应有栓钉，其直径不小于 16mm 间距不大于 200mm。

（6）外包钢筋混凝土的主筋伸入基础内的长度不应小于 25 倍直径，四角主筋两端应加弯钩，下弯长度不应小于 150mm，下弯段宜与钢柱焊接，顶部箍筋应加强加密，并不应小于 3 根直径 12mm 的 HRB400 级热轧钢筋。

9）埋入式柱脚：

（1）埋入式刚接柱脚柱脚的钢柱埋入部分的基础后浇段其外包厚度不应小于 180mm，同时在埋入段上（一般在柱翼缘上）应设置圆柱头焊钉，直径不小于 16mm，水平及竖向间距不大于 200mm。

（2）在埋入段的顶部应设置柱腹板的水平加劲肋；肋板厚度不宜小于柱翼缘厚度，其连接焊缝不小于 8mm；同时应开有排气孔。

（3）钢柱埋入部分的基础后浇段应配置纵筋及钢箍（图 9.5-6），柱埋入深度 H_c 不应小于 $2h_c$（h_c 为钢柱截面高度）。

9.5.6 铰接柱脚和刚接设计计算实例

1. 铰接柱脚

1）设计资料

钢柱截面采用热轧 H 型钢，截面尺寸为：$350 \times 250 \times 9 \times 14$，钢材为 Q345B。底板、靴梁及隔板钢材为 Q235B。焊条 E43 型，手工焊接。荷载组合值：轴力 $N=3150\text{kN}$，剪力 $V=145\text{kN}$。基础混凝土强度等级 C20，抗压强度设计值 $f_c=9.6\text{N/mm}^2$。要求设计铰接柱脚。

2）柱脚底板尺寸

如图 9.5-13 所示。

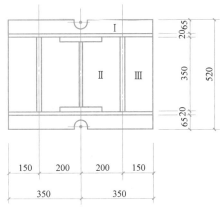

图 9.5-13 柱脚底板尺寸（mm）

底板面积：$A=\dfrac{3150 \times 10^3}{9.6}=328125\text{mm}^2$

底板宽：$B=350+2 \times 20+2 \times 65=520\text{mm}$

底板长：$L=\dfrac{328125}{520}=631\text{mm}$，取 $L=700\text{mm}$

3）底板厚度计算

不考虑混凝土局部受压时的强度提高系数，底板对基础顶面的压应力：

$$\sigma_c=\frac{3150 \times 10^3}{520 \times 700}=8.65\text{N/mm}^2<9.7\text{N/mm}^2$$

底板计算弯矩按区格 Ⅰ、Ⅱ、Ⅲ 中较大者采用。

板Ⅰ悬臂板：

$$M_1=\frac{1}{2} \times 8.65 \times 65^2=18273\text{N} \cdot \text{mm}$$

板Ⅱ四板支承板：

$a_1=200\text{mm}$，$b_1=350\text{mm}$，$\dfrac{b_1}{a_1}=\dfrac{350}{200}=1.75$，$\beta_1=0.0928$

$$M_{\text{Ⅱ}}=0.0928 \times 8.65 \times 200^2=32108.8\text{N} \cdot \text{mm}$$

板Ⅲ三边支承板：

$b_2=150\text{mm}$，$a_2=350\text{mm}$，$\dfrac{b_2}{a_2}=\dfrac{150}{350}=0.429$，$\beta_1=0.0487$

$$M_{\text{Ⅲ}}=0.0487 \times 8.65 \times 350^2=51603.7\text{N} \cdot \text{mm}$$

底板厚度：

$$t=\sqrt{\frac{6 \times 51603.7}{205}}=38.9\text{mm}$$，取板厚 $t=40\text{mm}$。

4）柱下端与底板连接焊缝计算

取 $h_f=8\text{mm}$。

$$\sum I_w=(700-2 \times 8) \times 2+(700-200-4 \times 8) \times 2+(200-14-4 \times 8) \times 2+$$
$$(350-2 \times 8) \times 4+(350-20-2 \times 8) \times 2=4536\text{mm}$$

$$\sigma_f=\frac{3150 \times 10^3}{0.7 \times 8 \times 4536}=124\text{N/mm}^2$$

$$\tau_f=\frac{145 \times 10^3}{0.7 \times 8 \times 4536}=5.7\text{N/mm}^2$$

$$\sqrt{\left(\frac{124}{1.22}\right)^2+5.7^2}=101.8\text{N/mm}^2<160\text{N/mm}^2$$

5）靴梁计算

（1）靴梁高度

靴梁与柱翼缘采用角焊缝连接，焊脚尺寸 $h_f=14$ mm 得：

$$l_w=\frac{3150\times10^3}{4\times0.7\times14\times160}+2\times14=502.2\text{mm}$$

靴梁高度采用 550mm＜60×14＝840mm。

（2）靴梁强度验算

靴梁板厚度取 $t=20$ mm。

$$M_{max}=\frac{1}{2}\times8.65\times260\times250^2=70.28\times10^6\text{N/mm}^2$$

$$\sigma=\frac{6\times70.28\times10^6}{550^2\times20}=69.7\text{N/mm}^2<205\text{N/mm}^2$$

$$V_{max}=8.65\times250\times260=562.25\times10^3\text{N}$$

$$\tau=\frac{1.5\times562.25\times10^3}{550\times20}=76.7\text{N/mm}^2<120\text{N/mm}^2$$

本例题的悬挑式靴梁板为两块 $700\times550\times20$ 的钢板，采用角焊缝与柱肢翼缘相焊，角焊缝只传递 H 型钢柱的轴向力，不验算综合应力，其剪应力为：

$$\tau_f=\frac{3150\times10^3}{4\times0.7\times14\times(550-14)}=149.9\text{N/mm}^2<160\text{N/mm}^2$$

肋板厚度取 $t=18$ mm，$h_s=370$ mm。

$$V_s=\frac{350}{2}\times(150+100)\times8.65=378438\text{N}$$

$$\tau=\frac{378438}{18\times370}=56.8\text{N/mm}^2<120\text{N/mm}^2$$

肋板侧面角焊缝验算：

角焊缝 $h_f=8$ mm。

$$\tau_f=\frac{378438}{2\times0.7\times8\times(370-2\times8)}=95.4\text{N/mm}^2<160\text{N/mm}^2$$

6）抗剪计算

柱脚底板与混凝土基础顶面的摩擦系数 $\mu=0.40$，柱脚底板所能提供的最大抗剪承载力为：$\mu N=0.40\times3150=1260$ kN＞145kN。

7）地脚锚栓

考虑安装的需要，设置两个构造锚栓，选用锚栓直径 $d=36$ mm。

2. 外露刚接 H 型钢柱脚

1）设计条件：某 H 型钢框架柱柱脚，钢柱钢材 Q345B，截面 HM390×300×10×16，钢柱截面积 $A_c=13330$ mm²；轴力设计值 $N=1000$ kN，绕强轴弯矩设计值 $M=350$ kN·m。基础短柱混凝土强度等级 C30，$f_c=14.3$ N/mm²；锚栓钢材 Q345B，$f_t^a=180$ N/mm²，$f_y=345$ N/mm²；抗震等级为三级。

2）地脚螺栓面积计算：

初步确定锚栓每侧翼缘设 3 个 M30，底板及锚栓具体布置见图 9.5-14。

钢柱截面高度 $h=390$ mm，螺栓边距 $a=75$ mm，柱底板长度 $H=700$ mm，柱底板宽度 $B=610$ mm。

偏心距：$e_0=M/N=350/1000=0.35$ m＝350mm

附加偏心距计算：$e_a=\max(20\text{mm},h/30)=\max(20\text{mm},700/30)=23.3$ mm

初始偏心距计算：$e_i=e_a+e_a=350+23.3=373.33$ mm

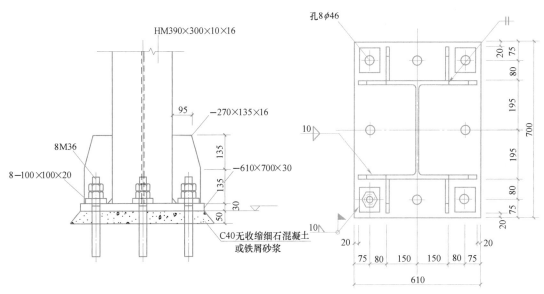

图 9.5-14　柱脚布置图

轴向力作用点至锚栓合力点的距离：$e = e_i + H/2 - a = 373.33 + 700/2 - 70 = 648.33\text{mm}$

混凝土短柱受压区计算：

相对界限受压区高度：$\xi_b = \dfrac{\beta}{1 + \dfrac{f_t}{E_s \varepsilon_{cu}}} = \dfrac{0.8}{1 + \dfrac{180}{206000 \times 0.0033}} = 0.629\text{mm}$

根据公式 $Ne = \alpha_1 f_c bx(h_0 - x/2)$，

即：$1000 \times 10^3 \times 648.33 = 1.0 \times 14.0 \times 610 x (H - 75 - x/2)$

可以求出：$x = 133.1\text{mm} < \xi_b h_0 = 0.629 \times (700 - 75) = 392.8\text{mm}$

故为大偏心。

求地脚锚栓面积：$A_e^a = (\alpha_1 f_c bx - N)/f_t^a = (1.0 \times 14.3 \times 610 \times 133.1 - 1000 \times 10^3)/180 = 894\text{mm}^2$

3 个 M30 锚栓的有效面积为：$3 \times 560 = 1680\text{mm}^2 > 894\text{mm}^2$，满足。

3）抗震设计时，H 型钢柱脚的极限受弯承载力验算：

钢柱柱脚布置及轴力同上，即钢柱轴力 $N = 1000\text{kN}$。

首先计算 H 型钢框架柱的全塑性受弯承载力：

$N_y = A f_y = 13330\text{mm}^2 \times 345\text{N}/\text{mm}^2 = 4599\text{kN}$

$N/N_y = 1000/4599 = 0.217 > 0.13$

H 型钢柱的全塑性受弯承载力为：

$$M_p = (300 \times 16 \times (390 - 16) + (390 - 2 \times 16)^2 \times 10/4) \times 345 = 729.8\text{kN} \cdot \text{m}$$

考虑轴力的影响，H 型钢柱的全塑性受弯承载力 M_{pc} 为：

$$M_{pc} = 1.15 \times \left(1 - \frac{N}{N_y}\right) \times M_p = 656.9\text{kN} \cdot \text{m}$$

偏心距：$e_0 = M_{pc}/N = 656.9 / 1000 = 0.657\text{m} = 657\text{mm}$

附加偏心距计算：$e_a = \max(20\text{mm}, h/30) = \max(20\text{mm}, 700/30) = 23.3\text{mm}$

初始偏心距计算：$e_i = e_a + e_a = 657 + 23.3 = 680.3\text{mm}$

轴向力作用点至锚栓合力点的距离：$e = e_i + H/2 - a = 680.3 + 700/2 - 70 = 955.3\text{mm}$

混凝土短柱受压区计算：

相对界限受压区高度：$\xi_b = \dfrac{\beta}{1 + \dfrac{f_y}{E_s \varepsilon_{cu}}} = \dfrac{0.8}{1 + \dfrac{345}{206000 \times 0.0033}} = 0.525\text{mm}$

根据公式 $Ne=\alpha_1 f_{ck}bx(h_0-x/2)$，

即：$1000\times10^3\times648.33=1.0\times20.1\times610x(H-75-x/2)$

可以求出：$x=97.8$mm$<\xi_b h_0=0.525\times(700-75)=328.1$mm

故为大偏心。

求地脚锚栓面积：$A_e^a=(\alpha_1 f_{ck}bx-N)/f_t^a=(1.0\times20.1\times610\times97.8-1000\times10^3)/345=578$mm^2

3个M30锚栓的有效面积为：$3\times560=1680$mm$^2>578$mm^2，满足。

4）抗震等级三级时，锚栓截面面积不宜小于钢柱下端截面积的20%，即 $2\times1680=3360$mm$^2>$
$0.2\times13330=2666$mm^2，满足要求。

综上，地脚锚栓直径可取M30。

5）柱脚底板厚度计算：

（1）受压侧三边支撑区底板厚度计算

由 $b/a=155/300=0.52$，查表得弯矩系数 $k=0.063$。

该底板区格的最大弯矩由以下公式，得：
$$M_B=k\sigma a^2=0.063\times14.3\text{N/mm}^2\times300^2\text{mm}^2=81080\text{N}\cdot\text{mm}$$
则受压侧底板厚度：
$$t_1=\sqrt{\frac{6\times M_B}{f}}=\sqrt{\frac{6\times81080}{305}}=39.9\text{mm}$$

（2）受压侧两边支撑区底板厚度计算

受压侧两边支撑板，由 $b/a=155/219.2=0.71$，查表得弯矩系数 $k=0.088$。

该底板区格的最大弯矩：
$$M_B=k\sigma a^2=0.088\times14.3\text{N/mm}^2\times219.2^2\text{mm}^2=60464\text{N}\cdot\text{mm}$$
则受压侧底板厚度：
$$t_1=\sqrt{\frac{6\times M_B}{f}}=\sqrt{\frac{6\times60464}{305}}=34.5\text{mm}$$

综上计算结果，柱脚底板厚度取两者较大值，即取底板厚度为40mm。

9.6 H型钢桁架节点

9.6.1 桁架节点分类

桁架节点一般按桁架的类型分为H型钢桁架节点和剖分T型钢杆件桁架节点。也可以按节点类型分为支座、桁架节点两种。

1. H型钢桁架节点

1）H型钢桁架支座节点（图9.6-1）

（1）桁架与混凝土柱的连接一般是承重在混凝土柱顶和牛腿上，采用铰接支座连接。H型钢桁架的混凝土支座常见节点构造如图9.6-2所示。

（2）桁架与钢柱连接是上下弦分别与钢柱相连。H型钢桁架与钢柱的支座节点构造如图9.6-3所示。

2）H型钢桁架节点

H型钢桁架的上下弦一般采用等高H型钢截面。等高H型钢桁架节点一般采用腹板平置连接节点。腹板平置连接节点是杆件以等高H型钢中心线交汇于节点，腹杆两端的腹板与伸入弦杆翼缘区的连接板

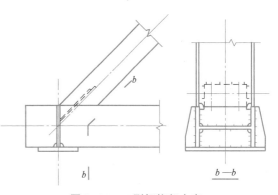

图 9.6-1 H型钢桁架支座

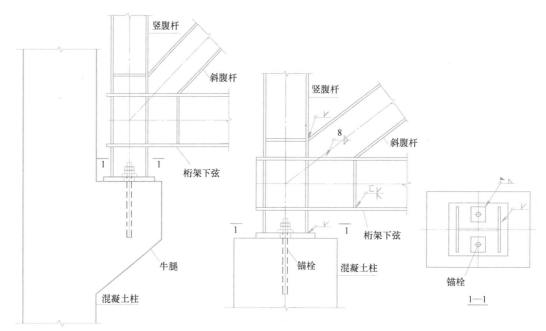

图 9.6-2　H 型钢桁架与混凝土柱或牛腿支座连接节点图

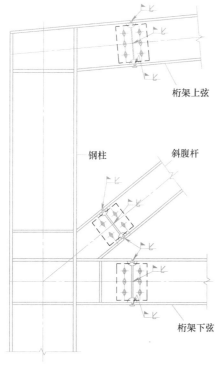

图 9.6-3　H 型钢桁架与钢柱连接节点图

相互焊连，连接焊缝应保证可靠传递各自分担的最大内力。

（1）当腹杆的腹板与弦杆腹板相连时，可以采用节点板连接节点（图 9.6-4a）。

（2）当腹杆的腹板未与弦杆相连时，在计算时不能计入腹板的截面。腹杆腹板垂直放置时，在腹杆与弦杆翼缘相连处应设置加劲肋（图 9.6-4b、c）。

2. 剖分 T 型钢杆件桁架节点

1）T 型钢桁架支座节点（图 9.6-5）

T 型桁架的支座节点可以参考 H 型钢桁架一样的连接节点做法。T 型钢桁架的混凝土支座节点构造如图 9.6-6 所示。

2）T 型钢桁架节点

（1）弦杆与腹杆全部采用剖分 T 型钢的桁架节点（图 9.6-7）

对于弦杆与腹杆全部采用剖分 T 型钢的桁架，其 T 型钢杆件均以重心线为轴线交汇，腹杆与弦杆相连接处，各自的腹板相互对接焊接，而腹杆翼缘与弦杆腹板的连接，可采用将腹杆翼缘开槽插入弦杆腹板（图 9.6-5），或腹杆端部一侧翼缘局部切除后与弦杆焊连；也可采用一块开槽补板直接将两者焊连（图 9.6-7）。所有焊缝连接应避免产生传力偏心，并按传递相应最大内力计算确定。所有切槽的槽端均应打磨成圆弧或先钻较大孔后再切槽，以防止应力集中。

（2）T 型钢弦杆与角钢腹杆桁架节点（图 9.6-8）

对于 T 型钢弦杆与角钢腹杆桁架节点，各杆件按重心线相交汇，角钢腹杆的肢尖、肢背焊缝尺寸与厚度应按其位置与重心线距离成反比来计算分配，一般采用肢背焊缝厚度较肢尖焊缝厚度大 1~2 级来计算各自的长度，当焊缝长度不足时，可采用切角构造（图 9.6-8b）或补焊小节点板（图 9.6-8a）。当腹杆内力较小时，除端腹杆外，其余腹杆可采用单角钢在同侧偏心连接布置，此时，应按《钢结构设计标准》GB 50007—2017 规定考虑单角钢偏心连接的强度折减系数。

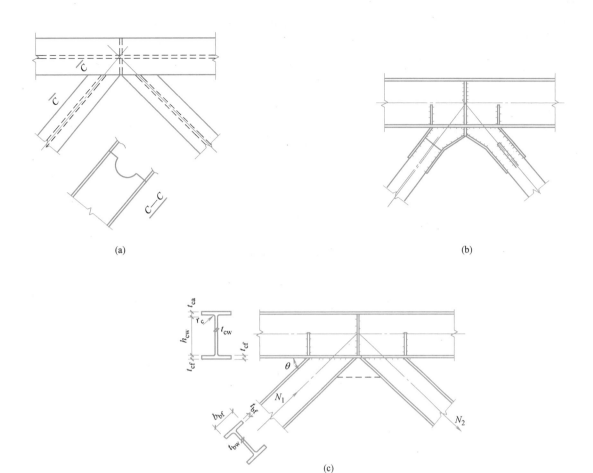

图 9.6-4　H 型钢杆件桁架节点构造

（a）H 型钢上弦和腹杆的腹板节点板连接节点；（b）H 型钢上弦下翼缘和腹杆的侧贴板
焊接连接节点；（c）H 型钢上弦下翼缘和腹杆的全截面焊接连接节点

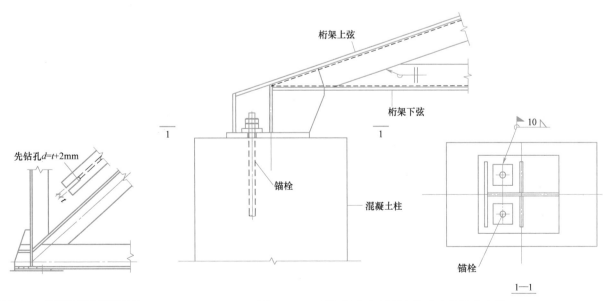

图 9.6-5　T 型钢杆件桁架支座　　　　图 9.6-6　T 型钢桁架与混凝土柱支座连接节点图

9.6.2　节点设计计算

　　桁架的连接节点类型较多，按连接位置主要可以分为支座连接节点和桁架杆件之间的连接节点，按

313

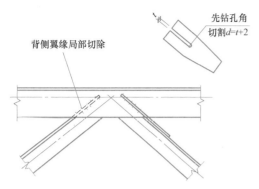

图 9.6-7　T型钢桁架局部翼缘切除与加补板连接节点

连接形式可以分为焊接、螺栓和栓焊连接。具体工程中的桁架连接节点应根据杆件类型、杆件内力、施工情况等综合考虑选取合理的节点连接形式。

1. 杆件一般以中心线交汇，当上弦受有较大的节间荷载，节点处有负弯矩时，可将腹杆中心交汇到上弦杆下边缘。当 H 型钢杆件相互直接交汇焊接连接时，节点宜作为刚性节点计算。

2. 腹杆翼缘与弦杆的焊接处，一般应设对应的弦杆腹板加劲肋，加劲肋应保证可靠传递腹杆翼缘最大内力的竖向分量力，其截面及连接焊缝应按计算确定。当弦杆腹板厚度 t_{cw} 满足公式（9.6-1）时，也可以不设腹板加劲肋，但应按公式（9.6-2）、式（9.6-3）分别验算弦杆腹板局部稳定及承压强度。

$$t_{cw} \geq \frac{t_{bf}b_{bf}}{t_{bf}+5t_0} \tag{9.6-1}$$

式中　t_{cw}——弦杆腹板的厚度；

t_{bf}、b_{bf}——腹杆翼缘的厚度及宽度；

t_0——翼缘外表面至腹板弧角起点的距离，$t_0=t_{cf}+r_c$。

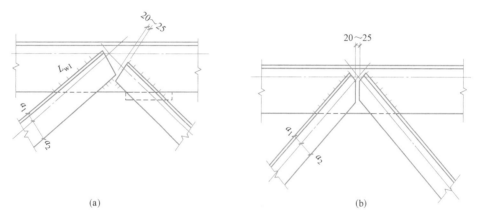

(a) (b)

图 9.6-8　剖分 T 型钢桁架节点

（a）补节点板的角钢腹杆节点；（b）无节点板的双角钢腹杆节点

$$t_{cw} \geq \frac{h_{cw}}{30}\sqrt{\frac{f_{yc}}{235}} \tag{9.6-2}$$

式中　h_{cw}——弦杆腹板的高度；

f_{yc}——弦杆钢材的屈服强度。

$$t_{cw} \geq \sin^2\theta\left[\frac{b_{bf}t_{bf}f_{yb}}{t_{bf}+5t_0\sin\theta}+t_{bw}\right] \tag{9.6-3}$$

式中　t_{bw}——腹杆腹板的厚度；

f_{yb}——腹杆钢材的屈服强度；

θ——腹杆与弦杆的夹角。

当腹杆为拉杆且焊缝处弦杆不设加劲肋时，应按式（9.6-4）验算弦杆翼缘的厚度：

$$t_{cf} \geq \sqrt{\frac{b_{bf}t_{bf}(\sin\theta-0.12)}{5.6}} \tag{9.6-4}$$

式中　t_{cf}——弦杆翼缘的厚度。

9.6.3　桁架节点

桁架的连接节点类型较多，按连接位置主要可以分为支座连接节点和桁架杆件之间的连接节点，按连接形式可以分为焊接、螺栓和栓-焊连接。本节主要以图示的方法介绍常用的桁架节点连接形式。

1. 支座节点见图 9.6-1、图 9.6-2 和图 9.6-3。

2. 桁架的上下弦杆为 H 型钢和 T 型钢，腹杆的种类不局限于 H 型钢和 T 型钢，所以桁架节点的形式较多，以下给出不同的节点形式示意图。

1）H 型钢弦杆与 H 型钢腹杆连接节点图

如图 9.6-9～图 9.6-14 所示。

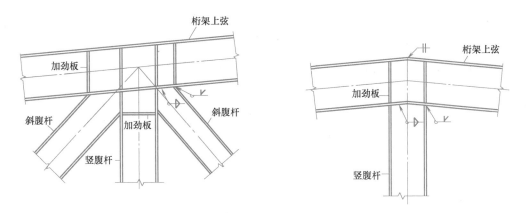

图 9.6-9　竖放 H 型钢弦杆与 H 型钢腹杆焊接连接节点

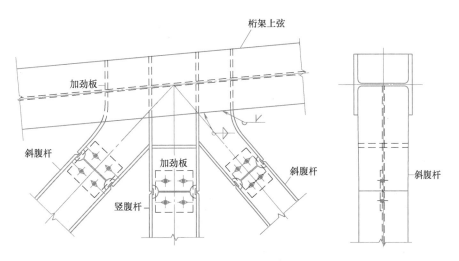

图 9.6-10　横放 H 型钢弦杆与腹杆现场拼接的节点示意

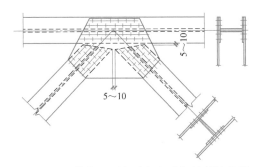

图 9.6-11　等高 H 型钢弦杆与腹杆的螺栓连接

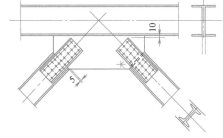

图 9.6-12　H 型钢弦杆与腹杆节点板螺栓连接

2）H 型钢弦杆与圆管腹杆连接节点图

如图 9.6-15 所示。

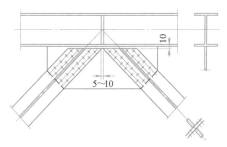

图 9.6-13 H 型钢弦杆与双 T 型
钢腹杆节点板螺栓连接

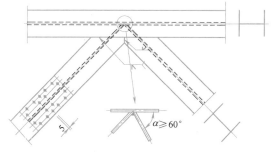

图 9.6-14 H 型钢弦杆与钢腹杆螺栓连接的节点

3）H 型钢弦杆与双槽钢腹杆连接节点图
如图 9.6-16 所示。

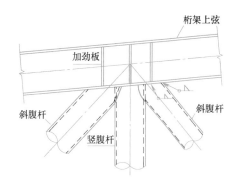

图 9.6-15 H 型钢弦杆与圆管腹杆焊接连接节点

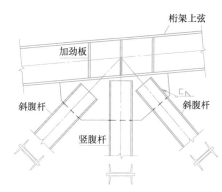

图 9.6-16 H 型钢弦杆与双槽钢腹杆节点板连接节点

4）T 型钢弦杆与双角钢腹杆连接节点图
如图 9.6-17 所示。

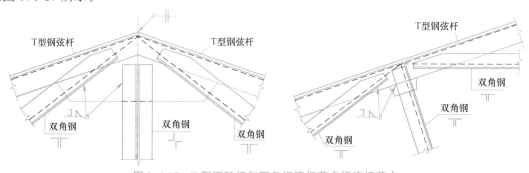

图 9.6-17 T 型钢弦杆与双角钢腹杆节点板连接节点

5）H 型钢弦杆与腹杆焊接连接节点图
如图 9.6-18、图 9.6-19 所示。

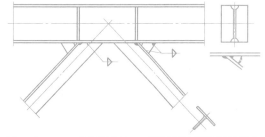

图 9.6-18 H 型钢弦杆与 T 型钢腹杆焊接连接节点

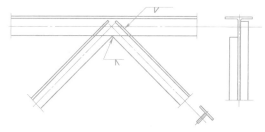

图 9.6-19 T 型钢弦杆与腹杆焊接连接节点

第 10 章 H 型钢-混凝土组合结构

H 型钢-混凝土组合结构（以下简称 H 型钢组合结构）是 H 型钢与钢筋混凝土组合并能整体受力的承重结构类型。H 型钢具有钢材的强度高、延性好等优点，钢筋混凝土具有抗压能力强和刚度大等特点，H 型钢组合构件能充分发挥各自特点，具有比传统钢筋混凝土承载力大、刚度大、抗震性能好的优点，比钢结构具有防火性能好、结构局部和整体稳定好、节省钢材的优点。H 型钢组合构件主要有 H 型钢-钢筋混凝土组合楼盖梁（以下简称 H 型钢组合梁）和 H 型钢-钢筋混凝土组合柱（以下简称 H 型钢组合柱）两种形式。目前，在多高层建筑及重型操作平台结构中，广泛采用 H 型钢组合结构。

10.1 H 型钢组合梁

H 型钢组合梁是在 H 型钢梁上翼缘表面焊接抗剪连接件后，再浇筑混凝土板而形成的一种钢筋混凝土上翼缘板与 H 型钢钢梁结合的整体组合梁。组合梁整体工作性能良好，能充分发挥两种材料的优势，较焊接 H 型钢梁强度高、刚度大、耗钢量小，并可降低造价。H 型钢组合梁适用于中、小跨度的简支梁和连续梁。

10.1.1 H 型钢组合梁的截面形式

H 型钢组合梁的截面由 H 型钢、钢筋混凝土板和抗剪连接件三部分组成。截面形式按混凝土板构造可分为现浇混凝土板（图 10.1-1a）、压型钢板的组合板（图 10.1-1b）和混凝土叠合板（图 10.1-1c）三种类型，前两种应用较多。

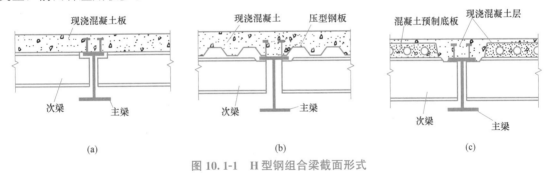

图 10.1-1 H 型钢组合梁截面形式
(a) 现浇混凝土板；(b) 压型钢板的组合楼板；(c) 混凝土叠合板

10.1.2 H 型钢组合梁设计一般规定

H 型钢组合梁设计应遵照《钢结构设计标准》GB 50017—2017、《组合结构设计规范》JGJ 138—2016 与本节有关的规定进行。

1. H 型钢组合梁一般用作不直接承受动力荷载的构件，适用于楼盖梁系的简支梁，也可用作连续梁。对于直接承受动力荷载的组合梁，应按《钢结构设计标准》GB 50017—2017 附录 J 的要求进行疲劳计算，其承载能力应按弹性方法进行计算。

2. H 型钢组合梁翼板可用现浇混凝土板，亦可用混凝土叠合板或压型钢板混凝土组合板，其中混凝土板应按现行国家标准《混凝土结构设计规范》GB 50010—2010 的规定进行设计。当 H 型钢组合梁的剪力较大时，其楼板与梁的抗剪件宜满足完全抗剪设计的布置与构造要求。

3. H 型钢组合梁均遵照极限状态准则进行设计。H 型钢组合梁的截面承载力（强度及连接）极限状态设计一般采用塑性设计，但对 H 型钢组合梁的正常使用极限状态验算挠度和裂缝时，均按弹性设计方法进行，并分别按荷载标准值的标准组合和准永久组合进行。

4. 在进行 H 型钢组合梁截面承载能力验算时，跨中及中间支座处混凝土翼板的有效宽度 b_e（图 10.1-2）应按公式（10.1-1）计算。

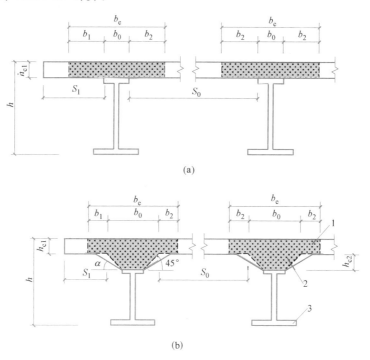

(a)

(b)

图 10.1-2　混凝土翼板的计算宽度
（a）不设板托的组合梁；（b）设板托的组合梁
1—混凝土翼板；2—板托；3—钢梁

$$b_e = b_0 + b_1 + b_2 \tag{10.1-1}$$

式中　b_0——板托顶部的宽度；当板托倾角 $\alpha < 45°$ 时，应按 $\alpha = 45°$ 计算板托顶部的宽度；当无板托时，则取钢梁上翼缘的宽度；当混凝土板和钢梁不直接接触（如之间有压型钢板分隔）时，取栓钉的横向间距，仅有一列栓钉时取 0；

b_1、b_2——梁外侧和内侧的翼板计算宽度，当塑性中和轴位于混凝土板内时，各取梁等效跨径 l_e 的 1/6；此外，b_1 尚不应超过翼板实际外伸宽度 S_1；b_2 不应超过相邻钢梁上翼缘或板托间净距 S_0 的 1/2；

l_e——等效跨径；对于简支组合梁，取为简支组合梁的跨度 l；对于连续组合梁，中间跨正弯矩区取为 $0.6l$，边跨正弯矩区取为 $0.8l$，支座负弯矩区取为相邻两跨跨度之和的 0.2 倍。

图 10.1-2 中，h_{c1} 为混凝土翼板的厚度，当采用压型钢板混凝土 H 型钢组合梁时，翼板厚度 h_{c1} 等于组合板的总厚度减去压型钢板的肋高；h_{c2} 为板托高度，当无托板时，$h_{c2} = 0$。

5. H 型钢组合梁的两阶段设计：

H 型钢组合梁按照混凝土翼板是否参与整体受力划分为两个阶段。第一阶段是施工阶段，在混凝土翼板强度达到 75% 以前，组合梁的自重以及作用在其上的全部施工荷载由钢梁单独承受。第二阶段是使用阶段，当混凝土翼板的强度达到 75% 以后所增加的荷载全部由组合梁承受。

组合梁的受力状态与施工有密切关系。一方面是混凝土未达到强度前，需要对钢梁进行施工阶段验算；另一方面，组合梁的正常使用极限状态验算需要考虑施工方法和顺序的影响，包括变形和裂缝宽度验算。

对于不直接承受动力荷载以及板件宽厚比满足塑性调幅设计法要求的组合梁，当采用塑性调幅设计法时，组合梁的承载力极限状态验算不必考虑施工方法和顺序的影响。而对于其他采用弹性设计方法的组合梁，其承载力极限状态验算也需考虑施工方法和顺序的影响。

1）H型钢组合梁的施工阶段设计

H型钢组合梁的施工阶段是指混凝土翼板强度达到75%强度设计值之前的时间段。此阶段H型钢组合梁的梁板自重与施工活荷载均由H型钢梁或H型钢梁与其临时支撑（当荷载或跨度大时宜设置）承担，应该按一般H型钢钢梁计算其强度、挠度和稳定性，但按弹性计算的钢梁强度和梁的挠度均应留有余地，以防止梁下凹段增加混凝土的用量和自重。

H型钢梁的强度、挠度和稳定性均应按第6章公式进行验算，挠度不应超过25mm。H型钢组合梁的挠度限值见表10.1-1。

H型钢组合梁两阶段设计的挠度限值 [v]　　　　　　　　　　　表 10.1-1

类型	施工阶段钢梁容许挠度	挠度限值
主梁	$L/200$ 且≤25mm	$L/300(L/400)$
其他梁		$L/250(L/300)$

注：1. L为构件计算跨度，计算悬臂构件时，取二倍悬臂长度；
　　2. 挠度限值一栏中括号值是可变荷载标准值产生的挠度允许值；
　　3. 施工阶段按钢梁计算，施工荷载标准值取$1.0\sim1.5kN/m^2$；
　　4. 若构件起拱时，则计算挠度时应扣去起拱值。

2）H型钢组合梁的使用阶段设计

H型钢组合梁的使用阶段是指混凝土翼板强度达到75%强度设计值，结束施工阶段转入组合梁承载阶段。因施工阶段的荷载已由H型钢梁承受，其余使用阶段后加的荷载由H型钢组合梁整体承担。H型钢组合梁的使用阶段设计应符合以下要求：

（1）在验算组合梁的挠度以及按弹性分析方法计算组合梁的截面承载力时，应将第一阶段和第二阶段计算所得的挠度或应力相叠加。对于施工时钢梁下设临时支承的组合梁，应把临时支承点的反力作为反向续加荷载计入。

（2）对于塑性分析，有无临时支承对组合梁的极限受弯承载力均无影响，故在计算极限受弯承载力时，可以不分施工阶段，按组合梁一次承受全部荷载进行计算。

（3）计算可不考虑钢梁的整体稳定。

（4）如果组合梁的设计是变形控制，可考虑将钢梁起拱等措施。

（5）当验算连续组合梁的裂缝宽度时，支座负弯矩值仅考虑使用阶段增加荷载所产生的内力。为了有效控制连续组合梁的负弯矩区裂缝宽度，可以采用优化混凝土板浇筑顺序、合理确定支撑拆除时机等施工措施，降低负弯矩区混凝土板的拉应力，达到理想的抗裂效果。如先浇筑正弯矩区混凝土，待混凝土强度达到75%后，拆除临时支承，然后再浇筑负弯矩区混凝土，此时临时支承点的反力产生的反向续加荷载就无需计入用于验算裂缝宽度的支座负弯矩值。

6. 组合梁进行正常使用极限状态验算时应符合下列要求：

1）组合梁的挠度应按弹性方法进行计算，其刚度采用考虑滑移效应的折减刚度。对于连续组合梁，在距中间支座两侧各$0.15l$（l为梁的跨度）范围内，不应计入受拉区混凝土对刚度的影响，但宜计入翼板有效宽度b_e范围内纵向钢筋的作用。

2）连续组合梁验算负弯矩区段混凝土最大裂缝宽度时，其负弯矩内力可按不考虑混凝土开裂的弹性分析方法计算并进行调幅。

3）对于露天环境下使用的组合梁以及直接受热源辐射作用的组合梁，应考虑温度效应的影响。钢梁和混凝土翼板间的计算温度差应按实际温差考虑，一般可采用10~15℃温差。

4）混凝土收缩产生的内力及变形可按组合梁混凝土板与钢梁之间的温差−15℃计算。

5）考虑混凝土徐变影响时，可将钢与混凝土的弹性模量比放大一倍。

7. 在承载力和变形满足的条件下，H型钢组合梁交界面上抗剪连接件的纵向水平抗剪能力不能保证最大正弯矩截面上受弯承载力充分发挥时，可以按照部分抗剪连接进行设计。用压型钢板做混凝土底模的 H 型钢组合梁，亦宜按照部分抗剪连接 H 型钢组合梁设计。

8. 按规定考虑全截面塑性发展进行 H 型钢组合梁的承载力计算时，钢梁钢材的强度设计值按第 3 章钢材的规定采用，当组成板件的厚度不同时，可统一取用较厚板件的强度设计值。H 型钢组合梁负弯矩区段所配负弯矩钢筋的强度设计值按现行国家标准《混凝土结构设计规范》GB 50010—2010 的有关规定采用。

H 型钢组合梁中的受压区的 H 型钢截面板件宽厚比应满足塑形设计有关钢梁截面板件宽厚比等级的相关规定（表 10.1-2）。

塑性设计的 H 型钢梁截面板件宽厚比等级　　　　　　　　　　表 10.1-2

截面板件宽厚比等级		S1 级（限值）	S2 级（限值）
H 型钢截面	翼缘 b/t	$9\varepsilon_k$	$11\varepsilon_k$
	腹板 h_0/t_w	$65\varepsilon_k$	$72\varepsilon_k$

注：1. ε_k—钢号修正系数，其值为 235 与钢材牌号比值的平方根；
　　2. b—H 形、T 形截面的翼缘外伸宽度；
　　3. t、h_0、t_w—分别是翼缘厚度、腹板净高和腹板厚度。

9. H 型钢组合梁板下一般不设板托；当设有板托时，在 H 型钢组合梁的承载力、挠度和裂缝计算中，亦不考虑板托截面参与工作。

10. 多跨连续 H 型钢组合梁设计构造除与简支 H 型钢组合梁相同者外，尚应符合下述要求：

1）连续 H 型钢组合梁的内力分析一般采用弹性计算法，而截面计算仍可采用塑性设计，其钢梁截面的下翼缘及腹板应符合塑性设计的宽（高）厚比要求（表 10.1-2）。

2）梁支座负弯矩处，受拉混凝土翼板不参加工作，但其有效宽度内的纵向受拉钢筋仍参加截面工作。

11. H 型钢组合梁的挠度应按弹性方法进行计算，并考虑混凝土翼板和钢梁之间的滑移效应对抗弯刚度进行折减。挠度验算应分别按荷载的标准组合和准永久组合进行，两者数值均应满足挠度限值要求。

12. 《钢结构设计标准》GB 50017—2017 新增加了纵向抗剪的内容，采用塑性简化分析方法计算组合梁单位纵向长度内受剪界面上的纵向剪力。

国内外众多试验表明，在剪力连接件集中剪力作用下，组合梁混凝土板可能发生纵向开裂现象，组合梁纵向抗剪能力与混凝土板尺寸及板内横向钢筋的配筋率等因素密切相关，作为组合梁设计最为特殊的一部分，组合梁纵向抗剪验算应引起足够的重视。

13. H 型钢组合梁的材料和设计指标等应符合第 3 章有关规定。抗剪键和压型钢板可按下列规定选用：

1）槽钢连接件采用 [8、[10、[12.6 型号槽钢，钢材一般采用 Q235B 级钢。

2）圆柱头焊（栓）钉连接件的材料宜选用普通碳素钢，其材质性能应符合国家标准《电弧螺柱焊用圆柱头焊钉》GB/T 10433—2002。材料及力学性能见表 10.1-3 的规定。材料性能为 4.8 级，其抗拉强度设计值可采用 $f_s = 215\text{N}/\text{mm}^2$。

圆柱头焊钉材料及机械性能　　　　　　　　　　表 10.1-3

材　料	标　准	机　械　性　能
ML15、ML15Al	《冷镦和冷挤压用钢》GB/T 6478—2015	$\sigma_b \geqslant 400\text{N}/\text{mm}^2$ σ_s 或 $\sigma_{p0.2} \geqslant 320\text{N}/\text{mm}^2$ $\delta_s \geqslant 14\%$

3）当采用压型钢板 H 型钢组合梁时，压型钢板的板厚不小于 0.8mm，其材质应选用 S250、S350 性能级别的结构用钢，材料性能应符合国家标准《连续热镀锌钢板及钢带》GB/T 2518—2008 的要求。

14. 对有防火要求的 H 型钢组合梁，其外露 H 型钢梁部分均应按楼盖耐火时限要求采取防火措施。

同时，其混凝土翼板（迭合板、预应力板等）的厚度及钢筋保护层厚度亦应符合防火要求。对兼作楼板受力钢筋的压型钢板，选用时如有厂家提供其整体耐火时限已满足防火设计的证明文件，此时板下表面可不再做防火处理。

10.1.3 H型钢组合梁的构造

1. H型钢组合梁截面高度不宜超过H型钢梁截面高度的2倍；混凝土板托高度 h_{c2} 不宜超过翼板厚度 h_{c1} 的1.5倍。

2. H型钢组合梁的混凝土板厚度一般采用100、120、140、160mm。对于承受荷载特别大的平台结构和桥梁，其厚度可采用180、200mm或更大值；对于采用压型钢板的组合楼板，压型钢板的凸肋顶面以上的混凝土高度应不小于50mm。

3. 连续H型钢组合梁在中间支座负弯矩区的上部纵向钢筋和分布钢筋，应满足《混凝土结构设计规范》GB 50010—2010的规定。上部钢筋应伸入梁的反弯点，并留有足够的锚固长度或弯钩。

4. H型钢组合梁边梁混凝土翼板的构造图应满足图10.1-3的要求。有托板时，伸出长度不宜小于 h_{c2}；混凝土板无板托时，边梁混凝土翼板应满足伸出钢梁中心线不小于150mm，伸出钢梁翼缘不小于50mm的要求。

5. H型钢组合梁板托构造见图10.1-4，板托的外形尺寸应符合以下规定：

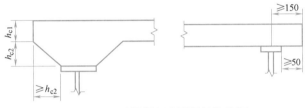

图10.1-3 边梁混凝土翼板的构造图

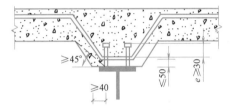

图10.1-4 板托的构造

1）板托边至连接件外侧的距离不得小于40mm。

2）板托外形轮廓应在连接件根部起的45°角线的界限以外。

3）板托中横向钢筋下部水平钢筋水平段距钢梁上翼缘应小于50mm。

6. 抗剪连接件构造应遵守以下规定：

1）抗剪件顶面的混凝土保护层不应小于15mm。

2）圆柱头焊钉连接件钉头下表面或槽钢连接件上翼缘下表面高出翼板底部钢筋顶面 h_{e0} 不宜小于30mm。

3）连接件沿梁跨度方向的最大间距不应大于混凝土翼板（包括板托）厚度的3倍，且不大于300mm；连接件的外侧边缘与钢梁翼缘边缘之间的距离不应小于20mm；连接件的外侧边缘至混凝土翼板边缘间的距离不应小于100mm。

4）圆柱头栓钉的直径可在8、10、13、16、19及22mm六种中选用。栓钉长度不应小于 $4d$，沿梁轴线方向的间距不应小于 $6d$，垂直梁轴线方向的间距不应小于 $4d$，d 为栓钉杆直径。

5）当栓钉位置不正对钢梁腹板时，焊于钢梁受拉缘的栓钉直径，不得大于梁翼缘板厚度的1.5倍；而焊于无拉应力部位的栓钉直径，不得大于翼缘板厚度的2.5倍。

6）用压型钢板做底模的H型钢组合梁（图10.1-5），栓钉直径不宜大于19mm；混凝土凸肋宽度不应小于栓钉直径的2.5倍；栓钉高度 h_d 应符合 $h_d \geqslant (h_e+30)$ 的要求，h_e 为混凝土凸肋高度。

7）槽钢连接件一般采用Q235钢的小型号轧制槽钢，不宜大于[12.6，一般可在[8、[10、[12、[12.6几种型号中选用。

图10.1-5 用压型钢板做混凝土翼板底模的组合梁截面

8) 开孔板连接件的构造应符合《钢-混凝土组合桥梁设计规范》GB 50917—2013 的有关规定。

7. 横向钢筋应满足如下构造要求：

1) 横向钢筋的间距不应大于 $4h_{e0}$，且不应大于 $200mm$，h_{e0} 为圆柱头焊钉连接件钉头下表面或槽钢连接件上翼缘下表面高出翼板底部钢筋顶面。

2) 板托中应配 U 形横向钢筋加强。板托中横向钢筋的下部水平段应该设置在距钢梁上翼缘 $50mm$ 的范围以内。

8. H 型钢梁顶面不得涂刷油漆，在浇灌（或安装）混凝土翼板以前，应妥善保护表面，浇灌前应清除铁锈、焊渣、冰层、积雪、泥土和其他杂物，以保证接触面处于良好工作状态。

10.1.4　H型钢组合梁的荷载组合和内力调整

1. 作用于 H 型钢组合梁上的荷载及作用

1) 永久荷载

永久荷载包括楼板及 H 型钢梁自重、面层自重、固定设备重量等，对有地热构造的楼盖，应计入其水管、填充层与面层重量。永久荷载的分项系数一般可采用 1.3。

2) 可变荷载

可变荷载指雪荷载、积灰荷载、施工荷载、风荷载、楼面活荷载及运输设备活荷载、温度作用等，活荷载的分项系数一般可采用 1.5。

3) 地震作用

对 8、9 度抗震设防地区内跨度较大的 H 型钢组合梁及悬臂 H 型钢组合梁，应按《建筑抗震计规范》GB 50011—2010 有关规定，考虑竖向地震作用组合的验算。

2. 荷载组合

荷载按照《建筑结构荷载规范》GB 50009—2012 进行组合。

1) 施工阶段

在施工阶段，H 型钢梁为承载构件。

(1) 按承载能力极限状态进行验算时取下列组合：

$$1.30 \times（楼板＋钢梁）自重＋1.5 \times 施工荷载$$

(2) 按正常使用极限状态进行验算时取下列组合：

$$（楼板＋钢梁）自重＋施工荷载$$

2) 使用阶段

在 H 型钢组合梁是整个 H 型钢组合梁截面为承载构件，考虑全截面塑性发展。

(1) 按承载能力极限状态进行验算时取下列组合：

$$1.30 \times 永久荷载＋1.4 \times 主要竖向可变荷载＋\sum_{i=2}^{n} 1.5 \times 组合值系数 \times 竖向可变荷载$$

(2) 按正常使用极限状态对变形验算按下列组合计算值尚应考虑施工阶段的影响：

① 标准组合：

$$永久荷载＋主要竖向可变荷载＋\sum_{i=2}^{n} 组合值系数 \times 竖向可变荷载$$

② 准永久组合：

$$永久荷载＋\sum_{i=1}^{n} 准永久值系数 \times 竖向可变荷载$$

③ 按正常使用极限状态对裂缝验算，分别按标准和准永久组合进行计算。

(3) 按承载能力极限状态对包括地震影响的组合：

$$1.3 \times 重力荷载代表值效应＋1.3 \times 竖向地震作用标准值的效应$$

3. H 型钢组合梁内力调整

当 H 型钢组合梁采用弹性分析计算内力时，考虑塑性发展的内力调幅系数不宜超过 30%。

1）在 H 型钢组合梁计算截面承载力时，可以弯矩调幅设计法。在不同的规范中对调幅系数的规定有所不同，但不宜超过 30%。

（1）《钢结构设计标准》GB 50017—2017 给出组合梁考虑塑性发展的内力调幅系数幅度见表 10.1-4，内力调幅系数不宜超过 20%。

（2）《组合结构设计规范》JGJ 138—2016 的规定，内力调幅系数不宜超过 30%。

钢-混凝土组合梁调幅幅度   表 10.1-4

梁分析模型	调幅幅度	梁截面等级	挠度增大系数	侧移增大系数
变截面模型	5%	S1 级	1	1
	10%	S1 级	1.05	1.05
等截面模型	15%	S1 级	1	1
	20%	S1 级	1	1.05

2）当 H 型钢截面板件宽厚比不能满足表 10.1-2 的要求时，组合梁应按照弹性设计方法。参考欧洲组合结构设计规范的有关条文，满足下列条件仍可采用塑性方法进行设计。当组合梁受压上翼缘不符合塑性设计要求的板件宽厚比限值，但连接件最大间距满足如下要求时，仍能采用塑性方法进行设计：

（1）当混凝土板沿全长和组合梁接触（如现浇楼板）时：连接件最大间距不大于 $22t_f\varepsilon_k$，ε_k 为钢号修正系数，t_f 为钢梁受压上翼缘厚度；

（2）当混凝土板和组合梁部分接触（如压型钢板横肋垂直于钢梁）时：连接件最大间距不大于 $15t_f\varepsilon_k$；

（3）连接件的外侧边缘与钢梁翼缘边缘之间的距离不大于 $9t_f\varepsilon_k$。

10.1.5 H 型钢组合梁的施工阶段设计计算

H 型钢组合梁在施工阶段荷载均由钢梁承受，需要进行 H 型钢梁的强度、挠度和稳定性的验算。当采用压型钢板的组合楼板时，尚应进行压型钢板的强度与变形验算。

1. H 型钢梁的强度和稳定

1）H 型钢梁的强度均可参照第 6 章的有关公式计算。

2）施工阶段的荷载除 H 型钢梁、压型钢板及混凝土板自重外，尚应考虑施工活荷载，其值不宜小于 1.5kN/m^2。

3）当在设计图中要求，安装时采用压型板或临时支撑等方法保证受压翼缘的稳定时，可不验算梁的整体稳定。

2. H 型钢挠度验算

1）在 H 型钢组合梁的施工阶段，楼板混凝土材料重量、施工活荷载和其自重应由钢梁承受。

2）根据有无支撑的情况，计算其钢梁的挠度。无支撑的钢梁跨中最大挠度按公式（10.1-2）计算其挠度 υ_{s1}：

$$\upsilon_{s1}=\frac{5g_{sk}l^4}{384E_sI_s}\leqslant[\upsilon] \tag{10.1-2}$$

式中 g_{sk}——混凝土材料重量、施工活荷载和钢梁自重的标准值（N/mm²）；

      l——钢梁有效跨度（mm）；

    E_s、I_s——钢的弹性模量及钢梁毛截面惯性矩（N/mm²、mm⁴）；

    $[\upsilon]$——受弯构件挠度限值（mm）。

3. 压型钢板的强度与变形验算

当采用压型钢板的组合楼板时，尚应进行压型钢板的强度与变形验算，计算可参照《组合楼板设计与施工规程》CECS 273：2010 进行。此时，压型钢板的挠度宜小于 $L/200$（L 为板的跨度）并不大于 20mm。

10.1.6 H型钢组合梁使用阶段的计算

H型钢组合梁使用阶段需要计算组合梁截面的承载力、挠度和混凝土裂缝，同时要考虑组合梁的整体稳定。

1. 计算的基本假定

1) 混凝土与钢梁有可靠的抗剪连接。

2) 位于塑性中和轴一侧的受拉混凝土因开裂不参加工作。

3) 混凝土受压区为均匀受压，并达到抗压强度设计值 f_c。

4) 钢梁受压区为均匀受压，钢梁的受拉区为均匀受拉，并分别达到抗压及抗拉强度的设计值 f。

5) 全部剪力均由钢梁腹板承担。

2. H型钢组合梁的截面承载力计算

H型钢组合梁是通过抗剪连接件的承载力实现钢梁和混凝土板共同工作的，组合梁的承载力与抗剪连接件密切相关。因此，H型钢组合梁根据抗剪连接件情况分为完全抗剪连接组合梁和部分抗剪连接组合梁。

H型钢组合梁属于受弯构件，需要验算截面的受弯承载力和受剪承载力。

1) 完全抗剪连接组合梁的截面受弯承载力

完全抗剪连接组合梁是指抗剪件的承载能力完全可传递钢梁与混凝土板之间因充分发挥 H 型钢组合梁截面的抗弯能力所产生的弯曲剪力。组合梁设计可以按简单塑性理论形成塑性铰的假定来计算组合梁的受弯承载力。抗剪件连接件的数量及布置满足有关连接件计算中的要求。

受弯承载力根据截面受力弯矩不同分为正弯矩作用区段和负弯矩作用区段的两种截面承载力计算。

（1）正弯矩作用区段的截面受弯承载力

完全抗剪连接 H 型钢组合梁正弯矩区段的截面承载力按表 10.1-5 中公式（10.1-3）和式（10.1-6）进行计算，其截面及应力图形见图 10.1-6。

完全抗剪连接的 H 型钢组合梁正弯矩区段截面承载力计算公式　　　　　　表 10.1-5

类型	中和轴位置	受弯承载力	说 明
完全抗剪连接	塑性中和轴在混凝土翼板内 （当 $Af \leqslant b_e h_{c1} f_c$ 时）	$M \leqslant b_e x f_c y$ （10.1-3）	$x = Af/(b_e f_c)$ （10.1-4）
	塑性中和轴在钢梁截面内 （当 $Af > b_e h_{c1} f_c$ 时）	$M \leqslant b_e h_{c1} f_c y_1 + A_c f y_2$ （10.1-5）	$A_C = 0.5(A - b_e h_{c1} f_c/f)$ （10.1-6）

注：1. M—正弯矩设计值（N·mm）；

　　2. A—钢梁的截面面积（mm²）；

　　3. f—钢材的抗拉、抗压和抗弯强度设计值（N/mm²）；

　　4. x—混凝土翼板受压区高度（mm）；

　　5. y—钢梁截面应力的合力至混凝土受压区截面应力的合力间的距离（mm）；

　　6. f_c—混凝土抗压强度设计值（N/mm²）；

　　7. A_c—钢梁受压区截面面积（mm²）；

　　8. y_1—钢梁受拉区截面形心至混凝土翼板受压区截面形心的距离（mm）；

　　9. y_2—钢梁受拉区截面应力的合力至钢梁受压区截面形心的距离（mm）。

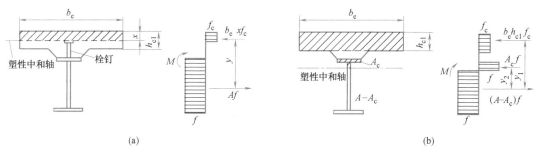

图 10.1-6 完全抗剪连接组合梁正弯矩区段的截面及应力图形

（a）塑性中和轴在混凝土翼板；（b）塑性中和轴在钢梁

（2）负弯矩作用区段的截面受弯承载力

完全抗剪连接 H 型钢组合梁负弯矩区段的截面承载力按公式（10.1-7）～式（10.1-9）计算，其截面及应力图形见图 10.1-7。

$$M' \leqslant M_s + A_{st} f_{st} (y_3 + y_4/2)$$
(10.1-7)

$$M_s = (S_1 + S_2) f$$
(10.1-8)

$$f_{st} A_{st} + f(A - A_c) = f A_c$$
(10.1-9)

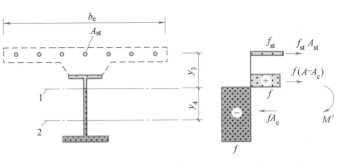

图 10.1-7 完全抗剪连接组合梁负弯矩作用时截面及应力图形
1—组合截面塑性中和轴；2—钢梁截面塑性中和轴

式中　M'——负弯矩设计值（N·mm）；

S_1，S_2——钢梁塑性中和轴（平分钢梁截面积的轴线）以上和以下截面对该轴的面积矩（mm³）；

A_{st}——负弯矩区混凝土翼板有效宽度范围内的纵向钢筋截面面积（mm²）；

f_{st}——钢筋抗拉强度设计值（N/mm²）；

y_3——纵向钢筋截面形心至组合梁塑性中和轴的距离，根据截面轴力平衡式（10.1-8）求出钢梁受压区面积 A_c，取钢梁拉压区交界处位置为组合梁塑性中和轴位置（mm）；

y_4——组合梁塑性中和轴至钢梁塑性中和轴的距离；当组合梁塑性中和轴在钢梁腹板内时，取 $y_4 = A_{st} f_{st}/(2t_w f)$；当该中和轴在钢梁翼缘内时，可取 y_4 等于钢梁塑性中和轴至腹板上边缘的距离（mm）。

2）部分抗剪连接组合梁的截面受弯承载力

当 H 型钢组合梁的抗剪连接件布置因构造等原因不足以承受组合梁剪跨区段内总的纵向水平剪力时，可采用部分抗剪连接设计法。

为了保证部分抗剪连接组合梁的受弯承载力有较好的工作性能，在任一剪跨区段内，部分抗剪连接是连接件的数量不得少于按完全抗剪连接设计时该剪跨区段计算所需数量的一半。否则，将按钢梁计算，不考虑组合作用。

（1）正弯矩作用区段的截面受弯承载力

部分抗剪连接 H 型钢组合梁正弯矩区段的截面承载力按公式（10.1-10）～式（10.1-12）进行计算，其截面及应力图形见图 10.1-8。

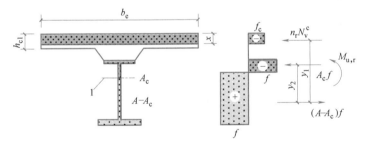

图 10.1-8 部分抗剪连接 H 型钢组合梁截面和应力图形
1—组合梁塑性中和轴

$$M_{u,r} = n_r N_v^c y_1 + 0.5(Af - n_r N_v^c) y_2$$
(10.1-10)

$$x = n_r N_v^c /(b_e f_c)$$
(10.1-11)

$$A_c = (Af - n_r N_v^c)/(2f)$$
(10.1-12)

式中　$M_{u,r}$——部分抗剪连接时组合梁截面正弯矩受弯承载力（N·mm）；

n_r——部分抗剪连接时最大正（负）弯矩验算截面到最近零弯矩点之间的抗剪连接件数目；

N_v^c——部分抗剪连接的纵向抗剪承载力，按间距抗剪连接件的有关公式计算（N）；

y_1、y_2——如图 10.1-8 所示，可按式（10.1-12）所示的轴力平衡关系式确定受压钢梁的面积 A_c，进而确定组合梁塑性中和轴的位置。

（2）负弯矩作用区段的截面受弯承载力

计算公式仍采用完全抗剪连接 H 型钢组合梁负弯矩区段的截面承载力公式（10.1-7）～式（10.1-9），但 $A_{st} f_{st} = \min(A_{st} f_{st}, n_r N_v^c)$，$n_r$ 取为最大负弯矩验算截面到最近零弯矩点之间的抗剪连接件数目。

（3）截面受剪承载力

H 型钢组合梁的受剪承载力应按公式（10.1-13）试验研究表明，H 型钢组合梁全部剪力均由钢梁腹板承担是偏于安全的，混凝土翼板的抗剪作用也较大。

$$V \leqslant h_w t_w f_v \tag{10.1-13}$$

式中　V——H 型钢组合梁所受的剪力（N）；

h_w、t_w——钢梁腹板高度和厚度（mm）；

f_v——钢材抗剪强度设计值（N/mm²）。

3. H 型钢组合梁的整体稳定性要求

1）当 H 型钢组合梁的混凝土翼板为整个楼盖中的一部分时，如 H 型钢梁的受压翼缘与混凝土板以抗剪连接件连接，且其连接构造符合本章的要求时，要满足 H 型梁整体稳定性的要求。

2）连续 H 型钢组合梁的负弯矩区段钢梁下翼缘应与相关次梁以侧向支撑相连接，其受压钢梁下翼缘支承点间距离不应大于 $16B_s$（B_s 为受压翼缘宽度）。

3）施工阶段应设 H 型钢梁临时侧向支撑以满足施工阶段钢梁的稳定性要求。

4. H 型钢组合梁的挠度验算

1）H 型钢组合梁的挠度一般取荷载标准组合和准永久组合分别进行验算。此时，应将 H 型钢组合梁整体截面折算为钢梁截面后计算其刚度（图 10.1-9）。折算方法为将翼缘有效宽度换算为等效钢板宽度，即对标准组合取 b_e/α，对准永久组合取 $b_e/2\alpha$，α 为钢材与混凝土弹性模量之比，$\alpha = E_S/E_C$。

2）H 型钢组合梁的挠度应按公式（10.1-14）组合验算：

$$\text{Max} \begin{Bmatrix} v_I + v_S \\ v_I + v_L \end{Bmatrix} \leqslant [v] \tag{10.1-14}$$

式中　v_I——钢梁未加临时支承在施工阶段由 H 型钢组合梁及板自重产生的挠度（mm），当钢梁下设有临时支撑时，则取 $v_I = 0$；

v_S——按荷载标准组合取 b_e/α 折算 H 型钢组合梁截面后的挠度（mm）；

v_L——按荷载准永久组合取 $b_e/2\alpha$ 折算 H 型钢组合梁截面后的挠度（mm）；

$[v]$——H 型钢组合梁容许挠度限值（mm）。

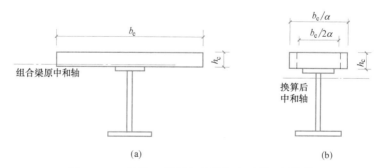

图 10.1-9　计算 H 型钢组合梁挠度时截面的换算

（a）原 H 型钢组合梁截面；（b）计算挠度用截面图

3）H 型钢组合梁的挠度计算可按结构力学公式进行，计算梁的刚度应采用考虑滑移效应的折减刚度 B，B 可按公式（10.1-15）确定。

$$B = \frac{EI_{eq}}{1 + \zeta} \tag{10.1-15}$$

式中　E——钢梁的弹性模量（N/mm²）；

I_{eq}——H 型钢组合梁的换算截面惯性矩，对压型钢板与钢梁及混凝土 H 型钢组合梁，不计入压型钢板的作用（mm⁴）；

ζ——刚度折减系数，按公式（10.1-14）～式（10.1-19）计算（当 $\zeta \leqslant 0$ 时，取 $\zeta = 0$）。

$$\zeta = \eta \left[0.4 - \frac{3}{(jl)^2} \right] \tag{10.1-16}$$

$$\eta = \frac{36Ed_c pA_0}{n_s khl^2} \tag{10.1-17}$$

$$j = 0.81 \sqrt{\frac{n_s N_v^c A_1}{EI_0 p}} \quad (\text{mm}^{-1}) \tag{10.1-18}$$

$$A_0 = \frac{A_{Cf}A}{\alpha_E A + A_{Cf}} \tag{10.1-19}$$

$$A_1 = \frac{I_0 + A_0 d_c^2}{A_0} \tag{10.1-20}$$

$$I_0 = I + \frac{I_{Cf}}{\alpha_E} \tag{10.1-21}$$

式中 A_{Cf}——混凝土翼板截面面积；对压型钢板混凝土组合板的翼板，取其较弱截面的面积，且不考虑压型钢板（mm^2）；

I——钢梁截面惯性矩（mm^4）；

I_{Cf}——混凝土翼板的截面惯性矩（mm^4）；对压型钢板混凝土 H 型钢组合梁的翼板，取其较弱截面惯性矩，且不考虑压型钢板；

d_c——钢梁截面形心到混凝土翼板截面（对压型钢板混凝土组合板为其较弱截面）形心的距离（mm）；

h——H 型钢组合梁截面高度（mm）；

l——H 型钢组合梁的跨度（mm）；

k——抗剪连接件刚度系数（N/mm），$k = N_v^c$；

p——抗剪连接件的纵向平均间距（mm）；

n_s——抗剪连接件在一根梁上的列数；

$\alpha_E(2\alpha_E)$——钢材与混凝土弹性模量的比值，可按表 10.1-6 取用；当按荷载效应的准永久组合进行计算时，此值取 $2\alpha_E$。

钢与混凝土弹性模量比值 α_E　　　　　　　　　　　　表 10.1-6

混凝土强度等级	C20	C25	C30	C35	C40	C45	C50	C55	C60
钢弹性模量 E（10^4 N·mm^{-2}）	20.6								
混凝土弹性模量 E_C（10^4 N·mm^{-2}）	2.55	2.80	3.00	3.15	3.25	3.35	3.45	3.55	3.60
弹性模量比 α_E	8.08	7.36	6.87	6.54	6.34	6.15	5.97	5.80	5.72

4）当采用手工计算时，则可用表 10.1-7 的变形计算和支座节点的平衡方程解联立方程求得。

5）连续 H 型钢组合梁一般可不验算挠度，当梁跨度或荷载很大有必要验算时，可按下述规定计算：

（1）连续 H 型钢组合梁的挠度应按变刚度梁计算，其跨中正弯矩区段的截面刚度按公式（10.1-15）计算。

（2）连续 H 型钢组合梁计算跨中最大挠度时，宜考虑各跨活荷载的不利分布。

5. H 型钢组合梁混凝土裂缝验算

1）连续 H 型钢组合梁在负弯矩区段截面的混凝土的裂缝宽度需要进行验算。在正常使用极限状态下考虑长期作用影响的最大裂缝宽度 ω_{max} 应按现行国家标准《混凝土结构设计规范》GB 50010—2010 的规定按轴心受拉构件进行计算，其值不得大于《混凝土结构设计规范》GB 50010—2010 所规定的限值。

单跨变截面梁变形位计算公式

表 10.1-7

荷载 / 截面形式	M_A 荷载	q 均布荷载	P 集中荷载
两端变截面	$\theta_A = \dfrac{M_\lambda}{3EI}[1+0.389(\alpha-1)]$ $\theta_B = \dfrac{M_\lambda}{6EI}[1+0.122(\alpha-1)]$ $v = \dfrac{M_\lambda l^2}{24EI}[1+0.135(\alpha-1)]$	$\theta_A = \dfrac{ql^3}{24EI}[1+0.122(\alpha-1)]$ $\theta_B = \theta_A$ $v = \dfrac{5ql^4}{384EI}[1+0.038(\alpha-1)]$	$\theta_A = \dfrac{Pl^2}{9EI}[1+0.101(\alpha-1)]$ $\theta_B = \theta_A$ $v = \dfrac{23Pl^3}{648EI}[1+0.032(\alpha-1)]$
一端变截面	$\theta_A = \dfrac{M_\lambda}{3EI}[1+0.386(\alpha-1)]$ $\theta_B = \dfrac{M_\lambda}{6EI}[1+0.061(\alpha-1)]$ $v = \dfrac{M_\lambda l^2}{24EI}[1+0.122(\alpha-1)]$	$\theta_A = \dfrac{ql^3}{24EI}[1+0.110(\alpha-1)]$ $\theta_B = \dfrac{ql^3}{24EI}[1+0.014(\alpha-1)]$ $v = \dfrac{5ql^4}{384EI}[1+0.019(\alpha-1)]$	$\theta_A = \dfrac{Pl^2}{9EI}[1+0.091(\alpha-1)]$ $\theta_B = \dfrac{Pl^2}{9EI}[1+0.010(\alpha-1)]$ $v = \dfrac{23Pl^3}{648EI}[1+0.016(\alpha-1)]$

注：表中 a 为跨中截面刚度与支座截面刚度之比。

2）连续 H 型钢组合梁混凝土翼板的最大裂缝宽度 ω_{max} 按式（10.1-22）计算：

$$\omega_{max} = \alpha_{cr}\psi\frac{\sigma_N}{E_s}\left(1.9c_s + 0.08\frac{d_{eq}}{\rho_{te}}\right) \tag{10.1-22}$$

$$\psi = 1.1 - 0.65\frac{f_{tk}}{\rho_{te}\sigma_{sk}} \tag{10.1-23}$$

$$d_{eq} = \frac{\sum n_i d_i^2}{\sum n_i \nu_i d_i} \tag{10.1-24}$$

$$\rho_{te} = \frac{A_{st}}{A_{te}} \tag{10.1-25}$$

式中 α_{cr}——构件受力特征系数，按轴心受拉构件 2.7 取用；

ψ——裂缝间纵向受拉钢筋应变不均匀系数；当 $\psi < 0.2$ 时，取 $\psi = 0.2$；当 $\psi > 1$ 时，取 $\psi = 1$；

σ_{sk}——按荷载准永久组合计算的钢筋混凝土构件纵向受拉钢筋的应力；

$$\sigma_{sk} = \frac{M_k y_{st}}{I_{st}} \tag{10.1-26}$$

$$M_k = M_e(1-\alpha_r) \tag{10.1-27}$$

M_k——钢与混凝土形成组合截面之后，考虑了弯矩调幅的标准荷载作用下支座截面负弯矩组合值，对于悬臂组合梁，式（10.1-27）中的 M_k 应根据平衡条件计算得到；

y_{st}——钢筋截面重心至钢梁与钢筋组合截面中和轴的距离；

I_{st}——包括混凝土翼板中钢筋与钢梁形成组合截面的惯性矩，不考虑受拉混凝土截面；

M_e——钢与混凝土形成组合截面之后，标准荷载作用下按照未开裂模型进行弹性计算得到的连续组合梁中支座负弯矩值；

α_r——正常使用极限状态连续组合梁中支座负弯矩调幅系数，其取值不宜超过 15%；

E_s——H 型钢组合梁内钢筋弹性模量；

c_s——最外层纵向受拉钢筋外边缘至翼板外边的距离（mm）；当 $c_s < 20$，取 $c_s = 20$；当 $c_s > 65$，取 $c_s = 65$；

ρ_{te}——按有效受拉混凝土截面面积计算的纵向受拉钢筋配筋率，当 $\rho_{te} < 0.01$ 时，取 $\rho_{te} = 0.01$；

A_{st}——受拉区纵向钢筋截面面积（mm²）；

A_{te}——混凝土有效受拉截面面积（mm²）；

d_{eq}——受拉区纵向钢筋的等效直径（mm）；

d_i——受拉区第 i 种纵向钢筋的公称直径（mm）；

n_i——受拉区第 i 种纵向钢筋的根数；

v_i——受拉区第 i 种纵向钢筋的相对黏结特性系数，光面钢筋取 0.7，带肋钢筋取 1.0。

3）混凝土裂缝宽度应满足公式（10.1-28）要求：

$$\omega \leqslant [\omega]_{max} \tag{10.1-28}$$

式中　$[\omega]$——最大裂缝宽度限值，一般为 0.3mm（一类环境）或 0.2mm（非一类环境），环境类别分类见表 10.1-8。

混凝土结构的环境类型　　　　　　　　　表 10.1-8

环境类别	条　件
一	室内干燥环境； 无侵蚀性静水浸没环境
二 a	室内潮湿环境； 非严寒和非寒冷地区的露天环境； 非严寒和非寒冷地区与无侵蚀性的水或土壤直接接触的环境； 严寒和寒冷地区的冰冻线以下与无侵蚀性的水或土壤直接接触的环境
二 b	干湿交替环境； 水位频繁变动环境； 严寒和寒冷地区的露天环境； 严寒和寒冷地区冰冻线以上与无侵蚀性的水或土壤直接接触的环境
三 a	严寒和寒冷地区冬季水位变动区环境； 受除冰盐影响环境； 海风环境
三 b	盐渍土环境； 受除冰盐作用环境； 海岸环境
四	海水环境
五	受人为或自然的侵蚀性物质影响的环境

注：1. 室内潮湿环境是指构件表面经常处于结露或湿润状态的环境；

2. 严寒和寒冷地区的划分应符合现行国家标准《民用建筑热工设计规范》GB 50176 的有关规定；

3. 海岸环境和海风环境宜根据当地情况，考虑主导风向及结构所处迎风、背风部位等因素的影响，由调查研究和工程经验确定；

4. 受除冰盐影响环境是指受到除冰盐盐雾影响的环境；受除冰盐作用环境是指被除冰盐溶液溅射的环境以及使用除冰盐地区的洗车房、停车楼等建筑；

5. 暴露的环境是指混凝土结构表面所处的环境。

10.1.7　H型钢组合梁中抗剪连接件计算

1. 抗剪连接件的类型

H 型钢组合梁的抗剪连接件宜采用圆柱头焊钉，也可以采用槽钢。抗剪连接件类型见图 10.1-10。目前应用最广泛的抗剪连接件为圆柱头焊钉连接件，在没有条件使用焊钉连接件的地区，可以采用槽钢连接件代替。

2. 抗剪连接件的受剪承载力设计值

1）单个抗剪连接件受剪承载力设计

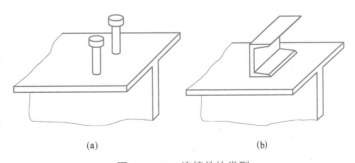

图 10.1-10　连接件的类型

（a）圆柱头焊钉连接件；（b）槽钢连接件

值 N_V^C 的计算公式见表 10.1-9。位于负弯矩区段的抗剪连接件，其受剪承载力设计值应乘以折减系数 0.9。

连接件受剪承载力设计值 N_V^C 计算公式　　　　　　　　　　表 10.1-9

连接件	计 算 公 式	符 号
栓钉	$$N_V^C=0.43A_s\sqrt{E_cf_c}\leqslant0.7A_sf_u \quad (10.1\text{-}29)$$ 当采用压型钢板 H 型钢组合梁时，N_V^C 应乘以折减系数 β_V 后取用。 肋与钢梁平行的组合梁截面 (1)压型钢板的肋平行与 H 型钢组合梁截面且 $b_w/h_e<1.5$ 时： $$\beta_v=0.6\frac{b_w}{h_e}\left(\frac{h_d-h_e}{h_e}\right)\leqslant1 \quad (10.1\text{-}30)$$ 肋与钢梁垂直的组合梁截面　　　压型钢板组合截面 (2)当压型钢板肋垂直于钢梁布置时： $$\beta_v=\frac{0.85}{\sqrt{n_0}}\frac{b_w}{h_e}\left(\frac{h_d-h_e}{h_e}\right)\leqslant1 \quad (10.1\text{-}31)$$	E_c——混凝土的弹性模量； A_s——圆柱头焊钉钉杆截面面积； f_u——圆柱头焊钉极限抗拉强度设计值，需满足《电弧螺柱焊用圆柱头焊钉》GB/T 10433 的要求； b_w——混凝土凸肋的平均宽度，当肋的上部宽度小于下部宽度时，改用上部宽度； h_e——混凝土凸肋高度； h_d——栓钉高度； n_0——在梁某截面处一个肋中布置的栓钉数，当多于3个时，按3个计算
槽钢	$$N_V^C=0.26(t+0.5t_w)l_c\sqrt{E_cf_c} \quad (10.1\text{-}32)$$	t——槽钢翼缘的平均厚度； t_w——槽钢腹板的厚度； l_c——槽钢的长度
开孔板连接件	$$N_V^C=2\alpha\left(\frac{\pi}{4}d_1^2-\frac{\pi}{4}d_2^2\right)f_{td}+2\cdot\frac{\pi}{4}d_2^2\cdot f_{vd} \quad (10.1\text{-}33)$$	d_1——开孔直径(mm)； d_2——横向贯通钢筋直径(mm)； f_{td}——混凝土轴心抗拉强度设计值(MPa)； f_{vd}——钢筋抗剪强度设计值(MPa)，按式 $f_{vd}=0.577f_{sd}$ 计算，f_{sd} 为钢筋抗拉强度设计值(MPa)； α——提高系数，取 6.1

注：槽钢连接件通过肢尖、肢背两条通长角焊缝与钢梁连接，角焊缝按承受该连接件的受剪承载力设计值 N_V^C 进行计算。

2）栓钉和槽钢连接件的单个受剪承载力设计值 N_V^C 见表 10.1-10、表 10.1-11。

3. 连接件的计算与配置

根据试验研究的结论，焊钉等柔性抗剪连接件具有很好的剪力重分布能力，没有必要按照剪力图布置连接件，这给设计和施工带来了极大的方便。原来以最大正、负弯矩以及零弯矩截面为界限，把组合梁分为若干剪跨区段，然后按每个剪跨区段均匀布置，这样施工不便，也没有充分发挥柔性抗剪件良好的剪力重分布能力。现在进一步合并剪跨区段，以最大弯矩点和支座为界限划分区段，每个区段内均匀布置连接件，计算时应注意在各区段内混凝土翼板隔离体的平衡。改变以前按照剪力图计算连接件的方法。

单个栓钉的受剪承载力设计值 N_V^C 表 10.1-10

直径 (mm)	截面面积 A_S (mm²)	混凝土强度等级	一个 4.6 级焊钉受剪承载力设计值(kN)	
			$0.7A_s f_u$	$0.43A_s\sqrt{E_C f_c}$
8	50.3	C20	14.2	10.7
		C30		13.7
		C40		16.4
10	78.5	C20	22.1	16.7
		C30		21.4
		C40		25.6
13	132.7	C20	37.3	28.2
		C30		36.1
		C40		43.2
16	201.1	C20	56.6	42.8
		C30		54.7
		C40		65.5
19	283.5	C20	79.8	60.3
		C30		77.1
		C40		92.3
22	380.1	C20	107.0	80.9
		C30		103.4
		C40		123.7

注：f_u 为圆柱头焊钉极限抗拉强度设计值，取 402N/mm²。

单个槽钢的受剪承载力设计值 N_V^C 表 10.1-11

槽钢型号	混凝土强度等级	一个槽钢的受剪设计承载力设计值(kN)
6.3	C20	127.4
	C30	168.8
	C40	202.3
8	C20	135.2
	C30	178.6
	C40	214.2
10	C20	143.1
	C30	189.3
	C40	228.0
12	C20	150.29
12.6	C30	200.1
	C40	239.8

1) 当采用柔性抗剪连接件时，H 型钢组合梁上的翼板与钢梁界面上的抗剪连接件的计算应以弯矩绝对值最大点及支座为界限，划分为若干个区段（图 10.1-11），逐段进行布置。每个剪跨区段内钢梁与混凝土翼板交界面的纵向剪力 V_s 按公式（10.1-34）和式（10.1-35）确定。

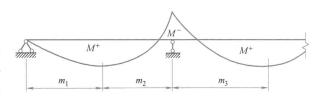

图 10.1-11　连续跨剪跨区划分图

(1) 正弯矩最大点到边支座区段，即 m_1 区段：

$$V_s = \min\{Af, b_e h_{c1} f_c\} \tag{10.1-34}$$

(2) 正弯矩最大点到中支座（负弯矩最大点）区段，即 m_2 和 m_3 区段：

$$V_s = \min\{Af, b_e h_{c1} f_c\} + A_{st} f_{st} \tag{10.1-35}$$

2）每个剪跨区段内需要的连接件总数 n_f 的计算：

按照完全抗剪连接组合梁设计连接件时，每个剪跨区段所需的抗剪连接件的总数 n_f 按公式（10.1-36）计算。

$$n_f = V_s / N_V^C \qquad (10.1\text{-}36)$$

3）抗剪连接件的配置：

H 型钢组合梁的抗剪连接件的配置要根据 H 型钢的截面情况进行配置。

（1）按完全抗剪连接 H 型钢组合梁，其连接件的实配数量可以满足公式（10.1-36）总数 n_f 的要求。

（2）由于构造等原因 H 型钢组合梁上连接件的实配数量并不能满足公式（10.1-36）总数 n_f 的要求，可以按照部分抗剪连接 H 型钢组合梁设计，但是其连接件的实配个数不得少于计算所需个数 n_f 的 50%。

（3）按公式（10.1-36）计算所需的连接件数量，可在对应的剪跨区段内均匀布置。当在此剪跨区段内有较大集中荷载作用时，应将连接件个数 n_f 按剪力图面积比例分配后再各自均匀布置。

10.1.8 H 型钢组合梁纵向抗剪计算

1. 组合梁板托及翼缘板纵向受剪承载力验算时，应分别验算图 10.1-12 所示的纵向受剪界面 a-a、b-b、c-c 及 d-d。

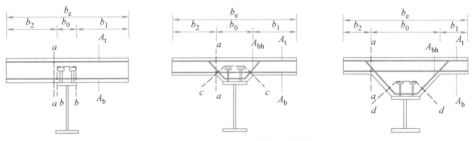

图 10.1-12 混凝土板纵向受剪界面

A_t—混凝土板顶部附近单位长度内钢筋面积的总和（mm^2/mm），包括混凝土板内抗弯和构造钢筋；

A_b、A_{bh}—分别为混凝土板底部、承托底部单位长度内钢筋面积的总和（mm^2/mm）。

2. 单位纵向长度内受剪界面上的纵向剪力设计值应按公式（10.1-37）和式（10.1-38）计算：

1）单位纵向长度上 b-b、c-c 及 d-d 受剪界面（图 10.1-12）的计算纵向剪力为：

$$v_{l,1} = \frac{V_s}{m_i} \qquad (10.1\text{-}37)$$

2）单位纵向长度上 a—a 受剪界面（图 10.1-12）的计算纵向剪力为：

$$v_{l,1} = \max\left(\frac{V_s}{m_i} \times \frac{b_1}{b_e}, \frac{V_s}{m_i} \times \frac{b_2}{b_e}\right) \qquad (10.1\text{-}38)$$

式中 v_{l1}——单位纵向长度内受剪界面上的纵向剪力设计值；

$\quad\quad V_s$——每个剪跨区段内钢梁与混凝土翼板交界面的纵向剪力，按本节抗剪件连接计算中的规定，采用公式（10.1-34）或式（10.1-35）计算；

$\quad\quad m_i$——剪跨区段长度，如图 10.1-11 所示；

b_1、b_2——分别为混凝土翼板左右两侧挑出的宽度（图 10.1-12）。

3. 组合梁承托及翼缘板界面纵向受剪承载力计算应符合公式（10.1-39）规定：

$$v_{l,1} \leqslant v_{lu,1} \qquad (10.1\text{-}39)$$

$$v_{lu,1} = 0.7f_t b_f + 0.8A_e f_r \qquad (10.1\text{-}40)$$

$$v_{lu,1} = 0.25b_f f_c \qquad (10.1\text{-}41)$$

式中 $v_{lu,1}$——单位纵向长度内界面受剪承载力（N/mm），取式（10.1-40）和式（10.1-41）的较小值；

f_t——混凝土抗拉强度设计值（N/mm²）；

b_f——受剪界面的横向长度，按图 10.1-12 所示的 $a—a$、$b—b$、$c—c$ 及 $d—d$ 连线在抗剪连接件以外的最短长度取值（mm）；

A_e——单位长度上横向钢筋的截面面积（mm²/mm），按图 10.1-12 和表 10.1-12 取值；

f_r——横向钢筋的强度设计值（N/mm²）。

单位长度上横向钢筋的截面积 A_e 表 10.1-12

剪切面	$a—a$	$b—b$	$c—c$	$d—d$
A_e	A_b+A_t	$2A_b$	$2(A_b+A_{bh})$	$2A_{bh}$

4. 横向钢筋的最小配筋应满足式（10.1-42）要求：

$$A_e f_r / b_f > 0.75 (\text{N/mm}^2) \qquad (10.1-42)$$

10.1.9 H型钢组合梁的计算实例

已知：某建筑办公楼层拟采用钢-混凝土组合楼盖。楼层活荷载为 2.0kN/m²，楼面建筑面层重 3.85kN/m²，混凝土板（包括压型钢板）自重为 3.0kN/m²。压型钢板波高 75mm、波距 200mm，其上现浇 65mm 厚混凝土。施工荷载为 1.7kN/m²。梁格布置见图 10.1-13。钢材采用 Q235B，混凝土强度等级为 C30，圆柱头栓钉连接。

按简支 H 型钢组合梁设计次梁。

次梁试选 HN400×200×8×13 窄翼缘 H 型钢截面。

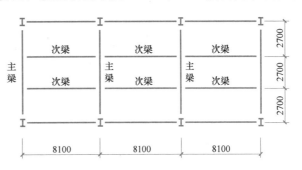

图 10.1-13 H型钢组合梁的平面布置

1. 截面特征计算

1）H 型钢梁（Q235）

（1）截面属性：

翼缘：$b/t=(200-8)/(2×13)=7.38<9$

腹板：$h_0/t_w=(400-2×13)/8=46.37<65$

按照塑形设计截面的规定，H 型钢截面属于 S1 级。

（2）截面面积：$A=8.337×10^3 \text{mm}^2$

（3）截面惯性矩：$I_S=2.35×10^8 \text{mm}^4$

（4）截面抵抗矩：$W_1^t=W_1^b=1.17×10^6 \text{mm}^3$

（5）钢梁半截面的面积矩：$S_1=0.861×10^6 \text{mm}^3$

2）混凝土翼板有效宽度的确定

压型钢板的肋与钢梁垂直，不考虑压型钢板顶面以下的混凝土。按公式（10.1-1）计算：

$$b_e=b_0+b_1+b_2, \quad l_e=2700\text{mm}$$

由于采用压型钢板组合板，混凝土板与钢梁不直接接触，为便于施工，截面设一列栓钉，则 b_0 取 0。

$$b_0=0, S_0=2700-200=2500\text{mm}$$

由于混凝土板是连续板，则：

$$b_1=b_2=\min\begin{Bmatrix}l_e/6=8100/6=1350\text{mm}\\S_0/2=(2700-200)/2=1250\text{mm}\end{Bmatrix}=1250\text{mm}$$

取 $b_e=b_0+b_1+b_2=0+1250+1250=2500\text{mm}$。

混凝土板翼板面积：$A_{cf}=2500×65=1.625×10^5 \text{mm}^2$

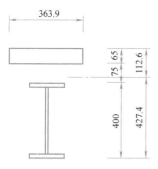

图 10.1-14　标准组合时的换算截面

3）荷载标准组合时的换算截面

钢与混凝土弹性模量比值查表 10.1-6 得，$\alpha_E = 6.87$。

混凝土板换算截面的换算宽度：
$$b_{e,eq} = 2500/6.87 = 363.9\text{mm}$$

换算截面（图 10.1-14）的截面面积：
$$A_{sc} = 393 \times 65 + 8337 = 31991\text{mm}^2$$

混凝土顶板至中和轴距离：
$$x = \frac{363.9 \times 65 \times \dfrac{65}{2} + 8337 \times 340}{31991} = 112.6\text{mm}$$

换算截面的惯性矩：
$$I_{sc} = \frac{1}{12} \times 363.9 \times 65^3 + 363.9 \times 65 \times (112.62 - 65/2)^2 + 2.35 \times 10^8 + 8.337 \times 10^3 \times (340 - 112.6)^2$$
$$= 8.26 \times 10^8 \text{mm}^4$$

荷载标准组合时的换算截面中和轴在混凝土板内。

4）准永久组合的换算截面

混凝土板换算截面的换算宽度：
$$b_{e,eq} = 2500/(2 \times 6.87) = 182\text{mm}$$

换算截面（图 10.1-15）的截面面积：
$$A_{sc} = 196.5 \times 65 + 8337 = 20164\text{mm}^2$$

混凝土顶板至中和轴距离：
$$x = \frac{182 \times 65 \times \dfrac{65}{2} + 8337 \times 340}{20164} = 159.6\text{mm}$$

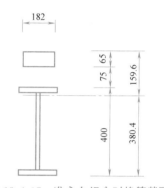

图 10.1-15　准永久组合时换算截面

换算截面的惯性矩：
$$I_{sc,l} = \frac{1}{12} \times 182 \times 65^3 + 182 \times 65 \times (159.6 - 65/2)^2 + 2.35 \times 10^8 + 8.337 \times 10^3 \times (340 - 159.6)^2$$
$$= 7.01 \times 10^8 \text{mm}^4$$

准永久组合的换算截面中和轴在钢梁腹板内。

2. 施工阶段的验算

施工阶段钢梁设侧向支承间距，不计算稳定。

1）荷载计算

钢梁自重：0.8kN/m

现浇混凝土：3.0kN/m²

施工活荷载：1.7kN/m²

钢梁上作用的永久荷载标准值和设计值分别为：
$$g_{Ik} = 0.8 + 3 \times 2.7 = 8.9\text{kN/m}$$
$$g_I = 1.3 \times g_{Ik} = 1.3 \times 8.9 = 11.57\text{kN/m}$$

钢梁上作用的施工活荷载标准值和设计值分别为：
$$q_{Ik} = 1.7 \times 2.7 = 4.59\text{kN/m}$$
$$q_I = 1.5 q_{Ik} = 1.5 \times 4.59 = 6.885\text{kN/m}$$

2）内力计算

永久荷载产生的弯矩和剪力：

弯矩：$M_{Igmax} = \dfrac{1}{8} g_I l^2 = \dfrac{1}{8} \times 11.57 \times 8.1^2 = 94.89\text{kN} \cdot \text{m}$

剪力：$V_{Igmax}=\dfrac{1}{2}g_Il=\dfrac{1}{2}\times11.57\times8.1=46.86kN$

活荷载产生的弯矩和剪力：

弯矩：$M_{Iqmax}=\dfrac{1}{8}q_Il^2=\dfrac{1}{8}\times6.885\times8.1^2=56.47kN\cdot m$

剪力：$V_{Iqmax}=\dfrac{1}{2}q_Il=\dfrac{1}{2}\times6.885\times8.1=27.88kN$

钢梁上作用的弯矩和剪力：

弯矩：$M_{Imax}=M_{Igmax}+M_{Iqmax}=94.89+56.47=151.36kN\cdot m$

剪力：$V_{Imax}=V_{Igmax}+V_{Iqmax}=46.86+27.88=74.74kN$

3）钢梁上的应力

钢梁翼缘应力：$\sigma=\dfrac{M_{Imax}}{\gamma_xW_x}=\dfrac{151.86\times10^6}{1.05\times1.17\times10^6}=122.89N/mm^2<f=215N/mm^2$

钢梁剪应力：$\tau=\dfrac{V_{Imax}S_1}{I_st_w}=\dfrac{74.74\times10^3\times0.861\times10^6}{2.35\times10^8\times8}=3.041N/mm^2<f_V=125N/mm^2$

4）挠度计算

$$\dfrac{\upsilon}{l}=\dfrac{5(g_{Ik}+q_{Ik})l^3}{384E_sI_s}=\dfrac{5\times(8.9+4.59)\times8.1^3\times10^9}{384\times2.06\times10^5\times2.35\times10^8}=\dfrac{1}{491}<\dfrac{1}{200}$$

且 $\upsilon=17mm<25mm$

钢梁满足施工阶段的要求。

3. 使用阶段的验算

1）荷载计算

建筑面层自重：$3.85kN/m^2$

楼层活荷载：$2.00kN/m^2$

H型钢组合梁上作用的永久荷载标准值和设计值分别为：

$g_{IIk}=3.85\times2.7=10.40kN/m$

$g_{II}=1.3\times g_{IIk}=1.3\times10.40=13.52kN/m$

H型钢组合梁上作用的楼面活荷载标准值和设计值分别为：

$q_{IIk}=2.0\times2.7=5.40kN/m$

$q_{II}=1.5q_{IIk}=1.5\times5.40=8.1kN/m$

2）内力计算

使用阶段永久荷载产生的弯矩和剪力：

弯矩：$M_{IIgmax}=\dfrac{1}{8}g_{II}l^2=\dfrac{1}{8}\times13.52\times8.1^2=110.88kN\cdot m$

剪力：$V_{IIgmax}=\dfrac{1}{2}g_{II}l=\dfrac{1}{2}\times13.52\times8.1=54.76kN$

活荷载产生的弯矩和剪力：

弯矩：$M_{IImax}=\dfrac{1}{8}q_{II}l^2=\dfrac{1}{8}\times8.1\times8.1^2=66.43kN\cdot m$

剪力：$V_{IIqmax}=\dfrac{1}{2}q_{II}l=\dfrac{1}{2}\times8.1\times8.1=32.81N$

使用阶段荷载基本组合产生的弯矩和剪力：

弯矩：$M_{IImax}=M_{IIgmax}+M_{IIqmax}=110.88+66.43=177.31kN\cdot m$

剪力：$V_{IImax}=V_{IIgmax}+V_{IIqmax}=54.76+32.81=87.57kN$

3）H 型钢组合梁的承载力验算

按截面塑性验算。暂按完全抗剪链接组合梁计算截面承载力：

$$f_c = 14.3 \text{N/mm}^2$$

塑性中和轴计算：

$Af = 8.337 \times 10^3 \times 215 = 1792455\text{N} = 1792.46\text{kN}$

$b_e h_{c1} f_c = 2500 \times 65 \times 14.3 = 2323750\text{N} = 2323.75\text{kN}$

即 $Af < b_e h_{c1} f_c$，塑性中和轴在混凝土板（图 10.1-16）。

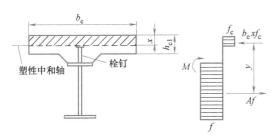

图 10.1-16 H 型钢组合梁应力分布

混凝土翼板受压区高度：

$$x = Af/(b_e f_c) = 1792455/(2500 \times 14.3) = 50.1\text{mm}$$

混凝土板受压合力中心至钢梁受拉截面合力中心距离 y：

$$y = 200 + 140 - 50.1/2 = 314.95\text{mm}$$

H 型钢组合梁的受弯承载力：

$$b_e x f_c y = 2500 \times 50.1 \times 14.3 \times 314.95$$
$$= 564.1\text{kN} \cdot \text{m}$$

H 型钢组合梁的总弯矩：

$$M_{\text{Igmax}} + M_{\text{IImax}} = 94.89 + 177.31 = 272.2\text{kN} \cdot \text{m}$$

验算：总弯矩 272.2kN·m < 564.1kN·m

H 型钢组合梁的截面满足受弯承载力要求，可以。

4）受剪承载力计算

全部剪力由钢梁腹板承受。

$$V_{\text{max}} = V_{\text{Igmax}} + V_{\text{IImax}} = 46.86 + 87.57 = 134.43\text{kN}$$

$V_{\text{max}} = 134.43\text{kN} < h_w t_w f_v = 374 \times 8 \times 125 = 374000\text{N} = 374\text{kN}$，可以。

5）挠度计算

荷载标准值：永久荷载：$g_{k2} = 2.7 \times 3.85 = 10.40\text{kN/m}$

楼面活荷载：$g_{k1} = 2.7 \times 2.0 = 5.4\text{kN/m}$

施工阶段 H 型钢组合梁的自重标准值 $g_{k1} = 8.9\text{kN/m}$。

（1）荷载设计值

使用阶段的荷载应该考虑楼面活荷载，但不计入施工活荷载。活荷载的准永久值系数为 0.4，使用阶段的活荷载标准值按以下两种组合计算，取其较大者：

$$\max \begin{cases} \text{标准组合}\, g_{bc2} = 5.4\text{N/m} \\ \text{准永久组合}\, g_{zc2} = 0.4 \times 5.4 = 2.16\text{N/m} \end{cases}$$

（2）H 型钢组合梁的换算截面惯性矩 I_{eq}

标准组合：$I_{eq} = 8.26 \times 10^8 \text{mm}^4$

准永久组合：$I_{eq,1} = 7.01 \times 10^8 \text{mm}^4$

（3）折减刚度 B

H 型钢组合梁考虑滑移效应的折减刚度 B 可按式（10.1-15）～式（10.1-21）计算确定。

钢梁截面面积 $A = 8.337 \times 10^3 \text{mm}^2$；钢梁惯性矩 $I_S = 2.3457 \times 10^8 \text{mm}^4$；

混凝土翼板截面面积 $A_{ef} = 1.625 \times 10^5 \text{mm}^2$，$I_{Cf} = \dfrac{1}{12} \times 2500 \times 65^3 = 5.72 \times 10^7 \text{mm}^4$；

钢材与混凝土弹性模量比值 $\alpha_E (2\alpha_E) = 6.87$（13.74）；

抗剪连接件刚度系数（按 $\phi16$ 栓钉）$k = 2.10 \times 10^4 \text{N/mm}$；

钢梁形心到混凝土板形心的距离 $d_c = 200 + 75 + 65/2 = 307.5\text{mm}$；

组合梁的高度 $h=400+75+65=540$mm。

抗剪连接件的布置暂定为每个波谷两个,波谷间距200mm,一列布置,故连接件的平均间距和列数:$p=100$mm;$n_s=1$。

计算刚度折减系数 ζ 和折减刚度 B 的结果见表10.1-13,然后确定换算惯性矩。

折减刚度 B 和刚度折减系数 ζ 的计算   表 10.1-13

\multirow{2}{*}{计算公式}	计算组合	
	标准组合	准永久组合
$I_0=I_s+\dfrac{I_{Cf}}{\alpha_E}$	$2.429\times10^8\mathrm{mm}^4$	$2.387\times10^8\mathrm{mm}^4$
$A_0=\dfrac{A_{Cf}A}{\alpha_E A+A_{Cf}}$	$6.16\times10^3\mathrm{mm}^2$	$4.89\times10^3\mathrm{mm}^2$
$A_1=\dfrac{I_0+A_0 d_c^2}{A_0}$	$1.34\times10^5\mathrm{mm}^2$	$1.43\times10^5\mathrm{mm}^2$
$j=0.81\sqrt{\dfrac{n_s k A_1}{EI_0 p}}\ (\mathrm{mm}^{-1})$	$6.13\times10^{-4}(\mathrm{mm}^{-1})$	$6.34\times10^{-4}(\mathrm{mm}^{-1})$
$\eta=\dfrac{36Ed_c p A_0}{n_s k h l^2}$	1.889	1.4988
$\zeta=\eta\left[0.4-\dfrac{3}{(jl)^2}\right]$	0.526	0.429
$B=\dfrac{EI_{eq}}{1+\zeta}$	$0.655EI_{eq}$	$0.700EI_{eq}$

(4)H型钢组合梁挠度

根据折减刚度的计算结果(表10.1-13),计算H型钢组合梁的挠度按式(10.1-14)计算。

$$v_c=\frac{5g_{k1}l^4}{384EI_S}+v_{s2}=\frac{5\times8.9\times8.1^4\times10^{12}}{384\times2.06\times10^5\times2.35\times10^8}+\max\left\{\begin{array}{c}\dfrac{5(g_{k2}+g_{bc2})l^4}{384B}\\[2mm]\dfrac{5(g_{k2}+g_{zc2})l^4}{384B}\end{array}\right\}$$

$$=10.33+\max\left\{\begin{array}{c}\dfrac{5\times(10.4+5.4)\times8.1^4\times10^{12}}{384\times0.655\times2.06\times10^5\times8.26\times10^8}\\[2mm]\dfrac{5\times(10.4+2.16)\times8.1^4\times10^{12}}{384\times0.700\times2.06\times10^5\times7.01\times10^8}\end{array}\right\}$$

$$=10.33+\max\left\{\begin{array}{c}7.95\\6.96\end{array}\right\}=18.28\mathrm{mm}<[v]=8100/300=27\mathrm{mm}$$

从以上计算结果看,次梁所选截面满足要求。

4. 抗剪连接件设计

1)栓钉抗剪承载力设计值

连接件初选 4.6 级 $\phi16\times125$ 圆柱头栓钉。压型钢板的肋与钢梁垂直,每个波谷放两个栓钉,布置在梁截面中部一列。栓钉抗剪承载力需要进行折减,折减系数 β_V 值按式(10.1-31)计算:

$n_0=1$,$b_w=130$mm,$h_c=75$mm,$h_d=125$mm,$h_e=75$mm,$f_u=402\mathrm{N/mm}^2$,$f_c=14.3\mathrm{N/mm}^2$。

折减系数:$\beta_V=\dfrac{0.85}{\sqrt{n_0}}\cdot\dfrac{b_w}{h_e}\left(\dfrac{h_d-h_e}{h_e}\right)=\dfrac{0.85}{\sqrt{1}}\times\dfrac{130}{75}\times\left(\dfrac{125-75}{75}\right)=0.98$

$A_S=201.1\mathrm{mm}^2$,$E_C=3.00\times10^4\mathrm{N/mm}^2$。

一个栓钉抗剪承载力设计值:

$$N_V^C = 0.43 A_S \beta_V \sqrt{E_C f_c} = 0.43 \times 201.1 \times 0.98 \times \sqrt{3.00 \times 10^4 \times 14.3}$$

$$= 5.55 \times 10^4 \mathrm{N} = 55.5 \mathrm{kN}$$

$$0.7 A_S f_u = 0.7 \times 201.1 \times 402 = 5.66 \times 10^4 \mathrm{N} = 56.6 \mathrm{kN}$$

取 $N_V^C = 55.5 \mathrm{kN} < 0.7 A_S f_u$。

2）抗剪连接件的布置

由于次梁为简支梁，整个根梁只承受正弯矩，因中和轴在钢梁内，$h_{c1} = 65\mathrm{mm}$，最大弯矩到邻近弯矩零点之间一个剪跨区段内的纵向剪力：

$$V_s = \min \left\{ \begin{array}{l} Af = 8337 \times 215 = 1.79 \times 10^6 \\ b_e h_{c1} f_c = 2500 \times 65 \times 14.3 = 2.32 \times 10^6 \end{array} \right\} = 1790 \mathrm{kN}$$

（1）按完全抗剪连接计算

一个剪跨区段（半跨梁 8100/2=4050 长度范围）内所需要的连接件总数计算数值为：

$$n_f = V_s / N_V^C = 1790/55.5 = 32.3$$

按完全抗剪连接的组合梁在一个剪跨区 4050mm 长度内需布置 33 个 4.6 级 $\phi 16 \times 125$ 圆柱头栓钉。

（2）抗剪连接件的设置

栓钉单列布置，每个波谷两个栓钉，只能按压型钢板波距 200mm 布置，栓钉平均间距为 100mm，可布置数量为 4050/100=40.5。

（3）抗剪连接的属性

布置数量 40.5＞32.3，满足完全抗剪连接计算要求。

根据抗剪连接件的布置，属于完全抗剪连接组合梁。

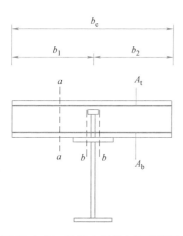

图 10.1-17　混凝土板纵向受剪截面

5. 纵向抗剪计算

混凝土板的纵向受剪截面见图 10.1-17。

1）单位纵向长度上 a—a 受剪界面的计算纵向剪力

单位纵向长度上 a—a 受剪界面的计算纵向剪力按公式（10.1-38）计算。

$V_S = 1790 \mathrm{kN}$，$b_1 = b_2 = 1250$，$b_e = 2500 \mathrm{mm}$，$m_i = 8100/2 \mathrm{mm}$

$$v_{l,1} = \frac{V_s}{m_i} \times \frac{b_1}{b_e} = \frac{1790 \times 10^3}{0.5 \times 8100} \times \frac{1250}{2500} = 221 \mathrm{N/mm}$$

2）单位纵向长度上 b—b 受剪界面的计算纵向剪力

单位纵向长度上 b—b 受剪界面计算纵向剪力按公式（10.1-37）计算。

$V_S = 1680 \mathrm{kN}$，连接件初选 4.6 级 $\phi 16 \times 125$ 圆柱头栓钉 $m_i = 8100/2 = 4050 \mathrm{mm}$。

$$v_{l,1} = \frac{V_s}{m_i} = \frac{1790 \times 10^3}{4050} = 442 \mathrm{N/mm}$$

3）受剪截面纵向受剪承载力计算

组合梁上的混凝土上部配筋为双向$\Phi 8@200$，下部每个波谷配置$\Phi 12$钢筋，钢筋采用 HRB400 钢筋。$\Phi 8$钢筋的面积为 $50.3 \mathrm{mm}^2$，$\Phi 12$钢筋的面积为 $113.1 \mathrm{mm}^2$。

（1）单位长度上横向钢筋的截面面积按表 10.1-12 计算。

混凝土板顶板单位长度内的钢筋面积总和：$A_t = 5 \times 50.3/1000 = 0.2515 \mathrm{mm}^2/\mathrm{mm}$

混凝土板底部单位长度内的钢筋面积总和：$A_b = 5 \times 113.1/1000 = 0.565 \mathrm{mm}^2/\mathrm{mm}$

① a—a 剪切界面：$A_e = A_b + A_t = 0.2515 + 0.565 = 0.817 \mathrm{mm}^2/\mathrm{mm}$

② b—b 剪切界面：$A_e = 2A_b = 2 \times 0.565 = 1.131 \mathrm{mm}^2/\mathrm{mm}$

（2）单位纵向长度内界面受剪承载力：

$f_t=1.43\text{N/mm}^2$，$f_r=360\text{N/mm}^2$，$f_c=14.3\text{N/mm}^2$。

① a—a 剪切界面：$b_f=65\text{mm}$，$A_e=817\text{mm}^2$。

$v_{lu,1}=0.7f_tb_f+0.8A_ef_r=0.7\times1.43\times65+0.8\times0.817\times360=300.4\text{N/mm}$

$v_{lu,1}=0.25b_ff_c=0.25\times65\times14.3=232.4\text{N/mm}$

② b—b 剪切界面：$b_f=125+125=250\text{mm}$，$A_e=1.131\text{mm}^2$。

$v_{lu,1}=0.7f_tb_f+0.8A_ef_r=0.7\times1.43\times250+0.8\times1.131\times360=576\text{N/mm}$

$v_{lu,1}=0.25b_ff_c=0.25\times250\times14.3=893.8\text{N/mm}$

（3）组合梁混凝土翼板的纵向受剪承载力验算：

① a—a 剪切界面：

$v_{l,1}=192.04\text{N/mm}\leqslant\min（300.4，232.4）\text{N/mm}$

a—a 剪切界面纵向受剪承载力满足要求。

② b—b 剪切界面：

$v_{l,1}=414.84\text{N/mm}\leqslant\min（576，893.8）\text{N/mm}$

b—b 剪切界面纵向受剪承载力满足要求。

组合梁混凝土翼板的纵向受剪承载力满足。

4）横向钢筋的最小配筋验算

横向钢筋的最小配筋验算应满足公式（10.1-42）。

横向钢筋的最小配筋为$\phi8@200$，$A_e=5\times50.3/1000=0.2515\text{mm}^2/\text{mm}$，$b_f=65\text{mm}$

$$A_ef_r/b_f=0.2515\times360/65=1.39\text{N/mm}^2>0.75\text{N/mm}^2$$

横向钢筋的最小配筋满足要求。

6. H型钢组合梁设计满足要求

次梁采用Q235B的HN400×200×8×13窄翼缘H型钢截面组合梁，压型钢板波高75mm、波距200mm，其上现浇65mm厚混凝土，混凝土强度等级为C30。4.6级$\phi16\times125$圆柱头栓钉连接，压型钢板的肋与钢梁垂直，每个波谷放两个栓钉。

10.2　H型钢组合柱

H型钢混凝土组合柱（以下简称：H型钢组合柱）是用H型钢或T型钢组成的十字形截面为芯材，外包以钢筋混凝土组成的整体受力的组合柱。

10.2.1　H型钢组合柱的特点

1. H型钢组合柱截面形式

H型钢组合柱是以H型钢或T型钢组成的十字形截面为芯材的，其截面形式见图10.2-1所示。

2. H型钢组合柱的特点

1）型钢组合柱中连续配置的H型钢（包括十字形截面，以下均同），使整体柱具有较大的刚度和良好的延性，并可约束混凝

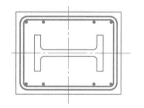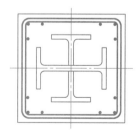

图10.2-1　H型钢组合柱的截面形式

土裂缝开展。同时，混凝土对H型钢的约束也阻止了H型钢的局部屈曲。

2）H型钢组合柱的滞回特性较好，具有良好的抗震性能。

3）H型钢混凝土结构具有良好的耐腐蚀性和耐火性能。

4）H型钢混凝土柱中钢混凝土浇筑前已形成可独立承载的结构体系，可承受施工活荷载和结构自

重，无需设置临时支撑，在高（多）层建筑中不必等混凝土达到一定强度后再施工，可缩短建设工期。

10.2.2 H型钢组合柱设计一般规定

1. H型钢组合柱的设计应符合《混凝土结构设计规范》GB 50010—2010、《组合结构设计规范》JGJ 138—2016、《型钢混凝土结构技术规程》YB 9082—2006 等标准的规定；高层建筑中的 H 型钢组合柱设计还应符合《高层建筑混凝土结构技术规程》JGJ 3—2010 和《高层民用建筑钢结构技术规程》JGJ 99—2015 的规定。

2. 采用组合结构构件作为主要抗侧力结构的各种组合结构体系，其房屋最大适用高度应符合表 10.2-1 的规定。平面和竖向均不规则的结构，最大高度宜适当降低。

H型钢混凝组合结构房屋的最大适用高度（m）　　表 10.2-1

结构体系		非抗震设计	抗震设防烈度				
			6度	7度	8度		9度
					0.20g	0.30g	
框架结构	H型钢混凝土框架	70	60	50	40	35	24
框架-剪力墙结构	H型钢混凝土框架-钢筋混凝土剪力墙	150	130	120	100	80	50
剪力墙结构	钢筋混凝土剪力墙	150	140	120	100	80	60
部分框支剪力墙结构	H型钢混凝土转换柱-钢筋混凝土剪力墙	130	120	100	80	50	不应采用
框架—核心筒结构	钢框架-钢筋混凝土核心筒	210	200	160	120	100	70
	H型钢混凝土框架-钢筋混凝土核心筒	240	220	190	150	130	70
筒中筒结构	钢外筒-钢筋混凝土核心筒	280	260	210	160	140	80
	H型钢混凝土外筒-钢筋混凝土核心筒	300	280	230	170	150	90

注：表中"钢筋混凝土剪力墙""钢筋混凝土核心筒"，系指其剪力墙全部是钢筋混凝土剪力墙以及结构局部部位是型钢混凝土剪力墙或钢板剪力墙。

3. 采用 H 型钢组合的混凝土转换柱的部分框支剪力墙结构，在地面以上的框支层层数，设防水烈度 8 度时不宜超过 4 层，7 度时不宜超过 6 层。

4. H 型钢混凝土组合结构构件的抗震设计，应根据设防烈度、结构类型、房屋高度采用不同的抗震等级，并应符合相应的计算和构造措施规定。丙类建筑 H 型钢混凝土组合结构构件的抗震等级应按表 10.2-2 确定。

型钢混凝土构件的抗震等级　　表 10.2-2

结构类型		设防烈度								
		6度		7度			8度			9度
框架结构	房屋高度(m)	≤24	>24	≤24		>24	≤24		>24	≤24
	型钢混凝土普通框架	四	三	三		二	二		一	一
	型钢混凝土大跨度框架	三		二			一			一
框架-剪力墙结构	房屋高度(m)	≤60	>60	≤24	25～60	>60	≤24	25～60	>60	≤24	25～50
	型钢混凝土框架	四	三	四	三	二	三	二	一	二	一
	钢筋混凝土剪力墙	三	三	三	二	二	二	二	一	一	一
剪力墙结构	房屋高度(m)	≤80	>80	≤24	25～80	>80	≤24	25～80	>80	≤24	25～60
	钢筋混凝土剪力墙	四	三	四	三	二	三	二	一	二	一
部分框支剪力墙结构	房屋高度(m)	≤80	>80	≤24	25～80	>80	≤24	25～80			
	非底部加强部位剪力墙	四	三	四	三	二	三	二	不应采用		
	底部加强部位剪力墙	三	二	三	二	一	二	一			
	型钢混凝土框支框架	四	三	四	三	二	三	二			

结构类型			设防烈度						
			6度		7度		8度		9度
框架-核心筒结构	房屋高度(m)		≤150	>150	≤130	>130	≤100	>100	≤70
	型钢混凝土框架-钢筋混凝土核心筒	框架	三	二	二	一	一	一	一
		核心筒	二	二	二	一	一	特一	特一
	钢框架-钢筋混凝土核心筒	框架	四		三		二		
		核心筒	二	一	一	特一	一	特一	特一
筒中筒结构	房屋高度(m)		≤180	>180	≤150	>150	≤120	>120	≤90
	型钢混凝土外筒-钢筋混凝土核心筒	外筒	三	二	二	一	一	一	一
		核心筒	二	二	二	一	一	特一	特一
	钢外筒-钢筋混凝土核心筒	外筒	四		三		二		一
		核心筒	二	一	一	特一	一	特一	特一

注：1. 建筑场地为 I 类时，除 6 度外应允许按表内降低一度所对应的抗震构造措施采用抗震构造措施，但相应的计算要求不应降低；

2. 底部带转换层的筒体结构，其转换框架的抗震等级应按表中框支剪力墙结构的规定采用；

3. 高度不超过 60 m 的框架-核心筒结构，其抗震等级应允许按框架-剪力墙结构采用；

4. 大跨度框架指跨度不小于 18m 的框架。

5. H 型钢组合柱应按承载力极限状态和正常使用极限状态进行设计。

6. 进行结构整体内力和变形分析时，H 型钢组合柱构件截面的轴向刚度、抗弯刚度及抗剪刚度可采用 H 型钢的刚度与钢筋混凝土部分的刚度相叠加的方法计算。H 型钢组合柱构件截面的抗弯刚度、轴向刚度及抗剪刚度可按公式（10.2-1）～式（10.2-3）计算：

$$EI = E_c I_c + E_a I_a \tag{10.2-1}$$
$$EA = E_c A_c + E_a A_a \tag{10.2-2}$$
$$GA = G_c A_c + G_a A_a \tag{10.2-3}$$

式中　EI、EA、GA——H 型钢组合柱构件的截面抗弯刚度、轴向刚度及抗剪刚度；

$E_a I_a$、$E_a A_a$、$G_a A_a$——H 型钢部分的截面抗弯刚度、轴向刚度及抗剪刚度；

$E_c I_c$、$E_c A_c$、$G_c A_c$——混凝土部分的截面抗弯刚度、轴向刚度和抗剪刚度。

7. 当 H 型钢组合柱按地震作用组合设计计算时，其承载力抗震调整系数 γ_{RE} 取 0.8。

8. H 型钢组合柱的材料和设计指标等应符合第 3 章有关规定。

1) 对于厚度等于或大于 40mm 的 H 型钢或 T 型钢的节点连接部位，并沿板厚方向采用坡口焊接连接其他构件，在节点处产生较大焊接应力和承受垂直于板厚的拉力时，该部位的 H 型钢或 T 型钢钢材应按《厚度方向性能钢板》GB 5313 的 Z15 等级的断面收缩率保证。

2) H 型钢混凝土中的栓钉材料的有关指标见 10.1 节的有关规定。

9. 在 H 型钢组合柱中，H 型钢或 T 型钢的钢板厚度不应小于 6mm，板件宽厚比（图 10.2-2）应满足表 10.2-3 的要求。在按施工阶段的荷载进行 H 型钢的计算时，应按《钢结构设计标准》GB 50017—2017 的规定，进行构件的局部稳定性验算。

H 型钢组合柱中 H 型钢的宽厚比限值　　　　　表 10.2-3

钢号	翼缘 b/t_f	腹板 h_w/t_w
Q235	23	96
Q345、Q355	19	81
Q390	18	75
Q420	17	71

10.2.3　H 型钢组合柱的构造要求

1. H 型钢

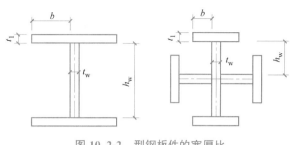

图 10.2-2　型钢板件的宽厚比

1）H 型钢组合柱的含钢率不宜小于 4%，且不宜大于 15%；当含钢率大于 15%时，应增加纵向钢筋、箍筋的配筋量，并宜通过试验进行专门研究。

2）H 型钢的焊缝连接应符合现行国家标准《钢结构设计标准》GB 50017—2017 和现行行业标准《钢结构焊接规范》GB 50661—2017 的要求。

2. 混凝土

1）H 型钢混凝土组合构件最大骨料直径宜小于型钢外侧混凝土保护层厚度的 1/3，且不宜大于 25mm。

2）钢筋保护层厚度符合现行标准《混凝土结构设计规范》GB 50010—2010 的规定。

3）H 型钢混凝土最小保护层厚度不宜小于 200mm，见图 10.2-3。

3. 纵向钢筋

1）H 型钢组合柱的纵向受力钢筋配筋率不应小于 0.8%，且在四角各配置一根直径不小于 16mm 的纵向钢筋。

2）H 型钢组合柱中纵向钢筋与 H 型钢截面的净间距不应小于 30mm，且不小于粗骨料最大粒径 1.5 倍。

3）H 型钢组合柱中，纵向受力钢筋直径不应小于 16mm，每侧纵向钢筋的配筋率不应小于 0.2%。纵向受力钢筋的净距不宜小于 50mm，且不应小于柱纵向钢筋直径的 1.5 倍，不宜大于 250mm。

4. 箍筋

1）H 型钢组合柱的箍筋应符合国家标准《混凝土结构设计规范》GB 50010—2010 的规定。箍筋采用封闭式箍筋，箍筋弯钩角度不小于 90°（有抗震及扭转要求时应为 135°），弯钩末端的平直段长度不应小于 10 倍箍筋直径，也可采用焊接封闭箍筋。

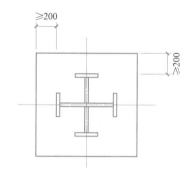

图 10.2-3　H 型钢组合柱中
H 型钢保护层最小厚度

2）H 型钢组合柱的箍筋直径不应小于 8mm，箍筋间距不应大于 250mm。H 型钢组合柱的箍筋直径、间距应符合表 10.2-4 的要求。

H 型钢组合柱箍筋直径和间距　　　　　　　　　　表 10.2-4

抗震等级	箍筋直径(mm)	非加密区箍筋最大间距(mm)	加密区箍筋最大间距(mm)
一	≥12	150	100
二	≥10	200	100
三、四	≥8	200	150(柱根 100)

3）在抗震设防的结构中，H 型钢组合柱的箍筋加密区范围如下：

（1）柱上、下端，取加密长边尺寸、柱净高的 1/6 和 500mm 中最大值；

（2）底层柱下端不小于 1/3 柱净高的范围；

（3）刚性地面上、下各 500mm 的范围；

（4）对剪跨比不大于 2 的 H 型钢组合柱，箍筋均应全高加密，箍筋间距不应大于 100mm。

4）考虑地震作用的 H 型钢组合柱柱箍筋加密区的最小体积配箍率应符合公式（10.2-4）的要求。

$$\rho_v = 0.85\lambda_v \frac{f_c}{f_{yv}} \tag{10.2-4}$$

式中　ρ_v——柱箍筋加密区箍筋的体积配箍率；

f_c——混凝土轴心受压强度设计值；当强度等级低于 C35 时，按 C35 取值（N/mm^2）；

f_{yv}——箍筋及受拉钢筋抗拉强度设计值（N/mm^2）；

λ_v——最小箍筋特征值，按表 10.2-5 采用。

柱箍筋最小箍筋特征值λ_v

表 10.2-5

抗震等级	箍筋形式	轴压比						
		≤0.3	0.4	0.5	0.6	0.7	0.8	0.9
一级	普通箍、复合箍	0.10	0.11	0.13	0.15	0.17	0.20	0.23
	螺旋箍、复合或连续复合矩形螺旋箍	0.08	0.09	0.11	0.13	0.15	0.18	0.21
二级	普通箍、复合箍	0.08	0.09	0.11	0.13	0.15	0.17	0.19
	螺旋箍、复合或连续复合矩形螺旋箍	0.06	0.07	0.09	0.11	0.13	0.15	0.17
三、四级	普通箍、复合箍	0.06	0.07	0.09	0.11	0.13	0.15	0.17
	螺旋箍、复合或连续复合矩形螺旋箍	0.05	0.06	0.07	0.09	0.11	0.13	0.15

注：1. 普通箍指单个矩形箍筋或单个圆形箍筋；螺旋箍指单个螺旋箍筋；复合箍指由多个矩形或多边形、圆形箍筋与拉筋组成的箍筋；复合螺旋箍指矩形、多边形、圆形螺旋箍筋与拉筋组成的箍筋；连续复合螺旋箍筋指全部螺旋箍筋为同一根钢筋加工而成的箍筋；

2. 在计算复合螺旋箍筋的体积配筋率时，其中非螺旋箍筋的体积应乘以换算系数 0.8；

3. 对一、二、三、四级抗震等级的柱，其箍筋加密区的箍筋体积配筋率分别不应小于 0.8%、0.6%、0.4%、和 0.4%；

4. 混凝土强度等级高于 C60 时，箍筋宜采用复合箍、复合螺旋箍或连续复合矩形螺旋箍；当轴压比不大于 0.6 时，其加密区的最小配箍特征值宜按表中数值增加 0.02；当轴压比大于 0.6 时，宜按表中数值增加 0.03。

5. 栓钉

1）当按需要设置抗剪连接件时，宜采用栓钉，其直径 d 宜选用 19mm 和 22mm，栓钉直径不应大于与其焊接母材钢板厚度的 2.5 倍，其长度不应小于 4 倍栓钉直径。

2）栓钉间距不宜小于 $6d$，且不大于 200mm。

3）栓钉中心至型钢板材边缘的距离不应小于 60mm，栓钉顶面的混凝土保护层厚度不应小于 15mm。

10.2.4　H 型钢组合柱的内力

在 H 型钢组合柱的结构设计中，杆件所承受的轴力、弯矩和剪力设计值应按照有关荷载组合确定，根据不同的情况进行一定的调整。

1. 轴力和轴压比限值

1）非抗震结构、不需进行抗震验算的抗震结构取荷载组合得到的最大轴力设计值。

2）轴压比限值要求。抗震设计时，框架柱在重力荷载代表作用值组合下的最大轴压力系数 n 按式（10.2-5）计算，其值不应超过表 10.2-6 限值。

$$n = \frac{N}{f_c A_c + f_a A_a} \tag{10.2-5}$$

式中　N——考虑地震作用组合的轴向压力设计值（N）；

A_c、A_a——分别为框架柱中混凝土部分（按扣除型钢截面的柱截面）和型钢部分的截面面积（mm^2）；

f_c、f_a——分别为混凝土和 H 型钢的轴心抗压强度设计值（N/mm^2）。

H 型钢混凝土框架柱轴压力系数 n 限值

表 10.2-6

结构形式	抗震等级			
	一级	二级	三级	四级
框架结构	0.65	0.75	0.85	0.90
框架-剪力墙结构	0.70	0.80	0.90	0.95
框架-筒体结构	0.70	0.80	0.90	—
筒中筒结构	0.70	0.80	0.90	—

注：1. 剪跨比不大于 2 的柱，其轴压比限制应比表中的数值减小 0.05；

2. 当混凝土强度等级采用 C65～C70 时，其轴压比限制应比表中的数值减小 0.05；当混凝土强度等级采用 C75～C80 时，其轴压比限制应比表中的数值减小 0.10。

2. 框架节点上、下端的弯矩设计值

1）非抗震结构、不需进行抗震验算的抗震结构中框架柱上、下端截面的弯矩设计值取荷载组合得到的弯矩值。

2）顶层柱、轴压比小于 0.15 柱，其柱端弯矩设计值可取地震作用组合下的弯矩设计值。

3）一级抗震等级的框架结构和 9 度设防烈度一级抗震等级的各类框架的框架柱，其节点上、下柱端的弯矩设计值应按公式（10.2-6）计算。

$$\sum M_c = 1.2 \sum M_{bua} \tag{10.2-6}$$

式中 $\sum M_c$——考虑抗震作用组合的框架柱节点上、下截面的弯矩设计值之和；而柱端弯矩设计值可取调整后的弯矩设计值之和根据弹性分析的弯矩比例进行分配（N·mm）；

$\sum M_{bua}$——同一节点左、右梁端截面按顺时针或逆时针方向计算的正截面抗震受弯承载力所对应弯矩值之和的较大值，其中梁端的正截面抗震受弯承载力应按《组合结构设计规范》JGJ 138—2016 中的第 5.2.1 条计算。计算采用实配钢筋和 H 型钢截面，并取 H 型钢材料的屈服强度和钢筋及混凝土材料强度的标准值，且考虑承载力抗震调整系数（N·mm）。

4）对于框架结构和各类其他框架的框架柱，其节点上、下柱端的弯矩设计值应按公式（10.2-7）计算。

$$\sum M_c = \eta_c \sum M_b \tag{10.2-7}$$

式中 $\sum M_b$——同一节点左、右梁端截面按顺时针或逆时针方向计算的两端考虑地震组合的弯矩设计值之和的较大值；当抗震等级为一级，且节点左、右梁端均为负弯矩时，绝对值较小的弯矩应取为零（N·mm）；

η_c——考虑抗震作用组合柱端弯矩增大系数，对于框架结构的框架柱，二、三、四级抗震等级分别取 1.5、1.3、1.2；对于其他各类框架的框架柱，一、二抗震等级分别取 1.4、1.2，三、四级抗震等级取 1.1。

5）抗震设计的一、二、三、四级抗震等级的框架结构底层柱下端截面的弯矩设计值应分别乘以增大系数 1.7、1.5、1.3 和 1.2。底层柱纵向钢筋宜按柱上、下端的不利情况配置。

6）对于角柱，其弯矩设计值应按以上规定调整后的设计值后再乘以不小于 1.1 的增大系数。

3. 剪力设计值

1）非抗震结构、不需进行抗震验算的抗震结构取荷载组合得到的最大剪力设计值。

2）一级抗震等级框架结构和 9 度抗震设防一级抗震等级的各类框架的框架柱，其剪力设计值应按式（10.2-8）计算。

$$V_c = 1.2 \frac{M_{cua}^t + M_{cua}^b}{H_n} \tag{10.2-8}$$

式中 V_c——柱剪力设计值（N）；

M_{cua}^t、M_{cua}^b——分别为框架柱上、下端截面的弯矩设计值（N·mm）；按公式（10.2-12），将不等式改为等式计算；计算时应采用实配型钢截面和配筋截面，并取 H 型钢材料的屈服强度以及混凝土和钢筋材料强度的标准值，且要求考虑承载力抗震调整系数，应分别按顺时针和逆时针方向计算 M_{cua}^t 和 M_{cua}^b 之和，并取较大值代入公式（10.2-8）；对于对称配筋的 H 型钢组合柱，将 Ne 用 $\left[M_{cua} + N\left(\frac{h}{2} - a\right) \right]$ 代替；

H_n——框架柱的净高度（mm）。

3）对于框架结构和各类其他框架的框架柱，其剪力设计值应按式（10.2-9）计算。

$$V_c = \eta_{vc} \frac{M_c^t + M_c^b}{H_n} \tag{10.2-9}$$

式中 η_{vc}——框架柱考虑抗震作用组合剪力增大系数，对于框架结构的框架柱，二、三、四级抗震等级分别取 1.3、1.2、1.1；对于其他各类框架的框架柱，一、二抗震等级分别取 1.4、1.2，三、四级抗震等级取 1.1；

M_c^t、M_c^b——分别为框架柱上、下端截面弯矩设计值，应分别按顺时针和逆时针方向计算 M_c^t 和 M_c^b 之和，并取较大值计算（N·mm）。

4）对于角柱，其剪力设计值应按以上规定调整后的设计值后再乘以不小于 1.1 的增大系数。

10.2.5 H型钢组合柱的承载力计算

1. H型钢组合柱轴心受压的正截面受压承载力

轴心受压的 H 型钢组合柱，其轴向压力 N 应按式（10.2-10）的规定：

$$N \leqslant 0.9\varphi(f_c A_c + f_y' A_s' + f_a' A_a') \tag{10.2-10}$$

式中 N——H型钢组合柱承受的轴向压力设计值（N）；

φ——H型钢组合柱的轴压稳定系数，可按表 10.2-7 查用；

A_c、A_s'、A_a'——混凝土、钢筋和 H 型钢的截面面积（mm²）；

f_c、f_y'、f_a'——混凝土、钢筋和 H 型钢的抗压强度设计值（N/mm²）。

H型钢组合柱轴压稳定系数 φ　　　　　　　　　　表 10.2-7

l_0/i	$\leqslant 28$	35	42	48	55	62	69	76	83	90	97	104
φ	1.00	0.98	0.95	0.92	0.87	0.81	0.75	0.70	0.65	0.60	0.56	0.52

注：1. l_0 为构件计算长度；

　　2. i 为截面的最小回转半径，$i = \sqrt{\dfrac{E_c I_c + E_a I_a}{E_c A_c + E_a A_a}}$。

2. H型钢组合柱偏心受压正截面受压承载力

1）在轴向压力和弯矩作用下，H 型钢组合柱的正截面受弯承载力计算（图 10.2-4）应满足公式（10.2-11）和式（10.2-12）要求。

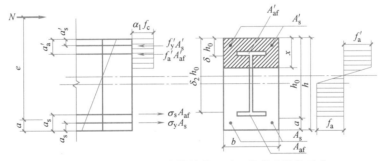

图 10.2-4　H型钢组合柱的偏心受压承载力计算示意

$$N \leqslant \alpha_1 f_c bx + f_y' A_s' + f_a' A_{af}' - \sigma_s A_s - \sigma_a A_{af} + N_{aw} \tag{10.2-11}$$

$$Ne \leqslant \alpha_1 f_c bx \left(h_0 - \frac{x}{2}\right) + f_y' A_s'(h_0 - a_s') + f_a' A_{af}'(h_0 - a_a') + M_{aw} \tag{10.2-12}$$

式中 e——轴向力作用点至纵向受拉钢筋和型钢受拉翼缘的合力点之间的距离，$e = e_i + \dfrac{h}{2} - a$，$e_i = e_0 + e_a$，$e_0 = \dfrac{M}{N}$，$h_0 = h - a$；

e_0——轴向力对截面重心的偏心距；

e_i——初始偏心距；

e_a——附加偏心距，计算承载力时应考虑轴向压力在偏心方向的附加偏心距，其值宜取 20mm 和偏心方向截面尺寸的 1/30 两者中的较大值；

α_1——受压区混凝土压应力影响系数；

M——柱端较大弯矩设计值；当需要考虑挠曲产生的二阶效应时，柱端弯矩 M 应按现行国家标准《混凝土结构设计规范》GB 50010 的规定确定；

N——与弯矩设计值 M 相对应的轴向压力设计值；

M_{aw}——型钢腹板承受的轴向合力对受拉或受压较小边型钢翼缘和纵向钢筋合力点的力矩；

N_{aw}——型钢腹板承受的轴向合力；

f_s——混凝土轴心抗压强度设计值；

f_a、f_a^t——型钢抗拉、抗压强度设计值；

f_y、f_y'——钢筋抗拉、抗压强度设计值；

A_s、A_s'——受拉、受压钢筋的截面面积；

A_{af}、A_{af}'——型钢受拉、受拉翼缘的截面面积；

b——截面高度；

h——截面高度；

h_0——截面有效高度；

x——混凝土等效受压区高度；

a_s、a_a——受拉区钢筋、型钢翼缘合力点至截面受拉边缘的距离；

a_s'、a_a'——受压区钢筋、型钢翼缘合力点至截面受压边缘的距离；

a——型钢受拉翼缘与受拉钢筋合力点至截面受拉边缘的距离。

2）N_{aw} 和 M_{aw} 的计算

H 型钢腹板承受的轴向合力 N_{aw}，以及其对受拉或受压较小边型钢翼缘和纵向钢筋合力点的力矩 M_{aw} 应按公式（10.2-13）～式（10.2-16）计算。

（1）当 $\delta_1 h_0 < \dfrac{x}{\beta_1}$，$\delta_2 h_0 > \dfrac{x}{\beta_1}$ 时：

$$N_{aw} = \left[\frac{2x}{\beta_1 h_0} - (\delta_1 + \delta_2) \right] t_w h_0 f_a \tag{10.2-13}$$

$$M_{aw} = \left[0.5(\delta_1^2 + \delta_2^2) - (\delta_1 + \delta_2) + \frac{2x}{\beta_1 h_0} - \left(\frac{x}{\beta_1 h_0} \right)^2 \right] t_w h_0^2 f_a \tag{10.2-14}$$

（2）当 $\delta_1 h_0 < \dfrac{x}{\beta_1}$，$\delta_2 h_0 < \dfrac{x}{\beta_1}$ 时：

$$N_{aw} = (\delta_2 - \delta_1) t_w h_0 f_a \tag{10.2-15}$$

$$M_{aw} = \left[0.5(\delta_1^2 - \delta_2^2) + (\delta_2 - \delta_1) \right] t_w h_0^2 f_a \tag{10.2-16}$$

式中　β_1——受压区混凝土应力图形影响系数；

t_w——型钢腹板厚度；

δ_1——型钢腹板上端至截面上边的距离与 h_0 的比值，$\delta_1 h_0$ 为型钢腹板上端至截面上边的距离；

δ_2——型钢腹板下端至截面上边的距离与 h_0 的比值，$\delta_2 h_0$ 为型钢腹板下端至截面上边的距离。

3）σ_s 和 σ_a 的计算

受拉或受压较小边的钢筋应力 σ_s 和型钢翼缘应力 σ_a 可按公式（10.2-17）～式（10.2-19）计算。

（1）当 $x \leqslant \xi_b h_0$ 时，$\sigma_s = f_y$，$\sigma_a = f_a$；

（2）当 $x > \xi_b h_0$ 时：

$$\sigma_s = \frac{f_y}{\xi_b - \beta_1} \left(\frac{x}{h_0} - \beta_1 \right) \tag{10.2-17}$$

$$\sigma_a = \frac{f_a}{\xi_b - \beta_1} \left(\frac{x}{h_0} - \beta_1 \right) \tag{10.2-18}$$

（3）ξ_b 可按下式计算：

$$\xi_b = \frac{\beta_1}{1+\dfrac{f_y+f_a}{2\times 0.003E_s}} \tag{10.2-19}$$

式中 ξ_b——相对界限受压区高度；

$\quad\quad E_s$——钢筋弹性模量。

4）十字形型钢的型钢混凝土偏心受压柱（图 10.2-5）的正截面受压承载力计算时，可折算计入腹板两侧的侧腹板面积，其等效腹板厚度 t_w' 可按公式（10.2-20）计算。

$$t_w' = t_w + \frac{0.5\sum A_{aw}}{h_0} \tag{10.2-20}$$

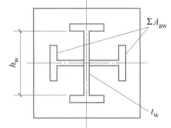

图 10.2-5 十字形型钢的组合柱

式中 $\sum A_{aw}$——两侧的侧腹板总面积；

$\quad\quad t_w$——腹板厚度。

3. H型钢组合柱在轴力和双向弯矩作用下截面受压承载力

1）截面具有两个互相垂直对称轴的 H 型钢组合柱的双向偏心受压正截面承载力的计算，首先应符合单向偏心受压承载力的计算要求，再进行双向偏心受压承载力的计算。

2）双向受压承载力计算方法，目前有三种：

（1）可按基于平截面假定，通过划分为材料单元的截面极限平衡方程，采用数值积分的方法进行迭代计算。

（2）以现行标准《混凝土结构设计规范》GB 50010—2010 为依据，在型钢混凝土柱单偏心受压承载力计算的基础上建立的近似公式。

（3）以试验为基础考虑柱的长细比、裂缝发展等因素建立的有一定的使用条件上偏压承载力计算公式。

3）H 型钢混凝土双向偏心受压柱的正截面受压承载力可按公式（10.2-21）计算。

$$N \leqslant \frac{1}{\dfrac{1}{N_{ux}}+\dfrac{1}{N_{uy}}-\dfrac{1}{N_{u0}}} \tag{10.2-21}$$

式中 N——H 型钢组合柱承受的轴向力设计值；

$\quad\quad N_{u0}$——H 型钢组合柱轴心受压承载力，按公式（10.2-10）计算，将公式改成等号；

$\quad\quad N_{ux}$——H 型钢组合柱截面的 X 轴方向的单向偏心受压承载力，按公式（10.2-11）计算，将公式改成等号；

$\quad\quad N_{uy}$——H 型钢组合柱截面的 Y 轴方向的单向偏心受压承载力，按公式（10.2-11）计算，将公式改成等号，参考 N_{ux} 的计算。

4）H 型钢混凝土双向偏心受压柱（图 10.2-6），当 e_{iy}/h、e_{ix}/b 不大于 0.6 时，其正截面受压承载力可按公式（10.2-22）计算。

$$N \leqslant \frac{A_c f_c + A_s f_y + A_a f_a/(1.7-\sin\alpha)k_1 k_2}{1+1.3\left(\dfrac{e_{ix}}{b}+\dfrac{e_{iy}}{h}\right)+2.8\left(\dfrac{e_{ix}}{b}+\dfrac{e_{iy}}{h}\right)^2} \tag{10.2-22}$$

$$k_1 = 1.09-0.015\frac{l_0}{b} \tag{10.2-23}$$

$$k_2 = 1.09-0.015\frac{l_0}{h} \tag{10.2-24}$$

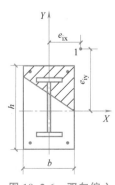

图 10.2-6 双向偏心受压 H 型钢组合柱承载力计算示意
1—轴向力作用点

式中 e_{ix}、e_{iy}——H 型钢组合柱的轴向力对 X 轴、Y 轴的计算偏心距，按单向偏心受压中的相关公式计算；

l_0——H型钢组合柱的计算长度；

k_1、k_2——X轴和Y轴构件长细比影响系数；

　　　α——H型组合柱荷载作用点与截面中心点连线相对于X轴或Y轴的较小偏心角，取 $\alpha \leqslant 45°$。

4. H型钢组合柱正截面轴心受拉承载力

H型钢混凝土轴心受拉柱的正截面受拉承载力应按公式（10.2-25）计算。

$$N \leqslant f_y A_s + f_a A_a \tag{10.2-25}$$

式中　N——H型钢组合柱承受的轴向拉力设计值；

A_s、A_a——纵向受力钢筋和H型钢的截面面积；

f_y、f_a——纵向受力钢筋和H型钢的抗压拉强度设计值。

5. H型钢组合柱正截面偏心受拉承载力

H型钢组合柱的偏心受拉分别按大偏心和小偏心两种情况进行正截面受拉承载力的计算。

1）大偏心受拉

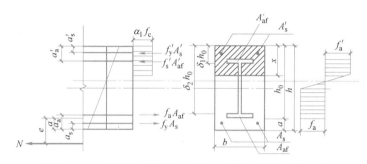

图 10.2-7　大偏心受拉的H型钢组合柱承载力计算示意

大偏心受拉（图10.2-7）是指轴向拉力作用在受拉钢筋和受拉型钢翼缘的合力点与受压钢筋和受压型钢翼缘的合力点之外。H型钢组合柱的大偏心受拉时正截面受拉承载力应按公式（10.2-26）和式（10.2-27）计算。

$$N \leqslant f_y A_s + f_a A_{af} - f'_y A'_s - f'_a A'_{af} - \alpha_1 f_c bx + N_{aw} \tag{10.2-26}$$

$$Ne \leqslant \alpha_1 f_c bx \left(h_0 - \frac{x}{2}\right) + f'_y A'_s (h_0 - a'_s) + f'_a A'_{af}(h_0 - a'_a) + M_{aw} \tag{10.2-27}$$

式中　e——轴向拉力作用点至纵向受拉钢筋和型钢受拉翼缘的合力点之间的距离，$e = e_i - \frac{h}{2} + a$，

$e_0 = \frac{M}{N}$，$h_0 = h - a$。

（1）N_{aw}和M_{aw}的计算：

H型钢腹板承受的轴向合力N_{aw}，以及其对受拉或受压较小边型钢翼缘和纵向钢筋合力点的力矩M_{aw}应按公式（10.2-28）～式（10.2-32）计算。

① 当 $\delta_1 h_0 < \frac{x}{\beta_1}$，$\delta_2 h_0 > \frac{x}{\beta_1}$ 时：

$$N_{aw} = \left[(\delta_1 + \delta_2) - \frac{2x}{\beta_1 h_0}\right] t_w h_0 f_a \tag{10.2-28}$$

$$M_{aw} = \left[(\delta_1 + \delta_2) + \left(\frac{x}{\beta_1 h_0}\right)^2 - \frac{2x}{\beta_1 h_0} - 0.5(\delta_1^2 + \delta_2^2)\right] t_w h_0^2 f_a \tag{10.2-29}$$

② 当 $\delta_1 h_0 > \frac{x}{\beta_1}$，$\delta_2 h_0 > \frac{x}{\beta_1}$ 时：

$$N_{aw} = (\delta_2 - \delta_1) t_w h_0 f_a \tag{10.2-30}$$

$$M_{aw}=[(\delta_2-\delta_1)-0.5(\delta_2^2-\delta_1^2)]t_wh_0^2f_a \tag{10.2-31}$$

（2）当 $x<2a'_a$ 时，可按式（10.2-26）和式（10.2-27），式中 f'_a 应改为 σ'_a，σ'_a 可按式（10.2-32）计算。

$$\sigma'_a=\left(1-\frac{\beta_1a'_a}{x}\right)\varepsilon_{cu}E_a \tag{10.2-32}$$

2）小偏心受拉

小偏心受拉（图 10.2-8）是指轴向拉力作用在受拉钢筋和受拉型钢翼缘的合力点与受压钢筋和受压型钢翼缘的合力点之间。H 型钢组合柱的小偏心受拉柱的正截面受拉承载力应按公式（10.2-33）和式（10.2-36）计算。

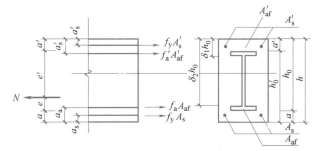

图 10.2-8　小偏心受拉的 H 型钢组合柱承载力计算示意

$$Ne\leq f'_yA'_s(h_0-a'_s)+f'_aA'_{af}(h_0-a'_a)+M_{aw} \tag{10.2-33}$$

$$Ne'\leq f_yA_s(h'_0-a_s)+f_aA_{af}(h_0-a_a)+M'_{aw} \tag{10.2-34}$$

H 型钢腹板承受的轴向合力对受拉或受压较小边型钢翼缘和纵向钢筋合力点的力矩 M_{aw} 和 M'_{aw} 应按公式（10.2-35）和式（10.2-36）计算。

$$M_{aw}=[(\delta_2-\delta_1)-0.5(\delta_2^2-\delta_1^2)]t_wh_0^2f_a \tag{10.2-35}$$

$$M'_{aw}=\left[0.5(\delta_2^2-\delta_1^2)-(\delta_2-\delta_1)\frac{a'}{h_0}\right]t_wh_0^2f_a \tag{10.2-36}$$

式中　e'——轴向拉力作用点至纵向受压钢筋和型钢受压翼缘的合力点之间的距离，$e'=e_0+\frac{h}{2}-a$。

6. H 型钢组合柱斜截面受剪承载力

1）H 型钢组合柱斜截面受剪承载力按公式（10.2-37）和式（10.2-38）计算。

$$V_c\leq 0.45\beta_cf_cbh_0 \tag{10.2-37}$$

$$\frac{f_at_wh_w}{\beta_cf_cbh_0}\geq 0.10 \tag{10.2-38}$$

式中　V_c——H 型钢组合柱的剪力设计值；

h_w——H 型钢腹板高度；

β_c——混凝土强度影响系数，当混凝土强度等级不超过 C50 时，取 $\beta_c=1.0$；当混凝土强度等级为 C80 时，取 $\beta_c=0.8$；其间按线性内插法确定。

2）十字形型钢截面的型钢混凝土柱，其斜截面受剪承载力计算中，可折算计入侧腹板面积，其等效腹板厚度可按公式（10.2-20）计算。

3）H 型钢混凝土偏心受压组合柱的斜截面受剪承载力按公式（10.2-39）计算。

$$V_c\leq\frac{1.75}{\lambda+1}f_tbh_0+f_{yv}\frac{A_{sv}}{s}h_0+\frac{0.58}{\lambda}f_at_wh_w+0.07N \tag{10.2-39}$$

式中　f_{yv}——箍筋的抗拉强度设计值；

A_{sv}——配置在同一截面内箍筋各肢的全部截面面积；

s——沿构件长度方向上箍筋的间距；

λ——柱的计算剪跨比，其值取上、下端较大弯矩设计值 M 与对应的剪力设计值 V 和柱截面有效高度 h_0 的比值，即 $M/(Vh_0)$；当框架结构中框架柱的反弯点在柱层高范围内时，柱剪跨比也可采用 1/2 柱净高与柱截面有效高度 h_0 的比值；当 $\lambda<1$ 时，取 $\lambda=1$；当 $\lambda<3$ 时，取 $\lambda=3$；

N——柱的轴向压力设计值；当 $N>0.3f_cA_c$ 时，取 $N=0.3f_cA_c$。

4）H 型钢混凝土偏心受拉柱的斜截面受剪承载力按公式（10.2-40）计算。

$$V_c \leqslant \frac{1.75}{\lambda+1} f_t b h_0 + f_{yv} \frac{A_{sv}}{s} h_0 + \frac{0.58}{\lambda} f_a t_w h_w - 0.2N \tag{10.2-40}$$

5）考虑地震组合作用的剪跨比不大于 2.0 的偏心受压柱的斜截面受剪承载力宜取公式（10.2-41）和式（10.2-42）计算的较小值。

$$V_c \leqslant \left[\frac{1}{\gamma_{RE}} \left(\frac{1.05}{\lambda+1} f_t b h_0 + f_{yv} \frac{A_{sv}}{s} h_0 + \frac{0.58}{\lambda} f_a t_w h_w + 0.056N \right) \right] \tag{10.2-41}$$

$$V_c \leqslant \left[\frac{1}{\gamma_{RE}} \left(\frac{4.2}{\lambda+1.4} f_t b_0 h_0 + f_{yv} \frac{A_{sv}}{s} h_0 + \frac{0.58}{\lambda-0.2} f_a t_w h_w \right) \right] \tag{10.2-42}$$

式中 b_0——型钢截面外侧混凝土的宽度，取柱截面宽度与型钢翼缘宽度之差。

10.2.6 裂缝宽度验算

H 型钢组合柱在受拉状态下会出现裂缝，应该限制裂缝开裂的程度。可以采用《混凝土结构设计规范》GB 50010—2010 中混凝土受拉构件的裂缝宽度计算公式。

1. 在正常使用极限状态下，当 H 型钢组合柱轴心受拉允许出现裂缝时，应验算裂缝宽度，最大裂缝宽度应按荷载的准永久组合并考虑长期效应组合的影响进行计算。

2. H 型钢组合柱的最大裂缝宽度不应大于 0.3mm（一类环境）或 0.2mm（非一类环境），环境类别分类见表 10.1-8。

3. H 型钢组合柱混凝土柱轴心受拉时，应按荷载的准永久组合并考虑长期效应组合的最大裂缝宽度按公式（10.2-43）~式（10.2-48）计算。

$$\omega_{max} = 2.7\psi \frac{\sigma_{sq}}{E_s} \left(1.9c + 0.07 \frac{d_e}{\rho_{te}} \right) \tag{10.2-43}$$

$$\psi = 1.1 - 0.65 \frac{f_{tk}}{\rho_{te}\sigma_{sq}} \tag{10.2-44}$$

$$\sigma_{sq} = \frac{N_q}{A_s + A_a} \tag{10.2-45}$$

$$\rho_{te} = \frac{A_s + A_a}{A_{te}} \tag{10.2-46}$$

$$d_e = \frac{4(A_s + A_a)}{u} \tag{10.2-47}$$

$$u = n\pi d_s + 4(b_f + t_f) + 2h_w \tag{10.2-48}$$

式中 ω_{max}——最大裂缝宽度；

c_s——纵向受拉钢筋的混凝土保护层厚度；

ψ——裂缝间受拉钢筋和型钢应变不均匀系数；当 $\psi < 0.2$ 时，取 0.2；当 $\psi > 1$ 时，取 $\psi=1$；

N_q——按荷载效应的准永久组合计算的轴向拉力值；

σ_{sq}——按荷载效应的准永久组合计算的型钢混凝土构件纵向受拉钢筋和受拉型钢的应力的平均应力值；

d_e、ρ_{te}——综合考虑受拉钢筋和受拉型钢的有效直径和有效配筋率；

A_{te}——轴心受拉构件的横截面面积；

u——纵向受拉钢筋和型钢截面的总周长；

n、d_s——纵向受拉变形钢筋的数量和直径；

b_f、t_f、h_w——型钢截面的翼缘宽度、厚度和腹板高度。

10.3 H 型钢组合结构节点

H 型钢组合结构节点有梁柱节点和柱连接两种形式。在各种结构体系中，钢梁和型钢混凝土柱的组合结构类型是最常见的。

10.3.1 梁柱节点承载力计算

H型钢混凝土框架梁柱节点核心区是结构受力的关键部位。设计时应保证传力明确、安全可靠、方便施工。节点核心区不允许有过大的局部变形。

H型钢混凝土框架梁柱节点连接形式常用的有以下三种：

（1）钢梁-H型钢组合柱节点的连接；

（2）H型钢组合梁-H型钢组合柱的连接；

（3）钢筋混凝土梁-H型钢组合柱的连接。

1. 梁柱节点的剪力设计值

节点都需要保证在两端出现塑性铰后，节点不发生剪切脆性破坏，因此需要调整梁柱节点的剪力设计值。梁柱节点的剪力设计值可以按公式（10.3-1）~式（10.3-12）计算。

1）钢梁-H型钢组合柱的连接节点

（1）一级抗震等级的框架结构和9度设防烈度一级抗震等级的各类框架

① 顶层节点

$$V_j = 1.15 \frac{M_{au}^l + M_{au}^r}{h_s} \qquad (10.3\text{-}1)$$

② 其他层的节点

$$V_j = 1.15 \frac{(M_{au}^l + M_{au}^r)}{h_a} \left(1 - \frac{h_a}{H_c - h_a}\right) \qquad (10.3\text{-}2)$$

（2）一级抗震等级的其他各类框架结构

① 顶层节点

$$V_j = 1.35 \frac{M_a^l + M_a^r}{h_a} \qquad (10.3\text{-}3)$$

② 其他层的节点

$$V_j = 1.35 \frac{(M_a^l + M_a^r)}{h_a} \left(1 - \frac{h_a}{H_c - h_a}\right) \qquad (10.3\text{-}4)$$

（3）二级抗震等级的框架结构和其他各类框架

① 顶层节点

$$V_j = 1.20 \frac{M_a^l + M_a^r}{h_a} \qquad (10.3\text{-}5)$$

② 其他层的节点

$$V_j = 1.20 \frac{(M_a^l + M_a^r)}{h_a} \left(1 - \frac{h_a}{H_c - h_a}\right) \qquad (10.3\text{-}6)$$

2）型钢混凝土梁（钢筋混凝土梁）-H型钢组合柱的连接节点

（1）一级抗震等级的框架结构和9度设防烈度一级抗震等级的各类框架

① 顶层节点

$$V_j = 1.15 \frac{M_{bua}^l + M_{bua}^r}{Z} \qquad (10.3\text{-}7)$$

② 其他层的节点

$$V_j = 1.15 \frac{(M_{bua}^l + M_{bua}^t)}{Z} \left(1 - \frac{Z}{H_c - h_b}\right) \qquad (10.3\text{-}8)$$

（2）一级抗震等级的其他各类框架结构和二级抗震等级的框架结构

① 顶层节点

$$V_j = 1.35 \frac{M_b^l + M_b^r}{Z} \qquad (10.3\text{-}9)$$

② 其他层的节点

$$V_{\mathrm{j}}=1.35\frac{(M_{\mathrm{b}}^{l}+M_{\mathrm{b}}^{\mathrm{r}})}{Z}\left(1-\frac{Z}{H_{\mathrm{c}}-h_{\mathrm{b}}}\right)\tag{10.3-10}$$

（3）二级抗震等级的其他各类框架结构

① 顶层节点

$$V_{\mathrm{j}}=1.20\frac{(M_{\mathrm{b}}^{l}+M_{\mathrm{b}}^{\mathrm{r}})}{Z}\tag{10.3-11}$$

② 其他层的节点

$$V_{\mathrm{j}}=1.20\frac{(M_{\mathrm{b}}^{l}+M_{\mathrm{b}}^{\mathrm{r}})}{Z}\left(1-\frac{Z}{H_{\mathrm{c}}-h_{\mathrm{b}}}\right)\tag{10.3-12}$$

式中　　V_{j}——框架梁柱节点的剪力设计值；

M_{au}^{l}、$M_{\mathrm{au}}^{\mathrm{r}}$——节点左、右两侧钢梁的正截面受弯承载力对应的弯矩值，其值应按实际型钢面积的钢材强度标准值计算；

M_{a}^{l}、$M_{\mathrm{a}}^{\mathrm{r}}$——节点左、右两侧钢梁的梁端弯矩设计值；

M_{bua}^{l}、$M_{\mathrm{bua}}^{\mathrm{r}}$——节点左、右两侧型钢混凝土梁或钢筋混凝土梁的梁端考虑承载力抗震调整系数的正截面受弯承载力对应的弯矩值，其值应按现行国家标准《混凝土结构设计规范》GB 50010—2010 或标准《组合结构设计规范》JGJ 138—2016 的有关规定计算；

M_{b}^{l}、$M_{\mathrm{b}}^{\mathrm{r}}$——节点左、右两侧型钢混凝土梁或钢筋混凝土梁的梁端弯矩设计值；

H_{c}——节点上柱和下柱反弯点之间的距离；

Z——对型钢混凝土梁，取型钢上翼缘和梁上部钢筋合力点与型钢下翼缘和梁下部钢筋合力点间的距离；对钢筋混凝土梁，取梁上部钢筋合力点与梁下部钢筋合力点间的距离；

h_{a}——型钢截面高度，当节点两侧梁高不相同时，梁截面高度 h_{a} 应取其平均值；

h_{b}——梁截面高度，当节点两侧梁高不相同时，梁截面高度 h_{b} 应取其平均值。

2. 梁柱节点核心区的截面要求

为了防止混凝土截面过小，造成节点核心区混凝土承受过大的斜压应力，造成节点发生斜压破坏，混凝土被压碎，根据静力剪切试验研究结果，规定了截面要求。

1）截面传力要求

考虑地震作用组合的框架节点核心区的受剪水平截面应符合公式（10.3-13）规定。

$$V_{\mathrm{j}}\leqslant\frac{1}{\gamma_{\mathrm{RE}}}(0.36\eta_{\mathrm{j}}f_{\mathrm{c}}b_{\mathrm{j}}h_{\mathrm{j}})\tag{10.3-13}$$

式中　　h_{j}——节点截面高度，可取受剪方向的柱截面高度；

b_{j}——节点有效截面宽度；

η_{j}——梁对节点的约束影响系数，对两个正交方向有梁约束，且节点核心区内配有十字形型钢的中间节点，当梁的截面宽度均大于柱截面宽度的 1/2，且正交方向梁截面高度不小于较高框架梁截面高度的 3/4 时，可取 $\eta_{\mathrm{j}}=1.3$，但 9 度设防烈度宜取 1.25；其他情况的节点，可取 $\eta_{\mathrm{j}}=1$。

2）节点有效截面宽度

由于不同类型梁对型钢混凝土柱的约束作用不同，故其组成节点的有效宽度也会不同。梁柱节点有效截面宽度按下列规定计算。

（1）H 型钢组合柱和钢梁节点

$$b_{\mathrm{j}}=b_{\mathrm{c}}/2\tag{10.3-14}$$

（2）H 型钢组合柱和型钢混凝土梁节点

$$b_{\mathrm{j}}=(b_{\mathrm{b}}+b_{\mathrm{c}})/2\tag{10.3-15}$$

（3）H 型钢组合柱和钢筋混凝土梁节点

① 梁柱轴线重合

当 $b_b > b_c/2$ 时，$b_j = b_c$。

当 $b_b \leq b_c/2$ 时，$b_j = \min(b_b + 0.5h_c, \ b_c)$。

② 梁柱轴线不重合，且偏心距不大于柱截面宽度的 1/4

$$b_j = \min(0.5b_c + 0.5b_b + 0.25h_c - e_0, \ b_b + 0.5h_c, \ b_c) \tag{10.3-16}$$

式中　b_c——柱截面宽度；

　　　h_c——柱截面高度；

　　　b_b——梁截面宽度。

3. 梁柱节点的受剪承载力

型钢混凝土梁柱节点试验表明，其受剪承载力由混凝土、钢筋和型钢组成；混凝土的受剪承载力，由于型钢约束作用，混凝土所承担的受剪承载力增大；为安全起见，不考虑轴压力对混凝土受剪承载力的有利影响。基于型钢混凝土柱与各种不同类型的梁形成的节点，其梁端内力传递到柱子的途径有差异，不同的节点有相应的受剪承载力计算公式。

1) 梁柱节点的受剪承载力根据抗震等级的不同结构体系和节点类型分别应满足下列要求：

(1) 一级抗震等级的框架结构和 9 度设防烈度一级抗震等级的各类框架

① H 型钢组合柱和钢梁节点

$$V_j \leq \frac{1}{\gamma_{RE}}\left[1.7\phi_j \eta_j f_t b_j h_j + f_{yv}\frac{A_{sv}}{s}(h_0 - a'_s) + 0.58 f_a t_w h_w\right] \tag{10.3-17}$$

② H 型钢组合柱和型钢混凝土梁节点

$$V_j \leq \frac{1}{\gamma_{RE}}\left[2.0\phi_j \eta_j f_t b_j h_j + f_{yv}\frac{A_{sv}}{s}(h_0 - a'_s) + 0.58 f_a t_w h_w\right] \tag{10.3-18}$$

③ H 型钢组合柱和钢筋混凝土梁节点

$$V_j \leq \frac{1}{\gamma_{RE}}\left[1.0\phi_j \eta_j f_t b_j h_j + f_{yv}\frac{A_{sv}}{s}(h_0 - a'_s) + 0.3 f_a t_w h_w\right] \tag{10.3-19}$$

(2) 其他各类框架

① 型钢混凝土柱和钢梁节点

$$V_j \leq \frac{1}{\gamma_{RE}}\left[1.8\phi_j f_t b_j h_j + f_{yv}\frac{A_{sv}}{s}(h_0 - a'_s) + 0.58 f_a t_w h_w\right] \tag{10.3-20}$$

② 型钢混凝土柱和型钢混凝土梁节点

$$V_j \leq \frac{1}{\gamma_{RE}}\left[2.3\phi_j \eta_j f_t b_j h_j + f_{yv}\frac{A_{sv}}{s}(h_0 - a'_s) + 0.58 f_a t_w h_w\right] \tag{10.3-21}$$

③ 型钢混凝土柱和钢筋混凝土梁节点

$$V_j \leq \frac{1}{\gamma_{RE}}\left[1.2\phi_j \eta_j f_t b_j h_j + f_{yv}\frac{A_{sv}}{s}(h_0 - a'_s) + 0.3 f_a t_w h_w\right] \tag{10.3-22}$$

式中　ϕ_j——节点位置影响系数，对中柱中间节点取 1，边柱节点及顶层中间节点取 0.6，顶层边节点取 0.3。

2) 型钢混凝土柱和型钢混凝土梁节点双向受剪承载力宜按公式（10.3-23）计算。

$$\left(\frac{V_{jx}}{1.1V_{jux}}\right)^2 + \left(\frac{V_{jy}}{1.1V_{juy}}\right)^2 = 1 \tag{10.3-23}$$

式中　V_{jx}、V_{jy}——X 方向、Y 方向剪力设计值；

　　　V_{jux}、V_{juy}——X 方向、Y 方向单向极限受剪承载力。

4. 梁柱节点的抗裂要求

规范在根据对型钢混凝土柱和型钢混凝土梁的梁柱节点的试验研究成果的基础上，提出了型钢混凝土梁柱节点抗裂性能的要求。型钢混凝土梁柱节点抗裂计算宜符合公式（10.3-24）的要求。

$$\frac{\sum M_{bk}}{Z}\left(1-\frac{Z}{H_c-h_b}\right)\leqslant A_c f_t(1+\beta)+0.05N \qquad (10.3\text{-}24)$$

$$\beta=\frac{E_a}{E_c}\frac{t_w h_w}{b_c(h_b-2c)} \qquad (10.3\text{-}25)$$

式中 β——型钢抗裂系数；

t_w——柱型钢腹板厚度；

h_w——柱型钢腹板高度；

c——柱钢筋保护层厚度；

$\sum M_{bk}$——节点左右梁端逆时针或顺时针方向组合弯矩准永久值之和；

Z——型钢混凝土梁中型钢上翼缘和梁上部钢筋合力点与型钢下翼缘和梁下部钢筋合力点间的距离；

A_c——柱截面面积。

5. 型钢混凝土梁柱节点的受弯承载力要求

型钢混凝土柱的梁柱连接节点的内力传递较复杂。试验结果表明：（1）当梁为型钢混凝土梁或钢梁时，如果型钢混凝土柱中的型钢过小，使型钢混凝土柱中的型钢部分与梁型钢的弯矩分配比在40%以下时，不能充分发挥柱中型钢的抗弯承载力，且在反复荷载作用下，其荷载-位移滞回曲线将出现捏拢现象。（2）当梁为混凝土梁时，型钢混凝土柱中的混凝土截面过小，同样使型钢混凝土柱中的钢筋混凝土的抗弯承载力，在反复荷载作用下，其荷载-位移滞回曲线也将出现捏拢现象。因此，为保证梁中型钢部分承担的弯矩传递给型钢混凝土柱中型钢，梁中钢筋混凝土部分的弯矩传递给柱中钢筋混凝土，需要对型钢混凝土柱的梁柱节点的构造给出一定的要求。

1）计算要求

型钢混凝土框架梁柱节点的梁端、柱端的型钢和钢筋混凝土各自承担的受弯承载力的之和，宜符合公式（10.3-26）和（10.3-27）的要求。

$$0.4\leqslant\frac{\sum M_c^a}{\sum M_b^a}\leqslant2.0 \qquad (10.3\text{-}26)$$

$$\frac{\sum M_c^{rc}}{\sum M_b^{rc}}\geqslant0.4 \qquad (10.3\text{-}27)$$

式中 $\sum M_c^a$——节点上、下柱端型钢受弯承载力之和；

$\sum M_b^a$——节点左、右梁端型钢受弯承载力之和；

$\sum M_c^{rc}$——节点上、下柱端钢筋混凝土截面受弯承载力之和；

$\sum M_b^{rc}$——节点左、右梁端钢筋混凝土截面受弯承载力之和。

2）节点弯矩分配

（1）当梁为型钢混凝土梁或钢梁时，型钢混凝土柱中的型钢部分与梁型钢的弯矩分配比不小于40%。

（2）当梁为型钢混凝土梁时，型钢混凝土柱中的混凝土部分与梁中的混凝土部分的弯矩分配比不小于40%。

（3）当梁为混凝土梁时，宜符合公式（10.3-27）的要求。

10.3.2 梁柱节点

在各种结构体系中，钢梁和型钢混凝土柱的组合结构类型是最常见的，梁柱节点连接传力直接简单、施工方便。

1. 柱贯通连接节点

在各种组合结构体系中，H型钢混凝土梁柱连接宜采用柱内H型钢贯通型（图10.3-1），柱内H型钢的拼接应符合钢结构的连接规定。

设计中，应根据柱 H 型钢截面和纵向钢筋的配置上，考虑到便于梁内纵向钢筋贯通节点，尽可能减少纵向钢筋穿柱型钢的数量。

2. 梁柱刚性连接节点

1) 对 H 型钢组合柱与钢梁或型钢混凝土梁的刚性连接，柱内 H 型钢和钢梁或型钢混凝土梁的型钢部分应采用刚性连接（图 10.3-2），具体连接构造应符合《钢结构设计标准》GB 50017—2017 和《高层民用建筑钢结构技术规程》JGJ 99—2015 的有关规定。

在 H 型钢组合柱中，与钢梁翼缘水平位置处应设置加劲肋，其构造应便于混凝土浇灌，并保证混凝土密实。柱中 H 型钢和主筋的布置应为梁中主筋贯穿留出通道。梁中主筋不应穿过柱 H 型钢翼缘，也不得与柱 H 型钢直接焊接。H 型钢柱的腹板部分设置钢筋贯穿孔时，截面缺损率不应超过腹板面积的 20%。

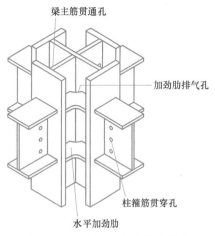

图 10.3-1 型钢混凝土梁柱节点
中 H 型钢柱贯通的连接示意

2) 对型钢混凝土柱与钢筋混凝土梁刚性连接时，梁的纵向钢筋应伸入柱节点，且应符合现行国家标准《混凝土结构设计规范》GB 50010—2010 对钢筋的锚固要求。柱内 H 型钢和纵向钢筋的配置，宜减少梁纵向钢筋穿过柱内 H 型钢的数量，且不宜穿过 H 型钢翼缘，也不应与柱内 H 型钢直接焊接连接。图（10.3-3）给出了三种连接方式的示意。

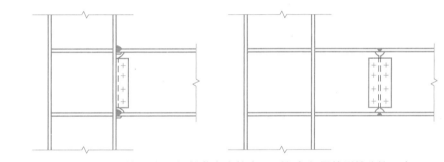

图 10.3-2 型钢混凝土梁柱节点中柱内 H 型钢与钢梁的刚性连接示意

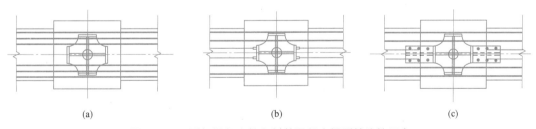

(a)   (b)   (c)

图 10.3-3 型钢混凝土柱和钢筋混凝土梁刚性连接示意
（a）梁柱节点穿筋构造；（b）可焊接连接器连接；（c）钢牛腿焊接

（1）梁的纵向钢筋可采取双排钢筋等措施，尽可能多地贯通节点，其余纵向钢筋可在柱内 H 型钢腹板上预留贯穿孔，H 型钢腹板截面损失率宜不小于腹板面积的 20%。

（2）当梁纵向钢筋伸入柱节点与柱内 H 型钢翼缘相碰时，可在 H 型钢翼缘上设置可焊接机械连接套筒与梁纵筋连接，并应在连接套筒位置的 H 型钢柱内设置水平加劲肋，加劲肋形势应便于混凝土浇灌。

（3）梁纵筋可与 H 型钢柱上设置的钢牛腿可靠焊接，且宜有不少于 1/2 梁纵筋面积穿过 H 型钢组合柱连续配置。钢牛腿的高度不宜小于 0.7 倍混凝土梁高，长度不宜小于混凝土梁截面高度的 1.5 倍。钢牛腿的上、下翼缘应设置栓钉，直径不宜小于 19mm，间距不宜大于 200mm，且栓钉至钢牛腿翼缘边缘距离不应小于 50mm。梁端至牛腿端部以外 1.5 倍梁高范围内，箍筋设置应符合现行国家标准《混

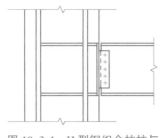

图 10.3-4 H型钢组合柱柱与
H型钢梁的铰接连接示意

凝土结构设计规范》GB 50010—2010 梁端箍筋加密区的规定。

3. 铰接连接

当型钢组合柱与钢梁采用铰接连接时，宜采用高强度螺栓连接方式。可以在 H 型钢柱上焊接短牛腿，牛腿端部宜焊接与 H 型钢组合柱平齐的封口板，钢梁腹板与封口板宜采用高强度螺栓连接（图 10.3-4），钢梁翼缘与牛腿翼缘不应焊接。

4. 梁柱斜撑复杂节点

H 型钢组合柱与钢梁、钢斜撑连接的复杂梁柱节点，其核心区除在纵筋外围设置间距为 200mm 的构造箍筋外，可设置外包钢板箍代替钢筋箍，以避免箍筋穿筋困难，以及柱节点区上、下边缘混凝土局部压坏。

1）外包钢板宜与 H 型钢组合柱表面平齐，其高度宜与钢梁高度相同，厚度可取柱截面宽度的 1/100，钢板与钢梁的翼缘和腹板可靠焊接。钢梁上、下部位可设置条形小钢板箍，条形小钢板箍的尺寸应符合公式（10.3-28）～式（10.3-30）的要求（图 10.3-5）。

$$t_{w1}/h_b \geqslant 1/30 \tag{10.3-28}$$
$$t_{w1}/b_c \geqslant 1/30 \tag{10.3-29}$$
$$h_{w1}/h_b \geqslant 1/5 \tag{10.3-30}$$

式中　t_{w1}——小钢板箍厚度；

h_{w1}——小钢板箍高度；

h_b——钢梁的高度；

b_c——柱截面宽度。

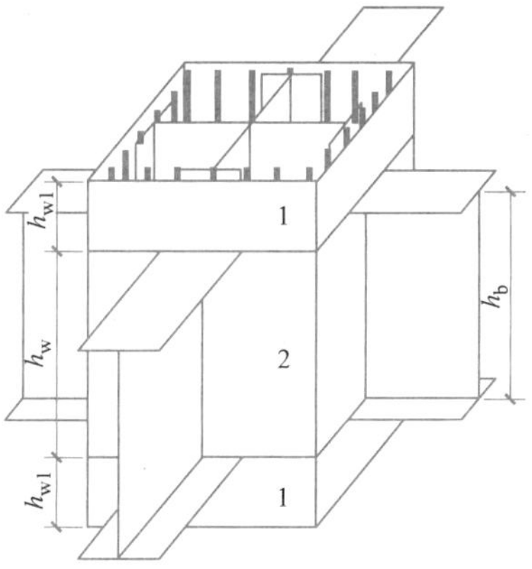

2）当梁柱节点采用钢板箍时，节点受剪承载力可按公式（10.3-31）计算。

$$V_j = \frac{1}{\gamma_{RE}}[1.7\phi_j f_t b_j h_j + 0.4\sum t_{w2}h_{w2}f_a + 0.58f_a t_w h_w] \tag{10.3-31}$$

图 10.3-5 H型钢组合柱柱与
钢梁的连接节点-钢板箍示意
1—小钢板箍；2—大钢板箍

式中　t_{w2}——大钢板箍厚度；

h_{w2}——大钢板箍高度。

5. 构造要求

1）对一、二、三级抗震等级的框架节点核心区，其箍筋最小体积配筋率分别不宜小于 0.6%、0.5%、0.4%；且箍筋间距不宜大于柱端加密区间距的 1.5 倍，箍筋直径不宜小于柱端箍筋加密区的箍筋直径；柱纵向受力钢筋不应在各层节点中切断。

四边有梁约束的型钢混凝土框架节点，其受剪承载力和变形能力较大，因此，框架节点的箍筋配筋体积率可适当放松。

2）为保证梁柱节点区的整体受力性能，需要 H 型钢组合柱中型钢的焊接性能满足一定的要求。

H 型钢柱的翼缘与竖向腹板间连接焊缝宜采用坡口全熔透焊缝或部分熔透焊缝。在节点区及梁上下翼缘各 500mm 范围内，应采用坡口全熔透焊缝；在高层建筑底部加强区，应采用坡口全熔透焊缝；焊缝等级应为一级。

3）设置水平加劲肋的作用是确保节点内力可靠传递，但加劲肋会影响混凝土的浇筑，因此应采用合理的加劲肋形式宜减少对混凝土浇筑质量的影响。要求加劲肋满足下面的规定：

（1）H 型钢柱沿高度方向，对应于钢梁或型钢混凝土梁内型钢的上下翼缘处，应设置水平加劲肋，加劲肋形式宜便于混凝土浇筑；

（2）对钢梁或型钢混凝土梁，水平加劲肋厚度不宜小于梁端型钢翼缘厚度，且不宜小于 12mm；

（3）加劲肋与型钢翼缘的连接宜采用坡口全熔透焊缝，与型钢腹板可采用角焊缝，焊缝高度不宜小于加劲肋厚度。

10.3.3 柱柱连接

在结构竖向布置中，上下柱子不同是非常常见的，这就存在着结构刚度和承载力突变的情况，应设置过渡层，避免形成薄弱层。过渡层要起到刚度和承载力的平稳过渡，需要进行计算，并满足一定的构造要求。H型钢组合柱中的过渡层构造要求包括在柱柱连接中，柱柱连接的形式主要包括以下四种：

(1) H型钢组合柱和钢筋混凝土柱的连接；

(2) H型钢组合柱和钢柱的连接；

(3) H型钢组合柱和钢柱的连接；

(4) 组合柱内的H型钢柱拼接连接。

前三个连接是过渡层，第四种是常规的钢结构构件连接。

1. H型钢组合柱和钢筋混凝土柱的连接

当结构下部采用H型钢组合柱、上部采用钢筋混凝土柱时，其间应设置过渡层（图10.3-6），过渡层应符合以下规定：

1) 当设计确定某层柱由H型钢混凝土柱改为钢筋混凝土柱时，下部H型钢组合柱中H型钢应向上延伸一层或两层作为过渡层。

2) 过渡层的H型钢截面可适当减小；下部型钢混凝土柱内的型钢应伸至过渡层柱顶部的梁高度范围内截断。

3) 过渡层的纵向钢筋和箍筋配置应按钢筋混凝土柱计算，不考虑型钢的作用，箍筋应沿全高加密。

4) 过渡层的H型钢翼缘应设置栓钉，栓钉的直径不小于19mm，水平及竖向中心距不宜大于200mm，且栓钉中心至H型钢边缘距离不宜小于50mm。

2. H型钢组合柱和钢柱的连接

当结构下部采用H型钢组合柱、上部采用钢柱时，其间应设置过渡层（图10.3-7），过渡层应符合以下规定：

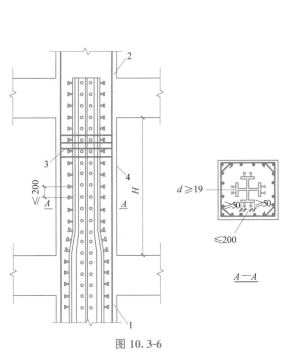

图 10.3-6
1—H型钢组合柱；2—钢筋混凝土柱

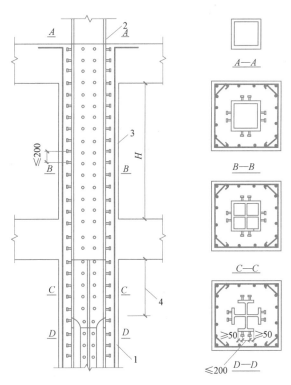

图10.3-7 H型钢组合柱与钢柱的过渡层连接构造
1—H型钢组合柱；2—钢柱；3—过渡层；4—过渡层型钢向下延伸高度

1）当设计确定某层柱由H型钢组合柱改为钢柱时，下部H型钢组合柱中H型钢应向上延伸一层作为过渡层。过渡层中型钢应按上部钢柱截面配置，且向下一层延伸至梁下部不小于2倍柱型钢截面盖度处；过渡层柱的箍筋配置应按下部H型钢组合柱箍筋加密区的规定配置并沿柱全高加密。

2）过渡层柱的截面刚度应为下部型钢混凝土柱截面刚度与上部钢柱截面刚度的中间值，宜取 $(0.4\sim0.6)\,[(EI)_{SRC}+(EI)_{S}]$，其中 $(EI)_{SRC}$ 为过渡层下部型钢混凝土柱的截面刚度，$(EI)_{S}$ 为过渡层上部钢柱截面刚度。其截面配筋应符合型钢混凝土柱承载力计算和构造要求。

3）过渡层的H型钢翼缘应设置栓钉，栓钉的直径不小于19mm，水平及竖向中心距不宜大于200mm，且栓钉中心至H型钢边缘距离不宜小于50mm。

4）当下部型钢混凝土柱中的型钢为十字形型钢，上部钢柱为箱形截面时，十字形型钢腹板宜伸入箱型钢柱内，其伸入长度不宜小于十字形型钢截面高度的1.5倍。

3. H型钢组合柱中型钢变截面的连接

1）H型钢组合柱内的型钢柱需要改变截面时，宜保持H型钢的截面高度不变，仅改变型钢翼缘的宽度、厚度或腹板的厚度。

2）若需要改变柱内型钢的截面高度时，宜采用逐步减小腹板截面高度的过渡段，并在变截面段的上端和下端设置水平加劲板。当变截面过渡段位于梁-柱节点处，变截面段的上、下端，距离梁内型钢顶面和底面不宜小于150mm（图10.3-8）。

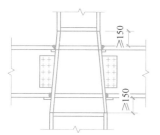

图10.3-8　H型钢柱变截面构造

4. H型钢组合柱中的H型钢柱拼接连接

1）H型钢翼缘宜采用全熔透焊的坡口对接焊缝；腹板可采用高强度螺栓连接或全熔透坡口对焊焊缝，腹板较厚时宜采用焊缝连接。

2）柱拼接位置宜设置安装耳板，应根据柱安装单元的自重确定耳板的厚度、长度、固定螺栓数量及焊缝高度。耳板厚度不宜小于10mm，安装螺栓不宜少于6个M20，耳板与翼缘间宜采用双面角焊缝，焊脚高度不宜小于8mm（图10.3-9）。

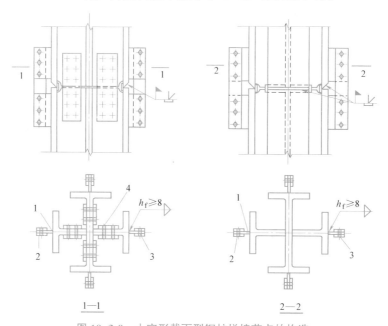

图10.3-9　十字形截面型钢柱拼接节点的构造
1—耳板；2—连接板；3—安装螺栓；4—高强度螺栓

10.3.4　柱脚

柱脚作为建筑结构的根基，必须保证其安全性。目前，工程设计中的H型钢组合柱的柱脚，根据工程情况，除了采用埋入式柱脚外，也有采用非埋入式柱脚。H型钢组合柱的柱脚分为非埋入式（图

10.3-10）和埋入式柱脚（图 10.3-11）两种形式。

1. 柱脚的选用

日本阪神地震震害表明，对于无地下室的建筑，其非埋入式柱脚直接设置在±0.00 标高，柱脚往往无法抵御大地震作用带来的巨大反复倾覆弯矩和水平剪力的作用而破坏。所以，在抗震地区，非埋入式柱脚的选用要慎重。

在柱脚形式的选用和设计中应符合下列要求：

1）不考虑抗震组合作用的偏心受压柱可采用埋入式柱脚和非埋入式柱脚。

2）考虑抗震组合作用的偏心受压柱宜采用埋入式柱脚。

3）偏心受拉柱应采用埋入式柱脚。

4）H 型钢混凝土偏心受压柱嵌固端以下有两层及两层以上地下室时，可将 H 型钢组合柱伸入基础底板，也可伸至基础底板顶面。当伸至基础底板顶面时，纵向钢筋和锚栓应锚入基础底板并符合锚固要求；柱脚应按非埋入式柱脚计算其受压、受弯和受剪承载力，计算中不考虑型钢作用，轴力、弯矩和剪力设计值应取柱底部的相应设计值。

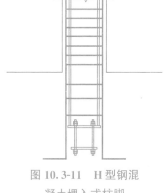
图 10.3-10　H 型钢混凝土非埋入式柱脚

图 10.3-11　H 型钢混凝土埋入式柱脚

2. 埋入式柱脚设计

埋入式柱脚是 H 型钢组合柱的 H 型钢埋入基础底板（承台），如图 10.3-11 所示。

1）H 型钢组合柱脚的埋置深度计算

偏心受压柱埋入式柱脚的埋置深度计算公式是假设埋入式柱脚由 H 型钢组合柱与基础混凝土之间的侧压力来平衡型钢混凝土柱受到的弯矩和剪力，并对由此建立的计算公式进行简化，通过试验验证，该公式适用于压弯和拉弯两种情况。

偏心受压（拉）柱埋入式柱脚的埋置深度 h_B（图 10.3-12）可按公式（10.3-32）计算。

$$h_B \geq 2.5\sqrt{\frac{M}{b_v f_c}} \qquad (10.3\text{-}32)$$

式中　h_B——H 型钢组合柱的柱脚埋置深度；

M——埋入式柱脚最大组合弯矩设计值；

b_v——H 型钢组合柱垂直于计算弯曲平面方向的箍筋边长；

f_c——基础底板混凝土抗压强度设计值。

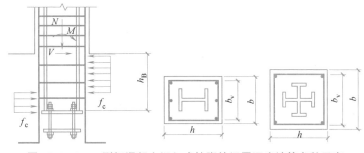
图 10.3-12　H 型钢混凝土埋入式柱脚的埋置深度计算参数示意

2）基础底板的局部受压承载力

H 型钢混凝土偏心受压柱，其埋入式柱脚在柱轴向压力作用下，基础底板的局部受压承载力应符合现行国家标准《混凝土结构设计规范》GB 50010—2010 中有关受压承载力计算的规定。

3）基础底板的受冲切承载力

（1）H 型钢混凝土偏心受压柱，其埋入式柱脚在柱轴向压力作用下，基础底板受冲切承载力应符合现行国家标准《混凝土结构设计规范》GB 50010—2010 中有关受冲切承载力计算的规定。

（2）H 型钢混凝土偏心受拉柱，其埋入式柱脚在柱轴向拉力作用下，基础底板受冲切承载力应符合现行国家标准《混凝土结构设计规范》GB 50010—2010 中有关受冲切承载力计算的规定，冲切面高度应取 H 型钢的埋置深度，冲切计算中的轴向拉力设计值应按公式（10.3-30）计算。

$$N_t = N_{tmax} \frac{f_a A_a}{f_y A_s + f_a A_a}$$ （10.3-33）

式中　N_t——冲切计算中的轴向拉力设计值；

N_{tmax}——埋入式柱脚最大组合轴向拉力设计值；

A_a——型钢截面面积；

A_s——全部纵向钢筋截面面积；

f_a——型钢抗拉强度设计值；

f_y——纵向钢筋抗拉强度设计值

4）埋入式柱脚构造要求

（1）H 型钢在基础底板（承台）中的埋深要求：当采用 H 形截面、十字形截面型钢时，不应小于柱型钢截面高度的 2.0 倍。

（2）型钢混凝土柱的埋入式柱脚的型钢底板厚度不应小于型钢翼缘厚度，且不宜小于 25mm。

（3）埋入式柱脚在基础（基础梁）中的埋入范围及其上一层的型钢翼缘和腹板应设置栓钉，栓钉的直径不宜小于 19mm，水平及竖向中心距不宜大于 200mm，且栓钉至型钢翼缘边缘的距离不宜小于 50mm，且不宜大于 100mm。

（4）在型钢埋入部分的顶部，应设置水平加劲肋板，加劲肋的厚度宜与型钢翼缘等厚，其形状应便于混凝土浇筑。

（5）埋入式柱脚中型钢的最小混凝土保护层厚度：中柱不应小于 180mm，边柱和角柱不应小于 250mm（图 10.3-13）。

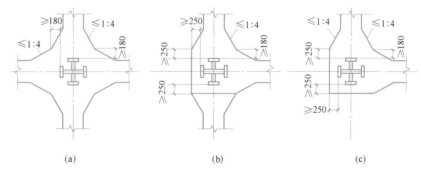

图 10.3-13　H 型钢混凝土埋入式柱脚的埋置深度计算参数示意
(a) 中柱；(b) 边柱；(c) 角柱

（6）埋入式柱脚中型钢底板的锚栓埋置深度，以及柱内纵向钢筋在基础底板中的锚固长度，应符合现行国家标准《混凝土结构设计规范》GB 50010—2010 中有关受冲切承载力计算的规定，柱内纵向钢筋锚入基础底板部分应设置箍筋。

3. 非埋入式柱脚设计

非埋入式柱脚是 H 型钢不埋入基础，柱脚底板截面处的轴力、弯矩和剪力由锚入基础底板的锚栓、纵向钢筋和混凝土承受。非埋入式柱脚的设计应进行正截面受压承载力、局部受压承载力、受冲切承载力和受剪承载力等计算，并满足构造要求。

1）正截面受压承载力计算

在计算非埋入式柱脚的正截面受压承载力时，不考虑型钢的作用，宜按《混凝土结构设计规范》GB 50010—2010 有关钢筋混凝土偏心受压柱正截面受压承载力计算。

（1）H 型钢混凝土偏心受压柱的非埋入式柱脚的型钢底板截面处的锚栓配置，应符合正截面承载力计算规定。正截面承载力按公式（10.3-34）和式（10.3-35）计算，见图（10.3-14）。计算时锚固螺栓仅作为受拉钢筋考虑，忽略受压锚固螺栓的作用。

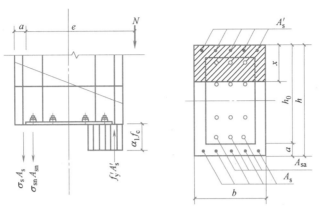

图 10.3-14　非埋入式柱脚底板锚栓配置计算参数示意

$$N \leqslant \alpha_1 f_c bx + f'_y A'_s - \sigma_s A_s - 0.75\sigma_{sa} A_{sa} \tag{10.3-34}$$

$$Ne \leqslant \alpha_1 f_c bx \left(h_0 - \frac{x}{2}\right) + f'_y A'_s (h_0 - a'_s) \tag{10.3-35}$$

式中　　N——非埋入式柱脚底板截面处轴向压力设计值；

　　　　M——非埋入式柱脚底板截面处弯矩设计值；

A_s、A'_s、A_{sa}——纵向受拉钢筋、纵向受压钢筋、受拉一侧最外排锚栓的截面面积；

　σ_s、σ_{sa}——纵向受拉钢筋、受拉一侧最外排锚栓的应力；

　　　　e——轴向力作用点至纵向受拉钢筋和受拉一侧最外侧锚栓合力点之间的距离，$e = e_i + \dfrac{h}{2} - a$，

　　　　　　$e_i = e_0 + e_a$，$e_0 = \dfrac{M}{N}$，$h_0 = h - a$；

　　　e_0——轴向力对界面重心的偏心距；

　　　e_i——初始偏心距；

　　　e_a——附加偏心距，计算承载力时应考虑轴向压力在偏心方向的附加偏心距，其值宜取 20mm 和偏心方向截面尺寸的 1/30 两者中的较大值；

　　　　a——纵向受拉钢筋与受拉一侧最外排锚栓合力点至受拉边缘的距离；

　　　　x——混凝土受压区高度；

　b、h——H 型钢组合柱截面宽度、高度；

　　　h_0——截面有效高度；

　　　a'_s——受压区钢筋至受压截面边缘的距离；

　　　f_c——混凝土的抗压强度设计值；

　　　α_1——受压区混凝土压应力影响系数，当混凝土强度等级不超过 C50 时，取 1.0；当混凝土强度等级为 C80 时，取 0.94，其间按线性内插法确定。

（2）σ_s 和 σ_{sa} 的计算

纵向受拉钢筋应力 σ_s 和受拉一侧最外排锚栓应力 σ_{sa} 按以下规定确定。

① 当 $x \leqslant \xi_b h_0$ 时，$\sigma_s = f_y$，$\sigma_{sa} = f_{sa}$。

② 当 $x > \xi_b h_0$ 时：

$$\sigma_s = \frac{f_y}{\xi_b - \beta_1}\left(\frac{x}{h_0} - \beta_1\right) \tag{10.3-36}$$

$$\sigma_{sa} = \frac{f_{sa}}{\xi_b - \beta_1}\left(\frac{x}{h_0} - \beta_1\right) \tag{10.3-37}$$

③ ξ_b 可按公式（10.3-35）计算：

$$\xi_b = \frac{\beta_1}{1 + \dfrac{f_y + f_{sa}}{2 \times 0.003 E_s}}$$

（10.3-38）

式中　β_1——混凝土强度影响系数，当混凝土强度等级不超过 C50 时，取 0.8；当混凝土强度等级为 C80 时，取 0.74，其间按线性内插法确定；

　　　ξ_b——相对界限受压区高度；

　　　E_s——钢筋弹性模量；

f_y、f_{sa}——钢筋受拉强度设计值、锚栓抗拉强度设计值。

（3）当不能满足公式（10.3-34）~式（10.3-35）要求时，可在柱周边外包钢筋混凝土增大柱截面，并配置计算所需的纵向钢筋及构造规定的箍筋。外包钢筋混凝土应延伸至基础底板以上一层的层高范围，其纵筋锚入基础底板的锚固长度应符合现行国家标准《混凝土结构设计规范》GB 50010—2010 中相关规定，钢筋端部应设置弯钩。

2）基础底板的局部受压承载力和受冲切承载力

H 型钢混凝土偏心受压柱，其埋入式柱脚在柱轴向压力作用下，基础底板的局部受压承载力和受冲切承载力应符合现行国家标准《混凝土结构设计规范》GB 50010—2010 中相关规定。

3）受剪承载力

H 型钢组合柱的非埋入式柱脚受剪承载力由柱脚型钢底板下轴向压力对底板产生的摩擦力和柱脚型钢底板周边箱形混凝土沿剪力方向两侧边的有效截面及其范围内配置的纵向钢筋抗剪承载力组成。

对于 H 型钢混凝土偏心受压柱非埋入式柱脚底板截面应进行受剪承载力的计算。非埋入式柱脚的受剪承载力可按是否设置抗剪件分别按公式（10.3-39）和式（10.3-37）计算，见图（10.3-15）。

（1）柱脚底板下不设抗剪连接件时

$$V \leqslant 0.4N_B + V_{rc}$$

（10.3-39）

（2）柱脚底板下设抗剪连接件时

$$V \leqslant 0.4N_B + V_{rc} + 0.58 f_a A_{sw}$$

（10.3-40）

$$N_B = N \frac{E_a A_a}{E_c A_c + E_a A_a}$$

（10.3-41）

$$V_{rc} = 1.5 f_t (b_{c1} + b_{c2}) h + 0.5 f_y A_{sl}$$

（10.3-42）

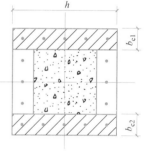

图 10.3-15　非埋入式柱脚受剪承载力计算参数示意

式中　V——柱脚型钢底板处的剪力设计值；

　　　N_B——柱脚型钢底板下按弹性刚度分配的轴向压力设计值，按公式（10.3-41）计算；

　　　N——柱脚型钢底板处与剪力设计值 V 相应的轴向压力设计值；

　　　V_{rc}——柱脚型钢底板处的钢筋混凝土的剪力设计值，按公式（10.3-42）计算，

　　　A_c——H 型钢组合柱混凝土截面面积；

　　　A_a——H 型钢组合柱型钢截面面积；

　　　A_{sw}——抗剪连接件型钢腹板的受剪截面面积；

　　　h——柱脚底板周边箱形混凝土截面沿受剪方向的高度；

E_a、E_c——型钢、混凝土的弹性模量；

f_t、f_y、f_a——混凝土轴心抗拉强度设计值、钢筋受拉强度设计值和型钢抗拉强度设计值；

b_{c1}、b_{c2}——H 型钢组合柱型钢截面宽度；

　　　A_{sl}——柱脚底板周边箱形混凝土截面沿受剪方向的有效受剪宽度和高度范围的纵向钢筋截面面积。

4）非埋入式柱脚构造要求

（1）H 型钢混凝土偏心受压柱的非埋入式柱脚的型钢底板厚度不应小于 H 型钢翼缘厚度，且不宜

小于30mm。

（2）H型钢混凝土偏心受压柱的非埋入式柱脚底板的锚栓直径不宜小于25mm，锚栓锚入基础底板的长度不宜小于40倍的锚栓直径。纵向钢筋锚入基础的长度应符合受拉钢筋锚固规定，外围纵向钢筋锚入基础部分应设置箍筋。柱与基础在一定范围内的混凝土宜连续浇筑。

（3）H型钢混凝土偏心受压柱的非埋入式柱脚上一层的型钢翼缘和腹板应设置栓钉，栓钉的直径不宜小于19mm，水平及竖向中心距不宜大于200mm，且栓钉至型钢翼缘边缘的距离不宜小于50mm，且不宜大于100mm。

第11章 装配式建筑中 H 型钢应用

11.1 装配式钢结构建筑

11.1.1 概述

装配式钢结构建筑是指按照统一、标准的建筑部品规格与尺寸，在工厂将钢结构加工制作成房屋单元或部件，然后运至施工现场，再经过连接节点将各单元或部件装配成一个结构整体的工业化建筑。装配式钢结构易于实现工业化、标准化、部品化的制作，且与之配套的墙体材料可以采用节能、环保的新型材料，可再生重复利用，符合可持续发展战略。装配式钢结构不仅可以改变传统建筑的结构模式，而且可以替代传统建筑材料（砖石、混凝土和木材）。

装配式钢结构建筑具有设计标准化、生产工厂化、施工装配化、装修一体化和管理信息化五大特点。装配式钢结构建筑体系包括主体钢结构体系、围护体系（外墙板、内墙板、楼层板三板体系）、设备装修（水电暖、装饰装修）和部品部件（阳台、楼梯、整体卫浴、厨房）等。钢结构是最适合工业化装配式的结构体系，一是因为钢材具有良好的加工性能，适合工厂化生产和加工制作；二是与混凝土相比，钢材高强轻质，适合运输、装配；三是钢结构适合于螺栓连接，便于装配、拆卸和再利用。热轧（焊接）H 型钢则是装配式钢结构梁柱的最佳选材。

11.1.2 装配式钢结构建筑特点

1. 装配式钢结构建筑的优点

与传统结构形式（钢筋混凝土结构、砌体结构、木结构等）建筑相比，装配式钢结构建筑具有以下优点：

1）重量轻、强度高、抗震性能好

钢结构建筑的骨架是钢柱、钢梁及轻钢龙骨等钢制构件，并和高强、隔热、保温以及轻质的墙体组成。与其他建筑结构相比，重量仅为同等面积建筑结构的 1/3～1/2，大大减轻基础的荷载与地震作用。由于钢材的匀质性和韧性好，可承受较大变形，在动力荷载作用下，有稳定的承载力和良好的抗震性能。相比混凝土等脆性材料，钢结构具有更好的抗震能力，在高烈度地震区具有良好的应用优势。

2）符合建筑工业化要求

大量的标准化钢构件通常采用机械化作业，可在工厂内部完成，构件的施工精度高、质量好，符合产业化要求。钢结构建筑更容易实现设计的标准化与系列化、构配件生产的工厂化、现场施工的装配化、完整建筑产品供应的社会化。装配式钢结构将节能、防水、隔热等集合在一起，实现综合成套应用，将设计、生产、施工安装一体化，提高了建筑的产业化水平。

3）综合效益较高

装配式钢结构建筑在造价和工期方面具有一定的优势。由于钢结构柱截面尺寸小，而且开间尺寸灵活，可增加约 6% 的有效使用面积。钢结构承载力高，构件尺寸小，节省材料；结构自重小，降低了基础处理的难度和费用；装配式钢结构建筑部件工厂流水线生产，减少了人工费用和模板费用等。同时，钢结构构件易于回收利用，可减少建筑废物垃圾，提高了经济效益。

4）围护体系可更换

装配式钢结构设计为 SI（Skelton Infill）体系理念，其含义是将建筑分为"支撑体"与"填充体"两大部分。"S"包含了所有梁、柱、楼板及承重墙、公用设备管网等主体结构构件；"I"包含了户内设备管网、室内装修、非承重外墙及分户墙。在使用过程中，由于承重体系和围护体系的使用寿命不同，可在原钢结构承重体系上进行围护结构体系的拆除和更换。新型轻质围护板材，耐久性好且施工简便，管线可暗埋在墙体及楼层结构中。内墙一般可采用轻质板材，增加使用面积，可重新分隔空间改变使用功能。

5）绿色环保

钢结构具有生态环保的优点，改建和拆迁容易，材料的回收和再生利用率高；而且采用装配化施工的钢结构建筑，占用的施工现场少，施工噪声小，可减少建造过程中产生的建筑垃圾，因此被誉为"绿色建筑"。同时，在建筑使用寿命到期后，钢结构建筑物拆卸后产生的建筑垃圾仅为钢筋混凝土结构的1/4，废钢可回炉重新再生，做到资源循环再利用。装配式钢结构建筑符合"四节一环保"（节能、节地、节水、节材和环境保护）的要求。

2. 装配式钢结构建筑存在的问题

目前，我国装配式钢结构建筑要完全实现其标准化生产、装配化施工，亟待从建筑形态、结构体系、围护体系及配套技术等方面入手，解决装配式钢结构建筑中存在的一系列关键问题。目前，我国装配式钢结构建筑主要存在以下关键问题：

1）装配式钢结构建筑的围护墙板问题

目前，装配式钢结构建筑围护体系主要采用预制砌块、预制条板、预制大板、金属面夹芯板等类型。

预制砌块包括加气混凝土、石膏等，连接方式可以采用拉筋、角钢卡槽。优点是制作方便、容易生产、取材方便，缺点是装配化程度较低、现场湿作业多。

预制条板分为水泥类、石膏类、陶粒类和加气类，目前常用的装配式轻质外墙板主要有蒸压加气混凝土板（简称ALC板）、玻纤增强无机材料复合保温板（简称复合板）以及水泥夹芯板（简称DK板）。连接方式可以采用标准件、U形导轨。优点是运输安装方便，容易标准化制作。缺点是现场后期作业多、拼缝多，容易开裂，防水效果差。

预制大板主要包括轻钢龙骨墙体和预制混凝土夹芯板，连接方式包括端板连接和栓焊连接。轻钢龙骨墙体的优点是重量轻、强度较高、耐火性好、通用性强、安装简易；缺点是墙板根部易受潮变形、耐久性较差；连接方式采用自攻螺钉、角钢卡件。预制混凝土夹芯板的优点是耐久性好、工业化程度高、施工快、更符合居住习惯，缺点是墙板偏重、施工难度较大。

装配式钢结构建筑围护体系存在的问题包括：①墙板与主体结构的细部处理复杂，时间长久容易开裂、渗漏；②墙板与主体连接构造种类繁多、通用性较差；③墙板安装水平较差，粗放式施工管理；④围护墙板体系没有统一的标准或规范、工业化程度较低；⑤外墙板的耐久性与保温节能性能依然需要进一步研究改进。

2）装配式钢结构建筑的防腐问题

钢结构发生腐蚀，会降低材料强度、塑性、韧性等力学性能，影响钢结构的耐久性。当前钢结构防腐措施主要包括镀锌防腐和涂料防腐。对装配式钢结构建筑，钢构件大多数隐匿于墙体中，构件的防腐涂装维修十分困难、成本较高。为此，装配式钢结构的防腐问题有待于进一步研究与完善。

3）装配式钢结构建筑的防火问题

装配式钢结构建筑受火时，构件受热膨胀，但由于构件端部的不同约束条件，导致构件内部产生附加内力。高温作用下，裸钢结构的耐火极限仅为15min，钢材的弹性模量和屈服强度随着温度升高而迅速降低；且火灾下温度不断变化，造成结构内部产生不均匀的温度场。高温导致楼盖梁与钢柱等构件破坏，进而引起结构内力重分布，最终导致结构整体破坏或垮塌。目前，装配式钢结构建筑的防火措施采用防火涂料和防火板材。其中，防火涂料分为厚型防火涂料和薄型防火涂料，多用于装配式大跨钢结构；防火板材可将建筑装饰和结构防火融为一体，安装方便快捷，多用于住宅和高层钢结构建筑。近年来火灾引起的工程事故不断增多，工程结构抗火与建筑防火显得更为迫切。

11.1.3 H型钢住宅建筑

由于住宅建筑占所有建筑的60%以上，推广和应用钢结构住宅是非常必要的。目前，装配式钢结构建筑在公共建筑、工业和办公建筑中的应用已经比较普遍，而钢结构住宅尚处于大力推广应用阶段。H型钢住宅已经应用在一些建筑中。

H型钢住宅是以H型钢梁、柱（包括H型钢柱与H型钢骨混凝土柱）（图11.1-1）为承重骨架，

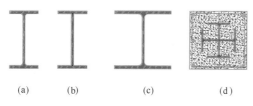

图11.1-1　H型钢梁和钢柱截面

（a）热轧窄翼缘H型钢梁；（b）焊接窄翼缘H型钢梁；
（c）热轧宽翼缘H型钢柱；（d）钢骨混凝土柱

同时配以新型轻质的保温、隔热、高强的墙体材料作为围护结构体系，并与功能配套的水暖电卫设备，构成部品优化集成的节能和环保型住宅。其适用范围为多层与中高层住宅（4～12层），当采用管柱或箱形截面柱与H型钢梁组成的框架时，可用于高层住宅。

H型钢住宅与传统的砖混结构和钢筋混凝土结构住宅相比，具有以下特点：

1. 建筑布置灵活，房型变化多，户内净使用面积大

由于钢材强度高，房屋自重轻，所需构件截面小，因而可以增加室内净空，其使用面积可增大3%～6%；同时，因柱网尺寸大，可使建筑布置更加灵活，户内空间可多方案分割，能满足业主不同的需求。

2. 符合资源再生、环保及产业化等技术政策要求

钢结构住宅所用钢材为可再生资源，其配套采用轻型节能预制或现场复合墙板代替黏土砖，可节约耕地。同时主体与围护结构的施工可工业化操作，施工现场湿作业少，施工噪声粉尘和建筑垃圾也少，对周围环境影响较小，因而更符合国家技术政策的要求。

3. 抗震性能好

钢结构住宅体系具有延性好，塑性变形能力强，抗震性能好等优点。即使高层钢结构住宅在大震与大变形情况下也能可靠地避免建筑物的倒塌性破坏。

4. 施工工期短

钢结构构件容易做到设计标准化、定型化，构件加工制作工业化与现场安装机械化。其施工作业受天气及季节影响较少，并且制作、安装与基础施工可平行流水进行，故施工工期比相应砖混结构住宅和钢筋混凝土结构住宅缩短1/3～1/2，一些标准化的住宅体系，甚至可以按商品直接订购。

5. 综合造价合理

钢结构住宅自重比砖混结构住宅和混凝土结构住宅轻1/3～1/2，相应可降低基础和地基处理的造价，在软土地区，这一优势尤为明显；钢结构施工机械化程度高，从另一方面减少了人工费用和模板等其他辅助材料费用；由于钢结构住宅的施工周期短，可以缩短资金占用时间，加快资金周转，提高资金的收益率。综合考虑地基费用的减少、抗震性能的提高、施工周期加快、贷款期减少、使用面积增加等因素，钢结构住宅仍具有较合理的经济性，并且随着体系化、产业化水平的提高和规模效应的加大，其成本也将逐渐降低。

采用轻型H型钢住宅时可以有更好的性价比，由于热轧薄壁H型钢（HT系列）正式列入国标《热轧H型钢和剖分T型钢》GB/T 11263—2017产品标准，其多种规格与现"高频焊薄壁H型钢"相近，而质量较优，当用于低、多层钢结构住宅时，可取得很好的技术经济效果。

6. 耐腐蚀与耐火性能差，需有可靠的防护措施

耐腐蚀性与耐火性差是钢结构材料固有的属性，故在钢结构住宅建筑中，需采用更安全可靠的防护措施进行保护。

11.2　装配式钢结构体系

11.2.1　结构体系的类别

装配式钢结构建筑依据建筑高度及层数可以分为低多层钢结构和中高层钢结构两大类，并有诸多不

同的结构体系与之对应。

1. 低多层钢结构的结构体系包括集成房屋结构体系、模块化结构体系、冷弯薄壁型钢结构体系和轻型钢框架体系等，主要是用于别墅、酒店、援建等项目。

2. 中高层装配式钢结构的结构体系包括纯钢框架体系、钢框架-支撑体系、钢框架-剪力墙体系和钢框架-核心筒体系，主要用于住宅、办公楼等项目，较为符合我国目前发展状况的是钢框架-支撑体系和钢框架-剪力墙体系。

在常见体系基础上，新型承重构件截面形式、新型梁柱构造形式节点、新型抗侧力体系和新型围护材料或连接的采用，促使许多新型装配式钢结构体系不断涌现。

11.2.2 低多层装配式钢结构

1. 集成房屋结构体系

集成房屋（俗称轻钢活动板房）主要是通过在工厂预制墙体、屋面等，以钢结构为承重结构，现场能够迅速装配的一种房屋。集成房屋的特点是标准化模块生产，易于运输、安装、拆迁及移动，可异地重建、重复使用。集成房屋的优点是集成程度高、施工周期短、绿色环保、湿作业少以及可回收利用。集成房屋主要用于临时用房建筑、办公室、宿舍等，如图 11.2-1 所示。

图 11.2-1　集成房屋结构体系

2. 模块化结构体系

模块化结构体系（图 11.2-2）分为全模块化建筑结构体系、模块单元与传统框架结构复合体系、模块单元与板体结构复合体系三类。全模块化建筑结构体系是指建筑全部由模块单元装配而成，适用于多层建筑房屋，一般适用层数为 4～8 层。模块单元与传统框架结构复合体系是指以一个框架平台作为上部模块化建筑的基础，并在此平台上部进行模块单元安装。模块单元与板体结构复合体系是指以模块单元堆叠形成一个核心，并在其周围布置预制承重墙板和楼板，一般应用于4～6 层的建筑。

图 11.2-2　模块化结构体系

3. 轻钢龙骨结构体系

轻钢龙骨结构体系主要是由钢柱、钢梁、天龙骨、地龙骨、中间腰支撑以及配套的扣件、加劲件、连接板通用自攻螺钉连接而成，如图 11.2-3 所示。根据主受力构件的截面形式，轻钢龙骨结构体系大致可分成两类：一类是以冷弯薄壁型钢组成的龙骨体系；另一类是以小型热轧型钢组成的龙骨体系。钢梁与钢柱等构件的截面由厚度为 1～3mm 钢板构成，钢柱的间距为 400～600mm。结构的主要受力机理为：钢柱与天龙骨、地龙骨、腰支撑或隔板组成受力墙板，竖向力由楼面梁传至墙壁的天龙骨，再通过钢柱传至基础；水平力由作为隔板的楼板传至墙壁再传至基础。在结构传力过程中，墙面板承受了一定的剪力，且提供了必要的抗侧刚度，因此墙面板也是结构板，还要满足结构受力的要求。

4. 分层装配式钢结构体系

分层装配式钢结构体系是以支撑作为主要抗侧力构件，梁贯通、柱分层，梁柱采用全螺栓连接，结

图 11.2-3　轻钢龙骨结构体系

构体系分层装配建造的钢结构体系，具有梁柱节点处钢梁通长、钢柱分层等特点，采用端板螺栓形式实现构件之间的连接，且采用交叉柔性支撑来抵抗水平力，如图 11.2-4 所示。

5. 多层轻钢框架结构体系

多层轻钢框架结构体系是采用宽厚比较大的构件作为钢框架梁柱构件。钢柱截面为 H 型钢或冷弯方钢管，钢梁截面通常采用 H 型钢，如图 11.2-5 所示。

11. 2. 3　中高层装配式钢结构

中高层装配式钢结构建筑目前应用较多的结构体系有：钢框架结构体系、钢框架-剪力墙结构体系、钢框架-支撑结构体系、钢框架-核心筒结构体系、交错钢桁架结构体系等。

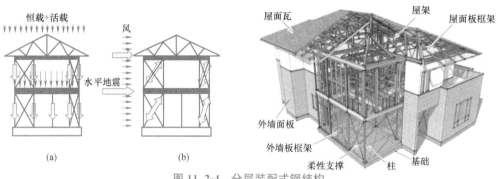

图 11.2-4　分层装配式钢结构

（a）竖向荷载；（b）水平荷载

1. 钢框架结构体系

钢框架结构体系是指在纵横方向均由钢梁与钢柱构成的框架，且主要由框架承受竖向荷载和水平荷载的结构体系。钢框架体系是一种典型的柔性结构体系，其抗侧刚度仅由框架提供。钢框架梁截面常采用 H 形和箱形等种类，钢框架柱截面常采用 H 形、圆管或方矩管等种类，如图 11.2-6 所示。

2. 钢框架-支撑结构体系

钢框架-支撑结构体系是以钢框架结构为承重骨架，在结构纵向、横向的部分框架柱之间设置竖向支撑，进而提高结构的整体抗侧刚度的结构体系，如图 11.2-7 所示。钢框架主要承受竖向荷载和部分水平荷载，钢支

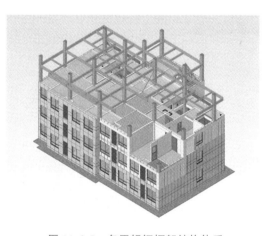

图 11.2-5　多层轻钢框架结构体系

图 11.2-6　钢框架结构体系

图 11.2-7　钢框架-支撑结构体系

撑则承担水平荷载，形成双重抗侧力的结构体系。

根据支撑部位的不同，钢框架-支撑结构体系分成中心支撑体系和偏心支撑体系。与钢框架结构体系相比，钢框架-中心支撑结构体系具有较大的刚度，结构的弹性侧移变形易于满足规范要求，但在强震作用下支撑易于受压屈曲，导致结构整体承载力和刚度下降。在钢框架-偏心支撑结构体系中，支撑与钢梁、钢柱的轴线不汇交于一点，支撑与支撑间或与梁柱节点间形成一段先于支撑杆件屈服的消能梁段；消能梁段在正常使用或小震作用下处于弹性工作状态，而在强震作用下通过其非弹性变形进行耗能，具有较好的抗震性能。对非抗震设防地区或抗震设防烈度较低（6度、7度）地区，宜采用钢框架-中心支撑结构体系；对抗震设防烈度较高（8度、9度）地区，宜采用钢框架-偏心支撑结构体系。钢框架-支撑结构体系抗侧刚度较大，适用于多层及高层结构，经济性好。

3. 钢框架-剪力墙结构体系

中心支撑与偏心支撑受杆件的长细比限制，截面尺寸较大，受压时易于失稳屈曲。为了解决上述问题，提高结构的侧向刚度，在框架结构中设置部分剪力墙，使框架和剪力墙两者结合起来，取长补短，共同抵抗水平荷载，即形成了钢框架-剪力墙结构体系，如图 11.2-8 所示。在该结构体系中，由于剪力墙刚度大，可分担大部分的水平荷载，是抗侧力的主体；钢框架承担竖向荷载和少部分的水平荷载，为结构提供了较大的使用空间。

与钢框架结构相比，钢框架-剪力墙结构总体受力性能良好，结构刚度和承载力均大大提高，在地震作用下层间变形减小，因而减小了非结构构件（隔墙与外墙）的损坏。但钢框架-剪力墙结构不足之处在于安装比较困难，制作较为复杂。此类结构体系在多层和高层结构中应用较为广泛。

4. 钢框架-核心筒结构体系

钢框架-混凝土核心筒结构体系是由外侧的钢框架和混凝土核心筒构成的，其中混凝土核心筒由四周封闭的现浇混凝土墙体形成，主要布置在卫生间、楼梯间或电梯间的四周，如图 11.2-9 所示。在此结构体系中，各组成部分受力分工明确，核心筒抗侧刚度极强，承担了绝大部分的水平荷载和大部分的倾覆力矩；钢框架承担了竖向荷载和少量的水平荷载。核心筒可采用滑模施工技术，施工速度介于钢结构和混凝土结构之间。

图 11.2-8 钢框架-剪力墙结构体系

图 11.2-9 钢框架-核心筒结构体系

由于综合受力性能好，且钢框架-混凝土核心筒结构体系的抗侧刚度大于钢框架结构，结构造价介于钢结构和钢筋混凝土结构之间，因此该结构体系目前在我国应用极其广泛，特别适合于地基土质较差地区和地震区，新建的高层和超高层建筑几乎都采用了钢框架-混凝土核心筒结构体系。

5. 交错钢桁架结构体系

交错桁架结构体系主要是由钢柱与层间钢桁架及刚性楼盖组成的空间结构体系，如图 11.2-10 所示。交错钢桁架结构体系中桁架的杆件全部受轴力作用，杆件的材料能得到充分利用。钢柱仅布置在框架承重结构的外围周边，中间不设置钢柱。钢桁架高度为对应结构楼层的高度，跨度为结构宽度或长度，且钢桁架两端支承在结构周边的纵向

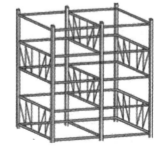

图 11.2-10 交错钢桁架结构体系

钢柱上；钢桁架布置在横向的每列钢柱轴线上，每隔一层设置一个，且相邻钢柱轴线交错布置。在相邻的钢桁架间，楼板一端支承在钢桁架上弦杆，另一端支承在相邻钢桁架下弦杆。

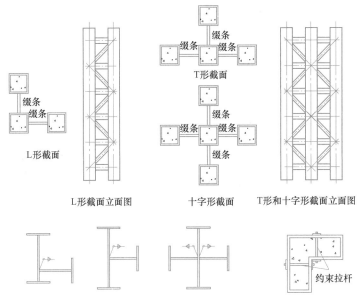

图 11.2-11 异形柱结构

6. 异形柱结构体系

由窄翼缘 H 型钢、T 型钢组合而成 L 形、T 形和十字形，或者由多根方钢管混凝土柱通过缀件连接组合而成的异形柱，与窄翼缘 H 型钢梁组成的框架结构体系，采用分体式外环肋板梁柱节点或一体化外肋环板梁柱节点，如图 11.2-11 所示，适用于要求在室内不凸显梁柱结构外形的住宅建筑。

7. 装配式斜支撑节点钢框架体系

装配式斜支撑节点钢框架体系由钢柱、集成式组合楼板、节点加强型斜撑构成，在现场通过法兰和高强螺栓将各部分连接拼装，核心是加强型斜撑节点，多用于中高层的酒店和公寓，如图 11.2-12 所示。

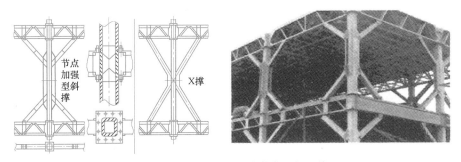

图 11.2-12 装配式斜支撑节点钢框架体系

8. 钢管混凝土组合束墙结构体系

钢管混凝土组合束墙结构体系由钢管组合束墙与 H 型钢梁或箱形梁连接而成，如图 11.2-13 所示。组合束墙是由带卷边的 C 型钢连续拼接形成钢管空腔，并在空腔之内浇筑混凝土形成钢板混凝土组合剪力墙。

9. 多腔柱钢框架支撑结构体系

多腔柱钢框架支撑结构体系由多个型钢构件（方钢管、C 型钢）拼接形成多腔柱，如图 11.2-14 所示。此结构体系的优点是容易标准化生产、制作方便，避免室内梁柱凸出，便于住宅建筑使用。

11.2.4 结构体系的选型

装配式钢结构建筑结构体系的选型和布置，应结合建筑平立面布置及体型变化的情况，综合考虑使

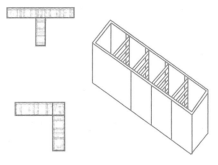

图 11.2-13 钢管混凝土组合束墙结构体系

图 11.2-14 多腔柱钢框架支撑结构体系

用功能、荷载性质、材料供应、制作安装、施工条件等因素，以及所设计房屋的高度和高宽比、抗震设防类别、抗震设防烈度、场地类别和施工技术条件，选用抗震和抗风性能好又经济合理的结构体系，并力求使构造和节点设计简单合理、施工方便。除此之外，建筑类型对结构体系的选择也是至关重要的。钢框架结构、钢框架-支撑结构、钢框架-剪力墙结构适用于多高层钢结构住宅及公共建筑；筒体结构适用于高层或超高层建筑；交错桁架结构适合带有中间走廊的宿舍、酒店或公寓；低层冷弯薄壁型钢结构适用于以冷弯薄壁型钢为主要承重构件，且层数不大于 3 层的低层房屋。对有抗震设防要求的建筑结构，应从设计概念上考虑所选择的结构体系具有多道抗震防线，使结构体系抗震时应具有支撑-梁-柱的屈服顺序机制，或耗能梁段-支撑-梁-柱的屈服顺序机制，并避免结构刚度在水平向和竖向产生突变。

装配式钢结构建筑应根据建筑高度、平面布置、地质条件和抗震要求等因素，采用轻钢龙骨结构体系、交错桁架结构体系、钢框架结构体系（轻型截面钢框架、普通钢框架、混合钢框架和异形柱钢框架）、钢框架-支撑结构体系（中心支撑和偏心支撑）、钢框架-剪力墙结构体系（钢板剪力墙、内藏钢板支撑剪力墙和带竖缝混凝土剪力墙）和钢框架-混凝土核心筒结构体系。一般情况下，对低层（1～3 层）装配式钢结构建筑，结构体系宜选择轻钢龙骨或轻型截面钢框架；对多层（4～6 层）建筑，宜采用钢框架结构、钢框架-支撑或交错桁架；对中高层（7～12 层）建筑，宜采用钢框架结构、钢框架-支撑或钢框架-剪力墙；对高层（13～30 层）建筑，宜采用钢框架结构、钢框架-支撑或钢框架-剪力墙或钢框架-混凝土核心筒体。当有可靠依据，经过相关论证，也可采用其他结构体系，包括新型构件和新型节点的结构体系。

重点设防类和标准设防类多高层装配式钢结构建筑适用的最大高度应符合表 11.2-1 规定。

各种结构体系的最大适用高度（m）   表 11.2-1

结构体系	6 度 (0.05g)	7 度		8 度		9 度 (0.40g)
		(0.10g)	(0.15g)	(0.20g)	(0.30g)	
钢框架结构	110	110	90	90	70	50
钢框架-中心支撑结构	220	220	200	180	150	120
钢框架-偏心支撑结构 钢框架-屈曲约束支撑结构钢框架-延性墙板结构	240	240	220	200	180	160
筒体（框筒、筒中筒、桁架筒、束筒）结构巨型结构	300	300	280	260	240	180
交错桁架结构	90	60	60	40	40	—

注：1. 房屋高度指室外地面到主要屋面板板顶的高度（不包括局部突出屋顶部分）；

2. 超过表内高度的房屋，应进行专门研究与论证，采取有效的加强措施；

3. 交错桁架结构不得用于 9 度区；

4. 柱子可采用钢柱或钢管混凝土柱；

5. 特殊设防类，6、7、8 度时宜按本地区抗震设防烈度提高 1 度后符合本表要求；9 度时应做专门研究。

装配式钢结构建筑的高宽比是对结构刚度、整体稳定、承载能力和经济合理性的宏观控制要求。多高层装配式钢结构建筑的高宽比不宜大于表 11.2-2 的规定。

装配式多高层建筑钢结构适用的最大高宽比   表 11.2-2

烈度	6、7	8	9
最大高宽比	6.5	6.0	5.5

注：1. 计算高宽比的高度从室外地面算起；
  2. 当塔形建筑底部有大底盘时，计算高宽比的高度从大底盘顶部算起。

11.3 钢结构住宅结构布置及构件设计

11.3.1 住宅结构的布置

1. 结构平面布置

1）建筑平面和体型应力求简单规则，平面和空间划分合理，外形简洁便于结构布置，减少水平刚度偏心，力求使结构各层抗侧力中心和水平作用合力中心重合，以减小结构受扭转的影响。结构以扭转为主的第一自振周期和平动为主的第一自振周期之比不应大于 0.85。

2）宜选用风压较小的平面形状，并应考虑邻近高层房屋对该房屋风压的影响，在体型上应力求避免在设计风速范围内出现横风向振动。建筑平面应优先采用方形、矩形、圆形、正六边形、正八边形、椭圆形以及其他对称平面，尽量减小结构侧移、风振以及扭转振动的不良影响。

3）尽量将支撑沿建筑平面周边对称布置，将剪力墙（核心筒）居中对称布置，以使各抗侧力构件受力均匀，并减小扭转效应。

4）钢结构住宅不宜设置防震缝和伸缩缝，当必须设置时，抗震设防的结构伸缩缝应满足防震缝的要求，薄弱部分应采取加强措施，提高抗震能力。

5）建筑与结构设计应相互协调。建筑物的开间和进深以及层高等主要尺寸在满足供水、供电、空调和防水等要求前提下，应避免过多变化，以减小构件种类；结构体系中的支撑和剪力墙的布置、有大开间或跃层的柱网、梁格布置等宜经比选优化协调确定，以保证住宅建筑的使用功能。

2. 结构竖向布置

1）建筑钢结构沿竖向的结构抗侧刚度宜均匀变化，避免竖向刚度和强度的不规则改变，主要抗侧力构件的截面大小和材料等级宜自下而上逐渐减小，避免刚度突变。

2）竖向承重构件应尽量上下对齐，避免交错支承和高位转换。设置大开间转换层，以利于荷载传递的直接传递、简化构造，方便施工和节约费用。

3）每层层间抗侧力结构的承载力一般不宜小于上一层，且竖向抗侧力构件宜在相互垂直的两个方向布置，沿高度钢支撑应连续布置，且应延伸至基础，或通过地下室钢筋混凝土墙体延至基础。

4）中高或高层钢结构住宅宜设地下室，多高层钢结构基础的埋设深度不宜小于 $H/15$（基础为天然地基时）或 $H/18$（基础为桩基时），H 为室外地坪至檐口的尺寸。

5）同一楼层应尽量在同一标高上，不宜设置错层和局部夹层而使楼板无法有效地传递水平荷载。当楼板开洞较大时应设水平支撑加强。

其他技术要求与规定应参见《高层民用建筑钢结构技术规程》JGJ 99—2015 和《建筑抗震设计规范》GB 50011—2010 中的相应规定。

11.3.2 构件设计

1. 梁

装配式钢结构住宅中的框架梁和次梁一般情况下宜采用热轧窄翼缘 H 型钢，不宜采用热轧工字钢。组合楼盖的主、次梁应考虑钢梁和混凝土楼板的共同作用，并在混凝土翼板与梁翼缘间按完全抗剪连接设置抗剪连接件。框架梁不宜按组合梁设计，但应按部分抗剪连接设置抗剪连接件，以加强与楼板的整体性。

钢梁以及组合梁的计算与构造可按第 6 章与第 10 章的规定进行。

2. 柱

装配式钢结构住宅中，低（多）层框架柱宜选用热轧（焊接）宽（中）翼缘 H 型钢。在非抗震区或 6、7 度抗震设防的低、多层框架柱，当满足设计计算和构造要求时，按建筑设计要求可采用异型柱组合截面（图 11.3-1），柱截面由热轧或焊接 H 型钢与部分 T 型钢组成，其柱翼缘宽度不宜大于 200mm 或墙厚；中高层住宅的框架柱可选用冷弯方（矩）钢管或焊接箱形截面；在高层住宅钢结构中，框架柱一般采用承载力较高的钢骨混凝土柱或圆形、方形以及矩形钢管混凝土柱。

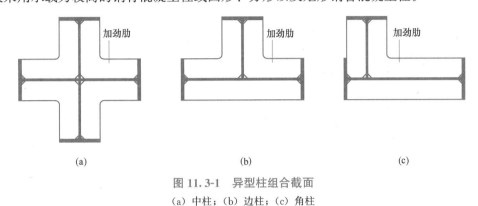

图 11.3-1　异型柱组合截面
(a) 中柱；(b) 边柱；(c) 角柱

H 型钢柱与钢骨混凝土柱的计算与构造可按第 7 章与第 11 章的规定进行。

3. 中心支撑

支撑斜杆宜采用双轴对称截面。当要求较大刚度与承载力时，可采用轧制 H 型钢截面，对低（多）层住宅结构，亦可采用单轴对称截面（如双角钢组成的 T 形截面），但应采取防止构件扭转屈曲的构造措施。当支撑布置在分户墙或隔墙内时，宜选用平面外宽度较小的截面形式。

在多遇地震效应组合作用下，支撑所承受的地震作用应乘以增大系数，以避免在大震时出现过大的塑性变形，人字形支撑和 V 形支撑的斜杆内力应乘以增大系数 1.5，十字交叉支撑和单斜杆支撑的斜杆内力应乘以增大系数 1.3。

中心支撑的长细比和板件宽厚比应符合现行国家标准《钢结构设计标准》GB 50017—2017 和现行行业标准《高层民用建筑钢结构技术规程》JGJ 99—2015 的有关规定；当按抗震设防设计时，还应符合国家标准《建筑抗震设计规范》GB 50011—2010 的有关规定。具体规定见第 3 章。

4. 偏心支撑设计

偏心支撑斜杆的截面选择同中心支撑。为了构造方便，支撑与框架梁的夹角一般取 35°～55°。

根据《建筑抗震设计规范》GB 50011—2010 中第 8.2.3 条的规定，支撑斜杆的轴力设计值，应取与支撑斜杆相连的耗能梁段达到其受剪承载力时支撑斜杆轴力与增大系数的乘积，其增大系数值在 8 度及以下时应不小于 1.4，9 度时应不小于 1.5，并且人字支撑应乘以 1.5 的内力放大系数，两者综合考虑，取内力增大系数 1.5。

对于支撑斜杆，为保持其弹性工作，所以对板件宽厚比要求不高，只需符合现行国家标准《钢结构设计规范》GB 50017—2017 的要求。其他设计要求应符合现行国家标准《建筑抗震设计规范》GB 50011—2010 和现行行业标准《高层民用建筑钢结构技术规程》JGJ 99—2015 相应规定。

在偏心支撑框架中，框架柱以及耗能梁段和非耗能梁段都应根据现行国家标准《建筑抗震设计规范》GB 50011—2010 和现行行业标准《高层民用建筑钢结构技术规程》JGJ 99—2015 的相应规定对其内力进行调整，并要严格控制其板件宽厚比。

5. 混凝土剪力墙（核心筒）

装配式钢结构住宅中的钢框架-混凝土剪力墙（核心筒）混合结构体系中的混凝土剪力墙，在楼面梁与混凝土剪力墙连接处或核心筒角部应加设 H 型钢柱，以保证施工阶段的稳定性，并配置适当钢筋，形成暗柱，并且核心筒剪力墙的水平筋应绕过型钢柱，牢固锚入角部暗柱内，以确保钢筋混凝土剪力墙具有足够的延性。钢框架梁与混凝土剪力墙宜采用铰接连接，当需要利用外框架增加结构空间刚度时也可采用刚性连接，但这时必须在混凝土墙内设置 H 型钢柱，剪力墙设计时也必须考虑平面外的弯矩。

混凝土剪力墙（核心筒）的设计应符合现行国家标准《混凝土结构设计规范》GB 50010—2010 和《建筑抗震设计规范》GB 50011—2010 以及现行行业标准《高层建筑混凝土结构技术规程》JGJ 3—2010 等规范的有关规定。

6. 楼板

楼板除了直接承受竖向荷载功能外，还具有保证结构整体性、传递水平荷载的作用，并且为施工创造必要的工作平台。因此楼盖布置方案和设计不仅影响到整个结构的性能，还会影响到施工进程与工程造价。在钢结构住宅体系中，楼盖结构的方案选择除了满足建筑设计要求和便于施工等一般性的原则外，还要有足够的刚度、强度和保证梁的整体稳定性，并满足抗渗漏、隔声、防水和防火性等建筑功能。目前主要采用的楼板形式有：钢筋桁架混凝土楼板；压型钢板-现浇钢筋混凝土组合楼板；预应力钢筋混凝土叠合楼板；双向轻钢密肋现浇钢筋混凝土组合楼板等，各类楼板的计算、构造可分别按《混凝土结构设计规范》GB 50010—2010、《组合楼板设计与施工规范》CECS 273：2010 的规定进行。

第12章 H型钢构件防腐蚀涂装

12.1 钢结构腐蚀成因

环境中的侵蚀性物质引起钢材的变质和破坏称为钢材的腐蚀（或者称锈蚀）。钢材的主要成分是铁，在大气环境中腐蚀过程是电化学腐蚀。

12.1.1 钢结构腐蚀的大气环境

当金属、合金以及金属镀层的表面呈潮湿状态时，会受到大气腐蚀、侵蚀的性质和速率取决于表面形成电解质的性质，尤其取决于大气中悬浮污染物的类型和含量，以及它们在金属表面作用的时间。钢结构的大气环境可分为洁净和被污染环境，不同的大气环境对钢材的腐蚀速率相差很大。

1. 洁净环境中钢结构的腐蚀

裸露于大气环境中的钢结构，其表面温度与潮湿空气的露点温度之差低于3℃时，在钢结构的表面就会形成一层极薄的不易看见的湿气膜（水膜）。当这层水膜达到20～30个分子厚度时，它就变成电化学腐蚀所需要的电解液膜。这种电解液膜的形成，或者是由于水分（雨、雪）的直接沉淀，或者是大气的湿度或温度变化以及其他种种原因引起的凝聚作用而形成。钢结构在大气中的腐蚀是因为与大气中的潮气（使钢结构表面产生水膜）、氧气同时共存而发生，潮湿或者氧气任缺其一，钢结构的腐蚀反应就不会发生。

在没有污染的农村地区，钢结构在淋雨后，也会在构件表面开始出现红色的锈蚀物，随着时间的延长，锈蚀物渐渐变成棕灰色至棕黑色，但锈蚀的速率缓慢。如处于湖北武当山中的十堰市机械厂冷加工车间基本上处于无腐蚀介质环境中，1980年发表的该环境下钢结构的5年平均腐蚀速率为0.0025mm/a，即2.5μm/a。

2. 被污染环境中钢结构的腐蚀

目前城市特别是工业区的大气环境，均受到不同程度污染。污染大气环境中裸露的钢结构表面，氧气、水蒸气以及各类腐蚀性介质将大量存在。据资料介绍，当空气中SO_2的含量达到0.01%时，可使金属表面产生结露水的临界相对湿度由70%下降到50%，并且1个分子的SO_2可使几十个铁原子变成铁氧化物。而卤素单质及其化合物，如氯化钠，则主要是破坏金属表面的钝化膜。无化学活性的漂浮物，如粉尘、炭粒等附着到钢结构表面时，虽然它们本身不具备化学腐蚀性，但是，会在他们与金属之间形成缝隙，在此缝隙中由于毛细管作用而吸收水分，促使钢结构表面形成并保持水膜，并因此水膜中氧的浓度差导致钢材锈蚀。除锈不彻底的钢结构表面残留物，也会导致此类腐蚀的发生。

例如，据1980年发表的腐蚀测定结果，在近似于城市大气环境的武钢机修总厂金工车间，钢结构的腐蚀速率为0.0125mm/a，是洁净环境条件下钢结构腐蚀速率的5倍。而在SO_2含量不是很高的武钢炼钢厂，钢结构的腐蚀速率就高达0.0667mm/a，是洁净环境条件下钢结构腐蚀速率的26.68倍。

12.1.2 钢材腐蚀的主要因素

影响金属大气腐蚀的主要因素是大气中的腐蚀性介质、环境大气的相对湿度及温度。

1. 大气中的腐蚀性介质

海洋大气中的盐粒子与工业大气中的硫化物、氨化物、碳化物等腐蚀性介质及其形成的酸雨等是金属在大气中的主要腐蚀源。二氧化硫（SO_2）吸附在钢材表面极易形成硫酸腐蚀，而且这种自催化式的反应会使金属受到持续性腐蚀。大气中腐蚀性介质含量的多少，对金属腐蚀的程度有很大影响。即使湿度很大，而为纯净大气时，对金属的腐蚀并不严重；但含有腐蚀性介质时，即使含量很低，如 0.01％ 的 SO_2 也会明显加剧钢材的腐蚀程度，并使腐蚀速度有明显的突变（图 12.1-1）。

沿海地区的盐雾环境与含有氯化钠颗粒的尘埃是氯离子的主要来源，氯离子又有极强的吸湿性，也会对钢材有很强的腐蚀作用。同时有些尘埃本身虽然无腐蚀性，但它会吸附水汽与腐蚀性介质，冷凝后形成电解质溶液，附着于钢材表面而造成腐蚀。

2. 大气的相对湿度

大气中的侵蚀性介质，与吸附大气中水分后在钢材表面上形成的水膜，是造成钢材腐蚀的决定性因素，而水膜的形成则取决于大气的相对湿度。当湿度较大时，会逐渐形成吸附水膜，腐蚀作用也随之逐渐加强，当湿度达到某一特定的临界值时腐蚀速度会突然增加（图 12.1-2），故在评价钢材腐蚀环境类别时，均将大气相对湿度作为重要指标。

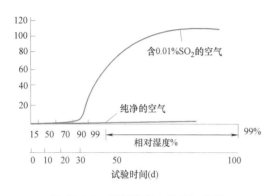

图 12.1-1　钢材在有、无 SO_2 杂质大气中腐蚀速度的比较

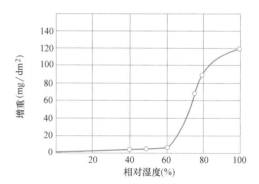

图 12.1-2　含 SO_2（0.01％）大气中钢材腐蚀速度与相对湿度的关系（试验时间 55 天）

在常温下，一般钢材的腐蚀临界湿度为 60％～70％，即大气相对湿度超过比临界值时，钢材的腐蚀速度会成倍的增加。

3. 温度

环境温度的变化影响着金属表面水汽的凝聚，也影响水膜中各种腐蚀气体和盐类的浓度，以及水膜的电阻等。当相对湿度较低时，温度对大气的腐蚀影响较小；当相对湿度达到金属临界相对湿度时，温度的影响就十分明显。湿热带或雨季气温高，则腐蚀严重。温度的变化还会引起结露。比如，白天温度高，空气中相对湿度较低，夜晚和清晨温度下降后，大气的水分就会在金属表面结露，从而形成水膜并强化腐蚀作用。

调查研究表明，大气中的水分在钢材上形成的水膜是引起腐蚀的决定因素，而大气相对湿度及侵蚀性介质（如二氧化硫等）的含量则是影响腐蚀的重要因素。

1）早期在中国部分城市进行的无保护钢材腐蚀速度的测试速度如表 12.1-1 所示。

未防护钢材在城市大气中的锈蚀速度（mm/5a）（刘迎春 2011 版）　　表 12.1-1

钢种	成都	广州	武汉	青岛	鞍山	北京	包头
	相对湿度						
	83％	78％	78％	70％	65％	59％	53％
Q235F	0.1165	0.111	0.0656	0.1685	0.0628	0.0515	0.0325
Q235Z	0.1375	0.1375	0.071	—	0.078	0.0585	0.0335
Q345	0.129	0.125	0.0705	—	0.068	0.043	—
Q235F（含铜）	0.1055	0.101	0.0525	0.146	0.0526	0.0445	0.0375
Q235Z（含铜）	0.1070	0.103	0.053	0.137		0.0465	0.03
Q345（含铜）	0.1065	0.0995	0.0535		0.0644	0.0411	

2）根据美国的试验资料，裸露钢材在大气中的年锈蚀速度 0.032～0.06mm/a。

3）日本试验表明，沿海地区和重工业区的年锈蚀速度 0.06～0.12mm/a，一般工业区为 0.03mm/a，而在田园和山区则仅约 0.009mm/a。

12.1.3 钢结构腐蚀性介质

腐蚀性介质按其存在形态可分为气态介质、液态介质与固态介质三类。钢结构工程的防腐主要考虑大气和气态腐蚀性介质的影响。

1. 气态介质

气态介质指各种腐蚀性气体、酸雾和碱雾（含碱水蒸气），主要作用于室内外的钢结构构件，其腐蚀性与介质的性质、含量以及环境相对湿度有关。

酸雾和碱雾本是以液态为主分散相的气溶胶，但腐蚀特征和作用部位更接近气态介质，在现行的国家标准《工业建筑防腐蚀设计规范》GB 50046—2008 中，将酸雾和碱雾列入气态介质范围内。酸雾和碱雾的含量尚不具备确定定量的要求，只能是定性描述。

对钢结构构件（包括 H 型钢结构构件）的腐蚀作用应主要考虑所处大气环境的气态介质侵蚀作用。

2. 液态介质

液态介质是指生产过程中直接作用或泄露的液态介质，多作用于池、槽、地面和墙裙，是以介质不同性质和 pH 值或浓度进行分类的。

硫酸、盐酸、硝酸等无机酸的 pH 值为 1 时，其浓度约为 0.4%～0.6%。

3. 固态介质

固态介质包括碱、盐、腐蚀性粉尘和以固体为分散相的气溶胶，主要作用于地面、墙面和地面以上的建筑结构及构配件。

固态介质只在溶解后才对建筑材料产生腐蚀，因此，腐蚀程度与水和环境相对湿度有关。不溶和难溶的固体基本上不具备腐蚀性，完全溶解后的易溶固体按液态介质进行腐蚀性评定；处于户外部分的易溶固体因有雨水作用，按液态介质考虑。在无水环境中，固体吸湿性大小与环境相对湿度有关。易吸湿性的固体在环境相对湿度大于 60% 时，通常都会有不同程度地吸湿后潮解成半液体状或局部溶解。

12.1.4 钢结构的腐蚀特点

钢结构锈蚀与建筑物周围环境温度、湿度、大气中侵蚀性介质的含量和活力，大气中的含尘量、构件所处的部位以及钢材材质等因素有关，其锈蚀呈现如下特点：

1. 未加防护的钢材在大气中的锈蚀速度每年不同，开始快，以后逐渐减慢，第一年的锈蚀速度约为第五年的 5 倍。

2. 不同地区钢材的锈蚀程度差异很大，沿海和潮湿地区的锈蚀比气候干燥地区要严重得多。

3. 工业区特别是重工业区钢结构的锈蚀速度高，约为市区的 2 倍，比空气中侵蚀性介质很少的田园和山区要高出 10 倍左右。

4. 室外钢结构的锈蚀速度约为室内钢结构的 4 倍。

5. 与空气隔绝的钢结构几乎不生锈，如两端封闭的钢管，经试验证明，无论管内储水与否，管内壁的锈蚀均甚微，可以不做任何处理。

6. 低合金钢（特别是含有铜元素）的抗锈蚀能力优于碳素结构钢。

7. 有防锈涂层的钢结构的锈蚀速度比无涂层的约慢 3～5 倍。

8. 容易积留灰尘的或易受潮的部位锈蚀严重。

12.2 大气和介质腐蚀性分类

为了对钢结构进行科学有效的防腐防护，首先应对其工作所处大气环境的侵蚀性分类做出规范的判定，判定的依据应遵守现行国家标准《金属和合金的腐蚀 大气腐蚀性分类》GB/T 19292、《工业建筑防腐蚀设计规范》GB 50046 及《钢结构防腐蚀涂装技术规程》CECS 343 的规定。

　　金属的腐蚀形态和腐蚀速率是腐蚀体系（包括金属材料、大气环境、工艺参数和运行条件）综合作用的结果。腐蚀等级是一个技术特征，它为有特殊应用要求，尤其是与服役寿命有关的，在大气环境中使用材料及保护措施的选择提供了依据。对于建筑钢材产品，大气环境腐蚀性数据对于采用最佳腐蚀防护措施至关重要。

12.2.1　《金属和合金的腐蚀　大气腐蚀性》GB/T 19292 大气腐蚀性分类

　　现行国家标准《金属和合金的腐蚀　大气腐蚀性》GB/T 19292 等同于国际标准 ISO 9223：2012，为大气环境的腐蚀性建立了一个分类体系。该体系分为四个部分：《金属和合金的腐蚀　大气腐蚀性　第 1 部分：分类、测定和评估》GB/T 19292.1—2018；《金属和合金的腐蚀　大气腐蚀性　第 2 部分：腐蚀等级的指导值》GB/T 19292.2—2018；《金属和合金的腐蚀　大气腐蚀性　第 3 部分：影响大气腐蚀性环境参数的测定》GB/T 19292.3—2018；《金属和合金的腐蚀　大气腐蚀性　第 4 部分：用于评估腐蚀性的标准式样的腐蚀速率的测定》GB/T 19292.4—2018。图 12.2-1 给出了标准测定和评估给定地点的腐蚀性分类方法及其相互关系。它对区分腐蚀性测定和腐蚀性评估十分重要。它对区分基于运用剂量响应函数进行的腐蚀性评估和基于对比典型大气环境进行的腐蚀性评估同样十分重要。

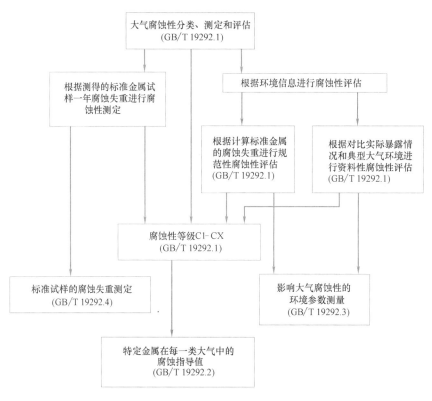

图 12.2-1　大气腐蚀性分类的标准

1. 大气腐蚀性等级

　　标准将大气腐蚀性等级分为六级（表 12.2-1），并定义了大气环境的腐蚀性分类是根据标准试件第一年的腐蚀速率，给出腐蚀等级和腐蚀速率范围之间的对应关系。大气腐蚀性等级可以根据计算或基于当地环境状况认知进行评估。

大气腐蚀性等级　　　　　　　　　　表 12.2-1

等级	腐蚀性	等级	腐蚀性
C1	很低	C4	高
C2	低	C5	很高
C3	中等	CX	极高

标准规定了金属和合金大气腐蚀的关键因素，包括温度—湿度的综合作用、二氧化硫污染和空气中盐污染。

2. 大气环境腐蚀性分类的评估方法

1）大气环境腐蚀性分类应根据标准试件第一年的腐蚀速率测定，不能测定时应按照基于环境信息的腐蚀性评估进行确定。两种腐蚀性评价方法都是常规方法，具有一定的不确定性和局限性。

2）根据标准试件的腐蚀速率测定值进行腐蚀性分类见表 12.2-2。表中列出了对应于每个腐蚀等级的标准金属（碳钢）第一年的腐蚀速率值。一年期暴晒试验宜始于春季或秋季。在有明显季节性差异的气候环境中，建议在腐蚀性最强的时期开始试验。不能简单地利用第一年的腐蚀速率外推估计长期的腐蚀行为。具体的计算模型、指导性的腐蚀值以及长期腐蚀行为的其他信息见 ISO 9224。

不同腐蚀等级标准碳钢暴晒第一年的腐蚀速率 γ_{corr} 表 12.2-2

腐蚀性等级	单位	碳钢腐蚀速率
C1	g/(m² · a)	$\gamma_{corr} \leqslant 10$
	μm/a	$\gamma_{corr} \leqslant 1.3$
C2	g/(m² · a)	$10 < \gamma_{corr} \leqslant 200$
	μm/a	$1.3 < \gamma_{corr} \leqslant 25$
C3	g/(m² · a)	$200 < \gamma_{corr} \leqslant 400$
	μm/a	$25 < \gamma_{corr} \leqslant 50$
C4	g/(m² · a)	$400 < \gamma_{corr} \leqslant 650$
	μm/a	$50 < \gamma_{corr} \leqslant 80$
C5	g/(m² · a)	$650 < \gamma_{corr} \leqslant 1500$
	μm/a	$80 < \gamma_{corr} \leqslant 200$
CX	g/(m² · a)	$1500 < \gamma_{corr} \leqslant 5500$
	μm/a	$200 < \gamma_{corr} \leqslant 700$

注：1. 分类标准是基于用于腐蚀性评估的标准试件腐蚀速率的测定方法（ISO 9226）；

2. 以 g/(m² · a) 表达的腐蚀速率被换算为 μm/a，并进行四舍五入；

3. 标准金属表征见 ISO 9226；

4. 表中所列腐蚀速率是按均匀腐蚀计算得到的，最大点蚀坑深度和点蚀坑数量是潜在破坏性的最好指示，这取决于最终的应用；鉴于钝化作用和逐渐降低的腐蚀速率，不均匀和局部腐蚀不能在暴晒的第一年就用于评估；

5. 腐蚀速率超过 C5 等级上限是极端情况，腐蚀等级 CX 是指特定的海洋和海洋工业环境。

12.2.2 《工业建筑防腐蚀设计规范》GB 50046 介质腐蚀性分级

现行国家标准《工业建筑防腐蚀设计规范》GB 50046—2008 规定了腐蚀性分级，以及常温下钢材介质腐蚀性等级确定的规定。

1. 腐蚀性等级与湿度影响

1）腐蚀性等级

腐蚀性等级的定义：在腐蚀性介质作用下，根据其对建筑材料劣化的程度，及外观变化、重量变化、强度损失以及腐蚀速率等因素，综合评定给出的腐蚀影响程度等级。对各种介质建筑材料长期作用下的腐蚀性，规定了强腐蚀、中腐蚀、弱腐蚀、微腐蚀 4 个等级。同一形态的多种介质同时作用同一部位时，腐蚀性等级应取最高级。

在微腐蚀环境下，材料腐蚀很缓慢，钢构件一般可以按正常环境下进行设计，采取适当的防腐防护措施。

现行标准《工业建筑防腐蚀设计规范》GB 50046—2008 对普通碳钢的腐蚀性等级只给出了气态介质和固态介质的规定，其中，碳钢的环境相对湿度取值主要依据其腐蚀临界湿度确定。

2）环境相对湿度影响

环境相对湿度是指在某一温度下空气中的水蒸气含量与该温度下空气中所能容纳的水蒸气最大含量的比值，以百分比表示。

环境相对湿度应采用钢结构构件所在地区所处部位的实际相对湿度，不能不加区别都采用工程所在地区平均大气相对湿度值。例如：湿法冶炼车间的相对湿度常大于地区年平均相对湿度，而有热源辐射反应炉附近的相对湿度常小于地区年平均相对湿度。因此，在生产条件对相对湿度影响较小时才可采用工程所在地区的年平均相对湿度。经常处于潮湿或不可避免结露的部位，环境相对湿度应取大于75%。

对于大气中水分的吸附能力，不同物质或同一物质的不同表面状态是不同的。当空气中相对湿度达到某一临界值时，水分在其表面形成水膜，从而促进了电化学过程的发展，表现出腐蚀速率剧增，此时的相对湿度值就称为某物质的临界相对湿度。钢材的临界相对湿度还往往随钢材表面状态不同而变化，如钢材表面越粗糙。裂缝与小孔愈多，其临界相对湿度也愈低；当钢材表面上沾有易吸潮的盐类或灰尘等，其临界值也会随之降低。本规范对介质腐蚀性等级作分类时，规定相对湿度为60%～75%。

2. 气态介质对钢材的腐蚀性等级

常温下，气态介质对钢材（普通碳钢）的腐蚀性等级应按表12.2-3确定，表中碳钢的环境相对湿度取值主要依据其腐蚀临界湿度确定。

气态介质对钢材的腐蚀性等级 表12.2-3

介质类别	介质名称	介质含量(mg/m³)	环境相对湿度(%)	对普通碳钢的腐蚀性等级
Q1	氯	1.0～5.0	＞75	强
			60～75	中
			＜60	中
Q2		0.1～1.0	＞75	中
			60～75	中
			＜60	弱
Q3	氯化氢	1.00～10.00	＞75	强
			60～75	强
			＜60	中
Q4		0.05～1.00	＞75	强
			60～75	中
			＜60	弱
Q5	氮氧化物(折合二氧化氮)	5.0～25.0	＞75	强
			60～75	中
			＜60	中
Q6		0.1～5.0	＞75	强
			60～75	中
			＜60	弱
Q7	硫化氢	5.00～100.00	＞75	强
			60～75	中
			＜60	中
Q8		0.01～5.00	＞75	强
			60～75	中
			＜60	弱
Q9	氟化氢	1～10	＞75	强
			60～75	中
			＜60	中

续表

介质类别	介质名称	介质含量(mg/m³)	环境相对湿度(%)	对普通碳钢的腐蚀性等级
Q10	二氧化硫	10.0～200.0	>75	强
			60～75	中
			<60	中
Q11		0.5～10.0	>75	中
			60～75	中
			<60	弱
Q12	硫酸酸雾	经常作用	>75	强
Q13		偶尔作用	>75	强
			≤75	中
Q14	醋酸酸雾	经常作用	>75	强
Q15		偶尔作用	>75	强
			≤75	中
Q16	二氧化碳	>2000	>75	中
			60～75	弱
			<60	弱
Q17	氨	>20	>75	中
			60～75	中
			<60	弱
Q18	碱雾	偶尔作用		弱

3. 固态介质对钢材的腐蚀性等级

固态介质只在溶解后才对钢材产生腐蚀，因此，钢材腐蚀程度与水和环境相对湿度有关。不溶和难溶的固态介质基本上不具有腐蚀性，完全溶解后的易溶固体按液态介质进行腐蚀性评估；处于户外部分的易溶固体引诱雨水作用，按液态介质考虑。在无水环境中，固态吸湿性大小与环境相对湿度有关。易吸湿的固体在环境相对湿度大于 60% 时通常会有不同程度地吸湿后潮解成半液体状或局部溶解。在钢结构工程中较少有固态介质引起钢材锈蚀情况的发生。

常温下，固态介质（含气溶胶）对钢材（普通碳钢）的腐蚀性等级应按表 12.2-4 确定，表中碳钢的环境相对湿度取值主要依据其腐蚀临界湿度确定。

固态介质（含气溶胶）对钢材的腐蚀性等级　　　表 12.2-4

介质类别	溶解性	吸湿性	介质名称	环境相对湿度(%)	对普通碳钢的腐蚀性等级
G1	难溶	—	硅酸铝，磷酸钙、钙、钡、铅的碳酸盐和硫酸盐，镁、铁、铬、铝、硅的氧化物和氢氧化物	>75	弱
				60～75	弱
				<60	弱
G2	易溶	难吸湿	钠、钾的氯化物	>75	强
				60～75	强
				<60	中
G3			钠、钾、铵、锂的硫酸盐和亚硫酸盐，硝酸铵，氯化铵	>75	强
				60～75	中
				<60	弱

续表

介质类别	溶解性	吸湿性	介质名称	环境相对湿度（%）	对普通碳钢的腐蚀性等级
G4			钠、钡、铅的硝酸盐	>75	中
				60~75	中
		难吸湿		<60	弱
G5			钠、钾、铵的碳酸盐和碳酸氢盐	>75	中
				60~75	弱
				<60	微
G6	易溶		钙、镁、锌、铁、铝的氯化物	>75	强
				60~75	中
				<60	中
G7			镉、镁、镍、锰、铜、铁的硫酸盐	>75	强
		易吸湿		60~75	中
				<60	中
G8			钠、钾的亚硝酸盐，尿素	>75	中
				60~75	中
				<60	弱
G9			钠、钾的氢氧化物	>75	中
				60~75	中
				<60	弱

注：1. 在1L水中，盐、碱类固态介质的溶解度小于2g时为难溶的，大于或等于2g时为易溶的。

2. 在温度20℃时，盐、碱类固态介质的平衡时相对湿度小于60%时为易吸湿的，大于或等于60%时为难吸湿的。

12.3 钢结构防腐蚀措施

12.3.1 钢材的防护涂（镀）层

除金、铂等少数贵金属之外，绝大多数金属在空气和水中都会受到腐蚀。钢材的腐蚀主要是所处环境中氧气、水蒸气以及各类腐蚀介质共同作用的结果，并且随着空气中相对湿度的增加、腐蚀介质含量的增加，钢结构的腐蚀速率将大幅度增加。因此，若有覆盖涂层将钢材与外部环境相隔绝，腐蚀反应就不会发生。故覆盖涂层已是目前钢材防止腐蚀比较常用的方法，这些覆盖涂层主要分为非金属涂层和金属镀层两种。

1. 非金属涂层

非金属镀层的涂料防护是目前钢结构主要的防腐蚀措施，其价格适中、施工方便、效果良好并适用性强，应用最为广泛。

在钢结构构件表面涂装防腐蚀涂料后，可在其表面形成具有足够附着力和一定防腐蚀能力的涂膜，阻缓电化学反应，或阻止铁作为阳极参与电化学反应，因而能保护钢结构在一定的时间内免遭腐蚀。

2. 金属镀层

金属镀层是用耐腐蚀性较强的金属或合金，覆盖被保护的钢材表面，以达到防护效果。覆盖的方法有电镀、热喷镀、真空镀等。钢结构构件的金属镀层防腐蚀措施主要有热浸镀锌、金属热喷涂和冷镀锌。由于这种防腐蚀措施是一种高性能的长效防护方法，工程费用高，适用于重要钢结构构件和露天使用的桥梁、电视塔等。

12.3.2　钢构件常用防护措施

钢结构构件常见的防护措施是涂料防护、热浸镀锌、金属热喷涂和冷镀锌几种防护涂层方法。为满足钢结构长效防腐蚀的要求，在表面除锈处理后，应采取组合的配套涂层防护。

1. 涂料防护

当为弱腐蚀与中腐蚀介质环境时，在采取长效涂装措施，保证涂装质量并正常使用维护条件下，涂料防腐可以保持 15 年以上的防护效果。从防腐机理来划分，涂料可有以下三个类型：

1）物理屏蔽作用的防锈漆

这类防锈漆有良好的屏蔽作用，能阻止水分等化学介质渗到钢铁表面，因而减缓电化学反应的速度，延长发生锈蚀的时间。例如：铁红底漆、云母氧化铁底漆、铝粉漆、含微细玻璃薄片的油漆等。这类防锈底漆配套以适当的中间漆和面漆，防锈期限通常是二三年，最多也只有五年，但价格便宜。

2）钝化作用的防护漆

这类防锈漆依靠化学钝化作用，使钢材表面生成一层钝化膜，如磷化膜或具有阻蚀性的络合物，这些在钢材表面形成的钝化膜或络合物的标准电极电位，较铁为正，从而能延缓钢材的腐蚀过程。这类防锈漆，主要有红丹漆、铅酸钙漆、含铬酸盐颜料的油漆等。其底漆配合性能较好的中间漆和面漆，通常可有 5 年左右的防护期，良好的配套可以到 8 年。

3）电化学防锈作用的油漆

电化学防锈作用的油漆为富锌底漆。当防锈漆整层漆膜的电极电位比铁元素为负时，钢结构中的铁成分便变成阴极，从而受到电化学保护不会生锈。当锌粉含量大于 80% 时，整层漆膜中的锌粉粒子便能相互接触，并与底层的钢材全部联通接触，于是富锌漆膜就等如电极电位 $-0.76V$ 的牺牲阳极覆盖在电极电位 $-0.44V$ 的铁的表面，铁成为阴极而受到保护。溶剂基无机富锌漆加适当面漆配套的防腐寿命可达 $15\sim20$ 年，水基无机富锌漆的防腐寿命更长，但施工难度很大，使用也受到限制。

2. 热浸镀锌和金属热喷涂防护

采用热浸镀锌或热喷涂锌（铝）防腐方法具有很好的防腐效果。即使在恶劣的腐蚀环境中，防腐蚀也可以达到 $20\sim30$ 年，若再与涂料复合使用时，防腐寿命可达 50 年。而且维修时只需要对涂料部分进行维护，而不需要对金属涂层基底进行处理，是一种高性能的长效防腐措施，虽一次工程费用较高，但按使用全周期性价比评估，对重要构件仍较适用。

1）热浸镀锌防护

热浸镀锌防护是将钢构件全部浸入熔化的锌液中，其金属表面即会产生两层锌铁合金及盖上一层厚度均匀的纯锌层，足以隔绝钢材氧化的可能性。此种保护层可与钢结成一体，异常牢固，能承受一定冲击力而更具耐腐蚀性。经热浸镀锌处理后的钢构件，防锈期可长达 20 年或以上，同时无须经常保养和维修，美观实用，安全可靠。目前，除镀锌外，还可热镀铝锌合金，其防腐性能更好。但受镀锌设备的限制，对大型构件不都适用，同时，还应注意应采取措施防止热镀锌可能引起不易矫正的变形。

2）热喷涂锌（铝）

热喷涂锌（铝）金属热喷涂技术是在基材表面喷涂一定厚度的锌、铝或其合金形成致密的粒状叠合涂层，然后用有机涂料封闭，再涂装所需的装饰面漆。这种喷涂层外加封闭涂料的组合防护层具有双重保护作用，适用于重度腐蚀环境下的钢结构，或需要特别加强防护防锈的重要承重构件。热喷涂工艺应符合现行国标《热喷涂　金属和其他无机覆盖层锌、铝及其合金》GB/T 9793—2012/ISO 2063：2005。热喷涂的总厚度应为 $120\sim150\mu m$，表面封闭涂层可以选用乙烯、聚氨酯、环氧树脂等。

金属热喷涂涂层主要用于要求 $20\sim30$ 年保护寿命的重要钢结构构件，如露天使用的桥梁、电视塔等，为了使钢结构达到 20 年以上寿命，喷锌涂层厚度不宜小于 $150\mu m$，而热喷涂镀锌铝合金时还可以明显提高防护效果，其 $150\mu m$ 的厚度可以达到 35 年以上使用寿命。

3. 冷镀锌防护

冷镀锌是近年来在国内外积极应用的一种新的金属涂层长效防护方法。其防护原理及效果与热喷涂金属方法相同，但因为是冷作业施工，故具有非常优异的施工性能。综合而言，冷镀锌保护方法有以下显著特点：

1）防腐蚀性能优异

冷镀锌干膜中锌粉含量高达 96％，锌粉纯度 99.9％以上，锌粉粒度为 $3\sim6\mu m$，因而防腐蚀性能优异。从冷镀锌的防腐机理上分析：

（1）具有电化学保护作用。在前期锌粉的腐蚀过程中，锌粉与钢铁基材组成原电池，锌为牺牲阳极，铁为阴极，电流由锌流向铁，钢铁便得到了阴极保护。

（2）锌腐蚀沉积物屏蔽保护。在后期，冷镀锌在应用过程中不断腐蚀，锌粉间隙和钢铁表面沉积，腐蚀产物即碱式碳酸锌，俗称"白锈"，其结构致密，且不导电，是难溶的稳定化合物，能够阻挡和屏蔽腐蚀介质的侵蚀，起到防蚀效果，因此也可誉为冷镀锌的"自修复性"。

根据国外的使用经验，在中等及较重等级侵蚀环境中（C3、C4 级），当干膜厚度分别大于 $200\mu m$ 或 $240\mu m$ 时，可以保证使用寿命大于 15 年。

2）施工性能优异

由于冷镀锌材料的成膜物质均为有机型树脂，如丙烯酸、聚苯乙烯、环氧等单组份包装，因此能在各种室内外作业条件下，方便进行各种形式的涂装施工，如刷滚涂、有气喷涂、无气喷涂，并能达到涂层厚度和结构的设计要求。同时由于冷镀锌系单组份材料，在涂装施工中无熟化期、混合使用期等限制。大多数冷镀锌材料触变性能良好，稍作搅拌即可涂装施工。

3）适用性广

冷镀锌可以单独成为防腐涂层，作为"底面合一"的防腐涂层。同时，可作为重防腐涂料涂装配套良好的底层，与环氧类及聚氨酯、丙烯酸、氟碳等类重防腐涂料配套成复合涂层使用，其使用寿命为两者的使用寿命之和的 1.8～2.4 倍，此外，还可用于热浸镀锌、热（电弧）喷锌镀层的修补、加厚。防锈性能好、附着力优异、操作施工方便。

4）环保性能优异

冷镀锌成分内不含 Pb、Cr、Hg 等重金属。同时测试证明，绝大多数冷镀锌的溶剂和稀释剂内不含苯、甲苯、二甲苯等毒性大的有机溶剂。同时，由于冷镀锌固体分含量高达 78％，一次无气喷涂可获得较高的膜厚，减少了有机溶剂的挥发量，可以降低干燥时能耗。当用冷镀锌替代热浸镀锌时，也可减少三废、降低能耗、提高环境保护的社会效益。

12.3.3　钢构件的表面处理

工程经验表明，钢材表面基层处理质量的好坏对涂装防腐效果有显著的影响。基层处理就是按照钢结构防腐蚀涂装的要求，彻底清除钢结构表面的氧化皮、油污、灰尘等杂物，使得钢结构的表面达到涂装所要求的状态。

从钢结构的腐蚀机理也可以看出，如果基层处理不彻底，钢结构表面将会残留一些对防腐蚀工程质量有害的物质（锈斑、氧化铁皮、污渍等）而成为隐患。日本资料介绍涂装施工各因素对整个涂装工程质量的影响程度见表12.3-1，其中基层处理的影响程度为 49.5％，而欧美国家认为基层处理对整个涂装工程质量的影响高达 60％。统计调研资料证实：钢结构表面处理是保证钢结构涂装质量的决定性因素。但我国多年来钢结构工程中，常因单纯控制造价影响而忽略质量的要求，一些工程还采用手工除锈的低质量的处理方法，应该引起重视。

涂装各因素对质量的影响因素　　　　　　　　　　　表 12.3-1

因素	表面处理	涂层厚度	涂料品种	施工与管理
影响程度（%）	49.5	19.5	4.9	26.5

1. 钢结构表面处理的方法

钢结构表面处理就是俗称的除锈。钢结构构件常用的表面处理即除锈方法有手工除锈、喷射和抛射除锈、化学除锈。

1）手工除锈

手工除锈方法包括手工工具除锈、手工动力工具除锈两种。在钢结构工程中，承重钢结构一般不应采用手工除锈方法，质量和均匀度均难以无法保证，若必须采用时，则应严格要求其除锈等级达到手工除锈的顶级要求，即 St3 级。

（1）手工工具除锈

手工工具除锈需要单一或复合使用钢丝刷、打磨砂纸、手动铲、钢刀和铁锤。这种除锈方法，不能完全清除掉铁锈和其他腐蚀产物，也不能清除掉黏结紧密的轧制铁鳞。

（2）手工动力工具除锈

手工动力工具除锈是使用电动或气动的动力工具来清除松动的轧制铁鳞、焊渣、溶渣和铁锈的一种方法。用到的动力工具有旋转钢丝刷、铁锤、指针枪和研磨机。可作为喷射除锈的辅助手段，用于局部清除轧制铁鳞、铁锈和钢铁锈蚀产物的情况。

2）喷射和抛射除锈

喷射和抛射除锈是一种有效的目前使用最广的钢结构表面处理方法。在喷射和抛射除锈处理之前，必须将钢结构构件表面的油污清理掉，砂粒经过高压作用喷打并清洁钢铁表面。当使用这种工艺时，应注意采取相应的防尘环保与工人保健措施。

3）化学除锈

化学除锈即酸洗除锈，这种方法能够完全地清除轧制铁鳞、焊渣、铁锈。由于钢构件必须被完全的浸泡，所以这种类型的处理方法仅能在工厂实施，因构件尺寸受到一定限制，且环保有严格要求，实际工程中能够较少采用。

钢构件被从酸洗池中移出来时表面很容易发生化学反应并且会马上开始生锈。为了避免生锈，最后面的酸洗池里含有腐蚀抑制剂。经过化学处理的金属表面比经过喷砂清理的金属表面平滑，所以将导致所制得的涂膜的黏结力降低。酸洗处理之后应该彻底清除缝、凹面中的残留酸液并尽快喷涂底漆。

2. 除锈方法、除锈质量等级和质量要求

国家标准《涂覆涂装前钢材表面处理　表面清洁度的目视评定》GB/T 8923 中规定了除锈等级要求。除锈方法、除锈质量等级和质量要求见表 12.3-2。

除锈方法和除锈质量等级　　　　　　　　　　　　　　　表 12.3-2

除锈方法	除锈等级	除锈程度	质量要求
喷射和抛射除锈	Sa1	轻度除锈	钢材表面只除去疏松的轧制氧化皮、锈和附着物
	Sa2	彻底除锈	钢材表面轧制氧化皮、锈和附着物几乎都被除去，至少有 2/3 面积无任何可见残留物
	Sa2$\frac{1}{2}$	非常彻底除锈	轧制氧化皮、锈和附着物残留在钢材表面的痕迹已是点状或条状的轻微污痕，至少有 95% 面积无可见残留物
	Sa3	使钢板表观洁净的除锈	钢材表面上轧制氧化皮、锈和附着物都完全除去，具有均匀多点光泽
手工除锈	St2	彻底除锈	钢材表面无可见油脂和污垢，无附着不牢的氧化皮、铁锈和油漆层等附着物
	St3	非常彻底除锈	钢材表面无可见油脂和污垢，无附着不牢的氧化皮、铁锈和油漆层等附着物。除锈比 St2 更为彻底，底材显露部分的表面应具有金属光泽
化学除锈	Pi	非常彻底除锈	钢材表面应无可见的油脂和污垢，酸洗未尽的氧化皮、铁锈和旧涂层的个别残留点允许用于手工或机械方法去除，最终表面应暴露金属原貌，无再度锈蚀

12.4　钢结构防腐涂装设计施工

设计人员应明确钢结构防腐蚀绝不是简单的涂装防护，而是一个完善防护系统的设防。同时，传统设计概念往往是只考虑初期投资费用，片面要求经济的低成本，而忽视了后期使用、维修的费用，直接导致钢结构工程质量和耐久性的降低，以及工程总成本费用的增加。而全寿命周期成本分析则是考虑全寿命周期内，所有费用和设计预期性能优化的比选关系，在此分析与优化基础上确定设防腐蚀寿命标准更为科学、合理。对永久性承重钢结构应该采用较严格的除锈标准和长效防护方案。

12.4.1　防腐蚀涂装设计的一般规定

1. 钢结构的防腐蚀涂装设计应遵循安全实用、经济合理的原则，在设计文件中应列入防腐涂装的专项内容与技术要求，其内容应包括：

1）对结构环境条件、侵蚀作用程度的评价及防腐涂装设计使用年限的要求；

2）对钢材表面锈蚀等级、除锈等级的要求；

3）选用的防护涂层配套体系、涂装方法及其技术要求；

4）所用防护材料、密封材料或特殊钢材（镀锌钢板、耐候钢等）的材质、性能要求；

5）对施工质量及验收应遵循相关技术标准要求；

6）对使用阶段的维护（修）的要求。

2. 钢结构的结构布置、选型与构造应有利于增强自身的防护能力。对危及人身安全和维修困难的部位以及重要的承重构件应加强防护措施。在强腐蚀环境中采用钢结构时，应对其必要性与可行性进行论证。

3. 钢结构防腐涂装工程的设计，应综合考虑结构的重要性、所处腐蚀介质环境、涂装涂层使用年限要求和维护条件等要素，并在全寿命周期成本分析的基础上，选用性价比良好的长效防腐涂装措施。

4. 钢结构表面初始锈蚀等级和除锈质量等级，应按照现行国家标准《涂料涂覆前钢材表面处理清洁度的目视评定　第1部分　未涂覆过的钢材表面和全面清除原有涂层后的钢材表面的锈蚀等级和除锈等级》GB/T 8923.1从严要求：

1）构件所用钢材的表面初始锈蚀等级不得低于C级；

2）对薄壁（厚度 $t \leqslant 6mm$）构件应不低于B级；

3）钢材表面的最低除锈质量等级应符合表12.4-1的要求；

钢结构钢材基层的除锈等级

表 12.4-1

涂料品种	最低除锈等级
富锌底涂料、乙烯磷化底涂料	Sa2 $\frac{1}{2}$
环氧或乙烯基脂玻璃磷片底涂料	Sa2
氯化橡胶、聚氨酯、环氧、聚氯乙烯萤丹、高氯化聚乙烯、氯磺化聚乙烯、醇酸、丙烯酸环氧、丙烯酸聚氨酯等底涂料	Sa2 或 St3
环氧沥青、聚氨酯沥青底涂料	St2
喷铝及其合金	Sa3
喷锌及其合金	Sa2 $\frac{1}{2}$
热镀浸锌	Pi

注：新建工程重要构件的除锈等级不应低于 Sa2 $\frac{1}{2}$。

4）除锈后表面粗糙度可根据不同底涂层和除锈等级按表12.4-2选择，并应符合相关标准的规定。

钢结构钢材基层的除锈等级　　表 12.4-2

钢材底涂层	除锈等级	表面粗糙度 $Ra(\mu m)$
热喷锌/铝	Sa3 级	60~100
无机富锌	Sa2$\frac{1}{2}$～Sa3 级	50~80
环氧富锌	Sa2$\frac{1}{2}$ 级	30~75
不便喷砂的部位	St3 级	

5. 涂层系统应选用合理配套的复合涂层方案。其底涂应与基层表面有较好的附着力和长效防锈性能，中涂应具有优异屏蔽功能，面涂应具有良好的耐候、耐介质性能，从而使涂层系统具有综合的优良防腐性能。钢结构设计宜优先选用环保、防锈、耐腐蚀、耐候性优异的涂料。常用的防腐涂层配套见表 12.4-3。

常用的防腐涂层配套　　表 12.4-3

基层材料	除锈等级	底层 涂料名称	遍数	厚度(μm)	中间层 涂料名称	遍数	厚度(μm)	面层 涂料名称	遍数	厚度(μm)	涂层总厚度(μm)	强腐蚀	中腐蚀	弱腐蚀
钢材	Sa2 或 St3	醇酸底涂料	2	60	—	—	—	醇酸面涂料	2	60	120	—	—	2~5
			3	100	—	—	—	醇酸面涂料	3	100	160	—	2~5	5~10
		与面层同品种的底涂料或环氧铁红底涂料	2	60	—	—	—	氯化橡胶、高氯化聚乙烯、氯磺化聚乙烯等面涂料	2	60	120	—	—	2~5
			2	60	—	—	—		3	100	160	—	2~5	5~10
			3	100	—	—	—		3	100	200	2~5	5~10	10~15
	Sa2$\frac{1}{2}$	环氧铁红底涂料	2	60	环氧云铁中间涂料	1	70		2	70	200	2~5	5~10	10~15
			2	60	环氧云铁中间涂料	1	80		3	100	240	5~10	10~15	>15
			2	60	环氧云铁中间涂料	1	70	环氧、聚氨酯、丙烯酸环氧、丙烯酸聚氨酯等面涂料	2	70	200	2~5	5~10	>15
			2	60	环氧云铁中间涂料	1	80		3	100	240	5~10	>15	>15
			2	60	环氧云铁中间涂料	2	120		3	100	280	10~15	>15	>15
			2	60	环氧云铁中间涂料	1	70	环氧、聚氨酯、丙烯酸环氧、丙烯酸聚氨酯等厚膜型面涂料	2	150	280	10~15	>15	>15
			2	60	—	—	—	环氧、聚氨酯等玻璃鳞片面涂料	3	260	320	>15	>15	>15
								乙烯基酯玻璃鳞片面涂料	2					
	Sa2 或 St3	聚氯乙烯萤丹底涂料	3	100	—	—	—	聚氯乙烯萤丹面涂料	2	60	160	5~10	10~15	>15
			3	100	—	—	—		3	100	200	10~15	>15	>15
	Sa2$\frac{1}{2}$		2	80	—	—	—	聚氯乙烯含氟萤丹面涂料	2	60	140	5~10	10~15	>15
			3	110	—	—	—		2	60	170	10~15	>15	>15
			3	100	—	—	—		3	100	200	>15	>15	>15

续表

基层材料	除锈等级	涂层构造									涂层总厚度(μm)	使用年限(a)		
		底层			中间层			面层				强腐蚀	中腐蚀	弱腐蚀
		涂料名称	遍数	厚度(μm)	涂料名称	遍数	厚度(μm)	涂料名称	遍数	厚度(μm)				
钢材	Sa2 $\frac{1}{2}$	富锌底涂料	见表注	70	环氧云铁中间涂料	1	60	环氧、聚氨酯、丙烯酸环氧、丙烯酸聚氨酯等面涂料	2	70	200	5～10	10～15	>15
				70		1	70		3	100	240	10～15	>15	>15
				70		2	110		3	100	280	>15	>15	>15
				70		1	60	环氧、聚氨酯丙烯酸环氧、丙烯酸聚氨酯等厚膜型面涂料	2	150	280	>15	>15	>15
	Sa3(用于铝层)、Sa2 $\frac{1}{2}$(用于锌层)	喷涂锌、铝及其合金的金属覆盖层120μm，其上再涂环氧密封底涂料20μm			环氧云铁中间涂料	1	40	环氧、聚氨酯、丙烯酸环氧、丙烯酸聚氨酯等面涂料	2	60	240	10～15	>15	>15
									3	100	280	>15	>15	>15
								环氧、聚氨酯、丙烯酸环氧、丙烯酸聚氨酯等厚膜型面涂料	1	100	280	>15	>15	>15

注：1. 涂层厚度系指干膜的厚度。

2. 富锌底涂料的遍数与品种有关。当采用正硅酸乙酯富锌底涂料、硅酸锂富锌底涂料、硅酸钾富锌底涂料时，宜为1遍；当采用环氧富锌底涂料、聚氨酯富锌底涂料、硅酸钠富锌底涂料、和冷涂锌底涂料时，宜为2遍。

6. 钢结构表面防护涂层的最小厚度应符合表12.4-4的要求。

钢结构表面防腐蚀涂层最小厚度 表 12.4-4

防腐蚀涂层最小厚度(μm)			防护层使用年限(a)
强腐蚀	中腐蚀	弱腐蚀	
280	240	200	10～15
240	200	160	5～10
200	160	120	2～5

注：1. 防腐蚀涂料的品种与配套，应符合表12.4-3的要求。

2. 涂层厚度包括涂料层的厚度或金属层与涂料层复合的厚度。

3. 当采用喷锌、铝及其合金时，金属涂层厚度不宜小于120μm；当采用热镀浸锌时，锌层的厚度不宜小于85μm。

4. 室外工程的涂层厚度宜增加20～40μm。

7. 有条件依据时，重要承重构件可采用热渗锌防护措施。现场需局部补作涂层防护部位，可采用冷涂锌或无机富锌涂料补涂。

8. 钢结构表面防火涂料不具有防腐效能时，不应将防火涂料作为防腐涂料使用，应按构件表面涂覆防锈底层涂料、防腐蚀中间层涂料，其上为防火涂料，再做防腐面层涂料的构造进行防护处理。

9. 对潮湿环境（相对湿度大于75%）或使用中很难维修的钢结构，宜适当提高其防腐蚀涂装的设防级别，并在结构设计上增加通风换气措施。对长期有高温、高湿作用的局部环境，应采取隔护、通风、排湿等措施降温、降湿。同时，建筑围护结构的设计构造还应避免钢结构构件表面因热桥影响引起结露或积潮。

12.4.2 钢结构防腐蚀涂装设计要求

1. 腐蚀性介质环境中钢结构的布置应符合材料集中使用的原则，排架或框架结构宜采用较大柱距，承重构件宜选用相对较厚实的实腹截面。除有特殊要求外，不应因考虑腐蚀损伤而加大钢材截面的厚度。

2. 侵蚀环境中钢结构构件截面形式的选择，应符合下列规定：

1) 中等腐蚀环境中的桁架、柱、主梁等主要承重结构不宜采用格构式构件或冷弯薄壁型钢构件；强腐蚀环境中不应采用上述构件。所用实腹组合截面板件厚度不宜小于6mm，闭口截面壁厚不宜小于5mm。

2) 桁架或网架（壳）结构的杆件不应采用双角钢组成的T形截面或双槽形组合的H形截面，而宜采用钢管截面，并沿全长封闭；其节点宜采用相贯线直接焊接节点或焊接球节点；当采用螺栓球节点时，杆件与螺栓球的接缝应采用无腐蚀性密封材料填嵌严密，多余螺栓孔应封堵密实。

3. 当进行杆件和节点设计时，应符合下列要求：

1) 钢结构杆件与节点的构造应便于涂装作业及检查维护，并避免积水和减少积尘。

2) 构件截面应避免有难以检查、维护的缝隙与死角；组合构件中零件之间需维护涂装的空隙不宜小于120mm。

3) 应避免或减少易于积尘、积潮的局部封闭空间。构件设有加劲肋处，其肋板应切角。构件节点的缝隙、外包混凝土和钢构件的接缝处以及穴焊、槽焊等部位应以耐腐蚀型密封胶封堵。

4) 钢构件与铝合金构件的接触面，应以铬酸锌底漆与配套面涂隔护或者绝缘层阻隔，其连接件应采用镀锌紧固件。

5) 钢柱脚埋入地下部分应以强度等级不低于C20的密实混凝土包裹，并高出室内地面不少于50mm；高出室外地面或可能有积水作业面不应少于150mm。顶面接缝应以耐腐蚀型密封胶封堵。

4. 焊接材料、紧固件及节点板等连接材料的耐腐蚀性能应不低于主材。承重结构的连接焊缝应采用连续焊缝。任何情况下，构件的组合焊缝不得采用单侧焊缝。

5. 所有现场焊缝或补焊焊缝处，均应仔细清理焊渣、污垢后，严格按照构件涂装要求进行补涂，或一冷镀锌进行补涂。

6. 紧固件连接的防腐蚀构造应符合下列规定：

1) 钢结构的连接不得使用有锈迹或锈斑的紧固件。连接螺栓存放处应有防止生锈、潮湿及沾染赃物等措施。

2) 高强度螺栓连接的摩擦面应严格按设计要求进行处理，其除锈等级应与主材除锈等级相同。连接处在露天或中等侵蚀作用环境时，其除锈后摩擦面宜采用涂覆无机富锌底漆或者加锌的涂层摩擦面构造，涂层厚度不应小于$70\mu m$。终拧完毕并检查合格后的高强度螺栓周边未经涂装的摩擦面，应仔细清除污垢，并严格按主材要求进行涂装；连接处的缝隙，应嵌刮耐腐蚀型密封胶。

3) 中等侵蚀性环境中的普通连接螺栓应采用镀锌螺栓，其直径不应小于12mm；并于安装后，采用与主体结构相同的防腐蚀措施涂覆封闭；当有防松要求时可采用双螺帽紧固，不应采用弹簧垫圈。

4) 连接铝合金与钢构件的紧固件，应采用热浸镀锌的紧固件。

12.4.3 防腐涂装工程施工一般规定

1. 钢结构防腐涂装工程的施工应符合现行国家标准《钢结构工程施工规范》GB 50775、《建筑防腐蚀工程施工及验收规范》GB 50212和《钢结构防腐蚀涂装技术规程》CECS343：2013的规定。

2. 施工单位应具有符合国家现行有关标准的质量管理体系、环境管理体系和职业健康安全管理体系。施工人员应经过涂装专业培训，关键施工工序（喷射除锈、涂料喷涂、质检）的施工人员应具有"初级涂装工"以上等级的上岗证书。

3. 钢结构防腐蚀涂装工程的施工应编制施工方案或涂装专项方案，对首次进行的复合涂装作业，应先进行涂装工艺试验与评定。

工艺试验与评定的内容包括：除锈工艺参数、各道涂料之间的匹配性能、防火涂料与中间涂层、面涂层的相容性能以及所使用材料的施工工艺性能参数等。

4. 钢结构防腐蚀涂装工程所用的材料必须具有产品质量证明文件，并经验收、检验合格后方可使用。产品质量证明文件应包括下列内容：

1）产品质量合格证及材料检测报告；

2）质量技术指标及检测方法；

3）复验报告或技术鉴定文件。

5. 钢结构防腐蚀涂装工程的施工，必须按设计文件的规定进行。当需要变更设计或材料代用时，必须征得设计部门的同意。

6. 钢结构防腐蚀涂装施工，除隐蔽部分外，宜在钢构件组装或预拼装工程检验批的施工质量验收合格后进行。涂装完毕后，应在构件上标注构件编号等标记。

7. 钢材表面除锈方法和除锈等级应符合设计要求。设计无要求时，除锈等级应符合表 12.4-1 的规定。

8. 涂料、涂装道数、涂层厚度均应符合设计要求，相邻两道涂层的施工间隔时间应符合产品说明书要求。设计无要求时，普通涂层干膜总厚度和金属喷涂层厚度应符合表 12.4-4 的规定。

9. 钢结构防腐蚀涂装施工的环境温度宜为 5～30℃，相对湿度不应大于 85%，并且钢结构的表面温度应高于周围空气的露点温度 3℃。同时，涂装作业环境条件尚应符合涂料产品说明书的要求。

10. 钢结构防腐蚀涂装工程的施工应满足国家有关法律、法规对环境保护的要求，并应有妥善的安全防范措施。

12.5　钢结构使用期间内维护管理

钢结构防腐蚀涂装施工所形成的防腐蚀保护膜，可能存在初始缺陷和使用过程中涂层老化等原因，会导致防腐蚀涂装体系功能降低和使用寿命的缩短。因此必须重视使用期内的维护管理，并将其视为整个钢结构建筑物安全管理体系中不可缺少组成部分。

12.5.1　使用期间内维护管理内容

1. 钢结构防腐蚀涂装使用期间内维护管理的责任主体是使用者本身，故使用者应有这种明确的意识，重视此项工作并在使用期内制定相应的管理措施，安排人员组织实施。

2. 在钢结构设计文件的防腐涂装专项内容中，应明确提出使用期内的检查与维护要求。

3. 使用单位应制定相应的维护管理规定，检查维护工作应由专人负责，在执行中应做到：

1）保持结构的环境清洁，不潮湿；结构表面无积水、无结露，积灰能定期清扫；

2）受高温影响或湿度较大的结构部位，应采取有效的隔护或通风降湿措施；

3）有侵蚀性介质的生产车间内，应采取对生产工艺设备封闭等措施，防止液相或气相介质与结构接触；

4）定期检查钢结构防腐涂层的完好情况，及时修补局部涂层出现劣化的部位。根据使用条件与涂层劣化情况，经一定年限后需要对防腐涂层进行大修；

5）所有检查维修工作应有规范的记录。对大型钢结构建筑可选择若干典型部位点进行定点、定时检查；对有遮挡不便检查处，可选择一定部位设检查孔或采取挂板观测的方法进行检查。

4. 经检查发现涂层有下列劣化情况时，应及时进行局部清理与涂装维修：

1）普通涂层表面有 0.2%～0.5%出现锈迹；

2）热镀（喷）锌涂层表面有 2%出现锈迹；

3）热镀（喷）锌再加复合涂层的表面有 5%出现锈迹；

4）热喷涂铝再加复合涂层的表面有 1%出现锈迹。

5. 对旧有涂层状态检查点应进行定期检查，其检查间隔周期可按涂层表面质量等级，由表12.5-1确定。

旧涂层点检的周期 表12.5-1

应进行点检的周期（月）	旧涂层表面处于以下任一类等级时		
	表面劣化等级	锈蚀率等级	附着力等级
12	1	1	1
6	2～1	2、3	2～1
3	2～2	4、5	2～2
立即维修	3	6、7	3

注：各类表面状态等级按后面的表格确定。

12.5.2 维修工作和质量要求

1. 已使用钢结构在进行防腐蚀涂层的维修施工前，应对旧涂层的表面质量状态进行检查与评估，并以此为依据制定维修涂装的设计、施工方案。检查、评估的内容应包括以下各项：

1）旧涂层表面锈蚀等级的确定；

2）旧涂层附着力的测定；

3）旧涂层表面劣化等级（涂膜光泽度、变褪色度、劣化与涂层粉化程度）的确定。

2. 旧有涂层表面状态的检查与等级标准：

1）旧涂层表面锈蚀率的分级应按表12.5-2确定。

旧涂层锈蚀率分类表及标准图 表12.5-2

锈蚀率标准图			
锈蚀率(%)	<0.3	1.0	3.0
锈蚀率等级	1	2	3
锈蚀率标准图			
锈蚀率(%)	10	33	50
锈蚀率等级	4	5	6

2）旧涂层附着力等级应符合下列规定：

（1）旧涂层附着力测定方法为：用划纸刀在涂膜上作X形划痕，X形切割线交角约为30°，两切割线长度约为40mm，每道切割线应划到钢材基体，再用宽18～24mm、长约50mm透明胶带紧贴在划X部位（图12.5-1），并用橡皮块捋压除去气泡。在胶带粘贴1～2min后，沿与基体成35°～45°方向迅速揭除胶带（约0.5s）。

（2）附着力等级按表12.5-3的标准进行评定，用目视法观察X部位涂膜剥落程度，按表12.5-3规定求出涂膜附着力点数、等级。

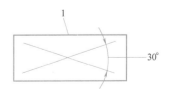

图12.5-1 附着力测定法示意图
1-透明胶带

附着力点数及等级 表 12.5-3

附着力等级	评定点数	划X部位状态	示意图
1	10	无剥落	
	8	交叉无剥落,划X部位稍有剥落	
2-1	6	离划X部交点3.8mm内有剥落	
2-2	4	离划X部交点7.6mm内有剥落	
3	2	划X线处大部分有剥落	
	0	剥落面积大于X划痕部分	

3）旧涂层表面劣化（涂膜光泽度、变褪色、粉化程度）等级按表 12.5-4 确定。

漆膜光泽、变褪色、粉化程度劣化等级划分 表 12.5-4

劣化等级	光泽	变褪色	粉化
1	光泽好,基本无变化	基本保持原色不褪色、不变色	基本不粉化
2	光泽显著减退	褪色显著或变色明显	粉化
3	无光泽	不能分原有颜色	粉化严重

3. 对旧有涂层进行清理与重新涂装时，可按旧涂层不同状态采用以下方法进行其表面处理：

1）较完好的涂层表面：保存完好的涂膜表面清理去除表面油污。

2）轻微老化的涂膜表面：对表面粉化和涂膜外表面磨损处，或有细微裂缝和气泡处进行仔细地清理、清洗，并使其干燥。

3）一般老化的涂膜表面：其防护层通常完好和有黏结力，可对其粉化、气泡破裂与轻微锈迹处，以刮刀或钢丝刷彻底清理、清洗并使其干燥。

4）严重老化的涂膜表面：其防护层已经老化到可以感知的程度，对已丧失了黏结力、有明显腐蚀和气泡处，应用动力工具彻底清理到原金属表面。

4. 在局部去除原有失效涂层时，宜按其表面质量状态合理地确定清除范围。在选用重新涂装的涂层材料时应考虑新旧涂层材料的相容性。

5. 维护涂装及表面处理的施工、质量检验与验收应符合有关标准的规定。

第13章 钢构件防火设计

13.1 钢结构防火设计的要求

13.1.1 钢结构的防火理念

1. 火灾下钢结构的特性

钢结构用的钢材虽然是不燃材料，但它具有良好的热导性。科学试验和火灾表明，未加防火保护的钢结构，在火灾温度作用下，只需 10min，自身温度即可达 540℃以上，钢材的力学性能，诸如屈服点、抗拉强度、弹性模量以及载荷能力等都会迅速下降；当钢材自身温度达 600℃时，钢材的强度几乎等于零。因此，在火灾作用下，钢结构不可避免地会扭曲变形，最终导致建筑倒塌，将会带来人员和财产的巨大损失。美国"911"大楼的倒塌就是钢结构火灾事故的典型案例。

2. 钢结构防火设计的必要性

钢结构具有自重轻、强度高、节能环保、抗震性能优良、工业化生产、施工速度快等优点，是现代建筑工程中广泛应用的结构形式。

与混凝土结构相比，钢结构的耐火性能较差。为了防止和减少建筑钢结构的火灾危害，保护人身和财产安全，必须对建筑用钢结构进行防火设计，并采取安全可靠、经济合理的防火保护措施。

3. 建筑钢结构防火理念

目前，通常采用主动式及被动式防火相结合的防火理念，来保障建筑物的消防安全。

建筑钢结构是按照建筑的耐火等级要求进行防火设计。通过采取有效的防火保护措施来阻隔火灾发生时温度的传递，控制火灾下钢结构的温度不能过高，提高钢结构的耐火时间，保证整体结构的安全。这样，能避免钢结构在火灾中整体倒塌造成人员伤亡，延长人员的逃生及消防救援的时间，并且减少火灾后结构的修复费用，减少间接经济损失。

13.1.2 建筑结构的防火设计

建筑防火的目标是在建筑物的耐火极限内，通过采取有效的防火保护措施来保证结构的抗火能力大于结构的抗火需求，减少火灾危害，保护人身和财产安全。

1. 建筑的耐火等级

各类建筑由于使用性质、重要程度、规模大小、火灾危险性存在差异，所需要的耐火能力也有所不同。我国现行《建筑设计防火规范》GB 50016—2014（2018 年版）按建筑物的使用性质分为民用建筑和厂房（仓库）建筑。

1）民用建筑根据建筑高度和层数可分为单、多层民用建筑和高层民用建筑。高层民用建筑根据建筑高度、使用功能和楼层的建筑面积可分为一类和二类，并根据建筑高度、使用功能、重要性和火灾扑救难度等因素确定耐火等级。

2）厂房（仓库）建筑根据生产中使用或产生的物质性质及其数量等因素划分了甲、乙、丙、丁、戊类五种火灾危险性类别，并根据建筑高度和层数、使用功能、重要性等因素确定耐火等级。

3）《建筑设计防火规范》GB 50016—2014（2018 年版）将建筑物分成四个耐火等级：一级、二级、三级和四级，并规定了对应每个等级的建筑构件的燃烧性能和耐火极限要求。具体内容见表 13.1-1。

2. 构件的耐火极限

建筑构件是保证整个建筑安全的基础，建筑构件的设计耐火极限应根据建筑的耐火等级，按照现行国家标准《建筑设计防火规范》GB 50016—2014（2018 年版）的规定确定。

1）耐火极限的概念

建筑结构构件的耐火极限是指构件在标准耐火试验条件下，建筑构件、配件或结构从受到火的作用时起，至失去结构稳定性、完整性或隔热性时止所用时间，用小时（h）表示。

（1）失去结构稳定性是指结构构件在火灾中丧失承载能力，或达到了不适宜继续承载的变形。

① 对于梁和板，不适于继续承载的变形定义为最大挠度值超过 $l/20$，其中 l 为试件的计算跨度。

② 对于柱，不适于继续承载的变形可定义为柱的轴向压缩变形速度超过 $3h$（mm/min），其中 h 为柱的受火高度，单位以"m"表示。

（2）失去完整性是指分隔构件（如楼板、门窗、隔墙等）一面受火时，构件出现穿透裂缝或穿火孔隙，使火焰能穿过构件，造成背火面可燃物起火燃烧。

（3）失去绝热性是指分隔构件一面受火时，背火面温度达到220℃，可造成背火面可燃物（如纸张、纺织品等）起火燃烧。

2）结构构件的分类

当进行结构防火设计时，可将结构构件分为两类：兼作分隔作用的结构构件和纯结构受力构件。确定这两类结构构件耐火极限时间的原则有所不同。

（1）兼作分隔作用的结构构件（如承重墙、楼板），这类构件的耐火极限应由构件失去稳定性、完整性或绝热性三个条件之一的最小时间确定。

（2）纯结构受力构件（如梁、柱、屋架等），该类构件的耐火极限则按失去稳定性的最小时间确定。

3）构件的耐火极限

（1）《建筑设计防火规范》GB 50016—2014（2018 年版）规定了对应每个耐火等级的各种建筑构件的最低耐火极限时限，详见表 13.1-1。民用建筑和厂房的要求也会有所不同。

建筑构件的耐火极限（h）

表 13.1-1

耐火等级 构件名称	单、多层建筑						
	一级	二级	三级			四级	
承重墙	3.00	2.50	2.00			0.50	
柱（柱间支撑）	3.00	2.50	2.00			0.50	
梁、桁架	2.00	1.50	1.00			0.50	
楼板（楼面支撑）	1.50	1.00	厂、库房	民用建筑	厂、库房	民用建筑	
			0.75	0.50	0.50	不要求	
屋顶承重构件 （屋面支撑）	1.50	0.50	厂、库房	民用房	不要求		
			0.50	不要求			
疏散楼梯	1.50	1.00	厂、库房	民用房	不要求		
			0.75	0.50			

（2）设计确定建筑结构构件的耐火极限要求时，应考虑建筑的耐火等级、构件的重要性和在建筑中的部位等因素。

① 建筑的耐火等级

由于建筑的耐火等级是对建筑防火性能的综合要求，当建筑的耐火等级越高时，结构构件的耐火极限要求也越高。

② 构件的重要性

越重要的构件，耐火极限要求应越高。在一般情况下，楼板支承在梁上，而梁又支承在柱上，因此梁比楼板重要，而柱又比梁更重要。

③ 构件在建筑中的部位

如在高层建筑中，建筑下部的构件比建筑上部的构件更重要。

13.1.3 钢结构防火设计的要求

1. 工程设计时，首先按照国家现行《建筑设计防火规范》GB 50016—2014 的规定，根据建筑物的使用性质、重要程度、规模大小、火灾危险性等因素来确定耐火等级，再根据构件的部位与重要性确定钢构件的设计耐火极限。

2. 在钢结构设计文件中应注明建筑的耐火等级、构件的设计耐火极限、构件的防火保护措施和防火材料的性能要求及设计指标。

3. 通过验算，当钢构件的耐火极限低于设计耐火极限时，应采取有效的防火保护措施满足防火要求。

4. 柱间支撑的设计耐火极限应与柱相同；楼盖支撑的设计耐火极限应与梁相同；屋盖支撑和系杆的设计耐火极限应与屋盖承重构件相同。

5. 钢结构节点的防火保护应满足被连接构件中最高的防火要求。

6. 当施工采用的防火保护材料的等效热传导系数与设计要求不一致时，应根据防火保护层等效热阻相等的原则确定保护层的施工厚度，并应经设计单位认可。

13.1.4 钢结构防火设计方法的选用

20 世纪 80 年代以前，国际上主要采用基于建筑构件标准耐火试验的方法进行钢结构防火设计，并确定其防火保护措施。我国长期以来都是按照《钢结构防火涂料应用技术规范》CECS24：90 来进行钢结构的防火设计，就是基于建筑构件标准耐火试验的方法。现行国家标准《建筑钢结构防火技术规范》GB 51249—2017 是按照结构耐火承载力极限状态原理进行防火设计，分为基于整体结构的耐火验算和基于构件的耐火验算。

钢结构应按结构抗火承载力极限状态进行耐火验算与防火设计。防火设计方法应根据结构的重要性、结构类型和荷载特征等因素选用确定。

1. 基于整体结构的耐火验算要求

1）当结构符合下列规定时，应采用基于整体结构耐火验算的防火设计方法：

（1）跨度不小于 60m 的大跨度钢结构；

（2）预应力钢结构和跨度不小于 120m 的大跨度建筑中的钢结构。

2）采用整体结构耐火验算方法进行防火设计时，应满足下列规定：

（1）各防火分区应分别作为一个火灾工况并选用最不利火灾场景进行验算；

（2）应考虑结构的热膨胀效应、结构材料性能受高温作用的影响，必要时，还应考虑结构几何非线性的影响。

2. 基于构件的耐火验算要求

常规结构可采用构件耐火验算方法进行钢结构防火设计，计算时应满足下列规定：

1）计算火灾下构件的组合效应时，对于受弯构件、拉弯构件和压弯构件等以弯曲变形为主的构件，可不考虑热膨胀效应，且火灾下构件的边界约束和在外荷载作用下产生的内力可采用常温下的边界约束和内力，计算构件在火灾下的组合效应；对于轴心受拉、轴心受压等以轴向变形为主的构件，应考虑热膨胀效应对内力的影响。

2）计算火灾下构件的承载力时，构件温度应取其截面的最高平均温度，并应采用结构材料在相应温度下的强度与弹性模量。

3）钢构件应按结构耐火承载力极限状态进行高温状态下的耐火验算。

4）钢构件耐火承载力极限状态的最不利荷载作用效应组合设计值，应考虑火灾时结构上可能同时出现的荷载作用，且应按下列组合值中的最不利值确定：

$$S_m = \gamma_0(S_{Gk} + S_{Tk} + \psi_f S_{Qk}) \tag{13.1-1}$$

$$S_m = \gamma_0(S_{Gk} + S_{Tk} + \psi_q S_{Qk} + 0.4 S_{wk}) \tag{13.1-2}$$

式中　　S_m——作用效应组合的设计值；

S_{Gk}——永久荷载标准值的效应；

S_{Tk}——火灾下结构的标准温度作用效应；

S_{Qk}——楼面或屋面活荷载标准值的效应；

S_{wk}——风荷载标准值的效应；

ψ_f——楼面或屋面活荷载的频遇值系数，按现行国家标准《建筑结构荷载规范》GB 50009—2010 的规定取值；

ψ_q——楼面或屋面活荷载的准永久值系数，按现行国家标准《建筑结构荷载规范》GB 50009—2010 的规定取值；

γ_0——结构防火重要性系数，对于耐火等级为一级的建筑取 1.15，对其他耐火等级取 1.05。

13.2　钢构件防火保护措施与构造

13.2.1　防火保护措施的选用原则

钢结构的防火保护措施有喷涂（涂抹）防火涂料，包覆防火板或柔性毡状隔热材料，外包混凝土、金属网抹砂浆或砌筑砌体等；可采用其中一种或几种复合使用。具体工程应根据结构类型、设计耐火极限和使用环境等因素，按照安全可靠、经济实用的原则选用，并应考虑下述条件：

1. 满足防火设计要求，在要求的耐火极限内能有效地保护钢构件。

2. 防火材料应易与钢构件结合，并对钢构件本身不会产生有害影响。

3. 钢构件受火后发生允许变形时，防火保护层不发生结构性破坏或失效。

4. 施工方便，易于保证施工质量，且不影响之前和后续的施工。

5. 防火保护材料在使用过程中不应对人体造成毒害。

6. 具有良好的耐久和耐候性能。

13.2.2　防火保护方法与构造

目前常用的防护方法有六种：外包混凝土、金属网抹砂浆或砌筑砌体；喷涂防火涂料；防火板包覆；柔性毡状隔热材料包覆；复合防火保护；单面屏蔽法。

1. 外包混凝土、金属网抹砂浆或砌筑砌体

当采用外包混凝土时，混凝土的强度等级不宜小于C20，并宜配置构造钢筋。当采用外包金属网抹砂浆时，砂浆的强度不宜低于M5，金属丝网的网格尺寸不宜大于20mm，丝径不宜小于0.6mm，砂浆最小厚度不宜小于25mm。当采用砌筑砌体时，砌块的强度等级不宜低于MU10。

目前，采用混凝土或耐火砖完全封闭钢构件的做法主要应用在工业建筑中，民用建筑中较少应用。这种方法的优点是强度高、耐冲击，但缺点是占用的空间较大，例如，用C20混凝土保护钢柱，其厚度为5~10cm才能达到1.5~3h的耐火极限。另外，施工也较麻烦，特别在钢梁、斜撑上，施工十分困难。

图13.2-1所示为采用外包混凝土或砌筑砌体的防火保护做法及构造。

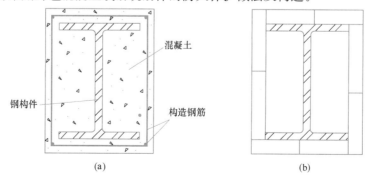

图 13.2-1　外包混凝土及砌筑砌体的热轧 H 型钢构件防火保护构造
（a）外包混凝土；（b）外包砌筑耐火砖

2. 喷涂防火涂料

钢结构防火涂料是指涂于钢结构表面，能形成耐火隔热保护层，提高钢结构的耐火性能的一种防火材料。将防火涂料喷涂于钢材表面，这种方法施工简便、重量轻、耐火时间长，而且不受钢构件几何形状限制，具有较好的经济性和实用性，是目前最常用的防火保护方法，但对钢材表面的基底和施工环境条件要求比较严格。

1) 防火涂料的分类及性能

根据高温下钢结构防火涂料涂层变化情况分为膨胀型和非膨胀型两大类，表13.2-1给出分类和性能特点。

防火涂料分类及性能 表13.2-1

类型	代号	分类	主要成分	涂层特性	优点	缺点
膨胀型	B	普通型(涂层厚7mm以下)	有机树脂为基料，还有发泡剂、阻燃剂、成炭剂等	遇火膨胀,形成比原涂层厚度大十几倍到数十倍的多孔碳质层。多孔碳质层可阻挡外部热源对基材的传热,如同绝热屏障。用于钢结构防火,耐火极限可达0.5~1.5h。厚度一般为2~7mm,又称薄型防火涂料	涂层薄、重量轻、抗震性好,有较好的装饰性	施工时气味较大;涂层含有机物,易老化,出现粉化、脱落;处于吸湿受潮状态会失去膨胀性
		超薄型(涂层厚3mm以下)				
非膨胀型	H	湿法喷涂(蛭石、珍珠岩为主要绝热骨料)	无机绝热材料为主,还有无机胶粘剂等	遇火不膨胀,利用涂层固有的良好绝热性,以及高温下部分成分的蒸发和分解等烧蚀反应而产生的吸热作用,来阻隔和消耗火灾热量向基材的传递,从而延缓钢构件达到临界温度的时间,故又称隔热型防火涂料。涂层厚度从7mm到50mm,对应耐火极限可达到0.5~3h以上。因其涂层比薄型涂料的要厚得多,因此又称之厚型防火涂料	黏着性好,防火隔热性能有保证;涂层的物理化学性能稳定;不燃、无毒、耐老化、耐久性较可靠	涂料涂层厚,需要分层多次涂敷,耗时,必须待基层涂料干燥固化后才能涂敷下一层涂料。对施工要求较高;涂层表面外观差,适宜隐蔽部位涂敷
		干法喷涂(矿物纤维为主要绝热骨料)				

2) 防火涂料的使用要求

钢结构采用喷涂防火涂料进行保护时，应符合下列规定：

（1）室内隐蔽构件宜选用非膨胀型防火涂料；

（2）设计耐火极限大于1.50h的构件不宜选用膨胀型防火涂料；

（3）室外、半室外钢结构采用膨胀型防火涂料时，应选用性能满足使用环境要求的产品；

（4）非膨胀型防火涂料涂层的厚度不应小于10mm；防火涂料与防腐涂料应相容匹配。

3) 防火涂料防火保护构造

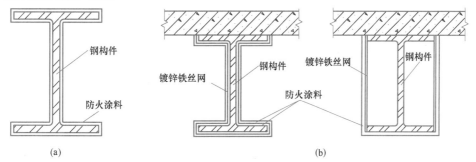

图13.2-2 热轧H型钢构件防火涂料保护构造
(a) 不加网的防火涂料保护；(b) 加网的防火涂料保护

热轧H型钢结构构件采用防火涂料保护的构造方式见图13.2-2。当采用非膨胀型防火涂料进行保护时，在下列情况下应在涂层内设置与钢构件相连接的钢丝网作为加固措施：

（1）构件承受冲击、有振动荷载；

（2）构件的腹板高度大于500mm且涂层厚度大于30mm；

（3）防火涂料的黏结强度不大于0.05MPa；

（4）构件的腹板高度大于500mm且涂层长期暴露在室外。

3. 防火板包覆

采用纤维增强水泥板（如TK板，FC板）、石膏板、硅酸钙板、蛭石板等防火板将钢构件包覆起来。防火板由工厂加工，表面平整、装饰性好，施工为干作业。钢结构防火用板材分二类：一类是密度大、强度高的薄板；另一类是密度较小的厚板。

1）防火薄板

防火薄板特点是密度大（800～1800kg/m³）、强度高（抗折强度10～50MPa）、导热系数大［0.2～0.4W/(mK)］，使用厚度大多在6～15mm之间，主要用作轻钢龙骨隔墙的面板、吊顶板（又统称为罩面板），以及钢梁、钢柱经厚型防火涂料涂覆后的装饰面板（或称罩面板）。这类板有短纤维增强的各种水泥压力板（包括TK板，FC板等）、纤维增强普通硅酸钙板、纸面石膏板，以及各种玻璃布增强的无机板（俗称无机玻璃钢）。

2）防火厚板

防火厚板特点是密度小（小于500kg/m³），导热系数低（0.08W/(mK)以下），其厚度可按耐火极限需要确定，大致在20～50mm之间。由于本身具有优良耐火隔热性，可直接用于钢结构防火，提高结构耐火极限。

这类板主要有两种：轻质（或超轻质）硅酸钙防火板及膨胀蛭石防火板。轻质硅酸钙防火板是以CaO和SiO₂为主要原料，经高温高压化学反应生成硬硅钙晶体为主体再配以少量增强纤维等辅助材料经压制、干燥而成的一种耐高温、隔热性优良的板材。膨胀蛭石防火板是以特种膨胀蛭石和无机胶粘剂为主要原料，经充分混合成型压制烘干而成的另一种具有防火隔热性能的板材。

用防火厚板作为钢结构防火材料有如下特点：

（1）重量轻。容重400～500kg/m³，仅为一般建筑薄板的1/2～1/4。

（2）强度较高。抗折强度为0.8～2.5MPa。

（3）隔热性好。导热系数不大于0.08W/(mK)，隔热性能要优于同等密度的隔热型厚型防火涂料。

（4）耐高温。使用温度1000℃以上，1000℃加热3h，线收缩率不大于2%，用这种板保护钢梁钢柱，耐火极限可达3h以上。

（5）尺寸稳定。在潮湿环境下可长期使用、不变形。

（6）耐久性好。理化性能稳定，不会老化，可长期使用。

（7）易加工，可采用锯、钉、刨、削等加工成需要的形状。

（8）无毒无害，不含石棉，在高温或发生火灾时不产生有害气体。

（9）装饰性好，表面平整光滑，可直接在板材上进行涂装、裱糊等内装饰作业。

3）防火板防火的使用要求

钢结构采用包覆防火板保护时，应符合下列规定：

（1）防火板应为不燃材料，且受火时不应出现炸裂和穿透裂缝等现象。

（2）防火板的包覆应根据构件形状和所处部位进行构造设计，并应采取确保安装牢固稳定的措施。

（3）固定防火板的龙骨及胶粘剂应为不燃材料。龙骨应便于与构件及防火板连接，胶粘剂在高温下应能保持一定的强度，并应能保证防火板的包覆完整。

4）H型钢防火板防火保护构造示意见图13.2-3。

4. 柔性毡状隔热材料包覆

将柔性毡状隔热材料包覆在钢材表面，这种方法便于施工，不受钢构件几何形状限制，且对钢构件基底处理的要求较低。

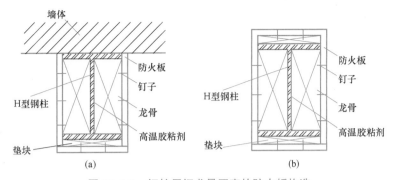

图 13.2-3　钢柱用钢龙骨固定的防火板构造
(a) 靠墙 H 形柱包矩形防火板；(b) 独立矩形柱包矩形防火板

1）柔性毡状隔热材料的分类及性能

柔性毡状隔热材料根据原材料的成分主要分为硅酸铝保温防火毡、陶瓷纤维防火毡、玻璃纤维防火毡等，产品性能应满足国标《耐火纤维及制品》GB/T 3003—2017 的要求。

2）包覆柔性毡状隔热材料防火的使用要求

钢结构采用包覆柔性毡状隔热材料防火保护时，应符合下列规定：

（1）不能用于易受潮或受水的环境中；

（2）在自重作用下，毡状材料不应发生压缩不均的现象。

3）包覆柔性毡状隔热材料的防火构造

柔性毡状隔热材料通过高温胶粘剂包覆在钢构件的外表面，当遇到如 H 型钢腹板空腔区域时，需要设置钢龙骨支撑或者防火板支撑。由于柔性毡状隔热材料外观的限制，通常用于隐蔽部位，或者结合防火板达到复合防火保护功能。

5. 复合防火保护

为了达到最优的防火隔热保护和装饰效果，可采用其

图 13.2-4　H 型钢柱采用复合防火保护的构造

中几种材料复合使用。如在钢结构表面涂敷防火涂料或采用柔性毡状隔热材料包覆，再用轻质防火板作饰面板的构造。图 13.2-4～图 13.2-6 给出了 H 型钢的几种复合防火保护构造示意。

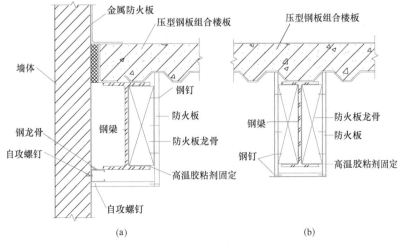

图 13.2-5　H 型钢梁用防火板龙骨及钢龙骨固定的防火板保护构造
（a）靠墙的梁；（b）一般位置的梁

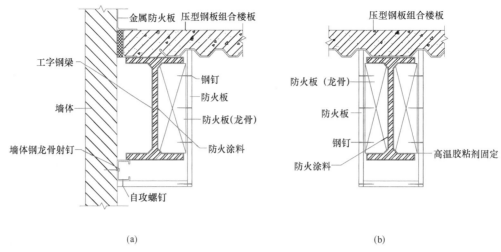

(a)　　　　　　　　　　　　　　　　　(b)

图 13.2-6　采用复合防火保护 H 型钢梁构造

（a）靠墙的梁；（b）梁

6. 单面屏蔽法

在钢构件的迎火面设置阻火屏障，将构件与火焰隔开（图 13.2-7）。例如：钢梁下面设置防火吊顶，以及钢外柱内侧设置有一定宽度的防火板等。即使建筑物内部发生火灾，通过设置阻火屏障防止火焰烧到钢构件。这种在特殊部位设置防火屏障是一种较经济的钢构件防火方法。

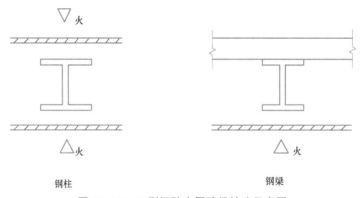

钢柱　　　　　　　　　　　　　　　钢梁

图 13.2-7　H 型钢防火屏障保护法示意图

13.2.3　防火保护方法的特点与适用范围

六种防火保护方法的主要特点与适用范围见表 13.2-2。

热轧 H 型钢防火保护方法的特点与适用范围　　　　　表 13.2-2

方法	特点及适用范围
外包混凝土、金属网抹砂浆或砌筑砌体	保护层强度高、耐冲击,占用空间大,在钢梁和斜撑上施工难度大,适用于容易碰撞、无护面板的钢柱防火保护
喷涂防火涂料	重量轻,施工简便,适用于任何形状、任何部位的构件,技术成熟,应用最广,但对涂敷的基底和环境条件要求严格
防火板包覆	预制性好,完整性优,性能稳定,表面平整、光洁,装饰性好,施工不受环境条件限制,施工效率高,特别适用于交叉作业和不允许湿法施工的场合
柔性毡状隔热材料包覆	柔性材质,重量轻,施工便捷。适合用于隐蔽部位,或结合防火板用于复合防火保护。不能用于潮湿或者有水的环境中
复合防火保护	有良好的隔热性和完整性、装饰性,适用于耐火性能要求高,并有较高装饰要求的钢柱、钢梁
单面屏蔽法	事先要有明确的迎火面,适合针对特殊部位设置

13.3 高温下钢材的性能

常用于建筑结构的钢材在高温下的力学性能与常温下相比，会有明显不同。在高温作用下，钢材的组织结构发生了变化，物理特性的改变引起了力学性能的改变，钢材的屈服强度和弹性模量会随着火灾温度的升高而降低。

13.3.1 高温下钢材的性能

1. 高温下钢材的物理特性

1）热膨胀系数 α_s

热膨胀系数是指单位温度变化所导致的材料长度量值的变化，一般钢材的线热膨胀系数取为：$\alpha_s = 1.2 \times 10^{-5} \mathrm{m/(m \cdot ℃)}$。

在按照整体结构进行耐火验算时，应当考虑热膨胀温度效应对结构内力与变形的影响；而仅基于构件进行耐火验算时，可不考虑热膨胀对构件极限承载力的影响。

2）热传导系数 λ_s

热传导系数（又称导热系数）是指在单位温度梯度条件下，在单位时间内单位面积上所传递的热量，单位为 $\mathrm{W/(m \cdot ℃)}$。钢材的热传导系数是随着温度的升高而递减，但当温度达到 750℃ 左右时，则基本稳定不再减小。因此在进行热力学分析时，为了简化计算，热传导系数一般取常数值，通常取为 $\lambda_s = 45\mathrm{W/(m \cdot ℃)}$。

3）比热容 c_s

比热容是指单位质量的物质温度升高或降低 1℃ 时所吸收或释放的热量，单位为 $\mathrm{J/(kg \cdot ℃)}$。钢材的比热容随着温度而发生改变。结构钢在温度 725℃ 左右时，钢材的内部颗粒成分与结构发生变化，比热迅速增大，随后当内部颗粒成分与结构稳定后，又迅速回落。所以比热容按照实际情况是一个变化值，但为了便于设计人员使用，进行了简化计算，按均值取用，一般情况下结构钢比热容取为 $c_s = 600\mathrm{J/(kg \cdot ℃)}$。

4）密度 ρ_s

温度对结构钢的密度影响很小，可仍然采用常温下的密度值：$\rho_s = 7850\mathrm{kg/m^3}$。

2. 高温下钢材的力学性能指标

1）设计强度

高温下钢材没有明显的屈服平台，通常取一定量的塑性残余应变（称为名义应变）所对应的应力作为钢材的名义屈服强度（图 13.3-1）。高温下结构钢材的强度设计值是采用对常温下钢材设计强度进行折减的方法，按公式（13.3-1）进行计算。

$$f_T = \eta_{sT} f \qquad (13.3\text{-}1)$$

其中，高温下钢材屈服强度折减系数 η_{sT} 按下列公式计算：

（1）当 20℃ $\leqslant T_s \leqslant$ 300℃ 时：

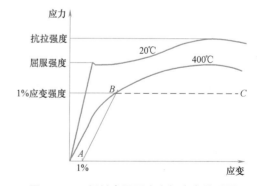

图 13.3-1 钢材高温下应力与应变关系图

$$\eta_{sT} = 1.0 \qquad (13.3\text{-}2)$$

（2）当 300℃ $< T_s <$ 800℃ 时：

$$\eta_{sT} = 1.24 \times 10^{-8} T_s^3 - 2.096 \times 10^{-5} T_s^2 + 9.228 \times 10^{-3} T_s - 0.2168 \qquad (13.3\text{-}3)$$

（3）当 800℃ $\leqslant T_s \leqslant$ 1000℃ 时：

$$\eta_{sT} = 0.5 - T_s / 2000 \tag{13.3-4}$$

式中 η_{sT}——高温下钢材的屈服强度折减系数；

f_T——高温下钢材的设计强度（N/mm²）；

f——常温下钢材的设计强度（N/mm²），按照现行国家标准《钢结构设计标准》GB 50017—2017 的规定取值；

T_s——钢材的温度（℃）。

2）弹性模量

普通结构钢的弹性模量是随着温度的升高而降低，在不同温度区间的变化规律有所不同。高温下钢材的弹性模量采用了对常温下钢材弹性模量进行折减的方法，可按公式（13.3-5）计算得到。

$$E_{sT} = \chi_{sT} E_s \tag{13.3-5}$$

其中，高温下钢材的弹性模量折减系数 χ_{sT} 按下列公式计算：

（1）当 20℃ $\leq T_s <$ 600℃时：

$$\chi_{sT} = \frac{7T_s - 4780}{6T_s - 4760} \tag{13.3-6}$$

（2）当 600℃ $\leq T_s \leq$ 1000℃时：

$$\chi_{sT} = \frac{1000 - T_s}{6T_s - 2800} \tag{13.3-7}$$

式中 T_s——钢材的温度（℃）；

E_{sT}——高温 T_s 时钢材的弹性模量（MPa）；

E_s——常温下钢材的弹性模量（MPa），按照《钢结构设计标准》GB 50017—2017 的规定取值；

χ_{sT}——高温下钢材的弹性模量折减系数。

3）泊松比

泊松比是指材料在单向受拉或受压时，横向正应变与轴向正应变的绝对值的比值，也叫横向变形系数，它是反映材料横向变形的弹性常数。钢材的泊松比受温度的影响很小，可以不考虑温度的影响，直接按常温下的泊松比取值：$\nu_s = 0.3$。

13.3.2 高温下的钢构件的防火性能

建筑结构构件的防火性能由防火试验来确定。为了对通过试验所测得的构件防火性能可以进行相互比较，试验应在相同的升温条件下进行。构件的标准火灾升温曲线和等效曝火时间是衡量结构构件防火性能常用的两个指标。

1. 构件的标准火灾升温曲线

按照《建筑钢结构防火技术规范》GB 51249—2017，我国采用的构件标准升温曲线是按照燃烧物质类别的不同分别进行计算的。

1）对于以纤维类物质为主的火灾，升温曲线可按式（13.3-8）确定：

$$T_g - T_{g0} = 345 \lg(8t + 1) \tag{13.3-8}$$

2）对于以烃类物质为主的火灾，升温曲线可按式（13.3-9）确定：

$$T_g - T_{g0} = 1080 \times (1 - 0.325 e^{-t/6} - 0.675 e^{2.5t}) \tag{13.3-9}$$

式中 t——火灾持续的时间（min）；

T_g——火灾发展到 t 时刻的热烟气平均温度（℃）；

T_{g0}——火灾前室内环境的温度（℃），可取 20℃。

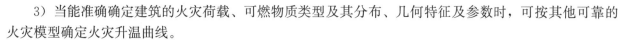

3）当能准确确定建筑的火灾荷载、可燃物质类型及其分布、几何特征及参数时，可按其他可靠的火灾模型确定火灾升温曲线。

2. 等效曝火时间

采用标准升温曲线可以给设计人员带来很大方便，但标准升温曲线有时与真实火灾下的升温曲线相差甚远，为更好地反映真实火灾对构件的破坏程度，而又保持标准升温曲线的实用性，于是就提出了等效曝火时间的概念，通过等效曝火时间将真实火灾与标准火灾联系起来。

1）等效曝火时间的概念

火灾传给构件的热量与火灾的温度和持续的时间有关，当标准升温曲线与时间轴所围的曲线多边形的面积等于真实火灾下实际升温曲线与时间轴所围的曲线多边形的面积时，所对应的时间 t_e 即为等效曝火时间（图 13.3-2）。钢构件在火灾下的破坏程度一般用钢构件破坏时的温度来衡量。真实火灾对构件的破坏程度可等效成相同构件在标准火灾作用下"等效曝火时间"后对该构件的破坏程度。

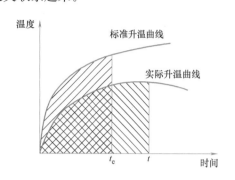

图 13.3-2 基于面积相等原则确立的等效曝火时间

2）等效曝火时间的计算

计算钢构件等效曝火时间 t_e 按公式（13.3-10）计算。

$$t_e = 9 + (16.434\eta^2 - 4.223\eta + 0.3794)q_T \tag{13.3-10}$$

$$\eta = 0.53 \frac{\sum A_w \sqrt{h}}{A_T} \tag{13.3-11}$$

式中　t_e——等效曝火时间（min）；

η——开口因子（$m^{1/2}$）；

q_T——设计火灾荷载密度（MJ/m^2）；

A_w——按门窗开口尺寸计算的房间开口面积（m^2）；

h——房间门窗洞口高度（m）；

A_T——包括门窗在内的房间六个墙壁的面积之和（m^2）。

13.4 火灾下钢构件的温度计算

13.4.1 钢构件保护层的分类

在实际工程中，根据建筑防火性能要求，部分钢构件可以不采取防火隔热保护措施，而大部分钢构件都需要采取保护。目前常用的防火隔热措施有外包混凝土或砌筑砌体、喷涂防火涂料、设置防火板和用防火毡料包裹等。有些保护层的材料质量很轻，其自身吸收的热量也很小可忽略，称之为轻质保护层，如防火涂料等；而有些保护层的材料质量较大，自身能吸收大量的热量，所以计算时必须加以考虑，这种保护层称之为非轻质保护层，如外包混凝土或防火砖等。保护层的不同，使被保护的钢构件在火灾下的升温曲线也会不同。钢构件保护层分为轻质保护层和非轻质保护层。

因此，火灾下钢构件的温度计算根据钢构件表面是否采取防火隔热保护层分为无保护层、轻质保护层和非轻质保护层三种情况。

13.4.2 升温计算模型

在防火设计中，根据钢构件防火隔热保护层的情况，以及截面温度分布和传热方式的不同，可简化成下面六种不同的升温计算模型（图 13.4-1）。

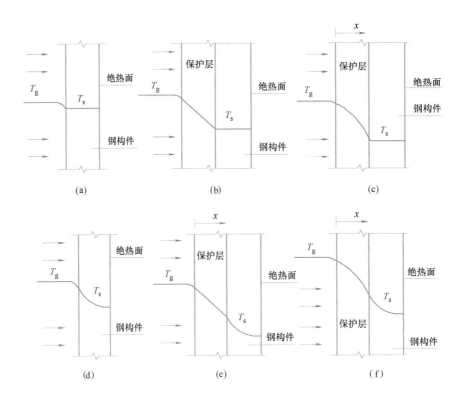

图 13.4-1 火灾下钢构件升温计算模型

(a) 无保护层截面温度均匀分布；(b) 有轻质保护层截面温度均匀分布；(c) 有非轻质保护层截面温度均匀分布；

(d) 无保护层截面温度非均匀分布；(e) 有轻质保护层截面温度非均匀分布；(f) 有非轻质保护层截面温度非均匀分布

13.4.3 火灾下钢构件的温度计算

1. 无保护层钢构件

当构件没有设置防火隔热保护层时，火灾下钢构件的升温曲线可按公式（13.4-1）计算：

$$\Delta T_s = \alpha \cdot \frac{1}{\rho_s c_s} \cdot \frac{F}{V} \cdot (T_g - T_s) \Delta t \tag{13.4-1}$$

$$\alpha = \alpha_c + \alpha_r \tag{13.4-2}$$

$$\alpha_r = \varepsilon_r \sigma \frac{(T_g + 273)^4 - (T_s + 273)^4}{T_g - T_s} \tag{13.4-3}$$

式中 t——火灾持续的时间（s）；

     Δt——时间步长（s），取值不宜大于 5s；

   ΔT_s——钢构件在时间 Δt 时间内上升的温度（℃）；

     T_s——火灾发展到 t 时刻钢构件的内部温度（℃）；

     T_g——火灾发展到 t 时刻的热烟气平均温度（℃）；

     ρ_s——钢材的密度（kg/m³）；

     c_s——钢材的比热 [J/(kg·℃)]；

     F——单位长度钢构件的受火表面积（m²）；

     V——单位长度钢构件的体积（m³）；

   F/V——无防火保护钢构件的截面形状系数（m⁻¹）；

     α——综合热传递系数 [W/(m²·℃)]；

     α_c——热对流传递系数 [W/(m²·℃)]，可取 25W/(m²·℃)；

     α_r——热辐射传递系数 [W/(m²·℃)]；

ε_r——综合辐射率，可按表 13.4-1 取值；

σ——斯蒂芬-波尔兹曼常数，为 $5.67 \times 10^{-8} W/(m^2 \cdot ℃^4)$。

综合辐射率ε_r　　　　　　　　　　　　　　表 13.4-1

钢构件形式			综合辐射率ε_r
四面受火的钢柱			0.7
钢梁	上翼缘埋于混凝土楼板内,仅下翼缘和腹板受火		0.5
	混凝土楼板放置在钢梁上翼缘	上翼缘的宽度与梁高之比不小于 0.5	0.5
		上翼缘的宽度与梁高之比小于 0.5	0.7
箱形钢梁或格构式钢梁			0.7

2. 有保护层钢构件

在标准火灾情况下，当钢构件防火保护层的质量越重，在升温过程中，保护层吸收的热量相对于钢构件吸收的热量来说也越大。当构件表面设有防火保护层时，火灾下钢构件的上升温度可按公式（13.4-4）近似计算。

$$\Delta T_s = \alpha \cdot \frac{1}{\rho_s c_s} \cdot \frac{F_i}{V} \cdot (T_g - T_s) \Delta t \tag{13.4-4}$$

1）非轻质防火保护层

当 $2\rho_i c_i d_i F_i > \rho_s c_s V$ 时，防火保护层为非轻质防火保护层，则综合热传递系数：

$$\alpha = \frac{1}{1 + \frac{\rho_i c_i d_i F_i}{2\rho_s c_s V}} \cdot \frac{\lambda_i}{d_i} \tag{13.4-5}$$

2）轻质防火保护层

当 $2\rho_i c_i d_i F_i \leqslant \rho_s c_s V$ 时，防火保护层为轻质防火保护层。

轻质防火保护层根据工作机理又分为膨胀型和非膨胀型。如果是膨胀发泡的薄涂型保护材料，则在达到一定温度时，保护层自身会膨胀发泡，厚度增加，综合热传递系数与防火保护层的等效热阻成反比。如果保护层采用非膨胀型的防火涂料或防火板等，综合热传递系数主要与保护层的等效热传导系数和厚度有关。具体计算公式如下：

（1）膨胀型防火涂料保护层，综合热传递系数 α 按公式（13.4-6）计算。

$$\alpha = \frac{1}{R_i} \tag{13.4-6}$$

（2）非膨胀型防火涂料、防火板等保护层，综合热传递系数 α 按公式（13.4-7）计算。

$$\alpha = \frac{\lambda_i}{d_i} \tag{13.4-7}$$

式中　ρ_i——防火保护材料的密度（kg/m^3）；

　　　c_i——防火保护材料的比热容 [$J/(kg \cdot ℃)$]；

　　　R_i——防火保护层的等效热阻 [$m^2 \cdot ℃/W$]；

　　　λ_i——防火保护材料的等效热传导系数 [$W/(m \cdot ℃)$]；

　　　d_i——防火保护层的厚度（m）；

　F_i/V——有防火保护钢构件的截面形状系数（m^{-1}），有保护层热轧 H 型钢构件的截面形状系数的计算方法见表 13.4-2；

　　　F_i——有防火保护钢构件单位长度的受火表面积（m^2）；对于外边缘型防火保护，取单位长度钢

第13章 钢构件防火设计

构件的防火保护材料内表面积；对于非外边缘型防火保护，取沿单位长度钢构件所测得的可能的矩形包装的最小内表面积。

V——单位长度钢构件的体积（m³）。

有保护层热轧 H 型钢构件的截面形状系数　　　　　　　　表 13.4-2

截面形状	形状系数 F_i/V	备注
	$\dfrac{2h+4b-2t}{A}$	
	$\dfrac{2h+3b-2t}{A}$	
	$\dfrac{2(h+b)}{A}$	
	$\dfrac{2(h+b)}{A}$	应用范围 $t'\leqslant\dfrac{h}{4}$
	$\dfrac{2h+b}{A}$	
	$\dfrac{2h+b}{A}$	应用范围 $t'\leqslant\dfrac{h}{4}$

注：表中 A 为构件截面积。

（3）当钢构件采用轻质防火保护层时，为了便于工程设计，在标准火灾下的温度也可按公式（13.4-8）进行简化计算：

406

$$T_s=\left(\sqrt{0.044+5.0\times10^{-5}\alpha\frac{F_i}{V}}-0.2\right)t+T_{s0}\quad 且\ T_s\leqslant700℃ \tag{13.4-8}$$

式中　t——火灾持续时间（s）。

13.5　钢结构构件的防火设计计算

13.5.1　设计计算假定

随着温度的升高，钢结构构件的承载能力会降低。为便于计算，提出以下假定条件：

1. 假定构件内部的温度在各瞬时都是均匀分布的，即使截面温度实际为非均匀分布，仍按截面温度为均匀分布考虑，仅在内力和截面力学参数中考虑其影响。

2. 假定计算的钢构件为等截面构件，且防火覆盖层均匀分布。

3. 偏安全按保护层厚度 $d_i=\frac{\lambda_i}{B}\cdot\frac{F_i}{V}$ 计算。

13.5.2　耐火极限法

在设计荷载作用下，发生火灾时，钢结构构件的实际耐火极限 t_m 不应小于其设计耐火极限 t_d，满足公式（13.5-1）的要求。

$$t_m\geqslant t_d \tag{13.5-1}$$

式中　t_d——钢结构构件的设计耐火极限；

　　　t_m——火灾下钢结构构件的实际耐火极限。

实际耐火极限 t_m 可按以下现行国家标准中相应内容进行试验测定：

《建筑构件耐火试验方法　第1部分：通用要求》GB/T 9978.1；

《建筑构件耐火试验方法　第5部分：承重水平分隔构件的特殊要求》GB/T 9978.5；

《建筑构件耐火试验方法　第6部分：梁的特殊要求》GB/T 9978.6；

《建筑构件耐火试验方法　第7部分：柱的特殊要求》GB/T 9978.7。

13.5.3　承载力法

钢结构的承载力法针对基本构件和框架构件的验算。

在设计耐火极限时间内，火灾下钢结构构件的承载力设计值不应小于其最不利的荷载（作用）组合效应下的设计值，满足公式（13.5-2）的要求。

$$R_d\geqslant S_m \tag{13.5-2}$$

式中　S_m——荷载（作用）效应组合的设计值；

　　　R_d——结构构件抗力的设计值。

1. 轴心受力构件的承载力验算

1）火灾下轴心受拉或受压钢构件的强度验算应符合公式（13.5-3）的要求。

$$\frac{N}{A_n}\leqslant f_T \tag{13.5-3}$$

式中　N——火灾下钢构件的轴拉（压）力设计值；

　　　A_n——净截面面积；

　　　f_T——高温下钢材的强度设计值。

2）火灾下轴心受压钢构件的稳定性验算应符合公式（13.5-4）的要求。

$$\frac{N}{\varphi_T A}\leqslant f_T \tag{13.5-4}$$

$$\varphi_T=\alpha_c\varphi \tag{13.5-5}$$

式中　N——火灾下钢构件的轴向压力设计值；

A——毛截面面积；

φ_T——高温下轴心受压钢构件的稳定系数；

φ——常温下轴心受压钢构件的稳定系数，应按现行国家标准《钢结构设计标准》GB 50017—2017 的规定确定；

α_c——高温下轴心受压钢构件的稳定验算参数，应根据钢构件的长细比和构件温度按表 13.5-1 确定。

高温下轴心受压钢构件的稳定验算参数 α_c 表 13.5-1

构件材料		结构钢构件						耐火钢构件					
$\lambda\sqrt{f_y/235}$		≤10	50	100	150	200	250	≤10	50	100	150	200	250
温度（℃）	≤50	1.000	1.000	1.000	1.000	1.000	1.000	1.000	1.000	1.000	1.000	1.000	1.000
	100	0.998	0.995	0.988	0.983	0.982	0.981	0.999	0.997	0.993	0.989	0.989	0.988
	150	0.997	0.991	0.979	0.970	0.968	0.968	0.998	0.995	0.989	0.984	0.983	0.983
	200	0.995	0.986	0.968	0.955	0.952	0.951	0.998	0.994	0.987	0.980	0.979	0.979
	250	0.993	0.980	0.955	0.937	0.933	0.932	0.998	0.994	0.986	0.979	0.978	0.977
	300	0.990	0.973	0.939	0.915	0.910	0.909	0.998	0.994	0.987	0.980	0.979	0.979
	350	0.989	0.970	0.933	0.906	0.902	0.900	0.996	0.996	0.990	0.986	0.985	0.985
	400	0.991	0.977	0.947	0.926	0.922	0.920	0.999	0.999	0.998	0.997	0.996	0.996
	450	0.996	0.990	0.977	0.967	0.965	0.965	1.001	1.001	1.008	1.012	1.014	1.015
	500	1.001	1.002	1.013	1.019	1.023	1.024	1.004	1.004	1.023	1.035	1.041	1.045
	550	1.002	1.007	1.046	1.063	1.075	1.081	1.008	1.008	1.054	1.073	1.087	1.094
	600	1.002	1.007	1.050	1.069	1.082	1.088	1.014	1.014	1.105	1.136	1.164	1.179
	650	0.996	0.989	0.976	0.965	0.963	0.962	1.023	1.023	1.188	1.250	1.309	1.341
	700	0.995	0.986	0.969	0.955	0.952	0.952	1.030	1.030	1.245	1.350	1.444	1.497
	750	1.000	1.001	1.005	1.008	1.009	1.009	1.044	1.044	1.345	1.589	1.793	1.921
	800	1.000	1.000	1.000	1.000	1.000	1.000	1.050	1.050	1.378	1.722	1.970	2.149

注：1. 表中 λ 为构件的长细比，f_y 为常温下钢材强度标准值；

    2. 温度小于或等于50℃时，α_c 可取 1.0；温度大于50℃时，表中未规定温度时的 α_c 应按线性插值方法确定。

2. 受弯构件的承载力验算

1）火灾下单轴受弯钢构件的强度验算应符合公式（13.5-6）的要求。

$$\frac{M}{\gamma W_n} \leqslant f_T \qquad (13.5\text{-}6)$$

式中 M——火灾下钢构件最不利截面处的弯矩设计值；

    W_n——钢构件最不利截面处的净截面模量；

    γ——截面塑性发展系数。

2）火灾下单轴受弯钢构件的稳定性验算应符合公式（13.5-7）的要求。

$$\frac{M}{\varphi_{bT} W} \leqslant f_T \qquad (13.5\text{-}7)$$

（1）当 $\alpha_b \varphi_b \leqslant 0.6$ 时：

$$\varphi_{bT} = \alpha_b \varphi_b \qquad (13.5\text{-}8)$$

（2）当 $\alpha_b \varphi_b > 0.6$ 时：

$$\varphi_{bT} = 1.07 - \frac{0.282}{\alpha_b \varphi_b} \leqslant 1.0 \qquad (13.5\text{-}9)$$

式中 M——火灾下钢构件的最大弯矩设计值；

W——按受压最大纤维确定的构件毛截面模量；

φ_{bT}——高温下受弯钢构件的稳定系数；

φ_b——常温下受弯钢构件的稳定系数；

α_b——高温下受弯钢构件的稳定验算参数，应按表13.5-2确定。

高温下受弯钢构件的稳定验算参数α_b

表13.5-2

温度（℃）	结构钢构件	耐火钢构件
20	1.000	1.000
100	0.980	0.988
150	0.966	0.982
200	0.949	0.978
250	0.929	0.977
300	0.905	0.978
350	0.896	0.984
400	0.917	0.996
450	0.962	1.017
500	1.027	1.052
550	1.094	1.111
600	1.101	1.214
650	0.961	1.419
700	0.950	1.630
750	1.011	2.256
800	1.000	2.640

3. 偏心受弯构件的承载力验算

1）火灾下拉弯或压弯钢构件的强度验算应符合公式（13.5-10）的要求。

$$\frac{N}{A} \pm \frac{M_x}{\gamma_x W_{nx}} \pm \frac{M_y}{\gamma_y W_{ny}} \leqslant f_T \tag{13.5-10}$$

式中　M_x、M_y——火灾下钢构件最不利截面处对应于强轴 x 轴和弱轴 y 轴的弯矩设计值；

W_{nx}、W_{ny}——绕强轴 x 轴和弱轴 y 轴的净截面模量；

γ_x、γ_y——绕强轴 x 轴和弱轴 y 轴弯曲的截面塑性发展系数。

2）火灾下压弯钢构件绕强轴 X 轴和绕弱轴 Y 轴的稳定性应分别按以下公式验算：

绕强轴 X 轴：
$$\frac{N}{\varphi_{xT} A} + \frac{\beta_{mx} M_x}{\gamma_x W_x (1 - 0.8 N/N'_{ExT})} + \eta \frac{\beta_{ty} M_y}{\varphi_{by} W_y} \leqslant f_T \tag{13.5-11}$$

$$N'_{ExT} = \pi^2 E_{sT} A / (1.1 \lambda_x^2) \tag{13.5-12}$$

绕弱轴 Y 轴：
$$\frac{N}{\varphi_{yT} A} + \frac{\beta_{my} M_y}{\gamma_y W_y (1 - 0.8 N/N'_{EyT})} + \eta \frac{\beta_{tx} M_x}{\varphi_{bx} W_x} \leqslant f_T \tag{13.5-13}$$

$$N'_{EyT} = \pi^2 E_{sT} A / (1.1 \lambda_y^2) \tag{13.5-14}$$

式中　　N——火灾下钢构件的轴向压力设计值；

M_x、M_y——火灾下钢构件最不利截面处对应于强轴 x 轴和弱轴 y 轴的弯矩设计值；

A——毛截面面积；

W_x、W_y——对强轴 x 轴和弱轴 y 轴按其最大受压纤维确定的毛截面模量；

N'_{ExT}、N'_{EyT}——高温下绕强轴和弱轴弯曲的参数；

λ_x、λ_y——对强轴 x 轴和弱轴 y 轴的长细比；

φ_{xT}、φ_{yT}——高温下轴心受压钢构件对应于强轴和弱轴失稳的稳定系数；

φ_{bxT}、φ_{byT}——高温下均匀弯曲受弯钢构件对应于强轴和弱轴失稳的稳定系数;

η——截面影响系数,对于闭口截面取 0.7,对于其他截面取 1.0;

β_{mx}、β_{my}——弯矩作用平面内的等效弯矩系数(β_m 表示 β_{mx}、β_{my});应按下列规定采用;

β_{tx}、β_{ty}——弯矩作用平面外的等效弯矩系数(β_t 表示 β_{tx}、β_{ty});应按下列规定采用。

(1)无侧移框架柱和两端有支撑的构件:

① 无横向荷载作用时:

$$\beta_m = 0.65 + 0.35 M_2/M_1 \tag{13.5-15}$$

式中,M_1 和 M_2 为端弯矩,使构件产生同向曲率(无反弯点)时取同号,否则取异号,且 $|M_1| \geqslant |M_2|$。

② 有端弯矩和横向荷载同时作用时:

使构件产生同向曲率时,$\beta_m = 1.0$;使构件产生反向曲率时,$\beta_m = 0.85$;

③ 无端弯矩但有横向荷载作用时:$\beta_m = 1.0$。

(2)有侧移框架柱和悬臂构件,$\beta_m = 1.0$。

(3)在弯矩作用平面外有支撑的构件,应根据两相邻支撑点间构件段内的荷载和能力情况确定:

① 无横向荷载作用时:

$$\beta_t = 0.65 + 0.35 M_2/M_1 \tag{13.5-16}$$

式中,M_1 和 M_2 为端弯矩,使构件产生同向曲率(无反弯点)时取同号,否则取异号,且 $|M_1| \geqslant |M_2|$。

② 有端弯矩和横向荷载同时作用时:

使构件产生同向曲率时,$\beta_t = 1.0$;使构件产生反向曲率时,$\beta_t = 1.0$;

③ 无端弯矩但有横向荷载作用时:$\beta_t = 1.0$。

(4)弯矩作用平面外为悬臂的构件,$\beta_t = 1.0$。

4. 火灾下钢框架梁的承载力验算

1)框架梁的防火性能

框架中的钢梁由于受相邻构件(柱、楼板或支撑)的侧向约束,可防止发生整体失稳,其防火性能与独立钢梁的防火性能不相同。

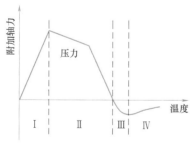

图 13.5-1 框架钢梁附加轴力随温度发展示意图

框架钢梁在火灾中的初始阶段会产生轴压力,使梁更容易屈服,但由于框架柱对梁的约束作用不会形成梁的破坏,梁通过增大的挠曲变形所产生的悬链线效应,仍可继续承载。此时,梁中的轴力随着温度的升高和梁挠曲变形的增大,轴压力变为零,再到受拉(图 13.5-1),直至破坏。

2)承载力验算

为便于应用,偏于安全地将火灾中框架梁的轴力转变为零时的状态作为其防火设计的极限状态。框架钢梁可采用公式(13.5-17)进行防火验算。

$$M \leqslant f_T W_p \tag{13.5-17}$$

式中 M——火灾下钢框架梁上荷载产生的最大弯矩设计值,不考虑温度应力;

W_p——钢框架梁截面的塑性截面模量。

5. 火灾下钢框架柱的承载力验算

1)钢框架柱的防火计算假设

(1)假设钢柱两端屈服,同时忽略框架柱另一方向弯矩的影响

一般钢框架柱受火时,相邻框架梁也会受影响而升温膨胀使框架柱受弯,分析表明,钢框架柱很可

能因框架梁的受火温度效应而受弯形成塑性铰。为简化框架柱防火设计，可偏于保守地假设柱两端屈服（图 13.5-2），同时忽略框架柱另一方向弯矩的影响。

（2）考虑到相邻柱的受火升温效应

计算钢框架柱的温度内力时，如仅考虑验算柱受火升温，所计算的温度内力将偏高，因火灾发生时，除所验算的柱受火升温外，若相邻柱与所验算柱同时受火升温，则验算柱中的温度内力将为零，但实际上这种理想情况是很难出现的。

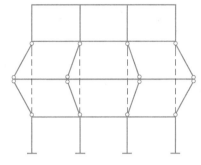

考虑到相邻柱的受火升温效应，进行框架柱防火验算时，如仅考虑验算柱受火升温计算其温度内力时，可将仅按被验算柱受火升温计算所得的柱温度效应轴力，乘以 0.7 的折减系数（相当于考虑相邻柱与被验算柱间的温差为 70%）。

图 13.5-2　梁升温使柱端屈服

2）钢框架柱的防火验算

钢框架柱可采用公式（13.5-18）进行防火验算，验算火灾下钢框架柱绕强轴弯曲和绕弱轴弯曲的整体稳定。

$$\frac{N}{\varphi_\mathrm{T} A} \leqslant 0.7 f_\mathrm{T} \tag{13.5-18}$$

式中　N——火灾下钢框架柱所受的轴压力设计值；

　　　A——钢框架柱的毛截面面积；

　　　φ_T——高温下轴心受压钢构件的稳定系数。

13.5.4　临界温度法

钢结构构件达到极限承载力时的温度称为临界温度，记为 T_d。临界温度应按构件的稳定条件与荷载比等情况来确定。

在设计耐火极限时间内，火灾下钢结构构件的最高温度不应高于其临界温度，验算应满足公式（13.5-19）的要求。

$$T_\mathrm{d} \geqslant T_\mathrm{m} \tag{13.5-19}$$

式中　T_m——在设计耐火极限时间内构件的最高温度；

　　　T_d——构件的临界温度。

1. 轴心受拉钢构件

轴心受拉钢构件的临界温度 T_d 应根据截面强度荷载比 R 按表 13.5-3 确定。截面强度荷载比 R 按公式（13.5-20）计算：

$$R = \frac{N}{A_\mathrm{n} f} \tag{13.5-20}$$

式中　N——火灾下钢构件的轴拉力设计值；

　　　A_n——钢构件的净截面面积；

　　　f——常温下钢材的强度设计值。

按截面强度荷载比 R 确定钢构件的临界温度 T_d（℃）　　　　　　表 13.5-3

R	0.30	0.35	0.40	0.45	0.50	0.55	0.60	0.65	0.70	0.75	0.80	0.85	0.90
结构钢	663	641	621	601	581	562	542	523	502	481	459	435	407
耐火钢	718	706	694	679	661	641	618	590	557	517	466	401	313

2. 轴心受压钢构件

轴心受压钢构件的临界温度 T_d 应取临界温度 T_d'、T_d'' 中的较小者。临界温度 T_d' 根据截面强度荷载比 R 按表 13.5-4 确定，临界温度 T_d'' 根据稳定荷载比 R' 和构件长细比 λ 按表 13.5-5 确定，R' 按公式（13.5-21）计算：

$$R' = \frac{N}{\varphi A f} \tag{13.5-21}$$

式中　N——火灾下钢构件的轴压力设计值；

　　　A——钢构件的毛截面面积；

　　　φ——常温下轴心受压钢构件的稳定系数。

根据稳定荷载比R'确定轴心受压钢构件的临界温度T'_d（℃）　　　　　表 13.5-4

构件材料		结构钢构件					耐火钢构件				
$\lambda\sqrt{f_y/235}$		≤50	100	150	200	≥250	≤50	100	150	200	≥250
R'	0.30	661	660	658	658	658	721	743	761	776	786
	0.35	640	640	640	640	640	709	727	743	758	767
	0.40	621	623	624	625	625	697	715	727	740	750
	0.45	602	608	610	611	611	682	704	713	724	732
	0.50	582	590	594	596	597	666	692	702	710	717
	0.55	563	571	575	577	578	646	678	690	699	703
	0.60	544	553	556	559	560	623	661	675	686	691
	0.65	524	531	534	537	539	596	638	655	669	676
	0.70	503	507	510	512	513	562	600	623	644	655
	0.75	480	481	480	481	482	521	548	567	586	596
	0.80	456	450	443	442	441	468	481	492	498	504
	0.85	428	412	394	390	388	399	397	395	393	393
	0.90	393	362	327	318	315	302	288	272	270	268

注：表中 λ 为构件的长细比，f_y 为常温下钢材强度标准值。

3. 单轴受弯钢构件

单轴受弯钢构件的临界温度 T_d，应取临界温度 T'_d、T''_d 中的较小者。临界温度 T'_d 应根据截面强度荷载比 R 按表 13.5-4 确定，临界温度 T''_d 应根据稳定荷载比 R' 和常温下受弯构件的稳定系数 φ_b 按表 13.5-5 确定，R 和 R' 应分别按公式（13.5-22）和式（13.5-23）计算：

$$R = \frac{M}{\gamma W_n f} \tag{13.5-22}$$

$$R' = \frac{M}{\varphi_b W f} \tag{13.5-23}$$

式中　M——火灾下钢构件的最大弯矩设计值；

　　　W_n——钢构件的净截面模量；

　　　W——钢构件的毛截面模量；

　　　f——常温下钢材的强度设计值；

　　　γ——截面塑性发展系数；

　　　φ_b——常温下受弯钢构件的稳定系数。

4. 拉弯钢构件

拉弯钢构件的临界温度 T_d 应根据截面强度荷载比 R 按表 13.5-3 确定，R 按公式（13.5-24）计算。

$$R = \frac{1}{f}\left[\frac{N}{A_n} \pm \frac{M_x}{\gamma_x W_{nx}} \pm \frac{M_y}{\gamma_y W_{ny}}\right] \tag{13.5-24}$$

式中　　N——火灾下钢构件的轴向压力设计值；

M_x、M_y——火灾下钢构件最不利截面处对应于强轴 x 轴和弱轴 y 轴的弯矩设计值;

A_n——钢构件最不利截面的净截面面积;

W_{nx}、W_{ny}——对强轴 x 轴和弱轴 y 轴的净截面模量;

γ_x、γ_y——绕强轴和弱轴弯曲的截面塑性发展系数。

根据稳定荷载比 R' 确定受弯钢构件的临界温度 T''_d（℃）　　　　　　表 13.5-5

构件材料		结构钢构件						耐火钢构件					
φ_b		≤0.5	0.6	0.7	0.8	0.9	1.0	≤0.5	0.6	0.7	0.8	0.9	1.0
R'	0.30	657	657	661	662	663	664	764	750	740	732	726	718
	0.35	640	640	641	642	642	640	748	734	724	717	712	706
	0.40	626	625	624	623	623	621	733	720	712	706	701	694
	0.45	612	610	608	606	604	601	721	709	701	694	688	679
	0.50	599	594	591	588	585	582	709	698	688	680	772	661
	0.55	581	576	572	569	566	562	699	685	673	663	653	641
	0.60	563	557	553	549	547	543	688	670	655	642	631	618
	0.65	542	536	532	528	526	523	573	650	631	615	603	590
	0.70	515	511	508	506	505	503	655	621	594	580	569	557
	0.75	482	482	483	483	482	482	625	572	547	535	526	517
	0.80	439	439	452	456	458	459	525	496	483	476	471	466
	0.85	384	384	417	426	431	434	393	393	397	399	400	400
	0.90	302	302	371	389	399	405	267	267	290	299	306	311

5. 压弯钢构件

压弯钢构件的临界温度 T_d 应取临界温度 T'_d、T''_d 中的较小者。临界温度 T'_d 应根据截面强度荷载比 R 按表 13.5-4 确定,临界温度 T''_d 应根据绕强轴 x 轴的构件稳定荷载比 R'_x 和构件长细比 λ_x 或绕弱轴 y 轴弯曲的构件稳定荷载比 R'_y 和构件长细比 λ_y 分别按表 13.5-5 确定,R、R'_x 和 R'_y 应分别按式（13.5-25）~式（13.5-29）计算。

$$R = \frac{1}{f}\left[\frac{N}{A_n} \pm \frac{M_x}{\gamma_x W_{nx}} \pm \frac{M_y}{\gamma_y W_{ny}}\right] \tag{13.5-25}$$

$$R'_x = \frac{1}{f}\left[\frac{N}{\varphi_x A} + \frac{\beta_{mx} M_x}{\gamma_x W_x (1 - 0.8 N/N'_{Ex})} + \eta \frac{\beta_{ty} M_y}{\varphi_{by} W_y}\right] \tag{13.5-26}$$

$$N'_{Ex} = \pi^2 E_s A / (1.1\lambda_x^2) \tag{13.5-27}$$

$$R'_y = \frac{1}{f}\left[\frac{N}{\varphi_y A} + \frac{\beta_{my} M_y}{\gamma_y W_y (1 - 0.8 N/N'_{Ey})} + \eta \frac{\beta_{tx} M_x}{\varphi_{bx} W_x}\right] \tag{13.5-28}$$

$$N'_{Ey} = \pi^2 E_s A / (1.1\lambda_y^2) \tag{13.5-29}$$

式中　　N——火灾下钢构件的轴向压力设计值;

M_x、M_y——火灾下钢构件计算范围内强轴和弱轴的最大弯矩设计值;

A——钢构件的毛截面面积;

W_x、W_y——对强轴 x 轴和弱轴 y 轴按其最大受压纤维确定的毛截面模量;

N'_{Ex}、N'_{Ey}——绕强轴和弱轴弯曲的参数;

E_s——高温下钢材的弹性模量;

λ_x、λ_y——对强轴 x 轴和弱轴 y 轴的长细比;

φ_x、φ_y——常温下轴心受压钢构件对应于强轴和弱轴失稳的稳定系数;

φ_{bx}、φ_{by}——常温下均匀弯曲受弯钢构件对应于强轴和弱轴失稳的稳定系数;

η——截面影响系数，对于闭口截面取 0.7；对于其他截面取 1.0；

γ_x、γ_y——绕强轴和弱轴弯曲的截面塑性发展系数；

β_{mx}、β_{my}——弯矩作用平面内的等效弯矩系数；

β_{tx}、β_{ty}——弯矩作用平面外的等效弯矩系数。

根据稳定荷载比 R'_x（或 R'_y）确定压弯钢构件的临界温度 T''_{dx}（或 T''_{dy}）（℃）　　　表 13.5-6

构件材料		结构钢构件				耐火钢构件			
$\lambda_x\sqrt{f_y/235}\lambda_x$ 或 $\lambda_y\sqrt{f_y/235}$		$\leqslant$50	100	150	$\geqslant$200	$\leqslant$50	100	150	$\geqslant$200
R'_x 或 R'_y	0.30	657	648	645	643	717	722	728	731
	0.35	636	628	625	624	705	708	714	716
	0.40	616	610	608	607	692	696	701	703
	0.45	597	592	591	590	677	682	688	690
	0.50	577	573	572	571	660	666	673	676
	0.55	558	553	552	552	640	647	655	658
	0.60	538	533	532	531	616	622	630	635
	0.65	519	513	510	509	587	590	598	601
	0.70	498	491	487	486	553	552	555	557
	0.75	477	468	462	459	511	504	502	501
	0.80	454	443	434	430	459	442	434	430
	0.85	431	416	404	400	403	375	360	353
	0.90	408	390	374	370	347	308	286	276

注：表中 λ_x、λ_y 为构件的长细比，f_y 为常温下钢材强度标准值。

6. 钢框架梁

受楼板侧向约束的钢框架梁的临界温度 T_d 应根据截面强度荷载比 R 按表 13.5-3 确定，R 按公式（13.5-30）计算。

$$R = \frac{M}{W_p f} \tag{13.5-30}$$

式中　M——钢框架梁上荷载产生的最大弯矩设计值，不考虑温度内力；

　　　W_p——钢框架梁截面的塑性截面模量；

　　　f——常温下钢材的强度设计值。

钢框架柱的临界温度 T'_d 应根据稳定荷载比 R' 按表 13.5-4 确定，R' 按下式计算：

$$R' = \frac{N}{0.7\varphi A f} \tag{13.5-31}$$

式中　N——火灾时钢框架柱所受的轴压力设计值；

　　　A——钢构件的毛截面面积；

　　　φ——常温下轴心受压钢构件的稳定系数；

　　　f——常温下钢材的强度设计值。

13.5.5　防火保护层厚度设计

对于膨胀型防火涂料，防火保护层的设计厚度可根据钢构件的临界温度按下列规定确定：

1. 对于膨胀型防火涂料，防火保护层的设计厚度宜根据防火保护材料的等效热阻，经计算确定。等效热阻可根据临界温度按公式（13.5-32）计算：

$$R_i = \frac{5 \times 10^{-5}}{\left(\dfrac{T_d - T_{s0}}{t_m} + 0.2\right)^2 - 0.044} \cdot \frac{F_i}{V} \qquad (13.5\text{-}32)$$

2. 对于非膨胀型防火涂料、防火板，防火保护层的设计厚度宜根据防火保护材料的等效热传导系数按公式（13.5-33）计算：

$$d_i = R_i \lambda_i \qquad (13.5\text{-}33)$$

式中　R_i——防火保护层的等效热阻（$m^2 \cdot \text{℃}/W$）；

λ_i——防火保护材料的等效热传导系数 $[W/(m \cdot \text{℃})]$；

d_i——防火保护层的厚度（m）；

F_i/V——有防火保护钢构件的截面形状系数（m^{-1}）；

T_d——钢构件的临界温度（℃）；

T_{s0}——钢构件的初始温度（℃），可取20℃；

t_m——钢构件的设计耐火极限（s）；当火灾热烟气的温度不按标准火灾升温曲线确定时，应取等效曝火时间。

13.6　钢构件防火涂料的设计

13.6.1　钢构件防火涂料的计算方法

在目前建筑工程中，钢构件表面喷涂防火涂料是最常用的防火保护措施。按照本章所述规定，对喷涂防火涂料的钢构件进行防火计算，计算方法可采用以下几种。

1. 方法一

直接求算所需防火涂料厚度。其计算步骤为：

1）计算构件的临界温度 T_d（结构达到承载力极限状态时）；

2）计算所需防火涂料厚度 d_t。

2. 方法二

假定防火涂料厚度再验算修正，其步骤为：

1）根据经验先假定防火涂层厚度；

2）选取以下三种方法中的任意一种进行计算，验算涂层厚度是否满足规定要求。

（1）耐火极限法：构件实际耐火时间 t_d 应满足 $t_d \geqslant t_m$。

（2）临界温度法：在规定耐火时限内构件温度 T_s 是否满足 $T_d \geqslant T_s$。

（3）承载力法：在规定耐火时限内构件温度 T_s 时构件承载力是否满足要求。

13.6.2　钢框架梁柱的防火计算实例

选取一个八层 H 型钢框架结构，按上述方法一、方法二进行钢框架钢柱和钢梁防火涂料厚度的计算。计算时选取梁柱受火灾最不利位置，梁的最不利位置为底层中跨，柱的最不利位置也是在底层中间跨。

1. 设计资料

八层钢框架和荷载作用见图 13.6-1，梁柱刚接，钢框架梁受楼板侧向约束，钢框架为有侧移框架，底层框

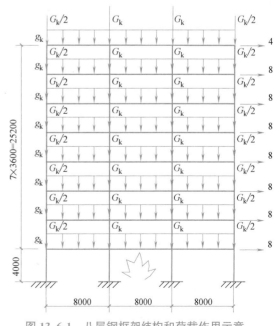

图 13.6-1　八层钢框架结构和荷载作用示意

架柱与基础刚接，另一方向为有支撑体系。根据建筑用途和耐火等级确定，柱的设计耐火极限 3h，梁的设计耐火极限 2h。选用非膨胀型防火涂料，防火涂料的等效热传导系数为：$\lambda_i=0.1W/(m\cdot℃)$。

1）钢框架梁柱

八层钢框架结构尺寸如图 13.6-1 所示。梁柱均采用热轧 H 型钢，钢材材质：Q235B，$f=215N/mm^2$；$f_y=235N/mm^2$。梁柱截面参数如下：

梁截面：HN400×200×8×13，$A=84.12cm^2$，$I_x=23700cm^4$，$I_y=1740cm^4$，$i_x=16.8cm$，$i_y=4.54cm$，$W_x=1190cm^3$，$W_y=174cm^3$。

柱截面：HW400×400×13×21，$A=218.69cm^2$，$I_x=66621cm^4$，$I_y=22410cm^4$，$i_x=17.45cm$，$i_y=10.12cm$，$W_x=3331cm^3$，$W_y=1120.5cm^3$。

2）框架柱的稳定系数

框架为有侧移框架，底层框架柱与基础刚接。

（1）框架中柱平面内的柱上端、下端横梁线刚度与柱线刚度比值

$$K_1=\frac{2\times23700/8000}{2\times66621/4000}=0.178$$

查《钢结构设计标准》GB 50017—2017 附录 E：

$$K_2=10$$

（2）中柱平面内的计算长度和长细比

查《钢结构设计标准》GB 50017—2017 附录 E.0.2，底层中柱平面内的计算长度和长细比：

$$\mu=1.56$$
$$\lambda_x=\mu l_x/i_x=37.2$$

（3）中柱平面外的计算长度和长细比

平面外，框架柱平面外中点有支撑，计算长度取 2m，$\lambda_y=200/4.56=43.9$。

（4）框架底层中柱的最大长细比

通过比较，框架底层中柱的最大长细比为 $\lambda_y=43.9$。

（5）底层框架柱的稳定系数

对 y 轴为 b 类截面，查《钢结构设计标准》GB 50017—2017 附录 D，底层框架柱的稳定系数：

$$\varphi=0.882$$

3）荷载

各层梁所受的均布恒载标准值：$g_k=20kN/m$；

均布活载标准值：$q_k=7.2kN/m$；

节点恒载标准值：$G_k=50kN$；

风荷载标准值 W_k 大小如图 13.6-1 所示。

4）火灾下梁柱的截面形状系数

按梁三面受火，柱四面受火情况计算。

（1）梁截面形状系数

梁截面：HN400×200×8×13，$h=400mm$，$b=200mm$，$t=8mm$。

$$F_i/V=\frac{2h+3b-2t}{A}=\frac{(2\times400+3\times200-2\times8)\times10^{-3}}{83.37\times10^{-4}}=166.0m^{-1}$$

（2）柱截面形状系数

柱截面：HW400×400×13×21，$h=400mm$，$b=400mm$，$t=13mm$。

$$F_i/V=\frac{2h+4b-2t}{A}=\frac{(2\times400+4\times400-2\times13)\times10^{-3}}{218.69\times10^{-4}}=108.6m^{-1}$$

5）防火涂料性能参数

厚涂非膨胀型钢结构防火涂料，热传导系数 $\lambda_i = 0.1W/(m \cdot ℃)$，密度 $\rho_i = 380kg/m^3$，比热容 $c_i = 1000J/kg \cdot ℃$。

2. 框架梁防火涂层厚度计算

1）用方法一直接求解所需的防火涂料厚度

（1）首先，计算梁的临界温度 T_d

① 受楼板侧向约束的钢框架梁两端固接，端部最大弯矩

$$M = \frac{1}{24}ql^2 = \frac{1}{24} \times (1.2 \times 20 + 1.4 \times 7.2) \times 8^2 = 90.88kN \cdot m$$

② 截面强度荷载比 R

截面强度荷载比 R 按公式（13.5-30）计算。

钢框架梁截面的塑性截面模量的计算：

$$W_p = 2 \times 200 \times 13 \times (200 - 6.5) + 2 \times (200 - 13) \times 8 \times \frac{200 - 13}{2} = 1285 \times 10^3$$

$$R = \frac{M}{W_p f} = \frac{90.88 \times 10^6}{1285 \times 10^3 \times 215} = 0.329$$

③ 临界温度 T_d

受楼板侧向约束的钢框架梁的临界温度 T_d 应根据截面强度荷载比 R 按表 13.5-3 确定。

查表 13.5-3 得：$T_d = 650℃$。

④ 稳定荷载比 R'

稳定荷载比 R' 按公式（13.5-23）计算。

$$\varphi_b = 1.07 - \frac{\lambda_y^2}{44000} \cdot \frac{f_y}{235} = 1.026$$

$$R' = \frac{M}{\varphi_b W f} = \frac{90.88 \times 10^6}{1.026 \times 1190 \times 10^3 \times 215} = 0.346$$

⑤ 临界温度 T_d''

临界温度 T_d'' 应根据稳定荷载比 R' 和常温下受弯构件的稳定系数 φ_b 按表 13.5-5 确定。查表 13.5-5 得：$T_d'' = 642℃$。

梁的临界温度应取 T_d' 和 T_d'' 中的较小者，所以 $T_d = 642℃$。

（2）求梁的防火保护厚度 d_i

等效热阻 R_i 按公式（13.5-32）计算：

$$R_i = \frac{5 \times 10^{-5}}{\left(\frac{T_d - T_{s0}}{t_m} + 0.2\right)^2 - 0.044} \cdot \frac{F_i}{V} = \frac{5 \times 10^{-5}}{\left(\frac{646 - 20}{2 \times 3600} + 0.2\right)^2 - 0.044} \times 166 = 0.216$$

防火保护层的设计厚度 d_i 按公式（13.5-33）计算：

$$d_i = R_i \lambda_i = 0.216 \times 0.1 = 0.0216m$$

方法一求得的防火涂料保护层的设计厚度为：$d_i = 22mm$。

2）用方法二求解

（1）假设防火保护层厚度为 $d_i = 30mm$

按钢框架梁极限承载力验算：

① 判断防火保护层类别：

$$\frac{2\rho_i c_i d_i F_i}{\rho_s c_s V} = \frac{2 \times 380 \times 1000 \times 0.03}{7850 \times 600} \times 166.0 = 0.80 < 1$$

即 $2\rho_i c_i d_i F_i < \rho_s c_s V$，防火保护层为轻质防火保护层。

② 计算在规定耐火时限内构件温度 T_s

综合热传递系数 α 按公式（13.4-7）计算：

$$\alpha = \frac{\lambda_i}{d_i} = \frac{0.1}{0.03} = 3.33$$

在标准火灾下的温度按公式（13.3-8）进行计算：

$$T_s = \left(\sqrt{0.044 + 5.0 \times 10^{-5} \alpha \frac{F_i}{V}} - 0.2\right) t + T_{s0}$$

$$= (\sqrt{0.044 + 5.0 \times 10^{-5} \times 3.33 \times 166.0} - 0.2) \times 2 \times 3600 + 20$$

$$= 507.1℃$$

③ 高温下结构钢的强度设计值

高温下钢材屈服强度折减系数 η_{sT} 按公式（13.3-3）计算：

$$\eta_{sT} = 1.24 \times 10^{-8} T_s^3 - 2.096 \times 10^{-5} T_s^2 + 9.228 \times 10^{-3} T_s - 0.2168$$

$$= 1.24 \times 10^{-8} \times 507.1^3 - 2.096 \times 10^{-5} \times 507.1^2 + 9.228 \times 10^{-3} \times 507.1 - 0.2168$$

$$= 0.690$$

高温下结构钢材的强度设计值 f_T 按公式（13.3-1）进行计算：

$$f_T = \eta_{sT} f = 0.690 \times 215 = 148.4 \text{N/mm}^2$$

④ 验算荷载是否满足构件承载力要求

$$f_T W_p = 148.4 \times 1249500 = 185 \text{kN} \cdot \text{m} > 90.88 \text{kN} \cdot \text{m}$$

满足承载力要求。

在该条件下构件最大弯矩小于框架梁的承载力的50%，构件承载力明显富余，因此需要调整防火保护层厚度按上述步骤进行重新验算。

（2）假设防火保护层厚度为 $d_i = 20$mm

① 防火保护层类别

$$\frac{2\rho_i c_i d_i F_i}{\rho_s c_s V} = \frac{2 \times 380 \times 1000 \times 0.020}{7850 \times 600} \times 166.0 = 0.54 < 1$$

即 $2\rho_i c_i d_i F_i < \rho_s c_s V$，防火保护层为轻质防火保护层。

② 计算在规定耐火时限内构件温度 T_s

$$\alpha = \frac{\lambda_i}{d_i} = \frac{0.1}{0.020} = 5$$

$$T_s = \left(\sqrt{0.044 + 5.0 \times 10^{-5} \alpha \frac{F_i}{V}} - 0.2\right) t + T_{s0}$$

$$= (\sqrt{0.044 + 5.0 \times 10^{-5} \times 5 \times 166.0} - 0.2) \times 2 \times 3600 + 20$$

$$= 685.3℃$$

③ 高温下结构钢的强度设计值

$$\eta_{sT} = 1.24 \times 10^{-8} T_s^3 - 2.096 \times 10^{-5} T_s^2 + 9.228 \times 10^{-3} T_s - 0.2168$$

$$= 1.24 \times 10^{-8} \times 685.3^3 - 2.096 \times 10^{-5} \times 685.3^2 + 9.228 \times 10^{-3} \times 685.3 - 0.2168$$

$$= 0.253$$

$$f_T = \eta_{sT} f = 0.253 \times 215 = 54.4 \text{N/mm}^2$$

④ 验算荷载是否满足构件承载力要求

$$f_T W_p = 54.4 \times 1249500 = 67.97 \text{kN} \cdot \text{m} < 90.88 \text{kN} \cdot \text{m}$$

不满足承载力要求。

因为高温下构件的承载力不满足，说明选取的防火保护层厚度偏小，需要加大保护层厚度按上述步骤重新验算。

（3）假设防火保护层厚度为 $d_i = 25\text{mm}$

① 防火保护层类别

$$\frac{2\rho_i c_i d_i F_i}{\rho_s c_s V} = \frac{2 \times 380 \times 1000 \times 0.025}{7850 \times 600} \times 166.0 = 0.67 < 1$$

即 $2\rho_i c_i d_i F_i < \rho_s c_s V$，防火保护层为轻质防火保护层。

② 计算在规定耐火时限内构件温度 T_s

$$\alpha = \frac{\lambda_i}{d_i} = \frac{0.1}{0.025} = 4$$

$$T_s = \left(\sqrt{0.044 + 5.0 \times 10^{-5} \alpha \frac{F_i}{V}} - 0.2\right)t + T_{s0}$$

$$= (\sqrt{0.044 + 5.0 \times 10^{-5} \times 4 \times 166.0} - 0.2) \times 2 \times 3600 + 20$$

$$= 580.5℃$$

③ 高温下结构钢的强度设计值

$$\eta_{sT} = 1.24 \times 10^{-8} T_s^3 - 2.096 \times 10^{-5} T_s^2 + 9.228 \times 10^{-3} T_s - 0.2168$$

$$= 1.24 \times 10^{-8} \times 580.5^3 - 2.096 \times 10^{-5} \times 580.5^2 + 9.228 \times 10^{-3} \times 580.5 - 0.2168$$

$$= 0.503$$

$$f_T = \eta_{sT} f = 0.503 \times 215 = 108.1\text{N/mm}^2$$

④ 验算荷载是否满足构件承载力要求

$$f_T W_p = 108.1 \times 1249500 = 135\text{kN} \cdot \text{m} > 90.88\text{kN} \cdot \text{m}$$

满足承载力要求。

（4）假设防火保护层厚度为 $d_i = 22\text{mm}$

① 防火保护层类别

$$\frac{2\rho_i c_i d_i F_i}{\rho_s c_s V} = \frac{2 \times 380 \times 1000 \times 0.022}{7850 \times 600} \times 166.0 = 0.59 < 1$$

即 $2\rho_i c_i d_i F_i < \rho_s c_s V$，防火保护层为轻质防火保护层。

② 计算在规定耐火时限内构件温度 T_s

$$\alpha = \frac{\lambda_i}{d_i} = \frac{0.1}{0.022} = 4.5$$

$$T_s = \left(\sqrt{0.044 + 5.0 \times 10^{-5} \alpha \frac{F_i}{V}} - 0.2\right)t + T_{s0}$$

$$= (\sqrt{0.044 + 5.0 \times 10^{-5} \times 4.5 \times 166.0} - 0.2) \times 2 \times 3600 + 20$$

$$= 633.6℃$$

③ 高温下结构钢的强度设计值

$$\eta_{sT} = 1.24 \times 10^{-8} T_s^3 - 2.096 \times 10^{-5} T_s^2 + 9.228 \times 10^{-3} T_s - 0.2168$$

$$= 1.24 \times 10^{-8} \times 633.6^3 - 2.096 \times 10^{-5} \times 633.6^2 + 9.228 \times 10^{-3} \times 633.6 - 0.2168$$

$$= 0.370$$

$$f_T = \eta_{sT} f = 0.370 \times 215 = 79.6\text{N/mm}^2$$

④ 验算荷载是否满足构件承载力要求

$$f_T W_p = 79.6 \times 1249500 = 99.46\text{kN} \cdot \text{m} > 90.88\text{kN} \cdot \text{m}$$

满足承载力要求。

经过多次比较计算，当钢梁的防火涂层厚度 $d_i = 22\text{mm}$ 时为最优。

3）案例中分别采用方法一和方法二进行计算和验算，两者的计算结果很接近。方法一更适合于根据防火涂料的性质确定涂层的厚度，比较直接；方法二更适合于对确定的涂层厚度进行验算，否则需要经过多次比较才能得到最优结果，过程会比较繁琐。

3. 框架柱防火涂层计算

1）用方法二中的承载力法为例进行求解

（1）假设防火保护层厚度 $d_i = 40$mm，计算钢柱耐火温度

① 防火保护层类别

$$\frac{2\rho_i c_i d_i F_i}{\rho_s c_s V} = \frac{2 \times 380 \times 1000 \times 0.04}{7850 \times 600} \times 108.6 = 0.70 < 1$$

即 $2\rho_i c_i d_i F_i < \rho_s c_s V$，防火保护层为轻质防火保护层。

② 计算在规定耐火时限内构件温度 T_s

综合热传递系数 α 按公式（13.4-7）计算：

$$\alpha = \frac{\lambda_i}{d_i} = \frac{0.1}{0.04} = 2.5$$

在标准火灾下的温度按公式（13.3-8）进行计算：

$$T_s = \left(\sqrt{0.044 + 5.0 \times 10^{-5} \alpha \frac{F_i}{V}} - 0.2 \right) t + T_{s0}$$

$$= (\sqrt{0.044 + 5.0 \times 10^{-5} \times 2.5 \times 108.6} - 0.2) \times 3 \times 3600 + 20$$

$$= 451℃$$

（2）在温度 $T_s = 451℃$ 时底层中部框架柱所受的轴力（表 13.6-1）

温度 $T_s = 451℃$ 时底层中部框架柱所受的组合轴力　　　　表 13.6-1

荷载与作用	轴力 N(kN)	荷载分项系数
恒载 g_k	1280	1.0
恒载 G_k	400	1.0
活载 q_k	460.8	0.7
风载 W_k	3.3	0.3
温度效应 $T_s = 451℃$	209.1	1.0
组合内力 N_1	2212.7kN	

（3）验算 $T_s = 451℃$ 时框架柱的承载力是否满足要求

① 查表 13.5-1 得：$\alpha_c = 0.991$。

② 高温稳定系数：

$$\varphi_T = \alpha_c \varphi = 0.991 \times 0.882 = 0.874$$

③ 高温下结构钢的强度设计值：

高温下钢材屈服强度折减系数 η_{sT} 按公式（13.3-3）计算：

$$\eta_{sT} = 1.24 \times 10^{-8} T_s^3 - 2.096 \times 10^{-5} T_s^2 + 9.228 \times 10^{-3} T_s - 0.2168$$

$$= 1.24 \times 10^{-8} \times 425.8^3 - 2.096 \times 10^{-5} \times 425.8^2 + 9.228 \times 10^{-3} \times 425.8 - 0.2168$$

$$= 0.869$$

$$f_T = \eta_{sT} f = 0.869 \times 215 = 186.8\text{N/mm}^2$$

④ 验算强度：

$$\frac{N}{\varphi_T A} = \frac{2212.7 \times 10^3}{0.874 \times 218.69 \times 10^2} = 115.8 < 0.7 f_T = 0.7 \times 186.8 = 130.8\text{N/mm}^2$$

所以，当防火保护层厚度 $d_i = 40$mm 时，满足承载力要求。

2）用方法一中的临界温度法为例求解

不考虑温度内力时，所计算的构件内力一般偏小，因此构件的临界温度偏高。按该临界温度计算结构的温度内力（所得到温度内力一般偏大），再进行结构防火设计荷载效应组合计算此情况下构件的内力，然后再按此内力进行构件防火设计、确定构件防火保护厚度，该厚度为所需厚度的上限，这样可以减少试算次数。具体如下：

（1）考虑温度内力时，框架柱的防火计算

不考虑温度内力时，各荷载作用下，框架柱的内力及组合内力如表 13.6-2 所示（压力为正）。

不考虑温度内力时底层中部框架柱所受的轴力   表 13.6-2

荷载与作用	轴力 N(kN)	荷载分项系数
恒载 g_k	1280	1.0
恒载 G_k	400	1.0
活载 q_k	460.8	0.7
风载 W_k	3.3	0.3
组合内力 N_0	2003.6kN	

因此不考虑温度内力时，框架柱的荷载比 R 按公式（13.5-20）计算：

$$R = \frac{N_0}{0.7\varphi A f} = \frac{2003.6 \times 10^3}{0.7 \times 0.882 \times 21869 \times 215} = 0.690$$

查表 13.5-3 可得该情况下框架柱的临界温度 $T_{d0} = 507℃$。

（2）按 $T_s = 507℃$ 重新计算

此情况下，框架柱的内力如下表 13.6-3 所示。

温度 $T_s = 507℃$ 时底层中部框架柱所受的轴力   表 13.6-3

荷载与作用	轴力 N(kN)	荷载分项系数
恒载 g_k	1280	1.0
恒载 G_k	400	1.0
活载 q_k	460.8	0.7
风载 W_k	3.3	0.3
温度效应 $T_s = 507℃$	239.2	1.0
组合内力 N_1	2242.8kN	

此时，框架柱的荷载比为：

$$R = \frac{N_1}{0.7\varphi A f} = \frac{2242.8 \times 10^3}{0.7 \times 0.882 \times 21869 \times 215} = 0.773$$

查表 13.5-3 可得该情况下框架柱的临界温度 $T_{d1} = 471℃$。

（3）按 $T_s = 471℃$ 重新计算

此情况下，框架柱的内力如表 13.6-4 所示。

温度 $T_s = 507℃$ 时底层中部框架柱所受的轴力   表 13.6-4

荷载与作用	轴力 N(kN)	荷载分项系数
恒载 g_k	1280	1.0
恒载 G_k	400	1.0
活载 q_k	460.8	0.7
风载 W_k	3.3	0.3
温度效应 $T_s = 471℃$	238.1	1.0
组合内力 N_2	2241.7kN	

通过对比，温度效应产生的轴力对组合内力的影响作用已经很小了，所以按组合内力 N_2 进行框架柱的防火设计。

此时，框架柱的荷载比 R 为：

$$R = \frac{N_2}{0.7\varphi A f} = \frac{2241.7 \times 10^3}{0.7 \times 0.882 \times 21869 \times 215} = 0.772$$

查表 13.5-3 可得该情况下框架柱的临界温度 $T_{d2} = 471℃$。

（4）按 $T_s = 471℃$ 计算所需防火涂料的厚度 d_i

等效热阻 R_i 按公式（13.5-32）计算：

$$R_i = \frac{5 \times 10^{-5}}{\left(\dfrac{T_d - T_{s0}}{t_m} + 0.2\right)^2 - 0.044} \cdot \frac{F_i}{V} = \frac{5 \times 10^{-5}}{\left(\dfrac{471 - 20}{3 \times 3600} + 0.2\right)^2 - 0.044} \times 108.6 = 0.377$$

防火保护层的设计厚度 d_i 按公式（13.5-33）计算：

$$d_i = R_i \lambda_i = 0.377 \times 0.1 = 0.0377\text{m}$$

钢柱防火涂料保护层的设计厚度为：$d_i = 38\text{mm}$。

附录 1　日标、韩标、俄标、美标、英标、欧标热轧 H 型钢截面规格及特性

附 1.1　日本热轧 H 型钢截面规格及特性

日标热轧 H 型钢截面规格及特性（JIS G3192—2014）见附表 1-1。

日标热轧 H 型钢截面规格及特性　　　　附表 1-1

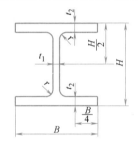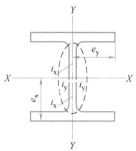

公称直径（高×宽）	标准截面尺寸（mm）				截面面积（cm²）	单位质量（kg/m）	参考					
							截面惯性矩（cm⁴）		截面惯性半径（cm）		截面系数（cm³）	
	$H \times B$	t_1	t_2	r			I_x	I_y	i_x	i_y	W_x	W_y
100×50	100×50	5	7	8	11.85	9.3	187	14.8	3.98	1.12	37.5	5.91
100×100	100×100	6	8	8	21.59	16.9	378	134	4.18	2.49	75.6	26.7
125×60	125×60	6	8	8	16.69	13.1	409	29.1	4.95	1.32	65.5	9.71
125×125	125×125	6.5	9	8	30.00	23.6	839	293	5.29	3.13	134	46.9
150×75	150×75	5	7	8	17.85	14.0	666	49.5	6.11	1.66	88.8	13.2
150×100	148×100	6	9	8	26.35	20.7	1000	150	6.17	2.39	135	30.1
150×150	150×150	7	10	8	39.65	31.1	1620	563	6.40	3.77	216	75.1
175×90	175×90	5	8	8	22.90	18.0	1210	97.5	7.26	2.06	138	21.7
175×175	175×175	7.5	11	13	51.43	40.4	2900	984	7.50	4.37	331	112
200×100	198×99	4.5	7	8	22.69	17.8	1540	113	8.25	2.24	156	22.9
	200×100	5.5	8	8	26.67	20.9	1810	134	8.23	2.24	181	26.7
200×150	194×150	6	9	8	38.11	29.9	2630	507	8.30	3.65	271	67.6
200×200	200×200	8	12	13	63.53	49.9	4720	1600	8.62	5.02	472	160
250×125	248×124	5	8	8	31.99	25.1	3450	255	10.4	2.82	278	41.1
	250×125	6	9	8	36.97	29.0	3960	294	10.4	2.82	317	47
250×175	244×175	7	11	13	55.49	43.6	6040	984	10.4	4.21	495	112
250×250	250×250	9	14	13	91.43	71.8	10700	3650	10.8	6.32	860	292
300×150	298×149	5.5	8	13	40.80	32.0	6320	442	12.4	3.29	424	59.3
	300×150	6.5	9	13	46.78	36.7	7210	508	12.4	3.29	481	67.7

续表

公称直径 （高×宽）	标准截面尺寸 （mm）				截面 面积 （cm²）	单位 质量 （kg/m）	参考					
							截面惯性矩 （cm⁴）		截面惯性半径 （cm）		截面系数 （cm³）	
	$H \times B$	t_1	t_2	r			I_x	I_y	i_x	i_y	W_x	W_y
300×200	294×200	8	12	13	71.05	55.8	11100	1600	12.5	4.75	756	160
300×300	300×300	10	15	13	118.5	93.0	20200	6750	13.1	7.55	1350	450
350×175	346×174	6	9	13	52.45	41.2	11000	791	14.5	3.88	638	91.0
	350×175	7	11	13	62.91	49.4	13500	984	14.6	3.96	771	112
350×250	340×250	9	14	13	99.53	78.1	21200	3650	14.6	6.05	1250	292
350×350	350×350	12	19	13	171.9	135	39800	13600	15.2	8.89	2280	776
400×200	396×199	7	11	13	71.41	56.1	19800	1450	16.6	4.50	999	145
	400×200	8	13	13	83.37	65.4	23500	1740	16.8	4.56	1170	174
400×300	390×300	10	16	13	133.3	105	37900	7200	16.9	7.35	1940	480
400×400	400×400	13	21	22	218.7	172	66600	22400	17.5	10.1	3330	1120
	414×405	18	28	22	295.4	232	92800	31000	17.7	10.2	4480	1530
	428×407	20	35	22	360.7	283	119000	39400	18.2	10.4	5570	1930
	458×417	30	50	22	528.6	415	187000	60500	18.8	10.7	8170	2900
	498×432	45	70	22	770.1	605	298000	94400	19.7	11.1	12000	4370
450×200	446×199	8	12	13	82.97	65.1	28100	1580	18.4	4.36	1260	159
	450×200	9	14	13	95.43	74.9	32900	1870	18.6	4.43	1460	187
450×300	440×300	11	18	13	153.9	121	54700	8110	18.9	7.26	2490	540
500×200	496×199	9	14	13	99.29	77.9	40800	1840	20.3	4.31	1650	185
	500×200	10	16	13	112.3	88.2	46800	2140	20.4	4.36	1870	214
500×300	482×300	11	15	13	141.2	111	58300	6760	20.3	6.92	2420	450
	488×300	11	18	13	159.2	125	68900	8110	20.8	7.14	2820	540
600×200	596×199	10	15	13	117.8	92.5	66600	1980	23.8	4.10	2240	199
	600×200	11	17	13	131.7	103	75600	2270	24.0	4.16	2520	227
600×300	582×300	12	17	13	169.2	133	98900	7660	24.2	6.73	3400	511
	588×300	12	20	13	187.2	147	114000	9010	24.7	6.94	3890	601
	594×302	14	23	13	217.1	170	134000	10600	24.8	6.98	4500	700
700×300	692×300	13	20	18	207.5	163	168000	9020	28.5	6.59	4870	601
	700×300	13	24	18	231.5	182	197000	10800	29.2	6.83	5640	721
800×300	792×300	14	22	18	239.5	188	248000	9920	32.2	6.44	6270	661
	800×300	14	26	18	263.5	207	286000	11700	33.0	6.67	7160	781
900×300	890×299	15	23	18	266.9	210	339000	10300	35.6	6.20	7610	687
	900×300	16	28	18	305.8	240	404000	12600	36.4	6.43	8990	842
	912×302	18	34	18	360.1	283	491000	15700	36.9	6.59	10800	1040
	918×303	19	37	18	387.4	304	535000	17200	37.2	6.67	11700	1140

附1.2 韩标热轧H型钢截面规格及特性

韩标热轧H型钢截面规格及特性（KS D 3502：2016）见附表1-2。

韩标热轧 H 型钢截面规格及特性 附表 1-2

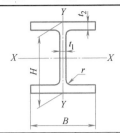

公称直径 (高×宽)	标准截面尺寸(mm)					截面面积 (cm²)	单位质量 (kg/m)	参考					
								截面惯性矩 (cm⁴)		截面惯性半径 (cm)		截面系数 (cm³)	
	H	B	t_1	t_2	r			I_x	I_y	i_x	i_y	W_x	W_y
100×50	100	50	5	7	8	11.85	9.30	187	14.8	3.98	1.12	37.5	5.91
100×100	100	100	6	8	10	21.90	17.2	383	134	4.18	2.47	76.5	26.7
125×60	125	60	6	8	9	16.84	13.2	413	29.2	4.95	1.32	66.1	9.73
125×125	125	125	6.5	9	10	30.31	23.8	847	293	5.29	3.11	136	47.0
150×75	150	75	5	7	8	17.85	14.0	666	49.5	6.11	1.66	88.8	13.2
150×100	148	100	6	9	11	26.84	21.1	1020	151	6.17	2.37	138	30.1
150×150	150	150	7	10	11	40.14	31.5	1640	563	6.39	3.75	219	75.1
175×90	175	90	5	8	9	23.04	18.1	1210	97.5	7.26	2.06	139	21.7
175×175	175	175	7.5	11	12	51.21	40.2	2880	984	7.50	4.38	330	112
200×100	198	99	4.5	7	11	23.18	18.2	1580	114	8.26	2.21	160	23
	200	100	5.5	8	11	27.16	21.3	1840	134	8.24	2.22	184	26.8
200×150	194	150	6	9	13	39.01	30.6	2690	507	8.30	3.61	277	67.6
200×200	200	200	8	12	13	63.53	49.9	4720	1600	8.62	5.02	472	160
	200	204	12	12	13	71.53	56.2	4980	1700	8.35	4.88	498	167
	208	202	10	16	13	83.69	65.7	6530	2200	8.83	5.13	628	218
250×125	248	124	5	8	12	32.68	25.7	3540	255	10.4	2.79	285	41.1
	250	125	6	9	12	37.66	29.6	4050	294	10.4	2.79	324	47.0
250×175	244	175	7	11	16	56.24	44.1	6120	984	10.4	4.18	502	113
250×250	244	252	11	11	16	82.06	64.4	8790	2940	10.3	5.98	720	233
	248	249	8	13	16	84.70	66.5	9930	3350	10.8	6.29	801	269
	250	250	9	14	16	92.18	72.4	10800	3650	10.8	6.29	867	292
	250	255	14	14	16	104.7	82.2	11500	3880	10.5	6.09	919	304
300×150	298	149	5.5	8	13	40.80	32.0	6320	442	12.4	3.29	424	59.3
	300	150	6.5	9	13	46.78	36.7	7210	508	12.4	3.29	481	67.7
300×200	294	200	8	12	18	72.38	56.8	11300	1600	12.5	4.71	771	160
	298	201	9	14	18	83.36	65.4	13300	1900	12.6	4.77	893	189
300×300	294	302	12	12	18	107.7	84.5	16900	5520	12.5	7.16	1150	365
	298	299	9	14	18	110.8	87.0	18800	6240	13.0	7.51	1270	417
	300	300	10	15	18	119.8	94.0	20400	6750	13.1	7.51	1360	450
	300	305	15	15	18	134.8	106	21500	7100	12.6	7.26	1440	466
	304	301	11	17	18	134.8	106	23400	7730	13.2	7.57	1540	514
	310	305	15	20	18	165.3	130	28600	9470	13.2	7.57	1850	621
	310	310	20	20	18	180.8	142	29900	10000	12.9	7.44	1930	645

续表

公称直径（高×宽）	标准截面尺寸(mm)					截面面积（cm²）	单位质量（kg/m）	参考					
								截面惯性矩（cm⁴）		截面惯性半径（cm）		截面系数（cm³）	
	H	B	t_1	t_2	r			I_x	I_y	i_x	i_y	W_x	W_y
350×175	346	174	6	9	14	52.68	41.4	11100	792	14.5	3.88	641	91.0
	350	175	7	11	14	63.14	49.6	13600	984	14.7	3.95	775	112
	354	176	8	13	14	73.68	57.8	16100	1180	14.8	4.01	909	134
350×250	336	249	8	12	20	88.15	69.2	18500	3090	14.5	5.92	1100	248
	340	250	9	14	20	101.5	79.7	21700	3650	14.6	6.00	1280	292
350×350	338	351	13	13	20	135.3	106	28200	9380	14.4	8.33	1670	534
	344	348	10	16	20	146.0	115	33300	11200	15.1	8.78	1940	646
	344	354	16	16	20	166.6	131	35300	11800	14.6	8.43	2050	669
	350	350	12	19	20	173.9	137	40300	13600	15.2	8.84	2300	776
	350	357	19	19	20	198.4	156	42800	14400	14.7	8.53	2450	809
400×200	396	199	7	11	16	72.16	56.6	20000	1450	16.7	4.48	1010	145
	400	200	8	13	16	84.12	66.0	23700	1740	16.8	4.54	1190	174
400×300	390	300	10	16	22	136.0	107	38700	7210	16.9	7.28	1980	481
400×400	388	402	15	15	22	178.5	140	49000	16300	16.6	9.54	2520	809
	394	398	11	18	22	186.8	147	56100	18900	17.3	10.1	2850	951
	394	405	18	18	22	214.4	168	59700	20000	16.7	9.65	3030	985
	400	400	13	21	22	218.7	172	66600	22400	17.5	10.1	3330	1120
	400	408	21	21	22	250.7	197	70900	23800	16.8	9.75	3540	1170
	406	403	16	24	22	254.9	200	78000	26200	17.5	10.1	3840	1300
	414	405	18	28	22	295.4	232	92800	31000	17.7	10.2	4480	1530
	428	407	20	35	22	360.7	283	119000	39400	18.2	10.4	5570	1930
	458	417	30	50	22	528.6	415	187000	60500	18.8	10.7	8170	2900
	498	432	45	70	22	770.1	605	298000	94400	19.7	11.1	12000	4370
450×200	446	199	8	12	18	84.30	66.2	28700	1580	18.5	4.33	1290	159
	450	200	9	14	18	96.76	76.0	33500	1870	18.6	4.40	1490	187
450×300	434	299	10	15	24	135.0	106	46800	6690	18.6	7.04	2160	448
	440	300	11	18	24	157.4	124	56100	8110	18.9	7.18	2550	541
500×200	496	199	9	14	20	101.3	79.5	41900	1840	20.3	4.27	1690	185
	500	200	10	16	20	114.2	89.6	47800	2140	20.5	4.33	1910	214
	506	201	11	19	20	131.3	103	56500	2580	20.7	4.43	2230	257
500×300	482	300	11	15	26	145.5	114	60400	6760	20.4	6.82	2500	451
	488	300	11	18	26	163.5	128	71000	8110	20.8	7.04	2910	541
600×200	596	199	10	15	22	120.5	94.6	68700	1980	23.9	4.05	2310	199
	600	200	11	17	22	134.4	106	77600	2280	24.0	4.12	2590	228
	606	201	12	20	22	152.5	120	90400	2720	24.3	4.22	2980	271
	612	202	13	23	22	170.7	134	103000	3180	24.6	4.31	3380	314
600×300	582	300	12	17	28	174.5	137	103000	7670	24.3	6.63	3530	511
	588	300	12	20	28	192.5	151	118000	9020	24.8	6.85	4020	601
	594	302	14	23	28	222.4	175	137000	10600	24.9	6.90	4620	701

续表

公称直径 （高×宽）	标准截面尺寸(mm)					截面面积 （cm²）	单位质量 （kg/m）	参考					
								截面惯性矩 （cm⁴）		截面惯性半径 （cm）		截面系数 （cm³）	
	H	B	t_1	t_2	r			I_x	I_y	i_x	i_y	W_x	W_y
700×300	692	300	13	20	28	211.5	166	172000	9020	28.6	6.53	4980	602
	700	300	13	24	28	235.5	185	201000	10800	29.3	6.78	5760	722
	708	302	15	28	28	273.6	215	237000	12900	29.4	6.86	6700	853
800×300	792	300	14	22	28	243.4	191	254000	9930	32.3	6.39	6410	662
	800	300	14	26	28	267.4	210	292000	11700	33.0	6.62	7290	782
	808	302	16	30	28	307.6	241	339000	13800	33.2	6.70	8400	915
900×300	890	299	15	23	28	270.9	213	345000	10300	35.7	6.16	7760	688
	900	300	16	28	28	309.8	243	411000	12600	36.4	6.39	9140	843
	912	302	18	34	28	364.0	286	498000	15700	37.0	6.56	10900	1040
	918	303	19	37	28	391.3	307	542000	17200	37.2	6.63	11800	1140

附1.3 俄标热轧H型钢截面规格及特性

俄标热轧H型钢截面规格及特性（СГО АСЧМ 20—93）见附表1-3。

俄标热轧H型钢截面规格及特性　　　　附表1-3

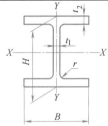

型号	截面尺寸(mm)					截面面积 （cm²）	理论重量 （kg/m）	轴参考值					
	H	B	t_1	t_2	r			I_x(cm⁴)	I_y(cm⁴)	i_x(cm)	i_y(cm)	W_x(cm³)	I_y(cm³)
10B1	100	55	4.1	5.7	7	10.32	8.1	171	15.9	4.07	1.24	34.2	5.8
12B1	117.6	64	3.8	5.1	7	11.03	8.7	257	22.4	4.83	1.43	43.8	7
12B2	120	64	4.4	6.3	7	13.21	10.4	318	27.7	4.9	1.45	53	8.7
14B1	137.4	73	3.8	5.6	7	13.39	10.5	435	36.4	5.7	1.65	63.3	10
14B2	140	73	4.7	6.9	7	16.43	12.9	541	44.9	5.74	1.65	77.3	12.3
16B1	157	82	4	5.9	9	16.18	12.7	689	54.4	6.53	1.83	87.8	13.3
16B2	160	82	5	7.4	9	20.09	15.8	869	68.1	6.58	1.84	108.7	16.7
18B1	177	91	4.3	6.5	9	19.58	15.4	1063	81.9	7.37	2.05	120.1	18
18B2	180	91	5.3	8	9	23.95	18.8	1317	100.8	7.42	2.05	146.3	22.2
20B1	200	100	5.5	8	11	27.16	21.3	1844	133.9	8.24	2.22	184.4	26.8
23B1	230	110	5.6	9	12	32.91	25.8	2996	200.3	9.54	2.47	260.5	36.4
25B1	248	124	5	8	12	32.68	25.7	3537	254.8	10.4	2.79	285.3	41.1
25B2	250	125	6	9	12	37.66	29.6	4052	293.8	10.37	2.79	324.2	47
26B1	258	120	5.8	8.5	12	35.62	28.0	4024	245.6	10.6	2.63	312.0	40.9

型号	截面尺寸(mm)					截面面积 (cm²)	理论重量 (kg/m)	轴参考值					
	H	B	t_1	t_2	r			I_x(cm⁴)	I_y(cm⁴)	i_x(cm)	i_y(cm)	W_x(cm³)	I_y(cm³)
26B2	261	120	6	10	12	39.70	31.2	6454	288.8	10.83	2.70	356.6	48.1
30B1	298	149	5.5	8	13	40.80	32.0	6319	441.9	12.44	3.29	424.1	59.3
30B2	300	150	6.5	9	13	46.78	36.7	7210	507.4	12.41	3.29	480.6	67.7
35B1	346	174	6	9	14	52.68	41.4	11095	791.4	14.51	3.88	641.3	91
35B2	350	175	7	11	14	63.14	49.6	13560	984.2	14.65	3.95	774.8	112
40B1	396	199	7	11	16	72.16	56.6	20020	1446.9	16.66	4.48	1010	145
40B2	400	200	8	13	16	84.12	66.0	23706	1736.2	16.79	4.54	1190	174
45B1	446	199	8	12	18	84.30	66.2	28699	1597.7	18.45	4.33	1290	159
45B2	450	200	9	14	18	96.76	76.0	33453	1871.3	18.59	4.4	1490	187
50B1	492	199	8.8	12	20	92.38	72.5	36800	1580	20.0	4.14	1500	159
50B2	496	199	9	14	20	101.27	79.5	41900	1840	20.3	4.27	1690	185
50B3	500	200	10	16	20	114.23	89.7	47800	2140	20.5	4.33	1910	214
55B1	543	220	9.5	13.5	24	113.36	89.0	55700	2410	22.2	4.61	2050	219
55B2	547	220	10	15.5	24	124.75	97.9	62800	2760	22.4	4.7	2300	251
60B1	596	199	10	15	22	120.45	94.6	68700	1980	23.9	4.05	2310	199
60B2	600	200	11	17	22	134.41	105.5	77600	2280	24.0	4.12	2590	228
70B0	693	230	11.8	15.2	24	153.05	120.1	114000	3100	27.3	4.50	3300	269
70B1	691	260	12	15.5	24	164.74	129.3	126000	4560	27.6	5.26	3640	351
70B2	697	260	12.5	18.5	24	183.64	144.2	146000	5440	28.2	5.44	4190	418
20SH1	194	150	6	9	13	39.01	30.6	2690	507	8.30	3.61	277	67.6
23SH1	226	155	6.5	10	14	46.08	36.2	4260	622	9.62	3.67	377	80.2
25SH1	244	175	7	11	16	56.24	44.1	6120	984	10.4	4.18	502	113
26SH1	251	180	7	10	16	54.37	42.7	6220	974	10.7	4.23	496	108
26SH2	255	180	7.5	12	16	62.73	49.2	7430	1170	10.9	4.32	583	130
30SH1	294	200	8	12	18	72.38	56.8	11300	1600	12.5	4.71	771	160
30SH2	300	201	9	15	18	87.38	68.6	14200	2030	12.8	4.82	947	202
30SH3	299	200	t_1	15	18	87.00	68.3	14000	2000	12.7	4.8	939	200
35SH1	334	249	8	11	20	83.17	65.3	17100	2830	14.3	5.84	1020	228
35SH2	340	250	9	14	20	101.51	79.7	21700	3650	14.6	6.00	1280	292
35SH3	345	250	10.5	16	20	116.3	91.3	25100	4170	14.7	5.99	1460	334
40SH1	383	299	9.5	12.5	22	112.91	88.6	30600	5580	16.4	7.03	1600	373
40SH2	390	300	10	16	22	135.95	106.7	38700	7210	16.9	7.28	1980	481
40SH3	396	300	12.5	18	22	157.2	123.4	44700	8110	16.9	7.18	2260	541
45SH1	440	300	11	18	24	157.38	123.5	56100	8110	18.9	7.18	2550	541
50SH1	482	300	11	15	26	145.52	114.2	60400	6760	20.4	6.82	2500	451
50SH2	487	300	14.5	17.5	26	176.34	138.4	71900	7900	20.2	6.69	2950	527
50SH3	493	300	15.5	20.5	26	198.86	156.1	83400	9250	20.5	6.82	3380	617
50SH4	499	300	16.5	23.5	26	221.38	173.8	95300	10600	20.7	6.92	3820	707
60SH1	582	300	12	17	28	174.49	137	103000	7670	24.3	6.63	3530	511
60SH2	589	300	16	20.5	28	217.41	170.7	126000	9260	24.1	6.53	4290	617

续表

型号	截面尺寸(mm)					截面面积 (cm²)	理论重量 (kg/m)	轴参考值					
	H	B	t_1	t_2	r			I_x(cm⁴)	I_y(cm⁴)	i_x(cm)	i_y(cm)	W_x(cm³)	I_y(cm³)
60SH3	597	300	18	24.5	28	252.37	198.1	150000	11100	24.4	6.62	5030	738
60SH4	605	300	20	28.5	28	287.33	225.6	174000	12900	24.6	6.7	5770	859
70SH1	692	300	13	20	28	211.49	166	172000	9020	28.6	6.53	4980	602
70SH2	698	300	15	23	28	242.53	190.4	199000	10400	28.6	6.54	5700	692
70SH3	707	300	18	27.5	28	289.09	226.9	239000	12400	28.8	6.56	6760	828
70SH4	715	300	20.5	31.5	28	329.39	258.6	275000	14200	28.9	6.58	7700	949
70SH5	725	300	23	36.5	28	375.69	294.9	320000	16500	29.2	6.63	8820	1100
80SH1	782	300	13.5	17	28	209.71	164.6	205000	7680	31.3	6.05	5250	512
80SH2	792	300	14	22	28	243.45	191.1	254000	9930	32.3	6.39	6410	662
90SH1	881	299	15	18.5	28	243.96	191.5	292583	8278.5	34.68	5.83	6642.1	553.7
90SH2	890	299	15	23	28	270.87	212.6	345335	10283.3	35.71	6.16	7760.3	687.8
100SH1	990	320	16	21	30	293.8	230.6	446039	11517.9	38.96	6.26	9010.9	719.9
100SH2	998	320	17	25	30	328.88	258.2	516373	13710	39.62	6.46	10348.2	856.9
100SH3	1006	320	18	29	30	363.96	285.7	587730	15903	40.18	6.61	11684.5	993.9
100SH4	1013	320	19.5	32.5	30	400.58	314.5	655449	17828.8	40.45	6.67	12940.7	1114.3
20K1	196	199	6.5	10	13	52.69	41.4	3850	1310	8.54	4.99	392	132
20K2	200	200	8	12	13	63.53	49.9	4720	1600	8.62	5.02	472	160
23K1	227	240	7	10.5	14	66.51	52.2	6590	2420	9.95	6.03	580	202
23K2	230	240	8	12	14	75.77	59.5	7600	2770	10.0	6.04	661	231
25K1	246	249	8	12	16	79.72	62.6	9170	3090	10.7	6.23	746	248
25K2	250	250	9	14	16	92.18	72.4	10800	3650	10.8	6.29	867	292
25K3	253	251	10	15.5	16	102.21	80.2	12200	4090	10.9	6.32	961	326
26K1	255	260	8	12	16	83.08	65.2	10300	3520	11.1	6.51	809	271
26K2	258	260	9	13.5	16	93.19	73.2	11700	3960	11.2	6.52	907	304
26K3	262	260	10	15.5	16	105.9	83.1	13600	4540	11.3	6.55	1040	350
30K1	298	299	9	14	18	110.8	87	18800	6240	13.0	7.51	1270	417
30K2	300	300	10	15	18	119.78	94	20400	6750	13.1	7.51	1360	450
30K3	300	305	15	15	18	134.78	105.8	21500	7100	12.6	7.26	1440	466
30K4	304	301	11	17	18	134.82	105.8	23400	7730	13.2	7.57	1540	514
35K1	342	348	10	15	20	139.03	109.1	31200	10500	15.0	8.71	1830	606
35K2	350	350	12	19	20	173.87	136.5	40300	13600	15.2	8.84	2300	776
35K3	353	350	13	20	20	184.1	144.5	43000	14300	15.3	8.81	2430	817
40K1	394	398	11	18	22	186.81	146.6	56100	18900	17.3	10.1	2850	951
40K2	400	400	13	21	22	218.69	171.7	66600	22400	17.5	10.1	3330	1120
40K3	406	403	16	24	22	254.87	200.1	78000	26200	17.5	10.1	3840	1300
40K4	414	405	18	28	22	295.39	231.9	92800	31000	17.7	10.2	4480	1530
40K5	429	400	23	35.5	22	370.49	290.8	120000	37900	18.0	10.1	5610	1900

注：1. 参照 CTO ASChM 20—93 标准。

2. 本标准截面尺寸中的 H、B、t_1、t_2、r 分别表示 BS 标准中的 h、b、s、t、R。

3. 尺寸、重量、外形等允许偏差按 CTO ASChM 20—93 标准要求执行。

附1.4　美国热轧 H 型钢截面规格及特性

美国热轧 H 型钢有 W 系列、HP 系列、M 系列三种，其截面规格及特性见附表 1-4～附表 1-6。

1. 美标 W 系列 H 型钢截面规格及特性

美标 W 系列 H 型钢截面规格及特性（ASTM A6/A6M-17a）见附表 1-4。

W 系列 H 型钢截面规格及特性　　　　　　　　　　　　附表 1-4

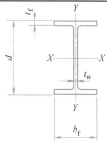

系列	型号	截面尺寸（mm）				截面面积（cm²）	理论重量（kg/m）
		d	b_f	t_w	t_f		
W4	W4×13	106	103	7.1	8.8	24.70	19.3
W5	W5×16	127	127	6.1	9.1	30.40	23.8
	W5×19	131	128	6.9	10.9	35.90	28.1
W6	W6×8.5	148	100	4.3	4.9	16.30	13.0
	W6×9	150	100	4.3	5.5	17.30	13.5
	W6×12	153	102	5.8	7.1	22.90	18.0
	W6×15	152	152	5.8	6.6	28.60	22.5
	W6×16	160	102	6.6	10.3	30.60	24.0
	W6×20	157	153	6.6	9.3	37.90	29.8
	W6×25	162	154	8.1	11.6	47.40	37.1
W8	W8×10	200	100	4.3	5.2	19.10	15.0
	W8×13	203	102	5.8	6.5	24.80	19.3
	W8×15	206	102	6.2	8.0	28.60	22.5
	W8×18	207	133	5.8	8.4	33.90	26.6
	W8×21	210	134	6.4	10.2	39.70	31.3
	W8×24	201	166	6.2	10.2	45.70	35.9
	W8×28	205	166	7.2	11.8	53.20	41.7
	W8×31	203	203	7.2	11.0	58.90	46.1
	W8×35	206	204	7.9	12.6	66.50	52.0
	W8×40	210	205	9.1	14.2	75.50	59.0
	W8×48	216	206	10.2	17.4	91.00	71.0
	W8×58	222	209	13.0	20.6	110.0	86.0
	W8×67	229	210	14.5	23.7	127.0	100
W10	W10×12	251	101	4.8	5.3	22.80	17.9
	W10×15	254	102	5.8	6.9	28.50	22.3
	W10×17	257	102	6.1	8.4	32.20	25.3
	W10×19	260	102	6.4	10.0	36.30	28.4

续表

系列	型号	截面尺寸（mm）				截面面积（cm²）	理论重量（kg/m）
		d	b_f	t_w	t_f		
W10	W10×22	258	146	6.1	9.1	41.90	32.7
	W10×26	262	147	6.6	11.2	49.10	38.5
	W10×30	266	148	7.6	13.0	57.00	44.8
	W10×33	247	202	7.4	11.0	62.60	49.1
	W10×39	252	203	8.0	13.5	74.20	58.0
	W10×45	257	204	8.9	15.7	85.80	67.0
	W10×49	253	254	8.6	14.2	92.90	73.0
	W10×54	256	255	9.4	15.6	102.0	80.0
	W10×60	260	256	10.7	17.3	114.0	89.0
	W10×68	264	257	11.9	19.6	129.0	101
	W10×77	269	259	13.5	22.1	146.0	115
	W10×88	275	261	15.4	25.1	167.0	131
	W10×100	282	263	17.3	28.4	190.0	149
	W10×112	289	265	19.2	31.8	212.0	167
W12	W12×14	303	101	5.1	5.7	26.80	21.0
	W12×16	305	101	5.6	6.7	30.40	23.8
	W12×19	309	102	6.0	8.9	35.90	28.3
	W12×22	313	102	6.6	10.8	41.80	32.7
	W12×26	310	165	5.8	9.7	49.40	38.7
	W12×30	313	166	6.6	11.2	56.70	44.5
	W12×35	317	167	7.6	13.2	66.50	52.0
	W12×40	303	203	7.5	13.1	76.10	60.0
	W12×45	306	204	8.5	14.6	85.20	67.0
	W12×50	310	205	9.4	16.3	94.80	74.0
	W12×53	306	254	8.8	14.6	101.00	79.0
	W12×58	310	254	9.1	16.3	110.00	86.0
	W12×65	308	305	9.9	15.4	123.0	97.0
	W12×72	311	306	10.9	17.0	136.0	107
	W12×79	314	307	11.9	18.7	150.0	117
	W12×87	318	308	13.1	20.6	165.0	129
	W12×96	323	309	14.0	22.9	182.0	143
	W12×106	327	310	15.5	25.1	201.0	158
	W12×120	333	313	18.0	28.1	228.0	179
	W12×136	341	315	20.0	31.8	257.0	202
	W12×152	348	317	22.1	35.6	288.0	226
	W12×170	356	319	24.4	39.6	323.0	253
	W12×190	365	322	26.9	44.1	360.0	283
	W12×210	374	325	30.0	48.3	399.0	313
	W12×230	382	328	32.6	52.6	437.0	342
	W12×252	391	330	35.4	57.2	478.0	375
	W12×279	403	334	38.9	62.7	528.0	415
	W12×305	415	336	41.3	68.7	578.0	454
	W12×336	427	340	45.1	75.1	637.0	500

系列	型号	截面尺寸（mm）				截面面积（cm²）	理论重量（kg/m）
		d	b_f	t_w	t_f		
	W14×22	349	127	5.8	8.5	41.9	32.9
	W14×26	352	128	6.5	10.7	49.6	39.0
	W14×30	352	171	6.9	9.8	57.10	44.6
	W14×34	355	171	7.2	11.6	64.50	51.0
	W14×38	358	172	7.9	13.1	72.30	58.0
	W14×43	347	203	7.7	13.5	81.30	64.0
	W14×48	350	204	8.6	15.1	91.00	72.0
	W14×53	354	205	9.4	16.8	101.0	79.0
	W14×61	353	254	9.5	16.4	115.0	91.0
	W14×68	357	255	10.5	18.3	129.0	101
	W14×74	360	256	11.4	19.9	141.0	110
	W14×82	363	257	13.0	21.7	155.0	122
	W14×90	356	369	11.2	18.0	171.0	134
	W14×99	360	370	12.3	19.8	188.0	147
	W14×109	364	371	13.3	21.8	206.0	162
	W14×120	368	373	15.0	23.9	228.0	179
	W14×132	372	374	16.4	26.2	250.0	196
	W14×145	375	394	17.3	27.7	275.0	216.0
	W14×159	380	395	18.9	30.2	301.0	237.0
W14	W14×176	387	398	21.1	33.3	334.0	262.0
	W14×193	393	399	22.6	36.6	366.0	287.0
	W14×211	399	401	24.9	39.6	400.0	314.0
	W14×233	407	404	27.2	43.7	442.0	347.0
	W14×257	416	406	29.8	48.0	488.0	382.0
	W14×283	425	409	32.8	52.6	537.0	421.0
	W14×311	435	412	35.8	57.4	590.0	463.0
	W14×342	446	416	39.1	62.7	652.0	509.0
	W14×370	455	418	42.0	67.6	703.0	551.0
	W14×398	465	421	45.0	72.3	755.0	592.0
	W14×426	474	424	47.6	77.1	806.0	634.0
	W14×455	483	428	51.2	81.5	865.0	677.0
	W14×500	498	432	55.6	88.9	948.0	744.0
	W14×550	514	437	60.5	97.0	1050.0	818.0
	W14×605	531	442	65.9	106.0	1150.0	900.0
	W14×665	550	448	71.9	115.0	1260.0	990.0
	W14×730	569	454	78.0	125.0	1390.0	1066.0
	W14×808	580	471	95.0	130.0	1530.0	1202.0
	W14×873	600	476	100.0	140.0	1650.0	1299.0

系列	型号	截面尺寸（mm）				截面面积（cm²）	理论重量（kg/m）
		d	b_f	t_w	t_f		
W16	W16×26	399	140	6.4	8.8	49.5	38.8
	W16×31	403	140	7	11.2	58.8	46.1
	W16×36	403	177	7.5	10.9	68.4	53.0
	W16×40	407	178	7.7	12.8	76.1	60.0
	W16×45	410	179	8.8	14.4	85.8	67.0
	W16×50	413	180	9.7	16.0	94.8	75.0
	W16×57	417	181	10.9	18.2	108.0	85.0
	W16×67	415	260	10.0	16.9	127.0	100
	W16×77	420	261	11.6	19.3	146.0	114
	W16×89	425	263	13.3	22.2	169.0	132
	W16×100	431	265	14.9	25.0	190.0	149
W18	W18×35	450	152	7.5	10.8	66.5	52.0
	W18×40	455	153	8.0	13.3	76.1	60.0
	W18×46	459	154	9.1	15.4	87.1	68.0
	W18×50	457	190	9.0	14.5	94.8	74.0
	W18×55	460	191	9.9	16.0	105.0	82.0
	W18×60	463	192	10.5	17.7	114.0	89.0
	W18×65	466	193	11.4	19.0	123.0	97.0
	W18×71	469	194	12.6	20.6	134.0	106
	W18×76	463	280	10.8	17.3	144.0	113
	W18×86	467	282	12.2	19.6	163.0	128
	W18×97	472	283	13.6	22.1	184.0	144
	W18×106	476	284	15.0	23.9	201.0	158
	W18×119	482	286	16.6	26.9	226.0	177
	W18×130	489	283	17.0	30.5	247.0	193
	W18×143	495	285	18.5	33.5	271.0	213
	W18×158	501	287	20.6	36.6	299.0	235
	W18×175	509	289	22.6	40.4	331.0	260
	W18×192	517	291	24.4	44.4	364.0	286
	W18×211	525	293	26.9	48.5	401.0	315
	W18×234	535	296	29.5	53.6	444	349
	W18×258	545	299	32.5	58.4	490	384
	W18×283	555	302	35.6	63.5	537	421
	W18×311	567	305	38.6	69.6	591	464
W21	W21×44	525	165	8.9	11.4	83.90	66.0
	W21×50	529	166	9.7	13.6	94.80	74.0
	W21×57	535	166	10.3	16.5	108.0	85.0
	W21×48	524	207	9.0	10.9	91.80	72.0
	W21×55	528	209	9.5	13.3	105.0	82.0
	W21×62	533	209	10.2	15.6	118.0	92.0
	W21×68	537	210	10.9	17.4	129.0	101
	W21×73	539	211	11.6	18.8	139.0	109
	W21×83	544	212	13.1	21.2	157.0	123
	W21×93	549	214	14.7	23.6	176.0	138

系列	型号	截面尺寸（mm）				截面面积（cm²）	理论重量（kg/m）
		d	b_f	t_w	t_f		
W21	W21×101	543	312	12.7	20.3	192.0	150
	W21×111	546	313	14.0	22.2	211.0	165
	W21×122	551	315	15.2	24.4	232.0	182
	W21×132	554	316	16.5	26.3	250.0	196
	W21×147	560	318	18.3	29.2	279.0	219
	W21×166	571	315	19.0	34.5	315.0	248
	W21×182	577	317	21.1	37.6	346.0	272
	W21×201	585	319	23.1	41.4	382.0	300
	W21×223	593	322	25.4	45.5	423.0	332
	W21×248	603	324	27.9	50.5	470.0	369
	W21×275	613	327	31.0	55.6	522.0	409
W24	W21×55	599	178	10.0	12.8	105.0	82.0
	W24×62	603	179	10.9	15.0	117.0	92.0
	W24×68	603	228	10.5	14.9	130.0	101
	W24×76	608	228	11.2	17.3	145.0	113
	W24×84	612	229	11.9	19.6	159.0	125
	W24×94	617	230	13.1	22.2	179.0	140
	W24×103	623	229	14.0	24.9	196.0	153
	W24×104	611	324	12.7	19.0	197.0	155
	W24×117	616	325	14.0	21.6	222.0	174
	W24×131	622	327	15.4	24.4	248.0	195
	W24×146	628	328	16.5	27.7	277.0	217
	W24×162	635	329	17.9	31.0	308.0	241
	W24×176	641	327	19.0	34.0	333.0	262
	W24×192	647	329	20.6	37.1	361.0	285
	W24×207	653	330	22.1	39.9	391.0	307
	W24×229	661	333	24.4	43.9	434.0	341
	W24×250	669	335	26.4	48.0	474.0	372
	W24×279	679	338	29.5	53.1	529.0	415
	W24×306	689	340	32.0	57.9	579.0	455
	W24×335	699	343	35.1	63.0	635.0	498
	W24×370	711	347	38.6	69.1	702.0	551
W27	W27×84	678	253	11.7	16.3	160.0	125
	W27×94	684	254	12.4	18.9	179.0	140
	W27×102	688	254	13.1	21.1	194.0	152
	W27×114	693	256	14.5	23.6	216.0	170
	W27×129	702	254	15.5	27.9	244.0	192
	W27×146	695	355	15.4	24.8	277.0	217
	W27×161	701	356	16.8	27.4	306.0	240
	W27×178	706	358	18.4	30.2	337.0	265

系列	型号	截面尺寸（mm）				截面面积（cm²）	理论重量（kg/m）
		d	b_f	t_w	t_f		
W27	W27×194	714	356	19.0	34.0	368.0	289
	W27×217	722	359	21.1	38.1	411.0	323
	W27×235	728	360	23.1	40.9	446.0	350
	W27×258	736	362	24.9	45.0	489.0	384
	W27×281	744	364	26.9	49.0	533.0	419
	W27×307	752	367	29.5	53.1	582.0	457
	W27×336	762	369	32.0	57.9	637.0	500
	W27×368	772	372	35.1	63.0	698.0	548
	W27×539	826	387	50.0	89.9	1022.0	802
W30	W30×90	750	264	11.9	15.5	170.4	134
	W30×99	753	265	13.2	17	188.0	147
	W30×108	758	266	13.8	19.3	205.0	161
	W30×116	762	267	14.4	21.6	221.0	173
	W30×124	766	267	14.9	23.6	235.0	185
	W30×132	770	268	15.6	25.4	251.0	196
	W30×148	779	266	16.5	30.0	281.0	220
	W30×173	773	381	16.6	27.1	328.0	257
	W30×191	779	382	18.0	30.1	362.0	284
	W30×211	786	384	19.7	33.4	400.0	314
	W30×235	795	382	21.1	38.1	445.0	350
	W30×261	803	385	23.6	41.9	495.0	389
	W30×292	813	387	25.9	47.0	553.0	434
	W30×326	823	390	29.0	52.1	617.0	484
	W30×357	823	393	31.5	56.9	676.0	531
	W30×391	843	396	34.5	62.0	742.0	582
W33	W33×118	835	292	14.0	18.8	224.0	176
	W33×130	840	292	14.7	21.7	247.0	193
	W33×141	846	293	15.4	24.4	268.0	210
	W33×152	851	294	16.1	26.8	288.0	226
	W33×169	859	292	17.0	31.0	319.0	251
	W33×201	855	400	18.2	29.2	381.0	299
	W33×221	862	401	19.7	32.4	419.0	329
	W33×241	868	403	21.1	35.6	457.0	359
	W33×263	877	401	22.1	39.9	499.0	392
	W33×291	885	404	24.4	43.9	552.0	433
	W33×318	893	406	26.4	48.0	603.0	473
	W33×354	903	409	29.5	53.1	672.0	527
	W33×387	913	411	32.0	57.9	735.0	576

系列	型号	截面尺寸（mm）				截面面积（cm²）	理论重量（kg/m）
		d	b_f	t_w	t_f		
W36	W36×135	903	304	15.2	20.1	256.0	201
	W36×150	911	304	15.9	23.9	285.0	223
	W36×160	915	305	16.5	25.9	303.0	238
	W36×170	919	306	17.3	27.9	323.0	253
	W36×182	923	307	18.4	30.0	346.0	271
	W36×194	927	308	19.4	32.0	368.0	289
	W36×210	932	309	21.1	34.5	399.0	313
	W36×232	943	308	22.1	39.9	440.0	345
	W36×256	951	310	24.4	43.9	486.0	381
	W36×286	961	313	26.9	49.0	542.0	425
	W36×318	971	316	30.0	54.1	603.90	474
	W36×350	981	319	33.0	58.9	663.70	521
	W36×387	993	322	36.1	65.0	733.20	576
	W36×231	927	418	19.3	32.0	439.0	344
	W36×247	931	419	20.3	34.3	468.0	368
	W36×262	936	420	21.3	36.6	497.0	390
	W36×282	943	422	22.5	39.9	535.0	420
	W36×302	948	423	24.0	42.7	576.0	449
	W36×330	957	422	25.9	47.0	626.0	491
	W36×361	965	425	28.4	51.1	685.0	537
	W36×395	975	427	31.0	55.9	750.0	588
	W36×441	987	431	34.5	62.0	837.0	656
	W36×487	999	434	38.1	68.1	924.0	725
	W36×529	1011	437	40.9	73.9	1004.0	787
	W36×652	1043	446	50.0	89.9	1237.0	970
	W36×723	1061	451	55.0	99.1	1372.0	1077
	W36×802	1081	457	60.5	109.0	1522.0	1194
	W36×853	1093	461	64.0	115.1	1617.0	1269
	W36×925	1093	473	76.7	115.1	1754.0	1377
W40	W40×149	970	300	16.0	21.1	282.0	222
	W40×167	980	300	16.5	26.0	317.0	249
	W40×183	990	300	16.5	31.0	346.0	272
	W40×211	1000	300	19.1	35.9	400.0	314
	W40×235	1008	302	21.1	40.0	446.0	350
	W40×264	1016	303	24.4	43.9	501.0	393
	W40×278	1020	304	26.0	46.0	528.0	415
	W40×294	1026	305	26.9	49.0	556.0	438
	W40×327	1036	308	30.0	54.1	619.0	486
	W40×331	1036	309	31.0	54.0	629.0	494
	W40×392	1056	314	36.0	64.0	744.0	584

系列	型号	截面尺寸（mm）				截面面积（cm²）	理论重量（kg/m）
		d	b_f	t_w	t_f		
W40	W40×199	982	400	16.5	27.1	377.0	296
	W40×215	990	400	16.5	31.0	408.0	321
	W40×249	1000	400	19.0	36.1	473.0	371
	W40×277	1008	402	21.1	40.0	525.0	412
	W40×297	1012	402	23.6	41.9	564.0	443
	W40×324	1020	404	25.4	46.0	615.0	483
	W40×362	1030	407	28.4	51.1	687.0	539
	W40×372	1032	408	29.5	52.0	706.0	554
	W40×397	1040	409	31.0	55.9	753.0	591
	W40×431	1048	412	34.0	60.0	818.0	642
	W40×503	1068	417	39.0	70.0	953.0	748
	W4×593	1092	424	45.5	82.0	1125.0	883
	W4×655	1108	428	50.0	89.9	1243.0	976
W44	W44×230	1090	400	18.0	31.0	436.0	343
	W44×262	1100	400	20.0	36.0	497.0	390
	W44×290	1108	402	22.0	40.0	551.0	433
	W44×335	1118	405	26.0	45.0	635.0	499
	W44×368	1128	407	28.0	50.0	702.50	548
	W44×408	1138	410	31.0	55.0	777.40	607

注：1. 参照 ASTM A6/A6M 标准，型号以英制单位表示。

2. 本标准截面尺寸中的 H、B、t_1、t_2 分别表示 ASTM 标准中的 d、b_f、t_w、t_f。

3. ASTM A6/A6M 标准中未对腹板与翼缘交接圆弧尺寸做具体规定，本标准截面尺寸中 r 只做参考。

4. 尺寸、重量、外形等允许偏差按 ASTM A6/A6M 标准要求执行。

2. 美标 HP 系列 H 型钢截面规格及特性

美标 HP 系列 H 型钢截面规格及特性（ASTM A6/A6M—17a）见附表 1-5。

HP 系列 H 型钢截面规格及特性　　　　　　　　附表 1-5

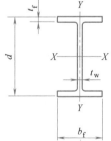

系列	型号	截面尺寸(mm)				截面面积（cm²）	理论重量（kg/m）
		d	b_f	t_w	t_f		
HP8	HP8×36	204	207	11.3	11.3	68.4	53
HP10	HP10×42	246	256	10.5	10.7	80	62
HP10	HP10×57	254	260	14.4	14.4	108	85
HP12	HP12×53	299	306	11	11	100	79
HP12	HP12×63	303	308	13.1	13.1	119	93
HP12	HP12×74	308	310	15.4	15.5	141	110

系列	型号	截面尺寸(mm)				截面面积（cm²）	理论重量（kg/m）
		d	b_f	t_w	t_f		
HP12	HP12×84	312	312	17.4	17.4	159	125
HP12	HP12×89	314	313	18.3	18.3	169	132
HP14	HP14×73	346	370	12.8	12.8	138	108
HP14	HP14×89	351	373	15.6	15.6	168	132
HP14	HP14×102	356	376	17.9	17.9	194	152
HP14	HP14×117	361	378	20.4	20.4	222	174
HP16	HP16×88	389	398	13.7	13.7	167	131
HP16	HP16×101	394	400	15.9	15.9	192	151
HP16	HP16×121	400	403	19.1	19.1	230	181
HP16	HP16×141	406	406	22.2	22.2	269	211
HP16	HP16×162	413	410	25.4	25.4	308	242
HP16	HP16×183	419	413	28.6	28.6	347	272
HP18	HP18×135	445	451	19.1	19.1	257	202
HP18	HP18×157	451	454	22.1	22.1	298	234
HP18	HP18×181	457	457	25.4	25.4	343	269
HP18	HP18×204	464	460	28.6	28.6	387	304

3. 美标 M 系列 H 型钢截面规格及特性

美标 M 系列 H 型钢截面规格及特性（ASTM A6/A6M—17a）见附表 1-6。

M 系列 H 型钢截面规格及特性 附表 1-6

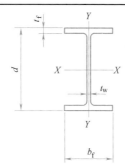

系列	型号	截面尺寸(mm)				横截面积（cm²）	理论重量（kg/m）
		d	b_f	t_w	t_f		
M3	M3×2.9	76	57	2.3	3.3	5.5	4.3
M4	M4×4.08	102	57	2.9	4.3	7.75	6.1
M4	M4×6.0	97	97	3.3	4.1	11.5	8.9
M5	M5×18.9	127	127	8	10.6	35.8	28.1
M6	M6×3.7	150	51	2.5	3.3	7.03	5.5
M6	M6×4.4	152	47	2.9	4.4	8.32	6.6
M8	M8×6.2	203	58	3.3	4.5	11.7	9.2
M8	M8×6.5	203	57	3.4	4.8	12.4	9.7
M10	M10×7.5	253	68	3.3	4.4	14.3	11.2
M10	M10×8.0	253	68	4.0	5.2	15.2	11.9
M10	M10×9.0	254	68	3.6	4.6	17.1	13.4
M12	M12×10.0	304	83	3.8	4.6	19.0	14.9
M12	M12×10.8	304	78	4.1	5.3	20.5	16.1
M12	M12×11.8	305	78	4.5	5.7	22.4	17.6
M12.5	M12.5×11.6	317	89	3.9	5.4	22.13	17.3
M12.5	M12.5×12.4	318	95	3.9	5.8	23.61	18.5

附 1.5　欧标热轧 H 型钢截面规格及特性

欧标热轧 H 型钢截面规格及特性（EN 10365—2017）见附表 1-7～附表 1-14。

IPE 系列平行翼缘工字钢　　　　　　　　　　　　　　　　　　附表 1-7

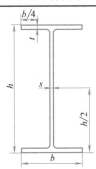

系列	理论重量 G（kg/m）	截面尺寸(mm)				截面面积(cm²)
		h	b	s	t	A
IPE AA 80	4.9	78.0	46.0	3.2	4.2	6.3
IPE A 80	5.0	78.0	46.0	3.3	4.2	6.4
IPE 80	6.0	80.0	46.0	3.8	5.2	7.6
IPE AA 100	6.7	97.6	55.0	3.6	4.5	8.6
IPE A 100	6.9	98.0	55.0	3.6	4.7	8.8
IPE 100	8.1	100.0	55.0	4.1	5.7	10.3
IPE AA 120	8.4	117.0	64.0	3.8	4.8	10.7
IPE A 120	8.7	117.6	64.0	3.8	5.1	11.0
IPE 120	10.4	120.0	64.0	4.4	6.3	13.2
IPE AA 140	10.1	136.6	73.0	3.8	5.2	12.8
IPE A 140	10.5	137.4	73.0	3.8	5.6	13.4
IPE 140	12.9	140.0	73.0	4.7	6.9	16.4
IPE AA 160	12.3	156.4	82.0	4.0	5.6	15.7
IPE A 160	12.7	157.0	82.0	4.0	5.9	16.2
IPE 160	15.8	160.0	82.0	5.0	7.4	20.1
IPE AA 180	14.9	176.4	91.0	4.3	6.2	19.0
IPE A 180	15.4	177.0	91.0	4.3	6.5	19.6
IPE 180	18.8	180.0	91.0	5.3	8.0	23.9
IPE O 180	21.3	182.0	92.0	6.0	9.0	27.1
IPE AA 200	18.0	196.4	100.0	4.5	6.7	22.9
IPE A 200	18.4	197.0	100.0	4.5	7.0	23.5
IPE 200	22.4	200.0	100.0	5.6	8.5	28.5
IPE O 200	25.1	202.0	102.0	6.2	9.5	32.0
IPE AA 220	21.2	216.4	110.0	4.7	7.4	27.0
IPE A 220	22.2	217.0	110.0	5.0	7.7	28.3
IPE 220	26.2	220.0	110.0	5.9	9.2	33.4
IPE O 220	29.4	222.0	112.0	6.6	10.2	37.4
IPE AA 240	24.9	236.4	120.0	4.8	8.0	31.7

续表

系列	理论重量G (kg/m)	截面尺寸(mm)				截面面积(cm²)
		h	b	s	t	A
IPE A 240	26.2	237.0	120.0	5.2	8.3	33.3
IPE 240	30.7	240.0	120.0	6.2	9.8	39.1
IPE O 240	34.3	242.0	122.0	7.0	10.8	43.7
IPE A 270	30.7	267.0	135.0	5.5	8.7	39.2
IPE 270	36.1	270.0	135.0	6.6	10.2	45.9
IPE O 270	42.3	274.0	136.0	7.5	12.2	53.8
IPE A 300	36.5	297.0	150.0	6.1	9.2	46.5
IPE 300	42.2	300.0	150.0	7.1	10.7	53.8
IPE O 300	49.3	304.0	152.0	8.0	12.7	62.8
IPE A 330	43.0	327.0	160.0	6.5	10.0	54.7
IPE 330	49.1	330.0	160.0	7.5	11.5	62.6
IPE O 330	57.0	334.0	162.0	8.5	13.5	72.6
IPE A 360	50.2	357.6	170.0	6.6	11.5	64.0
IPE 360	57.1	360.0	170.0	8.0	12.7	72.7
IPE O 360	66.0	364.0	172.0	9.2	14.7	84.1
IPE A 400	57.4	397.0	180.0	7.0	12.0	73.1
IPE 400	66.3	400.0	180.0	8.6	13.5	84.5
IPE O 400	75.7	404.0	182.0	9.7	15.5	96.4
IPE V 400	84.0	408.0	182.0	10.6	17.5	107.0
IPE A 450	67.2	447.0	190.0	7.6	13.1	85.6
IPE 450	77.6	450.0	190.0	9.4	14.6	98.8
IPE O 450	92.4	456.0	192.0	11.0	17.6	117.7
IPE V 450	107	460.0	194.0	12.4	19.6	132.0
IPE A 500	79.4	497.0	200.0	8.4	14.5	101.1
IPE 500	90.7	500.0	200.0	10.2	16.0	115.5
IPE O 500	107	506.0	202.0	12.0	19.0	136.7
IPE V 500	129	514.0	204.0	14.2	23.0	164.1
IPE A 550	92.1	547.0	210.0	9.0	15.7	117.3
IPE 550	106	550.0	210.0	11.1	17.2	134.4
IPE O 550	123	556.0	212.0	12.7	20.2	156.1
IPE V 550	159	566.0	216.0	17.1	25.2	202.0
IPE A 600	108	597.0	220.0	9.8	17.5	137.0
IPE 600	122	600.0	220.0	12.0	19.0	156.0
IPE O 600	154	610.0	224.0	15.0	24.0	196.8
IPE V 600	184	618.0	228.0	18.0	28.0	233.8
IPE 750×134	134	750.0	264.0	12.0	15.5	170.6
IPE 750×147	147	753.0	265.0	13.2	17.0	187.5
IPE 750×173	173	762.0	267.0	14.4	21.6	221.3
IPE 750×196	196	770.0	268.0	15.6	25.4	250.8

HE 系列宽翼缘 H 型钢梁　　　　　　　　　　　　　　　　　附表 1-8

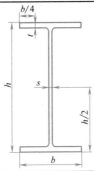

系列	理论重量 G （kg/m）	截面尺寸（mm）				截面面积（cm²）
		h	b	s	t	A
HE 100 AA	12.2	91.0	100.0	4.2	5.5	15.6
HE 100 A	16.7	96.0	100.0	5.0	8.0	21.2
HE 100 B	20.4	100.0	100.0	6.0	10.0	26.0
HE 100 C	30.9	110.0	103.0	9.0	15.0	39.3
HE 100 M	41.8	120.0	106.0	12.0	20.0	53.2
HE 120 AA	14.6	109.0	120.0	4.2	5.5	18.6
HE 120 A	19.9	114.0	120.0	5.0	8.0	25.3
HE 120 B	26.7	120.0	120.0	6.5	11.0	34.0
HE 120 C	39.2	130.0	123.0	9.5	16.0	49.9
HE 120 M	52.1	140.0	126.0	12.5	21.0	66.4
HE 140 AA	18.1	128.0	140.0	4.3	6.0	23.0
HE 140 A	24.7	133.0	140.0	5.5	8.5	31.4
HE 140 B	33.7	140.0	140.0	7.0	12.0	43.0
HE 140 C	48.2	150.0	143.0	10.0	17.0	61.5
HE 140 M	63.2	160.0	146.0	13.0	22.0	80.6
HE 160 AA	23.8	148.0	160.0	4.5	7.0	30.4
HE 160 A	30.4	152.0	160.0	6.0	9.0	38.8
HE 160 B	42.6	160.0	160.0	8.0	13.0	54.3
HE 160 C	59.2	170.0	163.0	11.0	18.0	75.4
HE 160 M	76.2	180.0	166.0	14.0	23.0	97.1
HE 180 AA	28.7	167.0	180.0	5.0	7.5	36.5
HE 180 A	35.5	171.0	180.0	6.0	9.5	45.3
HE 180 B	51.2	180.0	180.0	8.5	14.0	65.3
HE 180 C	69.8	190.0	183.0	11.5	19.0	89.0
HE 180 M	88.9	200.0	186.0	14.5	24.0	113.3
HE 200 AA	34.6	186.0	200.0	5.5	8.0	44.1
HE 200 A	42.3	190.0	200.0	6.5	10.0	53.8
HE 200 B	61.3	200.0	200.0	9.0	15.0	78.1
HE 200 C	81.9	210.0	203.0	12.0	20.0	104.4
HE 200 M	103	220.0	206.0	15.0	25.0	131.3
HE 220 AA	40.4	205.0	220.0	6.0	8.5	51.5
HE 220 A	50.5	210.0	220.0	7.0	11.0	64.3

续表

系列	理论重量 G (kg/m)	截面尺寸(mm)				截面面积(cm²)
		h	b	s	t	A
HE 220 B	71.5	220.0	220.0	9.5	16.0	91.0
HE 220 C	94.1	230.0	223.0	12.5	21.0	119.9
HE 220 M	117	240.0	226.0	15.5	26.0	149.4
HE 240 AA	47.4	224.0	240.0	6.5	9.0	60.4
HE 240 A	60.3	230.0	240.0	7.5	12.0	76.8
HE 240 B	83.2	240.0	240.0	10.0	17.0	106.0
HE 240 C	119	255.0	244.0	14.0	24.5	152.2
HE 240 M	157	270.0	248.0	18.0	32.0	199.6
HE 260 AA	54.1	244.0	260.0	6.5	9.5	69.0
HE 260 A	68.2	250.0	260.0	7.5	12.5	86.8
HE 260 B	93.0	260.0	260.0	10.0	17.5	118.4
HE 260 C	132	275.0	264.0	14.0	25.0	168.4
HE 260 M	172	290.0	268.0	18.0	32.5	219.6
HE 280 AA	61.2	264.0	280.0	7.0	10.0	78.0
HE 280 A	76.4	270.0	280.0	8.0	13.0	97.3
HE 280 B	103	280.0	280.0	10.5	18.0	131.4
HE 280 C	145	295.0	284.0	14.5	25.5	185.2
HE 280 M	189	310.0	288.0	18.5	33.0	240.2
HE 300 AA	69.8	283.0	300.0	7.5	10.5	88.9
HE 300 A	88.3	290.0	300.0	8.5	14.0	112.5
HE 300 B	117	300.0	300.0	11.0	19.0	149.1
HE 300 C	177	320.0	305.0	16.0	29.0	225.1
HE 300 M	238	340.0	310.0	21.0	39.0	303.1
HE 320 AA	74.2	301.0	300.0	8.0	11.0	94.6
HE 320 A	97.6	310.0	300.0	9.0	15.5	124.4
HE 320 B	127	320.0	300.0	11.5	20.5	161.3
HE 320 C	186	340.0	305.0	16.0	30.5	236.9
HE 320 M	245	359.0	309.0	21.0	40.0	312.0
HE 340 AA	78.9	320.0	300.0	8.5	11.5	100.5
HE 340 A	105	330.0	300.0	9.5	16.5	133.5
HE 340 B	134	340.0	300.0	12.0	21.5	170.9
HE 340 M	248	377.0	309.0	21.0	40.0	315.8
HE 360 AA	83.7	339.0	300.0	9.0	12.0	106.6
HE 360 A	112	350.0	300.0	10.0	17.5	142.8
HE 360 B	142	360.0	300.0	12.5	22.5	180.6
HE 360 M	250	395.0	308.0	21.0	40.0	318.8
HE 400 AA	92.4	378.0	300.0	9.5	13.0	117.7
HE 400 A	125	390.0	300.0	11.0	19.0	159.0
HE 400 B	155	400.0	300.0	13.5	24.0	197.8
HE 400 M	256	432.0	307.0	21.0	40.0	325.8

续表

系列	理论重量 G (kg/m)	截面尺寸 (mm)				截面面积 (cm²)
		h	b	s	t	A
HE 450 AA	99.7	425.0	300.0	10.0	13.5	127.1
HE 450 A	140	440.0	300.0	11.5	21.0	178.0
HE 450 B	171	450.0	300.0	14.0	26.0	218.0
HE 450 M	263	478.0	307.0	21.0	40.0	335.4
HE 500 AA	107	472.0	300.0	10.5	14.0	136.9
HE 500 A	155	490.0	300.0	12.0	23.0	197.5
HE 500 B	187	500.0	300.0	14.5	28.0	238.6
HE 500 M	270	524.0	306.0	21.0	40.0	344.3
HE 550 AA	120	522.0	300.0	11.5	15.0	152.8
HE 550 A	166	540.0	300.0	12.5	24.0	211.8
HE 550 B	199	550.0	300.0	15.0	29.0	254.1
HE 550 M	278	572.0	306.0	21.0	40.0	354.4
HE 600 AA	129	571.0	300.0	12.0	15.5	164.1
HE 600 A	178	590.0	300.0	13.0	25.0	226.5
HE 600 B	212	600.0	300.0	15.5	30.0	270.0
HE 600 M	285	620.0	305.0	21.0	40.0	363.7
HE 600 × 337	337	632.0	310.0	25.5	46.0	429.2
HE 600 × 399	399	648.0	315.0	30.0	54.0	508.5
HE 650 AA	138	620.0	300.0	12.5	16.0	175.8
HE 650 A	190	640.0	300.0	13.5	26.0	241.6
HE 650 B	225	650.0	300.0	16.0	31.0	286.3
HE 650 M	293	668.0	305.0	21.0	40.0	373.7
HE 650 × 343	343	680.0	309.0	25.0	46.0	437.5
HE 650 × 407	407	696.0	314.0	29.5	54.0	518.8
HE 700 AA	150	670.0	300.0	13.0	17.0	190.9
HE 700 A	204	690.0	300.0	14.5	27.0	260.5
HE 700 B	241	700.0	300.0	17.0	32.0	306.4
HE 700 M	301	716.0	304.0	21.0	40.0	383.0
HE 700 × 352	352	728.0	308.0	25.0	46.0	448.6
HE 700 × 418	418	744.0	313.0	29.5	54.0	531.9
HE 800 AA	172	770.0	300.0	14.0	18.0	218.5
HE 800 A	224	790.0	300.0	15.0	28.0	285.8
HE 800 B	262	800.0	300.0	17.5	33.0	334.2
HE 800 M	317	814.0	303.0	21.0	40.0	404.3
HE 800 × 373	373	826.0	308.0	25.0	46.0	474.6
HE 800 × 444	444	842.0	313.0	30.0	54.0	566.0
HE 900 AA	198	870.0	300.0	15.0	20.0	252.2
HE 900 A	252	890.0	300.0	16.0	30.0	320.5
HE 900 B	291	900.0	300.0	18.5	35.0	371.3
HE 900 M	333	910.0	302.0	21.0	40.0	423.6

系列	理论重量 G (kg/m)	截面尺寸(mm)				截面面积(cm²)
		h	b	s	t	A
HE 900×391	391	922.0	307.0	25.0	46.0	497.7
HE 900×466	466	938.0	312.0	30.0	54.0	593.7
HE 1000 AA	222	970.0	300.0	16.0	21.0	282.2
HE 1000×249	249	980.0	300.0	16.5	26.0	316.8
HE 1000 A	272	990.0	300.0	16.5	31.0	346.8
HE 1000 B	314	1000.0	300.0	19.0	36.0	400.0
HE 1000 M	349	1008.0	302.0	21.0	40.0	444.2
HE 1000×393	393	1016.0	303.0	24.4	43.9	500.2
HE 1000×415	415	1020.0	304.0	26.0	46.0	528.7
HE 1000×438	438	1026.0	305.0	26.9	49.0	556.0
HE 1000×494	494	1036.0	309.0	31.0	54.0	629.1
HE 1000×584	584	1056.0	314.0	36.0	64.0	743.7

HL 和 HLZ 系列超宽翼缘 H 型钢梁　　　　　　　　　　　附表 1-9

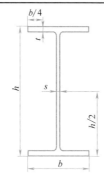

系列	理论重量 G (kg/m)	截面尺寸(mm)				截面面积(cm²)
		h	b	s	t	A
HL 920×344	344	927.0	418.0	19.3	32.0	437.2
HL 920×368	368	931.0	419.0	20.3	34.3	465.6
HL 920×390	390	936.0	420.0	21.3	36.6	494.3
HL 920×420	420	943.0	422.0	22.5	39.9	534.1
HL 920×449	449	948.0	423.0	24.0	42.7	571.4
HL 920×491	491	957.0	422.0	25.9	47.0	623.3
HL 920×537	537	965.0	425.0	28.4	51.1	682.5
HL 920×588	588	975.0	427.0	31.0	55.9	748.1
HL 920×656	656	987.0	431.0	34.5	62.0	835.3
HL 920×725	725	999.0	434.0	38.1	68.1	922.9
HL 920×787	787	1011.0	437.0	40.9	73.9	1002.0
HL 920×970	970	1043.0	446.0	50.0	89.9	1236.6
HL 920×1077	1077	1061.0	451.0	55.0	99.1	1371.5
HL 920×1194	1194	1081.0	457.0	60.5	109.0	1521.5
HL 920×1269	1269	1093.0	461.0	64.0	115.1	1616.5
HL 920×1377	1377	1093.0	473.0	76.7	115.1	1753.7

续表

系列	理论重量 G (kg/m)	截面尺寸(mm)				截面面积(cm²)
		h	b	s	t	A
HL 1000 AA	296	982.0	400.0	16.5	27.1	377.6
HL 1000 A	321	990.0	400.0	16.5	31.0	408.8
HL 1000 B	371	1000.0	400.0	19.0	36.1	472.8
HL 1000 M	412	1008.0	402.0	21.1	40.0	525.1
HL 1000×443	443	1012.0	402.0	23.6	41.9	563.7
HL 1000×483	483	1020.0	404.0	25.4	46.0	615.1
HL 1000×539	539	1030.0	407.0	28.4	51.1	687.2
HL 1000×554	554	1032.0	408.0	29.5	52.0	705.8
HL 1000×591	591	1040.0	409.0	31.0	55.9	752.7
HL 1000×642	642	1048.0	412.0	34.0	60.0	817.6
HL 1000×748	748	1068.0	417.0	39.0	70.0	953.4
HL 1000×883	883	1092.0	424.0	45.5	82.0	1125.3
HL 1000×976	976	1108.0	428.0	50.0	89.9	1241.4
HL 1100 A	343	1090.0	400.0	18.0	31.0	436.5
HL 1100 B	390	1100.0	400.0	20.0	36.0	497.0
HL 1100 M	433	1108.0	402.0	22.0	40.0	551.2
HL 1100 R	499	1118.0	405.0	26.0	45.0	635.2
HL 1100×548	548	1128.0	407.0	28.0	50.0	698.3
HL 1100×607	607	1138.0	410.0	31.0	55.0	773.1
HLZ 1100 A	393	1075.4	458.0	20.0	31.0	500.8
HLZ 1100 B	408	1079.4	458.0	20.0	33.0	519.1
HLZ 1100 C	430	1083.4	459.0	21.0	35.0	548.3
HLZ 1100 D	453	1087.4	460.0	22.0	37.0	577.5

HD 系列宽翼缘 H 型钢柱　　　　　　　　　　　附表 1-10

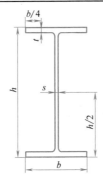

系列	理论重量 G (kg/m)	截面尺寸(mm)				截面面积(cm²)
		h	b	s	t	A
HD 260×54.1	54.1	244.0	260.0	6.5	9.5	69.0
HD 260×68.2	68.2	250.0	260.0	7.5	12.5	86.8
HD 260×93.0	93.0	260.0	260.0	10.0	17.5	118.4
HD 260×114	114	268.0	262.0	12.5	21.5	145.7
HD 260×142	142	278.0	265.0	15.5	26.5	180.3

续表

系列	理论重量 G (kg/m)	截面尺寸(mm)				截面面积(cm²)
		h	b	s	t	A
HD 260×172	172	290.0	268.0	18.0	32.5	219.6
HD 260×225	225	309.0	271.0	24.0	42.0	286.6
HD 260×299	299	335.0	278.0	31.0	55.0	380.5
HD 320×74.2	74.2	301.0	300.0	8.0	11.0	94.6
HD 320×97.6	97.6	310.0	300.0	9.0	15.5	124.4
HD 320×127	127	320.0	300.0	11.5	20.5	161.3
HD 320×158	158	330.0	303.0	14.5	25.5	201.2
HD 320×198	198	343.0	306.0	18.0	32.0	252.3
HD 320×245	245	359.0	309.0	21.0	40.0	312.0
HD 320×300	300	375.0	313.0	27.0	48.0	382.1
HD 360×134	134	356.0	369.0	11.2	18.0	170.6
HD 360×147	147	360.0	370.0	12.3	19.8	187.9
HD 360×162	162	364.0	371.0	13.3	21.8	206.3
HD 360×179	179	368.0	373.0	15.0	23.9	228.3
HD 360×196	196	372.0	374.0	16.4	26.2	250.3
HD 400×187	187	368.0	391.0	15.0	24.0	237.6
HD 400×216	216	375.0	394.0	17.3	27.7	275.5
HD 400×237	237	380.0	395.0	18.9	30.2	300.9
HD 400×262	262	387.0	398.0	21.1	33.3	334.6
HD 400×287	287	393.0	399.0	22.6	36.6	366.3
HD 400×314	314	399.0	401.0	24.9	39.6	399.2
HD 400×347	347	407.0	404.0	27.2	43.7	442.0
HD 400×382	382	416.0	406.0	29.8	48.0	487.1
HD 400×421	421	425.0	409.0	32.8	52.6	537.1
HD 400×463	463	435.0	412.0	35.8	57.4	589.5
HD 400×509	509	446.0	416.0	39.1	62.7	649.0
HD 400×551	551	455.0	418.0	42.0	67.6	701.4
HD 400×592	592	465.0	421.0	45.0	72.3	754.9
HD 400×634	634	474.0	424.0	47.6	77.1	808.0
HD 400×677	677	483.0	428.0	51.2	81.5	863.4
HD 400×744	744	498.0	432.0	55.6	88.9	948.1
HD 400×818	818	514.0	437.0	60.5	97.0	1043.3
HD 400×900	900	531.0	442.0	65.9	106.0	1149.2
HD 400×990	990	550.0	448.0	71.9	115.0	1262.4
HD 400×1086	1086	569.0	454.0	78.0	125.0	1385.8
HD 400×1202	1202	580.0	471.0	95.0	130.0	1530.5
HD 400×1299	1299	600.0	476.0	100.0	140.0	1654.7

HP 系列宽翼缘 H 型钢承载桩　　　　　　　　　　　　附表 1-11

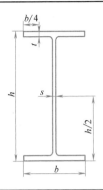

系列	理论重量 G (kg/m)	截面尺寸(mm)				截面面积(cm²)
		h	b	s	t	A
HP 200×43	42.5	200.0	205.0	9.0	9.0	54.1
HP 200×53	53.5	204.0	207.0	11.3	11.3	68.4
HP 220×57	57.2	210.0	224.5	11.0	11.0	72.9
HP 260×75	75.0	249.0	265.0	12.0	12.0	95.5
HP 260×87	87.3	253.0	267.0	14.0	14.0	111.0
HP 305×79	78.9	299.3	306.4	11.0	11.1	100.5
HP 305×88	88.5	301.7	307.8	12.4	12.3	112.1
HP 305×95	94.9	303.7	308.7	13.3	13.3	121.0
HP 305×110	110	307.9	310.7	15.3	15.4	140.1
HP 305×126	126	312.3	312.9	17.5	17.6	160.6
HP 305×149	149	318.5	316.0	20.6	20.7	189.9
HP 305×180	180	326.7	319.7	24.8	24.8	229.3
HP 305×186	186	328.3	320.9	25.5	25.6	236.9
HP 305×223	223	337.9	325.7	30.3	30.4	284.0
HP 320×88	88.5	303.0	304.0	12.0	12.0	112.7
HP 320×103	103	307.0	306.0	14.0	14.0	131.0
HP 320×117	117	311.0	308.0	16.0	16.0	149.5
HP 320×147	147	319.0	312.0	20.0	20.0	186.9
HP 320×184	184	329.0	317.0	25.0	25.0	234.5
HP 360×109	109	346.4	371.0	12.8	12.9	138.7
HP 360×133	133	352.0	373.8	15.6	15.7	169.4
HP 360×152	152	356.4	376.0	17.8	17.9	193.7
HP 360×174	174	361.4	378.5	20.3	20.4	221.5
HP 360×180	180	362.9	378.8	21.1	21.1	229.5
HP 400×122	122	348.0	390.0	14.0	14.0	155.9
HP 400×140	140	352.0	392.0	16.0	16.0	178.6
HP 400×158	158	356.0	394.0	18.0	18.0	201.4
HP 400×176	176	360.0	396.0	20.0	20.0	224.3
HP 400×194	194	364.0	398.0	22.0	22.0	247.5
HP 400×213	213	368.0	400.0	24.0	24.0	270.7
HP 400×231	231	372.0	402.0	26.0	26.0	294.2

UBP 系列宽翼缘 H 型钢承载桩 附表 1-12

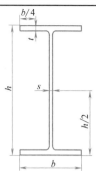

系列	理论重量 G (kg/m)	截面尺寸(mm)				截面面积(cm²)
		h	b	s	t	A
UBP 203×203×45	44.9	200.2	205.9	9.5	9.5	57.2
UBP 203×203×54	53.9	204.0	207.7	11.3	11.4	68.7
UBP 254×254×63	63.0	247.1	256.6	10.6	10.7	80.2
UBP 254×254×71	71.0	249.7	258.0	12.0	12.0	90.4
UBP 254×254×85	85.1	254.3	260.4	14.4	14.3	108.4
UBP 305×305×79	78.9	299.3	306.4	11.0	11.1	100.5
UBP 305×305×88	88.0	301.7	307.8	12.4	12.3	112.1
UBP 305×305×95	94.9	303.7	308.7	13.3	13.3	120.9
UBP 305×305×110	110	307.9	310.7	15.3	15.4	140.1
UBP 305×305×126	126	312.3	312.9	17.5	17.6	160.6
UBP 305×305×149	149	318.5	316.0	20.6	20.7	189.9
UBP 305×305×186	186	328.3	320.9	25.5	25.6	236.9
UBP 305×305×223	223	337.9	325.7	30.3	30.4	284.0
UBP 356×368×109	109	346.4	371.0	12.8	12.9	138.7
UBP 356×368×133	133	352.0	373.8	15.6	15.7	169.4
UBP 356×368×152	152	356.4	376.0	17.8	17.9	193.7
UBP 356×368×174	174	361.4	378.5	20.3	20.4	221.5

UB 系列通用 H 型钢梁 附表 1-13

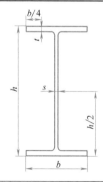

系列	理论重量 G (kg/m)	截面尺寸(mm)				截面面积(cm²)
		h	b	s	t	A
UB 127×76×13	13.0	127.0	76.0	4.0	7.6	16.5
UB 152×89×16	16.0	152.4	88.7	4.5	7.7	20.3
UB 178×102×19	19.0	177.8	101.2	4.8	7.9	24.3

续表

系列	理论重量 G (kg/m)	截面尺寸(mm)				截面面积(cm²)
		h	b	s	t	A
UB 203×102×23	23.1	203.2	101.8	5.4	9.3	29.4
UB 203×133×25	25.1	203.2	133.2	5.7	7.8	32.0
UB 203×133×30	30.0	206.8	133.9	6.4	9.6	38.2
UB 254×102×22	22.0	254.0	101.6	5.7	6.8	28.0
UB 254×102×25	25.2	257.2	101.9	6.0	8.4	32.0
UB 254×102×28	28.3	260.4	102.2	6.3	10.0	36.1
UB 254×146×31	31.1	251.4	146.1	6.0	8.6	39.7
UB 254×146×37	37.0	256.0	146.4	6.3	10.9	47.2
UB 254×146×43	43.0	259.6	147.3	7.2	12.7	54.8
UB 305×102×25	24.8	305.1	101.6	5.8	7.0	31.6
UB 305×102×28	28.2	308.7	101.8	6.0	8.8	35.9
UB 305×102×33	32.8	312.7	102.4	6.6	10.8	41.8
UB 305×127×37	37.0	304.4	123.4	7.1	10.7	47.2
UB 305×127×42	41.9	307.2	124.3	8.0	12.1	53.4
UB 305×127×48	48.1	311.0	125.3	9.0	14.0	61.2
UB 305×165×40	40.3	303.4	165.0	6.0	10.2	51.3
UB 305×165×46	46.1	306.6	165.7	6.7	11.8	58.7
UB 305×165×54	54.0	310.4	166.9	7.9	13.7	68.8
UB 356×127×33	33.1	349.0	125.4	6.0	8.5	42.1
UB 356×127×39	39.1	353.4	126.0	6.6	10.7	49.8
UB 356×171×45	45.0	351.4	171.1	7.0	9.7	57.3
UB 356×171×51	51.0	355.0	171.5	7.4	11.5	64.9
UB 356×171×57	57.0	358.0	172.2	8.1	13.0	72.6
UB 356×171×67	67.1	363.4	173.2	9.1	15.7	85.5
UB 406×140×39	39.0	398.0	141.8	6.4	8.6	49.7
UB 406×140×46	46.0	403.2	142.2	6.8	11.2	58.6
UB 406×178×54	54.1	402.6	177.7	7.7	10.9	69.0
UB 406×178×60	60.1	406.4	177.9	7.9	12.8	76.5
UB 406×178×67	67.1	409.4	178.8	8.8	14.3	85.5
UB 406×178×74	74.2	412.8	179.5	9.5	16.0	94.5
UB 457×152×52	52.3	449.8	152.4	7.6	10.9	66.6
UB 457×152×60	59.8	454.6	152.9	8.1	13.3	76.2
UB 457×152×67	67.2	458.0	153.8	9.0	15.0	85.6
UB 457×152×74	74.2	462.0	154.4	9.6	17.0	94.5
UB 457×152×82	82.1	465.8	155.3	10.5	18.9	104.5
UB 457×191×67	67.1	453.4	189.9	8.5	12.7	85.5
UB 457×191×74	74.3	457.0	190.4	9.0	14.5	94.6
UB 457×191×82	82.0	460.0	191.3	9.9	16.0	104.5
UB 457×191×89	89.3	463.4	191.9	10.5	17.7	113.8
UB 457×191×98	98.3	467.2	192.8	11.4	19.6	125.3

系列	理论重量 G (kg/m)	截面尺寸(mm)				截面面积(cm²)
		h	b	s	t	A
UB 533×210×82	82.2	528.3	208.8	9.6	13.2	104.7
UB 533×210×92	92.1	533.1	209.3	10.1	15.6	117.4
UB 533×210×101	101	536.7	210.0	10.8	17.4	128.7
UB 533×210×109	109	539.5	210.8	11.6	18.8	138.9
UB 533×210×122	122	544.5	211.9	12.7	21.3	155.4
UB 610×229×101	101	602.6	227.6	10.5	14.8	128.9
UB 610×229×113	113	607.6	228.2	11.1	17.3	143.9
UB 610×229×125	125	612.2	229.0	11.9	19.6	159.3
UB 610×229×140	140	617.2	230.2	13.1	22.1	178.2
UB 610×305×149	149	612.4	304.8	11.8	19.7	190.0
UB 610×305×179	179	620.2	307.1	14.1	23.6	228.1
UB 610×305×238	238	635.8	311.4	18.4	31.4	303.3
UB 686×254×125	125	677.9	253.0	11.7	16.2	159.5
UB 686×254×140	140	683.5	253.7	12.4	19.0	178.4
UB 686×254×152	152	687.5	254.5	13.2	21.0	194.1
UB 686×254×170	170	692.9	255.8	14.5	23.7	216.8
UB 762×267×134	134	750.0	264.4	12.0	15.5	170.6
UB 762×267×147	147	754.0	265.2	12.8	17.5	187.2
UB 762×267×173	173	762.2	266.7	14.3	21.6	220.4
UB 762×267×197	197	769.8	268.0	15.6	25.4	250.6
UB 838×292×176	176	834.9	291.7	14.0	18.8	224.0
UB 838×292×194	194	840.7	292.4	14.7	21.7	246.8
UB 838×292×226	226	850.9	293.8	16.1	26.8	288.6
UB 914×305×201	201	903.0	303.3	15.1	20.2	255.9
UB 914×305×224	224	910.4	304.1	15.9	23.9	285.6
UB 914×305×238	238	915.0	305.0	16.5	25.9	303.5
UB 914×305×253	253	918.4	305.5	17.3	27.9	322.8
UB 914×305×271	271	923.0	307.0	18.4	30.0	346.1
UB 914×305×289	289	926.6	307.7	19.5	32.0	368.3
UB 914×305×313	313	932.0	309.0	21.1	34.5	398.4
UB 914×305×345	345	943.0	308.0	22.1	39.9	439.7
UB 914×305×381	381	951.0	310.0	24.4	43.9	485.9
UB 914×305×425	425	961.0	313.0	26.9	49.0	542.0
UB 914×305×474	474	971.0	316.0	30.0	54.1	603.9
UB 914×305×521	521	981.0	319.0	33.0	58.9	663.7
UB 914×305×576	576	993.0	322.0	36.1	65.0	733.2
UB 914×419×343	343	911.8	418.5	19.4	32.0	437.3
UB 914×419×388	388	921.0	420.5	21.4	36.6	494.2
UB 1016×305×222	222	970.0	300.0	16.0	21.1	282.8
UB 1016×305×249	249	980.0	300.0	16.5	26.0	316.8

续表

系列	理论重量 G (kg/m)	截面尺寸(mm)				截面面积(cm²)
		h	b	s	t	A
UB 1016×305×272	272	990.0	300.0	16.5	31.0	346.8
UB 1016×305×314	314	1000.0	300.0	19.1	35.9	400.4
UB 1016×305×350	350	1008.0	302.0	21.1	40.0	445.1
UB 1016×305×393	393	1016.0	303.0	24.4	43.9	500.2
UB 1016×305×415	415	1020.0	304.0	26.0	46.0	528.7
UB 1016×305×438	438	1026.0	305.0	26.9	49.0	556.3
UB 1016×305×494	494	1036.0	309.0	31.0	54.0	629.1
UB 1016×305×584	584	1056.0	314.0	36.0	64.0	743.7

UC 系列通用 H 型钢柱　　　　　　　　　　　　　附表 1-14

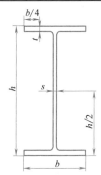

系列	理论重量 G (kg/m)	截面尺寸(mm)				截面面积(cm²)
		h	b	s	t	A
UC 152×152×23	23.0	152.4	152.2	5.8	6.8	29.2
UC 152×152×30	30.0	157.6	152.9	6.5	9.4	38.3
UC 152×152×37	37.0	161.8	154.4	8.0	11.5	47.1
UC 203×203×46	46.1	203.2	203.6	7.2	11.0	58.7
UC 203×203×52	52.0	206.2	204.3	7.9	12.5	66.3
UC 203×203×60	60.0	209.6	205.8	9.4	14.2	76.4
UC 203×203×71	71.0	215.8	206.4	10.0	17.3	90.4
UC 203×203×86	86.1	222.2	209.1	12.7	20.5	109.6
UC 254×254×73	73.1	254.1	254.6	8.6	14.2	93.1
UC 254×254×89	88.9	260.3	256.3	10.3	17.3	113.3
UC 254×254×107	107	266.7	258.8	12.8	20.5	136.4
UC 254×254×132	132	276.3	261.3	15.3	25.3	168.1
UC 254×254×167	167	289.1	265.2	19.2	31.7	212.9
UC 305×305×97	96.9	307.9	305.3	9.9	15.4	123.4
UC 305×305×118	118	314.5	307.4	12.0	18.7	150.2
UC 305×305×137	137	320.5	309.2	13.8	21.7	174.4
UC 305×305×158	158	327.1	311.2	15.8	25.0	201.4
UC 305×305×198	198	339.9	314.5	19.1	31.4	252.4
UC 305×305×240	240	352.5	318.4	23.0	37.7	305.8
UC 305×305×283	283	365.3	322.2	26.8	44.1	360.4

系列	理论重量 G (kg/m)	截面尺寸(mm)				截面面积(cm²)
		h	b	s	t	A
UC 356×368×129	129	355.6	368.6	10.4	17.5	164.3
UC 356×368×153	153	362.0	370.5	12.3	20.7	194.8
UC 356×368×177	177	368.2	372.6	14.4	23.8	225.5
UC 356×368×202	202	374.6	374.7	16.5	27.0	257.2
UC 356×406×235	235	381.0	394.8	18.4	30.2	299.0
UC 356×406×287	287	393.6	399.0	22.6	36.5	365.7
UC 356×406×340	340	406.4	403.0	26.6	42.9	433.0
UC 356×406×393	393	419.0	407.0	30.6	49.2	500.6
UC 356×406×467	467	436.6	412.2	35.8	58.0	594.9
UC 356×406×509	509	446.0	416.0	39.1	62.7	649.0
UC 356×406×551	551	455.6	418.5	42.1	67.5	701.9
UC 356×406×592	592	465.0	421.0	45.0	72.3	754.9
UC 356×406×634	634	474.6	424.0	47.6	77.0	807.5
UC 356×406×677	677	483.0	428.0	51.2	81.5	863.4
UC 356×406×744	744	498.0	432.0	55.6	88.9	948.1
UC 356×406×818	818	514.0	437.0	60.5	97.0	1043.3
UC 356×406×900	900	531.0	442.0	65.9	106.0	1149.2
UC 356×406×990	990	550.0	448.0	71.9	115.0	1262.4
UC 356×406×1086	1086	569.0	454.0	78.0	125.0	1385.8
UC 356×406×1202	1202	580.0	471.0	95.0	130.0	1530.6
UC 356×406×1299	1299	600.0	476.0	100.0	140.0	1654.8

附录 2　常用热轧型钢截面规格及特性

常用热轧产品有热轧工字钢、热轧槽钢、角钢、热轧 L 型钢、钢管和钢板。热轧工字钢、热轧槽钢、角钢产品截面规格及特性见附表 2-1～附表 2-4。

附 2.1　热轧工字钢规格及截面特性

热轧工字钢规格及截面特性（《热轧型钢》GB/T 706—2016）见附表 2-1。

热轧工字钢规格及截面特性　　　　　　　　　　　　　　　　　　　　　　　　　附表 2-1

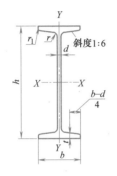

h—高度；
b—腿宽度；
d—腰厚度；
t—平均腿厚度；
r—内圆弧半径；
r_1—腿端圆弧半径

型号	截面尺寸(mm)						截面面积(cm²)	理论重量(kg/m)	外表面积(m²/m)	惯性矩(cm⁴)		惯性半径(cm)		截面模数(cm³)	
	h	b	d	t	r	r_1				I_x	I_y	i_x	i_y	W_x	W_y
10	100	68	4.5	7.6	6.5	3.3	14.33	11.3	0.432	245	33.0	4.14	1.52	49.0	9.72
12	120	74	5.0	8.4	7.0	3.5	17.80	14.0	0.493	436	46.9	4.95	1.62	72.7	12.7
12.6	126	74	5.0	8.4	7.0	3.5	18.10	14.2	0.505	488	46.9	5.20	1.61	77.5	12.7
14	140	80	5.5	9.1	7.5	3.8	21.50	16.9	0.553	712	64.4	5.76	1.73	102	16.1
16	160	88	6.0	9.9	8.0	4.0	26.11	20.5	0.621	1130	93.1	6.58	1.89	141	21.2
18	180	94	6.5	10.7	8.5	4.3	30.74	24.1	0.681	1660	122	7.36	2.00	185	26.0
20a	200	100	7.0	11.4	9.0	4.5	35.55	27.9	0.742	2370	158	8.15	2.12	237	31.5
22b		102	9.0				39.55	31.1	0.746	2500	169	7.96	2.06	250	33.1
22a	220	110	7.5	12.3	9.5	4.8	42.10	33.1	0.817	3400	225	8.99	2.31	309	40.9
22b		112	9.5				46.50	36.5	0.821	3570	239	8.78	2.27	325	42.7
24a	240	116	8.0				47.71	37.5	0.878	4570	280	9.77	2.42	381	48.4
24b		118	10.0	13.0	10.0	5.0	52.51	41.2	0.882	4800	297	9.57	2.38	400	50.4
25a	250	116	8.0				48.51	38.1	0.898	5020	280	10.2	2.40	402	48.3
25b		118	10.0				53.51	42.0	0.902	5280	309	9.94	2.40	423	52.4

型号	截面尺寸(mm)						截面面积(cm²)	理论重量(kg/m)	外表面积(m²/m)	惯性矩(cm⁴)		惯性半径(cm)		截面模数(cm³)	
	h	b	d	t	r	r_1				I_x	I_y	i_x	i_y	W_x	W_y
27a	270	122	8.5	13.7	10.5	5.3	54.52	42.8	0.958	6550	345	10.9	2.51	485	56.6
27b		124	10.5				59.92	47.0	0.962	6870	366	10.7	2.47	509	58.9
28a	280	122	8.5	13.7	10.5	5.3	55.37	43.5	0.978	7110	345	11.3	2.50	508	56.6
28b		124	10.5				60.97	47.9	0.982	7480	379	11.1	2.49	534	61.2
30a	300	126	9.0	14.4	11.0	5.5	61.22	48.1	1.031	8950	400	12.1	2.55	597	63.5
30b		128	11.0				67.22	52.8	1.035	9400	422	11.8	2.50	627	65.9
30c		130	13.0				73.22	57.5	1.039	9850	445	11.6	2.46	657	68.5
32a	320	130	9.5	15.0	11.5	5.8	67.12	52.7	1.084	11100	460	12.8	2.62	692	70.8
32b		132	11.5				73.52	57.7	1.088	11600	502	12.6	2.61	726	76.0
32c		134	13.5				79.92	62.7	1.092	12200	544	12.3	2.61	760	81.2
36a	360	136	10.0	15.8	12.0	6.0	76.44	60.0	1.185	15800	552	14.4	2.69	875	81.2
36b		138	12.0				83.64	65.7	1.189	16500	582	14.1	2.64	919	84.3
36c		140	14.0				90.84	71.3	1.193	17300	612	13.8	2.60	962	87.4
40a	400	142	10.5	16.5	12.5	6.3	86.07	67.6	1.285	21700	660	15.9	2.77	1090	93.2
40b		144	12.5				94.07	73.8	1.289	22800	692	15.6	2.71	1140	96.2
40c		146	14.5				102.1	80.1	1.293	23900	727	15.2	2.65	1190	99.6
45a	450	150	11.5	18.0	13.5	6.8	102.4	80.4	1.411	32200	855	17.7	2.89	1430	114
45b		152	13.5				111.4	87.4	1.415	33800	894	17.4	2.84	1500	118
45c		154	15.5				120.4	94.5	1.419	35300	938	17.1	2.79	1570	122
50a	500	158	12.0	20.0	14.0	7.0	119.2	93.6	1.539	46500	1120	19.7	3.07	1860	142
50b		160	14.0				129.2	101	1.543	48600	1170	19.4	3.01	1940	146
50c		162	16.0				139.2	109	1.547	50600	1220	19.0	2.96	2080	151
55a	550	166	12.5	21.0	14.5	7.3	134.1	105	1.667	62900	1370	21.6	3.19	2290	164
55b		168	14.5				145.1	114	1.671	65600	1420	21.2	3.14	2390	170
55c		170	16.5				156.1	123	1.675	68400	1480	20.9	3.08	2490	175
56a	560	166	12.5	21.0	14.5	7.3	135.4	106	1.687	65600	1370	22.0	3.18	2340	165
56b		168	14.5				146.6	115	1.691	68500	1490	21.6	3.16	2450	174
56c		170	16.5				157.8	124	1.695	71400	1560	21.3	3.16	2550	183
63a	630	176	13.0	22.0	15.0	7.5	154.6	121	1.862	93900	1700	24.5	3.31	2980	193
63b		178	15.0				167.2	131	1.866	98100	1810	24.2	3.29	3160	204
63c		180	17.0				179.8	141	1.870	102000	1920	23.8	3.27	3300	214

注：表中 r、r_1 的数据用于孔型设计，不作交货条件。

附2.2 热轧槽钢规格及截面特性

热轧工字钢规格及截面特性（《热轧型钢》GB/T 706—2016）见附表 2-2。

热轧槽钢规格及截面特性

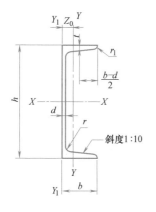

h—高度；
b—腿宽度；
d—腰厚度；
t—平均腿厚度；
r—内圆弧半径；
r_1—腿端圆弧半径

型号	截面尺寸（mm）						截面面积（cm²）	理论重量（kg/m）	外表面积（m²/m）	惯性矩（cm⁴）			惯性半径（cm）		截面模数（cm³）		重心距离（cm）
	h	b	d	t	r	r_1				I_x	I_y	I_{y1}	i_x	i_y	W_x	W_y	Z_0
5	50	37	4.5	7.0	7.0	3.5	6.925	5.44	0.226	26.0	8.30	20.9	1.94	1.10	10.4	3.55	1.35
6.3	63	40	4.8	7.5	7.5	3.8	8.446	6.63	0.262	50.8	11.9	28.4	2.45	1.19	16.1	4.50	1.36
6.5	65	40	4.3	7.5	7.5	3.8	8.292	6.51	0.267	55.2	12.0	28.3	2.54	1.19	17.0	4.59	1.38
8	80	43	5.0	8.0	8.0	4.0	10.24	8.04	0.307	101	16.6	37.4	3.15	1.27	25.3	5.79	1.43
10	100	48	5.3	8.5	8.5	4.2	12.74	10.0	0.365	198	25.6	54.9	3.95	1.41	39.7	7.80	1.52
12	120	53	5.5	9.0	9.0	4.5	15.36	12.1	0.423	346	37.4	77.7	4.75	1.56	57.7	10.2	1.62
12.6	126	53	5.5	9.0	9.0	4.5	15.69	12.3	0.435	391	38.0	77.1	4.95	1.57	62.1	10.2	1.59
14a	140	58	6.0	9.5	9.5	4.8	18.51	14.5	0.480	564	53.2	107	5.52	1.70	80.5	13.0	1.71
14b	140	60	8.0	9.5	9.5	4.8	21.31	16.7	0.484	609	61.1	121	5.35	1.69	87.1	14.1	1.67
16a	160	63	6.5	10.0	10.0	5.0	21.95	17.2	0.538	866	73.3	144	6.28	1.83	108	16.3	1.80
16b	160	65	8.5	10.0	10.0	5.0	25.15	19.8	0.542	935	83.4	161	6.10	1.82	117	17.6	1.75
18a	180	68	7.0	10.5	10.5	5.2	25.69	20.2	0.596	1270	98.6	190	7.04	1.96	141	20.0	1.88
18b	180	70	9.0	10.5	10.5	5.2	29.29	23.0	0.600	1370	111	210	6.84	1.95	152	21.5	1.84
20a	200	73	7.0	11.0	11.0	5.5	28.83	22.6	0.654	1780	128	244	7.86	2.11	178	24.2	2.01
20b	200	75	9.0	11.0	11.0	5.5	32.83	25.8	0.658	1910	144	268	7.64	2.09	191	25.9	1.95
22a	220	77	7.0	11.5	11.5	5.8	31.83	25.0	0.709	2390	158	298	8.67	2.23	218	28.2	2.10
22b	220	79	9.0	11.5	11.5	5.8	36.23	28.5	0.713	2570	176	326	8.42	2.21	234	30.1	2.03
24a	240	78	7.0	12.0	12.0	6.0	34.21	26.9	0.752	3050	174	325	9.45	2.25	254	30.5	2.10
24b	240	80	9.0	12.0	12.0	6.0	39.01	30.6	0.756	3280	194	355	9.17	2.23	274	32.5	2.03
24c	240	82	11.0	12.0	12.0	6.0	43.81	34.4	0.760	3510	213	388	8.96	2.21	293	34.4	2.00
25a	250	78	7.0	12.0	12.0	6.0	34.91	27.4	0.722	3370	176	322	9.82	2.24	270	30.6	2.07
25b	250	80	9.0	12.0	12.0	6.0	39.91	31.3	0.776	3530	196	353	9.41	2.22	282	32.7	1.98
25c	250	82	11.0	12.0	12.0	6.0	44.91	35.3	0.780	3690	218	384	9.07	2.21	295	35.9	1.92
27a	270	82	7.5	12.5	12.5	6.2	39.27	30.8	0.826	4360	216	393	10.5	2.34	323	35.5	2.13
27b	270	84	9.5	12.5	12.5	6.2	44.67	35.1	0.830	4690	239	428	10.3	2.31	347	37.7	2.06
27c	270	86	11.5	12.5	12.5	6.2	50.07	39.3	0.834	5020	261	467	10.1	2.28	372	39.8	2.03
28a	280	82	7.5	12.5	12.5	6.2	40.02	31.4	0.846	4760	218	388	10.9	2.33	340	35.7	2.10
28b	280	84	9.5	12.5	12.5	6.2	45.62	35.8	0.850	5130	242	428	10.6	2.30	366	37.9	2.02
28c	280	86	11.5	12.5	12.5	6.2	51.22	40.2	0.854	5500	268	463	10.4	2.29	393	40.3	1.95

型号	截面尺寸 (mm)						截面面积 (cm²)	理论重量 (kg/m)	外表面积 (m²/m)	惯性矩 (cm⁴)			惯性半径 (cm)		截面模数 (cm³)		重心距离 (cm)
	h	b	d	t	r	r_1				I_x	I_y	I_{y1}	i_x	i_y	W_x	W_y	Z_0
30a		85	7.5				43.89	34.5	0.897	6050	260	467	11.7	2.43	403	41.1	2.17
30b	300	87	9.5	13.5	13.5	6.8	49.89	39.2	0.901	6500	289	515	11.4	2.41	433	44.0	2.13
30c		89	11.5				55.89	43.9	0.905	6950	316	560	11.2	2.38	463	46.4	2.09
32a		88	8.0				48.50	38.1	0.947	7600	305	552	12.5	2.50	475	46.5	2.24
32b	320	90	10.0	14.0	14.0	7.0	54.90	43.1	0.951	8140	336	593	12.2	2.47	509	49.2	2.16
32c		92	12.0				61.30	48.1	0.955	8690	374	643	11.9	2.47	543	52.6	2.09
36a		96	9.0				60.89	47.8	1.053	11900	455	818	14.0	2.73	660	63.5	2.44
36b	360	98	11.0	16.0	16.0	8.0	68.09	53.5	1.057	12700	497	880	13.6	2.70	703	66.9	2.37
36c		100	13.0				75.29	59.1	1.061	13400	536	948	13.4	2.67	746	70.0	2.34
40a		100	10.5				75.04	58.9	1.144	17600	592	1070	15.3	2.81	879	78.8	2.49
40b	400	102	12.5	18.0	18.0	9.0	83.04	65.2	1.148	18600	640	1140	15.0	2.78	932	82.5	2.44
40c		104	14.5				91.04	71.5	1.152	19700	688	1220	14.7	2.75	986	86.2	2.42

注：表中 r、r_1 的数据用于孔型设计，不作交货条件。

附 2.3　热轧等边角钢规格及截面特性

热轧等边角钢规格及截面特性（《热轧型钢》GB/T 706—2016）见附表2-3。

热轧等边角钢规格及截面特性　　　　　　　　　　　　　　　　　　　　附表 2-3

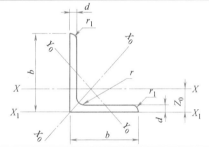

b—边宽度；
d—边厚度；
r—内圆弧半径；
r_1—边端圆弧半径；
Z_0—重心距离

型号	截面尺寸 (mm)			截面面积 (cm²)	理论重量 (kg/m)	外表面积 (m²/m)	惯性矩 (cm⁴)				惯性半径 (cm)			截面模数 (cm³)			重心距离 (cm)
	b	d	r				I_x	I_{x1}	I_{x0}	I_{y0}	i_x	i_{x0}	i_{y0}	W_x	W_{x0}	W_{y0}	Z_0
2	20	3	3.5	1.132	0.89	0.078	0.40	0.81	0.63	0.17	0.59	0.75	0.39	0.29	0.45	0.20	0.60
		4		1.459	1.15	0.077	0.50	1.09	0.78	0.22	0.58	0.73	0.38	0.36	0.55	0.24	0.64
2.5	25	3		1.432	1.12	0.098	0.82	1.57	1.29	0.34	0.76	0.95	0.49	0.46	0.73	0.33	0.73
		4		1.859	1.46	0.097	1.03	2.11	1.62	0.43	0.74	0.93	0.48	0.59	0.92	0.40	0.76
3.0	30	3		1.749	1.37	0.117	1.46	2.71	2.31	0.61	0.91	1.15	0.59	0.68	1.09	0.51	0.85
		4		2.276	1.79	0.117	1.84	3.63	2.92	0.77	0.90	1.13	0.58	0.87	1.37	0.62	0.89
3.6	36	3	4.5	2.109	1.66	0.141	2.58	4.68	4.09	1.07	1.11	1.39	0.71	0.99	1.61	0.76	1.00
		4		2.756	2.16	0.141	3.29	6.25	5.22	1.37	1.09	1.38	0.70	1.28	2.05	0.93	1.04
		5		3.382	2.65	0.141	3.95	7.84	6.24	1.65	1.08	1.36	0.7	1.56	2.45	1.00	1.07
4	40	3	5	2.359	1.85	0.157	3.59	6.41	5.69	1.49	1.23	1.55	0.79	1.23	2.01	0.96	1.09
		4		3.086	2.42	0.157	4.60	8.56	7.29	1.91	1.22	1.54	0.79	1.60	2.58	1.19	1.13
		5		3.792	2.98	0.156	5.53	10.7	8.76	2.30	1.21	1.52	0.78	1.96	3.10	1.39	1.17

续表

型号	截面尺寸 (mm)			截面面积 (cm²)	理论重量 (kg/m)	外表面积 (m²/m)	惯性矩 (cm⁴)				惯性半径 (cm)			截面模数 (cm³)			重心距离 (cm)
	b	d	r				I_x	I_{x1}	I_{x0}	I_{y0}	i_x	i_{x0}	i_{y0}	W_x	W_{x0}	W_{y0}	Z_0
4.5	45	3	5	2.659	2.09	0.177	5.17	9.12	8.20	2.14	1.40	1.76	0.89	1.58	2.58	1.24	1.22
		4		3.486	2.74	0.177	6.65	12.2	10.6	2.75	1.38	1.74	0.89	2.05	3.32	1.54	1.26
		5		4.292	3.37	0.176	8.04	15.2	12.7	3.33	1.37	1.72	0.88	2.51	4.00	1.81	1.30
		6		5.077	3.99	0.176	9.33	18.4	14.8	3.89	1.36	1.70	0.80	2.95	4.64	2.06	1.33
5	50	3	5.5	2.971	2.33	0.197	7.18	12.5	11.4	2.98	1.55	1.96	1.00	1.96	3.22	1.57	1.34
		4		3.897	3.06	0.197	9.26	16.7	14.7	3.82	1.54	1.94	0.99	2.56	4.16	1.96	1.38
		5		4.803	3.77	0.196	11.2	20.9	17.8	4.64	1.53	1.92	0.98	3.13	5.03	2.31	1.42
		6		5.688	4.46	0.196	13.1	25.1	20.7	5.42	1.52	1.91	0.98	3.68	5.85	2.63	1.46
5.6	56	3	6	3.343	2.62	0.221	10.2	17.6	16.1	4.24	1.75	2.20	1.13	2.48	4.08	2.02	1.48
		4		4.39	3.45	0.220	13.2	23.4	20.9	5.46	1.73	2.18	1.11	3.24	5.28	2.52	1.53
		5		5.415	4.25	0.220	16.0	29.3	25.4	6.61	1.72	2.17	1.10	3.97	6.42	2.98	1.57
		6		6.42	5.04	0.220	18.7	35.3	29.7	7.73	1.71	2.15	1.10	4.68	7.49	3.40	1.61
		7		7.404	5.81	0.219	21.2	41.2	33.6	8.82	1.69	2.13	1.09	5.36	8.49	3.80	1.64
		8		8.367	6.57	0.219	23.6	47.2	37.4	9.89	1.68	2.11	1.09	6.03	9.44	4.16	1.68
6	60	5	6.5	5.829	4.58	0.236	19.9	36.1	31.6	8.21	1.85	2.33	1.19	4.59	7.44	3.48	1.67
		6		6.914	5.43	0.235	23.4	43.3	36.9	9.60	1.83	2.31	1.18	5.41	8.70	3.98	1.70
		7		7.977	6.26	0.235	26.4	50.7	41.9	11.0	1.82	2.29	1.17	6.21	9.88	4.45	1.74
		8		9.02	7.08	0.235	29.5	58.0	46.7	12.3	1.81	2.27	1.17	6.98	11.0	4.88	1.78
6.3	63	4	7	4.978	3.91	0.248	19.0	33.4	30.2	7.89	1.96	2.46	1.26	4.13	6.78	3.29	1.70
		5		6.143	4.82	0.248	23.2	41.7	36.8	9.57	1.94	2.45	1.25	5.08	8.25	3.90	1.74
		6		7.288	5.72	0.247	27.1	50.1	43.0	11.2	1.93	2.43	1.24	6.00	9.66	4.46	1.78
		7		8.412	6.60	0.247	30.9	58.6	49.0	12.8	1.92	2.41	1.23	6.88	11.0	4.98	1.82
		8		9.515	7.47	0.247	34.5	67.1	54.6	14.3	1.90	2.40	1.23	7.75	12.3	5.47	1.85
		10		11.66	9.15	0.246	41.1	84.3	64.9	17.3	1.88	2.36	1.22	9.39	14.6	6.36	1.93
7	70	4	8	5.570	4.37	0.275	26.4	45.7	41.8	11.0	2.18	2.74	1.40	5.14	8.44	4.17	1.86
		5		6.876	5.40	0.275	32.2	57.2	51.1	13.3	2.16	2.73	1.39	6.32	10.3	4.95	1.91
		6		8.160	6.41	0.275	37.8	68.7	59.9	15.6	2.15	2.71	1.38	7.48	12.1	5.67	1.95
		7		9.424	7.40	0.275	43.1	80.3	68.4	17.8	2.14	2.69	1.38	8.59	13.8	6.34	1.99
		8		10.67	8.37	0.274	48.2	91.9	76.4	20.0	2.12	2.68	1.37	9.68	15.4	6.98	2.03
7.5	75	5	9	7.412	5.82	0.295	40.0	70.6	63.3	16.6	2.33	2.92	1.50	7.32	11.9	5.77	2.04
		6		8.797	6.91	0.294	47.0	84.6	74.4	19.5	2.31	2.90	1.49	8.64	14.0	6.67	2.07
		7		10.16	7.98	0.294	53.6	98.7	85.0	22.2	2.30	2.89	1.48	9.93	16.0	7.44	2.11
		8		11.50	9.03	0.294	60.0	113	95.1	24.9	2.28	2.88	1.47	11.2	17.9	8.19	2.15
		9		12.83	10.1	0.294	66.1	127	105	27.5	2.27	2.86	1.46	12.4	19.8	8.89	2.18
		10		14.13	11.1	0.293	72.0	142	114	30.1	2.26	2.84	1.46	13.6	21.5	9.56	2.22
8	80	5		7.912	6.21	0.315	48.8	85.4	77.3	20.3	2.48	3.13	1.60	8.34	13.7	6.66	2.15
		6		9.397	7.38	0.314	57.4	103	91.0	23.7	2.47	3.11	1.59	9.87	16.1	7.65	2.19

续表

型号	截面尺寸 (mm)			截面面积 (cm²)	理论重量 (kg/m)	外表面积 (m²/m)	惯性矩 (cm⁴)				惯性半径 (cm)			截面模数 (cm³)			重心距离 (cm)
	b	d	r				I_x	I_{x1}	I_{x0}	I_{y0}	i_x	i_{x0}	i_{y0}	W_x	W_{x0}	W_{y0}	Z_0
8	80	7	9	10.86	8.53	0.314	65.6	120	104	27.1	2.46	3.10	1.58	11.4	18.4	8.58	2.23
		8		12.30	9.66	0.314	73.5	137	117	30.4	2.44	3.08	1.57	12.8	20.6	9.46	2.27
		9		13.73	10.8	0.314	81.1	154	129	33.6	2.43	3.06	1.56	14.3	22.7	10.3	2.31
		10		15.13	11.9	0.313	88.4	172	140	36.8	2.42	3.04	1.56	15.6	24.8	11.1	2.35
9	90	6	10	10.64	8.35	0.354	82.8	146	131	34.3	2.79	3.51	1.80	12.6	20.6	9.95	2.44
		7		12.30	9.66	0.354	94.8	170	150	39.2	2.78	3.50	1.78	14.5	23.6	11.2	2.48
		8		13.94	10.9	0.353	106	195	169	44.0	2.76	3.48	1.78	16.4	26.6	12.4	2.52
		9		15.57	12.2	0.353	118	219	187	48.7	2.75	3.46	1.77	18.3	29.4	13.5	2.56
		10		17.17	13.5	0.353	129	244	204	53.3	2.74	3.45	1.76	20.1	32.0	14.5	2.59
		12		20.31	15.9	0.352	149	294	236	62.2	2.71	3.41	1.75	23.6	37.1	16.5	2.67
10	100	6	12	11.93	9.37	0.393	115	200	182	47.9	3.10	3.90	2.00	15.7	25.7	12.7	2.67
		7		13.80	10.8	0.393	132	234	209	54.7	3.09	3.89	1.99	18.1	29.6	14.3	2.71
		8		15.64	12.3	0.393	148	267	235	61.4	3.08	3.88	1.98	20.5	33.2	15.8	2.76
		9		17.46	13.7	0.392	164	300	260	68.0	3.07	3.86	1.97	22.8	36.8	17.2	2.80
		10		19.26	15.1	0.392	180	334	285	74.4	3.05	3.84	1.96	25.1	40.3	18.5	2.84
		12		22.80	17.9	0.391	209	402	331	86.8	3.03	3.81	1.95	29.5	46.8	21.1	2.91
		14		26.26	20.6	0.391	237	471	374	99.0	3.00	3.77	1.94	33.7	52.9	23.4	2.99
		16		29.63	23.3	0.390	263	540	414	111	2.98	3.74	1.94	37.8	58.6	25.6	3.06
11	110	7	12	15.20	11.9	0.433	177	311	281	73.4	3.41	4.30	2.20	22.1	36.1	17.5	2.96
		8		17.24	13.5	0.433	199	355	316	82.4	3.40	4.28	2.19	25.0	40.7	19.4	3.01
		10		21.26	16.7	0.432	242	445	384	100	3.38	4.25	2.17	30.6	49.4	22.9	3.09
		12		25.20	19.8	0.431	283	535	448	117	3.35	4.22	2.15	36.1	57.6	26.2	3.16
		14		29.06	22.8	0.431	321	625	508	133	3.32	4.18	2.14	41.3	65.3	29.1	3.24
12.5	125	8	14	19.75	15.5	0.492	297	521	471	123	3.88	4.88	2.50	32.5	53.3	25.9	3.37
		10		24.37	19.1	0.491	362	652	574	149	3.85	4.85	2.48	40.0	64.9	30.6	3.45
		12		28.91	22.7	0.491	423	783	671	175	3.83	4.82	2.46	41.2	76.0	35.0	3.53
		14		33.37	26.2	0.490	482	916	764	200	3.80	4.78	2.45	54.2	86.4	39.1	3.61
		16		37.74	29.6	0.489	537	1050	851	224	3.77	4.75	2.43	60.9	96.3	43.0	3.68
14	140	10	14	27.37	21.5	0.551	515	915	817	212	4.34	5.46	2.78	50.6	82.6	39.2	3.82
		12		32.51	25.5	0.551	604	1100	959	249	4.31	5.43	2.76	59.8	96.9	45.0	3.90
		14		37.57	29.5	0.550	689	1280	1090	284	4.28	5.40	2.75	68.8	110	50.5	3.98
		16		42.54	33.4	0.549	770	1470	1220	319	4.26	5.36	2.74	77.5	123	55.6	4.06
15	150	8		23.75	18.6	0.592	521	900	827	215	4.69	5.90	3.01	47.4	78.0	38.1	3.99
		10		29.37	23.1	0.591	638	1130	1010	262	4.66	5.87	2.99	58.4	95.5	45.5	4.08
		12		34.91	27.4	0.591	749	1350	1190	308	4.63	5.84	2.97	69.0	112	52.4	4.15
		14		40.37	31.7	0.590	856	1580	1360	352	4.60	5.80	2.95	79.5	128	58.8	4.23
		15		43.06	33.8	0.590	907	1690	1440	374	4.59	5.78	2.95	84.6	136	61.9	4.27
		16		45.74	35.9	0.589	958	1810	1520	395	4.58	5.77	2.94	89.6	143	64.9	4.31

续表

型号	截面尺寸(mm)			截面面积(cm²)	理论重量(kg/m)	外表面积(m²/m)	惯性矩(cm⁴)				惯性半径(cm)			截面模数(cm³)			重心距离(cm)
	b	d	r				I_x	I_{x1}	I_{x0}	I_{y0}	i_x	i_{x0}	i_{y0}	W_x	W_{x0}	W_{y0}	Z_0
16	160	10	16	31.50	24.7	0.630	780	1370	1240	322	4.98	6.27	3.20	66.7	109	52.8	4.31
		12		37.44	29.4	0.630	917	1640	1460	377	4.95	6.24	3.18	79.0	129	60.7	4.39
		14		43.30	34.0	0.629	1050	1910	1670	432	4.92	6.20	3.16	91.0	147	68.2	4.47
		16		49.07	38.5	0.629	1180	2190	1870	485	4.89	6.17	3.14	103	165	75.3	4.55
18	180	12	16	42.24	33.2	0.710	1320	2330	2100	543	5.59	7.05	3.58	101	165	78.4	4.89
		14		48.90	38.4	0.709	1510	2720	2410	622	5.56	7.02	3.56	116	189	88.4	4.97
		16		55.47	43.5	0.709	1700	3120	2700	699	5.54	6.98	3.55	131	212	97.8	5.05
		18		61.96	48.6	0.708	1880	3500	2990	762	5.50	6.94	3.51	146	235	105	5.13
20	200	14	18	54.64	42.9	0.788	2100	3730	3340	864	6.20	7.82	3.98	145	236	112	5.46
		16		62.01	48.7	0.788	2370	4270	3760	971	6.18	7.79	3.96	164	266	124	5.54
		18		69.30	54.4	0.787	2620	4810	4160	1080	6.15	7.75	3.94	182	294	136	5.62
		20		76.51	60.1	0.787	2870	5350	4550	1180	6.12	7.72	3.93	200	322	147	5.69
		24		90.66	71.2	0.785	3340	6460	5290	1380	6.07	7.64	3.90	236	374	167	5.87
22	220	16	21	68.67	53.9	0.866	3190	5680	5060	1310	6.81	8.59	4.37	200	326	154	6.03
		18		76.75	60.3	0.866	3540	6400	5620	1450	6.79	8.55	4.35	223	361	168	6.11
		20		84.76	66.5	0.865	3870	7110	6150	1590	6.76	8.52	4.34	245	395	182	6.18
		22		92.68	72.8	0.865	4200	7830	6670	1730	6.73	8.48	4.32	267	429	195	6.26
		24		100.5	78.9	0.864	4520	8550	7170	1870	6.71	8.45	4.31	289	461	208	6.33
		26		108.3	85.0	0.864	4830	9280	7690	2000	6.68	8.41	4.30	310	492	221	6.41
25	250	18	24	87.84	69.0	0.985	5270	9380	8370	2170	7.75	9.76	4.97	290	473	224	6.84
		20		97.05	76.2	0.984	5780	10400	9180	2380	7.72	9.73	4.95	320	519	243	6.92
		22		106.2	83.3	0.983	6280	11500	9970	2580	7.69	9.69	4.93	349	564	261	7.00
		24		115.2	90.4	0.983	6770	12500	10700	2790	7.67	9.66	4.92	378	608	278	7.07
		26		124.2	97.5	0.982	7240	13600	11500	2980	7.64	9.62	4.90	406	650	295	7.15
		28		133.0	104	0.982	7700	14600	12200	3180	7.61	9.58	4.89	433	691	311	7.22
		30		141.8	111	0.981	8160	15700	12900	3380	7.58	9.55	4.88	461	731	327	7.30
		32		150.5	118	0.981	8600	16800	13600	3570	7.56	9.51	4.87	488	770	342	7.37
		35		163.4	128	0.980	9240	18400	14600	3850	7.52	9.46	4.86	527	827	364	7.48

注：截面图中的 $r_1 = 1/3d$ 及表中 r 的数据用于孔型设计，不作交货条件。

附2.4　热轧不等边角钢规格及截面特性

热轧不等边角钢规格及截面特性（《热轧型钢》GB/T 706—2016）见附表2-4。

热轧不等边角钢规格及截面特性　　　　附表2-4

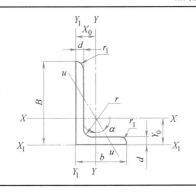

B—长边宽度；

b—短边宽度；

d—边厚度；

r—内圆弧半径；

r_1—边端圆弧半径；

X_0—重心距离；

Y_0—重心距离

续表

型号	截面尺寸（mm）				截面面积（cm²）	理论重量（kg/m）	外表面积（m²/m）	惯性矩（cm⁴）					惯性半径（cm）			截面模数（cm³）			$\tan\alpha$	重心距离（cm）	
	B	b	d	r				I_x	I_{x1}	I_y	I_{y1}	I_u	i_x	i_y	i_u	W_x	W_y	W_u		X_0	Y_0
2.5/1.6	25	16	3	3.5	1.162	0.91	0.080	0.70	1.56	0.22	0.43	0.14	0.78	0.44	0.34	0.43	0.19	0.16	0.392	0.42	0.86
			4		1.499	1.18	0.079	0.88	2.09	0.27	0.59	0.17	0.77	0.43	0.34	0.55	0.24	0.20	0.381	0.46	0.90
3.2/2	32	20	3		1.492	1.17	0.102	1.53	3.27	0.46	0.82	0.28	1.01	0.55	0.43	0.72	0.30	0.25	0.382	0.49	1.08
			4		1.939	1.52	0.101	1.93	4.37	0.57	1.12	0.35	1.00	0.54	0.42	0.93	0.39	0.32	0.374	0.53	1.12
4/2.5	40	25	3	4	1.890	1.48	0.127	3.08	5.39	0.93	1.59	0.56	1.28	0.70	0.54	1.15	0.49	0.40	0.385	0.59	1.32
			4		2.467	1.94	0.127	3.93	8.53	1.18	2.14	0.71	1.36	0.69	0.54	1.49	0.63	0.52	0.381	0.63	1.37
4.5/2.8	45	28	3	5	2.149	1.69	0.143	4.45	9.10	1.34	2.23	0.80	1.44	0.79	0.61	1.47	0.62	0.51	0.383	0.64	1.47
			4		2.806	2.20	0.143	5.69	12.1	1.70	3.00	1.02	1.42	0.78	0.60	1.91	0.80	0.66	0.380	0.68	1.51
5/3.2	50	32	3	5.5	2.431	1.91	0.161	6.24	12.5	2.02	3.31	1.20	1.60	0.91	0.70	1.84	0.82	0.68	0.404	0.73	1.60
			4		3.177	2.49	0.160	8.02	16.7	2.58	4.45	1.53	1.59	0.90	0.69	2.39	1.06	0.87	0.402	0.77	1.65
5.6/3.6	56	36	3	6	2.743	2.15	0.181	8.88	17.5	2.92	4.7	1.73	1.80	1.03	0.79	2.32	1.05	0.87	0.408	0.80	1.78
			4		3.590	2.82	0.180	11.5	23.4	3.76	6.33	2.23	1.79	1.02	0.79	3.03	1.37	1.13	0.408	0.85	1.82
			5		4.415	3.47	0.180	13.9	29.3	4.49	7.94	2.67	1.77	1.01	0.78	3.71	1.65	1.36	0.404	0.88	1.87
6.3/4	63	40	4	7	4.058	3.19	0.202	16.5	33.3	5.23	8.63	3.12	2.02	1.14	0.88	3.87	1.70	1.40	0.398	0.92	2.04
			5		4.993	3.92	0.202	20.0	41.6	6.31	10.9	3.76	2.00	1.12	0.87	4.74	2.07	1.71	0.396	0.95	2.08
			6		5.908	4.64	0.201	23.4	50.0	7.29	13.1	4.34	1.96	1.11	0.86	5.59	2.43	1.99	0.393	0.99	2.12
			7		6.802	5.34	0.201	26.5	58.1	8.24	15.5	4.97	1.98	1.10	0.86	6.40	2.78	2.29	0.389	1.03	2.15
7/4.5	70	45	4	7.5	4.553	3.57	0.226	23.2	45.9	7.55	12.3	4.40	2.26	1.29	0.98	4.86	2.17	1.77	0.410	1.02	2.24
			5		5.609	4.40	0.225	28.0	57.1	9.13	15.4	5.40	2.23	1.28	0.98	5.92	2.65	2.19	0.407	1.06	2.28
			6		6.644	5.22	0.225	32.5	68.4	10.6	18.6	6.35	2.21	1.26	0.98	6.95	3.12	2.59	0.404	1.09	2.32
			7		7.658	6.01	0.225	37.2	80.0	12.0	21.8	7.16	2.20	1.25	0.97	8.03	3.57	2.94	0.402	1.13	2.36
7.5/5	75	50	5	8	6.126	4.81	0.245	34.9	70.0	12.6	21.0	7.41	2.39	1.44	1.10	6.83	3.3	2.74	0.435	1.17	2.40
			6		7.260	5.70	0.245	41.1	84.3	14.7	25.4	8.54	2.38	1.42	1.08	8.12	3.88	3.19	0.435	1.21	2.44
			8		9.467	7.43	0.244	52.4	113	18.5	34.2	10.9	2.35	1.40	1.07	10.5	4.99	4.10	0.429	1.29	2.52
			10		11.59	9.10	0.244	62.7	141	22.0	43.4	13.1	2.33	1.38	1.06	12.8	6.04	4.99	0.423	1.36	2.60
8/5	80	50	5	8	6.376	5.00	0.255	42.0	85.2	12.8	21.1	7.66	2.56	1.42	1.10	7.78	3.32	2.74	0.388	1.14	2.60
			6		7.560	5.93	0.255	49.5	103	15.0	25.4	8.85	2.56	1.41	1.08	9.25	3.91	3.20	0.387	1.18	2.65
			7		8.724	6.85	0.255	56.2	119	17.0	29.8	10.2	2.54	1.39	1.08	10.6	4.48	3.70	0.384	1.21	2.69
			8		9.867	7.75	0.254	62.8	136	18.9	34.3	11.4	2.52	1.38	1.07	11.9	5.03	4.16	0.381	1.25	2.73
9/5.6	90	56	5	9	7.212	5.66	0.287	60.5	121	18.3	29.5	11.0	2.90	1.59	1.23	9.92	4.21	3.49	0.385	1.25	2.91
			6		8.557	6.72	0.286	71.0	146	21.4	35.6	12.9	2.88	1.58	1.23	11.7	4.96	4.13	0.384	1.29	2.95
			7		9.881	7.76	0.286	81.0	170	24.4	41.7	14.7	2.86	1.57	1.22	13.5	5.70	4.72	0.382	1.33	3.00
			8		11.18	8.78	0.286	91.0	194	27.2	47.9	16.3	2.85	1.56	1.21	15.3	6.41	5.29	0.380	1.36	3.04
10/6.3	100	63	6	10	9.618	7.55	0.320	99.1	200	30.9	50.5	18.4	3.21	1.79	1.38	14.6	6.35	5.25	0.394	1.43	3.24
			7		11.11	8.72	0.320	113	233	35.3	59.1	21.0	3.20	1.78	1.38	16.9	7.29	6.02	0.394	1.47	3.28
			8		12.58	9.88	0.319	127	266	39.4	67.9	23.5	3.18	1.77	1.37	19.1	8.21	6.78	0.391	1.50	3.32
			10		15.47	12.1	0.319	154	333	47.1	85.7	28.3	3.15	1.74	1.35	23.3	9.98	8.24	0.387	1.58	3.40

续表

型号	截面尺寸(mm)				截面面积(cm²)	理论重量(kg/m)	外表面积(m²/m)	惯性矩(cm⁴)					惯性半径(cm)			截面模数(cm³)			tanα	重心距离(cm)	
	B	b	d	r				I_x	I_{xl}	I_y	I_{yl}	I_u	i_x	i_y	i_u	W_x	W_y	W_u		X_0	Y_0
10/8	100	80	6	10	10.64	8.35	0.354	107	200	61.2	103	31.7	3.17	2.40	1.72	15.2	10.2	8.37	0.627	1.97	2.95
			7		12.30	9.66	0.354	123	233	70.1	120	36.2	3.16	2.39	1.72	17.5	11.7	9.60	0.626	2.01	3.00
			8		13.94	10.9	0.353	138	267	78.6	137	40.6	3.14	2.37	1.71	19.8	13.2	10.8	0.625	2.05	3.04
			10		17.17	13.5	0.353	167	334	94.7	172	49.1	3.12	2.35	1.69	24.2	16.1	13.1	0.622	2.13	3.12
11/7	110	70	6	10	10.64	8.35	0.354	133	266	42.9	69.1	25.4	3.54	2.01	1.54	17.9	7.90	6.53	0.403	1.57	3.53
			7		12.30	9.66	0.354	153	310	49.0	80.8	29.0	3.53	2.00	1.53	20.6	9.09	7.50	0.402	1.61	3.57
			8		13.94	10.9	0.353	172	354	54.9	92.7	32.5	3.51	1.98	1.53	23.3	10.3	8.45	0.401	1.65	3.62
			10		17.17	13.5	0.353	208	443	65.9	117	39.2	3.48	1.96	1.51	28.5	12.5	10.3	0.397	1.72	3.70
12.5/8	125	80	7	11	14.10	11.1	0.403	228	455	74.4	120	43.8	4.02	2.30	1.76	26.9	12.0	9.92	0.408	1.80	4.01
			8		15.99	12.6	0.403	257	520	83.5	138	49.2	4.01	2.28	1.75	30.4	13.6	11.2	0.407	1.84	4.06
			10		19.71	15.5	0.402	312	650	101	173	59.5	3.98	2.26	1.74	37.3	16.6	13.6	0.404	1.92	4.14
			12		23.35	18.3	0.402	364	780	117	210	69.4	3.95	2.24	1.72	44.0	19.4	16.0	0.400	2.00	4.22
14/9	140	90	8	11	18.04	14.2	0.453	366	731	121	196	70.8	4.50	2.59	1.98	38.5	17.3	14.3	0.411	2.04	4.50
			10		22.26	17.5	0.452	446	913	140	246	85.8	4.47	2.56	1.96	47.3	21.2	17.5	0.409	2.12	4.58
			12		26.40	20.7	0.451	522	1100	170	297	100	4.44	2.54	1.95	55.9	25.0	20.5	0.406	2.19	4.66
			14		30.46	23.9	0.451	594	1280	192	349	114	4.42	2.51	1.94	64.2	28.5	23.5	0.403	2.27	4.74
15/9	150	90	8	12	18.84	14.8	0.473	442	898	123	196	74.1	4.84	2.55	1.98	43.9	17.5	14.5	0.364	1.97	4.92
			10		23.26	18.3	0.472	539	1120	149	246	89.9	4.81	2.53	1.97	54.0	21.4	17.7	0.362	2.05	5.01
			12		27.60	21.7	0.471	632	1350	173	297	105	4.79	2.50	1.95	63.8	25.1	20.8	0.359	2.12	5.09
			14		31.86	25.0	0.471	721	1570	196	350	120	4.76	2.48	1.94	73.3	28.8	23.8	0.356	2.20	5.17
			15		33.95	26.7	0.471	764	1680	207	376	127	4.74	2.47	1.93	78.0	30.5	25.3	0.354	2.24	5.21
			16		36.03	28.3	0.470	806	1800	217	403	134	4.73	2.45	1.93	82.6	32.3	26.8	0.352	2.27	5.25
16/10	160	100	10	13	25.32	19.9	0.512	669	1360	205	337	122	5.14	2.85	2.19	62.1	26.6	21.9	0.390	2.28	5.24
			12		30.05	23.6	0.511	785	1640	239	406	142	5.11	2.82	2.17	73.5	31.3	25.8	0.388	2.36	5.32
			14		34.71	27.2	0.510	896	1910	271	476	162	5.08	2.80	2.16	84.6	35.8	29.6	0.385	2.43	5.40
			16		39.28	30.8	0.510	1000	2180	302	548	183	5.05	2.77	2.16	95.3	40.2	33.4	0.382	2.51	5.48
18/11	180	110	10	14	28.37	22.3	0.571	956	1940	278	447	167	5.80	3.13	2.42	79.0	32.5	26.9	0.376	2.44	5.89
			12		33.71	26.5	0.571	1120	2330	325	539	195	5.78	3.10	2.40	93.5	38.3	31.7	0.374	2.52	5.98
			14		38.97	30.6	0.570	1290	2720	370	632	222	5.75	3.08	2.39	108	44.0	36.3	0.372	2.59	6.06
			16		44.14	34.6	0.569	1440	3110	412	726	249	5.72	3.06	2.38	122	49.4	40.9	0.369	2.67	6.14
20/12.5	200	125	12	14	37.91	29.8	0.641	1570	3190	483	788	286	6.44	3.57	2.74	117	50.0	41.2	0.392	2.83	6.54
			14		43.87	34.4	0.640	1800	3730	551	922	327	6.41	3.54	2.73	135	57.4	47.3	0.390	2.91	6.62
			16		49.74	39.0	0.639	2020	4260	615	1060	366	6.38	3.52	2.71	152	64.9	53.3	0.388	2.99	6.70
			18		55.53	43.6	0.639	2240	4790	677	1200	405	6.35	3.49	2.70	169	71.7	59.2	0.385	3.06	6.78

注：截面图中的 $r_1=1/3d$ 及表中 r 的数据用于孔型设计，不作交货条件。

附录 3 常用连接紧固件规格

附 3.1 普通 C 级六角头螺栓、螺母平垫圈规格及尺寸

1. 普通 C 级六角头螺栓（摘自《钢结构用高强度大六角头螺栓》GB/T 1228—2006）
见附图 3-1 和附表 3-1。

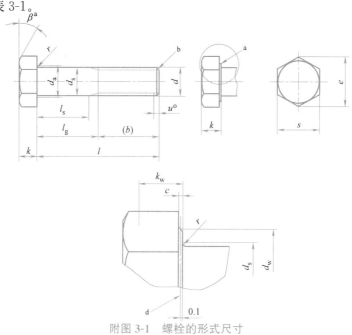

附图 3-1 螺栓的形式尺寸

普通 C 级六角头螺栓的优选螺纹规格（mm）　　　　　　　　　　　　　附表 3-1

螺纹规格 d		M5	M6	M8	M10	M12	M16	M20
P^a		0.8	1	1.25	1.5	1.75	2	2.5
$b_{参考}$	b	16	18	22	26	30	38	46
	c	22	24	28	32	36	44	52
	d	35	37	41	45	49	57	65
c	max	0.5	0.5	0.6	0.6	0.6	0.8	0.8
d_a	max	6	7.2	10.2	12.2	14.7	18.7	24.4
d_s	max	5.48	6.48	8.58	10.58	12.7	16.7	20.84
	min	4.52	5.52	7.42	9.42	11.3	15.3	19.16
d_w	min	6.74	8.74	11.47	14.47	16.47	22	27.7
e	min	8.63	10.89	14.2	17.59	19.85	26.17	32.95
k	公称	3.5	4	5.3	6.4	7.5	10	12.5
	max	3.875	4.375	5.675	6.85	7.95	10.75	13.4
	min	3.125	3.625	4.925	5.95	7.05	9.25	11.6
k_w^e	min	2.19	2.54	3.45	4.17	4.94	6.48	8.12
r	min	0.2	0.25	0.4	0.4	0.6	0.6	0.8
s	公称=max	8.00	10.00	13.00	16.00	18.00	24.00	30.00
	min	7.64	9.64	12.57	15.57	17.57	23.16	29.16

续表

螺纹规格 d			M5		M6		M8		M10		M12		M16		M20	
l			l_s 和 l_g^f													
公称	min	max	l_s min	l_g max	l_s min	l_g max	l_s min	l_g max	l_s min	l_g max	l_s min	l_g max	l_s min	l_g max	l_s min	l_g max
25	23.95	26.05	5	9												
30	28.95	31.05	10	14	7	12										
35	33.75	36.25	15	19	12	17										
40	38.75	41.25	20	24	17	22	11.75	18								
45	43.75	46.25	25	29	22	27	16.75	23	11.5	19						
50	48.75	51.25	30	34	27	32	21.75	28	16.5	24						
55	53.5	56.5			32	37	26.75	33	21.5	29	16.25	25				
60	58.5	61.5			37	42	31.75	38	26.5	34	21.25	30				
65	63.5	66.5					36.75	43	31.5	39	26.25	35	17	27		
70	68.5	71.5					41.75	48	36.5	44	31.25	40	22	32		
80	78.5	81.5					51.75	58	46.5	54	41.25	50	32	42	21.5	34
90	88.25	91.75							56.5	64	51.25	60	42	52	31.5	44
100	98.25	101.75							66.5	74	61.25	70	52	62	41.5	54
110	108.25	111.75									71.25	80	62	72	51.5	64
120	118.25	121.75									81.25	90	72	82	61.5	74
130	128	132											76	86	65.5	78
140	138	142											86	96	75.5	88
150	148	152											96	106	85.5	98
160	156	164											106	116	95.5	108
180	176	184													115.5	128
200	195.4	204.6													135.5	148
220	215.4	224.6														
240	235.4	244.6														
260	254.8	265.2														
280	274.8	285.2														
300	294.8	305.2														
320	314.3	325.7														
340	334.3	345.7														
360	354.3	365.7														
380	374.3	385.7														
400	394.3	405.7														
420	413.7	426.3														
440	433.7	446.3														
460	453.7	466.3														
480	473.7	486.3														
500	493.7	506.3														

折线以上的规格推荐采用 GB/T 5781

螺纹规格 d		M24	M30	M36	M42	M48	M56	M64
P^a		3	3.5	4	4.5	5	5.5	6
$b_{参考}$	b	54	66	—	—	—	—	—
	c	60	72	84	96	108	—	—
	d	73	85	97	109	121	137	153
c	max	0.8	0.8	0.8	1	1	1	1
d_a	max	28.4	35.4	42.4	48.6	56.6	67	75
d_s	max	24.84	30.84	37	43	49	57.2	65.2
	min	23.16	29.16	35	41	47	54.8	62.8
d_w	min	33.25	42.75	51.11	59.95	69.45	78.66	88.16
e	min	39.55	50.85	60.79	71.3	82.6	93.56	104.86
k	公称	15	18.7	22.5	26	30	35	40
	max	15.9	19.75	23.55	27.05	31.05	36.25	41.25
	min	14.1	17.65	21.45	24.95	28.95	33.75	38.75
k_w^e	min	9.87	12.36	15.02	17.47	20.27	23.63	27.13
r	min	0.8	1	1	1.2	1.6	2	2
s	公称＝max	36	46	55.0	65.0	75.0	85.0	95.0
	min	35	45	53.8	63.1	73.1	82.8	92.8

l			l_s 和 l_g^f												
公称	min	max	l_s min	l_g max	l_s min	l_g max	l_s min	l_g max	l_s min	l_g max	l_s min	l_g max	l_s min	l_g max	
25	23.95	26.05													
30	28.95	31.05	折线以上的规格推荐采用GB/T 5781												
35	33.75	36.25													
40	38.75	41.25													
45	43.75	46.25													
50	48.75	51.25													
55	53.5	56.5													
60	58.5	61.5													
65	63.5	66.5													
70	68.5	71.5													
80	78.5	81.5													
90	88.25	91.75													
100	98.25	101.75	31	46											
110	108.25	111.75	41	56											
120	118.25	121.75	51	66	36.5	54									
130	128	132	55	70	40.5	58									
140	138	142	65	80	50.5	68	36	56							
150	148	152	75	90	60.5	78	46	66							
160	156	164	85	100	70.5	88	56	76							
180	176	184	105	120	90.5	108	76	96	61.5	84					
200	195.4	204.6	125	140	110.5	128	96	116	81.5	104	67	92			

续表

螺纹规格 d			M24		M30		M36		M42		M48		M56		M64	
l			l_s 和 l_g^f													
公称	min	max	l_s min	l_g max	l_s min	l_g max	l_s min	l_g max	l_s min	l_g max	l_s min	l_g max	l_s min	l_g max	l_s min	l_g max
220	215.4	224.6	132	142	117.5	135	103	123	88.5	111	74	99				
240	235.4	244.6	152	167	137.5	155	123	143	108.5	131	94	119	75.5	103		
260	254.8	265.2			157.5	175	143	163	128.5	151	114	139	95.5	123	77	107
280	274.8	285.2			177.5	195	163	183	148.5	171	134	159	115.5	143	97	127
300	294.8	305.2			197.5	215	183	203	168.5	191	154	179	135.5	163	117	147
320	314.3	325.7					203	223	188.5	211	174	199	155.5	183	137	167
340	334.3	345.7					223	243	208.5	231	194	219	175.5	203	157	187
360	354.3	365.7					243	263	228.5	251	214	239	195.5	223	177	207
380	374.3	385.7							248.5	271	234	259	215.5	243	197	227
400	394.3	405.7							268.5	291	254	279	235.5	263	217	247
420	413.7	426.3							288.5	311	274	299	255.5	283	237	267
440	433.7	446.3									294	319	275.5	303	257	287
460	453.7	466.3									314	339	295.5	323	277	307
480	473.7	486.3									334	359	315.5	343	297	327
500	493.7	506.3											335.5	363	317	347

注：1. 优选长度由 $l_{s\,min}$ 和 $l_{g\,max}$ 确定。
2. a：P——螺距。
3. b：$l_{公称}{\leqslant}125$mm。
4. c：125mm$<l_{公称}{\leqslant}200$mm。
5. d：$l_{公称}>200$mm。
6. e：$k_{w\,min}=0.7k_{min}$。
7. f：$l_{g\,max}=l_{公称}-b$。
$\qquad l_{s\,min}=l_{k\,max}-5P$。

2. 普通 C 级六角头螺母（摘自《Ⅰ型六角螺母 C 级》GB/T 41—2016）

见附图 3-2 和附表 3-2。

$^a\beta=15°{\sim}30°$；
$^b\theta=90°{\sim}120°$。

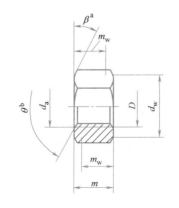

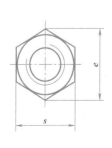

附图 3-2　螺母的形式尺寸

普通 C 级六角头螺母的优选螺纹规格（mm）　　　　附表 3-2

螺纹规格 D			M5	M6	M8	M10	M12	M16	M20
P^*			0.8	1	1.25	1.5	1.75	2	2.5
d_w		min	6.70	8.70	11.50	14.50	16.50	22.00	27.70
e		min	8.63	10.89	14.20	17.59	19.85	26.17	32.95
m		max	5.60	6.40	7.90	9.50	12.20	15.90	19.00
		min	4.40	4.90	6.40	8.00	10.40	14.10	16.90
m_w		min	3.50	3.70	5.10	6.40	8.30	11.30	13.50
s	公称＝max		8.00	10.00	13.00	16.00	18.00	24.00	30.00
		min	7.64	9.64	12.57	15.57	17.57	23.16	29.16
螺纹规格 D			M24	M30	M36	M42	M48	M56	M64
P^n			3	3.5	4	4.5	5	5.5	6
d_w		min	33.30	42.80	51.10	60.00	69.50	78.70	88.20
e		min	39.55	50.85	60.79	71.30	82.60	93.56	104.86
m		max	22.30	26.40	31.90	34.90	38.90	45.90	52.40
		min	20.20	24.30	29.40	32.40	36.40	43.40	49.40
m_w		min	16.20	19.40	23.20	25.90	29.10	34.70	39.50
s	公称＝max		36.00	46.00	55.00	65.00	75.00	85.00	95.00
		min	35.00	45.00	53.80	63.10	73.10	82.80	92.80

注：* P——螺距。

3. 普通 C 级平垫圈（摘自《平垫圈》GB/T 95—2002）

见附图 3-3 和附表 3-3。

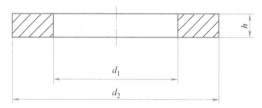

附图 3-3　普通 C 级平垫圈尺寸

普通 C 级平垫圈的优选尺寸（mm）　　　　附表 3-3

公称规格（螺纹大径 d）	内径 d_1		外径 d_2		厚度 h		
	公称(min)	max	公称(max)	min	公称	max	min
1.6	1.8	2.05	4	3.25	0.3	0.4	0.2
2	2.4	2.55	5	4.25	0.3	0.4	0.2
2.5	2.9	3.15	6	5.25	0.5	0.6	0.4
3	3.4	3.7	7	6.1	0.5	0.6	0.4
4	4.5	4.8	9	8.1	0.8	1.0	0.6
5	5.5	5.8	10	9.1	1	1.2	0.8
6	6.6	6.96	12	10.9	1.6	1.9	1.3
8	9	9.36	16	14.9	1.6	1.9	1.3
10	11	11.43	20	18.7	2	2.3	1.7
12	13.5	13.93	24	22.7	2.5	2.8	2.2
16	17.5	17.93	30	28.7	3	3.6	2.4
20	22	22.52	37	35.4	3	3.6	2.4
24	26	26.52	44	42.4	4	4.6	3.4
30	33	33.62	56	54.1	4	4.6	3.4
36	39	40	66	64.1	5	6	4
42	45	46	78	76.1	8	9.2	6.8
48	52	53.2	92	89.8	8	9.2	6.8
56	62	63.2	105	102.8	10	11.2	8.8
64	70	71.2	115	112.8	10	11.2	8.8

附3.2 钢结构用高强度大六角头螺栓、螺母、垫圈规格、尺寸及重量

1. 钢结构用高强度大六角头螺栓(摘自《钢结构用高强度大六角头螺栓》GB/T 1228—2006)见附图 3-4 和附表 3-4。

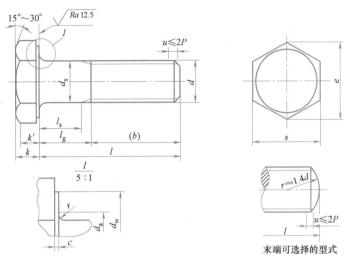

附图 3-4　高强度大六角头螺栓的形式尺寸

高强度大六角头螺栓尺寸（mm）　　　　　　　附表 3-4

螺纹规格 d		M12	M16	M20	(M22)	M24	(M27)	M30
P		1.75	2	2.5	2.5	3	3	3.5
c	max	0.8	0.8	0.8	0.8	0.8	0.8	0.8
	min	0.4	0.4	0.4	0.4	0.4	0.4	0.4
d_a	max	15.23	19.23	24.32	26.32	28.32	32.84	35.84
d_s	max	12.43	16.43	20.52	22.52	24.52	27.84	30.84
	min	11.57	15.57	19.48	21.48	23.48	26.16	29.16
d_w	min	19.2	24.9	31.4	33.3	38.0	42.8	46.5
e	min	22.78	29.56	37.29	39.55	45.20	50.85	55.37
k	公称	7.5	10	12.5	14	15	17	18.7
	max	7.95	10.75	13.40	14.90	15.90	17.90	19.75
	min	7.05	9.25	11.60	13.10	14.10	16.10	17.65
k'	min	4.9	6.5	8.1	9.2	9.9	11.3	12.4
r	min	1.0	1.0	1.5	1.5	1.5	2.0	2.0
s	max	21	27	34	36	41	46	50
	min	20.16	26.16	33	35	40	45	49

l			无螺纹杆部长度 l_s 和夹紧长度 l_g												
公称	min	max	l_s min	l_g max	l_s min	l_g max	l_s min	l_g max	l_s min	l_g max	l_s min	l_g max	l_s min	l_g max	l_s min	l_g max
35	33.75	36.25	4.8	10										
40	38.75	41.25	9.8	15										
45	43.75	46.25	9.8	15	9	15								
50	48.75	51.25	14.8	20	14	20	7.5	15						
55	53.5	56.5	19.8	25	14	20	12.5	20	7.5	15				
60	58.5	61.5	24.8	30	19	25	17.5	25	12.5	20	6	15		
65	63.5	66.5	29.8	35	24	30	17.5	25	17.5	25	11	20	6	15	
70	68.5	71.5	34.8	40	29	35	22.5	30	17.5	25	16	25	11	20	4.5	15
75	73.5	76.5	39.8	45	34	40	27.5	35	22.5	30	16	25	16	25	9.5	20

续表

螺纹规格 d			M12		M16		M20		(M22)		M24		(M27)		M30	
l			无螺纹杆部长度 l_s 和夹紧长度 l_g													
公称	min	max	l_s min	l_g max	l_s min	l_g max	l_s min	l_g max	l_s min	l_g max	l_s min	l_g max	l_s min	l_g max	l_s min	l_g max
80	78.5	81.5			39	45	32.5	40	27.5	35	21	30	16	25	14.5	25
85	83.25	86.75			44	50	37.5	45	32.5	40	26	35	21	30	14.5	25
90	88.25	91.75			49	55	42.5	50	37.5	45	31	40	26	35	19.5	30
95	93.25	96.75			54	60	47.5	55	42.5	50	36	45	31	40	24.5	35
100	98.25	101.75			59	65	52.5	60	47.5	55	41	50	36	45	29.5	40
110	108.25	111.75			69	75	62.5	70	57.5	65	51	60	46	55	39.5	50
120	118.25	121.75			79	85	72.5	80	67.5	75	61	70	56	65	49.5	60
130	128	132			89	95	82.5	90	77.5	85	71	80	66	75	59.5	70
140	138	142					92.5	100	87.5	95	81	90	76	85	69.5	80
150	148	152					102.5	110	97.5	105	91	100	86	95	79.5	90
160	156	164					112.5	120	107.5	115	101	110	96	105	89.5	100
170	166	174							117.5	125	111	120	106	115	99.5	110
180	176	184							127.5	135	121	130	116	125	109.5	120
190	185.4	194.6							137.5	145	131	140	126	135	119.5	130
200	195.4	204.6							147.5	155	141	150	136	145	129.5	140
220	215.4	224.6							167.5	175	161	170	156	165	149.5	160
240	235.4	244.6									181	190	179	185	169.5	180
260	254.8	265.2											196	205	189.5	200

螺纹规格 d	M12	M16	M20	(M22)	M24	(M27)	M30	M12	M16	M20	(M22)	M24	(M27)	M30
l 公称尺寸	(b)							每1000个钢螺栓的理论质量(kg)						
35	25							49.4						
40								54.2						
45	30	30						57.8	113.0					
50			35					62.5	121.3	207.3				
55		35		40				67.3	127.9	220.3	269.3			
60					45			72.1	136.2	233.3	284.9	357.2		
65						50		76.8	144.5	243.6	300.5	375.7	503.2	
70							55	81.6	152.8	256.5	313.2	394.2	527.1	658.2
75								86.3	161.2	269.5	328.9	409.1	551.0	687.5
80			40	45	50	55	60		169.5	282.5	344.5	428.6	570.2	716.8
85									177.8	295.5	360.1	446.1	594.1	740.3
90									186.4	308.5	375.8	464.7	617.9	769.6
95									194.4	321.4	391.4	483.2	641.8	799.0
100									202.8	334.4	407.0	501.7	665.7	828.3
110									219.4	360.4	438.3	538.8	713.5	886.9
120									236.1	386.3	469.6	575.9	761.3	945.6
130									252.7	412.3	500.8	612.9	809.1	1004.2
140										438.3	532.1	650.0	856.9	1062.8
150										464.2	563.4	687.1	904.7	1121.5
160										490.2	594.6	724.2	952.4	1180.1
170											625.9	761.2	1000.2	1238.7
180											657.2	798.3	1048.0	1297.4
190											688.4	835.4	1095.8	1356.0
200											719.7	872.4	1143.6	1414.7
220											782.2	946.6	1239.2	1531.9
240												1020.7	1334.7	1649.2
260													1430.3	1766.5

注：1. 括号内的规格为第二选择系列。

2. $l_{gmax} = l_{公称} - b$ 参考；$l_{smin} = l_{gmax} - 3P$。

2. 钢结构用高强度大六角螺母（摘自《钢结构用高强度大六角螺母》GB/T 1229—2006）
见附图 3-5 和附表 3-5。

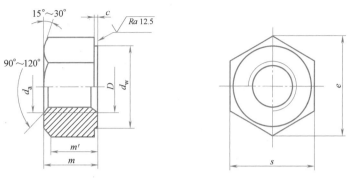

附图 3-5　高强度大六角螺母的形式尺寸

高强度大六角螺母尺寸（mm）　　　　　　　　　　　　　　　　附表 3-5

螺纹规格 D		M12	M16	M20	(M22)	M24	(M27)	M30
P		1.75	2	2.5	2.5	3	3	3.5
d_a	max	13	17.3	21.6	23.8	25.9	29.1	32.4
	min	12	16	20	22	24	27	30
d_w	min	19.2	24.9	31.4	33.3	38.0	42.8	46.5
e	min	22.78	29.56	37.29	39.55	45.20	50.85	55.37
m	max	12.3	17.1	20.7	23.6	24.2	27.6	30.7
	min	11.87	16.4	19.4	22.3	22.9	26.3	29.1
m'	min	8.3	11.5	13.6	15.6	16.0	18.4	20.4
c	max	0.8	0.8	0.8	0.8	0.8	0.8	0.8
	min	0.4	0.4	0.4	0.4	0.4	0.4	0.4
s	max	21	27	34	36	41	46	50
	min	20.16	26.16	33	35	40	45	49
支承面对螺纹轴线的垂直度公差		0.29	0.38	0.47	0.50	0.57	0.64	0.70
每1000个钢螺母的理论质量/kg		27.68	61.51	118.77	146.59	202.67	288.51	374.01

注：括号内的规格为第二选择系列。

3. 钢结构用高强度垫圈（摘自《钢结构用高强度垫圈》GB/T 1230—2006）
见附图 3-6 和附表 3-6。

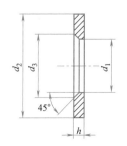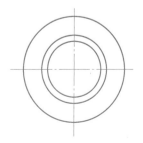

附图 3-6　高强度大六角头螺栓的形式尺寸

钢结构用高强度垫圈尺寸（mm）　　　　　　　　　　　　　附表 3-6

规格（螺纹大径）		12	16	20	(22)	24	(27)	30
d_1	min	13	17	21	23	25	28	31
	max	13.43	17.43	21.52	23.52	25.52	28.52	31.62
d_2	min	23.7	31.4	38.4	40.4	45.4	50.1	54.1
	max	25	33	40	42	47	52	56
h	公称	3.0	4.0	4.0	5.0	5.0	5.0	5.0
	min	2.5	3.5	3.5	4.5	4.5	4.5	4.5
	max	3.8	4.8	4.8	5.8	5.8	5.8	5.8
d_3	min	15.23	19.23	24.32	26.32	28.32	32.84	35.84
	max	16.03	20.03	25.12	27.12	29.12	33.64	36.64
每 1000 个钢垫圈的理论质量/kg		10.47	23.40	33.55	43.34	55.76	66.52	75.42

注：括号内的规格为每二选择系列。

附 3.3 钢结构用扭剪型高强度螺栓、螺母、垫圈规格、尺寸及重量

1. 钢结构用扭剪型高强度螺栓尺寸（摘自《钢结构用扭剪型高强度螺栓连接副》GB/T 3632—2008）见附图 3-7、附图 3-8 和附表 3-7。

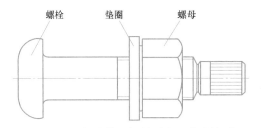

附图 3-7　钢结构用扭剪型高强度连接副

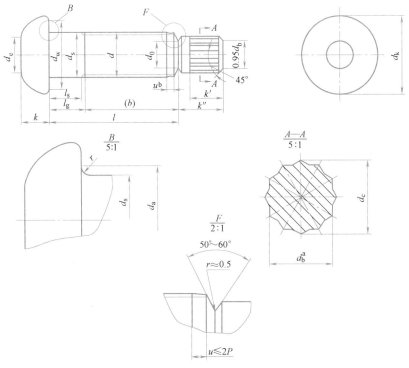

附图 3-8　高强度大六角头螺栓的尺寸

钢结构用扭剪型高强度螺栓尺寸（mm）　　　　　　　　　　　　　附表 3-7

螺纹规格 d		M16	M20	(M22)a	M24	(M27)a	M30
Pb		2	2.5	2.5	3	3	3.5
d_a	max	18.83	24.4	26.4	28.4	32.84	35.84
d_s	max	16.43	20.52	22.52	24.52	27.84	30.84
	min	15.57	19.48	21.48	23.48	26.16	29.16
d_w	min	27.9	34.5	38.5	41.5	42.8	46.5
d_k	max	30	37	41	44	50	55
k	公称	10	13	14	15	17	19
	max	10.75	13.90	14.90	15.90	17.90	20.05
	min	9.25	12.10	13.10	14.10	16.10	17.95
k'	min	12	14	15	16	17	18
k''	max	17	19	21	23	24	25
r	min	1.2	1.2	1.2	1.6	2.0	2.0
d_0	≈	10.9	13.6	15.1	16.4	18.6	20.6
d_b	公称	11.1	13.9	15.4	16.7	19.0	21.1
	max	11.3	14.1	15.6	16.9	19.3	21.4
	min	11.0	13.8	15.3	16.6	18.7	20.8
d_c	≈	12.8	16.1	17.8	19.3	21.9	24.4
d_e	≈	13	17	18	20	22	24

l			无螺纹杆部长度 l_s 和夹紧长度 l_g										
公称	min	max	l_s min	l_g max	l_s min	l_g max	l_s min	l_g max	l_s min	l_g max	l_s min	l_g max	l_s min	l_g max
40	38.75	41.25	4	10										
45	43.75	46.25	9	15	2.5	10								
50	48.75	51.25	14	20	7.5	15	2.5	10						
55	53.5	56.5	14	20	12.5	20	7.5	15	1	10				
60	58.5	61.5	19	25	17.5	25	12.5	20	6	15				
65	63.5	66.5	24	30	17.5	25	17.5	25	11	20	6	15		
70	68.5	71.5	29	35	22.5	30	17.5	25	16	25	11	20	4.5	15
75	73.5	76.5	34	40	27.5	35	22.5	30	16	25	16	25	9.5	20
80	78.5	81.5	39	45	32.5	40	27.5	35	21	30	16	25	14.5	25
85	83.25	86.75	44	50	37.5	45	32.5	40	26	35	21	30	14.5	25
90	88.25	91.75	49	55	42.5	50	37.5	45	31	40	26	35	19.5	30
95	92.25	96.75	54	60	47.5	55	42.5	50	36	45	31	40	24.5	35
100	98.25	101.75	59	65	52.5	60	47.5	55	41	50	36	45	29.5	40
110	108.25	111.75	69	75	62.5	70	57.5	65	51	60	46	55	39.5	50
120	118.25	121.75	79	85	72.5	80	67.5	75	61	70	56	65	49.5	60
130	128	132	89	95	82.5	90	77.5	85	71	80	66	75	59.5	70
140	138	142			92.5	100	87.5	95	81	90	76	85	69.5	80
150	148	152			102.5	110	97.5	105	91	100	86	95	79.5	90
160	156	164			112.5	120	107.5	115	101	110	96	105	89.5	100
170	166	174					117.5	125	111	120	106	115	99.5	110
180	176	184					127.5	135	121	130	116	125	109.5	120
190	185.4	194.6					137.5	145	131	140	126	135	119.5	130
200	195.4	204.6					147.5	155	141	150	136	145	129.5	140
220	215.4	224.6					167.5	175	161	170	156	165	149.5	160

续表

螺纹规格 d	M16	M20	(M22)[a]	M24	(M27)[a]	M30	M16	M20	(M22)[a]	M24	(M27)[a]	M30
l 公称尺寸	(b)						每1000件钢螺栓的质量($\rho=7.85\text{kg/dm}^3$)/≈kg					
40							106.59					
45	30						114.07	194.59				
50		35					121.54	206.28	261.90			
55			40				128.12	217.99	276.12	332.89		
60				40			135.60	229.68	290.34	349.89		
65					45		143.08	239.98	304.57	366.88	490.64	
70						50	150.54	251.67	317.23	383.88	511.74	651.05
75							158.02	263.37	331.45	398.72	532.83	677.26
80	35		-			55	165.49	275.07	345.68	415.72	552.01	703.47
85				45			172.97	286.77	359.90	432.71	573.11	726.96
90							180.44	298.46	374.12	449.71	594.21	753.17
95		40			50		187.91	310.17	388.34	466.71	615.30	779.38
100							195.39	321.86	402.57	483.70	636.39	805.59
110				45			210.33	345.25	431.02	517.69	678.59	858.02
120							225.28	368.65	459.46	551.68	720.78	910.44
130				50	55		240.22	392.04	487.91	585.67	762.97	962.87
140						60		415.44	516.35	619.66	805.16	1015.29
150								438.83	544.80	653.65	847.35	1067.71
160								462.23	573.24	687.63	889.54	1120.14
170									601.69	721.62	931.73	1172.56
180									630.13	755.61	973.92	1224.98
190									658.58	789.61	1016.12	1277.40
200									687.03	823.59	1058.31	1329.83
220									743.91	891.57	1142.69	1434.67

注：1. a：括号内的规格为第二选择系列，应优先选用第一系列（不带括号）的规格。

　　2. b：P——螺距。

2. 钢结构用扭剪型高强度螺母尺寸（摘自《钢结构用扭剪型高强度螺栓连接副》GB/T 3632—2008）见附图 3-9 和附表 3-8。

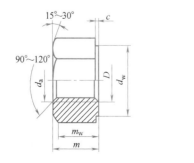
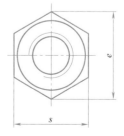

附图 3-9　钢钢结构用扭剪型高强度螺母尺寸

钢钢结构用扭剪型高强度尺寸（mm）　　　　　　　　　　　　附表 3-8

螺纹规格 D		M16	M20	(M22)ᵃ	M24	(M27)ᵃ	M30
P		2	2.5	2.5	3	3	3.5
d_a	max	17.3	21.6	23.8	25.9	29.1	32.4
	min	16	20	22	24	27	30
d_w	min	24.9	31.4	33.3	38.0	42.8	46.5
e	min	29.56	37.29	39.55	45.20	50.85	55.37
m	max	17.1	20.7	23.6	24.2	27.6	30.7
	min	16.4	19.4	22.3	22.9	26.3	29.1
m_w	min	11.5	13.6	15.6	16.0	18.4	20.4
c	max	0.8	0.8	0.8	0.8	0.8	0.8
	min	0.4	0.4	0.4	0.4	0.4	0.4
s	max	27	34	36	41	46	50
	min	26.16	33	35	40	45	49
支承面对螺纹轴线的全跳动公差		0.38	0.47	0.50	0.57	0.64	0.70
每 1000 件钢螺母的质量 $(\rho=7.85\text{kg/dm}^3)/\approx\text{kg}$		61.51	118.77	146.59	202.67	288.51	374.01

注：a 括号内的规格为第二选择系列，应优先选用第一系列（不带括号）的规格。

3. 钢结构用扭剪型高强度垫圈尺寸（摘自《钢结构用扭剪型高强度螺栓连接副》GB/T 3632—2008）见附图 3-10 和附表 3-9。

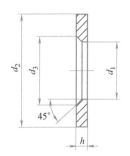 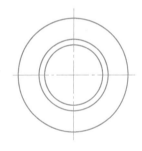

附图 3-10　钢钢结构用扭剪型高强度螺母尺寸

钢钢结构用扭剪型高强度尺寸（mm）　　　　　　　　　　　　附表 3-9

规格（螺纹大径）		16	20	(22)ᵃ	24	(27)ᵃ	30
d_1	min	17	21	23	25	28	31
	max	17.43	21.52	23.52	25.52	28.52	31.62
d_2	min	31.4	38.4	40.4	45.4	50.1	54.1
	max	33	40	42	47	52	56
h	公称	4.0	4.0	5.0	5.0	5.0	5.0
	min	3.5	3.5	4.5	4.5	4.5	4.5
	max	4.8	4.8	5.8	5.8	5.8	5.8
d_3	min	19.23	24.32	26.32	28.32	32.84	35.84
	max	20.03	25.12	27.12	29.12	33.64	36.64
每 1000 件钢垫圈的质量 $(\rho=7.85\text{kg/dm}^3)/\approx\text{kg}$		23.40	33.55	43.34	55.76	66.52	75.42

注：a：括号内的规格为第二选择系列，应优先选用第一系列（不带括号）的规格。

附 3.4 圆柱头焊钉规格和性能 (摘自《电弧螺柱焊用圆柱头焊钉》GB/T 10433—2002)

见附图 3-11、附表 3-10、附表 3-11。

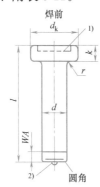

附图 3-11 电弧螺柱焊用圆柱头焊钉

圆柱头焊钉的尺寸和重量 (mm)　　　　　　　　　　　　　　　　　　　附表 3-10

d^a	公称	10	13	16	19	22	25
	min	9.64	12.57	15.57	18.48	21.48	24.48
	max	10	13	16	19	22	25
d_k	max	18.35	22.42	29.42	32.5	35.5	40.5
	min	12.65	21.58	28.58	31.5	34.5	39.5
$d_1{}^b$		13	17	21	23	29	31
h^c		2.5	3	4.5	6	6	7
k	max	7.45	8.45	8.45	10.45	10.45	12.55
	min	6.55	7.55	7.55	9.55	9.55	11.45
r	min	2	2	2	2	3	3
WA^c		4	5	5	6	6	6
$l_1{}^d$		每1000件(密度 7.85g/cm²)的质量^{e}kg ≈					
40		37	62				
50		43	73	116			
60		49	83	131	188		
80		61	104	163	232	302	404
100		74	125	195	277	362	481
120		86	146	226	321	422	558
150		105	177	274	388	511	673
180		123	208	321	455	601	789
200			229	352	499	660	866
220				384	544	720	943
250				431	611	810	1059
300					722	959	1251

注: 1. a: 衡量位置, 距焊钉末端 2d 量。
2. b: 指导值。在特殊场合, 如穿透平焊, 该尺寸可能不同。
3. c: WA 为熔化长度。
4. d: l_1 是焊后长度设计值。对特殊场合, 如穿透平焊则较短。
5. e: 焊前焊钉的理论质量。

圆柱头焊钉材料及机械性能　　　　　　　　　　　　　　　　　　　附表 3-11

材料	标准	机械性能
ML15、ML15Al	GB/T 6478	$\sigma_b \geqslant 400\text{N/mm}^2$ σ_s 或 $\sigma_{p0.2} \geqslant 320\text{N/mm}^2$ $\delta_5 \geqslant 14\%$

附录4 参考设计用表

附 4.1 各种截面回转半径的近似值

见附表 4-1。

各种截面回转半径的近似值　　　　　　　　附表 4-1

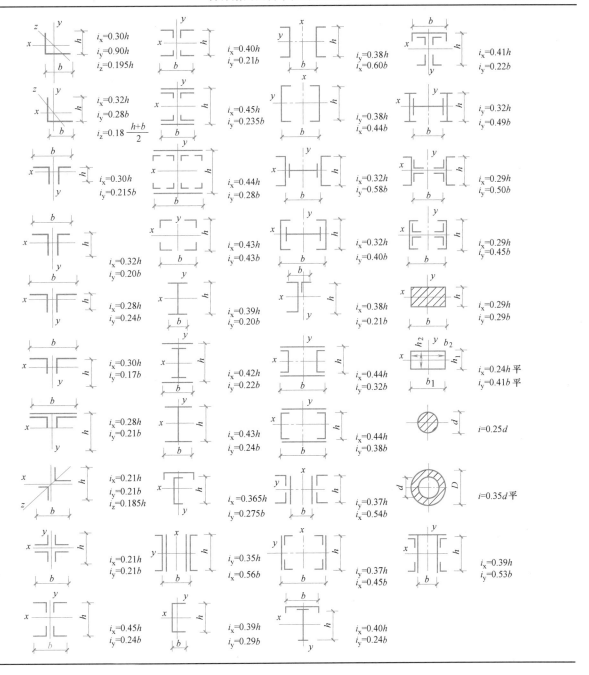

附 4.2 钢结构轴心受压构件的稳定系数

除可考虑屈曲后强度的实腹式构件外，轴心受压构件的稳定性按下式计算：

$$\frac{N}{\varphi A f} \leqslant 1.0 \qquad \text{(附 4.2-1)}$$

式中 φ——轴心受压构件的稳定系数（取截面两主轴稳定系数中的较小者），应根据构件的长细比 λ、钢材屈服强度和截面分类按附表4-2～附表4-5采用；对于H型钢，可按表5.4-1及表5.4-2确定截面类别；$\lambda = l_0/i$，l_0 为构件计算长度，i 为构件截面的回转半径。

a 类截面轴心受压构件的稳定系数 φ 　　　　　　　附表 4-2

λ/ε_k	0	1	2	3	4	5	6	7	8	9
0	1.000	1.000	1.000	1.000	0.999	0.999	0.998	0.998	0.997	0.996
10	0.995	0.994	0.993	0.992	0.991	0.989	0.988	0.986	0.985	0.983
20	0.981	0.979	0.977	0.976	0.974	0.972	0.970	0.968	0.966	0.964
30	0.963	0.961	0.959	0.957	0.954	0.952	0.950	0.948	0.946	0.944
40	0.941	0.939	0.937	0.934	0.932	0.929	0.927	0.924	0.921	0.918
50	0.916	0.913	0.910	0.907	0.903	0.900	0.897	0.893	0.890	0.886
60	0.883	0.879	0.875	0.871	0.867	0.862	0.858	0.854	0.849	0.844
70	0.839	0.834	0.829	0.824	0.818	0.813	0.807	0.801	0.795	0.789
80	0.783	0.776	0.770	0.763	0.756	0.749	0.742	0.735	0.728	0.721
90	0.713	0.706	0.698	0.691	0.683	0.676	0.668	0.660	0.653	0.645
100	0.637	0.630	0.622	0.614	0.607	0.599	0.592	0.584	0.577	0.569
110	0.562	0.555	0.548	0.541	0.534	0.527	0.520	0.513	0.507	0.500
120	0.494	0.487	0.481	0.475	0.469	0.463	0.457	0.451	0.445	0.439
130	0.434	0.428	0.423	0.417	0.412	0.407	0.402	0.397	0.392	0.387
140	0.382	0.378	0.373	0.368	0.364	0.360	0.355	0.351	0.347	0.343
150	0.339	0.335	0.331	0.327	0.323	0.319	0.316	0.312	0.308	0.305
160	0.302	0.298	0.295	0.292	0.288	0.285	0.282	0.279	0.276	0.273
170	0.270	0.267	0.264	0.261	0.259	0.256	0.253	0.250	0.248	0.245
180	0.243	0.240	0.238	0.235	0.233	0.231	0.228	0.226	0.224	0.222
190	0.219	0.217	0.215	0.213	0.211	0.209	0.207	0.205	0.203	0.201
200	0.199	0.197	0.196	0.194	0.192	0.190	0.188	0.187	0.185	0.183
210	0.182	0.180	0.178	0.177	0.175	0.174	0.172	0.171	0.169	0.168
220	0.166	0.165	0.163	0.162	0.161	0.159	0.158	0.157	0.155	0.154
230	0.153	0.151	0.150	0.149	0.148	0.147	0.145	0.144	0.143	0.142
240	0.141	0.140	0.139	0.137	0.136	0.135	0.134	0.133	0.132	0.131
250	0.130	—	—	—	—	—	—	—	—	—

注：见附表4-5注。

b 类截面轴心受压构件的稳定系数 φ 　　　　　　　附表 4-3

λ/ε_k	0	1	2	3	4	5	6	7	8	9
0	1.000	1.000	1.000	0.999	0.999	0.998	0.997	0.996	0.995	0.994
10	0.992	0.991	0.989	0.987	0.985	0.983	0.981	0.978	0.976	0.973
20	0.970	0.967	0.963	0.960	0.957	0.953	0.950	0.946	0.943	0.939
30	0.936	0.932	0.929	0.925	0.921	0.918	0.914	0.910	0.906	0.903
40	0.899	0.895	0.891	0.886	0.882	0.878	0.874	0.870	0.865	0.861
50	0.856	0.852	0.847	0.842	0.837	0.833	0.828	0.823	0.818	0.812
60	0.807	0.802	0.796	0.791	0.785	0.780	0.774	0.768	0.762	0.757
70	0.751	0.745	0.738	0.732	0.726	0.720	0.713	0.707	0.701	0.694
80	0.687	0.681	0.674	0.668	0.661	0.654	0.648	0.641	0.634	0.628
90	0.621	0.614	0.607	0.601	0.594	0.587	0.581	0.574	0.568	0.561
100	0.555	0.548	0.542	0.535	0.529	0.523	0.517	0.511	0.504	0.498

λ/ε_k	0	1	2	3	4	5	6	7	8	9
110	0.492	0.487	0.481	0.475	0.469	0.464	0.458	0.453	0.447	0.442
120	0.436	0.431	0.426	0.421	0.416	0.411	0.406	0.401	0.396	0.392
130	0.387	0.383	0.378	0.374	0.369	0.365	0.361	0.357	0.352	0.348
140	0.344	0.340	0.337	0.333	0.329	0.325	0.322	0.318	0.314	0.311
150	0.308	0.304	0.301	0.297	0.294	0.291	0.288	0.285	0.282	0.279
160	0.276	0.273	0.270	0.267	0.264	0.262	0.259	0.256	0.253	0.251
170	0.248	0.246	0.243	0.241	0.238	0.236	0.234	0.231	0.229	0.227
180	0.225	0.222	0.220	0.218	0.216	0.214	0.212	0.210	0.208	0.206
190	0.204	0.202	0.200	0.198	0.196	0.195	0.193	0.191	0.189	0.188
200	0.186	0.184	0.183	0.181	0.179	0.178	0.176	0.175	0.173	0.172
210	0.170	0.169	0.167	0.166	0.164	0.163	0.162	0.160	0.159	0.158
220	0.156	0.155	0.154	0.152	0.151	0.150	0.149	0.147	0.146	0.145
230	0.144	0.143	0.142	0.141	0.139	0.138	0.137	0.136	0.135	0.134
240	0.133	0.132	0.131	0.130	0.129	0.128	0.127	0.126	0.125	0.124
250	0.123	—	—	—	—	—	—	—	—	—

注：见附表4-5注。

c 类截面轴心受压构件的稳定系数 φ　　　　　　　　　　　　　附表 4-4

λ/ε_k	0	1	2	3	4	5	6	7	8	9
0	1.000	1.000	1.000	0.999	0.999	0.998	0.997	0.996	0.995	0.993
10	0.992	0.990	0.988	0.986	0.983	0.981	0.978	0.976	0.973	0.970
20	0.966	0.959	0.953	0.947	0.940	0.934	0.928	0.921	0.915	0.909
30	0.902	0.896	0.890	0.883	0.877	0.871	0.865	0.858	0.852	0.845
40	0.839	0.833	0.826	0.820	0.813	0.807	0.800	0.794	0.787	0.781
50	0.774	0.768	0.761	0.755	0.748	0.742	0.735	0.728	0.722	0.715
60	0.709	0.702	0.695	0.689	0.682	0.675	0.669	0.662	0.656	0.649
70	0.642	0.636	0.629	0.623	0.616	0.610	0.603	0.597	0.591	0.584
80	0.578	0.572	0.565	0.559	0.553	0.547	0.541	0.535	0.529	0.523
90	0.517	0.511	0.505	0.499	0.494	0.488	0.483	0.477	0.471	0.467
100	0.462	0.458	0.453	0.449	0.445	0.440	0.436	0.432	0.427	0.423
110	0.419	0.415	0.411	0.407	0.402	0.398	0.394	0.390	0.386	0.383
120	0.379	0.375	0.371	0.367	0.363	0.360	0.356	0.352	0.349	0.345
130	0.342	0.338	0.335	0.332	0.328	0.325	0.322	0.318	0.315	0.312
140	0.309	0.306	0.303	0.300	0.297	0.294	0.291	0.288	0.285	0.282
150	0.279	0.277	0.274	0.271	0.269	0.266	0.263	0.261	0.258	0.256
160	0.253	0.251	0.248	0.246	0.244	0.241	0.239	0.237	0.235	0.232
170	0.230	0.228	0.226	0.224	0.222	0.220	0.218	0.216	0.214	0.212
180	0.210	0.208	0.206	0.204	0.203	0.201	0.199	0.197	0.195	0.194
190	0.192	0.190	0.189	0.187	0.185	0.184	0.182	0.181	0.179	0.178
200	0.176	0.175	0.173	0.172	0.170	0.169	0.167	0.166	0.165	0.163
210	0.162	0.161	0.159	0.158	0.157	0.155	0.154	0.153	0.152	0.151
220	0.149	0.148	0.147	0.146	0.145	0.144	0.142	0.141	0.140	0.139
230	0.138	0.137	0.136	0.135	0.134	0.133	0.132	0.131	0.130	0.129
240	0.128	0.127	0.126	0.125	0.124	0.123	0.123	0.122	0.121	0.120
250	0.119	—	—	—	—	—	—	—	—	—

注：见附表4-5注。

d 类截面轴心受压构件的稳定系数 φ　　　　　　　　　　附表 4-5

λ/ε_k	0	1	2	3	4	5	6	7	8	9
0	1.000	1.000	0.999	0.999	0.998	0.996	0.994	0.992	0.990	0.987
10	0.984	0.981	0.978	0.974	0.969	0.965	0.960	0.955	0.949	0.944
20	0.937	0.927	0.918	0.909	0.900	0.891	0.883	0.874	0.865	0.857
30	0.848	0.840	0.831	0.823	0.815	0.807	0.798	0.790	0.782	0.774
40	0.766	0.758	0.751	0.743	0.735	0.727	0.720	0.712	0.705	0.697
50	0.690	0.682	0.675	0.668	0.660	0.653	0.646	0.639	0.632	0.625
60	0.618	0.611	0.605	0.598	0.591	0.585	0.578	0.571	0.565	0.559
70	0.552	0.546	0.540	0.534	0.528	0.521	0.516	0.510	0.504	0.498
80	0.492	0.487	0.481	0.476	0.470	0.465	0.459	0.454	0.449	0.444
90	0.439	0.434	0.429	0.424	0.419	0.414	0.409	0.405	0.401	0.397
100	0.393	0.390	0.386	0.383	0.380	0.376	0.373	0.369	0.366	0.363
110	0.359	0.356	0.353	0.350	0.346	0.343	0.340	0.337	0.334	0.331
120	0.328	0.325	0.322	0.319	0.316	0.313	0.310	0.307	0.304	0.301
130	0.298	0.296	0.293	0.290	0.288	0.285	0.282	0.280	0.277	0.275
140	0.272	0.270	0.267	0.265	0.262	0.260	0.257	0.255	0.253	0.250
150	0.248	0.246	0.244	0.242	0.239	0.237	0.235	0.233	0.231	0.229
160	0.227	0.225	0.223	0.221	0.219	0.217	0.215	0.213	0.211	0.210
170	0.208	0.206	0.204	0.202	0.201	0.199	0.197	0.196	0.194	0.192
180	0.191	0.189	0.187	0.186	0.184	0.183	0.181	0.180	0.178	0.177
190	0.175	0.174	0.173	0.171	0.170	0.168	0.167	0.166	0.164	0.163
200	0.162	—	—	—	—	—	—	—	—	—

注：1. 附表 4-2～附表 4-5 中的 φ 值按下列公式算得：

当 $\lambda_n = \dfrac{\lambda}{\pi}\sqrt{f_y/E} \leqslant 0.215$ 时：

$$\varphi = 1 - \alpha_1 \lambda_n^2$$

当 $\lambda_n > 0.215$ 时：

$$\varphi = \frac{1}{2\lambda_n^2}\left[(\alpha_2 + \alpha_3\lambda_n + \lambda_n^2) - \sqrt{(\alpha_2 + \alpha_3\lambda_n + \lambda_n^2)^2 - 4\lambda_n^2}\right]$$

式中，α_1、α_2、α_3 为系数，应根据截面分类，按附表 4-6 采用。

2. 当构件的 λ/ε_k 值超出附表 4-2～附表 4-5 的范围时，则 φ 值可按注 1. 所列的公式计算。

系数 α_1、α_2、α_3　　　　　　　　　　附表 4-6

截面类别		α_1	α_2	α_3
a 类		0.41	0.986	0.152
b 类		0.65	0.965	0.300
c 类	$\lambda_n \leqslant 1.05$	0.73	0.906	0.595
	$\lambda_n > 1.05$		1.216	0.302
d 类	$\lambda_n \leqslant 1.05$	1.35	0.868	0.915
	$\lambda_n > 1.05$		1.375	0.432

附 4.3 门式刚架的风荷载系数

对于门式刚架轻型房屋，当房屋高度不大于 18m、房屋高宽比小于 1 时，风荷载系数 μ_w 应符合下列规定。

1. 主刚架的横向风荷载系数

应按附表 4-7 的规定采用（附图 4-1）。

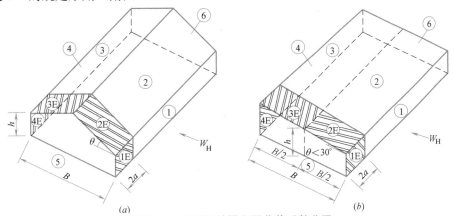

附图 4-1 主刚架的横向风荷载系数分区

（a）双坡屋面横向；（b）单坡屋面横向

θ—屋面坡度角，为屋面与水平的夹角；B—房屋宽度；h—屋顶至室外地面的平均高度；

双坡屋面可近似取檐口高度，单坡屋面可取跨中高度；a—计算围护结构构件时的房屋边缘带宽度，

取房屋最小水平尺寸的 10% 或 0.4h 之中较小值，但不得小于房屋最小尺寸的 4% 或 1m。

图中①、②、③、④、⑤、⑥、①E、②E、③E、④E 为分区编号；W_H 为横风向来风

主刚架横向风荷载系数

附表 4-7

房屋类型	屋面坡度角 θ	荷载工况	端区系数				中间区系数				山墙
			1E	2E	3E	4E	1	2	3	4	5 和 6
封闭式	$0°\leqslant\theta\leqslant5°$	(+i)	+0.43	−1.25	−0.71	−0.60	+0.22	−0.87	−0.55	−0.47	−0.63
		(−i)	+0.79	−0.89	−0.35	−0.25	+0.58	−0.51	−0.19	−0.11	−0.27
	$\theta=10.5°$	(+i)	+0.49	−1.25	−0.76	−0.67	+0.26	−0.87	−0.58	−0.51	−0.63
		(−i)	+0.85	−0.89	−0.40	−0.31	+0.62	−0.51	−0.22	−0.15	−0.27
	$\theta=15.6°$	(+i)	+0.54	−1.25	−0.81	−0.74	+0.30	−0.87	−0.62	−0.55	−0.63
		(−i)	+0.90	−0.89	−0.45	−0.38	+0.66	−0.51	−0.26	−0.19	−0.27
	$\theta=20°$	(+i)	+0.62	−1.25	−0.87	−0.82	+0.35	−0.87	−0.66	−0.61	−0.63
		(−i)	+0.98	−0.89	−0.51	−0.46	+0.71	−0.51	−0.30	−0.25	−0.27
	$30°\leqslant\theta\leqslant45°$	(+i)	+0.51	+0.09	−0.71	−0.66	+0.38	+0.03	−0.61	−0.55	−0.63
		(−i)	+0.87	+0.45	−0.35	−0.30	+0.74	+0.39	−0.25	−0.19	−0.27
部分封闭式	$0°\leqslant\theta\leqslant5°$	(+i)	+0.06	−1.62	−1.08	−0.98	−0.15	−1.24	−0.92	−0.84	−1.00
		(−i)	+1.16	−0.52	+0.02	+0.12	+0.95	−0.14	+0.18	+0.26	+0.10
	$\theta=10.5°$	(+i)	+0.12	−1.62	−1.13	−1.04	−0.11	−1.24	−0.95	−0.88	−1.00
		(−i)	+1.22	−0.52	−0.03	+0.06	+0.99	−0.14	+0.15	+0.22	+0.10
	$\theta=15.6°$	(+i)	+0.17	−1.62	−1.20	−1.11	+0.07	−1.24	−0.99	−0.92	−1.00
		(−i)	+1.27	−0.52	−0.10	−0.01	+1.03	−0.14	+0.11	+0.18	+0.10
	$\theta=20°$	(+i)	+0.25	−1.62	−1.24	−1.19	−0.02	−0.24	−1.03	−0.98	−1.00
		(−i)	+1.35	−0.52	−0.14	−0.09	+1.08	−0.14	+0.07	+0.12	+0.10
	$30°\leqslant\theta\leqslant45°$	(+i)	+0.14	−0.28	−1.08	−1.03	+0.01	−0.34	−0.98	−0.92	−1.00
		(−i)	+1.24	+0.82	+0.02	+0.07	+1.11	+0.76	+0.12	+0.18	+0.10

续表

房屋类型	屋面坡度角 θ	荷载工况	端区系数				中间区系数				山墙
			1E	2E	3E	4E	1	2	3	4	5和6
敞开式	0°≤θ≤10°	平衡	+0.75	−0.50	−0.50	−0.75	+0.75	−0.50	−0.50	−0.75	−0.75
		不平衡	+0.75	−0.20	−0.60	−0.75	+0.75	−0.20	−0.60	−0.75	−0.75
	10°≤θ≤25°	平衡	+0.75	−0.50	−0.50	−0.75	+0.75	−0.50	−0.50	−0.75	−0.75
		不平衡	+0.75	+0.50	−0.50	−0.75	+0.75	+0.50	−0.50	−0.75	−0.75
		不平衡	+0.75	+0.15	−0.65	−0.75	+0.75	+0.15	−0.65	−0.75	−0.75
	25°≤θ≤45°	平衡	+0.75	−0.50	−0.50	−0.75	+0.75	−0.50	−0.50	−0.75	−0.75
		不平衡	+0.75	+1.40	+0.20	−0.75	+0.75	+1.40	−0.20	−0.75	−0.75

注：1. 封闭式和部分封闭式房屋荷载工况中的（+i）表示内压为压力，（−i）表示内压为吸力。敞开式房屋荷载工况中的平衡表示2和3区、2E和3E区风荷载情况相同，不平衡表示不同。

2. 表中正号和负号分别表示风力朝向板面和离开板面。

3. 未给出的θ值系数可用线性插值。

4. 当2区的屋面压力系数为负时，该值适用于2区从屋面边缘算起垂直于檐口方向延伸宽度为房屋最小水平尺寸0.5倍或2.5h的范围，取两者中的较小值。2区的其余面积，直到屋脊线，应采用3区的系数。

2. 主刚架的纵向风荷载系数

应按附表4-8的规定采用（附图4-2）。

主刚架纵向风荷载系数（各种坡度角θ）　　　　　　　　　　　附表4-8

房屋类型	荷载工况	端区系数				中间区系数				侧墙
		1E	2E	3E	4E	1	2	3	4	5和6
封闭式	（+i）	+0.43	−1.25	−0.71	−0.61	+0.22	−0.87	−0.55	−0.47	−0.63
	（−i）	+0.79	−0.89	−0.35	−0.25	+0.58	−0.51	−0.19	−0.11	−0.27
部分封闭式	（+i）	+0.06	−1.62	−1.08	−0.98	−0.15	−1.24	−0.92	−0.84	−1.00
	（−i）	+1.16	−0.52	+0.02	+0.12	+0.95	−0.14	+0.18	+0.26	+0.10
敞开式	按图4.2.2-2(c)取值									

注：1. 敞开式房屋中的0.75风荷载系数适用于房屋表面的任何覆盖面。

2. 敞开式屋面在垂直于屋脊的平面上，刚架投影实腹区最大面积应乘以1.3N系数，采用该系数时，应满足下列条件：0.1≤φ≤0.3，1/6≤h/B≤6，S/B≤0.5。其中，φ是刚架实腹部分与山墙毛面积的比值；N是横向刚架的数量。

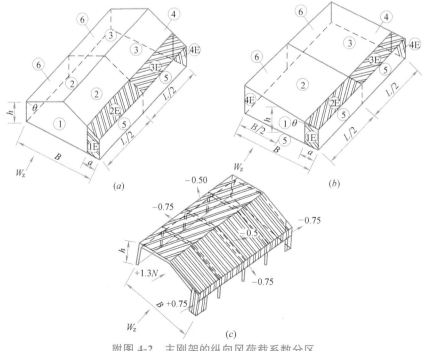

附图4-2 主刚架的纵向风荷载系数分区

(a) 双坡屋面纵向；(b) 单坡屋面纵向；(c) 敞开式房屋纵向

图中①、②、③、④、⑤、⑥、1E、2E、3E、4E为分区编号；W_z为纵风向来风

3. 外墙的风荷载系数

应按附表4-9a、附表4-9b 的规定采用（附图4-3）。

外墙风荷载系数（风吸力） 　　　　　附表 4-9（a）

分区	有效风荷载面积 $A(\mathrm{m}^2)$	封闭式房屋	部分封闭式房屋
角部(5)	$A\leqslant1$	-1.58	-1.95
	$1<A<50$	$+0.353\log A-1.58$	$+0.353\log A-1.95$
	$A\geqslant50$	-0.98	-1.35
中间区(4)	$A\leqslant1$	-1.28	-1.65
	$1<A<50$	$+0.176\log A-1.28$	$+0.176\log A-1.65$
	$A\geqslant50$	-0.98	-1.35

外墙风吸力系数 μ_{w}，用于围护构件和外墙板

外墙风荷载系数（风压力） 　　　　　附表 4-9（b）

外墙风压力系数 μ_{w}，用于围护构件和外墙板

分区	有效风荷载面积 $A(\mathrm{m}^2)$	封闭式房屋	部分封闭式房屋
各区	$A\leqslant1$	$+1.18$	$+1.55$
	$1<A<50$	$-0.176\log A+1.18$	$-0.176\log A+1.55$
	$A\geqslant50$	$+0.88$	$+1.25$

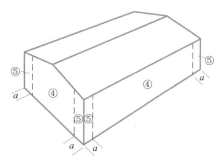

附图 4-3　外墙风荷载系数分区

4. 双坡屋面和挑檐的风荷载系数

应按附表4-10 的规定采用（附图4-4）。

双坡屋面风荷载系数（风吸力）（$0°\leqslant\theta\leqslant10°$） 　　　　　附表 4-10（a）

屋面风吸力系数 μ_{w}，用于围护构件和屋面板

分区	有效风荷载面积 $A(\mathrm{m}^2)$	封闭式房屋	部分封闭式房屋
角部(3)	$A\leqslant1$	-2.98	-3.35
	$1<A<10$	$+1.70\log A-2.98$	$+1.70\log A-3.35$
	$A\geqslant10$	-1.28	-1.65
边区(2)	$A\leqslant1$	-1.98	-2.35
	$1<A<10$	$+0.70\log A-1.98$	$+0.70\log A-2.35$
	$A\geqslant10$	-1.28	-1.65
中间区(1)	$A\leqslant1$	-1.18	-1.55
	$1<A<10$	$+0.10\log A-1.18$	$+0.10\log A-1.55$
	$A\geqslant10$	-1.08	-1.45

双坡屋面风荷载系数（风压力）（$0°\leqslant\theta\leqslant10°$） 　　　　　附表 4-10（b）

屋面风压力系数 μ_{w}，用于围护构件和屋面板

分区	有效风荷载面积 $A(\mathrm{m}^2)$	封闭式房屋	部分封闭式房屋
各区	$A\leqslant1$	$+0.48$	$+0.85$
	$1<A<10$	$-0.10\log A+0.48$	$-0.10\log A+0.85$
	$A\geqslant10$	$+0.38$	$+0.75$

挑檐风荷载系数（风吸力）（$0°\leqslant\theta\leqslant10°$）　　　　附表 4-10（c）

分区	有效风荷载面积 $A(\text{m}^2)$	封闭或部分封闭房屋
挑檐风吸力系数 μ_w，用于围护构件和屋面板		
角部（3）	$A\leqslant1$	-2.80
	$1<A<10$	$+2.00\log A-2.80$
	$A\geqslant10$	-0.80
边区（2） 中间区（1）	$A\leqslant1$	-1.70
	$1<A\leqslant10$	$+0.10\log A-1.70$
	$10<A<50$	$+0.715\log A-2.32$
	$A\geqslant50$	-1.10

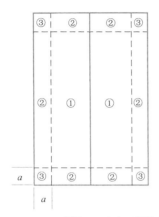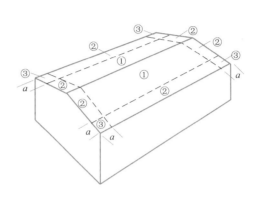

附图 4-4（a）　双坡屋面和挑檐风荷载系数分区（$0°\leqslant\theta\leqslant10°$）

双坡屋面风荷载系数（风吸力）（$10°\leqslant\theta\leqslant30°$）　　　　附表 4-10（d）

分区	有效风荷载面积 $A(\text{m}^2)$	封闭式房屋	部分封闭式房屋
屋面风吸力系数 μ_w，用于围护构件和屋面板			
角部（3） 边区（2）	$A\leqslant1$	-2.28	-2.65
	$1<A<10$	$+0.70\log A-2.28$	$+0.70\log A-2.65$
	$A\geqslant10$	-1.58	-1.95
中间区（1）	$A\leqslant1$	-1.08	-1.45
	$1<A<10$	$+0.10\log A-1.08$	$+0.10\log A-1.45$
	$A\geqslant10$	-0.98	-1.35

双坡屋面风荷载系数（风压力）（$10°\leqslant\theta\leqslant30°$）　　　　附表 4-10（e）

分区	有效风荷载面积 $A(\text{m}^2)$	封闭式房屋	部分封闭式房屋
屋顶风压力系数 μ_w，用于围护构件和屋面板			
各区	$A\leqslant1$	$+0.68$	$+1.05$
	$1<A<10$	$-0.20\log A+0.68$	$-0.20\log A+1.05$
	$A\geqslant10$	$+0.48$	$+0.85$

挑檐风荷载系数（风吸力）（$10°\leqslant\theta\leqslant30°$）　　　　附表 4-10（f）

分区	有效风荷载面积 $A(\text{m}^2)$	封闭或部分封闭房屋
挑檐风吸力系数 μ_w，用于围护构件和屋面板		
角部（3）	$A\leqslant1$	-3.70
	$1<A<10$	$+1.20\log A-3.70$
	$A\geqslant10$	-2.50
边区（2）	全部面积	-2.20

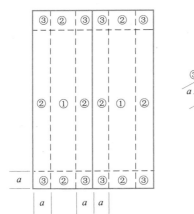

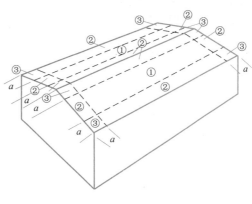

附图 4-4 （b） 双坡屋面和挑檐风荷载系数分区 （10°≤θ≤30°）

双坡屋面风荷载系数（风吸力）（30°≤θ≤45°）　　　　　　　附表 4-10 （g）

屋面风吸力系数 μ_w，用于围护构件和屋面板			
分区	有效风荷载面积 $A(m^2)$	封闭式房屋	部分封闭式房屋
角部（3） 边区（2）	$A \leqslant 1$	-1.38	-1.75
	$1 < A < 10$	$+0.20\log A - 1.38$	$+0.20\log A - 1.75$
	$A \geqslant 10$	-1.18	-1.55
中间区（1）	$A \leqslant 1$	-1.18	-1.55
	$1 < A < 10$	$+0.20\log A - 1.18$	$+0.20\log A - 1.55$
	$A \geqslant 10$	-0.98	-1.35

双坡屋面风荷载系数（风压力）（30°≤θ≤45°）　　　　　　　附表 4-10 （h）

屋面风压力系数 μ_w，用于围护构件和屋面板			
分区	有效风荷载面积 $A(m^2)$	封闭式房屋	部分封闭式房屋
各区	$A \leqslant 1$	$+1.08$	$+1.45$
	$1 < A < 10$	$-0.10\log A + 1.08$	$-0.10\log A + 1.45$
	$A \geqslant 10$	$+0.98$	$+1.35$

挑檐风荷载系数（风吸力）（30°≤θ≤45°）　　　　　　　附表 4-10 （i）

挑檐风吸力系数 μ_w，用于围护构件和屋面板		
分区	有效风荷载面积 $A(m^2)$	封闭或部分封闭房屋
角部（3） 边区（2）	$A \leqslant 1$	-2.00
	$1 < A < 10$	$+0.20\log A - 2.00$
	$A \geqslant 10$	-1.80

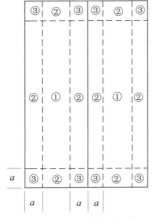

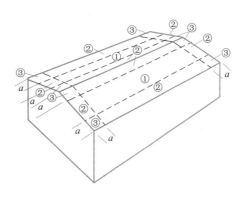

附图 4-4 （c） 双坡屋面和挑檐风荷载系数分区 （30°≤θ≤45°）

5. 多个双坡屋面和挑檐的风荷载系数

应按附表 4-11 的规定采用（附图 4-5）。

多跨双坡屋面风荷载系数（风吸力）（$10°<\theta\leqslant30°$）　　　　附表 4-11（a）

屋面风吸力系数 μ_w，用于围护构件和屋面板			
分区	有效风荷载面积 $A(\text{m}^2)$	封闭式房屋	部分封闭式房屋
角部(3)	$A\leqslant1$	-2.88	-3.25
	$1<A<10$	$+1.00\log A-2.88$	$+1.00\log A-3.25$
	$A\geqslant10$	-1.88	-2.25
边区(2)	$A\leqslant1$	-2.38	-2.75
	$1<A<10$	$+0.50\log A-2.38$	$+0.50\log A-2.75$
	$A\geqslant10$	-1.88	-2.25
中间区(1)	$A\leqslant1$	-1.78	-2.15
	$1<A<10$	$+0.20\log A-1.78$	$+0.20\log A-2.15$
	$A\geqslant10$	-1.58	-1.95

多跨双坡屋面风荷载系数（风压力）（$10°<\theta\leqslant30°$）　　　　附表 4-11（b）

屋面风压力系数 μ_w，用于围护构件和屋面板			
分区	有效风荷载面积 $A(\text{m}^2)$	封闭式房屋	部分封闭式房屋
各区	$A\leqslant1$	$+0.78$	$+1.15$
	$1<A<10$	$-0.20\log A+0.78$	$-0.20\log A+1.15$
	$A\geqslant10$	$+0.58$	$+0.95$

附图 4-5　多跨双坡屋面风荷载系数分区

1—每个双坡屋面分区按附图 4-4（c）执行

多跨双坡屋面风荷载系数（风吸力）（$30°<\theta\leqslant45°$）　　　　附表 4-11（c）

屋面风吸力系数 μ_w，用于围护构件和屋面板			
分区	有效风荷载面积 $A(\text{m}^2)$	封闭式房屋	部分封闭式房屋
角部(3)	$A\leqslant1$	-2.78	-3.15
	$1<A<10$	$+0.90\log A-2.78$	$+0.90\log A-3.15$
	$A\geqslant10$	-1.88	-2.25
边区(2)	$A\leqslant1$	-2.68	-3.05
	$1<A<10$	$+0.80\log A-2.68$	$+0.80\log A-3.05$
	$A\geqslant10$	-1.88	-2.25
中间区(1)	$A\leqslant1$	-2.18	-2.55
	$1<A<10$	$+0.90\log A-2.18$	$+0.90\log A-2.55$
	$A\geqslant10$	-1.28	-1.65

多跨双坡屋面风荷载系数（风压力）（$30°<\theta\leqslant45°$）　　　　附表 4-11（d）

屋面风压力系数 μ_w，用于围护构件和屋面板			
分区	有效风荷载面积 $A(\text{m}^2)$	封闭式房屋	部分封闭式房屋
各区	$A\leqslant1$	$+1.18$	$+1.55$
	$1<A<10$	$-0.20\log A+1.18$	$-0.20\log A+1.55$
	$A\geqslant10$	$+0.98$	$+1.35$

6. 单坡屋面的风荷载系数

应按附表 4-12 的规定采用（附图 4-6）。

单坡屋面风荷载系数（风吸力）（$3°<\theta\leqslant10°$）　　　　附表 4-12（a）

分区	有效风荷载面积 $A(m^2)$	封闭式房屋	部分封闭式房屋
	屋面风吸力系数 μ_w，用于围护构件和屋面板		
高区角部(3′)	$A\leqslant1$	-2.78	-3.15
	$1<A<10$	$+1.0\log A-2.78$	$+1.0\log A-3.15$
	$A\geqslant10$	-1.78	-2.15
低区角部(3)	$A\leqslant1$	-1.98	-2.35
	$1<A<10$	$+0.60\log A-1.98$	$+0.60\log A-2.35$
	$A\geqslant10$	-1.38	-1.75
高区边区(2′)	$A\leqslant1$	-1.78	-2.15
	$1<A<10$	$+0.10\log A-1.78$	$+0.10\log A-2.15$
	$A\geqslant10$	-1.68	-2.05
低区边区(2)	$A\leqslant1$	-1.48	-1.85
	$1<A<10$	$+0.10\log A-1.48$	$+0.10\log A-1.85$
	$A\geqslant10$	-1.38	-1.75
中间区(1)	全部面积	-1.28	-1.65

单坡屋面风荷载系数（风压力）（$3°<\theta\leqslant10°$）　　　　附表 4-12（b）

分区	有效风荷载面积 $A(m^2)$	封闭式房屋	部分封闭式房屋
	屋面风压力系数 μ_w，用于围护构件和屋面板		
各区	$A\leqslant1$	$+0.48$	$+0.85$
	$1<A<10$	$-0.10\log A+0.48$	$-0.10\log A+0.85$
	$A\geqslant10$	$+0.38$	$+0.75$

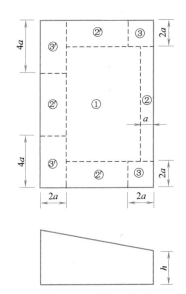

附图 4-6（a）　单坡屋面风荷载系数分区（$3°<\theta\leqslant10°$）

单坡屋面风荷载系数（风吸力）（$10°<\theta\leqslant30°$）　　　　附表 4-12（c）

分区	有效风荷载面积 $A(m^2)$	封闭式房屋	部分封闭式房屋
	屋面风吸力系数 μ_w，用于围护构件和屋面板		
高区角部(3)	$A\leqslant1$	-3.08	-3.45
	$1<A<10$	$+0.90\log A-3.08$	$+0.90\log A-3.45$
	$A\geqslant10$	-2.18	-2.55
边区(2)	$A\leqslant1$	-1.78	-2.15
	$1<A<10$	$+0.40\log A-1.78$	$+0.40\log A-2.15$
	$A\geqslant10$	-1.38	-1.75
中间区(1)	$A\leqslant1$	-1.48	-1.85
	$1<A<10$	$+0.20\log A-1.48$	$+0.20\log A-1.85$
	$A\geqslant10$	-1.28	-1.65

单坡屋面风荷载系数（风压力）（$10°<\theta\leqslant30°$）　　　　　　　附表 4-12（d）

分区	有效风荷载面积 $A(\text{m}^2)$	封闭式房屋	部分封闭式房屋
	屋面风压力系数 μ_w,用于围护构件和屋面板		
各区	$A\leqslant1$	$+0.58$	$+0.95$
	$1<A<10$	$-0.10\log A+0.58$	$-0.10\log A+0.95$
	$A\geqslant10$	$+0.48$	$+0.85$

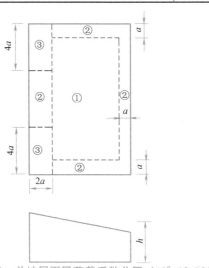

附图 4-6（b）　单坡屋面风荷载系数分区（$10°<\theta\leqslant30°$）

7. 锯齿形屋面的风荷载系数

应按附表 4-13 的规定采用（附图 4-7）。

锯齿形屋面风荷载系数（风吸力）　　　　　　　　　　　附表 4-13（a）

分区	有效风荷载面积 $A(\text{m}^2)$	封闭式房屋	部分封闭式房屋
	锯齿形屋面风吸力系数 μ_w,用于围护构件和屋面板		
第1跨角部(3)	$A\leqslant1$	-4.28	-4.65
	$1<A\leqslant10$	$+0.40\log A-4.28$	$+0.40\log A-4.65$
	$10<A<50$	$+2.289\log A-6.169$	$+2.289\log A-6.539$
	$A\geqslant50$	-2.28	-2.65
第2、3、4跨角部(3)	$A\leqslant10$	-2.78	-3.15
	$10<A<50$	$+1.001\log A-3.781$	$+1.001\log A-4.151$
	$A\geqslant50$	-2.08	-2.45
边区(2)	$A\leqslant1$	-3.38	-3.75
	$1<A<50$	$+0.942\log A-3.38$	$+0.942\log A-3.75$
	$A\geqslant50$	-1.78	-2.15
中间区(1)	$A\leqslant1$	-2.38	-2.75
	$1<A<50$	$+0.647\log A-2.38$	$+0.647\log A-2.75$
	$A\geqslant50$	-1.28	-1.65

锯齿形屋面风荷载系数（风压力）　　　　　　　　　　　附表 4-13（b）

分区	有效风荷载面积 $A(\text{m}^2)$	封闭式房屋	部分封闭式房屋
	锯齿形屋面风压力系数 μ_w,用于围护构件和屋面板		
角部(3)	$A\leqslant1$	$+0.98$	$+1.35$
	$1<A<10$	$-0.10\log A+0.98$	$-0.10\log A+1.35$
	$A\geqslant10$	$+0.88$	$+1.25$
边区(2)	$A\leqslant1$	$+1.28$	$+1.65$
	$1<A<10$	$-0.30\log A+1.28$	$-0.30\log A+1.65$
	$A\geqslant10$	$+0.98$	$+1.35$
中间区(1)	$A\leqslant1$	$+0.88$	$+1.25$
	$1<A<50$	$-0.177\log A+0.88$	$-0.177\log A+1.25$
	$A\geqslant50$	$+0.58$	$+0.95$

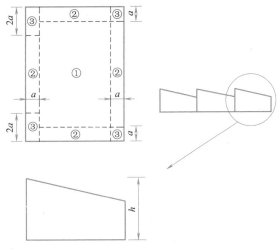

附图 4-7 锯齿形屋面风荷载系数分区

附 4.4 变截面 H 型钢刚架柱的计算长度系数计算

1. 小端铰接的变截面门式刚架柱有侧移弹性屈曲临界荷载及计算长度系数可按公式（附 4.4-1）～式（附 4.4-3）计算：

$$N_{cr} = \frac{\pi^2 EI_1}{(\mu H)^2} \tag{附 4.4-1}$$

$$\mu = 2\left(\frac{I_1}{I_0}\right)^{0.145}\sqrt{1+\frac{0.38}{K}} \tag{附 4.4-2}$$

$$K = \frac{K_z}{6i_{c1}}\left(\frac{I_1}{I_0}\right)^{0.29} \tag{附 4.4-3}$$

式中 I_0——立柱小端截面的惯性矩（mm^4）；

I_1——立柱大端截面惯性矩（mm^4）；

H——楔形变截面柱的高度（mm）；

K_z——梁对柱子的转动约束（N·mm）；

i_{c1}——柱的线刚度（N·mm），$i_{c1} = EI_1/H$。

2. 确定刚架梁对刚架柱的转动约束，应符合下列规定：

1）在梁的两端都与柱子刚接时，假设梁的变形形式使得反弯点出现在梁的跨中，取出半跨梁，远端铰支，在近端施加弯矩（M），求出近端的转角（θ），应由式（附 4.4-4）计算转动约束：

$$K_z = \frac{M}{\theta} \tag{附 4.4-4}$$

2）当刚架梁远端简支，或刚架梁的远端是摇摆柱时，梁长度 s 应为全跨的梁长。

3）刚架梁近端与柱子简支，转动约束应为 0。

3. 楔形变截面梁对刚架柱的转动约束计算

楔形变截面梁对刚架柱的转动约束按刚架梁为一段变截面、两段变截面和三段变截面情况，分别进行计算。

1）刚架梁为一段变截面（附图 4-8）时，楔形变截面梁对刚架柱的转动约束按公式（附 4.4-5）～式（附 4.4-6）计算：

$$K_z = 3i_1\left(\frac{I_0}{I_1}\right)^{0.2} \tag{附 4.4-5}$$

$$i=\frac{EI_1}{s} \qquad\qquad \text{(附 4.4-6)}$$

式中　I_0——变截面梁跨中小端截面的惯性矩（mm^4）；

$\quad\quad I_1$——变截面梁檐口大端截面的惯性矩（mm^4）；

$\quad\quad s$——变截面梁的斜长（mm）；当刚架梁远端简支，或刚架梁的远端是摇摆柱时，s 应为全跨的梁长。

附图 4-8　刚架梁为一段变截面及其转动刚度计算模型

2) 刚架梁为二段变截面（附图 4-9）时，楔形变截面梁对刚架柱的转动约束按公式（附 4.4-7）～式（附 4.4-16）计算：

$$\frac{1}{K_z}=\frac{1}{K_{11,1}}+\frac{2s_2}{s}\frac{1}{K_{12,1}}+\left(\frac{s_2}{s}\right)^2\frac{1}{K_{22,1}}+\left(\frac{s_2}{s}\right)^2\frac{1}{K_{22,2}} \qquad \text{(附 4.4-7)}$$

$$K_{11,1}=3i_{11}R_1^{0.2} \qquad \text{(附 4.4-8)}$$

$$K_{12,1}=6i_{11}R_1^{0.44} \qquad \text{(附 4.4-9)}$$

$$K_{22,1}=3i_{11}R_1^{0.712} \qquad \text{(附 4.4-10)}$$

$$K_{22,2}=3i_{21}R_2^{0.712} \qquad \text{(附 4.4-11)}$$

$$R_1=\frac{I_{10}}{I_{11}} \qquad \text{(附 4.4-12)}$$

$$R_2=\frac{I_{20}}{I_{21}} \qquad \text{(附 4.4-13)}$$

$$i_{11}=\frac{EI_{11}}{s_1} \qquad \text{(附 4.4-14)}$$

$$i_{21}=\frac{EI_{21}}{s_2} \qquad \text{(附 4.4-15)}$$

$$s=s_1+s_2 \qquad \text{(附 4.4-16)}$$

式中　　　R_1——与立柱相连的第 1 变截面梁段，远端截面惯性矩与近端截面惯性矩之比；

$\quad\quad\quad R_2$——第 2 变截面梁段，近端截面惯性矩与远端截面惯性矩之比；

$\quad\quad\quad s_1$——与立柱相连的第 1 段变截面梁的斜长（mm）；

$\quad\quad\quad s_2$——第 2 段变截面梁的斜长（mm）；

$\quad\quad\quad s$——变截面梁的斜长（mm）；

$\quad\quad\quad i_{11}$——以大端截面惯性矩计算的线刚度（N·mm）；

$\quad\quad\quad i_{21}$——以第 2 段远端截面惯性矩计算的线刚度（N·mm）；

I_{10}、I_{11}、I_{20}、I_{21}——变截面梁惯性矩（mm^4）（附图 4-9）。

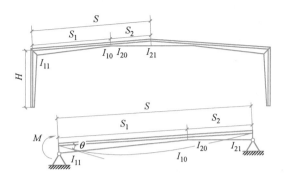

附图 4-9　刚架梁为二段变截面及其转动刚度计算模型

3）刚架梁为三段变截面（附图 4-10）时，楔形变截面梁对刚架柱的转动约束按公式（附 4.4-17）～式（附 4.4-23）计算：

$$\frac{1}{K_z}=\frac{1}{K_{11,1}}+2\left(1-\frac{s_1}{s}\right)\frac{1}{K_{12,1}}+\left(1-\frac{s_1}{s}\right)^2\left(\frac{1}{K_{22,1}}+\frac{1}{3i_2}\right)+\frac{2s_3(s_2+s_3)}{s^2}\frac{1}{6i_2}+\left(\frac{s_2}{s}\right)^2\left(\frac{1}{3i_2}+\frac{1}{K_{22,3}}\right)$$

（附 4.4-17）

$$K_{11,1}=3i_{11}R_1^{0.2}$$ （附 4.4-18）

$$K_{12,1}=6i_{11}R_1^{0.44}$$ （附 4.4-19）

$$K_{22,1}=3i_{11}R_1^{0.712}$$ （附 4.4-20）

$$K_{22,3}=3i_{31}R_3^{0.712}$$ （附 4.4-21）

$$R_1=\frac{I_{10}}{I_{11}},R_3=\frac{I_{30}}{I_{31}}$$ （附 4.4-22）

$$i_{11}=\frac{EI_{11}}{s_1},i_2=\frac{EI_2}{s_2},i_{31}=\frac{EI_{31}}{s_3}$$ （附 4.4-23）

式中　I_{10}、I_{11}、I_2、I_{30}、I_{31}——变截面梁的惯性矩（mm^4）。

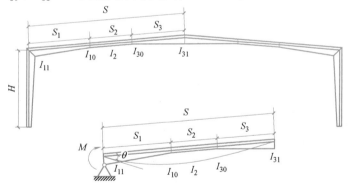

附图 4-10　刚架梁为三段变截面及其转动刚度算模型

4. 当有摇摆柱（附图 4-11）时，确定梁对刚架柱的转动约束时应假设梁远端铰支在摇摆柱的柱顶，且确定的框架柱的计算长度系数应乘以放大系数 η。

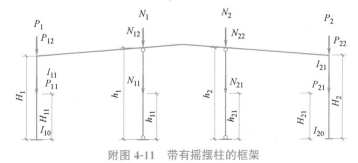

附图 4-11　带有摇摆柱的框架

1）放大系数 η 应按公式（附 4.4-24）～式（附 4.4-26）计算：

$$\eta=\sqrt{1+\frac{\sum(N_j/h_j)}{1.1\sum(P_i/H_i)}} \qquad \text{（附 4.4-24）}$$

$$N_j=\frac{1}{h_j}\sum_k N_{jk}h_{jk} \qquad \text{（附 4.4-25）}$$

$$P_i=\frac{1}{H_i}\sum_k P_{ik}H_{ik} \qquad \text{（附 4.4-26）}$$

式中　N_j——换算到柱顶的摇摆柱的轴压力（N）；

N_{jk}、h_{jk}——第 j 个摇摆柱上第 k 个竖向荷载（N）和其作用的高度（mm）；

P_i——换算到柱顶的框架柱的轴压力（N）；

P_{ik}、H_{ik}——第 i 个柱子上第 k 个竖向荷载和其作用的高度（mm）；

h_j——第 j 个摇摆柱高度（mm）；

H_i——第 i 个刚架柱高度（mm）。

2）当摇摆柱的柱子中间无竖向荷载时，摇摆柱的计算长度系数取 1.0。

3）当摇摆柱的柱子中间作用有竖向荷载时，可考虑上、下柱段的相互作用，决定各柱段的计算长度系数。

5. 采用二阶分析时，柱的计算长度应符合下列规定：

1）等截面单段柱的计算长度系数可取 1.0。

2）有吊车厂房，二阶或三阶柱各柱段的计算长度系数，应按柱顶无侧移、柱顶铰接的模型确定。有夹层或高低跨，各柱段的计算长度系数可取 1.0。

3）柱脚铰接的单段变截面柱子的计算长度系数 μ_r 应按公式（附 4.4-27）～式（附 4.4-28）计算：

$$\mu_r=\frac{1+0.035\gamma}{1+0.54\gamma}\sqrt{\frac{I_1}{I_0}} \qquad \text{（附 4.4-27）}$$

$$\gamma=\frac{h_1}{h_0}-1 \qquad \text{（附 4.4-28）}$$

式中　γ——变截面柱的楔率；

h_0、h_1——分别是小端和大端截面的高度（mm）；

I_0、I_1——分别是小端和大端截面的惯性矩（mm^4）。

6. 单层多跨房屋，当各跨屋面梁的标高无突变（无高低跨）时，可考虑各柱相互支援作用，采用修正的计算长度系数进行刚架柱的平面内稳定计算。修正的计算长度系数应按公式（附 4.4-29）～式（附 4.4-30）计算。当计算值小于 1.0 时，应取 1.0。

$$\mu_j'=\frac{\pi}{h_j}\sqrt{\frac{EI_{cj}[1.2\sum(P_i/H_i)+\sum(N_k/h_k)]}{P_j\cdot K}} \qquad \text{（附 4.4-29）}$$

$$\mu_j'=\frac{\pi}{h_j}\sqrt{\frac{EI_{cj}[1.2\sum(P_i/H_i)+\sum(N_k/h_k)]}{1.2P_j\sum(P_{crj}/H_j)}} \qquad \text{（附 4.4-30）}$$

式中　N_k、h_k——分别为摇摆柱上的轴力（N）和高度（mm）；

K——在檐口高度作用水平力求得的刚架抗侧刚度（N/mm）；

P_{crj}——按传统方法计算的框架柱的临界荷载，其计算长度系数可按式（附 4.4-2）计算。

7. 按本节确定的刚架柱计算长度系数适用于屋面坡度不大于 1/5 的情况，超过此值时应考虑横梁轴向力的不利影响。

附4.5　框架柱的计算长度系数

1. 无侧移框架柱的计算长度系数 μ 应按附表4-14取值，同时符合下列规定：

1）当横梁与柱铰接时，取横梁线刚度为零。

2）对低层框架柱，当柱与基础铰接时，应取 $K_2=0$，当柱与基础刚接时，应取 $K_2=10$，平板支座可取 $K_2=0.1$。

3）当与柱刚接的横梁所受轴心压力 N_b 较大时，横梁线刚度折减系数 α_N 应按下列公式计算：

梁端远端与柱刚接和横梁远端与柱铰接时：

$$\alpha_N = 1 - N_b/N_{Eb} \tag{附4.5-1}$$

横梁远端嵌固时：

$$\alpha_N = 1 - N_b/(2N_{Eb}) \tag{附4.5-2}$$

$$N_{Eb} = \pi^2 EI_b/l^2 \tag{附4.5-3}$$

式中　I_b——横梁截面惯性矩（mm^4）；

　　　l——横梁长度（mm）。

无侧移框架柱的计算长度系数 μ　　　　　附表4-14

K_1 $\backslash$ K_2	0	0.05	0.1	0.2	0.3	0.4	0.5	1	2	3	4	5	≥10
0	1.000	0.990	0.981	0.964	0.949	0.935	0.922	0.875	0.820	0.791	0.773	0.760	0.732
0.05	0.990	0.981	0.971	0.955	0.940	0.926	0.914	0.867	0.814	0.784	0.766	0.754	0.726
0.1	0.981	0.971	0.962	0.946	0.931	0.918	0.906	0.860	0.807	0.778	0.760	0.748	0.721
0.2	0.964	0.955	0.946	0.930	0.916	0.903	0.891	0.846	0.795	0.767	0.749	0.737	0.711
0.3	0.949	0.940	0.931	0.916	0.902	0.889	0.878	0.834	0.784	0.756	0.739	0.728	0.701
0.4	0.935	0.926	0.918	0.903	0.889	0.877	0.866	0.823	0.774	0.747	0.730	0.719	0.693
0.5	0.922	0.914	0.906	0.891	0.878	0.866	0.855	0.813	0.765	0.738	0.721	0.710	0.685
1	0.875	0.867	0.860	0.846	0.834	0.823	0.813	0.774	0.729	0.704	0.688	0.677	0.654
2	0.820	0.814	0.807	0.795	0.784	0.774	0.765	0.729	0.686	0.663	0.648	0.638	0.615
3	0.791	0.784	0.778	0.767	0.756	0.747	0.738	0.704	0.663	0.640	0.625	0.616	0.593
4	0.773	0.766	0.760	0.749	0.739	0.730	0.721	0.688	0.648	0.625	0.611	0.601	0.580
5	0.760	0.754	0.748	0.737	0.728	0.719	0.710	0.677	0.638	0.616	0.601	0.592	0.570
≥10	0.732	0.726	0.721	0.711	0.701	0.693	0.685	0.654	0.615	0.593	0.580	0.570	0.549

注：表中的计算长度系数 μ 值按下式计算得出：

$$\left[\left(\frac{\pi}{\mu}\right)^2 + 2\left(K_1+K_2\right) - 4K_1K_2\right]\frac{\pi}{\mu} \cdot \sin\frac{\pi}{\mu} - 2\left[\left(K_1+K_2\right)\left(\frac{\pi}{\mu}\right)^2 + 4K_1K_2\right]\cos\frac{\pi}{\mu} + 8K_1K_2 = 0$$

式中，K_1、K_2 分别为相交于柱上端、柱下端的横梁线刚度之和与柱线刚度之和的比值；当梁远端为铰接时，应将横梁线刚度乘以1.5；当横梁远端为嵌固时，则将横梁线刚度乘以2。

2. 有侧移框架柱的计算长度系数 μ 应按附表4-15取值，同时符合下列规定：

1）当横梁与柱铰接时，取横梁线刚度为零。

2）对低层框架柱，当柱与基础铰接时，应取 $K_2=0$，当柱与基础刚接时，应取 $K_2=10$，平板支座可取 $K_2=0.1$。

3）当与柱刚接的横梁所受轴心压力 N_b 较大时，横梁线刚度折减系数 α_N 应按下列公式计算：

横梁远端与柱刚接时：　　　　　　　　$\alpha_N = 1 - N_b/(4N_{Eb})$　　　　　　　　（附4.5-4）

横梁远端与柱铰接时：　　　　　　　　$\alpha_N = 1 - N_b/N_{Eb}$　　　　　　　　（附4.5-5）

横梁远端嵌固时：　　　　　　　　　　$\alpha_N = 1 - N_b/(2N_{Eb})$　　　　　　　（附4.5-6）

有侧移框架柱的计算长度系数 μ

K_1 / K_2	0	0.05	0.1	0.2	0.3	0.4	0.5	1	2	3	4	5	≥10
0	∞	6.02	4.46	3.42	3.01	2.78	2.64	2.33	2.17	2.11	2.08	2.07	2.03
0.05	6.02	4.16	3.47	2.86	2.58	2.42	2.31	2.07	1.94	1.90	1.87	1.86	1.83
0.1	4.46	3.47	3.01	2.56	2.33	2.20	2.11	1.90	1.79	1.75	1.73	1.72	1.70
0.2	3.42	2.86	2.56	2.23	2.05	1.94	1.87	1.70	1.60	1.57	1.55	1.54	1.52
0.3	3.01	2.58	2.33	2.05	1.90	1.80	1.74	1.58	1.49	1.46	1.45	1.44	1.42
0.4	2.78	2.42	2.20	1.94	1.80	1.71	1.65	1.50	1.42	1.39	1.37	1.37	1.35
0.5	2.64	2.31	2.11	1.87	1.74	1.65	1.59	1.45	1.37	1.34	1.32	1.32	1.30
1	2.33	2.07	1.90	1.70	1.58	1.50	1.45	1.32	1.24	1.21	1.20	1.19	1.17
2	2.17	1.94	1.79	1.60	1.49	1.42	1.37	1.24	1.16	1.14	1.12	1.12	1.10
3	2.11	1.90	1.75	1.57	1.46	1.39	1.34	1.21	1.14	1.11	1.10	1.09	1.07
4	2.08	1.87	1.73	1.55	1.45	1.37	1.32	1.20	1.12	1.10	1.08	1.08	1.06
5	2.07	1.86	1.72	1.54	1.44	1.37	1.32	1.19	1.12	1.09	1.08	1.07	1.05
≥10	2.03	1.83	1.70	1.52	1.42	1.35	1.30	1.17	1.10	1.07	1.06	1.05	1.03

注：表中的计算长度系数 μ 值按下式计算得出：

$$\left[36K_1K_2 - \left(\frac{\pi}{\mu}\right)^2\right]\sin\frac{\pi}{\mu} + 6(K_1+K_2)\frac{\pi}{\mu}\cdot\cos\frac{\pi}{\mu} = 0$$

式中，K_1、K_2 分别为相交于柱上端、柱下端的横梁线刚度之和与柱线刚度之和的比值；当横梁远端为铰接时，应将横梁线刚度乘以 0.5；当横梁远端为嵌固时，则应乘以 2/3。

附录 5　国内主要热轧 H 型钢生产厂家可供应的热轧型钢产品

　　国内主要热轧 H 型钢生产厂家包括马鞍山钢铁股份有限公司、山东钢铁股份有限公司莱芜分公司、日照钢铁控股集团有限公司和河北津西钢铁股份有限公司，可供应的热轧型钢产品规格范围和典型钢种见附表 5-1～附表 5-4。

马鞍山钢铁股份有限公司可供应热轧型钢产品　　　　　　　　　　　　　　　　　附表 5-1

产品类型	产品规格覆盖范围		典型钢种
H 型钢	GB/T 11263	H100～H1000	Q235B、Q355B、Q355ME、Q460D、Q420qD
	重型热轧 H 型钢	H350～H1150	Q345GJD、Q355GNHE、Q345NQR2、FH36
	JIS G 3192	H100～H900	SS440、SM490YB、SM520C、SN490C
	KS D 3502	H100～H900	SS450、SM460C、SHN460
	ASTM A6/A6M	W4～W44 HP8～H18	A36、A572(Gr65)、A992、A709(Gr50F) 350W、350WT、400AT
	EN 10365	IPE80～IPE750 HE100～HE1000 HD260～HD400 HP200～HP400 UB127～UB1016 UC152～UC356 UBP203～UBP356	S275J2、S355J2、S355K2、S460J0 S355M、S355ML、S420M S355N、S355NL、S420N S355J0WP、S355K2W S355G11+M
	СГО АСЧМ 20-93	10B～70B 20SH～100SH 20K～40K	C235-2、C345-6、C345K-6、C390-2
	AS/NZS 3679.1	150UB～610UB 100UC～310UC	AS300、AS350L15、AS350S0
其他型钢	GB/T 706	I10～I63 [10～[40 ∠10～∠25	Q235B、Q355B、Q355ME、Q460C Q355NHD、Q450NQR1
	EN 10365	UPN100～UPN240 UPE100～UPE240	S275JR、S355J2、S355ML
	GB/T 4697	29U、36U、I12	20MnK、20MnVK

山东钢铁股份有限公司莱芜分公司可供应热轧型钢产品　　　　　　　　　　　　　附表 5-2

产品类型	产品规格覆盖范围		典型钢种
H 型钢	GB/T 11263	H100～H1000	Q235B、Q355B、Q355NE、Q460C、FH36
	JIS G 3192	H100～H900	SS440、SM490YB、SM520B
	ASTM A6/A6M	W10～W33	A36、A572(Gr50)、A992
	EN 10365	IPE80～IPE750 HE100～HE1000 UB203～UB914 UC152～UC356	S235JR、S235J2、S275JR、S275J2 S355J2、S460J0、S355N、S355NL
其他型钢	GB/T 706	I36～I63 ∠5～∠25	Q235B、Q355B

附录5　国内主要热轧H型钢生产厂家可供应的热轧型钢产品

日照钢铁控股集团有限公司可供应热轧型钢产品附表 5-3

产品类型	产品规格覆盖范围		典型钢种
H 型钢	GB/T 11263	H100～H1000	Q235B、Q355B、Q355D、DH36
	JIS G 3192	H100～H900	SS440、SM490A
	ASTM A6/A6M	W6～W36	A36、A572(Gr50)、A992
	EN 10365	UB203～UB914 UC152～UC356	S235JR、S235J2、S275JR、S275J2 S355J2、S460J0
其他型钢	GB/T 706	I18～I63 [18～[40	Q235B、Q355B

河北津西钢铁股份有限公司可供应热轧型钢产品　附表 5-4

产品名称	产品规格覆盖范围		典型钢种
H 型钢	GB/T 11263	H100～H1000	Q235B、Q355B、Q355D
	JIS G 3192	H100～H900	SS440、SM490A
	EN 10365	UB203～UB914 UC152～UC356	S235JR、S235J2、S275JR、S275J2 S355J2、S460J0
其他型钢	GB/T 706	I18～I63 [18～[40 ∠10～∠25	Q235B、Q355B
	GB/T 20933	PU400～PU600 PI500	Q295P、Q345P、Q390P

附录5　国内主要热轧H型钢生产厂家可供应的热轧型钢产品

主要参考文献

[1] 中华人民共和国住房和城乡建设部.《工程结构可靠性设计统一标准》GB 50153—2008 [S]. 北京：中国建筑工业出版社，2009.

[2] 中华人民共和国住房和城乡建设部.《建筑结构可靠性设计统一标准》GB 50068—2018 [S]. 北京：中国建筑工业出版社，2018.

[3] 中华人民共和国住房和城乡建设部.《建筑结构荷载规范》GB 50009—2012 [S]. 北京：中国建筑工业出版社，2012.

[4] 中华人民共和国住房和城乡建设部.《建筑抗震设计规范》GB 50011—2010（2016 年版）[S]. 北京：中国建筑工业出版社，2016.

[5] 中华人民共和国住房和城乡建设部.《钢结构设计标准》GB 50017—2017 [S]. 北京：中国建筑工业出版社，2017.

[6] 中华人民共和国住房和城乡建设部.《高层民用建筑钢结构技术规程》JGJ 99—2015 [S]. 北京：中国建筑工业出版社，2015.

[7] 中华人民共和国住房和城乡建设部.《门式刚架轻型房屋钢结构技术规范》GB 51022—2015 [S]. 北京：中国建筑工业出版社，2015.

[8] 中华人民共和国住房和城乡建设部.《钢结构焊接规范》GB 50661—2011 [S]. 北京：中国建筑工业出版社，2011.

[9] 中华人民共和国住房和城乡建设部.《组合结构设计规范》JGJ 138—2016 [S]. 北京：中国建筑工业出版社，2016.

[10] 中华人民共和国住房和城乡建设部.《钢结构高强度螺栓连接技术规程》JGJ 82—2011 [S]. 北京：中国建筑工业出版社，2011.

[11] 中华人民共和国国家质量监督检验检疫总局.《碳素结构钢》GB/T 700—2006 [S]. 北京：中国标准出版社，2007.

[12] 中华人民共和国国家市场监督管理总局.《低合金高强度结构钢》GB/T 1591—2018 [S]. 北京：中国标准出版社，2018.

[13] 中华人民共和国国家质量监督检验检疫总局.《耐候结构钢》GB/T 4171—2008 [S]. 北京：中国标准出版社，2009.

[14] 中华人民共和国工业和信息化部.《耐火热轧 H 型钢》YB/T 4261—2011 [S]. 北京：冶金工业出版社，2012.

[15] 中华人民共和国工业和信息化部.《抗震热轧 H 型钢》YB/T 4620—2017 [S]. 北京：冶金工业出版社，2017.

[16] 中华人民共和国国家质量监督检验检疫总局.《海洋工程结构用热轧 H 型钢》GB/T 34103—2017 [S]. 北京：中国标准出版社，2017.

[17] 中华人民共和国国家质量监督检验检疫总局.《热轧型钢》GB/T 706—2016 [S]. 北京：中国标准出版社，2017.

[18] 中华人民共和国国家质量监督检验检疫总局.《热轧 H 型钢和剖分 T 型钢》GB/T 11263—2017 [S]. 北京：中国标准出版社，2017.